过程设备与工业应用丛书

# 燃烧技术、设备与工业应用

廖传华　耿文华　张双伟　著

化学工业出版社
·北京·

《燃烧技术、设备与工业应用》是"过程设备与工业应用丛书"的一个分册，本书在简要介绍燃料的种类和性质的基础上，从理论上系统介绍了燃烧过程的热工计算及其化学动力学基础、燃料着火过程及其火焰的传播与稳定，并分别介绍了气体燃料、液体燃料、固体燃料的燃烧过程与设备及其附属设备，并对燃烧过程造成的污染及其防治等进行了简明的阐述。

　　《燃烧技术、设备与工业应用》不仅适合石油、化工、生物、制药、食品、医药、环境、能源和机械等专业的高等学校的教师、研究生及高年级本科生阅读，同时对相关行业的工程技术人员、研究设计人员也会有所帮助。

**图书在版编目（CIP）数据**

燃烧技术、设备与工业应用/廖传华，耿文华，张双伟著 . —北京：化学工业出版社，2017.8
（过程设备与工业应用丛书）
ISBN 978-7-122-29901-7

Ⅰ.①燃…　Ⅱ.①廖…②耿…③张…　Ⅲ.①燃烧设备-研究　Ⅳ.①TK16

中国版本图书馆 CIP 数据核字（2017）第 133233 号

---

责任编辑：卢萌萌　仇志刚　　　　　　　　文字编辑：陈　喆
责任校对：王　静　　　　　　　　　　　　装帧设计：王晓宇

---

出版发行：化学工业出版社（北京市东城区青年湖南街 13 号　邮政编码 100011）
印　　装：北京捷迅佳彩印刷有限公司
787mm×1092mm　1/16　印张 23¾　字数 588 千字　2018 年 6 月北京第 1 版第 1 次印刷

购书咨询：010-64518888　　　　　　　　售后服务：010-64518899
网　　址：http://www.cip.com.cn
凡购买本书，如有缺损质量问题，本社销售中心负责调换。

---

定　　价：148.00 元

# 前 言

# FOREWORD

　　燃烧现象广泛存在于人类社会之中。从日常生活到工业交通及空间技术等方面，都要涉及如何以燃料作为能量来源和合理组织燃烧过程的问题，如何改进燃料的燃烧过程并提高热工效率已日益引起各工业部门的重视。为此，在江苏高校品牌专业建设工程资助项目（PPZY2015A022）的资助下，我们编写了这本《燃烧技术、设备与工业应用》。

　　燃烧研究的内容包括两部分，即燃烧理论和燃烧技术。燃烧理论着重研究燃烧过程所包括的各个基本现象，例如燃烧反应机理，预混可燃气体的着火和熄灭，火焰的传播机理、火焰的结构，单一油滴和炭粒的燃烧等。燃烧技术主要是把燃烧理论中所阐明的物理概念和基本规律与实际工程中的燃烧问题联系起来，对现有的燃烧方法进行分析和改进，对新的燃烧方法进行探讨和实验，以不断提高燃料利用率和燃烧设备的技术水平。

　　全书共分 14 章。第 1 章针对过程工业所用燃料的种类及特性，提出了对燃烧技术和燃烧设备的要求；第 2 章详细介绍了过程工业所用燃料的种类；第 3 章介绍了燃料燃烧过程的热工计算；第 4 章介绍了燃料燃烧的化学动力学基础；第 5 章介绍了气体燃料的燃烧过程；第 6 章介绍了气体燃料的燃烧装置；第 7 章介绍了液体燃料的燃烧过程；第 8 章介绍了液体燃料的燃烧装置；第 9 章介绍了液体燃料燃烧装置在有机废液处理中的应用——废液焚烧设备；第 10 章介绍了固体燃料的燃烧过程；第 11 章介绍了固体燃料的燃烧装置；第 12 章介绍了固体燃料燃烧在污泥处理中的应用——污泥焚烧过程与设备；第 13 章介绍了燃料燃烧装置的附属设备；第 14 章介绍了燃料燃烧造成的污染及其防治。

　　全书由南京工业大学廖传华、耿文华和南京三方化工设备监理有限公司张双伟著，其中第 1 章、第 2 章、第 3 章、第 4 章、第 10 章、第 11 章、第 12 章、第 14 章由廖传华著，第 7 章、第 8 章、第 9 章由耿文华著，第 5 章、第 6 章、第 13 章由张双伟著。全书由廖传华统稿。

　　全书从选题到材料的收集整理、文稿的编写及修订等方面都得到了南京工业大学黄振仁教授的大力支持，在此深表感谢。南京三方化工设备监理有限公司赵清万、许开明、李志强，南京工业大学李政辉对本书的编写工作提出了大量宝贵的建议，南京朗润机电进出口公司朱海舟提供了大量图片资料，研究生赵忠祥、闫正文、王太东、李洋、刘状、汪威、李亚丽、廖玮、宗建军等在资料收集与文字处理方面提供了大量的帮助，在此一并表示衷心的感谢。

　　本书的编写与修订工作历时三年，虽经多次审稿、修改，但由于作者水平有限，不足之处在所难免，敬请广大读者不吝赐教。在编写过程中参考了相关的文献资料，但书中未能一一列出，在此谨对原文作者致以衷心的感谢。

著者

2017 年 8 月于南京工业大学

# 目录

CONTENTS

## 第1章 绪论

1.1 燃料的种类 /001

1.2 燃烧方式 /002

  1.2.1 固体燃料的燃烧 /002

  1.2.2 液体燃料的燃烧 /005

  1.2.3 气体燃料的燃烧 /007

1.3 燃烧工况与燃烧的必要条件 /008

1.4 燃烧工艺与设备的应用和发展 /009

## 第2章 燃料的种类及性质

2.1 固体燃料的种类和性质 /011

  2.1.1 固体燃料的种类 /011

  2.1.2 固体燃料的成分分析 /014

  2.1.3 固体燃料的特性 /020

2.2 液体燃料的种类和性质 /023

  2.2.1 石油的炼制及其产品 /023

  2.2.2 液态产品的化学组成 /024

  2.2.3 液态燃料的特性 /025

  2.2.4 各种液态燃油 /029

2.3 气体燃料的种类和性质 /031

  2.3.1 天然气体燃料 /032

  2.3.2 人造气体燃料 /033

  2.3.3 气态燃料的表示方法 /036

  2.3.4 气态燃料的特性 /037

2.4　燃烧的基本过程　/037

  2.4.1　着火　/037

  2.4.2　燃烧　/038

  2.4.3　熄火　/039

  2.4.4　火焰稳定化　/039

  2.4.5　脱火及其防止措施　/040

  2.4.6　回火及其防止措施　/041

参考文献　/042

# 第3章　燃烧过程的热工计算

3.1　燃料燃烧所需的空气量　/044

  3.1.1　液体燃料和固体燃料的理论空气需要量　/044

  3.1.2　气体燃料的理论空气需要量　/046

  3.1.3　实际空气供给量与空气消耗系数　/046

3.2　完全燃烧产物生成量、成分和密度　/047

  3.2.1　固体和液体燃料的燃烧产物生成量　/047

  3.2.2　气体燃料的燃烧产物生成量　/048

  3.2.3　燃烧产物成分百分比　/049

  3.2.4　燃烧产物密度　/049

3.3　不完全燃烧的燃烧产物　/050

  3.3.1　不完全燃烧产物生成量的变化　/050

  3.3.2　不完全燃烧产物成分和生成量的计算　/052

3.4　燃烧温度计算　/054

  3.4.1　无热离解时理论燃烧温度的计算　/055

  3.4.2　有热离解时理论燃烧温度的计算　/056

  3.4.3　理论燃烧温度的估算　/059

  3.4.4　影响理论燃烧温度的因素　/059

3.5　燃料的发热量　/060

参考文献　/063

# 第4章　化学动力学基础

4.1　化学反应速率与化学反应的分类　/064

  4.1.1　化学反应速率　/064

4.1.2　化学反应速率和浓度的关系　/065

4.1.3　化学反应的分类　/066

4.2　化学反应机理　/068

4.2.1　分子热活化理论　/068

4.2.2　活化分子碰撞理论　/070

4.2.3　活化络合物（过渡态）理论　/072

4.2.4　连锁反应　/074

4.3　影响化学反应速率的因素　/078

4.3.1　温度　/078

4.3.2　反应物浓度　/080

4.3.3　压力　/081

4.3.4　可燃混合气的配合比例　/082

4.3.5　反应混合气中的惰性成分　/083

4.3.6　活化能　/084

4.3.7　温度和压力对可逆反应的影响　/084

参考文献　/085

# 第5章　气体燃料的燃烧过程

5.1　着火　/087

5.1.1　热自燃理论　/088

5.1.2　连锁自燃理论　/099

5.1.3　点燃理论　/105

5.2　火焰的结构　/110

5.2.1　预混火焰的结构　/110

5.2.2　扩散火焰的结构　/111

5.2.3　逆向喷流扩散火焰　/114

5.3　火焰的传播　/115

5.3.1　层流火焰的传播　/115

5.3.2　湍流火焰的传播　/124

5.4　火焰稳定　/126

5.4.1　非流线体稳定火焰的机理　/126

5.4.2　火焰稳定理论　/128

5.4.3　射流扩散火焰的稳定　/129

5.4.4　高速气流中稳定火焰的方法　/131

5.4.5　火焰监视和保焰技术　/138

参考文献 /140

# 第6章 气体燃料的燃烧装置

6.1 气体燃料的射流扩散燃烧 /143
  6.1.1 气体燃料射流的层流扩散燃烧 /143
  6.1.2 气体燃料射流的湍流扩散燃烧 /146
  6.1.3 扩散燃烧火焰的类型 /149
6.2 气体燃料的预混燃烧 /150
  6.2.1 预混层流燃烧 /150
  6.2.2 预混湍流燃烧 /151
6.3 气体燃料的燃烧方法 /151
  6.3.1 有焰燃烧 /151
  6.3.2 无焰燃烧 /152
  6.3.3 半无焰燃烧 /153
6.4 气体燃料燃烧装置 /153
  6.4.1 有焰燃烧器 /153
  6.4.2 无焰燃烧器 /161
  6.4.3 其他烧嘴 /166

参考文献 /172

# 第7章 液体燃料的燃烧过程

7.1 液体燃料的雾化过程 /175
  7.1.1 雾化原理 /175
  7.1.2 雾化过程 /176
  7.1.3 雾化方法 /177
  7.1.4 油雾矩的特点 /178
  7.1.5 雾化颗粒平均直径的影响因素 /179
7.2 油雾与空气的混合 /181
7.3 油珠的蒸发 /181
  7.3.1 蒸发或燃烧时的油珠温度 /182
  7.3.2 油珠蒸发或燃烧时的斯蒂芬流 /182
  7.3.3 高温环境中相对静止油珠的蒸发速率 /183
  7.3.4 高温环境中相对静止油珠的能量平衡 /184

7.4 油珠的燃烧过程 /185

　7.4.1 相对静止油珠的燃烧 /185

　7.4.2 强迫对流条件下油珠的蒸发或燃烧速率 /187

　7.4.3 $d^2$ 定律及油珠寿命 /187

　7.4.4 油滴群的扩散燃烧 /188

7.5 液体燃料的油雾燃烧过程 /190

参考文献 /192

# 第8章 液体燃料的燃烧装置

8.1 液体燃料燃烧过程的组织 /194

8.2 燃油烧嘴 /196

　8.2.1 机械喷嘴 /196

　8.2.2 气体介质雾化式喷嘴 /200

8.3 液体燃料燃烧装置的典型应用 /210

　8.3.1 燃气（涡）轮（发动）机燃烧室 /210

　8.3.2 燃油工业炉 /211

8.4 乳化油及其燃烧 /213

　8.4.1 乳化技术 /213

　8.4.2 乳化油燃烧机理 /214

　8.4.3 燃烧技术 /215

参考文献 /216

# 第9章 废液焚烧设备

9.1 焚烧处理流程及其特点 /219

　9.1.1 焚烧处理流程 /219

　9.1.2 有机废液焚烧存在的问题 /220

9.2 焚烧炉 /222

　9.2.1 液体喷射焚烧系统 /222

　9.2.2 回转窑焚烧炉 /224

　9.2.3 流化床焚烧炉 /225

9.3 有机废液的热值估算 /227

9.4 理论空气量与烟气组成 /228

9.5 废液焚烧技术的应用 /229

参考文献 /230

# 第10章 固体燃料的燃烧过程

10.1 固体燃料燃烧过程的分类 /232
10.1.1 按燃烧特征分类 /232
10.1.2 按燃烧方式分类 /233
10.2 炭粒的燃烧 /236
10.2.1 炭粒的燃烧过程 /236
10.2.2 炭粒的燃烧速率 /242
10.3 灰分对炭粒燃烧的影响 /251
10.4 固体炭粒的着火和熄火 /253
10.5 煤粒的燃烧 /255
参考文献 /258

# 第11章 固体燃料的燃烧装置

11.1 块煤的燃烧方式和燃烧装置 /260
11.1.1 块煤的燃烧方式 /260
11.1.2 层燃炉 /262
11.1.3 沸腾燃烧炉 /272
11.2 粉煤的燃烧过程与装置 /275
11.2.1 煤粉的燃烧过程 /276
11.2.2 粉煤燃烧系统 /280
11.2.3 粉煤燃烧器 /282
11.2.4 旋风燃烧法 /288
11.3 生物质燃料的燃烧过程和装置 /291
11.3.1 生物质成型燃料的燃烧过程 /291
11.3.2 生物质成型燃料的燃烧装置 /293
11.3.3 生物质燃料燃烧装置设计原则 /298
11.4 煤的气化 /298
11.4.1 煤的气化过程 /299
11.4.2 影响气化指标的主要因素 /301
11.4.3 煤气发生炉生产过程的强化 /303
11.4.4 煤气的净化 /303

11.4.5 煤水浆燃烧技术 /304

参考文献 /305

# 第12章 污泥焚烧过程与设备

12.1 污泥焚烧的基本原理及其影响因素 /307
　12.1.1 污泥焚烧过程 /307
　12.1.2 污泥焚烧的影响因素 /309
12.2 污泥焚烧工艺 /310
　12.2.1 污泥单独焚烧工艺 /310
　12.2.2 污泥混烧工艺 /315
　12.2.3 污泥干化焚烧的工艺流程 /322
12.3 污泥焚烧设备 /322
　12.3.1 多膛式焚烧炉 /322
　12.3.2 流化床焚烧炉 /324
　12.3.3 回转窑式焚烧炉 /327
　12.3.4 炉排式焚烧炉 /328
　12.3.5 电加热红外焚烧炉 /329
　12.3.6 熔融焚烧炉 /330
　12.3.7 旋风焚烧炉 /331
参考文献 /332

# 第13章 燃烧装置的附属设备

13.1 空气和燃料供给装置 /334
　13.1.1 空气供给装置 /334
　13.1.2 燃料供给装置 /335
　13.1.3 煤气和空气混合装置 /340
13.2 点火装置 /340
　13.2.1 点火方法 /340
　13.2.2 点火器和点火烧嘴 /341
13.3 自动控制装置 /341
　13.3.1 燃烧自动控制的原理 /341
　13.3.2 自动点火、熄火以及安全装置 /341
　13.3.3 运行中的自动控制装置 /344

参考文献 /348

# 第14章 燃烧造成的污染及防治

14.1 燃烧造成的大气污染 /349

14.2 烟尘的生成机理及防治 /350

14.2.1 烟尘的生成及其危害性 /350

14.2.2 烟尘的种类及生成机理 /351

14.2.3 影响烟尘生成的因素及防治途径 /351

14.3 硫氧化物的生成机理和防治 /352

14.3.1 硫氧化物的种类及生成机理 /353

14.3.2 影响硫氧化物生成的因素及防治途径 /354

14.4 氮氧化物的生成机理及防治 /355

14.4.1 氮氧化物的种类及生成机理 /355

14.4.2 影响氮氧化物生成的因素 /356

14.4.3 防治氮氧化物污染的措施 /358

14.5 低 $NO_x$ 燃烧方法和燃烧器 /359

14.5.1 低 $NO_x$ 燃烧方法 /359

14.5.2 低 $NO_x$ 燃烧器 /360

14.6 燃烧噪声的形成机理及控制 /362

14.6.1 噪声的物理量度 /362

14.6.2 噪声的形成机理及控制 /364

参考文献 /367

# 第**1**章

# 绪　论

火被人类掌握和使用以后，为人类的进步与发展做出了巨大的贡献。恩格斯对此曾作过科学论断："火的利用第一次使人类支配了一种自然力，从而最终把人和动物分开。"故火的使用可以认为是出现人类的标志之一。人类自从学会使用火后，生产能力不断提高，社会也随之进步与发展。众所周知，18世纪产业革命的形成主要是由于蒸汽机的产生。蒸汽机之所以会产生，则是人类在使用火（燃烧燃料）方面所积累的大量知识与经验的结果。随着社会生产的发展，火的使用也越来越广泛，使用量（即所谓的能源消耗量）也越来越大。冶金、化工、交通运输、机械制造、纺织、造纸、食品以及国防等轻重工业和人们日常生活中无一能够脱离火的使用——燃烧技术。近年来，航空航天技术的迅速发展使人们实现了先人的梦想，但这需要很好地解决高能燃料（如液氢等）的燃烧问题，以制造出功率巨大的火箭发动机。

因此，人类的物质文明与燃烧技术是密切相关的。从某种意义上说，没有火，就没有人类社会的进步，也就没有今天的高度物质文明，即使在今后相当长的一段时期内也会如此。

## 1.1　燃料的种类

燃料是指能与氧发生激烈的氧化反应，并放出大量热量，且在经济上合理的一种物质。按燃料的形态，可将燃料分为固体燃料、液体燃料和气体燃料。

### (1) 固体燃料

天然的固体燃料有各种煤、可燃页岩、木材、秸秆、谷壳以及各种植物的茎、叶等。人造固体燃料主要是煤和木柴加工后制得的焦炭、半焦与木炭。这些固态可燃物中，广泛用作工业燃料的只有煤和焦炭（包括半焦），近年来由于人们环保意识的增强，生物质固体燃料正在大力推广。

煤是埋藏于地层内已炭化的可燃物。它作为燃料比较便宜，而且我国的储藏量巨大，因此在煤源丰富及运输方便的地区均以煤作为主要燃料，是使用最广泛的一种固体燃料。

近年来，生物质材料成型燃料技术得到了长足的发展，具有一定粒度的生物质原料，在一定压力作用下（加热或不加热），可以制成棒状、粒状和块状等各种成型燃料。原料经挤压成型后，密度可达 $1.1\sim1.4t/m^3$，能量密度与中质煤相当，燃烧特性明显改善，火力持久，黑烟少，炉膛温度高，而且便于储存和运输。目前生物质致密成型工艺从广义上可划分为常温压缩成型、热压成型和炭化成型三种主要形式。

**(2) 液体燃料**

由地层开采出的石油称为原油。将原油加热，在不同温度范围内可获得不同的石油产品。在常压直馏时，于 $40\sim180℃$ 馏出的为汽油，$50\sim300℃$ 馏出的为煤油，$200\sim350℃$ 馏出的为柴油，余下的重质油叫直馏重油，俗称常渣油。直馏重油如再经减压蒸馏，可分馏出各种润滑油和裂化原料，剩下减压渣油。直馏重油和裂化原料都可再经裂化处理，用来制取裂化汽油、裂化煤油，余下的为裂化残油。常渣油可直接供燃烧用，减压渣油和裂化残油则需加轻油调制后才能用作燃料。各种渣残油经掺和、调配，符合质量指标规定后，就是标准牌号的重油；未经配制或稍加调制，只部分符合指标却可供燃烧的则是渣油。通常所称的重油包括渣油在内。

早期的炼油在提取了轻质油以后将重质残油废弃，所以工业炉燃烧重油曾被视作是废物利用而被大力推广。但近年来石油化学工业得到了飞速发展，重质油又有了更重要的用途，所以是否燃用重油需要根据资源情况进行选择。

**(3) 气体燃料**

气体燃料（俗称燃气）也有天然和人造之分。天然气体燃料包括天然气、石油气与矿井瓦斯气等。人造气体燃料则是指对固体燃料和液体燃料进行加工制得的各种气体燃料和裂解气。

各种燃料的可燃成分虽有不同，但基本都是由碳、氢、硫、一氧化碳及碳氢化合物等所组成。固体和液体燃料主要有碳、氢、硫等可燃成分，气体燃料有一氧化碳、氢、甲烷、硫化氢和烃类等可燃成分。燃料中的可燃成分与氧气相遇，发生强烈化学反应的过程叫做燃烧。燃烧过程的特点是：反应进行得非常迅速，并伴随有发光发热的现象，因此，概括地说，燃烧就是可燃质与氧发生的一种发光发热的高速化学反应。

# 1.2 燃烧方式

燃料燃烧，生成了燃烧产物（烟气）并放出热量。热量的一部分消耗在加热新燃料，使其温度迅速达到着火温度，其他部分热量则被炉中受热面内流动的工质（水、气水混合物或饱和蒸汽）所吸收。

燃料能否完全燃烧并放出全部热量，与燃烧炉的结构特点、采用的燃烧方式以及燃烧过程中的风量调节、运行方式等有关。

## ▶ 1.2.1 固体燃料的燃烧

固体燃料（煤）在工业中的燃烧方式，一般可分为层燃式、室燃式（或称悬浮式）和沸腾式三种。有些炉子的燃烧方式介于三种燃烧方式之间，例如，在层燃炉中采用风力抛煤机或机械抛煤机时，有不少微细煤粒被抛到燃料上方的空间燃烧，该炉子的燃烧方式就属于半悬浮燃烧或火炬-层燃方式。

**（1）层燃方式**

在层燃炉中只燃烧固体的燃料。图 1-1 所示为层燃炉的工作原理。将燃料送到固定的或移动的炉算上，形成厚度均匀的燃料层，空气通过炉算上的孔缝隙由下向上流动，空气与燃料之间没有相对运动，大部分燃料是在炉算上燃料层中燃烧。被吹至燃烧室空间的部分细屑煤粒和燃料层中燃料放出的挥发分，以及焦炭在燃烧时周围所形成未燃完的可燃气体，在燃料层上部的炉子空间燃烧。

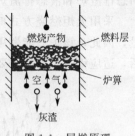

图 1-1　层燃原理

根据层燃炉的炉排结构特点，层燃炉可分为燃料层不动（固定炉排）、燃料层在炉排上移动（振动炉排和翻转炉排）和燃料层与炉排一起移动（链条炉排）三种，如图 1-2 所示。

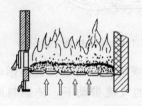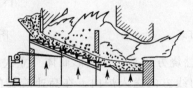

(a) 固定炉排，燃料层不动　　(b) 往复推动炉排，燃料层　　(c) 链条炉排，燃料层和
　　　　　　　　　　　　　　　　　在炉排上移动　　　　　　　　　炉排一同移动

图 1-2　层燃炉分类

上述各种层燃炉，其燃用的固体燃料采用 0～30mm 小块状，燃烧所需要的空气均由炉算下送入，因此，燃料在层燃炉中的燃烧速率就取决于燃料的表面积和送入空气的速度。燃料块越小，其表面积越大，燃烧反应进行得就越快。但过多的细屑煤粒除增大空气的流通阻力、影响空气的供给外，还易被烟气带走，增加了燃烧热损失。因此燃料粒径的大小对层燃炉的燃烧是有很大影响的。此外，空气的流速对燃烧速率也有影响，如提高空气流速，可以加快燃料的燃烧速率，但风速过大，可将部分燃料吹起，使燃料层的稳定性遭到破坏。

工业锅炉的蒸汽负荷是经常变动的，燃烧所需的燃料量也相应随之变动，所以可用改变空气供应速度和送入炉排上的煤量来适应负荷的需要。

层燃方式在中小型动力装置和工业锅炉中占有重要地位，其主要优点是热惰性大（即燃料供给与鼓风之间的协调性发生偏差时，敏感性差）；对燃烧技术要求不高，在防止燃料末飞出的情况下，可用增大鼓风机的办法来助燃。其缺点是不适用于大型动力装置，也不能实现完全机械化和自动化。

**（2）室燃方式**

燃料随气流喷入燃烧室内，呈悬浮状态燃烧。

气体燃料不必预热即可直接送入炉内燃烧，液体燃料需通过雾化器将其雾化成细雾状油滴后送入炉内燃烧。雾化除了增大油滴与空气的接触面积外，又可使油雾粒不易由气流中分离出来，所以油滴在炉内得以充分而完全的燃烧。固体燃料则应将其磨制成极细的煤粉后，由空气送入炉内燃烧。

根据炉内气流情况，室燃方式又可分为火炬燃烧方式与旋风燃烧方式。

① 火炬燃烧方式　燃料与空气的混合物送入炉内后呈火炬形式燃烧，如图 1-3 所示。燃料与空气之间几乎没有相对运动。采用这种燃烧方式的炉子称为室燃炉；燃用煤粉的室燃炉称为煤粉炉；燃用液体、气体燃料的称为燃油炉、燃气炉。煤粉炉按其排渣方式，又分为

固态排渣炉和液态排渣炉。

采用火炬燃烧方式时，燃料在炉内的停留时间很短，为 3～4s，炉内没有富裕的燃料量，因此，该炉只能燃用极细粉状和雾状的燃料。燃料和空气应有稳定的供应，并能调节灵活，适应锅炉负荷的需要。

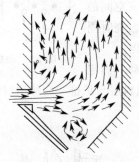

图 1-3  火炬燃烧方式          图 1-4  旋风燃烧方式

② 旋风燃烧方式  旋风燃烧方式是在圆柱形筒体（立式或卧式）内进行旋涡燃烧，如图 1-4 所示。空气及燃料沿切线方向送入炉内，在高速旋转的气流带动下，使燃料向前流动，并进行燃烧。由于离心力的作用，燃料颗粒沿着炉子内壁运动，最后由炉子的一端排出。燃料颗粒与气流之间有很大的相对运动，一方面加强了空气与颗粒表面的接触；另一方面使燃烧的产物易于脱离燃料表面，因此，旋风炉内的热强度很高。

旋风燃烧方式中，具有较薄的运动的燃料层。因燃料在炉子中逗留的时间较长，故可采用较粗的燃料颗粒。由于气流带动燃料颗粒在炉内运动，气流作用到燃料颗粒上的力应大于燃料颗粒本身的重量。采用旋风燃烧方式的炉子称为旋风炉。

室燃方式适用于大型动力装置。其主要优点是不易结渣、设备费用随负荷上升得慢，对负荷变化的适应性好。由于燃料颗粒的表面积大，又处于悬浮状态下燃烧，故气化效率比层燃式高；同时可燃用高灰分、高水分的劣质煤、无烟煤屑、不结焦的瘦煤等，还可实现全部机械化与自动化。虽然其制粉系统庞大，需消耗较多的电能，燃烧时烟气又带走大量飞灰，使飞灰损失增加，但其优点还是主要的，尤其涡流燃烧的旋风炉，燃烧过程强烈，热强度大、设备紧凑，所以室燃方式具有非常广阔的应用前景。

**（3）沸腾燃烧方式**

沸腾燃烧方式如图 1-5 所示，是将燃料破碎成直径为 0～8mm 的颗粒送入炉内，压力较高的空气从下面穿过布风板，将燃料层吹起。布风板上面的炉膛为倒锥形向上扩大，当燃料被吹起后，因炉膛内风速的减小，故燃料颗粒又落到截面较小的沸腾层上，沸腾风速又使燃料颗粒重新被吹起，因此造成燃料颗粒在炉膛空间来回翻腾和互相碰撞，如沸腾的液体，并形成一定厚度的沸腾层（800～1300mm）。由于燃料和空气的相对运动速度较大，使沸腾层内物料的混合大大加强，新燃料与燃烧着的燃料接触和碰撞，不断加热点燃。灰渣像水流那样通过溢流管流出。

沸腾燃烧的主要优点是单位面积布风板上的热强度大，燃料颗粒不断地在流体动力作用下混合、碰撞，有利于破坏颗粒的外层灰壳，阻碍燃料的黏结和结渣；因其处于低温燃烧（850～1000℃），能抑制硫化物及氮氧化合物的生成量，减轻大气污染。此外，由于其具有燃烧强烈、传热效率高的特点，所以能燃用低热值燃料，如煤矸石、石煤、油页岩、褐煤、低质烟煤、低质无烟煤等。这些低热值燃料资源非常丰富，因此有利于沸腾燃烧技术的应用

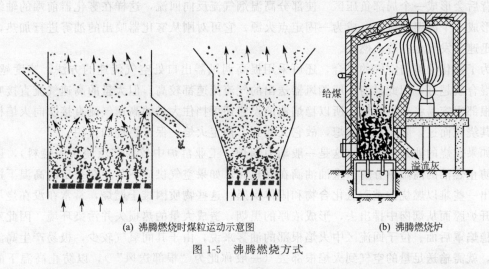

(a) 沸腾燃烧时煤粒运动示意图          (b) 沸腾燃烧炉

图 1-5   沸腾燃烧方式

与推广，可以节约大量优质燃料。沸腾炉渣还可综合利用，如作为制造各种建筑材料的掺和料等。

## 1.2.2 液体燃料的燃烧

工业上应用的液体燃料有重油、焦油等，其中以重油为主。以重油为燃料时，可在炉内直接燃烧。重油用油槽车（或用管路）运入厂内，存入储油罐中，然后靠油泵把油加压输送到油烧嘴。在油的输送管路中，需要用过滤器将油中的机械杂质除去。重油在通过油烧嘴燃烧时，需要把油喷成雾状，即进行雾化。在管路中应设有加热器加热重油，降低其黏度，以保证良好的雾化效果和流动性。此外，整个油路系统还伴随有蒸汽管加热和保温。重油通过油烧嘴后进入炉膛（或单独的燃烧室）中燃烧。

欲使燃料达到充分燃烧，首要的条件就是要供应足够的空气并使其与燃料均匀混合，故当已雾化好的液体燃料喷入燃烧空间后，怎么保证及时、正确地供应足够的空气量并与之充分混合将是保证液体燃料充分燃烧的关键。

一般燃油炉上常用一种配有旋流式调风器的喷燃器。喷燃器又叫燃烧器，它由雾化器和调风器组成。调风器的功用是正确地组织配风、及时地供应燃烧所需空气量以及保证燃料与空气充分混合。

燃油通过中间的雾化器雾化成细雾喷入燃烧室（炉膛），空气（或经过预热的热空气）经风道从调风器四周切向进入。因为调风器是由一组可调节的叶片所组成，且每个叶片都倾斜一定角度，故当气流通过调风器后就形成一股旋转气流。这时由雾化器喷出的雾状油滴在雾化器喷口外形成一股空心锥体射流，扩散到空气的旋流中去并与之混合、燃烧。由于气流的旋转，增大了喷射气流的扩散角，加强了油气的混合。叶片可调的目的是为了在运行中能借此来调节气流的旋转强度以改变气流的扩展角，使其与由雾化器喷出的燃油雾化角相配合，保证在各种不同工况下都能实现油与空气的良好混合。

油雾在着火前首先要加热、气化，然后与空气混合进行燃烧，为此就需要大量的热量来促使油雾蒸发气化，但仅依靠燃烧空间内的辐射热来加热往往是不够的。这是因为油滴的尺寸很小，没有足够的表面积来吸收较多的辐射热。工业实践中，一般是在雾化器的前端加装一个不良流线体（钝体），如圆盘或圆锥体等物，称之为稳焰罩。当空气绕流经过稳焰罩时，在其背后会形成一个局部负压区，使部分高温烟气流反向回流，这样在雾化器前端的轴线部分处形成一个高温回流区，成为一固定点火源。它可对刚从雾化器喷出的油雾进行加热，促使其迅速蒸发气化并着火燃烧。

为了强化油雾与空气的混合，还可采用提高调风器出口处空气流速的方法。速度越高，油气混合就越好，因此目前一般调风器送出的气流流速都较高。但大量的高速气流直接吹向火焰根部很容易将火焰吹熄，所以稳焰罩的设置还可挡住大量的高速气流直接吹向火焰根部而使其绕流而过，防止火焰吹熄，故它又起到了稳定火焰、保证燃烧的作用。

如果燃烧的油是重质油（这是一般动力锅炉、工业窑炉中较为广泛使用的燃料），还需注意防止燃油的高温热分解。重油油滴在受热时，如果空气供应不足，在一定的高温下极易分解出一些难以燃烧的重碳氢化合物和固体炭黑。这些物质因难于燃烧，常常在没在烧尽时就离开炉膛而从烟囱中排出去，形成浓厚的黑烟，造成大量的热损失并污染环境。因此对于处于稳焰罩后面、位于回流区中火焰根部的油雾来说，由于其间氧气较少，极易产生高温热分解，就需输送足量的空气到火焰根部去（一般称此为"根部送风"），以防止高温下的缺氧裂解。所以在沿着稳焰罩的圆周方向上开有 6～12 个槽形孔，使一部分空气穿过这些孔直接送到火炬根部，这样一方面可补足氧气，促进氧化过程的进行，另一方面亦降低了温度，限制了高温热分解。因此，这股气流在实际上也就起了一次风的作用，其余的空气（或称为二次风）则绕流而过，从稳焰罩四周供入，以保证燃料继续充分燃烧。在这里，少量的一次风也起着防止稳焰罩被烧坏和结焦的作用。

稳焰罩和雾化器可沿着喷燃器中心线前后移动，以改变回流区的形状和位置来达到调整燃烧的目的。

目前，为了减轻和防止燃油燃烧时低温腐蚀和高温腐蚀以及改善大气污染，比较有效的措施就是采用低氧燃烧。所谓低氧燃烧就是在比较少的过量空气情况下（一般为 1.02～1.05）保证燃油的充分燃烧（此时烟气中剩余自由氧量需控制在 0.5%～1.0%）。为此，除了要有一个良好的喷燃器外，还需要有严格、正确的配风，特别是油气分配的控制。

① 每个雾化器的特性需要相同，如对简单机械雾化器来说，就应要求在相同的油压下，各雾化器的喷油量应当相同，最好偏差不超过 ±1%，这样就必须对每个雾化器进行标定。

② 每个调风器的风量分配应当均匀，为此需对每个调风器进行标定与调整。实践证明，严格做到这一点非常困难，这比上述燃油的分配困难得多。

③ 喷燃器最好能有较大的调节比，在负荷变动时，尽可能不要改变投入工作的喷燃器数量，而只改变所有喷燃器的流量以适应负荷变化。这样可以减少不工作喷燃器的漏风，同时亦便于调节。

④ 雾化器的油喷嘴与配风器的相对位置必须合适。要求油雾的最大浓度区与配风器空气流的高速度区相吻合，才能使油、风密切混合。如两者相对位置不合适，将对混合有较大的影响。喷嘴位置太靠前，会造成油与风的混合不良，甚至还会引起油雾在里层、空气在外层的油风"分层"现象。如果喷嘴位置太靠后，油滴穿透风层打在风口或燃烧器周围的受热面上，会引起结焦，也是不合适的。如果喷嘴的位置适中，使高浓度的油雾与高速度的空气流相遇，则混合良好。

综上所述，良好的雾化、正确的配风、充分的混合是保证燃油良好燃烧的必需而重要的条件。实践证明，选择雾化性能良好的雾化器是保证燃油烧好的一个基础，但如不重视混合和配风问题，则燃油仍然会烧不好，在某些意义上甚至可以说混合和配风比雾化更为重要。

当然，为使燃油获得良好的燃烧，还需有一个足够大的燃烧空间，能使燃油在其中进行充分而完全的燃烧。此外，维持足够高的温度、合理布置喷燃器以及精心管理与调整也是保证燃油良好燃烧不可缺少的条件。

## 1.2.3  气体燃料的燃烧

根据气体燃料和空气在燃烧前的混合情况不同，可将气体燃料的燃烧方法分为有焰燃烧、无焰燃烧和半无焰燃烧。

**(1) 有焰燃烧**

有焰燃烧是指气体燃料和空气在进入燃烧室前不预先进行混合，而是分别用燃烧器（烧嘴）送入燃烧室，在燃烧室内边混合边燃烧，产生的火焰较长，并有清晰的火焰轮廓，故称为有焰燃烧。

有焰燃烧属于扩散燃烧。有焰燃烧法的特点是燃烧速率主要取决于气体燃料与空气的混合速率，与可燃气体的物理化学性质无关，烧嘴能力范围较大，火焰的稳定性较好。当用有焰燃烧法燃烧含碳氢化合物较多的气体燃料时，由于可燃气体在进入燃烧反应区之前及进行混合的同时，必然要经受较长时间的加热和分解，因此在火焰中容易生成较多的固体炭粒，火焰黑度较大。其次，有焰燃烧法可以允许将空气和气体燃料预热到较高的温度而不受着火温度的限制，有利于用低热值气体燃料获得较高的燃烧温度和充分利用废气余热节约燃料。因此，改善气体燃料和空气的混合条件，其主要途径是强化燃烧和组织火焰，通过改变燃烧器结构来实现。例如将气体燃料和空气的流动形成相交射流，以加强机械掺混作用；将气体燃料分成多股细流以增大气体燃料和空气的接触面积；增大气体燃料与空气的相对速率；增大气体燃料和空气之间的动量比以及采用旋转射流来加强混合等。由于以上特点，有焰燃烧法至今仍得到广泛采用，尤其是当炉子的燃料消耗量较大，或者需要长而亮的火焰时，都采用有焰燃烧法。

当使用条件相同而燃烧器结构不同时，混合情况和火焰长度也不同。气体燃料和空气流动方式对火焰长度的影响有以下几种情况。

① 当气体燃料和空气以平行流动方式进入炉内时，混合条件最差，火焰最长。

② 当气体燃料和空气以两股同心射流的方式送入炉内，混合条件有所改善，火焰稍短。

③ 当气体燃料和空气以相交射流方式送入炉内，并缩小燃烧器出口断面时，可增大出口流速，混合更好，火焰长度更短。

**(2) 半无焰燃烧**

如果在燃烧之前只有部分空气与气体燃料混合，则称为半无焰燃烧。

当采用半无焰燃烧，将气体燃料和空气在燃烧器内先进行部分混合，则效果更好，火焰最短。

需要注意的是，选用燃烧器时，不能只根据火焰的长短来定，而必须视火焰形状及其温度分布能否满足工艺的要求，以及燃烧器负荷调节范围能否满足炉子的要求等来定。

**(3) 无焰燃烧**

无焰燃烧是指气体燃料和空气在进入燃烧室之前就预先将其混合均匀。因其燃烧速率只取决于着火和燃烧反应速率，它比有焰燃烧的速率快，火焰短，没有明显的火焰轮廓。它属于动力燃烧。

为达到预先混合，一般采用气体燃料作为喷射介质，空气作为被喷射介质（或以空气作为喷射介质），使两者通过喷射器而达到均匀混合。这种喷射器称为无焰燃烧器或喷射式烧嘴，在工业上已得到广泛应用。

由于气体燃料和空气已预先混合，因而过量空气系数可取得较小，一般为1.02～1.05即可。而气体燃料和空气的预热温度受到可燃混合气体着火温度的限制，通常都在350～500℃以下。由于燃烧速率快，燃烧容积热强度要比有焰燃烧高得多，且高温区较集中。为防止回火和爆炸，燃烧器的燃烧能力不能太大。

空气调节阀可以沿燃烧器轴线方向前后移动，以调节燃烧需要的空气量，空气吸入口做成收缩式的喇叭形管口，以减少空气的入口阻力。通过扩压管使气流的动压变为静压，增大喷射器两端压差。

燃烧坑道采用耐火材料砌成，可燃混合气体在坑道口被加热而着火燃烧。为使高温烟气能回流到喷口附近形成旋涡滞流区，有利于点燃，坑道的扩展角应大于90°。

## 1.3 燃烧工况与燃烧的必要条件

燃烧时为使可燃成分与氧化剂能充分接触，需要经过一个物质的扩散、混合过程。通常将从扩散、混合到燃烧化学反应的整个过程称为燃烧过程。燃烧过程是一个复杂的化学和物理的综合过程。

为完成预定的燃烧过程，需要一定的时间和空间。燃烧所需的全部时间$\tau$包括：燃料与空气混合达到分子间接触所需要的时间$\tau_{mix}$与燃烧化学反应所需时间$\tau_{che}$，如不考虑这两个过程的重叠，则燃烧所耗总时间为上述两个过程所消耗时间之和，即：

$$\tau = \tau_{mix} + \tau_{che} \tag{1-1}$$

燃料与空气的混合可以通过层流扩散，也可以通过湍流扩散，因此扩散混合时间为：

$$\tau_{mix} = \frac{1}{\dfrac{1}{\tau_M} + \dfrac{1}{\tau_t}} \tag{1-2}$$

式中  $\tau_M$——层流扩散所需时间；

$\tau_t$——湍流扩散所需时间。

采用不同的燃烧过程时，上述两种时间所占的比例也不同，$\tau_{mix}$主要受分子扩散速率的制约，而$\tau_{che}$主要受化学反应速率的制约，因此，根据对燃烧过程起制约的因素，可将燃烧工况划分为以下几种。

**(1) 动力燃烧**

当燃用固体燃料且燃烧温度很低时，其化学反应速率较慢，混合速率大于化学反应速率，即$\tau_{mix} \gg \tau_{che}$，则燃烧过程的速率主要取决于化学反应速率，$\tau \approx \tau_{che}$，这时的燃烧工况属于动力燃烧或称燃烧过程处于"动力燃烧区"。预先混合好的气体燃料——空气混合物的燃烧就属于这种燃烧。

**(2) 扩散燃烧**

当温度很高时，其化学反应速率很快，混合速率远低于化学反应速率，即$\tau_{che} \gg \tau_{mix}$，则燃烧过程的速率取决于混合速率，$\tau \approx \tau_{mix}$，此时的燃烧工况就属于扩散燃烧或称燃烧过程处于"扩散燃烧区"。如燃料与空气是分别送入燃烧室，边混合边燃烧的过程就属于这种工况。

**(3) 过渡燃烧**（或称中间燃烧）

当化学反应速率与混合速率很接近（即 $\tau_{mix} \approx \tau_{che}$）时，燃烧过程的速率取决于化学反应速率和混合速率，此时的燃烧工况就属于过渡燃烧或称燃烧过程处于"过渡燃烧区"。

无论采用哪种燃烧方式，燃料在炉内燃烧时都应使燃料中的可燃物质（碳、氢、硫、碳氢化合物）成分燃尽，使燃料的全部潜在热量都释放出来，达到完全燃烧。当燃烧炉排出的烟气中还有一氧化碳、氢等可燃成分，或排出的灰渣中还有未燃尽的煤粒和焦末时，则燃烧就不完全。燃烧不完全将造成燃料的浪费与热量损失。为使燃料能均匀而完全地燃烧，必要的条件是以下几点。

**(1) 要有一定的空气量**

燃烧一定量的燃料，需要有一定量的空气。如空气供应不足，势必造成有一部分可燃物因缺氧未能进行燃烧反应而随烟气离开燃烧室，造成燃烧损失；但如空气过量，也会使排烟量过大而引起损失增加。故燃烧所需的空气量必须控制在合理的范围内。

**(2) 要有一定的温度**

燃料只有达到一定的温度（即燃料的着火点）时才能着火燃烧。各种燃烧炉都应为燃料提供着火热，例如层燃炉炉排上的燃料层对新进入的燃料加热，链条炉内的炉拱对刚进入炉子的新燃料也反射一部分热量等，都有利于燃料着火。此外，炉内还应维持一定的温度，使燃料着火后能迅速稳定地燃烧。温度越高，燃烧越强烈。对于层燃炉，炉内温度一般维持在 $1200 \sim 1500\,℃$，室燃炉的炉内温度应在 $1300\,℃$ 以上为好。对于沸腾炉，由于其燃烧特点，炉内温度一般为 $1000\,℃$ 左右。

**(3) 燃料与空气充分混合**

燃料燃烧时，仅有足够的空气是不够的，还需要使空气与燃料能充分接触和混合，才能使燃烧过程进行得完善。如煤粉炉把燃料磨成粉末，燃油炉把油喷成雾状，以及手烧炉加强拨火等都是为了增加燃料与空气的接触面积。

**(4) 要有足够的燃烧时间**

燃料燃烧时，需要一定的空间和时间以保证其完全燃烧。如层燃炉需要有一定的炉算面积，室燃炉需要有一定的炉膛高度与容积等。

# 1.4 燃烧工艺与设备的应用和发展

燃烧学是一门内容丰富而实用性很强的学科。过去，因生产水平低下，对燃烧工艺与设备的技术要求不高，发热强度较低，故根据已掌握的经验与规律也能设计制造出各种燃烧装置与设备。但现在，特别是喷气、火箭技术的高速发展，要求制造发热强度高、运行范围广的燃烧装置，并越来越趋向于在高温、高压、高速下进行燃烧，因此，仅靠过去的经验与有限的试验是无法达到这个目的的。这时就发现对燃烧基本过程缺乏认识与理解，会阻碍新的设计、试制工作的顺利进行。这就迫使对燃烧过程从根本上进行深入研究，以求在设计、试制和试验中有正确的理论指导。在对燃烧过程开展大量基本研究的同时，逐步形成了一门崭新的、高速发展的基本学科——燃烧学。

燃烧学的研究包括燃烧基本理论与燃烧技术两方面的内容。对燃烧基本理论和实验进行研究，对已有的燃烧技术进行分析与改进，以及对新的燃烧技术进行探索与研究等，务求最合理、最有效地组织和控制燃烧过程。为达到这一目的，还必须掌握各种燃料（包括劣质燃料、高能燃料、代用燃料等）的燃烧特性，以便选用最适宜的燃烧方法与燃烧装置。因此，燃料的燃烧特性研究也成为燃烧科学的一个重要方向。

燃料燃烧时，除了发出光和热外，还会散发出大量的烟尘、灰分、有害和无害的气体以及臭味与噪声，有时还有未经燃烧的部分燃料随着烟气被排放出来。燃烧排放物会污染环境，妨害人们的健康和动植物的生长，为此，就应积极开展对燃烧污染物形成机理的研究，探索通过改变燃烧工艺、精心控制燃烧过程以减少或消除污染物排放的有效方法，研究无公害（低污染）或"干净"的燃烧技术，把污染消灭在燃烧之中。所以，近年来这些研究都已成为燃烧科学研究的一个重要方向。

火可以促进人类的进步，给人类带来文明，但也能给人类造成灾难。世界上每年发生的各种火灾与爆炸（如森林火灾、建筑火灾、工业性爆炸与火灾）不知毁掉多少生命和财产。因此，为了预防与减少因火灾造成的生命与资源的损失，需要解决的问题有：火焰沿各种材料表面的传播，大液面的燃烧，闷烧、多孔介质中的燃烧，燃料燃烧与环境之间的相互关系，以便可靠地确定各种建筑材料在火灾中所起的作用。

燃烧科学的应用是极其广泛的，对人民生活、工业生产、国防技术以及宇宙探索都具有十分重要的意义。本书将针对不同种类燃料的燃料方法、燃烧过程、燃烧装置及其工业应用进行详细介绍，以期为从事与燃料燃烧相关的工作者提供一定的帮助和指导。

# 第2章

# 燃料的种类及性质

---

燃料通常是指能与氧发生激烈的氧化反应，放出大量热量，并在经济上是合理的一种物质。

燃料按其物态分为固体燃料、液体燃料和气体燃料，按其制取方式则分为一次燃料和二次燃料。常用燃料的类别见表 2-1。

表 2-1　常用燃料的分类

| 类　别 | 一次燃料 | 二次燃料 |
|---|---|---|
| 固体燃料 | 无烟煤、烟煤、褐煤、泥煤、煤矸石等 | 焦炭、煤粉等 |
| 液体燃料 | 原油 | 重油、重柴油、轻柴油、渣油、调混燃料油等 |
| 气体燃料 | 天然气 | 高炉煤气、焦炉煤气、混合煤气、城市煤气、发生炉煤气、液化石油气等 |

## 2.1　固体燃料的种类和性质

### ▶ 2.1.1　固体燃料的种类

天然的固体燃料有各种煤、可燃页岩、木材、秸秆、谷壳以及各种植物的茎、叶等。人造固体燃料主要是煤和木柴加工后制得的焦炭、半焦与木炭。这些固态可燃物中，广泛用作工业燃料的只有煤和焦炭（包括半焦），近年来由于环保意识的增强，生物质固体燃料正在大力推广。

**(1) 煤**

固体燃料主要指煤。煤是埋藏于地层内已炭化的可燃物。它作为燃料比较便宜，而且我国的储藏量巨大，因此在煤源丰富及运输方便的地区均以煤作为主要燃料，是使用最广泛的一种固体燃料。

煤是棕色至黑色的可燃烧的类似岩石的固体，它由植物经过物理和化学的演变和沉积而成。最初这些植物的沉积常常是在沼泽地或潮湿的环境中进行，并逐渐腐烂风化形成泥浆或泥煤。泥煤就是煤的前身，泥煤经过埋藏沉积以及随后的地质过程，包括压力及温度增高，演变成煤。在煤化过程的不同阶段，除泥煤外，煤可分为褐煤、烟煤（包括高、中、低挥发分）以及无烟煤（包括半无烟煤、无烟煤、高碳化无烟煤或石墨煤）。

① 泥煤是最年轻的煤，也是由植物刚刚变过来的煤，其炭化程度最低，在结构上它还保留有植物遗体的痕迹。泥煤多是由沼泽地带的植物沉积在空气量不足和存在大量水分的条件下生成的，其含水率高达 80%～90%，因而泥煤质地疏松，吸水性强，需进行露天干燥以后才可用于燃烧。

风干后的泥煤仍含有 30%～40% 的水分，灰分在干燥基中约占 10%，体积密度为 300～400kg/m³，低位发热量为 8000～10000kJ/kg，可燃基中碳元素占 55%～60%，氢占 6% 左右，硫通常不超过 0.5%，其余为氧和氮。在化学组成上与其他煤种相比，泥煤含氧量最高，达 28%～30%，含碳量较低。

使用上泥煤挥发分高，可燃性好，反应性高。它含硫低，机械性差，灰分熔点很低。工业上泥煤用于烧锅炉和作气化原料，但其工业价值不大，不能远途运输，只能作地方性燃料使用。

② 褐煤是泥煤经过进一步炭化后生成的，是植物炭化的第二期产物，但煤化程度仍较低，其颜色一般为褐色或暗褐色，无光泽，含木质结构。由于能将热碱水染成褐色，因而得名"褐煤"。

褐煤在性质上与泥煤有很大的不同。它的密度较泥煤的大，体积密度为 750～800kg/m³。新开采的褐煤含水率在 35%～50%，可燃基中含碳 65%～78%，氢 4.5%～6.5%，氧 15%～25%，其余为氮和硫，挥发分在 40% 以上。灰分在干燥基中的含量为 11%～33%。应用基低位发热量通常只有 12545～16726kJ/kg。

褐煤挥发物析出温度较低，因此易于着火燃烧，在空气中自燃着火温度为 250～450℃。褐煤由于灰分熔点低，燃烧时易结渣，因此需采用低温燃烧等技术措施。褐煤可用作工业或生活燃料，也可作用汽化与低温干馏用原料，但由于其在空气中易生化和破碎，只能作地方性燃料，多被就近利用。

③ 烟煤是一种煤化程度较高的煤种，其中已完全看不见木质构造。其外观为黑色或灰黑色，有沥青似的光泽。烟煤质地较硬，有较高的硬度，燃烧时出现红黄色火焰和棕青色浓烟，带有沥青气味。

与褐煤相比，烟煤的含水率进一步减少（内在水分在 10% 以下），氧和挥发分也减少，碳分与发热量则增加。其可燃性碳含量为 80%～90%，氢 4%～4.6%，含氧率一般在 3%～15% 之间，氮与硫含量同褐煤的相近，挥发分为 10%～40%，应用基烟煤低位发热量在 20908～33453kJ/kg 之间。供应状态的烟煤原料一般含内在水分 2%～5%，灰分在 20%～30%。

烟煤较易着火，自燃着火温度为 400～500℃。烟煤的最大特点是具有黏结性，这是其他固体燃料所没有的，因此是炼焦的主要原料。当然对炼焦的煤要有一定的选择，并非所有的烟煤都具有黏结性，也不是所有有黏结性的煤都适合于炼焦。我国根据煤的黏结性及挥发性大小等物理化学性质进一步把煤分为长烟煤、气煤、肥煤、结焦煤、瘦煤等不同的品种。其中长烟煤和气煤挥发分含量高，容易燃烧和适合于制造煤气。结焦煤具有良好的结焦性，适合于生产冶金焦炭。

④ 无烟煤也称"白煤"，是煤化程度最高的煤，也是年龄最老的煤，其特点是色黑质坚，有半金属似的光泽。它是由烟煤在炭化过程中进一步逸出挥发分与水分，相应增高碳分而形成的。可燃基中碳分一般高达 90% 以上（90%～97%），氢与氧均占 1%～4%，挥发分在 10% 以下。无烟煤的内在水分多在 3% 以下，灰分同烟煤的相近，低位发热量在

33453kJ/kg 左右（可燃基）。

无烟煤挥发分不仅析出温度高，而且量少，因此着火困难并较难燃尽。无烟煤无结焦性，焦炭呈粉状，灰分量少但熔点低。无烟煤燃烧时几乎不产生煤烟，火焰很弱或无火焰，不黏结，自燃着火温度在700℃左右。同时，由于无烟煤组织密实、坚硬、吸水性小，适合于远途运输、长期贮存，因此，无烟煤通常用作动力和生活用燃料，也用于制取化工用气。

**（2）焦炭**

一般所说的焦炭包括焦炭和半焦，皆为烟煤经干馏后的制得物。干馏是将天然固体燃料在隔绝空气的情况下加热至一定温度的一种热化学加工方法，有高温干馏和低温干馏之分。烟煤经高温干馏（900～1100℃）得到的固态产物即为焦炭（同时还制得焦炉煤气和高温煤焦油），经低温干馏（500～550℃）则得到半焦（同时还得到半焦煤气与低温煤焦油）。

焦炭为多孔块状，呈银灰色或无光泽灰黑色，低位发热量为5400～6500kJ/kg。焦炭主要由非挥发性碳与灰分组成，主要用作冶金工业的还原剂和燃料，也用于汽化过程的化工原料，只有次焦及碎焦才用作燃料。半焦强度差，易碎，残余挥发分与杂质较多，主要用作燃料和汽化原料。

**（3）生物型煤**

它是在煤粉中添加有机物、脱硫剂等，将其混合后经高压而制成具有易燃、脱硫效果显著、高热效率、未燃损失小等特点的型煤。煤可选择无烟煤、褐煤等，有机物可用麦秸、稻草、玉米秸秆、锯末等。添加有机物降低了生物型煤的燃点，而且燃后留下的空隙增加了空气流通量，起到膨化助燃作用。生物型煤原料配比选择对其性能的影响如表2-2所列。

表2-2　生物型煤原料配比选择对其性能的影响

| 配方（煤：木屑：稻秆） | 成形硬度 | 单个重 | 生物型煤外观 | 生物型煤燃烧状况 |
|---|---|---|---|---|
| 80：20：0 | 62 | 9.8 | 表面粗糙,无光泽,形状不规则 | 燃烧时闻不到二氧化硫气味,燃烧良好 |
| 75：25：0 | 71 | 10.2 | 无光泽,形状不规则 | 燃烧时闻不到气味,燃烧良好 |
| 80：0：20 | 75 | 9.9 | 无光泽,形状不规则 | 点火较易,有烟雾出现,燃烧完善,无结块现象 |
| 80：15：5 | 80 | 11.2 | 表面光滑,形状规则 | 点火较易,燃烧完善,无二氧化硫气味 |
| 100：0：0 | 18 | 11.5 | 成形不易 | 燃烧较难,而且燃烧不完善 |
| 75：15：10 | 110 | 10.0 | 表面光滑,有光泽,形状规则,成形好 | 点火容易,燃烧完全 |
| 75：25：5 | 92 | 10.2 | 表面光滑,有光泽,形状规则,差异较小 | 点火容易,燃烧完全 |

**（4）生物基有机固体燃料**

秸秆和谷壳等是农业生产的副产品。我国农作物秸秆资源丰富，如何变废为宝，将其转化为有用的能源，还需要进一步的研究。

近年来，生物质材料成形燃料技术得到了长足的发展，具有一定粒度的生物质原料，在一定压力作用下（加热或不加热），可以制成棒状、粒状和块状等各种成形燃料。原料经挤压成形后，密度可达1.1～1.4t/m³，能量密度与中质煤相当，燃烧特性明显改善，火力持久，黑烟少，炉膛温度高，而且便于储存和运输。目前生物质致密成型工艺从广义上可划分为常温压缩成型、热压成型和炭化成型三种主要形式。国内外几种生物质致密成型设备的主要性能技术指标分别见表2-3与表2-4。

表 2-3　国外部分生物质成形机主要性能指标

| 型　号 | 成形方式 | 生产率/(kg/h) | 产品密度/(g/cm³) | 压块直径/mm | 平均比功耗/(W/kg) |
|---|---|---|---|---|---|
| Bastimat 60 | | 50.0 | 1.18 | 60 | 56.0 |
| Biommat T177 | | 800.0 | 1.07 | 95 | 65.6 |
| Pres-to-log | 螺旋挤压 | 800.0 | 1.11 | 28 | 64.2 |
| FG 600 | | 600.0 | 1.22 | 62 | 64.2 |
| Spmm-562 | | 150.0 | 1.10 | 40 | 100.0 |
| M 75 | | 1000.0 | 1.20 | 75 | 40.6 |
| FP 150 | 机械冲压 | 675.0 | 0.92 | 55 | 21.7 |
| 5″-2 pinton | | 2000.0 | 1.07 | 55 | |
| I-90/200 | | 900.0 | 1.19 | 90 | 33.8 |
| Idra 70/120 | | 100.0 | 1.01 | 70 | 71.4 |
| OL. D201m | 液压冲压 | 65.5 | 0.92~1.1 | 60 | 96.9 |
| SP 90 | | 67.5 | 1.01 | 60 | 83.5 |
| Th 100 | | 525.0 | 0.8~0.86 | 100 | 40.0 |

表 2-4　国内几种生物质致密成形设备主要性能技术指标

| 型　号 | 规格/(台/年) | 生产率/(kg/h) | 电耗/(kW·h/t) |
|---|---|---|---|
| OBM-88 | 150 | 120 | 120.5 |
| SX-7.5,11 | 200 | 85~150 | 100 |
| JD-A | 150 | 120 | 100 |
| DZJ-80A | | 80 | 71.4 |
| MD | | 120 | 100 |
| SYJ-35 | | 50~100 | 83.3 |

## 2.1.2　固体燃料的成分分析

### 2.1.2.1　固体燃料的成分

固体燃料可分为可燃成分和不可燃成分两部分。可燃成分或粗略地分为挥发分和固定碳两部分，或精细地按元素组成。不可燃成分包括水分和灰分。

**(1) 可燃元素**

固体燃料的可燃成分包括挥发分与固定碳，因此习惯上以这两部分的元素构成作为可燃元素。可燃元素有碳、氢、氧、氮、硫五种，其中碳和氢是主要的发热元素，氧只是助燃，氮不参与燃烧，硫则是有害的杂质。

碳元素在煤中的含量随煤化程度的提高而增加，氢元素含量则随煤化程度的增加而减少。氧元素同氢相似，主要含于挥发分中，越"年轻"的煤中氧含量越多。氧不发热，这样就相应地降低了发热元素的含量，并且还会使部分发热元素氧化，所以氧含量越高，煤的发热量就越低。另一方面，氧含量高的煤挥发分产率也高，因此氧含量高又对燃烧有利。作为工业用燃料，只要氧含量不是特别偏高的煤都可以应用。

氮在煤中多存在于复杂的有机化合物中，燃烧时呈气态析出。氮含量很低（通常为1%~3%），原来人们并不将它作为有害成分，但随着对氮氧化物污染的重视，氮含量的有害影响已引起人们注意，因此氮含量应以少为好。

硫在燃料中可分为有机硫和无机硫两类，其和为全硫。无机硫又分为硫化铁和硫酸盐两种，前者可燃，同有机硫合称为可燃硫，后者不燃烧，仅存在于灰分中。可燃硫是主要的硫分，通常所说的含硫量即是指可燃硫，并常以全硫数据代替，误差很小。

煤中含硫量一般在 3% 以下，其含量不多，害处却很大。硫的燃烧产物二氧化硫是毒性气体，既污染环境，危害农作物生长和人类健康，又污染被加热物料，腐蚀燃烧设备。含硫多的煤不易保管，容易变质和自燃，所以硫是很有害的杂质，其含量越少越好。

① 挥发分　将干燥的固体燃料在隔绝空气的情况下加热到高温，逸出的气态部分便是挥发分，亦称挥发分产率，符号为 "V"。挥发分产率一定程度上代表了煤化程度，是煤分类的重要指标。

挥发分主要含 $CH_4$、$H_2$ 等可燃气体和少量的 $O_2$、$N_2$、$CO_2$ 等不可燃气体。一般随煤的炭化程度加深而减少，但挥发分的发热量却因其中可燃物质改变而有所提高。随着固体燃料加热温度和持续时间的增加，挥发分的产量将增加，成分也发生变化，所以测定时必须说明当时的条件。

挥发分易燃，因此含挥发分高的煤容易点火，火焰长且持续时间较长，这种煤宜作火焰加热炉燃料，燃烧效率也较高。

② 固定碳　固体燃料干馏时留下的固态剩余物中除去灰分就是固定碳，以符号 "$C_{GD}$" 表示。在烟煤和无烟煤的可燃成分中，固定碳占有最大的质量比和最多部分的发热量，是主要的发热部分。

**(2) 不可燃部分**

① 水分　也称全水分，用符号 "W" 表示。机械地浸附在燃料颗粒外表面及大毛细管内，可用风干方法除去的水分叫外在水分（$W_{WZ}$）；通过细毛细管吸附在燃料内部，需要加热才能去除的水分叫内在水分（$W_{NZ}$）。外在水分与内在水分的和便是全水分。

煤的水分因煤种、开采方法而异，运输、储存等条件也影响煤的实际含水率。水分增多会使煤的可燃成分降低，从而既造成运输能力的浪费，又使煤易于风化变质，所以水分是煤质与煤计价的一项重要指标。

② 灰分　燃料燃烧后余下的固态残留部分即为灰分，符号为 "A"。它们中的一部分是在燃料形成过程中混杂进来的，另一部分是在燃料开采、运输和储存过程中带进来的。灰分使可燃成分比率和燃烧温度降低，是固体燃料质量分级的一项重要指标。

在燃煤装置中，灰分的熔点对运行的经济性和安全性有较大影响。如果灰分熔点过低，在燃烧过程中易产生裹灰，造成煤的不完全燃烧，并在炉排上结块，影响通风，恶化燃烧，还给清灰除渣带来困难。

我国煤的灰分一般在 10%～30%。

**2.1.2.2　固体燃料的成分表示方法**

根据各种实际需要，固体燃料和液体燃料的元素分析采用以下几种基准组成来表示。

**(1) 应用基组成**

煤用 C、H、O、N、S、灰分（A）、实际水分（W）七种组分的百分数表示时叫 "应用基成分"，以上角标 y 表示。此时有：

$$C^y\% + H^y\% + O^y\% + N^y\% + S^y\% + A^y\% + W^y\% = 100\%$$

按应用基组成表示的燃料组成反映了燃料在实际应用时的成分，它相当于即将送入燃烧设备进行燃烧的燃料。这种状态的燃料有时也称为工作燃料（对固体燃料，或称为原煤）。

燃料的燃烧计算，应按应用基组成来进行。

由前述可知，燃料中水分和灰分的含量常受外界条件的影响而波动，而燃料的元素组成却是以其相对含量百分比来表示的，因此，当其中某一项含量发生改变时，则所有各项所占的百分比都要相应地改变，这样在理论分析或实验研究中引用燃料分析资料时就显得不方便，此时应用基组成就不能正确地反映燃料的特性。因此就有所谓分析基、干燥基与可燃基等组成表示法。这些都是实验室分析、进行燃料分类和研究燃料特性时所采用的。

**（2）分析基组成**

当煤样在实验室正常条件（即室温 20℃，相对湿度 60％）下放置，煤样会失去一些水分，留下的稳定的水分称为实验室正常条件下的空气干燥水分，以该空气干燥过的煤样各组分的百分数表示煤的成分，称为"分析基成分"，以上角标 f 表示。此时有：

$$C^f\% + H^f\% + O^f\% + N^f\% + S^f\% + A^f\% + W^f\% = 100\%$$

分析基组成之所以被采用是由于燃料的分析都是在试验室进行的，但为了避免水分在分析过程中发生变动，燃料试样必须先经过空气风干，这样一部分不很稳定的外在水分就先蒸发消失，余下的是稳定不变的内在水分。所以一般煤质分析资料和矿山所提供的煤质资料中的水分往往都是这种分析基水分。

**（3）干燥基组成**

但正如已提到的，煤中的含水率很容易受到温度、运输、贮存状况变化的影响，所以应用基成分会随水分的变动而改变，但此时煤的燃烧组成其实并没有变化，这样比较起来就不方便。为方便计，可以用不含水分的干燥的煤来表示各组分的百分数，称为"干燥基成分"，以上角标 g 表示。此时有：

$$C^g\% + H^g\% + O^g\% + N^g\% + S^g\% + A^g\% = 100\%$$

因为燃料中的灰分含量如同水分一样易受外界因素的影响，变动较大，故若把水分和灰分这类不稳定性较大的成分去掉，不计在燃料的组成内，则可得到不受外界影响的可燃基组成。

**（4）可燃基组成**

煤中的灰分也是会变动的。为了更明确地说明煤的化学组成特点，可以只用 C、H、O、N、S 五种元素在可燃组成中的百分数来表示煤的成分，这叫"可燃基成分"，以上角标 r 表示。此时有：

$$C^r\% + H^r\% + O^r\% + N^r\% + S^r\% = 100\%$$

可燃基组成不受水分、灰分变化的影响，它能较真实地反映燃料的特性。一般同一矿井的煤的可燃基组成变化不大，至多随着煤层的转移有稍许的变化，因此以可燃基组成来表示燃料的元素组成是较为合理的。所有煤矿中的煤质资料都是以可燃基组成表示的，且可用它来判别煤种（如褐煤、烟煤和无烟煤）及其属性。

各种表示方法同成分项目之间的关系如表 2-5 所列。

表 2-5　燃料成分与计算基准的关系

| 基准 | C | H | O | N | $S_R$ | | A | W | |
|---|---|---|---|---|---|---|---|---|---|
| | | | | | $S_{YJ}$ | $S_{LT}$ | | $W_{NZ}$ | $W_{WZ}$ |
| 应用基 | ← | | | | | | | | → |
| 分析基 | ← | | | | | | | → | |
| 干燥基 | ← | | | | | | → | | |
| 可燃基 | ← | | | | | → | | | |
| 有机基 | ← | | | | → | | | | |

上述各种成分的表示方法可以相互换算，换算系数如表 2-6 所列。

表 2-6 燃料组成换算系数

| 已知成分的基 | 所求成分的基 | | | |
| --- | --- | --- | --- | --- |
| | 应用基 | 分析基 | 干燥基 | 可燃基 |
| 应用基 | 1 | $\dfrac{100-W^{f}}{100-W^{y}}$ | $\dfrac{100}{100-W^{y}}$ | $\dfrac{100}{100-W^{y}-A^{y}}$ |
| 分析基 | $\dfrac{100-W^{y}}{100-W^{f}}$ | 1 | $\dfrac{100}{100-W^{y}}$ | $\dfrac{100}{100-W^{f}-A^{f}}$ |
| 干燥基 | $\dfrac{100-W^{y}}{100}$ | $\dfrac{100-W^{f}}{100}$ | 1 | $\dfrac{100}{100-A^{g}}$ |
| 可燃基 | $\dfrac{100-W^{y}-A^{y}}{100}$ | $\dfrac{100-W^{f}-A^{f}}{100}$ | $\dfrac{100-A^{g}}{100}$ | 1 |

### 2.1.2.3 固体燃料的工业分析

工业分析又称实用分析或技术分析，主要用于测定固定碳、挥发分、灰分、水分、硫分和发热量。一般将只作前四项分析的称作半工业分析，六项全作的叫全工业分析。水分、灰分与挥发分等项目的测定方法由国家标准规定。对固定碳通常不直接测定，而以煤样减水分、灰分和挥发分计算得出。

工业分析时各基准的项目成分含量（质量分数）之和应为 100%。

### 2.1.2.4 固体燃料的元素分析

元素分析即指可燃基的元素含量的测量。在硫分已知后，通常只测定碳、氢、氮的含量，氧的含量由差减法求得。元素分析时各基准的项目元素含量之和应为 100%。

各类煤的成分见表 2-7。

表 2-7 煤类燃料的成分（应用基） %

| 种类 | C | H | O | N | S | W | A | 密度/(g/cm³) |
| --- | --- | --- | --- | --- | --- | --- | --- | --- |
| 褐煤 | 52.8 | 4.8 | 14.6 | 0.9 | 0.6 | 17.6 | 0.7 | 1.20~1.30 |
| 烟煤 | 62.2 | 4.7 | 11.8 | 1.3 | 2.2 | 0.5 | 16.9 | 1.25~1.45 |
| 无烟煤 | 79.6 | 1.5 | 1.3 | 0.4 | 0.4 | 3.5 | 13.3 | 1.30~1.80 |
| 焦炭 | 75.7 | 0.4 | — | — | 1.1 | 3.8 | 19.0 | 0.6~1.5 |

几种固体有机燃料的成分见表 2-8。

表 2-8 几种固体有机燃料的成分（应用基） %

| 燃料 | C | H | O+N | S | W | A | 发热量/(kcal/kg) |
| --- | --- | --- | --- | --- | --- | --- | --- |
| 稻壳 | 36.0 | 4.4 | 31.2 | 0.1 | 9.8 | 18.5 | 3112 |
| 玉米秸秆 | 36.05 | 4.72 | 34.43 | 0.07 | 22.35 | 2.21 | 3328 |
| 玉米芯 | 48.4 | 5.6 | 44.6 | — | 15 | 1.4 | 3446 |
| 甘蔗渣 | 23.4 | 2.8 | 20.1 | 0.05 | 52.0 | 1.7 | 4000 |
| 向日葵子皮 | 48.0 | 5.0 | 36.2 | 0.1 | 13.8 | 1.9 | 3740 |

部分农业和木材垃圾的工业分析和元素分析见表 2-9。

表 2-9　部分农业和木材垃圾的工业分析和元素分析的主要数据

| 燃　料 | 工　业　分　析 | | | 元　素　分　析 | | | 高位热值 /(MJ/kg) |
|---|---|---|---|---|---|---|---|
| | W | V | A | C | N | S | |
| 杏仁树枝 | 11～45 | 78.22 | 3.29 | 18.49 | 0.73 | 0.04 | 18.58 |
| 杏仁壳 | 8～13 | 66.72 | 9.47 | 21.81 | 0.93 | 0.04 | 17.63 |
| 伐木业垃圾 | 40～60 | 74.70 | 2.29 | 23.01 | 0.25 | 0.07 | 21.38 |
| 橄榄核 | 10～50 | 75.17 | 1.44 | 23.37 | 0.09 | 0.03 | 20.72 |
| 桃核 | 15～45 | 79.27 | 0.97 | 19.96 | 0.72 | 0.04 | 21.09 |
| 稻草 | 8～25 | 69.44 | 13.59 | 16.97 | 0.53 | 0.05 | 15.90 |
| 城市木材垃圾 | 10～35 | 76.55 | 4.33 | 19.12 | 0.60 | 0.08 | 19.33 |
| 葡萄藤 | 15～50 | 56.25 | 18.80 | 24.95 | 2.45 | 0.15 | 16.47 |
| 胡桃壳 | 8～15 | 80.05 | 1.07 | 18.89 | 0.68 | 0.06 | 20.49 |

### 2.1.2.5　煤的化学组成

固体燃料主要指煤。煤是由极其复杂的有机化合物组成的。一般由煤的 C、H、O、N、S 各元素的分析值及水分、灰分的百分含量来表达煤的化学组成。

**(1) 碳**

碳是煤中的主要可燃元素。随着煤的形成年代的增长，由于一些不稳定的成分逐渐析出，碳的含量将逐步增高，这一过程称为煤的碳化过程。碳化程度低的泥煤含碳量为 60%～70%，碳化程度高的无烟煤可达 90%～98%。煤的可燃质中含碳量大致如下：

泥煤　　C：约 70%；　　褐煤　　C：70%～80%；　　弱黏结性煤 C：80%～83%
黏结煤　C：83%～85%　　强黏结性煤 C：83%～90%　　无烟煤　　　C：90% 以上

煤中的碳是以与氢、氧化合成有机化合物状态存在的。在碳化程度高的煤中也可能存在结晶状态的碳。碳是一种较难燃烧的元素，碳化程度高的煤着火与燃烧均较困难。

**(2) 氢**

氢也是煤的主要可燃元素，煤中含氢量为 2%～6%。在可燃质中含碳量为 85% 时，有效氢含量最高，约为 5%。在此之后氢含量又随碳化程度提高而减少。氢在煤中以两种形式存在，一种是与碳、硫等化合为各种可燃有机化合物，称为有效氢，也称自由氢，这些可燃有机化合物在煤受热时易裂解析出，且易于着火燃烧，并放出热量。另一种是和氧结合在一起的，叫化合氢，它不能放出热量。在计算发热量和理论空气需要量时，以有效氢为准。

含氢量高的煤种燃烧时易生成带黑头的火焰，即燃烧时易生成炭黑。此外含氢量高的煤种在储存时易风化而失去部分可燃物质，故在储存与使用时都应加以注意。

**(3) 氧和氮**

煤中的氧和氮都是不可燃成分。氧在煤中是一种有害物质，氧和碳、氢等结合生成氧化物而使碳、氢失去燃烧的可能性。可燃物质中碳含量越高，氧含量越少。

一般情况下氮不能参加燃烧，也不会氧化，而是以自由状态转入燃烧产物。但在高温下或有催化剂存在时，部分氮可和氧形成 $NO_x$ 而污染大气。煤中含氮 0.5%～2%。

**(4) 硫**

硫是燃料中最有害的可燃元素。硫在燃烧后会生成 $SO_2$ 和 $SO_3$ 气体，这些气体会与燃烧产物中的水蒸气结合，形成对燃烧装置金属表面有严重腐蚀作用的亚硫酸和硫酸蒸气。$SO_2$ 与 $SO_3$ 排入大气还会严重污染大气。发电厂的排气中含有硫化物，出于环境保护的需要，应加设除硫装置，但这会使发电厂的设备费用增加 20% 左右。所以煤中的硫是合理干净地使用煤的大问题。我国煤的硫含量为 0.5%～3%，亦有少数煤超过 3%。

硫在煤中有三种存在形式：①有机硫，来自母体植物，与煤呈化合态均匀分布；②黄铁矿硫，以 $FeS_2$ 形式存在；③硫酸盐硫，以 $CaSO_4 \cdot 2H_2O$ 和 $FeSO_4$ 等形式存在于灰分中。

### (5) 灰分

灰分是指煤中所含矿物质（硫酸盐、黏土矿物质及稀土元素）在燃烧过程中高温分解和氧化后生成的固体残留物。大体上灰分的成分为 $SiO_2$：40%～60%；$Al_2O_3$：15%～35%；$Fe_2O_3$：5%～25%；CaO：1%～1.5%；MgO：0.5%～8%；$Na_2O+K_2O$：1%～4%。煤中灰分是一种有害成分。对工业锅炉来说，灰分高的煤热值低，不好烧，给设备维护带来困难。对燃气轮机用煤，更是要求灰分非常低。灰分给涡轮叶片带来腐蚀、沉积、侵蚀。现在国际上已经研究出可将煤中灰分精洗到 1% 以下供燃气轮机使用，但价格很贵，难以工业化。煤中的灰分可分为两种：一种是煤化过程中由土壤等外界带入的矿物质，称为外来灰分。这种灰分可以用浮选等物理选矿方法来清除。一般工业用的洗净煤含灰量在 8% 左右。特别仔细的物理洗煤技术可将煤中灰分洗到 3% 左右。再要降低灰分就得用化学方法了。另一种灰分是原来成煤植物中固有的，称之为内在灰分。减少内在灰分必须将煤磨细后，用化学液体（如氢氟酸）去与灰分作用，然后再用碱液洗掉酸，最后用水洗。这一过程成本昂贵，对环境污染严重。

在工业上解决灰分的方法大体是：①在入炉前减少煤中灰分，即采取洗煤措施。除了燃气轮机要求非常高外，炼焦用煤规定入炉前煤中灰分不超过 10%。②在燃烧过程中排渣（液体排渣）或在燃烧之后的排气中除灰（固体除尘）。为了达到液体排渣或固体除尘，都要知道灰分的熔点。要液体排渣的，希望灰分熔化造渣。相反，不是液体排渣的，希望灰分不熔化，这时灰分熔点不能太低，以免引起熔化结渣，阻碍流路，破坏炉体。燃烧排气除尘可以采用旋风分离器或布袋除尘器。

灰分在低温下呈固体状态，当加热到一定温度时，灰分将会软化并带有黏性，再继续加热将达到灰分熔点，这时灰分将呈流体状态。在燃煤装置中，灰分的熔点对运行的经济性与安全性有很大影响，如灰分熔点过低，则灰分易产生裹灰（熔化的灰分包在尚未烧透的焦炭之外），造成煤的不完全燃烧，并在炉栅结块，影响通风，恶化燃烧，还给清灰除渣带来困难。所以一般要求灰分的熔点不低于 1200℃，在设计燃烧装置时必须要考虑灰分的熔点。

灰分熔点与灰分的组成及炉内的气氛有关，在 1000～1500℃ 之间。用于燃烧的煤（除液体排渣外）大多希望高熔点灰分。大体上熔点在 1093℃ 以下的为低熔点，在 1316℃ 以上者为高熔点灰分。灰分的组成对熔点影响极大。一般来说，含硅酸盐（$SiO_2$）和氧化铝（$Al_2O_3$）等酸性成分多的灰分，熔点较高。含氧化铁、钙、镁、钾等碱性成分多的灰分，熔点较低。灰分在还原性气氛中的熔点比氧化性气氛中的低。灰分的熔点、组成对燃烧装置（如锅炉排管）上的沉积和腐蚀有很大关系，煤中含碱金属及碱金属氯化物的腐蚀严重。

### (6) 水分

水分是燃料中无用的成分。煤中水分包括两部分：①外部水分或湿成分。这是机械地附着在煤表面的水分，它与大气温度有关。把煤磨碎后在大气中自然干燥到风干状态，这部分水分就可除去。外部水分随运输和储存条件的变动很大。②内在水分。这是煤达到风干状态后所残留的水分，它包括被煤吸收并均匀分布在可燃质中的化学吸附水和存在于矿物质中的结晶水。内在水分只有在高温分解时才能除掉。通常作分析计算和燃烧评价时所说的水分就是指这部分水。

煤的成分通常用各组分的质量百分数表示。由于燃料中水分和灰分常受季节、运输和贮存等外界条件变动的影响，数值会有很大的波动。同一种燃料由于取样时条件不同，或者在同一实验条件下由于所采用的分析基准不一样，所得结果亦会不相同。所以固体燃料和液体燃料的元素分析值都必须标明所采用的基准，否则就毫无意义。

## 2.1.3　固体燃料的特性

### 2.1.3.1　煤的特性

#### （1）煤的氧化与自燃

煤在同空气接触时会吸附氧气从而进行缓慢的氧化，若存在较多的水分和硫化铁，则会加速这种反应。氧化产生热量，煤堆如散热不好，内部温度就会增高并达到着火温度，这时煤就会燃烧，这种现象称为煤的"自燃"。为了避免煤堆自燃，要特别注意煤的堆放方式和对煤的管理。

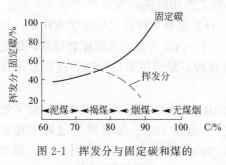

图 2-1　挥发分与固定碳和煤的碳化程度的关系

图 2-1 所示为煤的挥发分与固定碳和煤的碳化程度的关系。可以看出，随着煤的碳化程度的提高，煤中的固定碳含量增多，挥发分减小，因而其着火点提高。因此，对于碳化程度不够的泥煤、褐煤等，在堆放过程中尤其要注意避免自燃的发生。

煤在存放过程中即使不发生自燃，长期的缓慢氧化也会产生重要影响，如烟煤存放一年后，其发热量可降低 $1\%\sim5\%$，有的达 $10\%$，结焦性和焦油产率也相应降低，所以煤不宜存放过久，长期存放时应采取防氧化措施。

#### （2）煤的发热量

发热量大小是评价煤好坏的一个重要指标，也是计算燃烧温度和燃料消耗量的依据。

1kg 煤完全燃烧后所放出的燃烧热叫做发热量，单位为 kJ/kg。通常用的是低热值，即不包括水蒸气凝结成水时的冷凝热。发热量可以用氧弹式量热计直接测定，也可以根据元素分析值近似计算。

$$Q'_{DW} = 339C' + 1030H' - 109(C' - S')kJ/kg$$

煤的发热量与碳化程度有一定关系，随着碳化程度的提高，发热量不断增大，当碳含量达到 $87\%$ 时，发热量达到最大值，以后则开始下降。所以煤的发热量大小通常作为煤分类的依据。

#### （3）煤的黏结性

煤的黏结性是指粉碎后的煤在隔绝空气情况下加热到一定温度时，煤的颗粒相互黏结形成焦块的性质。这种黏结是高温下热分解析出胶凝性物质的结果。这种胶凝性物质主要是沥青质，烟煤中含量较多。

黏结性不仅影响选择煤种是否可以炼焦，对于煤的气化和燃烧性也有很大影响。例如强黏结性的煤气化和燃烧时，容易形成大块，严重影响气流的均匀分布。

含沥青质的煤干馏加热至一定温度时，受热表面会逐层分解，形成胶体状态，再逐渐转变为焦炭。这种不断形成的胶质层的厚度就称为胶质层厚度（通常取最大厚度）。厚度值越大，黏结性越高。

在实验室条件下用坩埚法测定挥发分之后，对所形成的焦块根据外形分为八个等级，称为黏结序数，以此来评定黏结性的强弱。各黏结序数的代表特征如下。

① 粉状　焦炭残留物全部为粉状，没有互相黏着的颗粒。

② 黏结　焦炭残留物黏着，以手轻压即成粉状。

③ 弱黏结　焦炭残留物黏结，以手轻压即碎成小块。

④ 不熔融黏结　用手指用力压才成小块。

⑤ 不膨胀熔融黏结　焦炭残留物呈扁平的饼状，表面有银白色金属光泽，煤粒界限不易分清。

⑥ 微膨胀熔融黏结　焦炭残留物用手指压不碎，表面有银白色金属光泽和较小的膨胀泡。

⑦ 膨胀熔融黏结　焦炭残留物表面有银白色金属光泽，明显膨胀，但高度不超过15mm。

⑧ 强膨胀熔融黏结　焦炭残留物表面有银白色金属光泽，明显膨胀，高度超过15mm。

**(4) 煤的结焦性**

煤的结焦性是指煤粒在隔绝空气受热后能否生成优质焦炭的性质。结焦性同黏结性既有联系又有区别。一般来说，结焦性好的自然黏结性好，但黏结性好的煤不一定结焦性就好。如有的煤黏结性好，能结焦，但焦炭裂缝多、强度差，其结焦性并不好。

**(5) 煤的灰分软化温度和结渣性**

灰分是多种无机矿物质的混合物，受热会软化和熔融为液态。不同的灰分，其软化温度和熔点不同。软化温度和熔点低的灰分可能在燃烧室内呈黏稠或熔融状，从而阻碍空气流通，影响燃烧或汽化的正常进行。

通常将灰渣开始变软的温度称为变形温度，完全软化的温度称为软化温度，熔融呈流体状的温度称为熔化温度。软化温度同熔点有一定关系。根据灰分软化温度的高低，可将灰分分为易熔（熔点小于1100℃）、低熔（熔点在1100~1250℃）、高熔（熔点在1250~1500℃之间）和难熔（熔点大于1500℃）四种。我国煤的灰分软化温度在1100~1700℃之间。

煤的结渣性是指煤在燃烧或气化过程中灰渣是否容易结块的性质。结渣性的强弱以结渣率表示，结渣率大的不利于燃烧及气化的进行。

结渣性同灰分含量、灰分软化温度、硫含量和碳酸盐含量等有关。灰分重、熔点低、硫和碳酸盐含量高的就容易结渣。从燃烧角度来选择燃料时，应综合考虑结渣性与灰分软化温度的影响。

**(6) 煤的流散性和堆积角**

流散性是指固体燃料粒、块之间在重力作用下彼此的相对移动性，它主要取决于颗粒之间的摩擦力与附着力。流散性大的煤不易堆积，会像流体似的向四周流散，堆积角度小；流散性小的煤就容易堆积，堆积角大。当煤堆的堆积角等于或大于90°时，可认为失去了流散性。因此，堆积角在一定程度上反映了流散性的大小。煤所吸附的机械水分增多会使流散性恶化，达到极限水分时流散性就会消失。

煤的流散性变差会给输送、装卸等造成困难。燃烧工作中可利用堆积角大致估计煤的含水率。

**(7) 煤的可磨性**

煤的可磨性是指煤粉碎的难易程度，是制备煤粉应了解的一种性质。我国烟煤、无烟煤的可磨性以哈氏可磨指数表示。其测定方法是：先将煤破碎、筛分，制取粒度为 $0.63\sim$ 1.25mm 的煤样 50g（±0.01g），在哈氏可磨性实验仪上研磨，然后再筛分、称量，并按规定公式计算哈氏可磨指数。该指数越高则可磨性越好。

**(8) 煤的燃烧特性**

通过煤的工业分析虽然可以大致了解一些煤的燃烧特性，但为了更合理利用燃料，还需进一步了解煤的燃烧特性。近年来通过大量研究提出了一些可以更直接反映煤燃烧特性的指标，其中主要有以下几种。

① 煤的燃烧图　所谓煤的燃烧图，是指测定煤样在一定的条件下（诸如升温速率、试样颗粒大小、试样质量、空气供应量等），煤样的燃烧速率（以失重率 $dW/d\tau$ 表示）随温度变化的曲线。这种曲线是利用"热天平"仪器测出的，在仪器中可以精确的设置实验条件并测出煤样失重率。

通过煤的燃烧图可以对煤的着火和燃烧过程进行综合评价，并可比较不同煤种的燃烧。研究表明，如煤的燃烧图相似，则在炉中的燃烧情况也基本相似。

② 反应指数　反应指数是指煤样在氧中加热时，当升温速率达到 15℃/min 时所需的加热温度，以 $T_{15}$ 表示。$T_{15}$ 数值越高，则表明该煤越难着火燃烧。显然煤的挥发分越低，则 $T_{15}$ 数值越高，但不同煤种挥发分的影响程度有差异，故用 $T_{15}$ 判断煤的着火燃烧特性比用挥发分判断更为直接和准确。

③ 熄火温度　熄火温度是指将煤加热至着火点，然后停止加热测出的煤熄火温度。煤的挥发分越高，则着火燃烧后的释热量也越高，燃烧稳定性也就越高（即不易熄火），其相应的熄火温度就越低。故根据熄火温度的高低，可判断不同煤种着火后的燃烧稳定性，这也是一种说明煤燃烧特性的指标。

### 2.1.3.2　生物质固体燃料的特性

生物质固体燃料（包括秸秆、稻壳等有机废料）基本上由有机物组成，其主要成分是粗纤维（包括纤维素、半纤维素和木质素），还有少量的蛋白质、糖类和脂类物质，因此燃烧着火点低。

秸秆密度小，体积大，如谷子秸秆的密度为 185kg/m³，稻草的密度为 $59.3\sim59.6kg/m^3$，稻壳的密度为 100kg/m³，捣实后为 160kg/m³，而无烟煤的密度为 1500kg/m³。因此燃料热值低，运输和堆放都比较困难，而且要考虑进料机构及炉膛的结构，以适应其特殊要求。

生物质固体燃料中含水率大，而且成分复杂，变化大，随机性大，不同品种、不同地区、不同季节的秸秆成分不会完全一致，这就给燃烧装置的适应性提出了更高的要求。

此外，原料比较分散，而且不均衡。虽然全国的秸秆产量非常大，但各地区分布很不均衡，如有的地区有稻草，有的地区有玉米秸秆。

另外，秸秆的季节性很强，粮食收获季节，秸秆集中生产出来，数量大，湿度也大，无处堆放。

因为生物质固体燃料多数是工农业生产中产生的有机废料，因此价格低廉，如稻壳的价格仅为煤的 1/6、柴油的 1/20，而稻壳的热值则是煤的 1/2、柴油的 1/3。

生物质固体燃料供应的有限性及其分布散、体积大、运输费用高等特点决定了生物质利用系统不宜大型化。另外，有些生物质燃料带有异味，它们的收集、运输会受到较大的社会压力，宜就地处理。

和煤炭相比，生物质固体燃料的挥发分含量要高得多，材料中焦炭的燃烧着火很大程度上是依靠挥发分燃烧放出的热量来实现的,这与煤粒的着火有很大区别。研究表明,生物质材料的挥发分析出迅速猛烈,而且在挥发分几乎燃烧完全后焦炭才开始燃烧。

值得注意的是,生物质固体燃料在燃烧过程中可能发生烧结现象,影响燃烧装置的正常运行。烧结与温度、风速和气氛有关,但温度是影响烧结的最主要因素。稻草、玉米秸秆、高粱秆、玉米芯的烧结温度分别为 680℃、740℃、680℃、790~815℃。

## 2.2 液体燃料的种类和性质

石油是唯一的天然液体燃料。石油是古代动植物有机残骸为砂石泥土覆盖,在与外界空气隔绝的条件下,长期受地质与细菌的作用,逐渐形成的。

从合理利用资源考虑,将石油直接作为燃料是不合理的。目前所使用的液体燃料主要是由石油炼制的各种不同石油产品。此外,从油页岩和煤中也生产出人造液体燃料。近年来许多国家还在积极研究各种生物代用液体燃料,如甲醇、乙醇、酯化动植物油等,并取得重大进展,目前已成功地应用于汽车发动机和农业动力机械。生物代用液体燃料是一种来源广泛且可再生的能源,因此有着十分广阔的前景。

液体燃料具有发热量高,使用方便,燃烧污染较低等许多优点,是一种较理想的燃料,但其使用受到各国具体资源条件限制。我国按人口平均的石油储量较低,因此,石油类液体燃料的使用应限制于必须使用的场合,如交通运输动力装置、移动式动力装置以及某些由于生产工艺有特殊要求的工业炉窑等场合。

石油不仅是重要的能源资源,也是宝贵的化工原料。从石油中不仅可炼制出各种液体燃料和润滑油脂,而且可生产出许多重要工业产品,如合成纤维、塑料、染料、医药用品、橡胶、炸药等。因此,石油在国民经济建设和国防建设中都起着十分重要的作用。

### ▶ 2.2.1 石油的炼制及其产品

直接从地层内开采出而未经炼制的石油称为原油。它是一种呈浅褐色或深黑色的黏稠液体。原油经过炼制可以得到各种石油产品。炼制石油的原理是利用石油中各种不同成分具有不同沸点的特点,将原油加热,从而在不同温度范围内(称为馏程)可获得不同的石油产品。在接近大气压力条件下,于 40~180℃馏出者为汽油,于 150~300℃馏出者为煤油,于200~350℃馏出者为直馏柴油,余下者为高沸点的重质油,称为常压重油。

通过常压蒸馏所获得的各种馏分仍是一个多组分的混合物,可进一步加工,例如把高沸点的常压重油加热至 400℃以上可以继续分馏出各种重质油来。但炼油厂为了简便,一般采用降低压力的方法来提取,即根据气压降低、沸点下降的原理,在压力为 0.01MPa 下,在400℃左右可以从常压重油分馏出在常压下沸点为 700℃以下的石油产品。降压分馏的产品有重柴油及沸点较高的蜡油(可作为生产润滑油的原料),余下者称减压重油,其初沸点大于 340~370℃。通常将常压重油与减压重油统称为直馏重油。

为了增产轻质油、增加品种和提高质量,炼油厂还采用裂化的方法从某些重质油中生产出汽油、柴油以及一些高级车用汽油和航空汽油等。所谓裂化就是使分子较大的烃类裂解为分子较小的烃类,以取得轻质油产品。裂化方法又可分为热裂化和催化裂化。经过上述加工方法可获得可燃气、汽油和润滑油等产品,残留的高沸点重质油称裂化重油,其初沸点大于500~550℃。与直馏重油相比,其密度、黏度及所含杂质均较高,燃料稳定性差,易沉淀堵塞油管，燃烧性能亦较差。近年来还采用加氢等工艺来增加轻质油产品。通过以上介绍可以看出，通过提高石油加工深度，可以获得更多的轻质石油产品。

汽油、柴油等轻质燃油除了可从石油中制取外，还可通过煤的加氢和水煤气合成的方法来获得。由于煤的主要成分是碳，其中所含氢低于液体燃料，因此可以通过加氢工艺制取汽油、柴油等石油产品，也可先由煤制取水煤气，然后利用催化剂使水煤气中的 CO 和 $H_2$ 化合，从而获得气体燃料、汽油和柴油等产品。但目前从煤制取液体燃料成本较高，所有这些加工方法尚处于中间试验阶段。从开辟液体燃料新来源考虑，由煤制取液体燃料有很广阔的前景。

汽油、煤油、轻柴油主要作为内燃机、燃气轮机的燃料。重柴油除作为中、低速柴油机和重型固定式燃气轮机的燃料外，有时亦作为锅炉及工业炉窑的燃料。用于锅炉和工业炉窑的燃料油主要是重油和渣油。前者是将常压重油、减压重油、裂化重油等油种按适当的比例调和，以达到一定的质量控制指标的一种燃油，如以炼油过程的残余油（它可以是常压重油、减压重油、裂化重油等），不经处理，就直接作为燃料油，则称为渣油。重油、渣油是原油提取轻质馏分后的残余油，其密度、黏度、沸点均较高，分子结构复杂，且含有较多的固体杂质和水分，故须采取较多的技术措施方能正常燃烧，但价格较低。

## ▶2.2.2 液态产品的化学组成

石油主要由碳和氢两种元素组成，此外还含有少量的氧、硫和氮的化合物（以复杂的有机化合物的形式存在）以及少量的灰分和水分。

在石油产品中主要化学组成是碳氢化合物，主要有四类。

① 烷烃 $C_nH_{2n+2}$，$C_5 \sim C_{15}$ 为液体燃油的主要组成。烷类亦称石蜡族碳氢化合物，从 $C_5$ 开始，有正烷烃（直链结构）和异烷烃（侧链结构）之分。一般来说，烷烃具有较高的氢/碳比，密度较低（轻），重量发热值高，热安定性好。烷烃的燃烧通常没有排气冒烟及积炭。

② 烯烃。分子通式为 $C_nH_{2n}$。烯烃是不饱和烃，它们的分子结构中含的氢比最大可能的少，所以化学上是活泼的，很容易和很多化合物起反应，其化学稳定性和热安定性比烷烃差。在高温和催化作用下，容易转化成芳香族碳氢化合物。一般原油中含烯烃并不多，烯烃通常是由裂解过程产生的。直接分馏法得出的石油产品中含烯烃不多，在裂解法得出的油中，烯烃可以多到 25%。

③ 环烷烃。分子通式亦是 $C_nH_{2n}$，是饱和的，分子结构中碳原子形成环状结构而不是链状结构。在分馏油中环烷烃的量和烷烃差不多。在化学稳定性、质量热值和冒烟积炭的倾向性几方面和烷烃很相似。

④ 芳香烃。它是环状结构，含有一个或更多的 6 个碳原子的环状结构。虽然在结构上似乎与环烷烃有点类似，它们含的氢少，因而它们单位质量的热值低很多。其他主要的缺点是冒烟积炭的倾向很高，吸湿性高，所以当燃油处于低温时容易导致冰结晶的沉积。芳香烃对橡胶制品有很强的溶解能力。单环芳香烃的一般式为 $C_nH_{2n-6}$，更复杂的芳香烃可以是上述分子结构中一个氢原子由其他基所替代。

在我国油田原油炼出的煤油中，各种成分占比如下。

① 烷烃占 81%～93%，烯烃（不饱和烃）只占 0.3%～13%，芳香烃占 5.5%～18%（胜利、大港的原油炼出的含量高）。

② 烷烃和环烷烃含量相差不多。

③ 在芳香烃中又可分出单环芳烃和双环芳烃。研究表明，同样芳烃含量，双环芳烃对生成烟粒的作用更强。

④ 煤油（以及其他油料）是由多种烃（还有其他组成）混合组成的。

煤油中碳和氢的含量占 99.9%，表 2-10 列出了我国典型的几种航空煤油的碳、氢含量和碳氢比。

表 2-10　航空煤油的碳、氢含量和碳氢比

| 油样 | C/% | H/% | C/H(质量比) |
|------|------|------|------|
| 胜利 RP-1 | 85.68 | 14.28 | 6.00 |
| 大庆 RP-2 | 85.08 | 14.90 | 5.71 |

由于燃料中含有的元素硫、硫醇、硫化氢的高腐蚀性会降低油料的安定性，因此在煤油规格中都加以限制。在炼油过程中用清洗或其他办法除硫。氮和氧的化合物是不希望有的成分，它会降低油料的热安定性、洁净性等。航空煤油中的微量金属元素也是不希望的，除了原油中本身含有的外，往往还有在贮运和泵送过程中的污染物。

## 2.2.3　液态燃料的特性

### 2.2.3.1　液态燃料的物理性质

液态燃料的某些理化性质（如黏度、闪点等）对其燃烧和使用性能有着很大的影响。

**（1）密度**

密度是油料在 $t$℃时单位体积的质量，通常取 kg/m³ 为单位，以 $\rho$ 表示。

燃油的密度通常以相对值表示，即以燃油在 20℃时的密度与纯水在 4℃时的密度之比表示，记以符号 $d_4^{20}$。燃油在其他温度 $t$（℃）下的相对密度 $d_4^t$ 可按下式换算：

$$d_4^t = d_4^{20} - \alpha(t-20) \tag{2-1}$$

式中　$\alpha$——温度修正系数，可由有关文献查出石油类燃油的 $\alpha$ 值。

燃油的相对密度与平均沸点和化学组成有关。通常 $d_4^{20}$ 越大，其元素成分中含碳量就越高，含氢量则越低，并且其发热量也越低，生成烟的倾向越明显。因此，通过 $d_4^{20}$ 可大致估计燃油性质。

液体燃油的相对密度是随液体燃油的温度而改变的。油温升高，油料的密度（相对密度）降低。

在设计重油沉淀、水洗及分离设备时，必须考虑密度的影响，因为无论是采用离心式或静电式分离设备都希望油与水的密度差较大，这样可获得良好的油水分离效果。当重油密度较大时，由于油水分离效果差，这时就要求采用更复杂的水洗系统。

**（2）相对分子质量**

石油产品是各种烃的混合物，其相对分子质量是一种平均相对分子质量，一般随馏程增高而增大，可以由一些经验式估算。

**（3）黏度**

燃料的黏度与燃料输送、油泵寿命、喷嘴雾化、低温点火启动等有很大关系。黏度越大，喷雾质量越差。黏度主要取决于燃料中所含碳氢化合物的组成（黏度依如下次序降低：多环环烷烃、环烷烃、芳香烃、烷烃），同时随温度而极为显著地变化（尤其低温）。

在燃油规格中,黏度一般采用运动黏度($m^2/s$)。运动黏度等于动力黏度除以密度。

燃油的黏度与温度有关,它随着温度的升高而降低,因此,对于高黏度的燃油(如重油),为了保证其在管道中顺利输送与在喷嘴处良好的雾化,必须对它进行预热。温度对黏度的影响不是均衡的,一般来说,在温度50℃以下,影响较强烈;在温度50~120℃之间,则其影响相对地较小,尤其对于黏度小的油更是这样;而在120℃以上,可以说几乎没有影响(除个别的高黏度油外)。

此外,燃油的黏度还与燃油的组分和燃油压力有关。随着燃油的沸点范围提高以及其中所含的烃的分子量的增大,燃油的黏度亦相应增高。所以,燃油的黏度是按着下列油品顺序依次递增,即汽油、煤油、柴油以及重油。汽油的黏度最小,且随温度的变化亦最不明显,故在汽油技术规格中一般不规定该项指标。煤油的黏度较汽油为大,且随温度的变化也较汽油显著,故它对喷气发动机的工作有一定的影响。柴油的黏度比煤油大得多,且各种柴油间的黏度相差也很大,同时它随温度的变化亦很剧烈,故黏度对柴油来说是一个很主要的物性参数。重油的黏度更大。重油在常温下,是一种黏稠的黑色流体,不易流动,为使重油能在管道中顺利输送,需将重油预热到30~60℃。欲使重油获得良好的雾化燃烧,就要求进入油枪时必须预热到80~110℃或更高。渣油是重油再经提炼后的残余物,故其黏度就更高。

压力对黏度也有影响,在压力较低时(1~2MPa)可以不计,但在压力较高时,黏度则随压力升高而变大。

**(4)表面张力**

表面张力是液体表面单位长度上用来抵消使液体表面面积增大的外拉力而由液体表面所呈现的内聚力,单位是N/m。通常可以用双毛细管法来测定。燃油的表面张力系数也是影响燃油雾化质量的主要因素,燃油的雾化滴径大致与表面张力系数成反比,燃油馏程越高,其表面张力系数越大;随着油温的提高,表面张力系数将降低。

**(5)馏程与沸点**

馏程是指馏分的温度范围,馏程中的馏分组成则表达了不同温度下馏出物量的关系。燃油的馏程是表示燃油蒸发性能的极为重要的指标,表示为燃油蒸发出不同百分数时所需要的温度。燃油的馏程在很大程度上决定了燃料的物理性质和燃烧性质,决定了每吨原油可产该种燃油的产出率。希望增大产出率则要加宽馏程,即多"切"一些(wide out),这时可以降低初馏点,或提高终馏点。这样在增大产量的同时,一定会影响到燃料的性质(例如闪点、冰点等)。

各种燃油的馏程范围大致如下:

航空汽油        40~180℃

汽车汽油        35~205℃

航空煤油        150~280℃

轻柴油          200~350℃

重油            初沸点340℃(甚至大于500℃)

燃油是混合物,所以没有单一的沸点,常用50%馏点温度来表征燃油的沸点,然后其他各物性(如黏度、比热容等)又与平均沸点或中馏点建立关系。常压下的中馏点又称正常沸点。

燃油的初沸点越高,则启动点火越困难;终沸点低的燃油则表明燃油易汽化,有利于燃烧。通常所谓轻质燃油、重质燃油就是根据馏程温度范围来划分的。燃油的馏程还对燃烧冒烟和积炭有一定的影响。

**(6) 蒸汽压和临界参数**

当燃料表面保持气液平衡时，饱和蒸汽产生的分压力称为饱和蒸汽压。在任何压力下均能将气体液化的最低温度称为临界温度。换句话说，在临界温度之上无论加多大压力都不可能使气体液化，在临界温度时与液相处于平衡的气相压力为临界压力。在临界状态时，纯物质的气态和液态性质已经没有区别（密度一样，蒸发潜热为零）。临界参数在计算（例如密度、导热性等）时要用到。

**(7) 比热容**

在传热计算及蒸发计算中要用到燃油比热容。在很高飞行速度下的飞行器中，燃油可以用来吸收热量，这时比热容是燃油的重要性质。烷烃是最佳的，比环烷烃或芳香烃的比热容都高。

**(8) 热导率**

热导率在做传热计算时会用到，它随温度升高而降低，其单位为 $J/(m \cdot s \cdot ℃)$。

**(9) 热安定性**

它是表示燃油在某一温度下发生分解并产生沉淀物倾向的指标。重质燃油由于常需预热，这一指标就更显得重要。热安定性差的重油易于析碳并产生胶质沉淀物，从而堵塞油过滤器和喷油嘴。热裂重油由于含有大量不饱和烃，故热安定性很差，在储运和加热过程就容易发生分解和产生沉淀物。

**(10) 掺混性**

它是表示不同燃油掺混时产生分层和沉淀倾向的指标。为了达到使用要求，有时需将重油与柴油掺混以降低黏度；有时需将不同重油掺混使用等。这些混合油在储运过程中可能产生种种问题，例如某些重油与柴油掺混时可能产生分层，某些重油掺混时可能产生沉淀物、沥青、含蜡物或胶状半凝固物等堵塞管路与油过滤器。实践表明，直馏重油对掺混适应性较好，不会产生沉淀物，故不同直馏重油可掺混使用；裂化重油的掺混适应性较差，故燃油在掺混前必须先做掺混适应性检验。常用的检验方法是将掺混后的燃油在 315℃ 下加热 20h，观察有无固体凝块附着于器壁上。

### 2.2.3.2 液态燃料的燃烧性质

燃料的燃烧性质不仅影响到火焰温度，而且影响到可燃边界、着火性、化学反应速率以及生成烟粒子的倾向。

**(1) 热值（发热量）**

热值是燃料最重要的性质。单位质量或体积的燃料完全燃烧所放出的热量称为重量热值或体积热值。单位重量燃料（温度 25℃）和空气（温度 25℃）燃烧产物冷却下来最终温度回到 25℃（在常压下）所放出的燃烧热（这时燃烧产物中水蒸气冷凝成水）称为高位热值。在高位热值中扣去由于水蒸气冷凝所放出的热量称为低位热值。在低热值中假设燃烧产物全部都是气态。

**(2) 自燃着火温度**

自燃着火是在没有外界点火源时完全由加热使燃油温度升高而使燃油自动着火的。自燃着火温度可测定如下：将少量油样置于已加热处于高温的坩埚内，测量其达到着火的时间延迟。随后降低温度，重复试验，这时着火时间延迟增大，直到某个最小着火温度，比此温度再低，无论延迟时间多长，都不着火。着火温度随压力的降低而升高。

**(3) 凝固点**

凝固点是指当燃油温度降低到某一值时，由于燃油变得很稠，以致在盛有燃油的试管倾斜至 45°油面在 1min 内可保持不变，这个温度就定义为燃油的凝固点。它是保证燃油流动和泵吸所必须超过的最低温度，凝固点越高则燃油的流动性越差。当温度低于凝固点时，燃油就无法在管道中输送。因此，为确保在寒冷季节时燃油系统正常工作，就必须采取必要的防冻措施或预热。故燃油的凝固点对寒冷地区来说是一个很重要的技术指标。

重质燃油凝固点较高，轻质油则较低。重油的凝固点一般为 15～36℃或更高。其中直馏石蜡型重油凝固点较高，当加热温度略高于凝固点时，就可使它成为流态物质。裂化重油的凝固点则较低，但经加热后其黏度仍相当大，比较难于流动和泵吸。因此在输送重油时，除需预热外，对管道的保温至关重要。

轻质油的凝固点低于重油，通常为 -35～20℃。我国轻柴油就是根据凝固点的高低将轻柴油分为 10 号、0 号、-10 号、-20 号以及 -35 号五个牌号，重柴油则分为 RC-10 与 RC-20 两个牌号，这些柴油牌号即相应的凝固点温度值。

### （4）闪点和燃点

当燃油加热至一定温度时，其中分子量较小、沸点低的成分将先由油面汽化逸出，此时如果有火源与油面接触，在油面上将出现瞬间闪火现象，但尚未持续燃烧，此时的油温即闪点。闪点是燃油受热时的安全防火指标。在开式容器，最高加热温度应低于闪点 10～20℃；在闭式压力容器，加热温度虽允许超过闪点，但随温度的增高，防火安全性将降低，因为一旦管道破裂仍有着火的危险。

闪点用专门的仪器测定，其测定方法有开口杯法与闭口杯法。开口杯法一般用于测定闪点较高的油种，如重油、润滑油等；闭口杯法则用于测定闪点较低的油种，如汽油、柴油等。对同一种油，用开口杯法测定的闪点较闭口杯法要高出 15～25℃。

在某些燃油资料中，还可见到所谓"燃油燃点"指标。所谓燃点，即当燃油加热到此温度后，已汽化的油气遇到明火能着火持续燃烧（不少于 5s）的最低温度。显然，燃点要高于闪点，一般要高 10～30℃或更多。

闪点与燃点都是确定燃油中轻质油含量的一种间接方法。由于通过闪点的高低可估计燃油中所含轻质成分的高低，故可用以判断燃油着火的难易程度。闪点越低越易着火。轻质油少，则闪点与燃点就高，防火安全性好。

### （5）可燃浓度极限

可燃物（如燃油蒸气）与空气混合，只能在一定浓度范围内才能进行燃烧，超过这个浓度（太稀或太浓）就燃不起来了。在这个浓度范围内，火焰一旦引发，就可以从点火源扩展出去，只要浓度合适，可以无限地传播下去。通常定义一个富燃极限和一个贫燃极限（亦叫富油、贫油极限）。确切地说，这两个极限应该叫不可燃边界而不是可燃边界。因为超过这两个边界，一定不可燃，但在这范围内不一定可燃。贫燃极限与闪点是相关联的。煤油类燃料在常温下其不可燃边界大致为油气比（质量）0.035 和 0.28。

### （6）生碳性

燃料的生碳性代表在燃烧室中燃烧时生成烟粒子的倾向。生碳性与燃料的性质有密切关系，如相对密度、馏程、黏度、芳香烃含量、碳氢比（氢含量）等。

燃料的生碳性是燃料性质与组成影响燃烧性能和燃烧室寿命的最明显的例子。生碳性高使排气冒烟多，燃烧区烟粒子浓度高，引起火焰辐射黑度高，辐射传热高，室壁温度高，引起火焰筒变形和裂纹，减少火焰筒寿命；生碳性低容易引起室壁积炭和喷嘴积炭，后者会影响到燃油的雾化质量，造成燃烧效率很低，出口温度分布质量降低，甚至燃烧不稳定。

### 2.2.3.3　液态燃料的使用性

一种液态燃料要能实际使用，必须在使用性上满足要求。显然，所谓使用性和用途以及使用的环境有密切关系，不存在笼统的使用性要求。

**（1）低温性能和流动性**

燃料的冰点是一个很重要的指标，它直接影响每一吨原油生产航空煤油的产率。

**（2）燃料热安定性**

热安定性分静态热安定性和动态热安定性。在金属容器中静态条件下，燃料的热氧化安定性为静态热安定性，油样受热后产生的沉积越少，表示其热安定性越好。动态热安定性是指流动条件下喷气燃料的热安定性，它模拟燃料在发动机润滑油换热器表面（或动力燃烧室燃油总管中）的受热条件下，考察生成管壁沉淀物的颜色和通过一个过滤元件的压力降来评定。

**（3）对金属的腐蚀性**

引起对金属腐蚀的原因是燃料中有硫和硫化物。由于铜、银对活性物质的腐蚀比较敏感，所以规格中规定了铜片试验和银片试验。

**（4）与橡胶的相容性**

喷气燃料对橡胶、涂料的侵蚀作用会引起燃油系统的损坏。

**（5）燃油的洁净性**

燃料系统中有许多精密零件，对航空煤油中的杂质十分敏感。因此燃料在贮运和使用各环节对洁净性的要求很严，要无色水白、没有机械杂质沉淀、没有游离水、没有悬浮物等。还有燃油存放期间会受到细菌微生物的污染，微生物都集中在罐底的油水界面处，因此定期及时清除油罐中的积水和沉积，是控制燃料受到微生物污染的重要措施。

## ▶ 2.2.4　各种液态燃油

燃油可以概括地分为馏分油和含灰分油。馏分油基本上是不含灰的，只要在贮运过程中处置得当，没有什么杂质，从炼油厂出来马上可以使用，不需要再做什么处理。而含灰分油则含有相当量的灰分，这种油在燃气轮机中使用前必须做相应处理，但在工业窑炉中使用时一般不需进行预处理。

**（1）汽油**

它是质量非常好的油，燃烧性能很好，其黏度很低，润滑性不好，同时闪点低，挥发性好，但在安全上需要注意。航空汽油的典型馏程为40～180℃。汽油中的辛烷值是汽油中抗爆震的指标。

**（2）煤油**

与汽油相比，馏程温度范围高些，相对密度大些，润滑性好。蒸气压力低，在高空时由蒸发引起的损失减少。正是这一点决定航空燃气轮机使用煤油而不是汽油。

**（3）柴油**

柴油比煤油、轻挥发油重些，适合于柴油机的特定要求（主要是十六烷值）。最常用的是二号柴油。

**（4）重馏分油**

常常是炼油厂的副产品，基本上不含灰分，但黏度高，难以雾化，在输送过程中要求加热。

**(5) 重油**（含灰分油）

这种油含相当数量的灰分（但与煤的灰分相比又是少的），较重，便宜，黏度非常高。

### 2.2.4.1 航空燃气轮机燃油

对飞机发动机燃油的规格和要求比其他用途的燃气轮机燃油要严格得多，飞机发动机燃油系统以及燃烧室都对燃油提出了要求。

从飞机来说，希望燃油：①价格低，容易获得。②火灾危险低。这意味着要求燃油蒸气压低，挥发性低，闪点高，导电率高（避免积存静电）。③热含量高，以达到飞机最大的航程（或有效载荷）。这希望燃油的重量热值或体积热值大（取决于飞行器是限重量还是限体积）。④热安定性好，以避免过滤器堵塞，控制阀门不灵活等。⑤蒸气压力低，这是为了减少高空蒸发损失。⑥比热容高，为的是给高速飞机提供有效吸热。

从发动机燃油系统来说，希望燃油：①可泵送性好。因此燃油要有好的流动性，在各种状况下均为液体，可以在合理的泵压下送到喷嘴，这实际上要求燃油的黏性不要太高。②过滤器不会由于冰及蜡块而堵塞，必要时可加附加剂或燃料加热来防止结冰结蜡。这也和燃油中胶质含量和热安定性有关。③不会出现燃油蒸气壅塞。因此希望燃油的饱和蒸气压不太高。④很好的润滑性，使泵的磨损最低。这可以加入高极性化合物来达到。

从燃烧室角度来说，希望燃油：①不要有杂质引起喷嘴中细小通道的堵塞。②雾化好。这意味着燃油黏性不能过高（表面张力数值对各种燃油变化不大）。③蒸发快。燃油蒸发速率取决于燃油的挥发性（亦取决于雾化的质量）。④生炭最少。这样可使火焰的辐射少，积炭少，排气冒烟少。

### 2.2.4.2 工业燃气轮机燃油

过去曾经在工业燃气轮机中使用过轻柴油，现在仍有少量在继续使用。在工业燃气轮机中使用便宜的、质量差的渣油（在少量场合用原油，主要在产油国或产油地）是有前途的。但必须认识到，不是可以随便使用便宜的渣油的。使用渣油必须经过处理，从经济上说，必须在渣油成本加上处理费用再加上由于设备损坏、维修费用增大和维护人员费用增大之后与采用优质油相比仍为经济时，才是可行的。

在燃气轮机中燃用渣油有两方面的问题：一方面问题来自燃烧过程本身；另一方面问题是由燃烧产物带来的。燃烧本身的问题是燃烧不完全、点火困难、冒烟、燃料喷嘴和室壁积炭。如果空气流动布局好，燃料雾化（采用空气雾化）好，适当增加停留时间，燃烧不完全的问题可以解决。燃烧产物带来的问题是沉积、腐蚀、侵蚀和污染。

### 2.2.4.3 工业炉用重油

重油（Heavy Oil）是一种总称。所谓重油可以是以下几种之一。

① 渣油　这是最脏最重的，提炼过其他燃油剩下的。

② 原油（Crude Oil）　其中包括轻馏分，没有提炼过的，杂质也较多，但比渣油好些。

③ 混合油　可以是渣油混合了部分柴油而形成，例如我国的远洋货轮油。

我国工业炉用重油有四种牌号：20、60、100 和 200 号重油，它们实质上是原油加工后的各种残渣油和一部分轻油配制而成的混合物。每种重油按照它在 50℃ 时的恩氏黏度来定名，例如 20 号重油在 50℃ 时的恩氏黏度不低于 20。

我国工业炉用重油的主要成分是残渣油，其化学组成和所用的原油有很大关系。其碳氢化合物主要是烷烃、烯烃和芳香烃。重油中含灰分、水分、硫分、机械杂质比较多。重油黏度越大，含碳量越高，含氢则越低。重油中含硫危害很大，好在我国大多数油田产的油含硫量不算高。重油含水多，不仅热值降低，更主要由于水分汽化会影响供油设备的正常运行和火焰稳定。所以在储油罐中，用自然沉淀法使油水分离并加以排除。当然重油掺水乳化方法是另一回事。

我国商品重油在使用时值得注意的一些问题有以下几点。

① 重油都是加温使用的，在油表面上方将出现油蒸气。油温越高，其表面的油蒸气浓度越大，当浓度大到遇点火或火焰可发生闪火现象，这个油温就是闪点。所以从安全考虑，在储油罐中油的加热温度必须严格控制在闪点以下以防发生火灾。

② 重油黏度高是基本特点，这与输送和雾化关系很大。重油黏度都随温度升高而降低很多，所以实际上应根据油料在不同管段选取适当的加热温度。我国石油多是石蜡基石油，含蜡多，黏度大，所以我国重油黏度也大，凝固点在 30℃ 以上，常温下大多数重油处于固体状态。为了输送，希望在泵前重油黏度不超过 30～40°E$_t$，这对 200 号重油大致相当于温度 75℃。在喷嘴前希望恩氏黏度在 2.5～3.5°E$_t$（对于压力雾化喷嘴），这相当于 200 号重油加热到 110～120℃。

恩氏黏度和运动黏度系数可按下式换算：

$$\nu = \left( 0.073 E_t - \frac{0.063}{E_t} \right) \times 10^{-4} \, m^2/s \tag{2-2}$$

③ 重油在隔绝空气的条件下加热时，蒸发掉油蒸气后剩下的一些固体炭及杂质称为残炭。残炭对工业炉来说，有利亦有害。有残炭，可提高火焰的黑度，有利于加强火焰辐射能力。但是在燃烧中，残炭高的燃料容易析出大量固体炭粒，难以燃烧，特别是对间歇生产常有停火的炉子。由残炭的析出造成输油导管和喷嘴出口结焦也是很讨厌的。

④ 轻质燃油一般容易掺混，但重油并不都能掺混使用。不同来源的重油其化学安定性不同，有些重油在掺混使用时会出现沥青、含蜡物质等固体沉淀或胶状凝固物，造成输油管路阻塞。单独用直馏法所剩渣油配制的重油，其掺混性好，且不同牌号的重油可混合使用。由裂解法所剩渣油配制的重油，在混合使用前必须做掺混试验。

## 2.3  气体燃料的种类和性质

气体燃料在各种工业炉窑、冶金炉及锅炉中得到广泛应用。它具有以下优点。

① 燃烧方法比较简单，且能达到较高的燃烧效率。

② 易于控制燃烧过程，使炉温、炉内气体成分等参数达到生产工艺要求。

③ 可对燃料实现高温预热，这不仅利于回收烟气余热，且能达到较高的燃烧温度。

④ 对已净化的气体燃料，其烟气中几乎无固体灰渣，这不仅大大减少了设备的磨损，而且降低了对环境的污染。

⑤ 某些气体燃料实际上是生产过程的副产品，如加以利用，可达到节能的效果。

但在使用气体燃料时，应注意以下问题。

① 对管道的腐蚀。由于 $NH_3$ 在水中呈碱性，$H_2S$、$SCN$、$SO_2$ 及 $CO_2$ 在水中呈酸性，$O_2$ 在水中会引起氧化性腐蚀，因此，当燃料中含有上述成分并含有水分时将会腐蚀管道，为此应去除燃料中所含的水分。

② 对人的毒性。在气体燃料中常含有 $H_2S$、$SCN$、$CO$、$SO_2$、$NH_3$、$C_6H_6$ 等有毒成分，当其超过毒性极限时可致人死亡，在使用气体燃料时必须重视这一问题。

③ 爆炸极限范围。气体燃料中的某些成分与空气达到一定的混合比例时，就可能达到爆炸极限范围。在燃烧装置停止工作时，由于燃料供气阀关闭不严或阀门损坏，就有可能使燃料漏入燃烧装置并与空气混合而达到爆炸极限，当再次启动点火时就会引起爆炸事故。因此，除了要求阀门气密以外，在燃烧装置启动点火前，应先用空气吹扫。

所有气态燃料都由单一的气体混合组成，其中主要成分为一氧化碳、氢、甲烷等。气态燃料中经常含有其他气体成分，如二氧化碳、氮气、水蒸气、氧气等。其他气体含量越高，气态燃料的热值就越低。气态燃料按热值来分有高热值气态燃料（每立方米 25kJ 以上）、中热值（每立方米 9~15kJ）以及低热值（每立方米 4kJ 左右）气态燃料。燃气轮机上最常用也是最好用的是天然气。所有气态燃料的共同优点是热安定性好，比较干净（和煤比较，烟粒子少、灰分少）和比较好烧（低热值气体燃料除外）。

气体燃料一般分为天然气体燃料和人造气体燃料。天然气体燃料包括天然气、石油气与矿井瓦斯气等。人造气体燃料则是指对固体燃料和液体燃料进行加工制得的各种煤气和裂解气。

## ▶ 2.3.1　天然气体燃料

### (1) 天然气

天然气是一种由碳氢化合物、硫化氢、氮和二氧化碳等组成的混合气体，它是由地下开采出来的可燃气体。根据其来源又可分为由气田开采而来的气田天然气，以及在油田中随石油一同开采出来的油田天然气（又称伴生天然气）。我国是利用天然气最早的国家，我国四川有丰富的天然气资源，在各油田中也有相当丰富的油田天然气。

气田天然气的主要成分为甲烷（$CH_4$），含量可达 80%~98%（按容积计），此外还有少量的烷族重碳氢化合物（$C_nH_{2n+2}$），如乙烷（$C_2H_6$）、丙烷（$C_3H_8$）（它们的含量为 0.1%~7.5%）和硫化氢（约 1% 以内）等，其他如氮（0~5%）和二氧化碳（约 1% 以内）等不可燃气体则为数很少。气田天然气是一种无色、稍带腐烂臭味的气体，它的密度为 0.73~0.80kg/m³，比空气轻，易于着火燃烧，燃烧所需空气量较大，为 9~14m³/m³。因甲烷及其他碳氢化合物在燃烧时能析出炭粒，故火焰明亮，辐射能力强。

天然气的成分随产地可以有很大不同，氮气和二氧化碳含量可以高达 15%，因而天然气的热值也可以有很大差异，高的有 40kJ（每立方米），低的可以只有 33kJ。含 $H_2S$ 量比较高的称为酸的，而完全不含硫的称为甜的。含 $H_2S$ 量高的需要净化后才能使用。有的天然气产地流出的天然气含有相当的水分、矿物杂质、油分，都要经过分离、净化后才由气罐送到使用单位。

在天然气中各种碳氢化合物的含量最高达 90%，因此，它是一种发热量最高的优质燃料。我国四川地区拥有丰富的天然气资源。天然气的开采成本很低，是一种廉价的燃料。天然气除了作为工业燃料以外，还是化学工业（化肥、塑料、合成橡胶、染料、医药以及人造石油等）的宝贵原料，天然气经过调质后也可作为城市煤气。

天然气的燃烧是很干净的，火焰黑度低。在有些工业炉窑中需增加火焰辐射换热，为提高天然气火焰黑度，通常采取的措施有：向火焰喷射重油或焦油；通过预热使部分天然气热分解析出游离碳来提高黑度等。天然气可以液化加以利用。

近年来，由于加压与低温技术的发展，天然气液化后进行远距离输送也达到了工业应用阶段。其成本虽然较管道输送（天然气）高一些，但它不受管线限制，也有独特的优点，因而可视作管道输送的一种补充。

石油气也称石油伴生气，是随采油而从油井中得到的。石油气除了主要含有甲烷（$CH_4$）外，还含有较多的烷族重碳氢化合物，这是油田气与气田天然气的主要不同之处。

油田的石油气的产量很可观，这也是天然气的一个重要来源。石油气绝大多数是湿性气，需要分离丙烷以上成分才宜输出作燃料，这样供应的石油气已同干性天然气没有什么区别，因而它已成为天然气的一个组成部分。

**(2) 液化石油气和气体汽油**

液化石油气是一种炼油厂在石油提炼过程的副产品，其主要成分为含有 $3\sim4$ 个碳原子的烃类，主要是丙烷、丙烯、丁烷、丁烯等轻烃类。这些烃类在常温下加压（约 1.6MPa）可使其液化而贮存于高压罐中，在使用时，经减压又可使之气化，因此它既具有液体燃料便于贮存和运输的优点，又具有气体燃料便于使用的特点，故可作为点燃式内燃机的燃料，此时内燃机性能可超过燃用汽油的内燃机。

此外，在开采石油和天然气时，从石油气、天然气中分离出的丙烷以上成分称为气体汽油。气体汽油液化后再分离，戊烷以上的烷烃成分为天然气，丙烷、丁烷的则称液化石油气。

液化石油气在气态时的 $Q_{dw}^g = 88000\sim109000kJ/m^3$，液化后的 $Q_{dw}^g = 45000\sim46000kJ/m^3$，属高发热量燃料。液化石油气是一种优质工业及民用燃料，也是一种重要化工原料。

## ▶ 2.3.2 人造气体燃料

人造气体燃料通常是某种工艺过程（如炼焦、炼铁）中的副产物，它的组成随各种过程而异。一般来说，人造气体燃料中的不可燃组分较多，尤其是氮，可达 60%。此外，还有水蒸气、煤粒和灰粒等杂质。

人造气体燃料有焦炉煤气、高炉煤气、水煤气、发生炉煤气、液化煤气、地下气化煤气以及其他煤炭气化的煤气等。

**(1) 焦炉煤气**

焦炉煤气是煤炭在炼焦时所挥发出的可燃气体，因此它是冶金工业炼焦的副产品。1t 煤在炼焦过程中可得到 $730\sim780kg$ 焦炭，$25\sim45kg$ 焦油及 $300\sim350m^3$ 焦炉煤气。刚由炼焦炉出来的煤气尚含有焦油蒸气、水蒸气等气态化合物，称为荒焦炉煤气。通常 $1m^3$ 的焦炉煤气中含有 $300\sim500g$ 水、$100\sim125g$ 焦油及其他可作为化工原料的气态化合物。将焦油蒸气和作为化工原料的成分回收后，并将水分去除，即得作为燃料的焦炉煤气。

焦炉煤气中含有大量的氢（46.0%~61.0%）和甲烷（21%~30%），所含惰性气体成分较低（仅占 8%~16%），因此，它是一种发热量很高的优质燃料（$Q_{dw}^g = 13200\sim19200kJ/m^3$）。焦炉煤气是冶金联合企业的重要燃料之一，通常是将它与燃烧性能较差、发热量低的高炉煤气或发生炉煤气混合，配制成发热量为 $8400kJ/m^3$ 的混合煤气，用于加热炉和平炉等工业炉。

虽然焦炉煤气是一种优质燃料，但由于从焦炉煤气中尚可提炼出焦油、苯、萘、氨等重要化工产品，因此它也是一种化工原料，直接将其作为燃料使用是不够经济的。

**(2) 高炉煤气**

高炉煤气是炼铁高炉排出的废气，是炼铁过程中的副产品。在高炉中通常每消耗 1t 焦炭可产生 $3800\sim4000m^3$ 干高炉煤气。由高炉直接引出的高炉煤气含有大量粉尘（达 60~

$80g/m^3$），必须经过除尘后才能使用。各种设备对含尘量的限制为：蒸汽锅炉 $500mg/m^3$ 以下；燃气轮机 $1mg/m^3$ 以下；平炉、热风炉、加热炉 $20\sim50mg/m^3$；炼焦炉 $10mg/m^3$ 以下。

高炉是钢铁联合企业中燃料的巨大消费者，其燃料的热量约有 60% 转移到高炉煤气中，因此，充分有效地利用高炉煤气对冶金工业节能有重要意义。

高炉煤气中由于含有大量不可燃气体（达 70%），因此 $Q_{dw}^g$ 很低，仅 $4000\sim4800kJ/m^3$，其主要可燃成分为 CO（25%～31%）和 $H_2$（2%～3%），而甲烷含量很少，同时含有大量的不可燃气体，如 $N_2$（55%～58%），$CO_2$（9.0%～15.5%）等，故燃烧速率较低。由于高炉煤气是一种燃烧温升较低且难于燃烧的气体，需采用预热手段才能使其达到较高的燃烧温度；将它与其他燃烧性能较好的气体，如焦炉煤气掺混使用也是一种有效的技术措施。

**（3）转炉煤气**

用纯氧顶吹转炉炼钢是目前钢铁工业中广泛采用的炼钢方法，在炼钢过程中会产生大量的转炉煤气（每冶炼 1t 钢约产生 $70m^3$ 转炉煤气）。转炉煤气的主要成分为 CO，含量达 45%～65%，其 $Q_{dw}^g=6300\sim7500kJ/m^3$，所以是一种较好的燃料，在冶金工业中常作为混铁炉、热风炉、钢包烘烤设备的燃料，也可作为化工原料用于生产染料、草酸、甲酸等产品。

**（4）发生炉煤气**

在高温下气化剂与煤发生化学反应，可使煤转化为可燃气体，这一过程称为煤的气化。目前常用的气化剂有空气、水蒸气、空气和水蒸气三种。由此而产生的煤气称为空气发生炉煤气、水煤气以及混合发生炉煤气。

空气发生炉煤气的主要可燃成分为 CO 和 $H_2$，但由于其中含有较多的不可燃气体，因此 CO 和 $H_2$ 的含量就相对较少，故其发热量不高，属于低热值煤气。在水煤气中因 CO 和 $H_2$ 的含量相对较高，与炼焦炉煤气同属高热值煤气。它一般不作为锅炉燃料用，而是作为工业炉的高级燃料和化工原料。但是在冶金工业和其他工业中最常用的工业炉燃料却是空气/水蒸气混合发生炉煤气（有时就简称发生炉煤气），它的发热量介于上述两者之间。这是因为当用空气作气化剂制取煤气时，反应温度高，易使灰渣熔化，阻塞气流，影响气化过程的正常进行。另外空气发生炉煤气发热量太低，不能满足高温工业炉的要求，故未被广泛应用。水煤气发热量虽高，但因制取工艺和设备比较复杂，故作为工业炉燃料亦未得推广。所以，最常用的办法是就在空气中加入适量的水蒸气，在高温条件下由于水蒸气分解以及与碳进行还原反应，需要吸收大量热量，这就避免了反应区温度过高，同时又增加了煤气中的可燃组分氢，因此在工业上获得了普遍采用。空气/水蒸气混合发生炉煤气的组成与发热量和所采用煤种与使用的化学工艺有关。作为原料的煤种主要是烟煤，有时亦采用褐煤及无烟煤。

**（5）地下气化煤气**

对某些不宜开采的薄煤层及混杂大量硫和矿物杂质的煤矿，可利用地下气化的方法使其转化为可燃气体——地下气化煤气。这是一种最经济，最合理利用煤矿资源的方法。

地下气化煤气组成变化范围较大，其 $Q_{dw}^g=3300\sim4200kJ/m^3$，属低热值煤气。

**（6）裂解气**

裂解气是对液体燃料加工制得的人造气体燃料，主要有炼厂气、热裂解气与裂解煤气等几类。

炼厂气是炼油厂在进行各种处理时得到的各种副产气的总称。这些气体由碳氢化合物与少量氢气组成，发热量很高。因含有丙烷以上的烷烃和乙烯以上的烯烃较多，因此现在一般是将炼厂气先分离出烯烃与丙烷以上成分后把尾气输出作为燃料。也有的炼油厂将炼厂气直接液化输出作为燃料，习惯上也称这种气为"液化石油气"，但这种气体含有烯烃等成分，同前面所说的液化石油气不同。

裂解气是将油料或某些烷烃气体在700℃以上的高温条件下进行裂解得到的气体。热裂解不用催化剂，加热温度在800℃以上。石油化工领域常用热裂解制取烯烃等基本有机原料，燃料工业领域则以热裂解气作为其他煤气的增热成分或提取烯烃后将尾气输出作为燃料。

为提高气化效率，得到含氢量多的生成气作为城市煤气，燃料制造业还应用以裂解为基础的水蒸气转化法、部分氧化法、加氢转化法等方法制取煤气，这种煤气也称为裂解煤气。以裂解煤气作为城市煤气时，对多数裂解煤气中的CO还要进行处理（在催化剂作用下转换为$H_2$），然后脱除$CO_2$，发热量不足的还要增热，才能输出供使用。

**(7) 改制煤气**

它不是单独的煤气种类，而是为了特殊用途对一些煤气进行加工处理，使之具有某些特性的改制气，即所谓"派生的煤气"。几种常见的改制煤气有增热煤气、城市煤气等。

气体燃料燃烧时是暗焰还是辉焰，除同燃烧方式有关外，一个重要的决定因素是其可燃成分的组成。小炭粒是含碳可燃气体分子在所接触的氧气不充分时裂解聚集而成的，因此氢气燃烧不会出现小炭粒，而一氧化碳和甲烷等气体则可能产生，且分子中含碳原子越多产生的炭粒也越多。就单一气体燃料而言，一氧化碳的火焰辐射能力是氢气的2.4倍，甲烷的又比一氧化碳的高1倍，乙烷以上的烃类的更高。以氢气和一氧化碳为主的煤气燃烧时火焰虽不是纯粹的辉焰，但辐射能力不强，有时不能满足需要。为了提高这类煤气的辐射能力而人为地加入烃类气体组成就叫做"增碳"，所得到的煤气即为增碳煤气。

因有的煤气发热量达不到要求而向其中掺入高发热量组分就是"增热"。增热和增碳是两个概念，既有联系又有区别。增碳通常都有增热的效果，而增热则不一定能增碳。不过一般人们多用烃类气体增热，这种情况下效果就是双重的。

供城市居民生活及生产用的气体燃料习惯上被称为"城市煤气"，并非指单独某个气种，其组分并未受到严格的规定，对它主要要求发热量高（一般应为高热值燃气）、毒性成分低和热值相对稳定。

**(8) 氢**

无色无臭气体，分子量为2.016，每立方米的质量为0.089kg，热值为10590kJ。但由于氢气很轻，所以按重量算，其热值就很高，达120170kJ/kg。在空气中可燃边界非常广，达40%～80%。氢气的火焰传播速度是各种气体燃料中最高的，氢气-空气的火焰传播速度为2.67m/s。

氢是一种很有应用前景的气体燃料，可以生产氢的水资源极其丰富，而且可以利用氢作为"能"的载体，将不能储存运输的太阳能、风能、水能及核能等能量转换成氢能，储存并输送到用户。

氢的单位质量发热量比汽油和柴油约高3倍，但单位体积的发热量只有汽油和柴油的1/4～1/3。氢的可燃界限比汽油宽。最低点火能量只有汽油的1/10。氢的自燃温度为580℃，比汽油高。氢燃烧产物是水及少量氮氧化合物，对空气污染少，故可视为一种清洁燃料。氢的火焰传播速度很高，这对于提高燃烧强化程度是很有利的。

早在 20 世纪 20 年代就已开始研究将氢应用于内燃机，至 20 世纪 70 年代对氢的研究更为广泛，目前液态氢已成为火箭发动机的燃料。氢被认为是一种良好的燃料，但目前还存在生产成本高，在储运及使用中尚有一些技术难题未解决，这就阻碍了氢作为商品燃料的应用。

**(9) 甲烷**（CH₄）

无色气体，微有葱臭，分子量为 16.04，每立方米的质量为 0.715kg，低位热值为 35800 kJ，在空气中的可燃浓度边界为 2.5%～15%。

**(10) 一氧化碳**（CO）

无色无臭气体，分子量为 28.00，每立方米的质量为 1.25kg，热值为 12650kJ。在空气中的可燃边界为 12.5%～80%。一氧化碳的燃烧有一个很大特点，即在没有水蒸气存在时，其着火温度高，火焰传播速度低，有少量水蒸气存在时即可降低其着火温度，提高燃烧速率。火焰为蓝色。CO 性质极毒，在空气中的允许浓度为 $2×10^{-5}kg/m^3$。

**(11) 生物质气**

① 人工沼气　利用人畜粪便、植物秸秆、野草、城市垃圾和某些工业有机废物等，经过厌氧菌发酵，可获一种可燃气体——人工沼气。人工沼气的主要成分为 CH₄（约占 60%）及少量的 CO、H₂ 及 H₂S 等，其 $Q_{dw}^g = 20900kJ/m^3$，高于一般城市煤气，属中等发热量煤气。

人工沼气原料来源广泛、价廉，在农村中可使有机肥料先制气，后肥田。

② 生物质气化燃气　秸秆气化燃气是利用农作物秸秆及木本生物质，如谷壳、花生壳、芦苇、树枝、木屑等作原料，经适当粉碎后，由螺旋式给料器加入气化器，通过不完全燃烧产生的粗煤气（发生炉煤气），再经过净化除尘和除焦油等操作得到的燃气。1kg 秸秆可产生 2m³，燃气的热值约为 5200kJ/m³。

由于气体燃料高效、清洁、方便，因此生物质气化技术的研究与开发得到了国内外的广泛重视，并取得了巨大的进展，将农林固体废弃物转化为可燃气的技术也初步实现了工业化应用。

## ▶ 2.3.3　气态燃料的表示方法

气态燃料有"湿成分"和"干成分"两种表示方法。所谓湿成分，是指气态燃料中包括水蒸气在内的成分，干成分则指气态燃料中已经不包括水蒸气的成分。气态燃料中所含的水蒸气在常温下都等于该温度下的饱和蒸汽量，这样当温度变化时，气体中饱和蒸汽量也随之变化，因而气态燃料的湿成分（百分组成）也出现变化。为了排除这种影响，用气态燃料的干成分来表示其化学组成。进行燃烧计算时要用气态燃料的湿成分来算（这是真正投入燃烧的），这样要依据使用时的温度，根据该温度下饱和水蒸气含量由干成分换算为湿成分。气态燃料的发热量可以由量热计测量，也可以根据化学成分计算。发热量有低热值和高热值之分。低热值指燃烧产物中水蒸气没有凝结为水的情况下的发热量，通常采用的热值都是低热值，它符合实际情况。发热量可按下式计算：

$$W_{DW} = 12645 × CO\% + 10802 × H\% + 35799 × CH_4\% + 59038 × C_2H_4\% + \cdots + 23112 × H_2S\%\ kJ/m^3$$

在气态燃料中常用到 Wobbe 指数（Wobbe = $Q/\rho$），相应于一定尺寸的气体燃料喷嘴所能通过的能量。对于一个给定的气体燃料燃烧系统，这个值只能在相对于设计值偏差 5%范围内正常工作，否则要重新设计气体燃料燃烧系统。

### ▶2.3.4　气态燃料的特性

无论是天然的还是人工制造的气体燃料，一般都要经过净化处理，以清除尘埃和有害杂质。供人们使用的气体燃料大多数是净化气，因而讨论时对微量杂质气体可忽略不计。

气体燃料直接以分子状态参加反应，因而有更好的燃烧效果与热工性能，并有利于输送与自动调节，有利于进一步改善劳动条件，因而是较燃油更为理想的燃料。但需注意的是，气体燃料在使用过程中有发生爆炸与出现中毒事故的危险性。虽然事故都是因为使用不当或安全措施不严格造成的，但使用气体燃料更容易产生这种危险，因此使用气体燃料时需要采取更严格的措施来保障安全。

## 2.4　燃烧的基本过程

任何燃料的燃烧都必须满足的条件：一是必须要有足够的温度，使燃料达到其着火点后才能开始燃烧；二是必须要有足够的氧化剂（一般是空气），以保证燃烧的正常进行。也就是说，一切可燃混合物的正常燃烧过程都是由着火和燃烧本身两个阶段所组成，即必须着火后才能燃烧。

### ▶2.4.1　着火

所谓着火，就是由于物质本身加速化学反应，可燃物质开始燃烧而产生火焰的过程。

**（1）自发着火**

使燃料达到某一温度和压力状态，便发生着火，整个燃料同时爆炸式地燃烧，这种现象叫做自发着火或自身着火。

**（2）点火**

可燃混合物同外部的高温热源接触而着火燃烧叫"着火"，也称"被迫点火"。

点火的实质是首先使部分可燃混合物着火，然后使燃烧传向其余部分，点火时无需对整个系统进行加热，因而具有重要的实用意义。

点火的难易程度与所引进的热源的温度有关，温度越高越容易点火。在热源面积较大时也可以在较低温度下点着，但温度不能低于物质的着火温度。强制点火有高温固体点火、高温气体点火和火花放电点火三种方法。

高温固体点火时着火所需要的物体表面温度通常比这种燃料的最低着火温度要高些。火源的尺寸越小，燃料的温度和压力越低，流速越大，则所需要的该物体表面温度就越高。

高温气体点火是用点火烧嘴的火焰使燃料着火的方法，这种方法是工业燃烧装置上比较常用的一种点火方法。一般来说，用点火火焰使燃料着火，最重要的因素是火焰温度、火焰的大小以及接触时间。

火花放电点火就是在火花塞的电极间加上电压进行放电，利用这种放电的能量进行点火的方式。它可以应用在大多数的燃烧装置上。火花放电产生的火花是由火花能量的热效果引起的。在火花核与周围的混合气体之间进行热的传导以及活化粒子的扩散，如果与火焰区相接近的没有燃烧的混合气体层接受到足够能量，火焰便进行传播，不久就会过渡到稳定的火焰传播。从火花产生到着火反应开始的时间叫做着火延时，而在这段时间内冷却和反应进行着相反的作用，如果能够生成产生火焰所需要的一定量的活性物质，就会着火。

实际生产中常常是对流动气体点火，如气流速度超过火焰传播速度则不能点着，所以点火应在较低流速下进行。可作为点火的热源有引导火焰、电热体、放电火花及高温炉壁等。一般炉子点火多用引导火焰（火炬），自动化点火系统或燃烧装置则多用电点火器。放电火花的温度极高，因此电点火时采用电火花较好。

**(3) 着火延时**

把从火花产生至一定条件开始着火的时间叫做着火延时。一般来说，温度和压力越高，着火延时越短。着火延时也受蒸发、扩散和混合过程的影响，但是可以用阿累尼乌斯反应方程式来近似表征。

**(4) 燃点**

通常可燃混合物系统在较低温度时仍可有缓慢的氧化反应存在，若反应产生的热量大于系统向外扩散的热量，则系统温度会自行不断上升并使反应加速，从而导致着火燃烧。这样的着火过程即是热力着火。常压下可燃系统需在一定温度时才能达到这个能量条件并引起燃烧，这个温度就是可燃物本身的着火温度，也称燃点。燃点受压力和燃料组成的影响，也因测定用的容器形状、尺寸和材质而有所不同，因此必须明确这些基本条件。气体燃料中通常燃点随着压力的上升而降低，除了氢和甲烷以外，还随着燃料浓度的增加而稍有降低的倾向。

低于着火温度时，可燃系统的散失热量大于反应热量，因而会很快降温，不会着火燃烧。理论上的着火点是在散失的热量等于反应放出的热量时，但实际上此时也是不会燃烧的。实际的着火温度是散失热略小于反应热时的温度，但即使在此时多数可燃混合物需要停留一段时间才能着火燃烧。这段时间是一个反应由慢至激烈的加速时期，称为感应期（孕育期）。感应期的长短同温度有关，通常以能引起着火的最低温度为着火温度，此时感应期最长。

**(5) 着火浓度极限**

常温下可燃气体同空气混合后的混合物只在一定含量范围内才能燃烧，这个可燃的混合范围便是着火浓度极限。

浓度极限以可燃气体在混合物中所占的体积分率表示。最高比率为上限，最低比率为下限。高于浓度极限上限和低于下限的混合物之所以不能燃烧可用热力理论解释，即两种情况均因反应热不足以抵偿热损失而使燃烧不能维持。提高混合物的温度则浓度极限会扩大，在温度达到着火温度以上时，任何比率的混合物均能发生反应，即浓度极限趋于 $0 \sim 100\%$。

压力对浓度极限的影响情况较复杂。当压力高于常压时，多数情况是压力增高使浓度极限缩小。压力低于常压时可燃混合物的浓度极限变化无统一的规律性。在浓度、温度固定而压力变化时，可出现多个压力极限，即混合物在某一压力范围内可燃，相邻的范围内不可燃，以后继续变化压力则混合物又在另一范围内可燃，并多次出现这种反复变化。

应当注意可燃浓度极限和混合物能否在空气中燃烧是两个概念。低于浓度下限的混合物不能在管内点燃，也不可能在离开管口后于空气中点着，高于上限的混合物虽不能在管内点燃，却可在空气中点着燃烧。

## ▶ 2.4.2 燃烧

燃烧是可燃元素或物质的氧化反应，反应的同时释放出大量的热量。

按反应物所处的形态是否相同，燃烧有均相燃烧与非均相燃烧之分。气体燃料的燃烧是均相燃烧，液体燃料和固体燃料属于非均相燃烧。

均相燃烧可分为两个基本过程：燃料与氧化剂分子进行质量交换的扩散过程及混合物发生反应的过程。前者是物理过程，后者是化学过程。如果物理过程长，燃烧时间主要取决于扩散时间，这种燃烧就称为"扩散燃烧"，反之，如果燃烧时间主要取决于化学反应速率（化学动力学因素），则燃烧就称为"动力燃烧"。

在实际燃烧的高温条件下化学反应速率是很快的，如果分别供给燃料与空气，并使之在进入炉内后混合与燃烧，则无论怎样强化混合过程，扩散时间仍比化学反应时间长得多，所以此时的燃烧属扩散燃烧。如果扩散时间为零，则不论化学反应进行得如何快，它也是决定燃烧时间的主要因素，所以此时的燃烧为动力燃烧。不过应注意的是，动力燃烧并非只在预混情况下才能获得。燃料在空气中缓慢氧化时，反应时间就比扩散时间长，此时的燃烧应为动力燃烧。但在实际燃烧的高温条件下，动力燃烧需要预先将燃料气与全部助燃空气混合才能达到，这样的动力燃烧习惯上称为预混燃烧。

工业燃烧是在气体流动的情况下进行的，燃烧的气流即为火焰。根据气流状态，火焰有层流火焰与紊流火焰之分。作为第二级特征的流动状态不会改变燃烧类型，因此，扩散燃烧和预混燃烧都可分别出现两种火焰，于是共有四种火焰：预混层流火焰、预混紊流火焰、层流扩散火焰和紊流扩散火焰。

非均相燃烧可视作在均相燃烧的基础上有更多物理、化学变化的燃烧现象，情况更复杂，但在类型特征上它们属扩散燃烧，并且主要采用紊流扩散燃烧形式。

燃料燃烧时无如明显的火焰，则这种火焰为"暗焰"。暗焰黑度小，辐射能力很差。燃烧火焰中产生大量可见光时，火焰明亮，则该火焰为"辉焰"。辉焰黑度大，辐射能力大为增强。燃气的燃烧产物主要是二氧化碳和水蒸气。这两种气体本身的辐射光谱中并无可见光，亮度很小，但当燃烧产物中悬浮大量固态小炭粒时，火焰就能持续辐射出大量可见光，使火焰亮度和辐射能力大大增加，从而火焰成为"辉焰"。一般来说，辉焰的辐射传热效率可比暗焰的提高 20%～120%，有的还可使火焰辐射能力增大 3 倍。

## ▶ 2.4.3 熄火

熄火（清焰）是着火的逆过程，是使可燃物质产生的火焰熄灭的现象。通常在离具有一定温度的固体表面非常近的区域里，没有火焰存在，例如两个平行平板的间距如果小到一定程度时，火焰就不能通过这个间隙进行传播，把这个间隙的临界值叫做熄火距离。在火花点火时，该熄火距离与火焰核（火星）的临界直径、固体壁附近燃烧速率受到影响的距离以及火焰表面的厚度等因素有着密切的关系。

## ▶ 2.4.4 火焰稳定化

在烧嘴等连续燃烧装置中，燃料和空气是连续供给的，欲使燃烧稳定进行，必须认真考虑火焰稳定化这一燃烧的基本问题。如果发生脱火现象，那么燃烧就会完全中断。

在燃烧过程中，如果流动场内形成低速流动的高温区的话，这个区域则成为热源，使得可燃性气体中传播的火焰容易形成，采用这种方法就可以使燃烧的火焰稳定化。这个流速缓慢的区域有以下几种：物体后方的流动；壁面的凹陷外；高温物料表面的边界层；对向射流等。

图 2-2 所示为火焰稳定化的模型。在 V 形稳焰器的背后存在循环涡流区，几乎完全燃烧的高温气体在中心轴附近回流而形成涡旋运动，它起到使主流部分的混合气体稳定着火的热源作用。这种方法通常用作冲压式喷射发动机的燃烧器以及涡轮喷气发动机辅助烧嘴等燃烧装置的稳焰器。

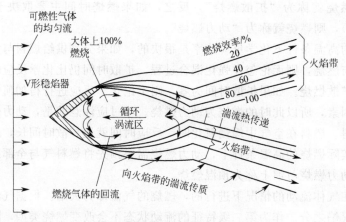

图 2-2  物体后方的环流区使火焰稳定化

在实际使用的烧嘴上，通常采用稳焰板或旋流器，通过其后方燃烧气体的回流而使火焰稳定。

## ▶2.4.5  脱火及其防止措施

火焰稳定性是由燃烧速率和喷出速度的大小决定的。对于烧嘴来说，如果混合气体的燃烧速率小于喷出速度，不会产生脱火现象。如果烧嘴火焰不容易脱火，则燃烧范围以及空气过剩系数的允许范围都可放宽，此外还可以加快烧嘴的喷出速度，从而带来很多好处。

内焰的根部比焰孔直径大，而且要稍许离开烧嘴头一段距离才能燃烧，通常把这段距离叫做静区。将半径等于静区的焰孔直径叫做临界直径。若焰孔直径小于临界直径的话，则容易脱火。

在研究烧嘴脱火的时候，内焰比焰孔直径大是个重要的因素。如果大的这部分被二次空气等吹掉的话，则烧嘴便完全脱火。喷头型烧嘴之所以容易脱火就是这个道理。总的来说，防止脱火的措施主要有以下几种。

① 加大内焰的根部，也就是强化"火焰根子"。若采取平口凹槽式结构的话，焰孔便会急剧扩大，在扩大部分形成涡流，可以大大降低喷出速度。因此，平口凹槽式烧嘴头开槽深，效果好，火焰稳定。但是开槽过深会因烧嘴头过热而容易损坏，因此在燃烧城市煤气时，开槽深度通常为 5mm，在燃烧天然气时为 10mm。

如果采用袖火式的结构，"火焰根子"得到扩大，会使火焰稳定。但是从直焰孔侧壁中间分出袖火孔，如果分支不够大的话，则袖火的燃烧量就不足，因此得不到稳定火焰的良好效果。

② 更加难以脱火的有斯得库塔以特型烧嘴。它是增加袖火的燃烧量，与平口凹槽式并用的一种形式。这种烧嘴的内压力即使达到 $100mmH_2O$ 时也不脱火，可以稳定地燃烧。这与烧嘴在内压力在 $0.5mmH_2O$ 时就完全脱火的大气式本生烧嘴相比，就意味着可以将喷出速度提高到数十倍。

这种形式烧嘴的火焰之所以稳定，是因为将主焰孔做成喷头型，增加袖火的燃烧量达到主火焰燃烧量的 20%～30%，并且使袖火射在凹槽的管壁上，大大降低了喷出速度，这样一来，袖火就不会脱火，扩大了袖火的燃烧范围。通过袖火加热主火焰，起到连续着火的作用。

在斯得库塔以特型烧嘴中，缩口式斯得库塔以特型烧嘴是袖火的燃烧量大、袖火火焰最稳定的烧嘴，其火焰的稳定性最好。若将主焰孔直径相等、烧嘴头部焰孔直径不等的两个烧嘴相比较，则烧嘴头部焰孔直径大的袖火燃烧量大，烧嘴头部焰孔壁附近的喷出速度小，因此火焰比较稳定。而当烧嘴头外径受到限制的情况下，直筒式斯库塔以特型烧嘴比缩口式不容易脱火。

③ 除了射到管壁上降低袖火喷出速度的方法以外，还有一种方法就是将袖火的焰孔面积取为袖火供给孔面积的数十倍，使袖火焰孔部位的喷出速度为主火焰的数十分之一。外缘稳定型烧嘴就是这种形式的烧嘴。

主焰孔直径为 1mm 时，主火焰长度在 40～60mm 的烧嘴有皮昂型烧嘴，已广泛用于玻璃加工和锡焊等方面。但无论是外缘稳定型还是皮昂型，如果袖火焰孔缝隙宽度超过 1mm 的话，袖火都会回火，因此要增加袖火的燃烧量是比较困难的。

为了增加袖火的燃烧量，在皮昂型烧嘴上采用齿型或双重袖火型等结构，可以大大提高火焰稳定的效果。

④ 像管式烧嘴那样，将直径为 1.5～3.0mm 的火焰排也横排，形成这种火焰的烧嘴有下述两种：一种是使袖火射在挡板上的缝式烧嘴；另一种是用供给孔和焰孔面积比来降低袖火喷出速度的谢泼德型烧嘴。

⑤ 将一定形状的物体置于没有燃烧的气流中，通过在其后方形成的高温涡流区——再循环区，而使烧嘴连续着火，这就是障碍物式烧嘴。EC 烧嘴就是这种形式的烧嘴。EC 烧嘴用圆棒作为障碍物体，因其阻力小，所以与零压调节器-文丘里混合器相组合，使一次空气量占总空气量的 30%～50%，以进行温度控制。这种形式烧嘴是用在高温炉上的一种不脱火的低压煤气烧嘴。

除上述喷嘴外，还有一种使混合气体以高速喷射在炽热的耐火材料上进行连续着火的杯式辐射烧嘴，但这种烧嘴的内压力达到 $100mmH_2O$ 也不会脱火。

## ▶ 2.4.6  回火及其防止措施

对于烧嘴来说，如果混合气体的燃烧速率大于喷出速度，就会产生回火现象。

难于脱火，但是容易回火的烧嘴，其燃烧范围也不会宽。例如，倘若焰孔比较大，一般来说难于脱火，但是容易回火，因此比较难处理。为了防止回火，通常采取下列措施。

① 使焰孔小而深（在焰孔负荷不变的情况下增加焰孔数），由焰孔壁的冷却作用而使孔壁附近气体的燃烧速率降低。多喷口烧嘴、谢泼德型烧嘴以及皮昂型烧嘴等，都属于这种方式。

② 如果烧嘴头接受的热量传导到烧嘴内部的话，没有燃烧的混合气体就会被这部分热量所预热，因此最好采用导热性差的陶瓷材料制造烧嘴头，如过热型烧嘴、陶瓷带式烧嘴等。在缝式辐射烧嘴中，将焰孔以外的整个烧嘴头覆盖上一层陶瓷纤维［纤维棉、纤维板，热导率为 0.13W/(m·℃)］，可提高隔热效果。

③ 在烧嘴头中离开炉体一段距离处进行冷却。不仅要使焰孔小而深，而且烧嘴头进行

水冷或空冷，这样冷却效果更大。通常使烧嘴头离开炉体 10～25mm。炉子上使用预混型烧嘴时，原则上也采用这种方法。

④ 有袖火的烧嘴，因为袖火首先回火，所以减小袖火的焰孔（狭缝在 1mm 以下），进行冷却，使袖火速度稍微降低些，对于预防脱火也有好处。例如，在谢泼德型烧嘴上，将点火烧嘴水冷，可提高防止回火的效果。

⑤ 一次空气量由理论空气量的 90％减到 70％、50％、40％时，燃烧速率就从 70cm/s 降低到 50cm/s、20cm/s、10cm/s，因此可以用减少一次空气量、增加二次空气量的方法来防止回火，这方面的例子很多。在炉子上使用预混型烧嘴时，原则上将一次空气比取为 40％左右。

⑥ 如果保持较高的喷出速度的话，则不会回火，但在这种情况下，燃烧量的调节范围变窄。杯式辐射烧嘴的内压力通常在 25mmH₂O 以上。

⑦ 防止回火的最根本措施是采用喷头混合型烧嘴（即在烧嘴部分、煤气和空气中边混合边燃烧）。

## 参 考 文 献

[1] 严传俊，范玮. 燃烧学. 第 3 版 [M]. 西安：西北工业大学出版社，2016.
[2] 邬长城. 爆炸燃烧理论基础与应用 [M]. 北京：化学工业出版社，2016.
[3] 王全德. 燃烧化学理论研究进展 [M]. 徐州：中国矿业大学出版社，2015.
[4] 张英华，黄志安，高玉坤. 燃烧与爆炸学. 第 2 版 [M]. 北京：冶金工业出版社，2015.
[5] 胡双启. 燃烧与爆炸 [M]. 北京：北京理工大学出版社，2015.
[6] [美] Stephen R. Turns. 燃烧学导论：概念与应用. 姚强，李水清，王宇译 [M]. 北京：清华大学出版社，2015.
[7] 潘旭海. 燃烧爆炸理论及应用 [M]. 北京：化学工业出版社，2015.
[8] 潘剑峰. 燃烧学：理论基础及其应用 [M]. 镇江：江苏大学出版社，2013.
[9] 陈长坤. 燃烧学 [M]. 北京：机械工业出版社，2013.
[10] 李建新. 燃烧污染物控制技术 [M]. 北京：中国电力出版社，2012.
[11] 郝建斌. 燃烧与爆炸学 [M]. 北京：中国石化出版社，2012.
[12] 徐旭常，吕俊复，张海. 燃烧理论与燃烧. 第 2 版 [M]. 北京：科学出版社，2012.
[13] 魏伟，张绪坤. 生物质固体成型燃料的发展现状与前景展望 [J]. 广东农业科学，2012，39（5）：135-138.
[14] 李永华. 燃烧理论与技术 [M]. 北京：中国电力出版社，2011.
[15] 杨林军. 燃烧源细颗粒物污染控制技术 [M]. 北京：化学工业出版社，2011.
[16] 赵雪娥，孟亦飞，刘秀玉. 燃烧与爆炸理论 [M]. 北京：化学工业出版社，2011.
[17] 徐通模. 燃烧学 [M]. 北京：机械工业出版社，2011.
[18] 徐旭常，周力行. 燃烧技术手册 [M]. 北京：化学工业出版社，2008.
[19] 刘联胜. 燃烧理论与技术 [M]. 北京：化学工业出版社，2008.
[20] 朱文学. 热风炉原理与技术 [M]. 北京：化学工业出版社，2005.
[21] 方文沐，杜惠敏，李天荣. 燃料分析技术问题. 第 3 版 [M]. 北京：中国电力出版社，2005.
[22] 肖兵，毛宗源. 燃烧控制器的理论与应用 [M]. 北京：国防工业出版社，2004.
[23] 李方运. 天然气燃烧及应用技术 [M]. 北京：石油工业出版社，2002.
[24] 刘治中，许世海，姚如杰. 液体燃料的性质及应用 [M]. 北京：中国石化出版社，2000.

# 第**3**章

# 燃烧过程的热工计算

燃烧过程实质上是燃料中的可燃物分子与氧化剂分子之间的一种快速氧化反应过程，物质在激烈快速氧化反应过程中产生光和热，并使温度升高。要使燃烧稳定连续进行，需连续不断地供给足够的空气，并使燃料与空气中的氧有良好的接触，燃料还必须加热到一定的温度，氧化反应才能自动加速进行。

燃料开始燃烧的最低温度叫着火温度，即燃烧在充足空气供给下加热到某一温度，达到此温度后不再加热，燃料依靠自身的燃烧热继续燃烧（持续 5min 以上），此温度即称为着火温度或着火点（发火点）。燃料的着火温度随燃料的种类、燃料的形态、燃烧时周围环境的变化而变化，如平摊的燃料因其热量难以集中，即使同一种类和形态的燃料，平摊燃料的着火温度比堆积燃料的着火温度要高。

实际燃烧装置中，大多采用空气作为燃烧反应的氧化剂，少数情况下，也可能选用富氧空气或氧气。空气中的主要成分是氧气和氮气，并含有少量的氩、氖、氙、氪和二氧化碳，还含有一定量的水蒸气。在燃烧计算中，一般只考虑空气中的氧、氮和水蒸气，并假定干空气的成分为：氧占 23.2%，氮占 76.8%（按质量），或氧占 21%，氮占 79%（按体积）。大气中水蒸气的含量通常按相应温度下饱和蒸气的含量计算。在常温和常压条件下，习惯上也可取每千克干空气中含水 10g，或每立方米干空气中含水 0.01293kg 计算。

燃烧产物的成分，与参加燃烧的空气量有关，也取决于燃烧装置的设计水平。当空气充足和过程进行完善时，燃料中的可燃元素碳、氢和硫将分别与氧发生如下反应：

$$C + O_2 \longrightarrow CO_2 \tag{3-1}$$

$$H_2 + \frac{1}{2}O_2 \longrightarrow H_2O \tag{3-2}$$

$$S + O_2 \longrightarrow SO_2 \tag{3-3}$$

显然，这时燃烧产物中将包含 $CO_2$、$H_2O$、$SO_2$、剩余氧气和惰性气体氮，并称为完全燃烧产物。但当空气不足或燃烧过程进行不够完善时，燃烧产物中除了前述成分外，还可能生成 CO、$H_2$、$CH_4$ 等未燃尽气体及固态炭粒，构成所谓不完全燃烧产物。

燃料不完全燃烧的情况有两种。

**(1) 气体不完全燃烧**

燃烧时燃料析出的气体可燃物，没有得到足够的氧气，或与氧接触不良，因而燃烧产物中还含有一部分未燃尽的可燃气体，如 $H_2$、CO 等随燃烧产物排走，这种现象叫做气体不完全燃烧现象。

燃烧产物中的一部分 $CO_2$ 和 $H_2O$，在 1600℃ 以上时热分解显著进行，增加了燃烧产物中可燃物的含量，造成不可避免的气体不完全燃烧。

$$2CO_2 \Longleftrightarrow 2CO + O_2 \tag{3-4}$$

**(2) 固体不完全燃烧**

燃烧时燃料中有些固体可燃物未经燃烧就从炉栅条间掉落，有些是夹在燃渣中排掉或夹在烟气中带走，这种现象叫做固体不完全燃烧现象。

不论是哪种情况下的不完全燃烧，不仅意味着热量损失、能源浪费，而且会引起环境污染，造成公害。实际燃烧装置中一般很难达到绝对的完全燃烧，只能在装置的设计和运行操作中力求达到最有利的燃烧，使燃烧过程尽可能完善。在少数工业炉中，由于工艺过程的特殊要求，希望炉膛内为还原性气氛。在这种情况下，将有意识地限制空气的供给量，使燃烧在缺氧条件下进行，生成含有 CO、$H_2$ 和 $CH_4$ 等未燃尽气体的不完全燃烧产物。

燃料燃烧的理论计算主要是化学计算。根据化学反应式找出反应物和生成物相互间量的变化规律，其主要内容包括：①燃料燃烧时，所需理论空气量、实际空气量和过量空气系数的计算；②燃烧产物组成量的计算，空气与烟气焓的计算，燃烧效率的计算等。

燃烧计算时，在准确度允许的范围内，可作如下假设。

① 燃料中可燃成分都完全燃烧。

② 空气和烟气的所有组成成分，包括水蒸气都可以相当准确地当做理想气体进行计算，每摩尔气体在标准状态（温度为 0℃，压力为 0.1013MPa）下的容积为 22.4m³。

③ 所有气体的容积都折算到标准状态，这时的容积计算单位为立方米，记为 m³。

④ 计算空气时，忽略空气中的微量稀有气体及 $CO_2$。

# 3.1　燃料燃烧所需的空气量

燃料中的可燃元素一般为碳、氢和硫，燃烧时，它们分别与氧发生反应，释放燃烧热。大多数燃烧装置均从空气中获得氧气。因此，通常情况下必须计算所需的空气量，以此作为选择风机容量的根据。

## 3.1.1　液体燃料和固体燃料的理论空气需要量

计算理论空气量，应首先从计算燃料中可燃元素完全燃烧所需的氧气量入手。燃料完全燃烧所需的空气量，可根据燃烧化学反应方程式中各元素完全燃烧时所需空气量相加来求得。

一般来说，液体燃料和固体燃料以质量或物质的量表示，各可燃成分燃烧时的理论耗氧量可分别表示如下。

**(1) 碳燃烧所需理论空气量**

碳的燃烧化学反应方程式为：

$$C + O_2 \longrightarrow CO_2 \tag{3-5}$$

1kmol 碳完全燃烧需要 1kmol 氧气,并可生成 1kmol 的二氧化碳。1kmol 碳的质量为 12kg,1kg 碳完全燃烧需要 1/12kmol 的氧气,并可生成 1/12kmol 的二氧化碳。

$$1kgC + \frac{1}{12}kmolO_2 \longrightarrow \frac{1}{12}kmolCO_2 \tag{3-6}$$

即 1kg 碳完全燃烧时需要 $\frac{1}{12}$ kmol 或 2.667kg 氧气。而 1kg 燃料中碳的含量是 $\frac{C}{100}$ kg,故完全燃烧时其所需的氧气量为:

$$2.667 \frac{C}{100} \quad \text{kg 空气/kg 燃料}$$

碳的分子量为 12,12kg 的碳完全燃烧时,其反应方程式为:

$$12kgC + 22.4m^3 O_2 \longrightarrow 22.4m^3 CO_2 \tag{3-7}$$

即 12kg 碳完全燃烧需氧 22.4m³。1kg 碳完全燃烧时需氧 $\frac{22.4}{12}$ m³,而 1kg 燃料中碳的含量是 $\frac{C}{100}$ kg,故完全燃烧时其所需的氧气量为:

$$\frac{22.4}{12} \times \frac{C}{100} = 1.867 \frac{C}{100} \quad \text{m}^3 \text{ 空气/kg 燃料} \tag{3-8}$$

**(2) 氢燃烧所需理论空气量**

氢的燃烧反应方程式为:

$$1kgH_2 + \frac{1}{4}kmolO_2 \longrightarrow \frac{1}{2}kmolH_2O \tag{3-9}$$

同上可知,1kg 燃料中氢的含量是 $\frac{H}{100}$ kg,故完全燃烧时其所需的氧气量为:

$$7.937 \frac{H}{100} \quad \text{kg 空气/kg 燃料}$$

或

$$5.556 \frac{H}{100} \quad \text{m}^3 \text{ 空气/kg 燃料}$$

**(3) 硫燃烧所需理论空气量**

硫的燃烧反应方程式为:

$$1kgS + \frac{1}{32}kmolO_2 \longrightarrow \frac{1}{32}kmolSO_2 \tag{3-10}$$

1kg 燃料中硫的含量是 $\frac{S}{100}$ kg,故完全燃烧时其所需的氧气量为:

$$4.310 \frac{S}{100} \quad \text{kg 空气/kg 燃料}$$

或

$$3.33 \frac{S}{100} \quad \text{m}^3 \text{ 空气/kg 燃料}$$

考虑燃料本身的氧含量(它是和燃料可燃质化合在一起的),所以在计算需要氧气量时,就要把这部分氧气量扣除,即有:

$$G^0 = \frac{1}{0.232}\left(2.667\frac{C}{100} + 7.937\frac{H}{100} + 4.310\frac{S}{100} - \frac{O}{100}\right)$$

$$= 11.496\frac{C}{100} + 34.211\frac{H}{100} + 18.578\frac{S}{100} - 4.310\frac{O}{100} \quad \text{kg 空气/kg 燃料} \quad (3\text{-}11)$$

或

$$V^0 = \frac{1}{0.21}\left(1.867\frac{C}{100} + 5.556\frac{H}{100} + 3.333\frac{S}{100} - 0.7\frac{O}{100}\right)$$

$$= 8.890\frac{C}{100} + 26.457\frac{H}{100} + 15.857\frac{S}{100} - 3.333\frac{O}{100} \quad \text{m}^3\text{空气/kg 燃料} \quad (3\text{-}12)$$

由上可见，所谓理论空气需要量是指单位质量（或体积）燃料完全燃烧时，理论上应配给的最少空气量，它是按化学反应式求得的。

## ▶️3.1.2 气体燃料的理论空气需要量

习惯上，气体燃料以体积计量，各可燃成分的燃烧反应式为：

$$\begin{cases} CO + \frac{1}{2}O_2 \longrightarrow CO_2 \\[6pt] H_2 + \frac{1}{2}O_2 \longrightarrow H_2O \\[6pt] C_nH_m + \left(n + \frac{m}{4}\right)O_2 \longrightarrow nCO_2 + \frac{m}{2}H_2O \\[6pt] H_2S + \frac{3}{2}O_2 \longrightarrow H_2O + SO_2 \end{cases} \quad (3\text{-}13)$$

相同温度和压力下，每摩尔气体的体积相同。由式(3-13)可知，每立方米 CO 完全燃烧需要 $0.5\text{m}^3$ 氧气，每立方米氢完全燃烧需 $0.5\text{m}^3$ 氧气，其余类推。因此在标准状态下，每立方米气体燃料完全燃烧所需的理论氧气量为：

$$\left[\frac{1}{2}\times\frac{CO}{100} + \frac{1}{2}\times\frac{H_2}{100} + \Sigma\left(n + \frac{m}{4}\right)\frac{C_nH_m}{100} + \frac{3}{2}\times\frac{H_2S}{100} - \frac{O_2}{100}\right] \text{m}^3 O_2/\text{m}^3 \text{燃料} \quad (3\text{-}14)$$

将式(3-14)乘以 1/0.21（或 4.76），则得每立方米气体燃料完全燃烧所需的理论空气量为：

$$V^0 = 4.76 \times \left[\frac{1}{2}\times\frac{CO}{100} + \frac{1}{2}\times\frac{H_2}{100} + \Sigma\left(n + \frac{m}{4}\right)\frac{C_nH_m}{100} + \frac{3}{2}\times\frac{H_2S}{100} - \frac{O_2}{100}\right]\text{m}^3 O_2/\text{m}^3 \text{燃料}$$

$$(3\text{-}15)$$

## ▶️3.1.3 实际空气供给量与空气消耗系数

大多数燃烧装置运行时，为了实现完全燃烧，实际空气供给量总是大于理论空气需要量。这是因为，燃料中的可燃物分子与氧分子的相互碰撞是燃烧反应得以进行的前提。在实际燃烧装置中，燃料和空气往往是分别送入炉膛的。由于炉膛空间有限，燃料和空气很难达到绝对均匀的混合，因此按理论空气需要量运行时，必将导致炉膛内部的一些区域燃料过剩（或空气不足），而另一些区域则燃料不足（或空气过剩），从而使一部分燃料失去与空气接触的机会，导致不完全燃烧。为避免这种情况，在实际运行时，往往人为地向燃烧装置供入过量空气，使燃料与空气在混合不均的条件下仍有充分的机会与空气接触。

习惯上，把实际空气供给量与理论空气需要量的比值称为"空气消耗系数"或"空气系数"，并以符号 $\alpha$ 表示，即：

$$\alpha = V/V^0 \qquad\qquad (3-16)$$

式中　$V$——每千克（或立方米）燃料的实际空气供给量。

显然，空气消耗系数存在以下三种情况。

$\alpha > 1$，表明实际空气供给量大于理论空气需要量，为贫油燃烧。

$\alpha = 1$，表明实际空气供给量正好等于理论空气需要量，为化学恰当燃烧。

$\alpha < 1$，表明实际空气供给量小于理论空气需要量，为富油燃烧。

燃烧装置设计和运行时，应从分析整个热工系统的热损失着手，选取最为合适的空气消耗系数，再由式(3-16)确定实际空气供给量。一般而言，热工系统中的主要热损失有以下几种。

① 一定温度的废气从烟囱排出引起的排烟热损失 $q_2$。

② 烟气中残存的可燃气体 CO、$H_2$、$CH_4$ 等引起的化学不完全燃烧损失 $q_3$。

③ 未燃尽的炭粒引起的机械不完全燃烧损失 $q_4$。对于气体和液体燃料可取 $q_4 = 0$。

以上三项损失与空气消耗系数有关。显然，$\alpha$ 值增大意味着空气供给量增多，燃料有更多的机会与空气相遇，因此化学不完全燃烧损失和机械不完全燃烧损失均下降，但由于排烟量同步增多，烟气带走的物理热焓增加（当排烟温度相同时）。实践表明，不同 $\alpha$ 值时，上述三项热损失的总和为一下凹曲线，在某一 $\alpha$ 值时具有最小值，这时经济性最好。因此在设计和运行操作时，应尽量选用或力求接近于这个最佳空气消耗系数。

最佳 $\alpha$ 值随燃料性质和燃烧装置的结构而变化。原则上，易燃燃料及设计完善的燃烧装置，其最佳 $\alpha$ 值较小（更接近于 1）。根据经验，对于液体和气体燃料，最佳 $\alpha$ 约为 1.10，烟煤约为 1.20，而贫煤和无烟煤为 1.20～1.25。

必须指出，式(3-11)、式(3-12)和式(3-15)均是对干空气而言，未计入空气中的水分。实际上，参加燃烧的空气总含有一定量的水蒸气。当其含量较高，或要求精确计算时，应当把含有的水蒸气计算在内。一般情况下，空气中的水含量可按相应温度下的饱和湿度计算，或按习惯，取常温常压下每千克干空气中含水 10g，或每立方米干空气中含水 0.01293kg。若每立方米干空气中含水 $g$ 克，则相应的水蒸气容积为：

$$\frac{g}{1000} \times \frac{22.4}{18} = 0.00124g \quad m^3\ 水蒸气/m^3\ 干空气 \qquad\qquad (3-17)$$

于是，实际的湿空气供给量为：

$$V = \alpha V^0 + 0.00124 g \alpha V^0 \quad m^3\ 湿空气/kg\ 燃料或\ m^3\ 湿空气/m^3\ 燃料 \qquad\qquad (3-18)$$

## 3.2　完全燃烧产物生成量、成分和密度

燃烧产物的生成量及成分是根据燃烧反应的物质平衡进行计算的。燃料完全燃烧时，燃烧产物的主要成分为 $CO_2$、$H_2O$、$SO_2$ 以及空气中的惰性成分 $N_2$。当空气消耗系数大于 1 时，燃烧产物中还含有多余的氧。这些气体的占有量与燃料本身的成分和空气消耗系数有关，并可以根据燃烧反应的物质平衡来确定。燃烧产物的生成量，当 $\alpha \neq 1$ 时称"实际燃烧产物生成量"，当 $\alpha = 1$ 时称"理论燃烧产物生成量"。

### 3.2.1　固体和液体燃料的燃烧产物生成量

固体和液体燃料燃烧产物的生成量可分别由燃料中可燃组分的燃烧产物生成量而得。

如前所述，固体和液体燃料中可燃成分的燃烧反应可由式(3-5)~式(3-10) 等表示。

由反应式(3-6) 可知，每千克碳燃烧后生成 44/12kgCO₂，因此每千克燃料中的碳燃烧后生成的 $CO_2$ 量可表示为：

$$\frac{44}{12} \times \frac{C}{100} kg$$

折算成体积则为：

$$V_{CO_2} = \frac{44}{12} \times \frac{C}{100} \times \frac{22.4}{44} = \frac{22.4}{12} \times \frac{C}{100} \quad m^3/kg \text{ 燃料} \tag{3-19}$$

同样，由式(3-10) 可得每千克燃料中的硫燃烧生成的 $SO_2$ 量可表示为：

$$V_{SO_2} = \frac{64}{32} \times \frac{S}{100} \times \frac{22.4}{64} = \frac{22.4}{32} \times \frac{S}{100} \quad m^3/kg \text{ 燃料} \tag{3-20}$$

由式(3-9) 可得每千克燃料中的氢燃烧生成的水蒸气量为：

$$\frac{18}{2.016} \times \frac{H}{100} \times \frac{22.4}{18} = \frac{22.4}{2.016} \times \frac{H}{100} \quad m^3/kg \text{ 燃料} \tag{3-21}$$

考虑到燃料本身含有水量 $W\%$，则每千克燃料中的氢燃烧生成的水蒸气量为：

$$\frac{22.4}{0.216} \times \frac{H}{100} + \frac{22.4}{18} \times \frac{W}{100} \quad m^3/kg \text{ 燃料} \tag{3-22}$$

若参与燃烧的空气含水量为 $g$ g/m³ 干空气，则 $\alpha = 1$ 时每千克燃烧产物中水蒸气的体积应为：

$$V_{H_2O} = \frac{22.4}{2.016} \times \frac{H}{100} + \frac{22.4}{18} \times \frac{W}{100} + \frac{g}{1000} \times \frac{22.4}{18} V^0 \tag{3-23}$$

燃烧产物中还包含由空气带入的惰性气体 $N_2$，当 $\alpha = 1$ 时，其含量为 $0.79V^0$。此外，燃料本身可能含有氮化物，燃烧时分解为 $N_2$，其容积为：

$$\frac{22.4}{28} \times \frac{N}{100} \quad m^3/kg \text{ 燃料}$$

于是燃烧产物中氮气的总容积为：

$$V_{N_2} = \frac{22.4}{28} \times \frac{N}{100} + 0.79V^0 \quad m^3/kg \text{ 燃料} \tag{3-24}$$

考虑由过剩空气带入有 $O_2$，有：

$$V_{O_2} = \frac{21}{100(\alpha-1)V^0} \quad m^3/m^3 \text{ 燃料} \tag{3-25}$$

因此，$\alpha = 1$ 时每千克燃料所生成的燃烧产物体积为：

$$V_P^0 = V_{CO_2} + V_{SO_2} + V_{H_2O} + V_{N_2}$$
$$= \left(\frac{C}{12} + \frac{S}{32} + \frac{H}{2.016} + \frac{W}{18} + \frac{N}{28}\right) \times \frac{22.4}{100} + \frac{79}{100}V^0 + \frac{g}{1000} \times \frac{22.4}{18}V^0 \quad m^3/kg \text{ 燃料} \tag{3-26}$$

$V_P^0$ 的上标"0"表示 $\alpha = 1$，下标 P 表示燃烧产物。

当 $\alpha > 1$ 时，燃烧产物中除前述的成分外，还含有 $(\alpha-1)V^0$ 的剩余空气。因此，燃烧产物生成量应为：

$$V_P = V_P^0 + (\alpha-1)V^0 + 0.00124(\alpha-1)gV^0 \tag{3-27}$$

## ▶3.2.2 气体燃料的燃烧产物生成量

对于气体燃料，根据反应式(3-13)，每立方米燃料的燃烧产物中各组分的体积为（$\alpha > 1$）：

$$V_{CO_2} = \left( \frac{CO}{100} + \frac{\sum n C_n H_m}{100} + \frac{CO_2}{100} \right) \quad m^3/m^3 \text{燃料} \tag{3-28}$$

$$V_{SO_2} = \frac{H_2 S}{100} \quad m^3/m^3 \text{燃料} \tag{3-29}$$

$$V_{H_2O} = \left( \frac{H_2}{100} + \frac{\sum \frac{m}{2} C_n H_m}{100} + \frac{H_2 S}{100} + \frac{H_2 O}{100} \right) + \frac{g}{1000} \times \frac{22.4}{18} \alpha V^0 \quad m^3/m^3 \text{燃料} \tag{3-30}$$

$$V_{N_2} = \frac{N_2}{100} + \frac{79}{100} \alpha V^0 \quad m^3/m^3 \text{燃料} \tag{3-31}$$

$$V_{O_2} = \frac{21}{100} (\alpha - 1) V^0 \quad m^3/m^3 \text{燃料} \tag{3-32}$$

于是燃烧产物的生成量为:

$$
\begin{aligned}
V_P &= V_{CO_2} + V_{SO_2} + V_{H_2O} + V_{N_2} + V_{O_2} \\
&= \left[ CO + H_2 + \sum \left( n + \frac{m}{2} \right) C_n H_m + 2H_2 S + CO_2 + N_2 + H_2 O \right] \times \frac{1}{100} + \left( \alpha - \frac{21}{100} \right) V^0 + \\
&\quad 0.00124 g \alpha V^0 \quad m^3/m^3 \text{燃料}
\end{aligned} \tag{3-33}
$$

显然,若 $\alpha = 1$,则得:

$$
\begin{aligned}
V_P^0 &= \left[ CO + H_2 + \sum \left( n + \frac{m}{2} \right) C_n H_m + 2H_2 S + CO_2 + N_2 + H_2 O \right] \times \frac{1}{100} + \\
&\quad \frac{79}{100} V^0 + 0.00124 g V^0 \quad m^3/m^3 \text{燃料}
\end{aligned} \tag{3-34}
$$

## ▶ 3.2.3 燃烧产物成分百分比

燃烧产物的成分表示为各组成所占的体积百分数。根据式(3-19)~式(3-34),可求得固体、液体和气体燃料燃烧产物的体积成分如下(为区别于气体燃料成分,在燃烧产物成分的右上角加"′"):

$$
\begin{cases}
CO_2' = (V_{CO_2}/V_P) \times 100 \\
SO_2' = (V_{SO_2}/V_P) \times 100 \\
H_2 O' = (V_{H_2O}/V_P) \times 100 \\
N_2' = (V_{N_2}/V_P) \times 100 \\
O_2' = (V_{O_2}/V_P) \times 100
\end{cases} \tag{3-35}
$$

显然,式(3-35)左边各项之和应等于100。通常可以借此验证计算结果的可靠性。

由上述计算公式可以看出,燃料完全燃烧的理论燃烧产物生成量 $V_P^0$ 只与燃料成分有关。燃料中的可燃成分含量越高,发热量越高,则 $V_P^0$ 也就越大。实际燃烧产物生成量 $V_P$ 还与空气消耗系数有关,燃烧时的空气消耗系数越大,实际燃烧产物生成量也越大。燃烧产物的成分除与燃料的成分有关外,也与空气消耗系数有关。空气消耗系数越大,则产物中的氧浓度越高,其氧化性越强。

## ▶ 3.2.4 燃烧产物密度

按定义,燃烧产物的密度是指单位体积燃烧产物所具有的质量。燃烧产物的密度有两种计算方法:用参加反应的物质(燃料与氧化剂)的总质量除以燃烧产物的体积;以燃烧产物的质量除以燃烧产物的体积。这是因为反应前后的物质质量应当是相等的。

**（1）按参加反应物质的质量计算**

对于固体和液体燃料：

$$\rho_P = \frac{1}{V_P} \tag{3-36}$$

对于气体燃料：

$$\rho_P = \frac{\left[28CO + 2H_2 + \sum\left(n + \dfrac{m}{2}\right)C_nH_m + 34H_2S + 44CO_2 + 32O_2 + 28N_2 + 18H_2O\right] \times \dfrac{1}{100 \times 22.4} + 1.293(\alpha - 1)V}{V_P}$$

$$\tag{3-37}$$

**（2）按燃烧产物质量计算**

由式（3-35）可知，每立方米燃烧产物中，$CO_2$、$SO_2$、$H_2O$、$N_2$ 和 $O_2$ 所占的体积分别为 $CO_2'/100$、$SO_2'/100$、$H_2O'/100$、$N_2'/100$ 和 $O_2'/100(m^3)$，它们的总质量为：

$$M_P = \frac{1}{22.4 \times 100} \times [44CO_2' + 64SO_2' + 18H_2O' + 28N_2' + 32O_2'] \, kg \tag{3-38}$$

则燃烧产物的密度为：

$$\rho_P = \frac{1}{22.4 \times 100} \times [44CO_2' + 64SO_2' + 18H_2O' + 28N_2' + 32O_2'] \, kg/m^3 \tag{3-39}$$

# 3.3 不完全燃烧的燃烧产物

前已指出，燃料在炉内（或燃烧室内）实际上有时并没有完全燃烧。这方面有两种情况：一种情况是以完全燃烧为目的，但由于设备或操作条件的限制而未能达到完全燃烧。例如，空气供给量不足；空气与燃料在炉内的混合不充分；燃油时雾化不好；燃煤时灰渣中含有碳等情况，都会使燃烧产物中含有可燃气体和烟粒（炭粒），这就造成燃料的浪费。另一种情况则是有意地组织不完全燃烧，以得到炉内的还原性气氛。例如，金属的敞焰无氧加热、热处理用的某些保护气氛的产生等，都是靠采用不完全燃烧技术来实现的。这时就要求严格控制不完全燃烧的燃烧产物的成分。此外，在高温下 $CO_2$ 和 $H_2O$ 等气体分解也会产生 $CO$、$H_2$ 等可燃气体，但在中温或低温炉内，其量很小而可忽略不计。

由于造成不完全燃烧的原因是各种各样的，所以其中有些因素的影响很难用理论计算方法计算，因此，不完全燃烧时的烟气量不能像完全燃烧时的那样直接由燃料成分求出，一般只有在已知烟气成分的条件下才能求出不完全燃烧时的烟气量。

## ▶ 3.3.1 不完全燃烧产物生成量的变化

设在空气中燃烧，燃烧产物中的可燃物仅有 $CO$、$H_2$ 和 $CH_4$，这些可燃物的燃烧反应式如下（为讨论问题方便起见，把空气中的 $O_2$ 和 $N_2$ 均写入反应式，但不计算空气中的水分）。

$$\begin{cases} CO + 0.5O_2 + 1.88N_2 = CO_2 + 1.88N_2 \\ H_2 + 0.5O_2 + 1.88N_2 = H_2O + 1.88N_2 \\ CH_4 + 2O_2 + 7.52N_2 = CO_2 + 2H_2O + 7.52N_2 \end{cases} \tag{3-40}$$

该反应式的左边相当于不完全燃烧产物中可燃组成部分；右边相当于该部分的完全燃烧产物。由该反应式可以看出不完全燃烧产物与完全燃烧产物相比的变化。

当 $\alpha \geq 1$，即空气过量时，由反应式(3-40)可知，当燃烧产物中有 $CO_2$ 和 $O_2$ 时（并剩余相应量的 $N_2$），和完全燃烧时相比，产物的生成量是增加了。反应式左边的体积为 $1+0.5+1.88$，而右边是 $1+1.88$，即燃烧产物中若有 $1m^3$ 的 $CO$，则使燃烧产物体积增加 $0.5m^3$。

同理，燃烧产物中每含 $1m^3$ $H_2$，也会使体积增加 $0.5m^3$。含 $CH_4$ 则不引起燃烧产物体积的变化。

如果以 $(V_P)_{不}$ 表示实际的不完全燃烧产物的生成量，$(V_P)_{全}$ 表示如果完全燃烧时的产物生成量，则有：

$$(V_P)_{全} = (V_P)_{不} - 0.5V_{CO} - 0.5V_{H_2} \tag{3-41}$$

$$= (V_P)_{不} - 0.5CO'(V_P)_{不} \times \frac{1}{100} + 0.5H_2'(V_P)_{不} \times \frac{1}{100} \tag{3-42}$$

$$= (V_P)_{不}(100 - 0.5CO' - 0.5H_2') \times \frac{1}{100} \tag{3-43}$$

故有：

$$\frac{(V_P)_{不}}{(V_P)_{全}} = \frac{100}{100 - (0.5CO' + 0.5H_2')} \tag{3-44}$$

如果只是讨论干燃烧产物生成量（不包括水分在内的燃烧产物生成量）的变化，则由反应式(3-40)可以看出：

$$(V_P)_{全} = (V_P)_{不}(0.5V_{CO} + 1.5V_{H_2} + 2V_{CH_4}) \tag{3-45}$$

故有：

$$\frac{(V_P)_{不}}{(V_P)_{全}} = \frac{100}{100 - (0.5CO' + 0.5H_2' + 2CH_4')} \tag{3-46}$$

由此可知，在有过剩空气存在的情况下，如果由于混合不充分而发生不完全燃烧的情况，燃烧产物的体积将比完全燃烧时增加。不完全燃烧的程度越严重，燃烧产物的体积增加得就越多。

当 $\alpha < 1$ 时，相当于空气供应不足（燃料过剩），存在两种情况：一种情况是燃料与空气的混合是充分均匀的，那么燃烧产物中可能有 $CO$、$H_2$ 及 $CH_4$ 等可燃产物，但不会有 $O_2$。

由反应式(3-40)可以看出，为使不完全燃烧产物中的 $1m^3$ 的 $CO$ 完全燃烧，应再加进 $0.5m^3$ 的 $O_2$ 和相应的 $1.88m^3$ 的 $N_2$，而生成 $1m^3$ 的 $CO_2$ 和 $1.88m^3$ 的 $N_2$。燃烧产物的生成量由不完全燃烧的 $1m^3$ 变为（如果）完全燃烧的 $(1+1.88)m^3$，反过来讲，即不完全燃烧时，当燃烧产物中有 $1m^3$ 的 $CO$ 时，便使产物的体积比完全燃烧时减少了 $1.88m^3$。

同理，$1m^3$ 的 $H_2$ 也使产物体积减小 $1.88m^3$；$1m^3$ 的 $CH_4$ 使产物体积减小 $9.52m^3$。

故知：

$$(V_P)_{全} = (V_P)_{不} + (1.88V_{CO} + 1.88V_{H_2} + 9.52V_{CH_4}) \tag{3-47}$$

$$= (V_P)_{不}(100 + 1.88CO' + 1.88H_2' + 9.52CH_4') \times \frac{1}{100} \tag{3-48}$$

故有：

$$\frac{(V_P)_{不}}{(V_P)_{全}} = \frac{100}{100 + 1.88CO' + 1.88H_2' + 9.52CH_4'} \tag{3-49}$$

对于干燃烧产物生成量来说，同理可得到：

$$\frac{(V_{P,\mp})_{\pi}}{(V_{P,\mp})_{\pm}}=\frac{100}{100+1.88CO'+0.88H_2'+7.52\,CH_4'} \qquad (3\text{-}50)$$

由此可以看出，当空气供给不足（$\alpha<1$）而又充分均匀混合（燃烧产物中 $O_2'=0$）的情况下，将会使产物生成量比完全燃烧时有所减少；不完全燃烧程度越严重，生成量将越减少。

$\alpha<1$ 时也会有另一种情况，即混合并不充分而使产物中仍存在 $O_2$，即 $O_2'\neq0$。那么这时为使不完全燃烧产物中的可燃物燃烧，便可少加一部分空气，其量为：

$$\frac{1}{0.21}V_{O_2}=4.76V_{O_2} \qquad (3\text{-}51)$$

据此便可对式(3-49) 和式(3-50) 加以修正。即当 $\alpha<1$，且 $O_2'\neq0$ 时：

$$\frac{(V_P)_{\pi}}{(V_P)_{\pm}}=\frac{100}{100+1.88CO'+1.88H_2'+9.52CH_4'-4.76O_2'} \qquad (3\text{-}52)$$

$$\frac{(V_{P,\mp})_{\pi}}{(V_{P,\mp})_{\pm}}=\frac{100}{100+1.88CO'+0.88H_2'+7.52CH_4'-4.76O_2'} \qquad (3\text{-}53)$$

按式(3-52) 和式(3-53) 分析，产物生成量的变化要看 $(1.88CO'+1.88H_2'+9.52CH')$ 与 $(4.76O_2')$ 两项之差。若差为"＋"，则 $(V_P)_{\pi}<(V_P)_{\pm}$；如差为"－"，则 $(V_P)_{\pi}>(V_P)_{\pm}$。一般情况下，$\alpha<1$ 时，$O_2'$ 是比较小的，多使这两项为"＋"，所以将会使燃烧产物生成量有所减少。

如果已知不完全燃烧产物的成分 [讨论 $(V_P)_{湿}$ 时，应用产物的湿成分；讨论 $(V_P)_{\mp}$ 时，应用产物的干成分]，便可根据这些公式估计不完全燃烧产物的生成量。

## ▶ 3.3.2 不完全燃烧产物成分和生成量的计算

和完全燃烧计算原理一样，不完全燃烧计算也是按反应前后的物质平衡计算的。因此只能对由于氧化剂供应不足（$\alpha<1$）而造成的不完全燃烧进行计算，并认为混合是充分均匀的。在这样的条件下，燃烧产物的组成除了 $CO_2$、$SO_2$、$H_2O$、$N_2$ 外，尚有可燃物。可燃物包括可燃气体及固体炭粒（烟粒），它的具体组成与燃料成分、温度和氧气消耗系数有关。一般不完全燃烧产物中的可燃气体包括 $CO$、$H_2$、$CH_4$、$H$ 等，其中 $H$ 只有在高温下含量才较多，而 $CH_4$ 只是在低温下才较多。按照静力学计算结果，产物中固体炭粒的含量只是在低温和氧气消耗系数很小的情况下才较多。对于一般用还原性气氛的工业炉，如无氧化加热炉或热处理炉，其温度大多在 $1000\sim1600K$ 之间，而氧气（空气）消耗系数多在 $0.3$ 以上。因此，为了简化计算，炭粒含量可忽略，故燃烧产物生成量为：

$$(V_P)_{\pi}=V_{CO_2}+V_{CO}+V_{H_2O}+V_{H_2}+V_{CH_4}+V_{N_2} \qquad (3\text{-}54)$$

成分组成为：

$$CO_2'\%+CO'\%+H_2O'\%+H_2'\%+CH_4'\%+N_2'\%=100\% \qquad (3\text{-}55)$$

式中，$CO_2'=\dfrac{V_{CO_2}}{(V_P)_{\pi}}\times100$，$CO'=\dfrac{V_{CO}}{(V_P)_{\pi}}\times100$，其余类推。

因此，为计算燃烧产物的生成量 $(V_P)_{\pi}$ 或燃烧产物的成分，需求出 $V_{CO_2}$、$V_{CO}$、$V_{H_2O}$ 等六个未知数。

已知燃料成分、空气消耗系数和燃烧反应的平衡温度，可列出以下六个方程式，以求上述六个未知量（未计空气中的水分）。

**(1) 碳平衡方程**

$$\sum C = V_{CO_2} + V_{CO} + V_{CH_4} \tag{3-56}$$

对于固、液体燃料，可写为：

$$C \times \frac{1}{100} = V_{CO_2} \times \frac{44}{22.4} \times \frac{12}{44} + V_{CO} \times \frac{28}{22.4} \times \frac{12}{28} + V_{CH_4} \times \frac{16}{22.4} \times \frac{12}{16} \tag{3-57}$$

即：

$$C \times \frac{22.4}{12} \times \frac{1}{100} = V_{CO_2} + V_{CO} + V_{CH_4} \tag{3-58}$$

对于气体燃料，可写为：

$$(CO + CO_2 + \sum n C_n H_m) \times \frac{1}{100} = V_{CO_2} + V_{CO} + V_{CH_4} \tag{3-59}$$

**(2) 氢平衡方程**

$$\sum H = V_{H_2} + V_{H_2O} + 2V_{CH_4} \tag{3-60}$$

对于固、液体燃料，可写为：

$$\left(H + W \times \frac{2}{18}\right) \times \frac{22.4}{2} \times \frac{1}{100} = V_{H_2} + V_{H_2O} + 2V_{CH_4} \tag{3-61}$$

对于气体燃料，可写为：

$$\left(H_2 + H_2O + \sum \frac{m}{2} C_n H_m\right) \times \frac{1}{100} = V_{H_2} + V_{H_2O} + 2V_{CH_4} \tag{3-62}$$

**(3) 氧平衡方程**

$$\sum O = V_{CO_2} + \frac{1}{2} V_{H_2O} + \frac{1}{2} V_{CO} \tag{3-63}$$

对于固、液体燃料，可写为：

$$\left[\left(O + W \times \frac{16}{18}\right) \times \frac{1}{100} + nG_{0,O_2}\right] \times \frac{22.4}{32} = V_{CO_2} + \frac{1}{2} V_{H_2O} + \frac{1}{2} V_{CO} \tag{3-64}$$

对于气体燃料，可写为：

$$\left(\frac{1}{2} CO + CO_2 + O_2 + \frac{1}{2} H_2O\right) \times \frac{1}{100} + nL_{0,O_2} = V_{CO_2} + \frac{1}{2} V_{H_2O} + \frac{1}{2} V_{CO} \tag{3-65}$$

**(4) 氮平衡方程**

$$\sum N = V_{N_2} \tag{3-66}$$

对于固、液体燃料，可写为：

$$\left(N \times \frac{1}{100} + 3.31 nG_{0,O_2}\right) \times \frac{22.4}{28} = V_{N_2} \tag{3-67}$$

对于气体燃料，可写为：

$$N_2 \times \frac{1}{100} + 3.76 nL_{0,O_2} = V_{N_2} \tag{3-68}$$

**(5) 水煤气反应的平衡常数**

$$CO + H_2O \rightleftharpoons CO_2 + H_2 \tag{3-69}$$

$$K_1 = \frac{p_{CO_2}}{p_{CO}} \times \frac{p_{H_2}}{p_{H_2O}} \tag{3-70}$$

**(6) 甲烷分解反应的平衡常数**

$$CH_4 \rightleftharpoons 2H_2 + C \tag{3-71}$$

$$K_2 = \frac{p_{H_2}^2}{p_{CH_4}} \tag{3-72}$$

式(3-70)和式(3-72)中的平衡常数仅是温度的函数,如已知燃烧产物的实际平衡温度,则可由相关附表中查得该平衡常数。

根据式(3-54)和式(3-55)之间的关系,则式(3-70)和式(3-72)之分压 $p_{CO_2}$、$p_{CO}$ 等可以换算为 $V_{CO_2}$、$V_{CO}$ 等。

在运算式(3-70)和式(3-72)时,如果燃烧室(炉膛)内的气体平衡压力接近1个大气压(大多数工业炉如此),那么式中各组成的分压将在数值上与各组成的成分相等。

联立求解式(3-56)~式(3-72),便可求出六个组成的生成量,以及燃烧产物生成量和燃烧产物的成分。当估计到燃烧产物中的甲烷含量甚微而可忽略不计时,则可略去方程式(3-72),然后联立求解其他五个方程式即可。

显然,上述运算过程是比较复杂的,必须借助计算机完成。

# 3.4 燃烧温度计算

工业炉多在高温下工作,炉内温度的高低是保证炉子工作的重要条件,而决定炉内温度的最基本因素是燃料燃烧时燃烧产物达到的温度,即所谓燃烧温度。在实际条件下的燃烧温度与燃料种类、燃料成分、燃烧条件和传热条件等各方面的因素有关,并且归纳起来,将取决于燃烧过程中热量收入和热量支出的平衡关系。所以从分析燃烧过程的热量平衡,可以找出估计燃烧温度的方法和提高燃烧温度的措施。

燃烧过程中热平衡项目如下(各项均按每千克或每立方米燃料计算)。

属于热量的收入有以下几种。

① 燃料的化学热,即燃料的发热量 $Q_{dw}^y$。

② 空气带入的物理热 $Q_a$。

$$Q_a = V_0 c_a T_a \tag{3-73}$$

式中　$V_0$——燃料完全燃烧所需的理论空气量;

　　　$c_a$——带入空气的比热容;

　　　$T_a$——带入空气的温度。

③ 燃料带入的物理热 $Q_f$。

$$Q_f = c_f T_f \tag{3-74}$$

式中　$c_f$——燃料的比热容;

　　　$T_f$——燃料的温度。

属于热量的支出有以下几种。

① 燃烧产物含有的物理热 $Q_P$。

$$Q_P = V_P c_{pp} T_P \tag{3-75}$$

式中　$V_P$——燃烧产物的体积;

　　　$c_{pp}$——燃烧产物的平均比热容;

　　　$T_P$——燃烧产物的温度,即实际燃烧温度。

② 由燃烧产物传给周围物体的热量 $Q_传$。

③ 由于燃烧条件而造成的不完全燃烧热损失 $Q_不$。

④ 燃烧产物中某些气体在高温下热离解反应消耗的热量 $Q_{li}$。

根据热量平衡原理，当热量收入与支出相等时，燃烧产物达到一个相对稳定的燃烧温度。

列热量平衡方程式，有：

$$Q_{dw}^y + Q_a + Q_f = V_P c_{PP} T_P + Q_传 + Q_不 + Q_{li} \qquad (3-76)$$

由此得到燃烧产物的温度为：

$$T_P = \frac{Q_{dw}^y + Q_a + Q_f - Q_传 - Q_不 - Q_{li}}{V_P c_{PP}} \qquad (3-77)$$

$T_P$ 便是在实际条件下的燃烧产物的温度，也称为实际燃烧温度。由式(3-77)可以看出影响实际燃烧温度的因素很多，而且随炉子的工艺过程、热工过程和炉子结构的不同而变化。实际燃烧温度是不能简单计算出来的。

若假设燃料是在绝热系统中燃烧（$Q_传 = 0$），并且完全燃烧（$Q_不 = 0$），则按式(3-77)计算出的燃烧温度称为"理论燃烧温度"，即：

$$T_P = \frac{Q_{dw}^y + Q_a + Q_f - Q_{li}}{V_P c_{PP}} \qquad (3-78)$$

式(3-78)中，$Q_{li}$ 只有在高温下才有估计的必要。在低温条件下，热离解反应很微弱，可以不予考虑。此时理论燃烧温度的表达式可简化为：

$$(T_P)_m = \frac{Q_{dw}^y + Q_a + Q_f}{V_P c_{PP}} \qquad (3-79)$$

理论燃烧温度是燃料燃烧过程的一个重要指标，它表明某种成分的燃料在某一燃烧条件下所能达到的最高温度。理论燃烧温度是分析炉子的热工和作热工计算的一个重要依据，对燃料和燃烧条件的选择、温度控制和炉温水平的估计及热交换计算方面，都有实际意义。

理论燃烧温度是可以根据燃料性质和燃烧条件进行计算的。

## ✈ 3.4.1 无热离解时理论燃烧温度的计算

在式(3-79)中，以应用基表示的燃料低热值 $Q_{dw}^y$ 通常是已知的，而燃料和空气所具有的物理热焓（$Q_f$ 和 $Q_a$）则与其温度有关。此外，给定空气消耗系数的燃烧产物生成量可由式(3-27)或式(3-33)确定，因此只要已知燃烧产物的平均比热容，就可以求得理论燃烧温度。

燃烧产物的平均等压比热容可按混合气体的比热容公式计算，即：

$$c_{PP} = \frac{1}{100} \times (CO_2' c_{CO_2} + SO_2' c_{SO_2} + H_2O' c_{H_2O} + N_2' c_{N_2} + O_2' c_{O_2}) \qquad (3-80)$$

式中，$CO_2'$、$SO_2'$、$H_2O'$、$N_2'$ 和 $O_2'$ 表示燃烧产物中各组分的体积百分数 [见式(3-35)]，在不考虑离解且 $\alpha \geqslant 1$ 条件下的燃烧产物成分，可按其中的有关公式计算；$c_{CO_2}$、$c_{SO_2}$、$c_{H_2O}$、$c_{N_2}$ 及 $c_{O_2}$ 分别表示各成分的平均等压比热容，单位为 $kJ/(m^3 \cdot ℃)$。需要指出，理论燃烧温度的计算是十分繁杂的，因为各成分的比热容是温度的函数，所以在计算时一般应采用试凑法才能最终确定。

燃烧产物中各主要成分的平均等压比热容可由有关手册查得，也可根据温度关系计算。

比热容与温度的关系式一般为：

$$c_P = A_1 + A_2 T + A_3 T^2 \qquad (3\text{-}81)$$

采用计算机程序进行迭代时，利用这类关系式显得更为方便。对于碳氢燃料燃烧产物中常见的几种成分，系数 $A_1$、$A_2$ 和 $A_3$ 值见表 3-1。这时式(3-81) 中的温度 $T$ 的单位为 ℃，比热容的单位为 $kJ/(m^3 \cdot ℃)$。

表 3-1  式(3-81) 中的系数

| 气体名称 | $A_1/4.184$ | $A_2 \times 10^5/4.184$ | $A_3 \times 10^8/4.184$ |
|---|---|---|---|
| $CO_2$ | 0.3961 | 18.4 | −5.067 |
| $H_2O$ | 0.3517 | 7.141 | −0.719 |
| $N_2$ | 0.3023 | 3.6 | −0.51 |
| $O_2$ | 0.3183 | 3.141 | −0.266 |
| $CO$ | 0.3093 | 2.68 | — |
| $H_2$ | 0.3089 | 0.487 | 0.415 |

用试凑法确定无热离解时理论燃烧温度的程序如下。

① 根据已知条件计算 $(Q_{dw}^y + Q_a + Q_f)$ 值。

② 根据燃料性质和给定的燃料消耗系数计算燃烧产物生成量 $V_P$。

③ 按式(3-35) 计算燃烧产物中各组分的容积百分数 $CO_2'$、$SO_2'$、$H_2O'$ 等。

④ 选定任意温度 $T_1$，计算各成分在该温度下的平均比热容（用表 3-1 时，可取 $c_{SO_2} = c_{CO_2}$）。

⑤ 由式(3-80) 计算燃烧产物的平均比热容 $c_{PP}$。

⑥ 计算乘积 $V_P c_{PP} T_1$。

⑦ 在热焓（纵坐标）对温度（横坐标）的坐标平面上得到表示 $V_P c_{PP} T_1$ 和 $T_1$ 的点 Ⅰ，并在纵坐标上截取 $(Q_{dw}^y + Q_a + Q_f)$ 值。

⑧ 若 $(V_P c_{PP} T_1) < (Q_{dw}^y + Q_a + Q_f)$，表明所选温度 $T_1$ 偏低，这时应取 $T_2 > T_1$，并重复执行步骤④~⑦，得到点 Ⅱ；反之，若 $(V_P c_{PP} T_1) > (Q_{dw}^y + Q_a + Q_f)$，表明所选温度 $T_1$ 偏高，这时应取 $T_2 < T_1$，并重复执行步骤④~⑦。

⑨ 当 $T_2$ 偏高时，可在 $T_1$ 和 $T_2$ 之间取 $T_3$，重复步骤执行④~⑦，得到点 Ⅲ。

显然，若所选取的温度 $T_1$ 恰好能使 $V_P c_{PP} T_1 = Q_{dw}^y + Q_a + Q_f$，则该 $T_1$ 即为所求的理论燃烧温度。在一般情况下，很难做到这一点，当重复计算的点足够多时，可将所得的这些点用一条光滑曲线连接起来，于是该曲线与 $(Q_{dw}^y + Q_a + Q_f) =$ 常数的水平线之交点 A 所对应的横坐标值，即为所求的理论燃烧温度。

由此可见，计算确定燃烧温度是相当冗长的过程，目前均是利用计算机进行计算。

## ▶ 3.4.2  有热离解时理论燃烧温度的计算

多原子分子的热离解现象由化学反应规律所决定，是高温下的必然结果，考虑热离解影响的理论燃烧温度可根据式(3-78) 计算。此时，与按式(3-79) 的计算无热离解理论燃烧温度的不同点如下。

① 必须附加计算离解热损失 $Q_{li}$。

② 有离解时，燃烧产物中除了 $CO_2$、$H_2O$、$N_2$ 和 $O_2$ 外，还会出现 $H_2$、$CO$、$H$、$O$、$N$ 及 $OH$ 等热离解产物，在一般工业炉的工作温度和压力下，通常只考虑 $CO_2$ 和 $H_2O$ 的热

离解反应，即：

$$\begin{cases} CO_2 \longrightarrow CO + \dfrac{1}{2}O_2 \\ H_2O \longrightarrow H_2 + \dfrac{1}{2}O_2 \end{cases} \tag{3-82}$$

因此燃烧产物的成分是 $CO_2$、$H_2O$、$N_2$、$O_2$、$CO$ 和 $H_2$。由式(3-82)可知，1mol $CO_2$ 离解生成 1mol CO 和 0.5mol $O_2$，而 1mol $H_2O$ 离解生成 1mol $H_2$ 和 0.5mol $O_2$。可见，有热离解反应时燃烧产物的体积将增大。正因为如此，离解度随压力增高而有所降低。

③ 由式(3-82)可知，热离解使燃烧产物中的三原子气体减少，双原子气体增加，因此燃烧产物的平均比热容减小。

如前所述，燃烧产物的热离解程度受温度的控制。换句话说，燃烧产物生成量和成分都是温度的函数。燃烧产物的比热容与温度和成分有关，但最终也还是温度的函数。这些复杂的变化关系，将使理论燃烧温度的计算变得更加复杂，但对锅炉和其他类型工业炉进行热工计算时，可采用简化处理，这些简化处理的内容包括以下几项。

① 认为乘积 $V_P c_{PP}$ 不受热离解的影响 在工业炉中，一般只考虑 $CO_2$ 和 $H_2O$ 的热离解。如前所述，这些热离解的存在，一方面导致燃烧产物的体积增大；另一方面却引起燃烧产物的比热容减小。实践表明，在一般工业炉的工作温度和压力条件下，热离解对燃烧产物容积和比热容乘积的影响不明显，因此可以近似地采用无热离解时的 $V_P c_{PP}$ 值。

当空气消耗系数大于 1 时，在热离解情况下燃烧产物的 $V_P c_{PP}$ 值可按下式计算：

$$V_P c_{PP} = V_P^0 c_{PP}^0 + (\alpha - 1)V^0 c_{Pa} \tag{3-83}$$

式中 $c_{PP}^0$——$\alpha = 1$ 时燃烧产物的比热容，其值可按式(3-80)确定；

$c_{Pa}$——纯空气的比热容，因为空气是 $N_2$ 和 $O_2$ 的混合物，故其比热容也可按式(3-80)计算。

② 按"离解度"计算离解热损失 通常情况下，工业燃烧装置的离解热损失只考虑两部分：a. $CO_2$ 热离解所吸收的热量；b. $H_2O$ 热离解所吸收的热量。据式(3-82)，热离解所生成的 CO 容积与热离解所消耗的 $CO_2$ 容积相等，热离解所生成的 $H_2$ 容积与消耗的 $H_2O$ 容积相等。因此，这两部分离解所引起的热损失可分别表示如下。

$CO_2$ 的离解热损失：

$$Q_{CO_2} = 12623.6 V_{CO} \quad kJ/kg \text{ 燃料或 } kJ/m^3 \text{ 燃料} \tag{3-84}$$

$H_2O$ 的离解热损失：

$$Q_{H_2O} = 10784.4 V_{H_2} \quad kJ/kg \text{ 燃料或 } kJ/m^3 \text{ 燃料} \tag{3-85}$$

其中，12623.6 是每立方米 CO 与每立方米 $CO_2$ 的化学能之差，而 10784.4 是每立方米 $H_2$ 与每立方米 $H_2O$ 的化学能之差。$V_{CO}$ 和 $V_{H_2}$ 分别表示每千克（或每立方米）燃料的燃烧产物中 CO 和 $H_2$ 所占有的体积。

于是每千克（或立方米）燃料的离解热损失为：

$$Q_{li} = 12623.6 V_{CO} + 10784.4 V_{H_2} \tag{3-86}$$

其中，离解产物 CO 和 $H_2$ 的容积 $V_{CO}$ 和 $V_{H_2}$ 可分别根据 $CO_2$ 和 $H_2O$ 的"离解度"确定，其定义如下：

$CO_2$ 的离解度：

$$f_{CO_2} = \frac{(V_{CO_2})_{li}}{V_{CO_2}} \tag{3-87}$$

H₂O 的离解度：

$$f_{H_2O} = \frac{(V_{H_2O})_{li}}{V_{H_2O}} \tag{3-88}$$

式中　$V_{CO_2}$——不考虑热离解的产物中 $CO_2$ 的体积，按完全燃烧条件求得；

　　　$V_{H_2O}$——不考虑热离解的产物中 $H_2O$ 的体积，按完全燃烧条件求得；

　　$(V_{CO_2})_{li}$——产物中已离解掉的 $CO_2$ 体积；

　　$(V_{H_2O})_{li}$——产物中已离解掉的 $H_2O$ 体积。

显然，由反应式(3-82) 得：

$$V_{CO} = (V_{CO_2})_{li} = f_{CO_2}V_{CO_2} \tag{3-89}$$

$$V_{H_2} = (V_{H_2O})_{li} = f_{H_2O}V_{H_2O} \tag{3-90}$$

故式(3-86) 可改写为：

$$Q_{li} = 12623.6 f_{CO_2}V_{CO_2} + 10784.4 f_{H_2}V_{H_2O} \quad kJ/kg\ 燃料或\ kJ/m^3\ 燃料 \tag{3-91}$$

离解度 $f$ 与温度和离解成分的分压力有关。温度越高，离解度越大；分压力越高，离解度越小。$CO_2$ 和 $H_2O$ 的分压力可根据无离解条件下的燃烧产物中各自的容积成分来确定。已知温度和分压力可分别由表 3-2 和表 3-3 查出 $CO_2$ 和 $H_2O$ 的离解度。

表 3-2　二氧化碳的离解度

| t/℃ | 二氧化碳分压 $p_{CO_2}$/10⁻⁵Pa | | | | | | | | | | | | | | | |
| --- | --- | --- | --- | --- | --- | --- | --- | --- | --- | --- | --- | --- | --- | --- | --- | --- |
| | 0.03 | 0.04 | 0.05 | 0.06 | 0.07 | 0.08 | 0.09 | 0.10 | 0.12 | 0.14 | 0.16 | 0.18 | 0.20 | 0.25 | 0.30 | 0.35 |
| 1500 | 0.6 | 0.5 | 0.5 | 0.5 | 0.5 | 0.5 | 0.5 | 0.5 | 0.5 | 0.5 | 0.4 | 0.4 | 0.4 | 0.4 | 0.4 | 0.4 |
| 1600 | 2.2 | 2.0 | 1.9 | 1.8 | 1.7 | 1.6 | 1.55 | 1.5 | 1.45 | 1.4 | 1.35 | 1.3 | 1.3 | 1.2 | 1.1 | 1.0 |
| 1700 | 4.1 | 3.8 | 3.5 | 3.3 | 3.1 | 3.0 | 2.9 | 2.8 | 2.6 | 2.5 | 2.4 | 2.3 | 2.2 | 2.0 | 1.9 | 1.8 |
| 1800 | 6.9 | 6.3 | 5.9 | 5.5 | 5.2 | 5.0 | 4.8 | 4.6 | 4.4 | 4.2 | 4.0 | 3.8 | 3.7 | 3.5 | 3.3 | 3.1 |
| 1900 | 11.1 | 10.1 | 9.5 | 8.9 | 8.5 | 8.1 | 7.8 | 7.6 | 7.2 | 6.8 | 6.5 | 6.3 | 6.1 | 5.6 | 5.3 | 5.1 |
| 2000 | 18.0 | 16.5 | 15.4 | 14.6 | 13.9 | 13.4 | 12.9 | 12.5 | 11.8 | 11.2 | 10.8 | 10.4 | 10.0 | 9.4 | 8.8 | 8.4 |
| 2100 | 25.9 | 23.9 | 22.4 | 21.3 | 20.3 | 19.6 | 18.9 | 18.9 | 17.3 | 16.6 | 15.9 | 15.3 | 14.9 | 13.9 | 13.1 | 12.5 |
| 2200 | 37.6 | 35.1 | 33.1 | 31.5 | 30.3 | 29.2 | 28.3 | 27.4 | 26.1 | 25.0 | 24.1 | 23.3 | 22.6 | 21.2 | 20.1 | 19.2 |
| 2300 | 47.6 | 44.7 | 42.5 | 40.7 | 39.2 | 37.9 | 36.9 | 35.9 | 34.3 | 33.9 | 31.8 | 30.9 | 30.0 | 28.2 | 26.9 | 25.7 |
| 2400 | 59.0 | 56.0 | 53.7 | 51.8 | 50.2 | 48.8 | 47.6 | 46.5 | 44.6 | 43.1 | 41.8 | 40.6 | 39.6 | 37.5 | 35.8 | 34.5 |

表 3-3　水蒸气的离解度

| t/℃ | 水蒸气分压 $p_{H_2O}$/10⁻⁵Pa | | | | | | | | | | | | | | | |
| --- | --- | --- | --- | --- | --- | --- | --- | --- | --- | --- | --- | --- | --- | --- | --- | --- |
| | 0.03 | 0.04 | 0.05 | 0.06 | 0.07 | 0.08 | 0.09 | 0.10 | 0.12 | 0.14 | 0.16 | 0.18 | 0.20 | 0.25 | 0.30 | 0.35 |
| 1600 | 0.90 | 0.85 | 0.80 | 0.75 | 0.70 | 065 | 0.63 | 0.60 | 0.58 | 0.56 | 0.54 | 0.52 | 0.50 | 0.48 | 0.46 | 0.44 |
| 1700 | 1.60 | 1.45 | 1.35 | 1.27 | 1.20 | 1.16 | 1.15 | 1.08 | 1.02 | 0.95 | 0.90 | 0.85 | 0.80 | 0.76 | 0.73 | 0.70 |
| 1800 | 2.70 | 2.40 | 2.25 | 2.10 | 2.00 | 1.90 | 1.85 | 1.80 | 1.70 | 1.60 | 1.53 | 1.46 | 1.40 | 1.30 | 1.25 | 1.20 |
| 1900 | 4.45 | 4.05 | 3.80 | 3.60 | 3.40 | 3.05 | 3.10 | 3.00 | 2.85 | 2.70 | 2.60 | 2.50 | 2.40 | 2.20 | 2.10 | 2.00 |
| 2000 | 6.30 | 5.55 | 5.35 | 5.05 | 4.80 | 4.60 | 4.45 | 4.30 | 4.00 | 3.80 | 3.55 | 3.50 | 3.40 | 3.15 | 2.95 | 2.80 |
| 2100 | 9.35 | 8.50 | 7.95 | 7.50 | 7.10 | 6.80 | 6.55 | 6.00 | 6.00 | 5.45 | 5.25 | 5.10 | 4.80 | 4.55 | 4.30 |
| 2200 | 13.4 | 12.3 | 11.5 | 10.8 | 10.3 | 9.90 | 9.60 | 9.30 | 8.80 | 8.35 | 7.95 | 7.65 | 7.40 | 6.90 | 6.55 | 6.25 |
| 2300 | 17.5 | 16.0 | 15.4 | 15.0 | 14.3 | 13.7 | 13.3 | 12.9 | 12.2 | 11.6 | 11.1 | 10.7 | 10.4 | 9.60 | 9.10 | 8.7 |
| 2400 | 24.4 | 22.5 | 21.0 | 20.0 | 19.1 | 18.4 | 17.7 | 17.2 | 16.3 | 15.6 | 15.0 | 14.4 | 13.9 | 13.0 | 12.2 | 11.7 |

最终确定有离解情况下的理论燃烧温度仍需采用试凑法。具体过程与前节无离解时理论燃烧温度的计算相同。显然，由于离解度和比热容均与温度有关，这种反复的试凑过程是十分冗长的。通常，为使最初选取的温度尽可能接近最终计算值，可以先忽略离解热损失，估计出一个理论燃烧温度。然后作图查找出有热离解时理论燃烧温度的预估值，作为最初确定

离解度和燃烧产物比热容的温度。

## 3.4.3 理论燃烧温度的估算

工程实践中，有时需要粗略估算运行工况下的理论燃烧温度，此时可以采用焓-温图。其中横坐标表示燃烧温度，纵坐标表示燃烧产物的热焓，其值可按下式确定：

$$i = (Q_{dw}^y + Q_a + Q_f)/V_P \quad kJ/m^3 \tag{3-92}$$

焓-温图中考虑了过量空气百分数对燃烧产物比热容的影响，给出了一组等 $V_i$ 线，其值为

$$V_i = \frac{V - V^0}{V} \times 100\% = \left(1 - \frac{1}{\alpha}\right) \times 100\% \tag{3-93}$$

因此，根据已知的 $i$ 和 $V_i$ 可从焓-温图中直接查出可能达到的理论燃烧温度（横坐标值），这种方法十分简便，但其结果是近似的。

## 3.4.4 影响理论燃烧温度的因素

理论燃烧温度与燃料性质和燃烧装置的运行工况有关，式(3-78) 表明，燃料热值越高，理论燃烧温度也越高；此外，燃料和空气的预热，有利于提高燃烧温度。但是空气消耗系数、燃烧产物生成量，以及燃烧产物的比热容也会影响理论燃烧温度。下面简要讨论其中主要因素的影响。

**(1) 燃料性质**

一般通俗地认为，发热量较高的燃料与发热量较低的燃料相比，其理论燃烧温度也较高，例如焦炉煤气的发热量约为高炉煤气发热量的 4 倍，其燃烧发热温度也高出 500℃ 左右。对于混合煤气（高炉煤气和焦炉煤气混合物）而言，当热值较高时，温度上升速率减小，这是因为在通常情况下，燃烧产物的生成量随热值的增加而增多。

但是这种认识是有局限性的。例如，天然气的发热量是焦炉煤气的 2 倍，但两者的燃烧发热温度基本相同（均为 2100℃ 左右）。这是因为理论燃烧温度（或燃烧发热温度）并不是单一地与燃料发热量有关，还与燃烧产物有关。从本质上讲，燃烧温度主要取决于单位体积燃烧产物的热含量。表 3-4 表明，戊烷的低热值约为甲烷低热值的 4 倍，但理论燃烧温度仅由 2043℃ 提高到 2119℃，提高约 4%。而比值 $R$（$Q_{dw}^y$ 与 $V_P^0$ 之比）的变化却与温度的变化大致成正比。因此严格地说，各种燃料的理论燃烧温度与 $Q_{dw}^y$ 和 $V_P^0$ 的比值有关，也就是说，理论燃烧温度主要取决于燃烧产物所含有的热焓值。

表 3-4　烷烃的燃烧参数

| 气体名称 | 低热值 $Q_{dw}^y \times \dfrac{1}{4.184}$/(kJ/m³) | 理论燃烧温度/℃ | $R = \dfrac{Q_{dw}^y}{V_P^0}$ |
|---|---|---|---|
| 甲烷 | 8558 | 2043 | 810 |
| 乙烷 | 15231 | 2097 | 840 |
| 丙烷 | 21800 | 2110 | 845 |
| 丁烷 | 28345 | 2118 | 850 |
| 戊烷 | 34900 | 2119 | 850 |

注：在 $\alpha = 1$ 以及 $Q_a = Q_f = Q_{li} = 0$ 的条件下所得。

**(2) 空气消耗系数**

空气消耗系数影响燃烧产物的生成量及其成分，从而影响理论燃烧温度。显然，空气消

耗系数越大，燃烧产物生成量则越多，单位体积燃烧产物所占有的热焓也就越少，因而燃烧温度越低。此外，空气消耗系数增大时，燃烧产物中三原子气体（$CO_2$ 和 $H_2O$）的比例减少，比热容略有降低，又会导致燃烧温度增高。计算表明，前者的影响是主要的。因此，燃烧温度随空气消耗系数的增大而降低。对于烃类燃料而言，当空气消耗系数接近于 1 时，理论燃烧温度最高。

对于大多数工业燃烧装置，为了获得较高的燃烧温度和确保完全燃烧，正常运行时的空气消耗系数略大于 1。显然，从整个热力系统的能量利用效率考虑，选用过大的空气消耗系数是不适合的，因为当排烟温度相同时，过量空气越多，排烟带走的热能也越多，能量的利用越不合理。

**(3) 燃料与空气的预热温度**

对燃料或空气进行预热，表明输入燃烧装置的能量增加，因而理论燃烧温度提高。在 $\alpha = 1$ 时，对于高炉煤气，当空气预热温度提高 500℃ 时，理论燃烧温度约相应提高 200℃；但对于热值较高的炼焦炉煤气，在相同的预热温度下，理论燃烧温度升高约 260℃，表明燃料热值越高，空气预热的效果越明显。这是因为理论空气需要量随热值加大而增多，因此，当预热温度相同时，空气带入炉膛的热焓增多。

在工业燃烧装置中，大都利用排烟所具有的余热来预热空气或燃料。实践表明，这对于提高热能利用率、节约燃料是十分有效的。排烟温度越高，预热的节能效果越显著。

**(4) 空气中的氧含量**

实际燃烧装置中，有时为了获得更高的燃烧温度，可以采用"富氧空气"组织燃烧。空气中的氮气是惰性成分，在燃烧过程中要消耗大量的热能将其加热到燃烧温度。提高空气中的氧含量，意味着氮气含量减少，或燃烧产物的生成量减少。当氧含量小于 40%～50% 时，燃烧产物生成量随含量增加而减少的趋势相当明显。

各种燃料的理论燃烧温度受含氧量的影响程度是不同的，热值高的燃料受含氧量的影响较为明显，而当氧浓度超过 40% 时，这种影响逐渐减轻。因此，在生产实践中采用富氧空气来提高燃烧温度时，氧气的含量控制在 27%～30% 较为有效。含氧量更高时，提高温度的效果将相对减弱。

# 3.5　燃料的发热量

作为燃料，单位质量（1kg）或单位体积（1m³）燃料燃烧后能放出的热量是一个非常重要的特征，因为这将直接涉及燃料消耗量的高低和存储燃料所需要空间，对运输式动力装置（如船舶和飞机动力装置）这还涉及续航力。为此提出了燃料发热量的概念。

燃料的发热量（又称热值），是指在某一温度下（通常燃料的发热量是在 15～25℃ 下测定的），1kg 液体（或固体）燃料或 1m³ 气体燃料，在与外界无机械功交换条件下，完全燃烧后，再冷却至原温度时所释放的热量，其单位相应为 kJ/kg 或 kJ/m³。由于燃烧产物的焓与温度有关，故燃烧发热量与测定时的温度有关，但在工程计算中常忽略了这一影响。燃料的组成可表示成各种基，显然对应不同基燃料的发热量是不同的，在计算中应加区别。

燃料发热量的高低决定于燃料中含有可燃物质的多少。但是，固体燃料和液体燃料的发热量并不等于各可燃物质组成（碳、氢、硫等）发热量的代数和，因它们不是这些元素的机械混合物，而是具有极其复杂的化合关系，所以难于导出理论公式来进行计算。目前，可靠地确定燃料发热量的办法是依靠实验测定。

气体燃料因为是由一些具有独立化学特性的单一可燃气体所组成，而每种单一可燃气体的发热量可以精确地测定，因此气体燃料的发热量可以按每种单一可燃气体组成的发热量计算后相加起来。

各种液体燃料的发热量相差不多，都在41900kJ/kg左右，而气体燃料和固体燃料的发热量则随燃料品种的不同而不同。一般来说，天然气的发热量较高，而人造气体燃料中由于不可燃组分较多，发热量较低，且其组成随制气工艺过程的不同而不同，因而发热量数值亦有很大的差别。固体燃料的发热量随着碳化程度的加深而增加，当含碳量为87%左右时，发热量达到最大值，以后则开始下降。无烟煤的发热量较烟煤为低，这是因为无烟煤中含碳量高、含氢量低，而氢的发热量约为碳的4.5倍。

在实验条件下测定发热量时，燃烧产物最终被冷却至实验温度，这时燃烧产物中的水蒸气将凝结为水，而将汽化潜热释放出来，由此而测定的发热量称为燃料高位发热量$Q_{gw}$。燃料的高位发热量是燃料实际最大可能发热量，但在实际燃烧装置中，燃烧后所产生的烟气排出装置的温度仍相当高，一般都超过100℃，而水蒸气在燃烧产物中的分压力又远低于大气压力，这时燃烧反应生成的水蒸气不能凝结为水，仍处于气体状态，因此就不能放出水的汽化潜热，燃料的实际放热量就将减少。考虑到上述情况，从燃料高位发热量中扣除汽化潜热后所净得的发热量，就是所谓的燃料低位发热量$Q_{dw}$。在实际应用中都使用$Q_{dw}$。

在已知燃料燃烧产物的水蒸气含量时，即可由$Q_{gw}$求出$Q_{dw}$。以煤为例，对于各种基的固体燃料的$Q_{gw}$与$Q_{dw}$之间的换算分别如下。

**（1）按应用基**

$$Q_{dw}^y = Q_{gw}^y - 2512 \times \left( \frac{9H^y}{100} + \frac{W^y}{100} \right) \quad kJ/kg \tag{3-94}$$

式中　$Q_{dw}^y$——燃料应用基低位发热量，kJ/kg；

$Q_{gw}^y$——燃料应用基高位发热量，kJ/kg；

2512——水的汽化潜热，kJ/kg；

$\frac{9H^y}{100} + \frac{W^y}{100}$——1kg应用基燃料燃烧产物中所含水蒸气量，kg。

**（2）按分析基**

$$Q_{dw}^f = Q_{gw}^f - 2512 \times \left( \frac{9H^f}{100} + \frac{W^f}{100} \right) \quad kJ/kg \tag{3-95}$$

**（3）按干燥基和可燃基**

由于不含水分，但含有燃烧后可生成水的氢，故有：

$$Q_{dw}^g = Q_{gw}^g - 226H^g \quad kJ/kg \tag{3-96}$$

$$Q_{dw}^r = Q_{gw}^r - 226H^r \quad kJ/kg \tag{3-97}$$

式中　$226H^g$——对应干燥基1kg燃料中所含氢燃烧后生成水蒸气的凝结放热；

$226H^r$——对应可燃基1kg燃料中所含氢燃烧后生成水蒸气的凝结放热。

对液体和气体燃料亦可根据低位发热量的定义导出高位发热量与低位发热量之间的关系。

由于各种燃料的发热量差别很大，即使同一煤种也会因水分和灰分的变动而变动，为了便于比较燃用不同燃料的燃烧装置的燃料消耗量，也为了统计部门便于计量，故提出了一种能源标准计量单位——标准煤。其定义为：以进入燃烧装置的燃料为准（例如对煤即应用基），每放出 29300kJ（即 7000kcal）热量（按低位发热量计算）折算为 1kg 标准煤。如燃料的消耗量为 $B$，可把各种实际燃料消耗量折算为标准煤的消耗量。

$$B_{BI} = B \frac{Q_{dw}}{7000} \tag{3-98}$$

式中　$B_{BI}$——标准煤消耗量，kg；

　　　　$B$——实际燃烧消耗量；

　　　　$\dfrac{Q_{dw}}{7000}$——该燃料的发热当量，相当于一折合系数。

固体燃料的发热量用氧弹式量热计测定。其原理是：使煤样在充满压力为 2.6～3.3MPa 的高压氧气密封弹筒内完全燃烧，放出的热量由弹筒外的水吸收，测定水温的升高，即可计算出煤的发热量。由于煤样为去除外在水分的分析基煤，由此而测定的发热量称为分析基弹筒发热量，以 $Q_{dt}^f$ 表示。由于煤在高压氧中燃烧时，燃料中的硫和氮都被氧化，并溶于弹筒内的水（预先放入筒内的蒸馏水），生成了硫酸和硝酸，且对外放出生成热和溶解热，故 $Q_{dt}^f$ 大于 $Q_{gw}^f$，而：

$$Q_{gw}^f = Q_{dt}^f - (94.2 S_{dt}^f + \alpha Q_{dt}^f) \tag{3-99}$$

式中　$Q_{gw}^f$——燃料分析基高位发热量，kJ/kg；

　　　　$Q_{dt}^f$——燃料分析基弹筒发热量，kJ/kg；

　　　　$S_{dt}^f$——由弹筒洗液测出的煤含硫量，含硫量不太高且煤发热量不太低时，一般等于分析基全硫 $S^f$；

　　　　$\alpha$——考虑由氮生成硝酸并溶于水时的发热系数，对贫煤、无烟煤 $\alpha = 0.0010$，对其他煤种 $\alpha = 0.0015$；

　　　　94.2——考虑从 $SO_2$ 生成硫酸溶液时的放热量系数。

在作燃料燃烧计算时，常需要应用基低位发热量 $Q_{dw}^y$ 或可燃基低位发热量 $Q_{dw}^r$ 等，这就需要进行不同基间的换算。

对高位发热量，不同基间的换算系数与燃料成分换算系数相同。对低位发热量不同基间的换算，尚需考虑在不同基时，由于成分中所含水分不同而引起的气化潜热差异。例如由 $Q_{dw}^f$ 换算为 $Q_{dw}^y$ 时，就需先将它们均折算为相应的高位发热量，即：

$$Q_{gw}^f = Q_{dw}^f + 25.12 \times (9H^f + W^f) \tag{3-100}$$

$$Q_{gw}^y = Q_{dw}^y + 25.12 \times (9H^y + W^y) \tag{3-101}$$

式中　25.12——在常温、常压下的水加热至 100℃并汽化所需热量系数。

由表 2-6 查出 $Q_{gw}^f$ 与 $Q_{gw}^y$ 之间的换算系数，便可得出 $Q_{dw}$。

$$Q_{gw}^y = Q_{gw}^f - \frac{100 - W^y}{100 - W^f} \tag{3-102}$$

代入 $Q_{gw}^f$ 与 $Q_{gw}^y$ 后可导出：

$$Q_{dw}^y = (Q_{dw}^f + 25.12 W^f) \times \frac{100 - W^y}{100 - W^f} - 25.12 W^y \tag{3-103}$$

从以上的讨论可知，煤中的水分、灰分对燃烧装置的燃烧和运行工况有很大影响，但直接用燃料中所含水分、灰分的高低来评价燃料有时并不十分合理，因为有的燃料尽管水分、灰分含量较高，但如果其发热量较高，则当其放出一定的热量时，它所带入的水分、灰分量可能反而比发热量较低而水分、灰分含量也低的燃料少。故提出以折算到每放出 1MJ 热量所带入的水分 $W_{ss}^y$ 和灰分 $A_{hs}^y$ 来评价燃料，而：

$$W_{ss}^y = 1000 \times \frac{\dfrac{W^y}{100}}{Q_{dw}^y} = 10 \times \frac{W^y}{Q_{dw}^y} \quad \text{kJ/MJ} \tag{3-104}$$

同理：

$$A_{hs}^y = 10 \times \frac{A^y}{Q_{dw}^y} \quad (\text{kJ/MJ}) \tag{3-105}$$

## 参 考 文 献

[1] 严传俊，范玮．燃烧学．第 3 版［M］．西安：西北工业大学出版社，2016.

[2] 邬长城．爆炸燃烧理论基础与应用［M］．北京：化学工业出版社，2016.

[3] 王全德．燃烧化学理论研究进展［M］．徐州：中国矿业大学出版社，2015.

[4] 张英华，黄志安，高玉坤．燃烧与爆炸学［M］．第 2 版．北京：冶金工业出版社，2015.

[5] 胡双启．燃烧与爆炸［M］．北京：北京理工大学出版社，2015.

[6] ［美］Stephen R. Turns. 燃烧学导论：概念与应用［M］．姚强，李水清，王宇译．北京：清华大学出版社，2015.

[7] 潘旭海．燃烧爆炸理论及应用［M］．北京：化学工业出版社，2015.

[8] 潘剑峰．燃烧学：理论基础及其应用［M］．镇江：江苏大学出版社，2013.

[9] 陈长坤．燃烧学［M］．北京：机械工业出版社，2013.

[10] 郝建斌．燃烧与爆炸学［M］．北京：中国石化出版社，2012.

[11] 徐旭常，吕俊复，张海．燃烧理论与燃烧［M］．第 2 版．北京：科学出版社，2012.

[12] 李永华．燃烧理论与技术［M］．北京：中国电力出版社，2011.

[13] 赵雪娥，孟亦飞，刘秀玉．燃烧与爆炸理论［M］．北京：化学工业出版社，2011.

[14] 徐通模．燃烧学［M］．北京：机械工业出版社，2011.

[15] 徐旭常，周力行．燃烧技术手册［M］．北京：化学工业出版社，2008.

[16] 刘联胜．燃烧理论与技术［M］．北京：化学工业出版社，2008.

[17] 朱文学．热风炉原理与技术［M］．北京：化学工业出版社，2005.

[18] 李芳芹．煤的燃烧与气化手册［M］．北京：化学工业出版社，2005.

[19] 方文沐，杜惠敏，李天荣．燃料分析技术问题［M］．第 3 版．北京：中国电力出版社，2005.

[20] 张以祥，曹湘洪，史济春．燃料乙醇与车用乙醇汽油［M］．北京：中国石化出版社，2004.

[21] 李方运．天然气燃烧及应用技术［M］．北京：石油工业出版社，2002.

[22] 刘治中，许世海，姚如杰．液体燃料的性质及应用［M］．北京：中国石化出版社，2000.

# 第 **4** 章

# 化学动力学基础

燃料在燃烧过程中进行了激烈的化学反应，从而将燃料的化学能释放出来。燃料在燃烧装置中停留的时间是有限的，例如在喷气发动机燃烧室中，燃料停留时间约为 5/1000s；在发电厂燃煤锅炉中，燃料停留时间一般也不超过 2s。为了使燃料完全燃烧，就必须要求燃料进行化学反应的时间少于它在燃烧装置内逗留的时间。这就需要了解化学反应速率受哪些因素影响，因此，必须了解化学反应机理。化学反应速率、化学反应机理都属化学动力学讨论范畴，所以化学动力学在燃烧学中占有重要地位。化学动力学本身是一门完整的独立学科，内容相当广泛，本章仅限于介绍与燃烧有关的一些化学动力学基础知识。

## 4.1 化学反应速率与化学反应的分类

### ▶ 4.1.1 化学反应速率

在化学反应进行过程中，单位体积中的反应物（例如燃料与氧化剂）与生成物（例如燃烧产物）的数量都在不断地变化，化学反应进行得越快，则在单位时间内，单位体积中的反应物消耗得越多，而生成物形成也越多。单位体积中所含物质的量，在化学中定义为浓度。因此可以用反应物或生成物的浓度 $C$ 随时间的变化率来表示化学反应速率，即：

$$W = \pm \frac{dC}{d\tau} \tag{4-1}$$

式中 $W$——化学反应速率。

公式中的负号用来表示当浓度是用初始反应物的浓度变化来计算时，因它的浓度随反应的进行不断减少，$\frac{dC}{d\tau}$ 为负值，则在式前加一个"－"号，以保持 $W$ 为正值。

式(4-1)所表示的化学反应速率是化学反应的平均速率，是指某一时间间隔内任一反应物质浓度的平均变化值。如果时间间隔 $\Delta\tau \to 0$ 而 $W$ 趋于极限，则可得该瞬间的化学反应速率，亦即反应的瞬时速率。

$$W = \pm \frac{\mathrm{d}C}{\mathrm{d}\tau} \tag{4-2}$$

采用不同的物质浓度所得的反应速率值是不相同的,例如,由于物质的量可用 kg、kmol、分子量为计量单位,相应的浓度单位为 $kg/m^3$、$kmol/m^3$、分子数$/m^3$,故相应的化学反应速率单位为 $kg/(m^3 \cdot s)$、$kmol/(m^3 \cdot s)$、分子数$/(m^3 \cdot s)$,但这些单位之间是可以相互换算的。

此外,在化学反应中可能有几种反应物同时参加反应而生成一种或几种生成物,但它们之间有确定的定量关系。这种定量关系可由化学反应式求出:在反应过程中,反应物的浓度不断减少,生成物的浓度不断增加,生成物的生成与反应物的消耗是相对应的,因此,化学反应速率可以选用任一种反应物和生成物的浓度随时间的变化率来表示。虽然计算出来的数值不同,但它们之间存在着一定的单位关系。例如在

$$aA + bB + cC \longrightarrow mM + nN \tag{4-3}$$

的化学反应中,各反应物与生成物之间存在以下关系:

$$W_A = -\frac{\mathrm{d}C_A}{\mathrm{d}\tau} = -\frac{a}{b} \times \frac{\mathrm{d}C_B}{\mathrm{d}\tau} = -\frac{a}{c} \times \frac{\mathrm{d}C_C}{\mathrm{d}\tau} = \frac{a}{m} \times \frac{\mathrm{d}C_M}{\mathrm{d}\tau} = \frac{a}{n} \times \frac{\mathrm{d}C_N}{\mathrm{d}\tau} \tag{4-4}$$

式中　　　$a,b,c,m,n$——反应物 $A$、$B$、$C$ 和生成物 $M$、$N$ 的化学计算系数;

$C_A$, $C_B$, $C_C$, $C_M$, $C_N$——反应物 $A$、$B$、$C$ 和生成物 $M$、$N$ 的浓度;

$\frac{\mathrm{d}C_A}{\mathrm{d}\tau}, \frac{\mathrm{d}C_B}{\mathrm{d}\tau}, \frac{\mathrm{d}C_C}{\mathrm{d}\tau}, \frac{\mathrm{d}C_M}{\mathrm{d}\tau}, \frac{\mathrm{d}C_N}{\mathrm{d}\tau}$——反应物 $A$、$B$、$C$ 和生成物 $M$、$N$ 的化学反应速率。

这样,化学反应速率就可以根据任一作用物的浓度变化来确定,而唯一需要知道的就是究竟按照哪一种作用物的浓度变化来计算,其他就可以根据式(4-4)互相推算。例如,在反应 $2H_2 + O_2 \longrightarrow 2H_2O$ 中,用氢浓度变化来计算的反应速率将比用氧浓度变化计算的大 2 倍。因为在单位时间内如果有 1mol 的氧发生反应,则势必同时有 2mol 的氢亦发生反应。所以,这两者的绝对数值虽然不同,但都表示同一个反应的速率。

## ▶ 4.1.2 化学反应速率和浓度的关系

实验表明,在一定温度下,单相化学反应在任何瞬间的反应速率与该瞬间参与反应的反应物浓度的乘积成正比,而各反应物浓度的幂次即为化学反应式中各反应物的分子数。这个表示反应速率与反应物浓度之间关系的规律就称为质量作用定律。

质量作用定律是建立在化学反应过程的动力学基础上的。

化学反应起因于能起反应的各组成分子间的碰撞,因此在单位体积中分子数目越多,也即反应物质的浓度越大,分子碰撞次数就越多,因而反应过程的进行就越迅速。所以,在其他条件相同的情况下,化学反应速率与反应物质的浓度成正比。

例如,对于 $A$、$B$、$C$ 等几种反应物中进行的化学反应,其化学反应速率为:

$$\frac{\mathrm{d}C_A}{\mathrm{d}\tau} = kC_A^x C_B^y C_C^z \tag{4-5}$$

式中　$x,y,z$——由实验测定的幂指数;

　　　$k$——化学反应速率常数。

幂指数之和为:

$$\nu = x + y + z \tag{4-6}$$

式中　$\nu$——反应级数。

不同反应级数的反应，它们的反应速率常数的单位是不同的。对于一级、二级以至 $n$ 级反应，其速率常数单位分别为 $1/s$、$cm^3/(mol \cdot s)$ 和 $(mol/cm^3)^{1-n}/s$。

一些燃料燃烧时的化学反应级数为：煤气 $\nu \approx 2$；轻油 $\nu \approx 1.5 \sim 2$；重油 $\nu \approx 1$，煤粉 $\nu \approx 1$。

实验还表明，化学反应速率常数 $k$ 取决于反应物系的温度 $T$，并有以下关系：

$$k = k_0 e^{-\frac{E}{RT}} \tag{4-7}$$

式中　$k_0$——取决于反应物系；

　　　$R$——通用气体常数，其值为 $8.314J/(mol \cdot K)$；

　　　$E$——活化能，其数值取决于反应物。

这一关系式被称为阿累尼乌斯（Arrhenius）定律。于是可将化学反应速率关系式写成：

$$W = -\frac{dC_A}{d\tau} = k_0 C_A^x C_B^y C_C^z e^{-\frac{E}{RT}} \tag{4-8}$$

假如化学反应是可逆的，如 $aA + bB \rightleftharpoons cC + dD$，其正向反应的速率常数为 $k_1$，逆向反应的速率常数为 $k_2$，则观察到的总（或净）反应速率应是正向和逆向反应速率之差。这时，正向反应速率为 $W_1 = k_1 C_A^a C_B^b$，逆向反应速率为 $W_2 = k_2 C_C^c C_D^d$，因此，总反应速率则为：

$$W = W_1 - W_2 = k_1 C_A^a C_B^b - k_2 C_C^c C_D^d \tag{4-9}$$

正向反应与逆向反应速率相等或总（净）反应速率等于零，也就是系统浓度达到一个动平衡的不变状态，系统就达到了所谓化学平衡，这时 $W = 0$，或 $k_1 C_A^a C_B^b = k_2 C_C^c C_D^d$，或：

$$K_c = \frac{k_1}{k_2} = \frac{C_C^c C_D^d}{C_A^a C_B^b} \tag{4-10}$$

式中　$K_c$——总反应平衡常数，$K_c = \frac{k_1}{k_2}$。

平衡状态下的质量作用定律可用平衡方程式表示，而平衡常数就是正向与逆向反应速率常数之比。

然而，通常碰到的可逆反应一般不具备达到平衡的条件，例如在 $T < 3000K$ 条件下的燃烧反应，此时逆向反应速率要比正向反应速率小得多，因此可略去逆向反应的影响，亦即，由于 $W_2 \ll W_1$，可认为：

$$W = W_1 - W_2 \approx W_1 \tag{4-11}$$

所以，实际上一些化学反应都不是纯粹的单向反应，但按上所述均可按单向反应来计算其总反应速率。

严格地讲，质量作用定律仅适用于理想气体。在实际情况下，可假设气体是理想气体，进而应用质量作用定律及由它所导出的各种推论。

两相系统对燃烧反应具有很重要的意义。参与燃烧的反应物质可以是液相和气相或固相和气相两相共存。每一种液体或固体在一定温度下具有一定的蒸汽压力。温度越高，蒸汽压力越大。因为由固相或液相和气相所组成的两相系统化学反应是由固态或液态物质的蒸汽和气态物质在气相中发生作用，故而它应服从单相气体反应规律，所以可将质量作用定律应用在多相反应中，但此时只考虑气态物质的分压，固态与液态物质的蒸汽分压是一定值，就不必考虑了。

## ▶ 4.1.3　化学反应的分类

在化学反应动力学中，化学反应常按反应分子数或反应级数来分类。

**(1) 按反应分子数分类**

化学反应都是正逆向同时进行并趋向平衡状态的。但是，有些化学反应的逆向反应速率非常小，可略去不计，由此可假设这种化学反应仅向一个方向进行。

单向化学反应或不可逆反应根据参与反应物质的分子数目可分类如下。

① 单分子反应。即化学反应时只有一个分子参与反应。分子的分解和分子内部的重新排列即属单分子反应，例如碘分子和五氧化氮的分解反应：

$$I_2 \longrightarrow 2I \tag{4-12}$$

$$N_2O_5 \longrightarrow N_2O_4 + \frac{1}{2}O_2 \tag{4-13}$$

此时的反应速率为：

$$W = -\frac{dC}{d\tau} = kC \tag{4-14}$$

② 双分子反应。即在反应时有两个不同种类或相同种类的分子同时碰撞而发生的反应。绝大多数的气相反应均为双分子反应。例如：

$$CO_2 + H_2 \longrightarrow CO + H_2O \tag{4-15}$$

和

$$CH_3COOH + C_2H_5OH \rightleftharpoons CH_3COOC_2H_5 + H_2O \tag{4-16}$$

此时的反应速率分别为：

$$\begin{cases} W = -\dfrac{dC_1}{d\tau} = kC_1C_2 \\ W = -\dfrac{dC_1}{d\tau} = kC_1^2 \end{cases} \tag{4-17}$$

③ 三分子反应。即反应时有三个不同种类或相同种类的分子同时碰撞而发生的反应。实际上，三个分子同时碰撞的机会是非常少的。在气相反应中，如：

$$2NO + O_2 \longrightarrow 2NO_2 \tag{4-18}$$

和

$$2CO + O_2 \longrightarrow 2CO_2 \tag{4-19}$$

上述公式就是这种典型的例子(实际上它们反应时也不是三个分子直接同时碰撞，而是形成离子或分子组合的复杂反应过程)。此时反应速率为：

$$\begin{cases} W = -\dfrac{dC_1}{d\tau} = kC_1^2C_2 \\ W = -\dfrac{dC_1}{d\tau} = kC_1C_2C_3 \end{cases} \tag{4-20}$$

多于三个分子的分子碰撞的概率极小，所以，实际上化学反应方程式所表示的四个或更多分子参与的反应都是经过两个或多个相继的简单的单分子或双分子、间或三分子反应来实现的，因为它们的碰撞机会要比多个分子碰撞的机会大好多倍，因此反应以这种途径进行的速率就要大得多。这样的反应，即一个反应是由若干个单分子或双分子、间或三分子反应相继实现，称为复杂反应。而组成复杂反应的各基本反应则谓之简单反应或称基元反应，它们是由反应物分子直接碰撞而发生的化学反应。

**(2) 按反应级数分类**

这种分类方法是先用实验方法测定反应速率和反应物的浓度关系，然后根据反应物浓度变化对反应速率影响的程度，确定其反应级数。如果反应速率与反应物浓度的一次方成比例，则此反应就叫做一级反应；如果反应速率与反应物浓度的二次方成比例，则就叫做二级反应，同样的方法依此类推。三级反应一般是很少的，在气相反应中，目前仅知的只有五种反应属于三级反应，且都与NO有关。三级以上的反应几乎没有。如果反应速率与反应物浓度无关而为一常数，则此反应可称为零级反应。化学反应的级数可以是正数或负数，也可以是整数、零、分数。若是负数，则表示反应物浓度的增加将抑制反应，使反应速率下降。

对简单反应（或基元反应）来说，上述两种分类法基本上一致，单分子反应亦即一级反应，双分子反应亦即二级反应。但对另外一些反应，特别是复杂反应（非基元反应），两者就不一致了，例如，在某些情况下，反应中某一组分的过剩量很多，以致它在反应过程中的消耗实际上不影响它的浓度，如酯在稀薄的水溶液中的水解过程 $CH_3COOC_2H_5 + H_2O \longrightarrow CH_3COOH + C_2H_5OH$，按照化学反应式所表示的是一双分子反应，但实际上它却是一级反应。因为此时水的分量很多，在反应过程中虽有消耗，但它的浓度变化却很少，反应速率只取决于酯的浓度。它们之间的关系，即反应速率与反应物浓度之间的关系符合单分子反应方程式，故属于一级反应。此外，氢和碘的化合反应 $H_2 + I_2 \longrightarrow 2HI$，根据实验测定它是一个二级反应，其化学反应式所表示的也是一双分子反应，理应两者是一致的。然而实际上它是一个二级反应，而不是一个简单的双分子基元反应。因为它的反应过程由下列三个基元反应所组成：

$$\begin{cases} I_2 + M \xrightarrow{k_1} 2\dot{I} + M \\ 2\dot{I} + M \xrightarrow{k_2} I_2 + M \\ H_2 + 2\dot{I} \xrightarrow{k_3} 2HI \end{cases} \tag{4-21}$$

式中　$M$——气体中存在的 $H_2$ 和 $I_2$ 等分子，它们在化学反应中仅起能量传递的作用，而不改变自身的化学性质。

所以，反应的级数和反应的分子数是两个截然不同的概念，不能混淆。反应级数应按实验测定的动力学方程来确定，而反应的分子数则应根据引起反应（基元反应）所需的最少分子数目来定，例如可以有零级反应，但却不可能有零分子反应。

复杂反应都是由一系列简单的基元反应所组成，它的反应级数不能随意地按化学反应式所表示的参与反应的分子数目来确定，一般往往低于其参与反应的分子数目。它可以是整数，也可以是分数。复杂反应的级数应根据实验测定的动力学方程式，即反应速率和反应物浓度关系式［式(4-5)］中各反应物浓度的幂次的总和［式(4-6)］来确定。

# 4.2　化学反应机理

物质的化学变化是物质的一种质的变化，一些物质经化学变化成为另一些性质迥然不同的物质。化学反应方程式虽能表明反应物与生成物之间的关系，但不能反映化学反应的机理。化学反应方程式仅仅表明反应的总的效果，而不表示反应进行的实际过程。只有了解化学变化的机理，才有可能提出和进一步解决控制化学反应过程的问题。

目前用来阐明化学反应机理和确定化学反应速率的理论主要有分子热活化理论与连锁反应理论。

## 4.2.1　分子热活化理论

根据气体分子运动学说的理论，化学反应的发生是由于反应物质的分子互相碰撞而引起。但在单位时间内，每个分子与其他分子互相碰撞的机会是很多的，可以达到每秒几十亿次。如果分子的每一次碰撞均能发生反应，那么即使在低温情况下，不论什么反应都会在瞬间完成而形成爆炸。但事实上远非如此，化学反应是以有限的速率进行着，即不是所有的分子碰撞都会引起反应，而只有在所谓的"活化了的"分子间的碰撞才会引起反应。这种活化了的分子，也就是所谓"活化分子"。在一定温度下，活化分子的能量 $E$ 较其他分子所具有的平均能量大，正是这些超过一定数值的能量才能使原有分子内部的键得以削弱和破坏，使分子中的原子重新组合排列而形成新的生成物。所以如果撞击分子的能量小于这一能量 $E$ 的话，则它们之间就不会发生反应。能量 $E$ 是破坏原有的键和生成新键所需要的最小能量，一般称之为"活化能"。不同的反应，活化能是不相同的。一般饱和分子间化学反应 $E=(8.3\sim40)\times10^4\,kJ/kmol$。

确定活化能的值是极其复杂的。一般情况下由实验测定，但也可按经验公式近似计算。

对于双分子反应：

$$A+B \longrightarrow C+D+\cdots \tag{4-22}$$

其活化能可按下列经验公式估算：

$$E=\frac{1}{4}(\varepsilon_A+\varepsilon_B) \tag{4-23}$$

式中　$\varepsilon_A$——破坏物质 $A$ 的分子内部键所需消耗的能量；

　　　$\varepsilon_B$——破坏物质 $B$ 的分子内部键所需消耗的能量。

一般破坏物质分子内部键所需的能量是相当大的。例如破坏 $H_2$ 分子内部键所需的能值为 $215620\,kJ/kg$，而汽油的热值仅为 $41900\sim46100\,kJ/kg$。

从气体分子运动学说可知，分子间的能量分布是极不均匀的，在每一温度瞬间都有或多或少的等于或高于能量 $E$ 的分子存在。因此，对于某一反应来说，如果它所需的活化能 $E$ 越大，则在每一温度瞬间能起作用的分子数就越少，因而它的反应速率也就越小。

根据马克斯威尔-波尔茨曼的分子能量分布定律，在总分子数 $N$ 中，具有能量不小于 $E$ 的分子数 $N_E$ 为：

$$\frac{N_E}{N}=e^{-\frac{E}{RT}} \tag{4-24}$$

式中　$N_E$——具有能量等于或大于 $E$ 的分子数目；

　　　$N$——气体的总分子数；

　　　$R$——通用气体常数。

从式(4-24) 可以看出，在给定温度下具有能量在 $E$ 以上的分子数是一确定的值。如果 $E$ 值越小，则相应的具有能量在 $E$ 以上的分子数 $N_E$ 就越多，显然这种反应进行的速率就越大。相反，$E$ 值越大，由于 $N_E$ 值较小，则反应速率就小。所以，反应的活化能是衡量反应物质化合能力的一个主要参数。活化能越小，物质的化合能力就越大。实验表明：当饱和的分子之间进行反应时，其活化能一般为十几万到几十万千焦每摩尔，例如煤油与空气进行反应的活化能约为 $167500\,kJ/mol$；饱和分子与根（化合价不饱和的原子和基，如 H 和 OH）或者分子与离子间进行反应，其活化能一般不超过 $41900\,kJ/mol$；根与离子间进行反应，其活化能几乎接近零，也即分子间每次碰撞都可能有效，所以其反应速率非常之快，因此在反应混合物中增加根的浓度就可以大大提高反应速率。

此外，从式(4-24) 还可以看出，在不同温度时具有能量在 $E$ 以上的分子数是不同的，因而反应速率也不相同。温度升高，分子间能量将重新分配，具有高能量的分子数目大大增加，这就有利于分子的活化，从而提高化学反应的速率。

按照分子热活化理论，在任何反应系统中，反应物质不能全部参与化学反应，只有其中一部分活化分子才能参与反应。为了使反应物质尽可能多地参与反应，必须对反应系统提供能量使非活化分子活化。使分子活化的方法很多，如对系统加热，使高能分子数增多（即所谓热活化），或者吸收光能，利用光量子的辐射激发分子，把分子分解成原子（即所谓光分解），或者受电离作用，使分子电离成自由离子，即带电荷的原子或原子团（或称基）。

## ▶ 4.2.2 活化分子碰撞理论

此理论认为在简单反应中，由于在反应物中存在着大量的做不规则热力运动的分子，它们之间有可能发生碰撞。但化学反应只能在这种碰撞下才会发生，即碰撞后能破坏反应物原有的分子键结构，这样才能形成生成物新键，从而产生反应生成物。所以只有在相互碰撞的分子所具有的能量超过一定的能级水平时才能进行化学反应。这个必须达到的最低能级水平 $E$ 被称为活化能。具有不小于 $E$ 能级的分子，称为活化分子，化学反应就是由于这些活化分子间的碰撞引起的。由此可知，在简单反应或基元反应中活化能有明确的物理意义，但对复杂反应由实验数据按阿累尼乌斯定律［式(4-7)］整理得到的活化能只是一种表观活化能。它实际上是组成该复杂反应的诸基元反应活化能的综合结果，因此不再有直接的物理意义。

式(4-24) 说明当活化能 $E$ 为某一值时，随着温度的升高，由于各分子的能量水平都得到提高，故活化分子数将大为增加，这一现象被称为分子热活化，这时化学反应速率也将大为提高。

设气体 $A$ 和 $B$ 进行反应 $A+B \longrightarrow C+D$，这一反应是由于两个分子碰撞引起的，故称为双分子反应。根据参与反应的分子数，还有所谓单分子反应、三分子反应。

若两种气体分子 $A$ 和 $B$ 处在混合气体状态中，则在时间 $\Delta\tau$ 内、单位体积中气体 $A$ 的一个分子和气体 $B$ 各分子互撞的次数按气体分子运动学说可得：

$$Z_{A,B} = \pi d^2 \bar{u} n_B \sqrt{T} \Delta\tau \tag{4-25}$$

式中　$n_B$——气体 $B$ 的分子浓度，亦即单位体积中的分子数；

　　　$d$——分子平均"有效"直径，$d = \dfrac{d_A + d_B}{2}$；

　　　$\bar{u}$——分子运动的平均相对速度，$\bar{u} = \sqrt{\dfrac{8RT}{\pi} \times \left(\dfrac{1}{M_A} + \dfrac{1}{M_B}\right)}$；

　　　$M_A$——反应物 $A$ 的分子量；

　　　$M_B$——反应物 $B$ 的分子量；

　　　$R$——通常气体常数。

如果把平均速度表达式代入式(4-25)，将有关常数项合并在一起用 const 表示，则得：

$$Z_{A,B} = \pi d^2 \sqrt{\frac{8RT}{\pi} \times \left(\frac{1}{M_A} + \frac{1}{M_B}\right)} n_B \sqrt{T} \Delta\tau = \mathrm{const}\, n_B \sqrt{T} \Delta\tau \tag{4-26}$$

这是气体 $A$ 的一个分子与气体 $B$ 的所有分子碰撞的次数，而气体 $A$ 的全部分子与气体 $B$ 的全部分子碰撞的次数则应为：

$$Z_{AB} = \mathrm{const}\, n_A n_B \sqrt{T} \Delta\tau \tag{4-27}$$

已知标准状态下，每立方厘米体积内具有的分子数约为 $n_A + n_B \approx 10^{20}$ 个分子，如果设

$n_A = n_B = \dfrac{1}{2} \times 10^{20}$，则在单位时间内气体 $A$ 的所有分子与气体 $B$ 的全部分子发生碰撞的次数约为 $10^{30}$ 次。假如每次碰撞都能引起化学反应的话，则反应时间应为：

$$\tau = \frac{n_A + n_B}{2 Z_{AB}} = 0.5 \times 10^{-10} \, s \tag{4-28}$$

这就是说，反应在瞬刻之间就可能完成，但事实并非如此，因为能量超过 $E$ 的那一部分分子（即活化分子）的数目占总分子数的份额仅为 $e^{-E/RT}$。根据这个比例，在上述反应中反应物 $A$ 和 $B$ 超过能量 $E$ 的分子数分别为 $n_A' = n_A e^{-E/RT}$ 和 $n_B' = n_B e^{-E/RT}$，那么发生化学反应的有效碰撞次数则应为：

$$Z_{eff} = cons \, t_1 Z_{eff} = Z_{AB} e^{-E/RT} = const \, n_A n_B \sqrt{T} \, e^{-E_A/RT} e^{-E_B/RT} \Delta\tau \tag{4-29}$$

式中　$E$——反应的活化能，$E = E_A + E_B$，它是发生化学反应所必需的最少能量。

在其他条件不变的情况下，按照反应物 $A$ 的浓度变化计算的化学反应速率应为：

$$W_A = -\frac{\Delta n_A}{\Delta\tau} = \frac{Z_{eff}}{\Delta\tau} = const \, \sqrt{T} \, e^{-\frac{E}{RT}} n_A n_B \tag{4-30}$$

如果把式(4-29)与按质量作用定律得出的反应速率公式(4-27)相比较，可以看出：

$$k = const \, \sqrt{T} \, e^{-\frac{E}{RT}} \tag{4-31}$$

由此可知，反应速率常数 $k$ 仅与温度有关而与反应物浓度无关。式(4-31)是阿累尼乌斯定律的数学表达式。阿累尼乌斯定律确定了化学反应速率和反应温度之间的关系，它是在用分子运动论解释以前，由实验总结出的一条实验定律。式(4-31)可表示成：

$$k = k_0 e^{-\frac{E}{RT}} = k_0 \exp\left(-\frac{E}{RT}\right) \tag{4-32}$$

式中　$k_0$——前指因数，表示分子碰撞的总次数。

分子碰撞的总次数与分子运动速度 $u$ 成正比，而分子运动速度又与 $\sqrt{T}$ 成正比，因此：

$$k_0 = const \, \sqrt{T} = d^2 \left(\frac{8\pi RT}{M^*}\right)^{1/2} \tag{4-33}$$

$$M^* = \frac{M_A M_B}{M_A + M_B}$$

由于 $\sqrt{T}$ 对 $k_0$ 的影响相对比较小，可近似认为 $k_0$ 与温度无关。

温度对反应速率常数影响较大，只有当温度很高（当 $E \approx 83700 \sim 167500 kJ/mol$ 时，$T \approx 5000 \sim 10000K$）时，温度的影响程度才开始减缓，其渐近线接近于直线 $k = k_0$。

对于一些简单的分子反应来说，它们的反应速率的实测值与按活化分子碰撞理论计算的结果［即按式(4-30)计算］是相符的。但是，对复杂的分子反应来说，它们的反应速率实测值要比按式(4-30)计算的小得多。这是由于多原子组合的分子本身结构比较复杂，分子间的作用不能简单地看成是刚性球体的弹性碰撞。此外，对于多原子的分子，它们分子间的碰撞能否发生反应不仅取决于碰撞时分子具有的能量，而且还与分子彼此接近时的相对位置有关。当分子间处于某些不利的相对位置时，即使在具有超过活化能的碰撞能量下，亦难以发生反应或甚至不能发生反应。考虑到这些情况，对反应速率计算式(4-30)与式(4-32)进行修正，即：

$$W = P k_0 e^{-\frac{E}{RT}} n_A n_B \tag{4-34}$$

或

$$k = Pk_0 \mathrm{e}^{-\frac{E}{RT}} \tag{4-35}$$

式中　$P$——空间因素或概率因素。

按其物理概念，$P$ 值总是小于 1 的值。由实验可知，分子结构越复杂，$P$ 值就越小，且在不同反应中差别很大，最小可达 $10^{-7}$。只有在简单气相分子反应中 $P$ 值才等于 1。

碰撞理论不能确定 $P$ 的数值，只有用反应动力学理论，即所谓活化络合物（过渡态）理论才可算出 $P$ 的近似值。通常，$Pk_0$ 和活化能 $E$ 都可由 $\ln k = f\left(\dfrac{1}{T}\right)$ 的实验数据求出。在实验求得 $Pk_0$ 值后，再由式(4-33)算出，就可求得反应的空间因素 $P$。

双分子反应速率公式(4-34) 和式(4-35)虽然是基于气相中的单相反应导出的，但可适用于液相反应。由理想气体推导出的平均速度 $\bar{u}$ 的公式和由式(4-32) 得出的公式(4-33) 就不能适用于液相反应。

以上均系对双分子反应讲的。如果反应是单分子反应，例如某些物质的分解、放射性元素的蜕变等，则此时反应速率为：

$$W = \mathrm{const} \sqrt{T}\, \mathrm{e}^{-\frac{E}{RT}} n_A \tag{4-36}$$

若反应是三分子反应，例如 $A + B + C \longrightarrow D + E + F + \cdots$，则此时：

$$W_A = \mathrm{const} \sqrt{T}\, \mathrm{e}^{-\frac{E}{RT}} n_A n_B n_C \tag{4-37}$$

或者 $2A + B \longrightarrow D + E + F + \cdots$，则此时：

$$W_A = 2\,\mathrm{const} \sqrt{T}\, \mathrm{e}^{-\frac{E}{RT}} n_A^2 n_B \tag{4-38}$$

而

$$W_B = \frac{1}{2} W_A \tag{4-39}$$

在上述 $W_A$ 计算式中有乘数 2 和 $n_A^2$ 是因为在反应时物质 $A$ 的两个分子与物质 $B$ 的一个分子碰撞才能发生反应。三分子反应速率是很小的，因为三个分子同时碰撞的概率是不多的。在气相反应中，一般很少遇到三分子反应，属于这类反应的只有 NO 参加的某些反应，如：

$$2NO + O_2 \longrightarrow 2NO_2 \tag{4-40}$$

$$2NO + Cl_2 \longrightarrow 2NOCl \tag{4-41}$$

此外，两个原子的重合反应和原子在双键上的某些加成反应，如 H 原子和 $O_2$ 结合成自由基 $HO_2$ 的反应等，一般也是按三分子反应机理进行的。所以，实际上常见的多分子化学反应都是由一连串的双分子碰撞反应所组成，反应级数常在 1～2 之间。

## ▶ 4.2.3　活化络合物（过渡态）理论

如前所述，某些化学反应速率的实测值（尤指一些复杂分子的化学反应）与按活化分子碰撞理论导出的式(4-30) 的计算结果相比，相差很大（小 $10^6$ 倍），其原因曾很长时间没有能搞清楚。为了使计算结果符合实测值，就在阿累尼乌斯方程式中引进一个修正系数 $P$〔见式(4-34)〕。关于 $P$ 的数值，单由碰撞理论是无法确定的，而需由所谓活化络合物理论来确定。活化络合物理论的创立才弄清上述的矛盾。这个理论假设所有的化学反应都存在一个反应物的中间络合物状态，这一状态是一种不稳定的过渡状态，中间络合物能够自发地以恒定的速率分解成生成物（但也有可能再分解为反应物）。

设有原子 $A$ 与分子 $BC$ 间的反应为 $A + BC \longrightarrow AB + C$，在其形成最后生成物 $AB$ 分子

以前，有一过渡状态产生，其表现形式为活化络合物 $A\text{-}B\text{-}C$。在过渡期间，原子 $B$ 暂时隶属于原分子 $BC$，同时它又隶属于即将构成的分子 $AB$。形成活化络合物 $A\text{-}B\text{-}C$ 需要耗费活化能，但当形成以后，反应就会自然而然地进行下去。因此，根据活化络合物理论，上述反应应按下列形式进行：

$$A+BC \longrightarrow (A\text{-}B\text{-}C) \longrightarrow AB+C \tag{4-42}$$

活化络合物的概念对活化能提出了一个明确的物理意义：活化能就是使反应系统从初始反应物转变到活化络合物需要的能量。换言之，如以初始反应状态作基准，活化能 $E$ 就是活化络合物状态的生成能。

反应物吸收了一定能量 $E_1$ 后，就被转化为活化络合物。活化络合物或者分解成生成物放出能量 $E_2$，或者回复到初始反应物，而生成物却不能达到活化络合物状态，因为对这一逆反应过程需要的能量 $E_2$ 较之其正反应过程所需要的能量 $E_1$ 要大得多。所以：

$$\text{反应物} \Longleftrightarrow \text{活化络合物} \longrightarrow \text{生成物} \tag{4-43}$$

由此可知，生成某些中间状态的活化络合物需要支出能量，所以无论后续反应析出的能量怎样多，但为了保证这一阶段反应的进行，必须先支出一定数量的能量。因此可以认为进行化学反应必须克服某些能量上的障碍，必须具有活化能。所以，活化能本身并不是反应热效应，而是反应物达到中间络合物状态所需要吸收或提高的能量。但正向反应与逆向反应的活化能之差是化学反应的热效应，它表示反应物与生成物两者化学位能之差。若 $\vec{E}_1 < \vec{E}_2$，则反应是放热反应，此时化学位能降低，放出热量 $Q=\vec{E}_2-\vec{E}_1$。反之，若 $\vec{E}_1 > \vec{E}_2$，则反应是吸热反应，吸收热量 $Q=\vec{E}_1-\vec{E}_2$。

根据量子理论，按照反应物与活化络合物之间的平衡关系可以写出反应速率常数：

$$k=\frac{RT}{hN_A}K^* \tag{4-44}$$

式中　$K^*$——活化络合物生成的热力学平衡常数；

　　　$h$——普朗克量子数；

　　　$N_A$——阿伏伽德罗常数。

根据化工热力学可得出：

$$RT\ln K^* = -\Delta G^* = -\Delta H^* + T\Delta S^* \tag{4-45}$$

式中　$\Delta H^*$——活化络合物和初始反应物状态间的焓的变化，它等于或近似等于活化能，即：

$$\Delta H^* \approx E \tag{4-46}$$

　　　$\Delta S^*$——活化络合物和初始反应物状态间的熵的变化，或称为活化熵。

由式(4-45) 可得：

$$K^* = e^{-\Delta G^*/RT} = e^{-\Delta H^*/RT} e^{\Delta S^*/R} \tag{4-47}$$

将式(4-47) 代入式(4-44) 中，反应速率常数可写成：

$$k=\frac{RT}{hN_A}e^{-\Delta H^*/RT}e^{\Delta S^*/R} \tag{4-48}$$

或

$$k=\left(\frac{RT}{hN_A}e^{\Delta S^*/R}\right)e^{-\Delta H^*/RT} \tag{4-49}$$

比较式(4-35) 和式(4-49)，可得出：

$$Pk_0 = \frac{RT}{hN_A}e^{\Delta S^*/R} \tag{4-50}$$

对于简单的单原子或者双原子分子反应，通过式（4-50）计算的值和按碰撞理论导出的式（4-33）求得的值，两者相差不多，因而此时 $P \approx 1$。然而，对于复杂分子反应，随着活化络合物的形成，熵有着很大的减少，因而使 $\exp\dfrac{\Delta S^*}{R}$ 相对地较小，这就成为实验确定的 $k_0$ 值较小的原因，亦即此时 $P < 1$。

## ▶ 4.2.4　连锁反应

### 4.2.4.1　连锁反应理论

实验证明有许多化学反应的反应速率常常与按照化学反应方程式根据前述活化分子碰撞理论求得的速率不相符合，例如氢的氧化反应 $2H_2 + O_2 \longrightarrow 2H_2O$，按此反应式要形成 $H_2O$ 必须要有三个富有能量的分子（活化分子）同时碰撞，然而这种可能性很小，因而 $H_2O$ 的形成速率极慢。实际上，这个反应在一定条件下（如在 700℃ 高温下）却进行得非常迅速，能瞬间完成，成为爆炸反应。为了解释这样的现象，就逐渐发展了关于说明这类反应机理的所谓连锁机理的学说——连锁反应理论。按照这个理论，化学反应的进程实际上不是按照反应方程式所示进行，而是经过中间阶段，有中间活性产物产生。这些中间活性产物直接与原反应物质发生反应形成新物质，在形成新物质的同时也形成中间活性产物，以使反应继续进行。中间活性产物大都是很不稳定的自由原子或离子（带电荷的原子或原子团）。由中间活性产物与原反应物反应产生新物质要比原物质分子直接发生反应产生新物质容易得多，因为前者反应所需的活化能比后者小得多。这样，反应的进行就避免了高能量的障碍，反应速率就可以大大地提高。这类反应就称为连锁反应。这是由于一旦中间活性产物（或称活化中心）被形成，不仅自己发生反应，而且还可导致一系列新的活化中心发生反应，这样一环扣一环地相继进行，仿如链锁一样。在这里，中间活性产物就作为整个连锁反应中的中间链节（链载体）。

由于反应是通过中间活性产物来进行的，所以，测定到的反应级数常不同于按化学反应式计算所得的值，许多复杂反应的级数低于计算值，且可以是整数或分数。

连锁反应可分下述三个过程。

**(1) 形成活性中心**（即链的形成）

这是由原物质生成活性中间产物的过程。这一过程是反应中最困难的阶段，它需要足够的能量来分裂原物质（反应物）分子内部的键以生成中间活性产物（链载体，如自由原子或基）。此过程一般是借光化作用、高能电磁辐射或微量活性物质的引入来实现的。

**(2) 链的增长**

这是由活性中间产物与原物质作用产生新的活性中间产物的过程。如果在每一步中间反应中都是由一个中间活性产物与原物质作用产生一个新的中间活性产物，这样，链是以直线形式增长，整个反应则是以恒定的快速进行。这样的连锁反应称为直链反应或不分支连锁反应。如果在一个中间活性产物与原物质作用后，产生的新的中间活性产物的数目多于一个，即多于初始时原有的活化中心数目，那么此时链就形成了分支，反应速率将会急剧地增长，以致最后引起爆炸（即使在等温下也会这样）。这种反应就称为分支连锁反应。前述的氢的氧化反应就是这类分支连锁反应的典型例子。此外，还有着火、爆炸反应以及碳氢燃料的燃烧反应都带有分支连锁反应的性质。

上述反应尽管过程相当复杂，但由于这些反应有不稳定的自由原子或离子等参与，要求的活化能较低，所以化学反应速率比原反应物分子间直接碰撞进行的化学反应速率高得多。

**（3）链的中断**

在分支连锁反应中活性中间产物将会不断地产生分支，但活性中心的增长也不是无限制的。因为随着反应的进行，活化中心的浓度不断增加，这样就有可能引起活性中心彼此相碰而结合成稳定的分子，如 $H+H+M \longrightarrow H_2+M^*$，从而中断化学反应继续进行的链节。除此之外，活性中心还可能与容器壁相碰或与杂质相碰而销毁。所以活性中心的增殖是有限的。

每一次链的中断都会引起反应速率减缓以致中断反应继续的发展，在某些不利场合下甚至还可使反应完全停止。链的中断可以由于下述几种情况产生。

① 两个自由原子（活化中心）同时与另一个稳定的分子或器壁相碰撞，此时该分子或器壁将两个自由原子在碰撞时所释放出来的能量带走，使它失去活性而成为正常分子。

② 若自由原子较大，当彼此碰撞而生成分子时所释放出的能量无需第三者将其带走而可分配在产物分子的各键中而致链中断。

③ 一个自由原子如果碰在器壁上而失去部分能量停留其上，一旦有其他自由原子碰到它就会变成正常分子而使链中断。

因此，若要抑制一个不希望发生的连锁反应，可以采用以下三种措施来实现。

① 增加反应容器的表面积与容积的比值，以提供更多的表面积（器壁）去充当第三者物体来吸收两活化中心相撞时所释放出来的能量。

② 提高反应系统中气体的压力，因在较高压力下，两个活化中心同时和第三者物体发生相互碰撞的机会增多，因而促进了链的发生。

③ 在反应系统中引入抑制剂。因抑制剂和活化中心更容易起作用，这样就可以促进链的中断过程。

#### 4.2.4.2 不分支连锁反应

氢和氯在光的作用下合成氯化氢 $H_2+Cl_2 \longrightarrow 2HCl$ 是不分支连锁反应的典型例子。从化学反应方程式看来，这个反应与另一双分子反应 $H_2+CO_2 \longrightarrow CO+H_2O$ 在形式上相同，如果按双分子反应的速率公式来计算它们速率，两者应相接近，但实际上 $H_2+Cl_2$ 的合成反应速率要较后者大好几千倍或更大，其原因就在于 $H_2+Cl_2$ 的反应不是简单反应，而是复杂的连锁反应。

在反应过程中，反应体系按照下述方式进行。

**（1）链的形成**

$$\begin{cases} ①Cl_2+\nu^*（光量子） \Longrightarrow 2\dot{C}l+\nu \\ 或\ Cl_2+M^* \Longrightarrow 2\dot{C}l+M \end{cases}$$

**（2）链的增长**

$$\begin{cases} ②\dot{C}l+H_2 \longrightarrow HCl+\dot{H} \\ ③\dot{H}+Cl_2 \longrightarrow HCl+\dot{C}l \\ ④\dot{C}l+H_2 \longrightarrow HCl+\dot{H} \\ ⑤\dot{H}+Cl_2 \longrightarrow HCl+\dot{C}l \\ \cdots\cdots \end{cases} \tag{4-51}$$

在这里，由于氯离解所需活化能比氢离解所需的活化能小，故在光的作用下氯吸收光能而离解成为自由氯原子，成为反应的活化中心，这是反应的开始，称为链的形成。自由氯原子和氢分子合成 HCl 的反应所需的活化能很小，而反应 $H_2+Cl_2\longrightarrow 2HCl$ 所需活化能就很大，所以氯原子浓度虽然很小，并与氢分子碰撞次数亦很少，但反应速率却较氢分子和氯分子直接反应要大得多。由反应②形成的氢原子又与氯分子作用生成 HCl 和一个自由氯原子，这一反应较反应①所需活化能更小，因此它的反应速率更快，由此产生的氯原子又立即重复前述反应。此后反应②和③就不断地交替进行。从这一反应过程可以看出，通过这样一个链的增长过程，活性中间产物（在这里是自由氯原子）的数量并没有改变，这一点是不分支连锁反应的特征。

在这样一个连锁反应历程中，一个氯原子引起反应②及③以后，生成两个 HCl 分子和一个自由氯原子，这个氯原子又重新参加化学反应，因而这一过程（反应②和反应③）可以看做是一个环节，整个连锁反应就由这些环节构成。

在每个环节均有 1 个 $H_2$ 分子和 1 个 $Cl_2$ 分子参加反应，且生成 2 个 HCl 分子，因此总的反应式可写成：

$$\dot{Cl}+H_2+Cl_2\longrightarrow 2HCl+\dot{Cl} \tag{4-52}$$

或

$$H_2+Cl_2\longrightarrow 2HCl \tag{4-53}$$

在反应中所产生的活性中间产物——自由氯原子在无特殊情况下（即无链的中断发生）可以继续存在下去，直到反应混合物完全耗尽为止。如果发生了链的中断，则连锁反应就会终止。

连锁反应的化学反应速率主要取决于这些中间反应中化学反应速率最慢的反应。由上述可知，反应②的速率较氯分子和氢分子直接反应要快得多（快几万倍），而反应③的速率较反应②更快，它几乎在瞬间内就完成，故最终生成物 HCl 的形成速率基本上由反应②所决定，亦即：

$$W_{HCl}=2\text{const}\sqrt{T}\,e^{-E_2/RT}n_{\dot{Cl}}n_{H_2} \tag{4-54}$$

式中　2——上述反应中，一个氯原子可获得两个 HCl 分子；

　　　　$E_2$——反应②所需的活化能；

　　　　$n_{\dot{Cl}}$——原子氯的浓度，可由反应 $n_{\dot{Cl}}$ 的平衡条件来确定：

$$K_c=\frac{\vec{k}}{\overleftarrow{k}}=\frac{(n_{\dot{Cl}})^2}{n_{Cl_2}} \tag{4-55}$$

或

$$n_{\dot{Cl}}\sqrt{\frac{\vec{k}}{\overleftarrow{k}}}\times\sqrt{n_{Cl_2}} \tag{4-56}$$

式中　$\vec{k},\overleftarrow{k}$——反应①的正逆向反应速率常数。

这样式(4-54)的反应速率公式就可写成：

$$W_{HCl}=2\text{const}\sqrt{T}\,e^{-E_2/RT}(n_{Cl_2})^{1/2}n_{H_2} \tag{4-57}$$

$$=\text{const}\,(n_{Cl_2})^{1/2}n_{H_2}=k\,(n_{Cl_2})^{1/2}n_{H_2} \tag{4-58}$$

式中　$k$——与温度有关的该连锁反应的速率常数，它包括氯分子 $Cl_2$ 离解的影响。

按式(4-58)计算出的氯化氢形成速率 $W_{HCl}$ 较之由氯分子和氢分子直接反应且按双分子

反应公式计算的值要大近十万倍。当然，实际的反应速率可能比理论计算值低些，这是因为混合气体中含有的杂质和器壁的存在会阻碍链的增长。

从式(4-58)的表达形式上还可看出，不分支连锁反应的速率所遵循的规律类似活化分子碰撞的反应规律，即随着温度的升高按指数规律急剧地增长，所不同的仅在于连锁反应的活化能较之简单反应更小。此外，反应级数也不一定等于总反应式中的反应分子数，在上例中反应级数为 1.5。还有，反应是否发生或继续进行还需由活性中间产物的形成或消失的情况来决定。

在密闭容器中分支连锁反应的化学反应速率随反应时间的变化有以下特点。

① 在反应初期，由于活性中心浓度不高，故反应速率较低。经过一定的时间后，活性中心的浓度因分支连锁反应而增加到相当数量，反应速率才能显著增加。所需的这一段时间称为感应期，以 $\tau_1$ 表示，$\tau_1$ 的长短取决于初始的活性中心浓度、温度，可燃混合气中所含杂质以及进行化学反应的容器形状与壁面材料等。

② 随着时间的增长，活性中心的浓度将因连锁反应而迅速增加，反应速率也将激烈上升，直到达到最大值 $W_{max}$ 为止。这时就形成所谓分支连锁反应的爆炸式反应，这种爆炸式反应是由于活性中心迅速增殖所造成的，即使在等温条件下亦可能发生。

③ 当反应速率达到 $W_{max}$ 后，随着反应物的消耗，反应物的浓度和活性中心浓度都将逐步减少，故反应速率也将随之而逐步降低。

#### 4.2.4.3 分支连锁反应——爆炸反应

分支连锁反应，在每一次链的增长过程中，活性中间产物的数量将比它在初始时的数量增多，由于活性中间产物的数量不断增多，反应速率就急剧加快，最后发生爆炸。如氢的氧化反应：

$$2H_2 + O_2 \longrightarrow 2H_2O + Q \tag{4-59}$$

由于氢的活化作用，使氢分子分解成氢原子。

$$H_2 + M^* \longrightarrow 2H + M \tag{4-60}$$

式中 $M^*$ ——具有高能量的活化分子。

当 $M^*$ 与氢分子 $H_2$ 碰撞时，使氢分子分解为氢原子 H，从而形成活性中心。这一反应进行较慢，故由此获得氢原子数量是不多的，但原子氢形成后会引起如下的一系列反应。

慢反应：   $H + O_2 \longrightarrow OH + O \ (E = 75.4 kJ/mol) \tag{4-61}$

快反应：   $O + H_2 \longrightarrow OH + H \ (E = 25.1 kJ/mol) \tag{4-62}$

较快反应：   $OH + H_2 \longrightarrow H_2O + H \ (E = 41.9 kJ/mol) \tag{4-63}$

以上 4 个环节均属链的形成过程。将上述反应加以综合，可看出该连锁反应基本环节的总效果相当于：

$$H + O_2 + 3H_2 \longrightarrow 2H_2O + 3H \tag{4-64}$$

这就是说，一个活性中心（H 原子）在经过一个连锁基本环节后，除产生生成物 $H_2O$ 外，还将再生出三个活性中心（H 原子）。这些活性中心又将形成另外三个链的起点，重复上述连锁反应的各环节。这样随着反应的进行，活性中心将不断增加，使化学反应不断加速，从而达到很高的化学反应速率。

通过对氢氧火焰进行光谱分析测量其中 H 原子和 OH 基浓度，结果表明，上述反应机理是合理的。

由上所述，在这个单个连锁环节中，反应最慢的是具有活化能最大的反应，因此整个系统的总反应速率，亦即生成物 $H_2O$ 的形成速率就由该反应的速率来决定。又因在每个连锁环节中，一个氢原子参加反应后将产生两个 $H_2O$ 分子，所以生成物 $H_2O$ 的形成速率为：

$$W_{H_2O} = 2\text{const} \sqrt{T} \, e^{-\frac{E}{RT}} n_H n_{O_2} \qquad (4-65)$$

在这里氢原子浓度因链的分支不断地随着时间进展而增多，因而 $W_{H_2O}$ 也随着时间而加快。这就是分支反应的一个特点。

一般来说，分支连锁反应过程可分为三个主要阶段：感应期、爆炸期和稳定期。在感应期内，活化中心在逐渐积累，反应速率极微，放出热量也很少。此时外界因素可以影响感应期的长短，例如，提高反应混合气的温度或增加活化中心初始时的浓度等均可使感应期缩短；反之，在反应混合气中添加促使活化中心再结合的抑制剂，如在低压时往容器内添加碎玻璃吸收氢原子等，则会使感应期延长，甚至会促使反应中断。

当活化中心浓度迅速增大时，反应速率也迅速上升，一直到活化中心浓度达到最大值为止，此时就形成了所谓分支反应的爆炸现象。这种爆炸与热爆炸有本质上的不同，热爆炸是由于温度提高而使活化分子增多所致，链锁爆炸则是由于活性中间产物迅速增殖的结果，所以这种爆炸即使在等温下亦会发生。

当反应达到极大速率之后就成为准稳定过程，此时由于反应物浓度和活化中心数在逐渐减少，故反应速率也就逐渐减慢。在这一阶段内大量地释出反应热。

连锁反应理论对燃烧过程具有很重要的作用。因为烃类化合物燃料的氧化过程（即燃烧过程）大都属于分支连锁反应。实验研究表明，烃类化合物在燃烧过程中有感应期存在，且据光谱分析，在火焰中存在有自由基（OH）和大量的氢原子（H），这表明在燃烧过程中存在中间反应物和活性中心，同时在燃烧过程中也存在有爆炸阶段，不过，燃烧过程不同等温过程，它的温度是随反应的进行而逐步提高的，而在不同温度和压力下反应机理将有所不同，故在碳氢燃料实际燃烧过程中感应期和爆炸期内反应速率的变化和等温分支连锁反应稍有不同，实际燃烧过程要比等温分支连锁反应复杂得多。在不同温度和压力下，反应机理可能都不相同。事实上，在燃烧过程中，热爆炸和链锁爆炸等因素是同时存在且相互促进的。

# 4.3　影响化学反应速率的因素

了解影响化学反应速率的因素，对组织和控制燃烧过程有重要意义。因为如果化学反应速率过低，则燃料在燃烧装置逗留期间不能使燃料完成燃烧过程，将导致燃料燃烧不完全。

综上所述，不论何种化学反应，其反应速率都主要与反应的活化能 $E$、温度 $T$ 和反应物的浓度 $n$ 等有关，即：

$$W = f(E, T, n) \qquad (4-66)$$

以下对这些因素进行讨论。

## ■ 4.3.1　温度

在影响化学反应速率的诸因素中，温度对反应速率的影响最为显著。例如氢和氧的反应在室温条件下（一般 $t = 27℃$）进行得异常缓慢，其速率小到无法测量，以致经历几百万年的时间后才能觉察出它们的燃烧产物。然而温度一旦提高到一定数值后，例如 $600 \sim 700℃$，它们之间的反应可以成为爆炸反应，瞬刻间就可完成。

从式(4-8) 可以看出，化学反应速率与温度成指数函数关系，因此温度的变化对化学反应速率的影响十分显著，且活化能越高，温度的影响也越大。

反应速率与温度的关系可用下列两条规则来表示。

**(1) 范特荷夫规则**

这是一条简单而近似的规则。这个规则指出，在不大的温度范围内和不高的温度时（在室温附近），温度每升高 10℃，反应速率增大 2～4 倍。如用数学表示就可以写成如下的形式：

$$\gamma_{10} = \frac{k_{t+10}}{10} = 2 \sim 4 \tag{4-67}$$

式中　$k$——化学反应速率常数；

　　　$\gamma_{10}$——反应速率的温度系数。

对某一给定的反应来说，$\gamma_{10}$ 可以视为一常数。大多数反应的温度系数彼此间差别不大，均在上述数值范围内。

如果化学反应的平均温度系数为 3，即 $\frac{k_{t+10}}{10} = 3$，则当化学反应温度升高 100℃，化学反应速率将增大 $3^{10} = 59049$ 倍，也就是说，当温度作算术级数增加时，反应速率将呈几何级数增加。由此可见，温度对化学反应速率的影响十分大。

需要指出的是，这个规则不是一个定律，它只能决定各种化学反应中大部分反应的速率随温度变化的数量级。在粗略估计温度对反应速率的影响时，有着很大的作用。

**(2) 阿累尼乌斯定律**

在 1889 年，阿累尼乌斯从实验结果总结出一个温度对反应速率影响的经验公式，后来，他又用理论证实了该式。该式有如下形式：

$$\ln k = -\frac{E}{RT} + \ln k_0 \tag{4-68}$$

式中　$E$，$k_0$——实验常数，亦即为前述的活化能与前指因数；

　　　$R$——通用气体常数；

　　　$T$——气体的绝对温度；

　　　$k$——化学反应的速率常数。

如式(4-68) 以微分形式表示即为：

$$\frac{\mathrm{d}\ln k}{\mathrm{d}T} = \frac{E}{RT^2} \tag{4-69}$$

若以指数形式表示即为：

$$k = k_0 \mathrm{e}^{-\frac{E}{RT}} \tag{4-70}$$

从关系式(4-68) 可以看到，速率常数 $k$ 的对数和温度 $T$ 的倒数成直线关系。常数 $\ln k_0$ 决定直线在纵轴上的截距，而常数 $\left(-\dfrac{E}{R}\right)$ 则决定直线的斜率。这一关系式正确反映出反应速率随温度的变化。很多实验结果都符合这一规律。

由阿累尼乌斯定律所表示出的温度对反应速率影响是呈指数曲线关系。以下以碘化氢 HI 的化学反应为例（见表 4-1），说明化学反应速率随温度变化的情况。已知这一化学反应的活化能 $E = 16.75\mathrm{kJ/mol}$。

表 4-1 不同温度下碘化氢合成反应的反应速率值

| 温度 $T/K$ | 273 | 400 | 600 | 800 |
|---|---|---|---|---|
| 反应速率 $W_{H_2}$ | $1.64 \times 10^{-3}$ | $2.00 \times 10^{7}$ | $2.44 \times 10^{14}$ | $2.82 \times 10^{17.5}$ |

由表 4-1 中数值可以看出，反应速率随着温度的增高而急剧地增加。在 $T = 273K$ 时，反应速率很低，实际上可以说不发生反应；但当 $T = 600K$ 时，速率增大为 $T = 273K$ 时的 $10^{17}$ 倍，而当 $T = 800K$ 时，则为它的 $10^{20}$ 倍；温度从 600K 增高到 800K，亦使速率增加了大约 3000 倍。

需要指出的是，温度对反应速率的影响在温度 $T < \dfrac{E}{2R} \left( \approx \dfrac{E}{4} \right)$ 时比较突出。一般来说，这一温度 $\left( T = \dfrac{E}{2R} \right)$ 常处于实际上难以达到的温度范围，例如对碘化氢合成反应来说，该温度为 10000K。

在上述讨论中，都认为反应的活化能是一定值，但实际上，温度对活化能是有所影响的。

对于具有较大数值活化能的化学反应来说，温度对反应速率的影响比具有较小数值活化能的反应更为显著，但这种影响的程度随温度的提高而逐渐减小。

反应速率之所以随着温度增加而显著增大，主要是因为当温度增高时，活化分子数目迅速增多的缘故。这一情况对于非等温条件下的化学反应（或绝热燃烧过程）更具有重要的意义。此时反应放出的热量完全用来提高温度，使温度迅速增高，因而反应速率按指数规律 $e^{-E/RT}$ 急剧提高，故过程的绝热对提高燃烧反应速率是十分有利的。相反，降低温度会使反应速率下降，如果继续降低温度甚至可使反应停止进行。这种方法常用来获得在某一温度下的燃烧产物的组成，例如为了进行烟气的分析。

## ▶ 4.3.2 反应物浓度

浓度对反应速率的影响可用质量作用定律来表示，即反应在等温下进行时，反应速率只是反应物浓度的函数。对于单分子反应，则：

$$W_1 = k_1 n_A \tag{4-71}$$

对于双分子反应，则有：

$$W_2 = k_2 n_A n_B \tag{4-72}$$

对于三分子反应以及多分子反应，则：

$$W_3 = k_3 n_A n_B n_C \tag{4-73}$$

或

$$W = k n^{\nu} \tag{4-74}$$

式中 $\nu$——反应的有效级数。

此时反应物分子或是同一类型的分子，或者各反应物的分子具有相等的原始浓度且均等地消耗。

从上述各反应速率的表达式中可以看出，随着反应的进行，由于反应物逐渐消耗，浓度减少，因而反应速率亦随之减小。此外，随着反应级次的提高，反应进行得越慢，这是因为为了完成反应而必须参加碰撞的分子数越多，发生这类碰撞的机会就越少。

当活化能很低时，有效碰撞数所占总碰撞数的比例将大为提高，则浓度对化学反应速率的影响将增大。在极端情况下，如 $E \to 0$，则 $e^{\frac{E}{RT}} \to 1$，化学反应速率基本上由浓度决定，这时温度对化学反应速率的影响很小，由于每一次碰撞几乎都是有效的，故化学反应速率很高。例如连锁反应中的一些中间反应由于活化能较低，故温度对反应速率的影响很小，影响反应速率的主要因素是活性中心的浓度。

## ▶ 4.3.3　压力

在某些情况下（尤其在低压条件下），考虑压力对化学反应速率的影响是很有意义的。

在等温情况下，在气相化学反应中，气体的浓度与气体的分压力成正比，因此，提高压力能增大气体浓度，从而促进化学反应的进行。但压力对不同级数的化学反应速率的影响是不同的。例如一级反应的反应速率方程为：

$$W = -\frac{dC_A}{d\tau} = k_1 C_A \tag{4-75}$$

设混合气（反应物）某一组成气体的分压力为 $p_1$，其摩尔数为 $M_1$，混合气的体积为 $V$，则由理想气体状态方程可写出其摩尔浓度为：

$$C_1 = \frac{M_1}{V} = \frac{p_1}{RT} \tag{4-76}$$

又由分压定律可知：

$$p_1 = x_1 p \tag{4-77}$$

式中　$p$——混合气总压力；

$x_1$——反应物 $i$ 的摩尔成分，即 $\dfrac{M_1}{\sum M_i}$。

因此：

$$C_1 = x_1 \frac{p}{RT} \tag{4-78}$$

则有：

$$W = -\frac{dC_A}{d\tau} = k_1 x_A \frac{p}{RT} \tag{4-79}$$

对于二级反应：

$$W = -\frac{dC_A}{d\tau} = k_2 C_A C_B = k_2 x_A x_B \left( \frac{p}{RT} \right)^2 \tag{4-80}$$

对于三级反应：

$$W = -\frac{dC_A}{d\tau} = k_3 C_A C_B C_C = k_3 x_A x_B x_C \left( \frac{p}{RT} \right)^3 \tag{4-81}$$

对于 $\nu$ 级反应：

$$W = -\frac{dC_A}{d\tau} = k_\nu x_1 x_2 \cdots x_n \left( \frac{p}{RT} \right)^\nu = k_\nu \prod_i x_i \left( \frac{p}{RT} \right)^\nu \tag{4-82}$$

由此可以看出，在温度不变的情况下，压力对化学反应速率的影响与化学反应的级数成 $\nu$ 次方比。一般化学反应 $\nu$ 大于 1，故反应级数越高，压力对化学反应速率影响也越大。实验也证明了提高压力可以强化燃烧。例如在燃烧低发热量的发生炉煤气时，在高压下燃烧时的不完全燃烧产物中 CO 的含量要比在低压燃烧时的低得多，其主要原因之一就是在高压下加快了 CO 的化学反应速率。

需要指出的是，提高压力虽然能促进化学反应速率，并且加速程度与反应级数成正比，但压力对整个燃烧过程的影响不能仅以化学反应速率的快慢来衡量。因燃烧过程是一复杂的物理化学过程，它除了受化学反应过程影响外，还与扩散、传热等其他物理过程因素有关。

由于气体的浓度（绝对浓度）与气体压力成正比，所以，当用相对浓度 $\frac{C_i}{\sum C_i}\left(=\frac{M_i}{\sum M_i}=\frac{p_i}{p}\right)$ 随时间的变化率来表示反应速率时，压力对反应速率的影响程度就不会与上述一样，因为相对浓度不随压力改变。在燃烧过程中，相对浓度随时间的变化率 $\mathrm{d}\frac{C_i}{\sum C_i}/\mathrm{d}\tau$ 就表示反应物（或生成物）占所有参与反应物质总量的份额变化率，它说明了燃烧反应相对完成程度的变化速率，因为：

$$p = \sum C_i R T \tag{4-83}$$

则：

$$\sum C_i = \frac{p}{RT} \tag{4-84}$$

对于一级反应，若用相对浓度变化率来表示其反应速率，则由式（4-79）和式（4-84）可得：

$$W_{\mathrm{r}} = -\frac{\mathrm{d}\dfrac{C_{\mathrm{A}}}{\sum C_i}}{\mathrm{d}\tau} = k_1 x_{\mathrm{A}} \tag{4-85}$$

类似地，可得二级反应的速率表达式：

$$W_{\mathrm{r}} = -\frac{\mathrm{d}\dfrac{C_{\mathrm{A}}}{\sum C_i}}{\mathrm{d}\tau} = k_2 x_{\mathrm{A}} x_{\mathrm{B}} \frac{p}{RT} \tag{4-86}$$

三级反应的速率表达式为：

$$W_{\mathrm{r}} = -\frac{\mathrm{d}\dfrac{C_{\mathrm{A}}}{\sum C_i}}{\mathrm{d}\tau} = k_3 x_{\mathrm{A}} x_{\mathrm{B}} x_{\mathrm{C}} \left(\frac{p}{RT}\right)^2 \tag{4-87}$$

$\nu$ 级反应的速率表达式：

$$W_{\mathrm{r}} = -\frac{\mathrm{d}\dfrac{C_{\mathrm{A}}}{\sum C_i}}{\mathrm{d}\tau} = k_\nu \prod_i x_i \left(\frac{p}{RT}\right)^{\nu-1} \tag{4-88}$$

由此可得出结论，在等温情况下：

一级反应时，$\nu=1$，$W_{\mathrm{r}}$ 与压力无关；

二级反应时，$\nu=2$，$W_{\mathrm{r}} \infty p$；

三级反应时，$\nu=3$，$W_{\mathrm{r}} \infty p^2$；

$\nu$ 级反应时，$\nu=\nu$，$W_{\mathrm{r}} \infty p^{\nu-1}$。

## ▪ 4.3.4　可燃混合气的配合比例

在燃烧过程中，当可燃混合气中仅含有氧化剂（即燃料浓度为零）或燃料（即氧化剂浓度为零），化学反应速率都将为零。因为对燃烧化学反应，燃料与氧缺一不可。在上述这两种极限配合比例之间，必然存在某一种配合比例，使化学反应速率达到最高值。

在化学反应中，反应物浓度的相对组成对化学反应速率有一定的影响。如有双分子反应：

$$A + B \longrightarrow C + D \tag{4-89}$$

其反应速率应为：

$$W = \text{const} \sqrt{T} \, e^{-E/RT} n_A n_B \tag{4-90}$$

或

$$W = k_2 n_A n_B \tag{4-91}$$

若采用相对浓度来表示反应速率，则式(4-92)可写成：

$$W = k_2 \frac{N_A p}{RT} C_{rA} C_{rB} \tag{4-92}$$

此时 $C_{rA} + C_{rB} = 1$。对于给定的反应，一定温度和压力时，式(4-93)中 $k_2 \dfrac{N_A p}{RT}$ 是一定值，所以：

$$W = \text{const} \, C_{rA} C_{rB} \tag{4-93}$$

或

$$W = \text{const} \, C_{rA} (1 - C_{rA}) \tag{4-94}$$

欲使反应速率最大，则应令 $\dfrac{dW}{dC_{rA}} = 0$，由此可得：

$$C_{rA} = C_{rB} = \frac{1}{2} \tag{4-95}$$

这就是说，当反应物的相对组成符合按化学当量比计算比例时（在上述情况中即反应物相对组成互等），化学反应速率最大。当 $C_{rA} = 1 (C_{rB} = 0)$ 或 $C_{rB} = 1 (C_{rA} = 0)$ 时反应速率均等于零。

由此可知，燃烧过程中燃料与氧化剂的配合比例应大致相当于化学当量比。由于燃烧温度也与混合物成分配合比例有关，因此更增大了混合物配合比例对化学反应速率的影响。

## ▌ 4.3.5 反应混合气中的惰性成分

在化学反应中，常有不参与化学反应的惰性成分加入。例如在一般燃烧化学反应中，氧化剂来自空气，其中就含有氮等惰性气体成分。此时反应物的浓度势必减少，因而反应速率就要降低。现设有这样一种混合气体，其中含有燃料 $A$ 和带有不可燃气体（如氮）的氧化剂 $B$（如空气），且 $C_{rA} + C_{rB} = 1$。今用 $\varepsilon$ 表示氧化剂在 $B$ 中所占的份额，用 $\beta$ 表示不可燃气体所占的份额，则 $\varepsilon + \beta = 1$，因而 $C_{rA} + C_{rB}(\varepsilon + \beta) = 1$。如果考虑二级反应，则反应速率就可写成：

$$W = \text{const} \, C_{rA} \varepsilon C_{rB} \tag{4-96}$$

或

$$W = \text{const} \, \varepsilon C_{rA} (1 - C_{rA}) \tag{4-97}$$

由式(4-97)可得出如下一些结论。

① 当反应混合气中掺杂有不可燃组成后，不仅降低了反应物的浓度，而且由于惰性成分的掺入减少了有效碰撞次数，因此导致化学反应速率降低。如果在燃烧室中不用空气而用

纯氧气作为氧化剂，显然会加快燃烧过程。惰性气体含量越高，反应速率下降越厉害。如果再考虑到由于惰性气体的加入引起燃烧温度的下降，这将使化学反应速率进一步降低。根据以上分析，不难理解如采用富氧（向空气补氧）甚至纯氧燃烧将可大大提高化学反应速率。

② 当混合气中掺杂有不可燃组成后，最大化学反应速率时相对组成关系仍然与纯混合气一样，对于上述二级反应来说，仍旧处于 $C_{rA}=C_{rB}=0.5$，不过此时纯氧化剂的含量为 $0.5\varepsilon$。不可燃气体的存在，使得燃料 $A$ 即使在最大反应速率（此时 $C_{rA}=C_{rB}=0.5$）下，因氧化剂不够而不能使燃料全部燃烧。

最后需要指出的是，上述关于混合气对反应速率影响的讨论是在压力和温度不变的情况下进行的，如果温度变化，混合气组成对反应速率的影响要复杂得多，因为温度对反应速率的影响很显著，且温度本身又是混合气组成的函数。

## ▶ 4.3.6 活化能

不同的反应物进行化学反应时所需活化能 $E$ 是不同的。活化能是衡量反应物化合能力的主要指标，活化能的大小对化学反应速率的影响十分显著：活化能越低，则反应物中具有等于或大于活化能数值的活化分子数越多，因而化合能力越强。在其他条件相同情况下，化学反应速率就越高。

不同的反应物其化学反应速率是不同的。因此，凡是由弱分子键构成的分子所参与的一切反应，特别是原子间的反应（如 $H+H \longrightarrow H_2$、$O+O \longrightarrow O_2$ 等原子反应）都属于具有较小活化能的化学反应。此时原子间的每次碰撞都可能引起反应。饱和分子间进行化学反应所需的活化能一般为 $(8.3 \sim 42) \times 10^4 \, kJ/kmol$；基于饱和分子间及分子与离子间进行化学反应时，其活化能一般不超过 $4 \times 10^4 \, kJ/kmol$；基于离子间进行化学反应时，由于毋需破坏分子结构，故活化能趋近于零，化学反应速率极高。由于这个缘故，在自然界中就不可能遇到原子状态的气体，因它所形成的原子都将立即结合成分子。这也是连锁反应能达到很高的化学反应速率的原因之一。因此，曾有这样的设想：先把氢、氧分子分解成氢、氧原子，然后再令其化合放出热量，这样燃烧反应就进行得非常迅速。

但应指出，随着反应温度的提高，活化能的大小对化学反应速率的影响程度将有所减弱，这再次说明温度对反应速率的影响十分强烈。因此提高燃烧温度是强化燃烧的最可行手段之一。

## ▶ 4.3.7 温度和压力对可逆反应的影响

所有反应或多或少都是可逆反应，因而实际上没有一个反应的反应物浓度可以减少到等于零。燃烧反应也是如此，其可逆性表现在燃烧产物会热分解为初始反应物质。以水蒸气热分解为例，它的反应式为：

$$H_2O \xrightarrow{E_1, k_1} H_2 + \frac{1}{2}O_2 - Q \tag{4-98}$$

同时发生逆向反应：

$$H_2O \xleftarrow{E_2, k_2} H_2 + \frac{1}{2}O_2 - Q \tag{4-99}$$

因为 $E_2-E_1=Q$，故 $E_1=E_2+Q>E_2$。这种可逆反应的平衡常数为：

$$K_c = \frac{k_1}{k_2} \approx \frac{C_{H_2} C_{O_2}^{1/2}}{C_{H_2O}} \tag{4-100}$$

在反应物和生成物都是理想气体的假设下，平衡常数 $K_c$ 只是温度的单值函数（因为 $k_1$ 和 $k_2$ 也只是温度的函数）。所以当温度增加时，由于 $E_1 > E_2$，故反应常数为：

$$k_1 = k_{01} e^{-E_1/RT} \tag{4-101}$$

和

$$k_2 = k_{02} e^{-E_2/RT} \tag{4-102}$$

因为随温度的增加，速率不同，$k_1$ 较之 $k_2$ 增加得快些，故 $K_c$ 就随温度提高而增大。这样，热分解程度也随温度增加而加强。如果温度不变而压力降低，虽然此时平衡常数不变，但热分解的趋势却仍然加大。这是假定氢与氧的化合反应（亦即水蒸气生成反应）是一个二级反应，而水蒸气的分解反应是一个一级反应（实际上还不很清楚），则根据前述压力对反应速率的影响可以知道：当压力降低时，水蒸气的分解速率不受压力影响，相反，生成速率却随压力的下降而减慢。因此，相对来说，分解趋势就加强。

由于水蒸气的生成是一个放热反应，因而它的逆反应（水蒸气的分解）就是一个吸热反应，所以在燃烧设备中燃烧产物的分解就会造成热量的损失。在高温下 $H_2O$ 和 $CO_2$ 的热分解特别显著，故吸热量相当大；而在压力降低时，同样由于分解程度加大而使放热量减少。这些都会降低燃烧温度而使燃烧效率下降。

因此，在设计燃烧装置时，确保燃烧区有足够高的温度（一般要求超过 1000℃）是强化燃烧过程的主要手段之一。这可以通过预热空气、预热燃料、选择燃烧区合理的空气系数，有时甚至组织部分高温烟气回流等措施来实现。

## 参 考 文 献

[1] 严传俊，范玮. 燃烧学. 第 3 版 [M]. 西安：西北工业大学出版社，2016.

[2] 邹长城. 爆炸燃烧理论基础与应用 [M]. 北京：化学工业出版社，2016.

[3] 王全德. 燃烧化学理论研究进展 [M]. 徐州：中国矿业大学出版社，2015.

[4] 张英华，黄志安，高玉坤. 燃烧与爆炸学. 第 2 版 [M]. 北京：冶金工业出版社，2015.

[5] 胡双启. 燃烧与爆炸 [M]. 北京：北京理工大学出版社，2015.

[6] [美] Stephen R. Turns. 燃烧学导论：概念与应用 [M]. 姚强，李水清，王宇译. 北京：清华大学出版社，2015.

[7] 潘旭海. 燃烧爆炸理论及应用 [M]. 北京：化学工业出版社，2015.

[8] 齐飞，李玉阳，张晓臣等. 燃烧反应动力学研究进展与展望 [J]. 中国科学基金，2015，3：187-195.

[9] 康俊杰. 燃烧过程 T-S 模糊树建模与优化控制研究 [D]. 北京：华北电力大学，2015.

[10] 耿毅. 贫油直接喷射低排放燃烧技术研究 [D]. 南京：南京航空航天大学，2015.

[11] 王琳俊. 超细煤粉热解机理与燃烧过程 $NO_x$ 排放特性研究 [D]. 上海：上海交通大学，2015.

[12] 田仲富. 工业用生物燃油燃烧机设计理论及实验研究 [D]. 沈阳：东北林业大学，2015.

[13] 孟芳慧. 基于火焰图像的燃烧稳定性建模方法研究 [D]. 合肥：合肥工业大学，2015.

[14] 黄明明，邵卫卫，刘艳等. 交叉射流分级燃烧器中 $CH_4$ 柔和燃烧特性分析 [J]. 中国电机工程学报，2013，33（8）：63-65.

[15] 潘剑峰. 燃烧学：理论基础及其应用 [M]. 镇江：江苏大学出版社，2013.

[16] 陈长坤. 燃烧学 [M]. 北京：机械工业出版社，2013.

[17] 郝建斌. 燃烧与爆炸学 [M]. 北京：中国石化出版社，2012.

[18] 徐旭常，吕俊复，张海. 燃烧理论与燃烧. [M]. 第 2 版. 北京：科学出版社，2012.

[19] 李永华. 燃烧理论与技术 [M]. 北京：中国电力出版社，2011.

[20] 赵雪娥，孟亦飞，刘秀玉. 燃烧与爆炸理论 [M]. 北京：化学工业出版社，2011.

[21] 徐通模. 燃烧学 [M]. 北京：机械工业出版社，2011.

[22] 周龙保. 内燃机学 [M]. 北京：机械工业出版社，2011.

[23] 徐旭常，周力行. 燃烧技术手册 [M]. 北京：化学工业出版社，2008.

[24] 刘联胜. 燃烧理论与技术 [M]. 北京：化学工业出版社，2008.

[25] 朱文学. 热风炉原理与技术 [M]. 北京：化学工业出版社，2005.

[26] 李芳芹. 煤的燃烧与气化手册 [M]. 北京：化学工业出版社，2005.

[27] 方文沐，杜惠敏，李天荣. 燃料分析技术问题 [M]. 第3版. 北京：中国电力出版社，2005.

[28] 张以祥，曹湘洪，史济春. 燃料乙醇与车用乙醇汽油 [M]. 北京：中国石化出版社，2004.

[29] 李方运. 天然气燃烧及应用技术 [M]. 北京：石油工业出版社，2002.

[30] 刘治中，许世海，姚如杰. 液体燃料的性质及应用 [M]. 北京：中国石化出版社，2000.

[31] 韩昭沧. 燃料与燃烧 [M]. 第2版. 北京：冶金工业出版社，1994.

[32] 顾恒祥. 燃料与燃烧 [M]. 西安：西北工业大学出版社，1993.

# 第**5**章

# 气体燃料的燃烧过程

从燃料燃烧的化学反应动力学角度来说，气体燃料的燃烧可分为两类：扩散燃烧和动力燃烧。

如果分别供给燃料和助燃空气，并使之在进入燃烧炉内后混合与燃烧，则无论怎样强化混合，燃料气体与助燃空气之间的扩散时间仍比化学反应时间长得多，所以此时的燃烧属于扩散燃烧。工业燃烧都属于扩散燃烧。

如果预先将燃料气体与全部助燃空气混合，经过一段时间后，两者之间已经过充分扩散而达到平衡，扩散时间为零，则不论化学反应进行得如何快，它也是决定燃烧时间的主要因素，所以此燃烧为动力燃烧。由于动力燃烧需预先将燃料气体与助燃空气进行混合，习惯上称其为预混燃烧。

一切可燃混合物的正常燃烧过程都是由着火和燃烧本身两个阶段所组成，即必须着火后才能燃烧。

## 5.1 着火

任何可燃混合物（燃料和空气或其他氧化剂的混合物）的燃烧都必须着火后才能燃烧。使可燃混合物着火的方法一般有两种：自燃和点燃。前者是自发的，后者为强制的。

可燃混合气由于自身温度的提高而引起化学反应速率的剧烈升高，一般称为自燃。反之，由于外界能量的加入，例如用电火花点火等，而使可燃混合气的反应速率急剧升高而引起着火，则称为点燃。自燃和点燃统称为着火，都是化学反应由低速率突然加速为极高速率的过程。这种非常迅速的化学反应在燃烧学上称为爆炸或爆炸反应。因此，着火和爆炸过程可以说是一回事，但是爆炸的概念远不限于燃料的燃烧过程，它要广泛得多，例如氢和氯的激烈放热反应，固体炸药的爆炸以及原子弹的爆炸等，都属于爆炸。爆炸反应的特点是：反应急剧加速，整个过程在极短时间内，甚至可以在瞬间完成。

唯有爆炸式着火过程才能适合与满足近代热机和工业燃烧设备的工作要求，因这种着火能在极短时间内导入燃烧过程。例如在空气喷气发动机的燃烧室中，由于可燃混合气的停留时间极短（一般小于 0.005～0.006s），就必须要求在瞬间内完成混合气的形成与燃烧过程。

绝热的简单反应和等温的分支连锁反应都有可能出现自行加速的爆炸反应。因此，从化学反应的机理来分析，产生爆炸反应有两种原因：一是热爆炸，其产生原因是由于系统内热量的积累，使温度增高，引起反应速率按阿累尼乌斯指数函数关系迅速猛增；二是分支连锁反应的爆炸（链锁爆炸），其产生原因是由于反应的分支使活化中心迅速增殖，导致反应速率急剧增大。所以，在燃烧理论中自燃有两种类型，即热自燃（或热力爆炸）和链锁自燃。前者是由于热力爆炸，后者则由于链锁爆炸。在实际燃烧过程中，不可能有纯粹的热自燃和链锁自燃，它们同时存在而且相互促进。可燃混合气的自引加热不仅加强了热活化，而且促进了每个连锁的基元反应；在低温时连锁反应可使系统逐渐加热，同时也加强了分子的热活化。所以自燃现象就不可能用单一的一种自燃理论来解释，有些特征可用热自燃理论来说明，而有些则需用链锁自燃理论来解释。一般来说，在高温下，热爆炸是着火的主要因素，而在低温时，分支链锁爆炸则起主导作用。

自燃，不论热自燃或链锁自燃，在工业生产上或日常生活中都经常会遇到。它们所起的作用有时是积极的，有时是消极的，例如在压燃式内燃机中，利用自燃着火的原理将燃料喷射到压缩后的高温空气中可使其着火燃烧，但是如煤堆、油库的自燃和煤矿的自燃爆炸等则应力图避免。如何充分利用或抑止这种自燃现象，唯有清楚地理解和掌握自燃发生的条件及其影响因素后才能办到。

## ▶ 5.1.1  热自燃理论

热自燃理论（或热力爆燃理论）主要是讨论系统内因反应放热而使温度自行升高从而促进反应放热速率的急剧增大以致着火的过程。在实际燃烧过程中因存在热量的散失，所以要使可燃混合物得以着火，必然要使反应放热速率大于热量散失的速率，这样才可能有热量的积累、加速反应并导致着火。如果过程在绝热条件下进行，此时反应放出的热量完全用来自行加热，提高温度，促使反应速率不断增大而致着火。当然这种情况在实际中很难遇到，但由于此时物理因素比较单纯，物理本质易于揭露，故对着火现象的分析研究就从这里开始。

### 5.1.1.1  绝热条件下的热自燃

绝热条件是一种理想状态，不考虑过程的散热损失。燃烧开始后，由于系统内热量的不断积累，使温度增高，从而引起反应速率按阿累尼乌斯指数函数关系迅速猛增。

**(1) 绝热反应中浓度与温度变化的关系**

设绝热容器中充满了均匀可燃混合气体，其初温为 $T_0$（与外界温度相同），燃料的初始浓度为 $C_{A0}$。在放热反应过程中，温度由 $T_0$ 升高到 $T$，因而燃料的浓度就减为 $C_A$。此时，由热力学第一定律可知：

$$Q(C_{A0}-C_A)=c_v(T-T_0) \tag{5-1}$$

式中  $Q$——反应时每摩尔燃料所释放出的热量；

$C_{A0}-C_A$——单位体积内燃料所消耗的摩尔数；

$c_v$——混合气的定容容积比热容。

当燃料完全燃烧后，$C_A=0$，燃气温度达到了最高值 $T_{max}$，即理论燃烧温度，此时热量平衡式(5-1)就可写成：

$$QC_{A0} = c_v(T_{max} - T_0) \qquad (5-2)$$

由此可得：

$$Q = c_v \frac{T_{max} - T_0}{C_{A0}} \qquad (5-3)$$

将式(5-3)代入式(5-1)中，可得：

$$c_v \frac{C_{A0} - C_A}{C_{A0}}(T_{max} - T_0) = c_v(T - T_0) \qquad (5-4)$$

经过简单的转换并假定 $c_v = \text{const}$，则可得：

$$C_A = C_{A0} - C_{A0}\frac{T - T_0}{T_{max} - T_0} \qquad (5-5)$$

$$C_A = C_{A0}\left(1 - \frac{T - T_0}{T_{max} - T_0}\right) = C_{A0}\frac{T_{max} - T}{T_{max} - T_0} \qquad (5-6)$$

或

$$\frac{C_A}{C_{A0}} = \frac{T_{max} - T}{T_{max} - T_0} \qquad (5-7)$$

这就是在绝热反应中，燃料浓度随温度变化的关系。显然，这是一直线关系，如图 5-1 所示。在绝热反应中，随着燃料的消耗，燃气的温度直线上升，一直达到理论燃烧温度。在着火时，燃料的浓度为：

$$(C_A)_i = C_{A0}\frac{T_{max} - T_i}{T_{max} - T_0} \qquad (5-8)$$

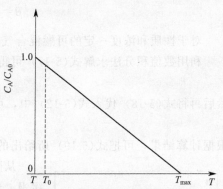

图 5-1　绝热反应中燃料浓度与温度的变化关系

**(2) 绝热反应中反应速率与时间的变化关系**

假设在上述绝热容器中所进行的燃料燃烧反应是一双分子反应，即其反应速率为：

$$W = -\frac{dC_A}{d\tau} = \text{const}\sqrt{T}\exp\left(-\frac{E}{RT}\right)C_A C_B \qquad (5-9)$$

式中　$C_A$——燃料的摩尔浓度；

$C_B$——氧化剂的摩尔浓度。

设氧化剂与燃料的浓度比为：

$$\alpha = \frac{C_B}{C_A} \qquad (5-10)$$

当可燃混合气组成处于化学当量比时，在上述讨论的双分子化学反应中，$\alpha$ 为定值，等于 1。实质上，$\alpha$ 即相当于燃料燃烧时的过量氧化剂（空气）系数。

利用式(5-7)及式(5-10)的关系，化学反应速率式(5-9)可写成：

$$W = -\frac{dC_A}{d\tau} = \text{const}\sqrt{T}\exp\left(-\frac{E}{RT}\right)C_A^2\alpha \qquad (5-11)$$

或

$$W = -\frac{dC_A}{d\tau} = \text{const}\sqrt{T}\exp\left(-\frac{E}{RT}\right)\alpha C_A^2\left(\frac{T_{max} - T}{T_{max} - T_0}\right)^2 \qquad (5-12)$$

如果把式(5-7)对时间 $\tau$ 求导，可得：

$$\frac{\mathrm{d}C_\mathrm{A}}{\mathrm{d}\tau}=\frac{C_\mathrm{A0}}{T_\mathrm{max}-T_0}\left(-\frac{\mathrm{d}T}{\mathrm{d}\tau}\right) \tag{5-13}$$

或

$$-\frac{\mathrm{d}C_\mathrm{A}}{\mathrm{d}\tau}=\frac{C_\mathrm{A0}}{T_\mathrm{max}-T_0}\times\frac{\mathrm{d}T}{\mathrm{d}\tau} \tag{5-14}$$

把式(5-14)代入式(5-12)中,得:

$$\frac{C_\mathrm{A0}}{T_\mathrm{max}-T_0}\times\frac{\mathrm{d}T}{\mathrm{d}\tau}=\mathrm{const}\,\sqrt{T}\exp\left(-\frac{E}{RT}\right)\alpha\left(\frac{C_\mathrm{A0}}{T_\mathrm{max}-T_0}\right)^2(T_\mathrm{max}-T)^2 \tag{5-15}$$

或

$$\frac{\mathrm{d}T}{\mathrm{d}\tau}=\mathrm{const}\,\sqrt{T}\exp\left(-\frac{E}{RT}\right)\alpha\,\frac{C_\mathrm{A0}}{T_\mathrm{max}-T_0}(T_\mathrm{max}-T)^2 \tag{5-16}$$

$$=\beta\sqrt{T}\exp\left(-\frac{E}{RT}\right)(T_\mathrm{max}-T)^2 \tag{5-17}$$

$$\beta=\mathrm{const}\alpha\,\frac{C_\mathrm{A0}}{T_\mathrm{max}-T_0}$$

对于性质和浓度一定的可燃混合气,在给定初始温度时,$\beta$ 是一定值。

利用数值积分法求解式(5-17)可得:

$$T=f(\tau) \tag{5-18}$$

然后再将式(5-18)代入式(5-12)中,可得:

$$W=f(\tau) \tag{5-19}$$

根据计算结果,可把式(5-19)所给出的反应速率与时间的函数关系表示成图5-2。

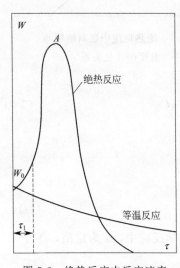

图 5-2 绝热反应中反应速率
随时间的变化规律

从图 5-2 中可以看出:在绝热反应初始时反应速率增长缓慢,经过感应期后,反应速率急剧上升而形成爆炸(自燃)。在整个反应进行的过程中,反应速率随着时间不断增长,亦即 $\dfrac{\mathrm{d}W}{\mathrm{d}\tau}<0$;而当着火时,在理论上 $\dfrac{\mathrm{d}W}{\mathrm{d}\tau}$ 应趋于无限大。所以要使反应转变成爆炸反应,就必须 $\dfrac{\mathrm{d}W}{\mathrm{d}\tau}>0$,而在等温反应中,$\dfrac{\mathrm{d}W}{\mathrm{d}\tau}$ 始终小于零,因而就不会引起爆炸反应。这是两者最突出的区别。

**(3) 绝热反应的着火条件**

根据前述的绝热反应速率与时间的关系,可以导出在绝热情况下产生热自燃(着火)的条件。

如前所述,化学反应速率是反应物浓度和温度的函数:

$$W=f(C,T) \tag{5-20}$$

则

$$\frac{\mathrm{d}W}{\mathrm{d}\tau}=\left(\frac{\partial W}{\partial C}\right)_T\frac{\mathrm{d}C}{\mathrm{d}\tau}+\left(\frac{\partial W}{\partial T}\right)_C\frac{\mathrm{d}T}{\mathrm{d}\tau} \tag{5-21}$$

在绝热反应中,反应所生成的热量全部用于加热可燃混合气体,所以这时的能量方程式可写成:

$$c_v \frac{\mathrm{d}T}{\mathrm{d}\tau} = -q \frac{\mathrm{d}C}{\mathrm{d}\tau} \tag{5-22}$$

则

$$\frac{\mathrm{d}T}{\mathrm{d}\tau} = -\frac{q}{c_v} \times \frac{\mathrm{d}C}{\mathrm{d}\tau} \tag{5-23}$$

又

$$W = -\frac{\mathrm{d}C}{\mathrm{d}\tau} \tag{5-24}$$

式中　$q$——一个分子反应时所放出的热量;

$\mathrm{d}C$——单位容积内已反应的分子数。

将式(5-23)及式(5-24)代入式(5-21)中,则得:

$$\frac{\mathrm{d}W}{\mathrm{d}\tau} = W\left[-\left(\frac{\partial W}{\partial C}\right)_T + \frac{q}{c_v}\left(\frac{\partial W}{\partial T}\right)_C\right] \tag{5-25}$$

根据前述,反应成为爆炸反应必须使 $\dfrac{\mathrm{d}W}{\mathrm{d}\tau} > 0$,故:

$$-\left(\frac{\partial W}{\partial C}\right)_T + \frac{q}{c_v}\left(\frac{\partial W}{\partial T}\right)_C > 0 \tag{5-26}$$

因为 $\left(\dfrac{\partial W}{\partial C}\right)_T$ 总是正值(在等温下,$W$ 随燃料的消耗而降低),所以在绝热条件下着火(热自燃)的必要条件是:

$$\frac{q}{c_v}\left(\frac{\partial W}{\partial T}\right)_C > \left(\frac{\partial W}{\partial C}\right)_T \tag{5-27}$$

式(5-27)的物理意义是:只有当因温度升高而使反应速率的增加速率超过因燃料消耗而引起的反应速率的下降速率时,绝热反应才会着火。但在绝热反应的 $W = f(\tau)$ 曲线(见图5-2)的最高点 $A$ 以后,虽然温度已达到最大值,但此时反应物已消耗殆尽,故反应速率还是急剧下降。由此可见,过程的绝热不是引起着火的充分条件。只要过程开始时,反应物浓度足够大,初始温度比较高,虽然初始时反应速率很小,但过后反应速率总会不断增大并导致着火。

### 5.1.1.2　有散热情况下的热自燃

在绝热条件下,由于热量没有向外散失,放热反应所释出的热量总是越积越多,故不论感应期长或短,只要反应物初始浓度足够,反应迟早会形成热爆炸。但是在有散热的情况下则不然,因为有可能将缓慢反应所放出的热量散发给周围的环境,以致积累不起热量,温度提升不高,从而形成不了热爆炸。但若设法减少散热量或提高反应热量的生成速率,就有可能发生热爆炸。所以,在有散热情况下,可燃混合物的放热反应要转变为爆炸反应需有一定的条件。

### (1) 热自燃的条件

可燃混合物在一定温度和压力下具有一定的反应速率和热量生成速率,而混合物散给周围环境的热量则是由环境温度、传热方式以及传热面积而定。在某种条件下,反应产生的热量要比散出去的热量多,此时剩余的热量将使混合物温度升高,促使反应速率相应增大。反应速率的增大又反过来促使热量生成速率提高,增多了剩余热量,提高了混合物的温度。在这样相互循环影响下,反应就会自行急剧加速,产生爆炸。这就是在有散热情况下的"热爆燃"现象。

为了分析可燃混合物的热爆燃条件，谢苗诺夫创建了热爆燃经典理论：实际上，可燃混合物的燃烧都在有限容积内进行，在反应释放热量的同时又必然存在着向外界散热，这样不仅使反应物的温度降低，而且在容器内部造成反应物温度场不均匀，从而使容器内各处的反应速率和浓度不相同，致使在反应系统中不仅有化学反应过程和热量交换过程，而且还存在有质量交换过程（由浓度梯度而产生的扩散），这就使所研究的问题变得相当复杂。但在定性讨论有散热情况的着火条件时，为使问题简化，可作如下一系列的假设。

① 反应是在一个封闭容器内进行，其容积为 $V$，表面积为 $S$，容器的壁面温度为 $T_0$，在反应过程中 $T_0$ 保持不变。

② 在整个容器内反应物的温度、浓度以及反应速率处处相同（可用容积平均值来表示）；在反应初始时，反应物具有与容器壁面相同的温度 $T_0$。

③ 设气体向器壁的散热系数 $\alpha$ 为定值，不随温度与压力改变。

④ 设反应在形成着火前，由于反应速率很低，可不计反应物的浓度因反应而引起的变化，即认为 $C_A = C_{A0}$。

如前所述，在有散热情况下，整个反应过程的能量平衡方程式可写成：

$$c_v \frac{dT}{d\tau} = q_{fr} - q_{sr} \tag{5-28}$$

式中　$c_v$——混合气的定容容积比热容；

　　　$q_{fr}$——单位容积内可燃混合气因反应所释放出的热量；

　　　$q_{sr}$——单位容积内可燃混合气向外界以对流换热方式散失的热量。

对于简单热力反应，其单位容积内的反应放热量为：

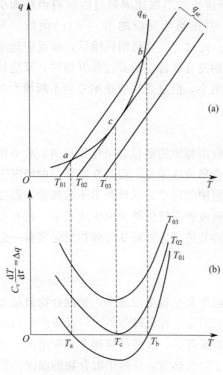

$$q_{fr} = QW = Qk_0 C_A^n \exp(-E/RT) \tag{5-29}$$

式中　$Q$——可燃混气的反应热。

对于一定的可燃混合物压力与浓度，反应放热量 $q_{fr}$ 仅决定于 $\exp(-E/RT)$。图 5-3(a) 中曲线 $q_{fr}$ 示出了该放热量与温度的关系，它具有指数函数的特征。该曲线随着混合物的压力或浓度的增加而向左移动。

单位容积内可燃混合物向外界散失的热量，可由下式给出：

$$q_{sr} = \frac{\alpha S}{V}(T - T_0) \tag{5-30}$$

此时只考虑了对流热损失，至于辐射等其他热损失则因温度不高而略去不计。从式(5-30) 可以看出，散热量 $q_{sr}$ 是与温度呈直线变化的关系。图 5-3(a) 中给出了这种关系曲线 $q_{sr}$，该直线的斜率是由 $\frac{\alpha S}{V}$ 的大小来确定的，斜线在横坐标的截距是 $T_0$。若换热情况越强烈和单位容积的散热面积越大，则直线的斜率就越大，即越向后倾斜。若散热条件不变

图 5-3　着火时热力平衡（一）

（即其斜率不变），该散热曲线将随着外界温度（容器壁面温度）$T_0$ 值的大小向左或向右平行移动。图 5-3(a) 和图 5-4 示出了散热曲线 $q_{sr}$ 在 $q$-$T$ 坐标图上两种不同的变化情况，前者为倾角不变，改变 $T_0$ 的变化情况，后者则反之。

为了便于讨论着火的临界条件，将 $q_{fr}$、$q_{sr}$ 随温度变化的曲线画在图 5-3 上。在图 5-3 中给出了对应于三种不同容器壁温度的散热曲线。

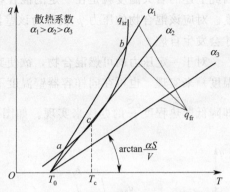

图 5-4  着火时热力平衡（二）

① 容器壁温度相对较低的情况，即 $T_0 = T_{01}$。

此时放热曲线 $q_{fr}$ 与散热曲线 $q_{sr}$ 有两个交点 $a$ 与 $b$。在初始时，由于可燃混合物的温度等于容器壁温度 $T_{01}$（根据假设），因此没有热损失，即 $q_{sr} = 0$，但此时却进行着缓慢的放热反应。随着反应的进行，逐渐释放出少量的热量，使混合物温度上升，这样就开始与壁面有了温差，因而就产生了热损失。在初始时，因散热损失较小，放热量大于散热量（$q_{fr} > q_{sr}$），混合物温度缓慢地上升，一直到两条曲线的交点 $a$，温度为 $T_a$ 时，两者热量相等，即 $q_{fr} = q_{sr}$，达到了散热与放热的平衡状态。此时若温度再略微升高些，则因 $q_{fr} < q_{sr}$，而使温度下跌，又恢复到 $T_a$；若由于某种原因使温度低于 $T_a$，则由于 $q_{fr} > q_{sr}$，相反地又使温度继续上升到 $T_a$，所以点 $a$ 所处的状态是一个稳定状态。因此在该状态下不可能自行加速，因而不可能导致爆炸（着火），而处于一种等温反应状态中。由此可见散热与放热的平衡仅仅是发生着火的必要条件而非充分条件。点 $a$ 实际上是一个稳定的缓慢氧化点，此时反应仍在进行，不过温度很低，反应速率很小。一般燃料在与空气接触的长期贮存中都处于这种状态，燃料组分在一定的时间内几乎不发生变化。在曲线另一交点 $b$ 上，虽然散热量与放热量也处于平衡，即 $q_{fr} = q_{sr}$，但不是稳定状态，当温度略低于 $T_b$，则由于 $q_{fr} < q_{sr}$，温度就一直下降跌到点 $a$ 所处的温度 $T_a$；若温度略高于 $T_b$，则因为 $q_{fr} > q_{sr}$，温度将不断提高，因而反应不断加速，最后产生爆炸而着火。但这不是属于自燃现象，因为可燃混合物从初温 $T_{01}$ 开始逐渐升温，不可能自行超过点 $a$，因而也就无法达到点 $b$ 而转为爆燃，除非有外界热源把可燃混合物的温度提高到 $T_b$，这已不属热自燃了。因此，在上面分析的情况中不可能形成热自燃。这里，点 $b$ 是亚稳态平衡点，点 $a$ 是稳态平衡点，因无论外界有什么扰动，系统始终维持在这一状态。

② 容器壁温度相对较高的情况，此时 $T_0 = T_{03}$。

从图 5-3(a) 中曲线可以看出，这时放热曲线与散热曲线永不相交，不论在什么温度下，放热量总是大于散热量，因此容器内不断有着热量在积累，促使可燃混合物温度不断提高，反应急剧地发展，最后导致可燃混合物自燃。

③ 容器壁温度属于中等情况，此时 $T = T_{02}$。

如图 5-3(a) 所示，当 $T$ 逐渐地高于 $T_{01}$，则两曲线的交点 $a$ 和 $b$ 彼此将逐渐靠近，在 $T = T_{02}$ 时，两交点重合在曲线切点 $c$。在点 $c$ 处，$q_{fr} = q_{sr}$，但该点也不是稳定点，当可燃混合物从初始状态 $T_{02}$ 开始升温达到点 $c$ 状态后，若由于某种原因使温度略高于 $T_c$，则因为此后的 $q_{fr}$ 仍继续大于 $q_{sr}$，故反应将会急剧地加速而引起爆燃。所以点 $c$ 是发生热自燃的一个临界状态点，点 $c$ 一般就称为自燃点（或着火点），相应于该点的温度 $T_c$ 就称为着火温度（或自燃温度），而对应于该反应初始时的容器壁温度 $T_{02}$，就是引起热自燃的最低环境温度。

如前所述，每一放热曲线 $q_{fr}=f(T)$ 都对应于一定的可燃混合物的压力与组成成分，因此上述的着火温度就是在一定的混合物压力 $p$ 和一定的壁温 $T_0$ 下引起着火的最小着火温度。对应该混合物的压力 $p$ 就称为该壁温 $T_0$ 下的自燃临界压力，唯有等于或大于此压力时才会发生自燃。

对于一定压力的可燃混合物，欲使其自燃不仅可用上述提高容器壁温度（亦即周围外界温度）来实现，也可在同样容器壁温度下，减少容器的相对散热面积或设法降低散热系数，即降低散热程度 $\dfrac{\alpha S}{V}$ 的办法来实现。如图 5-4 所示的情况，当 $\dfrac{\alpha S}{V}$ 减小到一定程度后，放热曲线与散热曲线就会相切，满足产生热爆炸的临界条件。这如同上述提高容器壁温度所产生的效果。

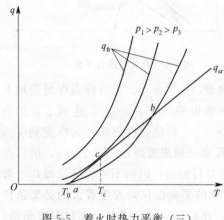

图 5-5 着火时热力平衡（三）

另外，即使在相同的壁温和散热情况下，若改变可燃混合物的压力或其组成成分，亦可引起热自燃。图 5-5 就表明了这种可能着火的情况。当然，在上述各种可能着火情况下，引起自燃的最低温度——着火温度是不相同的。由此可见，着火温度不是可燃物质的某种物理化学常数，而是和外界条件，如环境温度、容器形状与大小以及散热情况等有关的一个参数，因此即使同一种可燃物质，其着火温度亦会不同。过去把可燃物质的着火温度说成是物性参数，在概念上是错误的。

根据上述分析可知，着火温度的意义亦即产生热爆炸的条件不仅是放热量和散热量应相等，即 $q_{fr}=q_{sr}$，而且还应包含该两者随温度变化的速率应相等，即：

$$\begin{cases} q_{fr}=q_{sr} \\ \dfrac{dq_{fr}}{dT}=\dfrac{dq_{sr}}{dT} \end{cases} \tag{5-31}$$

这是谢苗诺夫给自燃所下的定义，它明显确定了着火温度的动力性质。

根据这一着火条件可以确定发生自燃所应达到的着火温度 $T_i$，达到此温度所需经历的时间（感应期）$\tau_i$ 以及在不同的混合物压力和组成下可以产生爆燃（着火）的界限。

**（2）着火温度**

将 $q_{fr}$、$q_{sr}$ 的表达式代入式(5-31) 则可以写为：

$$\begin{cases} k_0 C_A^n \exp(-E/RT_i)Q=\dfrac{\alpha S}{V}(T_i-T_0) \\ k_0 C_A^n \exp(-E/RT_i)Q(E/RT_i^2)=\alpha S/V \end{cases} \tag{5-32}$$

两式相除，可得：

$$T_i-T_0=RT_i^2/E \tag{5-33}$$

或

$$T_i^2-\frac{E}{R}T_i+\frac{E}{R}T_0=0 \tag{5-34}$$

求解后，可得：

$$T_B = \frac{E}{2R} \pm \frac{E}{2R}\sqrt{1 - 4R\frac{T_0}{E}} \tag{5-35}$$

可以看出 $T_i$ 有两个解。取等号右边两项相加所对应的 $T_i$ 值很高，它位于 $q_{fr}$ 曲线的拐点以上。所以我们可不予考虑，只取 $T_i$ 较低的值，即：

$$T_i = \frac{E}{2R} - \frac{E}{2R}\sqrt{1 - 4RT_0/E} \tag{5-36}$$

这个公式称为谢苗诺夫公式。从该式中可以看出，在所讨论的热自燃问题中，着火现象只能存在于有限的容器壁温度（即周围环境温度）范围内，即：

$$0 \leqslant T_0 \leqslant \frac{E}{4R} \approx \frac{E}{34} \tag{5-37}$$

当 $T_0 = \dfrac{E}{4R}$ 时，由式(5-35)可求得着火温度的最大值为：

$$T_{Bmax} = \frac{E}{2R} \approx \frac{E}{17} \tag{5-38}$$

在一般情况下，$T_0 \ll \dfrac{E}{4R}$，且 $\dfrac{RT_0}{E} \ll 1$。把根号中各项按二项式展开，取前三项，则可写为：

$$T_i \approx E/2R - E/2R(1 - 2RT_0/E - 2R^2T_0^2/E^2) \tag{5-39}$$

或

$$T_i = T_0 + RT_0^2/E \tag{5-40}$$

或

$$\Delta T = T_i - T_0 \approx RT_0^2/E \tag{5-41}$$

可以看出，相当于临界着火情况时反应物的加热度是不太大的。例如，当 $E = 40 \times 4.186 \text{kJ/mol}$，$R = 2 \times 4.186 \text{J/(mol·K)}$，$T_0 = 1000\text{K}$ 时，由式(5-41)可以得出 $\Delta T = 50\text{K}$。在一般情况下，$T_i$ 很接近于 $T_0$，因此可以认为当 $\dfrac{RT_0}{E} \ll 1$ 时：

$$T_i \approx T_0 \tag{5-42}$$

这样，在定义着火温度时，不管用容器壁温度 $T_0$，或者用两曲线的切点处可燃物温度 $T_i$，它们之间的误差只有 5% 左右，作近似计算时可不考虑两者的差别。

如果在着火前，反应物的加热度 $\Delta T < \dfrac{RT_0^2}{E}$，从式(5-41)看来，是不可能自行着火的，反之，则会引起自燃。但实际上并非如此，欲使可燃混合物自燃，没有必要将它加热到着火温度 $T_i$。从图 5-3 或图 5-4 中可以看出，只要加热到略高于容器壁温度 $T_0$ 就可以了，在此后的过程中放热率大于散热率，温度与反应速率均会自行慢慢地升高直到 $T_i$，然后温度瞬间就上升到燃烧温度。

从式(5-40)可以看出，容器壁温度越低，则着火温度越低，如图 5-6 所示。若此时容器壁温度较低，例如 $T_0 = T_{01}$，则对于给定的放热曲线 $q_{fr}$ 与散热曲线 I，是

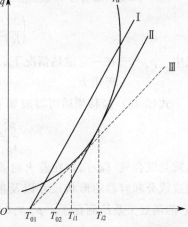

图 5-6　着火温度 $T_i$ 与周围环境
温度 $T_0$ 之间的关系

不会引起可燃混合物着火；欲使其着火，或提高容器壁温度（曲线Ⅱ），或降低散热程度$\dfrac{\alpha S}{V}$（曲线Ⅲ）。从图中看出，在不变 $T_0$ 情况下，降低$\dfrac{\alpha S}{V}$达到的着火温度 $T_{i1}$ 较之提高容器壁温度达到的着火温度 $T_{i2}$ 要低。所以 $T_0$ 降低，$T_i$ 亦降低，但两者之间仍保持着 $\Delta T=T_i-T_0\approx\dfrac{RT_0^2}{E}$（$\ll T_0$）的关系。

各种可燃混合物在不同压力和散热情况下的自燃温度可由实验测得。实验方法一般是将预混可燃气体在等压下送入一定温度的容器中，若外界温度（亦即容器壁温度）已达到自燃温度，则经过短暂的延迟期后将会发生爆燃。

**(3) 自燃界限**

在给定的可燃混合物的组成和散热程度$\dfrac{\alpha S}{V}$下，对于给定的壁温 $T_0$，必有相应的自燃临界压力，唯有当可燃混合物的压力等于或大于该压力时才能发生爆燃，而这两者之间的关系可由上节所讨论的着火条件来导出。

若将式(5-41) 和式(5-42) 代入式(5-31) 的热量衡算式 $q_{fr}=q_{sr}$ 中，则得：

$$k_0 C_A^n \exp\left(-\frac{E}{RT_{0i}}\right)Q=\frac{\alpha S}{V}\times\frac{RT_{0i}^2}{E} \tag{5-43}$$

或

$$k_0 C_A^n \exp\left(-\frac{E}{RT_{0i}}\right)QV=\alpha S\frac{RT_{0i}^2}{E} \tag{5-44}$$

因为可燃物的摩尔浓度 $C$ 与其压力、温度有关，若可燃混合气是理想气体，则：

$$C_i=\frac{p_i}{RT}=\frac{y_i p}{RT} \tag{5-45}$$

式中　$y_i$——物质 $i$ 的摩尔分数；

　　　　$p$——可燃混合气的总压力。

对于二级（双分子）放热反应，则式(5-44) 可以写成：

$$k_0\left(\frac{y_i p_i}{RT_{0i}}\right)^2 \exp\left(-\frac{E}{RT_{0i}}\right)QV=\alpha S\frac{RT_{0i}^2}{E} \tag{5-46}$$

式中　$p_i$——在一定散热情况下，与自燃温度（亦即外界容器壁温度）$T_{0i}$ 相对应的着火临界压力。

式(5-46) 经移项后可写成如下形式：

$$\frac{p_i^2}{T_{0i}^4}=\frac{\alpha SR^3}{QVEk_0 y_i^2}\bigg/\exp\left(-\frac{E}{RT_{0i}}\right) \tag{5-47}$$

这就是混合气（$\alpha=1$）在着火时临界着火压力和自燃温度之间的关系。如果可燃混合气的组成成分和容器的形状尺寸以及散热系数等均为已知，则可把式(5-47) 中所给出的 $p_i$ 与 $T_{0i}$ 的函数关系绘制在 $T_{0i}$-$p_i$ 坐标图上，如图 5-7 所示。该曲线把 $T$-$p$ 图划分成两个区域：自燃区和非自燃区。对于一定组成的可燃混合气，在一定的压力和散热条件$\dfrac{\alpha S}{V}$下，只有当外界温度达到曲线上相应点 1 时的温度 $T_{01}$ 值时才能发生自燃，否则不可能自燃而只能长期处于低温氧化状态。同理，对于一定的温度，若其压力未达到临界值，亦不可能发生自燃。所以，对于简单热力反应，欲在压力很低时达到着火要求，就必须要有很高的温度，反之亦然。这些分析与结论都已为实验结果所证实。

在图 5-7 中还绘出了在不同散热程度 $\frac{\alpha S}{V}$ 时的自燃临界曲线。随着 $\frac{\alpha S}{V}$ 值的增大，曲线向右上方移动，自燃区越来越小。

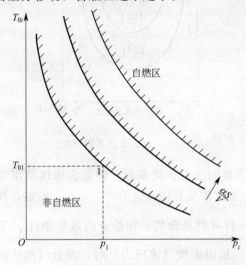 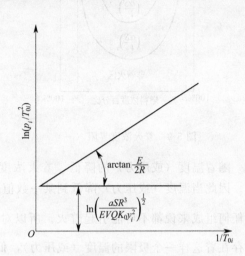

图 5-7　临界着火条件中温度与压力的关系　　　图 5-8　临界着火压力与温度的关系

如果对式(5-47)取对数，则可得出与实验公式相似的谢苗诺夫方程式：

$$\ln\left(\frac{p_i}{T_{0i}^2}\right) = \frac{E}{2RT_{0i}} + \ln\left(\frac{\alpha SR^3}{EVQK_0 y_i^2}\right)^{\frac{1}{2}} \tag{5-48}$$

若把式(5-48)所示的函数关系在以 $\ln\left(\dfrac{p_i}{T_{0i}^2}\right)$ 为纵坐标、$\dfrac{1}{T_{0i}}$ 为横坐标的图上用一根斜线

表示，如图 5-8 所示，这一图线已为许多双分子反应所证实。由于该直线的斜率为 $\dfrac{E}{2R}$，截

距为 $\ln\left(\dfrac{\alpha SR^3}{EVQK_0 y_1^2}\right)^{\frac{1}{2}}$，因此它为简单的热力反应提供了一个测定活化能的简便方法。

由此可知，尽管热自燃理论忽略了容器内混合气温度和浓度的不均匀分布，并假设容器的对流换热系数不变，但是它得出的结论可以解释着火的规律，也可以按照着火的临界条件确定混合气的活化能。

在式(5-48)中，如果取 $p_i$＝常数，则可得到临界温度与混合气组成的关系曲线，如图 5-9 所示；若取 $T_{0i}$＝常数，则可得到另一条临界着火压力 $p_i$ 与混合气组成的关系曲线，如图 5-10 所示。图 5-9 和图 5-10 中所示曲线统称为着火浓度界限（或自燃界限）。

一般而言，这些图形都呈 U 形，U 形里为着火区，U 形外为非着火区。

从这些图线的分析中可得出一个很有实际意义的结论，即从着火来说，在一定的温度（或压力）下，并非所有混合气组成都能引起着火，而是存在着一个着火浓度界限。着火浓度的上限统指含燃料较多的混合气组成，即一般统称为富油限（或富燃料限），下限指含燃料量较少的混合气组成，即所谓贫油限（或富空气限）。如果可燃混合气中的燃料含量高于

给定温度（或压力）下的着火浓度上限或低于其着火浓度下限，都不可能引起自燃，只能处于不同程度的缓慢氧化状态。

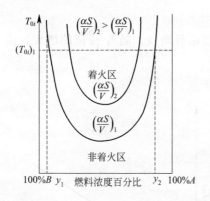

图 5-9　着火浓度界限（一）

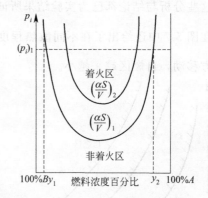

图 5-10　着火浓度界限（二）

随着温度（或压力）的降低，着火浓度的上下界限逐渐彼此靠近，即着火浓度范围变窄。因此当温度（或压力）降低到某一数值以后，着火浓度界限就会消失，此时，对混合气的任何组成来说都不可能引起着火。所以对于每一种可燃混合气，在给定的散热条件 $\dfrac{\alpha S}{V}$ 下就存在着这样一个极限的温度（或压力），低于这一极限温度（或压力）时，混合气的任何组成都无法着火。这一最小的极限着火压力（或温度）对低压燃烧，特别是对喷气发动机的高空燃烧具有特别重要的意义。

从图 5-9 和图 5-10 的图线中还可看出一点，即当温度或压力高于某一数值后，着火浓度界限实际上已没多大的变化。故此时混合气的组成对着火的影响就不大了。

此外，着火浓度界限还随着散热程度 $\dfrac{\alpha S}{V}$ 的增大而缩小，如图 5-9 和图 5-10 所示。

综上所述，为了使可燃混合物易于迅速着火，不论是提高温度或压力（或两种都提高）都是有效的。

由式(5-48)深入分析可知，在着火条件下，容器（燃烧室）的直径与可燃混合气的压力成反比，即：

$$d \propto p_i^{-1} \tag{5-49}$$

因此，在低压下燃烧就不宜采用小直径燃烧室。例如在航空发动机上，由于小直径燃烧室的表面积与其容积之比很大，单位热损失较大；随着压力的降低，散热损失却没有很大的变化，但放热速率却明显地减小，这样就造成了可燃混合气的温度下降和反应速率减慢，而影响了着火。

**(4) 着火的感应期**

可燃混合气从开始反应到反应速率剧烈增加出现燃烧所经过的一段时间，称为感应期。任何着火过程都有它一定的感应期，在此期间进行着火前的反应准备。

感应期的长短与温度无关。不同气体的感应期长短是不同的，例如甲烷的感应期需几秒，而氢为 0.01s。感应期的长短对自燃有很大的影响，如在高温下（700～900℃），感应期很短，自燃实际上是在瞬间内发生的。

按照定义，感应期是指可燃混合气从初始温度 $T_0$ 加热到着火温度 $T_i$ 所需的时间。在此期间反应物浓度将由初始浓度 $C_{A0}$ 降为着火点时的浓度 $C_{Ai}$。因而感应期就可写成：

$$\tau = \frac{C_{A0} - C_{Ai}}{W} \tag{5-50}$$

式中　$W$——感应期间的反应速率。

由于在此期间内反应进程很缓慢，可视为定值，其平均值可近似地取为：

$$W \approx \frac{1}{2} k_0 C_{A0}^n \exp\left(-\frac{E}{RT_0}\right) = \text{const} \tag{5-51}$$

此外，根据式(5-1)的关系可得：

$$C_{A0} - C_{Ai} \propto T_i - T_{0i} \tag{5-52}$$

而

$$T_i - T_0 \approx \frac{RT_{0i}^2}{E} \tag{5-53}$$

所以

$$\tau \approx \frac{RT_{0i}^2}{E} \frac{2}{k_0 \exp\left(-\dfrac{E}{RT_{0i}}\right) C_{A0}^n} \tag{5-54}$$

因

$$C_{A0} \propto \frac{p_i}{T_{0i}} \tag{5-55}$$

所以感应期 $\tau$ 与着火温度 $T_{0i}$ 和临界压力 $p_i$ 有如下关系：

$$\tau = \text{const} \frac{T_{0i}^{2+n}}{p_i^n} \bigg/ \exp\left(-\frac{E}{RT_{0i}}\right) \tag{5-56}$$

这个关系是由实验获得的。从这个关系式可以看出：当温度和压力或燃料浓度提高时，感应期可缩短，有利于着火，也有利于燃烧性能的改善，故在燃烧室中应尽可能地提高温度和压力。在活化能大时，提高温度的影响尤其显著。

此外，燃料着火的感应期还受催化剂和容器壁面性质的影响，如把铜、钢和锰的氧化物加入燃料或氧化剂中可以缩短某些燃料自燃的感应期。

需要指出的是，在导出式(5-56)时，是按绝热条件求解能量方程，然后再用实际情况下的温升代入而求出 $\tau$。这样做的理由是直接求解非绝热的能量方程式具有很大的困难，而这样获得的结果又与实际情况相接近。事实上，燃料燃烧时的感应期是由实验测得的，至今尚未有一精确的公式可用来计算。由实验测得的在不同压力和温度下，一定组分的可燃混合气（如戊烷与空气混合气）的感应期，其变化趋势与式(5-56)所得是一致的。

实验测定感应期的方法很多，其中之一是将燃料与氧化剂分别单独加热到同一初始温度，然后同时射入特制容器内使之迅速混合，精确地测出从射入到着火所经历的时间，即为感应期。可以看出，对于非预混可燃混合气，例如实际工程中的液体燃料的燃烧，其感应期不仅包括其化学反应部分，而且还包括其物理过程部分（如混合、汽化等）。如果是固体燃料（如煤粉），则还将包括煤粒的加热、干燥和析出挥发物所需的时间，因而影响感应期的因素就更多、更复杂了。

## ▶5.1.2　连锁自燃理论

谢苗诺夫的热力着火理论表明自燃之所以会发生，主要是由于在感应期内分子热运动的结果，使热量不断积累，活化分子不断增加以致造成反应的自行加速。这一理论可以阐明可燃混合气自燃过程中的不少现象，很多碳氢化合物燃料在空气中自燃的实验结果（如着火界限）也大多符合这一理论。但是，也有不少现象与实验结果用热力着火理论是无法解释的，例如氢气和空气混合气的着火浓度界限的实验结果（见图 5-11）正好与热力着火理论对双分子反应的分析结果相反；又如在低压下一些可燃混合气，如 $H_2+O_2$，$CO+O_2$ 和 $CH_4+O_2$ 等，其着火的临界压力与温度的关系曲线（见图 5-12 中的实线）也不像热力着火理论所提出的那样单调地下降（见图 5-12 中的虚线），而是呈 S 形，有着两个或两个以上的着火界限，出现了所谓的"着火半岛"现象。这些情况都说明着火并非在所有情况下都是由于放热量的积累而引起的。实际上，大多数碳氢化合物燃料的燃烧过程都是极复杂的连锁反应，真正简单的双分子反应却不多。热力着火理论之所以能用来解释一些实际燃烧现象，这是由于连锁反应的中间反应是由简单的分子碰撞所构成，对于这些基元反应热力着火理论是可以适用的。但由于其整个反应的真正机理不是简单的分子碰撞反应，而是比较复杂的连锁反应，如着火半岛就是由于燃烧反应中的连锁分支的结果引起的一种现象。不过，连锁分支反应的特点在低温、低压下比较突出。

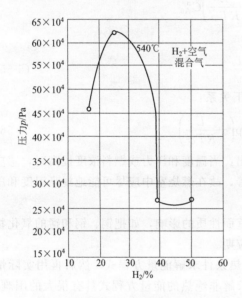

图 5-11　氢气与空气的可燃混合气的压力极限

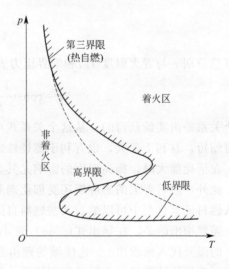

图 5-12　着火半岛
（碳氢化合物与空气的混合气的着火界限）

连锁自燃理论认为，使反应自行加速并不一定要依靠热量积累，可以通过连锁的分支，迅速增殖活化中心来促使反应不断加速直至爆燃着火。

**（1）连锁分支反应的发展条件**（即连锁自燃着火条件）

简单反应的反应速率随时间的进展由于反应物浓度的不断消耗而逐渐减小，但在某些复杂的反应中，反应速率却随着生成物浓度的增加而自行加速。这类反应称为自动催化反应，连锁反应就属于这种更为广义的自动催化反应。连锁反应的速率受到某些不稳定中间产物浓度的影响，例如氢和氧之间的反应，氢原子就是这种活性催化作用的中间产物——活化中心。在某种外加能量使反应产生活化中心后，直到最后形成爆炸。但是，在连锁反应过程中，不但有导致活化中心形成的反应，也有使活化中心消灭和连锁中断的反应，所以连锁反应的速率是否能得以增长以致爆炸，还得取决于这两者之间的关系，即活化中心浓度增大的速率。

在连锁反应中，活化中心浓度增大有两种因素：一是由于热运动的结果而产生，例如在氢氧爆炸反应中氢分子与别的分子碰撞使氢分子分解成氢原子。显然它的生成速率与连锁反应本身无关；二是由于连锁分支的结果，例如上例中一个氢原子反应生成两个新的氢原子。显然此时氢原子生成的速率与氢原子本身的浓度成正比。另外，在反应的任何时刻都存在着活化中心被消灭的可能（如与器壁相撞或与其他稳定的分子、原子或基相撞），它的速率也与活化中心（氢原子）本身浓度成正比。

若设 $W_1$ 为因外界能量的作用而生成原始活化中心的速率，即链的形成速率；$W_2$ 为连锁的分支速率，它是由系统里最慢的中间反应来决定的；$W_3$ 为连锁的中断速率，则活化中心形成的速率就可以写成如下形式：

$$\frac{\mathrm{d}n}{\mathrm{d}\tau}=W_1+W_2-W_3 \tag{5-57}$$

或

$$\frac{\mathrm{d}n}{\mathrm{d}\tau}=W_1+fn-gn \tag{5-58}$$

式中　$n$——活化中心的瞬时浓度；

　　　$f$——与温度、活化能以及其他因素有关的分支反应的速率常数；

　　　$g$——与温度、活化能以及其他因素有关的连锁中断的速率常数。

令 $\varphi=f-g$ 为连锁分支的实际速率常数，则式(5-58)可改写为：

$$\frac{\mathrm{d}n}{\mathrm{d}\tau}=W_1+W=W_1+\varphi n \tag{5-59}$$

式中　$W$——连锁分支的实际速率，$W=\varphi n$。

在通常温度下，$W_1$ 值很小，它对反应的发展影响不大，所以链的分支和中断的速率就成为影响链发展的主要因素。但 $f$ 和 $g$ 却随着外界条件（压力、温度和容器尺寸）改变而改变，不过这些条件对 $f$ 和 $g$ 的影响程度是不相同的。在活化中心消失的反应中活化能很小，所以链的中断速率实际上与温度无关，但链的分支速率却由于其活化能较大，温度对其影响就十分显著，温度越高，分支速率就越大。这样随着温度的变化，因为 $f$ 和 $g$ 的变化不同，$\varphi$ 的大小也就不同。

为了分析当 $\varphi$ 改变时，活化中心浓度，即整个反应的反应速率的变化情况，对微分方程式(5-59)在下列初始条件下：

$$\tau=0,n=0,\left(\frac{\mathrm{d}n}{\mathrm{d}\tau}\right)_{\tau=0}=W_1 \tag{5-60}$$

进行求解，得：

$$n=\frac{W_1}{\varphi}(\mathrm{e}^{\varphi\tau}-1) \tag{5-61}$$

如果令 $a$ 表示一个活化中心参加反应后而生成的最终产物的分子数，如上述氢的氧化反应中，$a$ 值为 2（因生成两个分子 $H_2O$），那么整个分支连锁反应的速率就可表示为：

$$W=afn=\frac{afW_1}{\varphi}(\mathrm{e}^{\varphi\tau}-1) \tag{5-62}$$

从式(5-61)和式(5-62)可以看出，分支连锁反应中的反应速率和活化中心的浓度随时间的

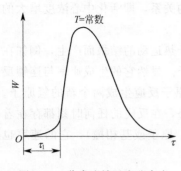

图 5-13　分支连锁反应速率在
等温下随时间的变化规律

变化关系，即使在等温下，也差不多按指数函数关系急剧地增长。相反，若是不分支连锁反应，则因为 $f=0$，$\varphi=-g$，则从式(5-61)可导出活化中心浓度当时间 $\tau$ 趋于无限长时将接近一个极限值 $n=\dfrac{W_1}{g}$，因而反应速率就不能无限增长而维持一定值。所以，不分支连锁反应是永远不会爆炸的。分支连锁反应在等温下即使初始反应速率接近零，过了一段时间（感应期）后亦会按指数函数的规律在瞬间急剧地上升形成爆燃（见图5-13），而后则由于反应物浓度下降而减慢，以致最后降到接近于零。这种情况有些类似于简单热力反应在绝热情况下的热力爆燃。

**（2）不同温度时，分支连锁反应速率随时间的变化**

在低温时，由于链的分支速率很缓慢，而链的中断速率却很快，$f<g$，则 $\varphi<0$。故由式(5-61)、式(5-62)可得，当时间趋于无限长时，活化中心浓度和反应速率都将趋于一个定值，即当 $\tau\rightarrow\infty$。

$$n=\frac{W_1}{|\varphi|}=\frac{W_1}{g-f} \tag{5-63}$$

$$W=\frac{afW_1}{|\varphi|}=\frac{afW_1}{g-f} \tag{5-64}$$

就是说，最终将得到一个稳态反应。

但随着温度的增高，链的分支速率不断增加而中断速率却几乎没有改变，$\varphi=f-g$ 值就逐渐增大，且成为正值，并随着温度的增高越来越大。这时，由式(5-61)、式(5-62)可以看出，活化中心浓度和反应速率都随着时间而急剧增长。当时间趋于无限长时，两者都趋向于无限大，故反应就会由于活化中心不断积累而自行加速产生所谓"链锁自燃"现象。显然这时的反应属非稳定态。因为 $W_1$ 值很小，故感应期内反应很缓慢，甚至观察不出，而后由于活化中心迅速增殖导致速率猛烈增长而形成爆燃，如图5-13所示。当然在活化中心不断积累、反应自行加速的同时还伴随着自行加热。

当温度增加到某一数值时，正好使链的分支速率等于其中断速率，即 $f=g$ 或 $\varphi=0$，则此时活化中心浓度和反应速率均以直线规律随时间增长，即：

$$n=W_1\tau \tag{5-65}$$

$$W=afW_1\tau \tag{5-66}$$

直到反应物全部耗尽为止。在这种情况下，反应是不会引起自燃的。若稍微提高一些温度而使 $\varphi=f-g>0$，则反应就会因活化中心的不断积累而产生爆燃；但若温度稍低一些，则会因 $\varphi=f-g<0$，使反应速率趋于一极限值而达到一稳态反应。所以 $f=g$ 这一情况正好代表由稳态向自行加速的非稳态过渡的临界条件。因此常将 $f=g$（即 $\varphi=0$）称为"连锁着火条件"，而相当于 $f=g$ 的混合气温度则称为"连锁自燃温度"。此时（$\varphi=0$）的临界压力和温度就是连锁自燃的爆燃界限。对于氢氧混合气而言，连锁自燃温度为 $T_B=550℃$。连锁自燃温度与热自燃温度一样都不是表明可燃混合气特性的物性常数。

图5-14所示为上述三种情况下的分支连锁反应速率随时间的变化规律。

连锁自燃（或称连锁着火）现象在实验中可以观察到，例如在低压、等温下氢与氧可以

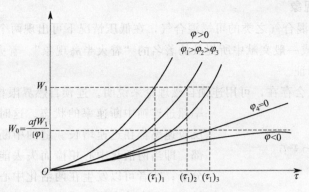

图 5-14　不同 $\varphi$ 值下分支连锁反应的发展

无需反应放热而可由连锁反应的自行加速产生自燃，这就是所谓"冷焰"现象。

**(3) 感应期的确定**

连锁自燃感应期的确定具有很大的实际意义，尤其对于可燃混合气在燃烧室中有限定时间的情况下的燃烧更是如此。

根据连锁反应的性质，在反应开始时速率很低（见图 5-13），过了一段时间后，速率才开始上升到可被察觉的程度。所谓感应期就是指反应速率由几乎为零增大到可以察觉到的一定数值 $W_{\tau i}$ 时所需的时间。按此定义，感应期就可由式(5-62)求得，当 $W=W_{\tau i}$ 时：

$$W_{\tau i}=\frac{afW_1}{\varphi}(\mathrm{e}^{\varphi\tau i}-1) \tag{5-67}$$

因在感应期内 $\varphi$ 较大，故 $\mathrm{e}^{\varphi\tau i}\gg1$，同时可认为 $\varphi\approx f$，则式(5-67)可写成：

$$W_{\tau i}\approx aW_1\mathrm{e}^{\varphi\tau i} \tag{5-68}$$

或

$$\tau_i\approx\frac{1}{\varphi}\ln\frac{W_{\tau i}}{W_1} \tag{5-69}$$

事实上，在一定组成、温度和压力下，$\ln\dfrac{W_{\tau i}}{W_1}$ 几乎为定值，它受外界的影响变化很小，所以：

$$\tau_i=\frac{\mathrm{const}}{\varphi} \tag{5-70}$$

或

$$\varphi\tau_i=\mathrm{const} \tag{5-71}$$

这一结论已为实验所证实。如对一般可燃气体的着火而言，就有：

$$\tau_i p^a\mathrm{e}^{-E/RT}=\mathrm{const} \tag{5-72}$$

式中　$a$——幂指数；

$p^a\mathrm{e}^{-E/RT}$——相当于式(5-71)中的 $\varphi$。

图 5-14 中也反映出式(5-71)所示的规律。

最后需要指出的是，在连锁自燃感应期内温度可以不变化，仅由于连锁反应的分支而导致反应自行加速，但爆燃之后，也会因为反应中急剧的放热来不及向外散失而使温度升高。这就不同于热力自燃中那样，在感应期内必须由温度的升高才可能发生爆燃。

### （4）着火半岛现象

对于如 $H_2+O_2$ 混合气之类的可燃混合气，在低压情况下可出现两个甚至三个的爆炸界限（着火界限），形成一般文献中所提及的著名的"着火半岛现象"。着火半岛的存在可以看作连锁反应产生的明证。

高低界限之所以会存在，可用连锁自燃理论来说明。连锁自燃界限相当于连锁分支的速率超过连锁中断速率的状态。这时活化中心的数目和反应速率都在迅速增长。链的中断可以发生在气体内部，即当两活化中心相撞而失去能量再结合成稳定的分子；或者可以发生在两活化中心与器壁相撞时而使链中断。实验表明，对于一定的混合气，在一定的温度下，链的分支速率（$f$）几乎与压力无关，如图 5-15 所示，可认为是定值；而链的中断速率（$g$）却与压力有关。在压力很低时，由于气体很稀薄，分子向四周的扩散速率很高，且压力越低，扩散越快。若此时容器的体积较小，且压力又低，则活化中心向器壁

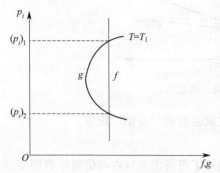

图 5-15　一定温度下 $f$ 与 $g$ 和压力的关系

的扩散就变得十分容易，因而就大大增加了与壁面碰撞失去活化的机会，这样就提高了连锁中断的速率，而且压力越低，中断速率越大。故当压力降低到某一数值时，就有可能使中断速率大于分支速率，此时就出现了连锁自燃的低界限。若向混合气中掺入不可燃气体，由于它能阻止活化中心向四壁扩散，从而制止了中断速率的下降，这样也可使其着火低界限下移。换句话说，就使其更容易着火。

实验表明：容器的大小不一、材料及其表面的情况或者向混合气中加入不可燃气体等都会影响着火半岛的低界限的位置，可使其向下移动，但这些因素对高界限无显著影响。

从图 5-15 还可看出，若提高混合气的温度，可使其临界着火压力更低，即两者互成反比。谢苗诺夫把这一关系归纳为：

$$p_i = A e^{B/T_i} \tag{5-73}$$

这是 $A$ 和 $B$ 都是常数，它们的数值与活化中心、反应的物质和不可燃添加剂的性质以及器壁形状、尺寸等有关。实际上，式（5-73）就是着火低界限的表达式。

反之，若提高容器内混合气体的压力，则由于分子浓度的增大，减少了活化中心与器壁的碰撞机会，则此时连锁的中断就主要发生在气相内部活化中心的相撞中。因此，随着压力的提高，这种机会就会越来越多，链的中断速率亦会越来越大（见图 5-15），因而当压力增大到某一数值时，又会遇到分支速率与中断速率相等的临界情况，这时就出现连锁自燃的着火高界限。射苗诺夫把该界限表达为：

$$p_i = A' e^{-B'/T_i} \tag{5-74}$$

同样，$A'$ 和 $B'$ 都是常数。

实验计算表明，式（5-73）和式（5-74）不仅能用来计算分析氢氧混合气的"着火半岛"现象，而且也能用来计算分析 $CO+O_2$ 的混合气的"着火半岛"。

越过着火高界限后，若再继续提高压力，就会出现第三个爆燃界限，高于该界限后会再一次引起爆燃。第三界限的存在完全可用热力着火理论来解释。随着压力的增高，反应放热的现象越来越显著，由于反应放热使热量积累而引起反应自动加速的作用越来越重要。达到第三爆燃界限时，由于反应热大于散热而引起的升温和加速已居支配地位，此时的爆燃就纯

粹是一种热力爆燃，完全遵循热自燃理论的规律。所以，实质上，"着火半岛"中的第三界限就是前面介绍的热自燃界限。

通过对碳氢化合物和氧（空气）的着火测定实验，发现它们在着火临界压力-温度图上有好几个界限，如图5-16所示。这种多界限的现象说明了着火现象的复杂性，其中可能同时有链锁自燃和热自燃，因此在着火理论研究方面又出现了一种所谓"链锁热力爆燃理论"，它认为燃料的着火过程中既有由于热量积累产生升温而使反应加速的现象，也有在温度变化很小的每一瞬间由于链锁分支而使反应加速的现象，它进一步统一和完善了前述的两种理论，不过，这方面的研究工作还处在进一步深入的阶段。

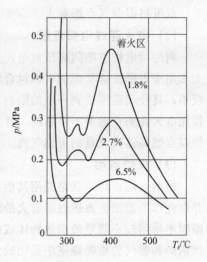

图 5-16  已烷在空气中
着火时的着火界限

## ▶ 5.1.3  点燃理论

使可燃混合气着火燃烧，除自燃着火外，在工程上使用最广泛的是靠外加能量使混合气着火的点燃。所谓点燃，即强制着火，一般是指用炽热的高温物体，如电火花、炽热物体表面或火焰稳定器后面涡旋中的高温燃烧产物等使新鲜可燃混合气的一小部分点燃形成局部火焰，然后这个火焰再把邻近的混合气点燃。这样逐层依次地点燃，而使整个混合气全部着火燃烧起来。

强制着火（点燃）和自燃着火（自燃）在原理上是一致的，都是化学反应急剧加速的结果，但在具体过程中有如下的不同点。

① 用点燃促使化学反应加速只在混合气的局部（火源附近）内进行，而自燃则在整个可燃混合气中进行，例如采用高温炽热物体来点火，则反应只在热物体表面的混合气附面层内进行，而远离热物体表面的混合气则由于温度太低而不能着火。

② 自燃需要在一定的外界温度 $T_0$ 下，由于反应的自行加速使可燃混合气温度逐步提高到自燃温度而引起爆燃。但点燃就不同，一般在此时外界温度或容器壁面温度要远低于宜于自燃时的温度，故需采用高温物体与可燃混合气接触，提高混合气体温度使其爆燃。能够引起混合气体着火的炽热物体表面最低的温度称为点燃（火）温度。为了保证火焰能在较冷的混合气流中传播，点燃温度一般要比自燃温度高。

③ 可燃混合气能否点燃不仅取决于炽热物体附面层内局部混合气能否着火，而且还取决于火焰能否在混合气流中传播。故点燃过程要比自燃过程复杂得多，它包括局部地区的着火和火焰的传播。

点燃过程如同自燃过程，也有点燃温度、点燃感应期和点燃浓度极限，但是影响它们的因素要比在自燃过程中的复杂得多，除了可燃混合气的化学性质、浓度、温度和压力外，还有点燃方法和混合气流动的性质等，而且后者的影响更为显著。

### 5.1.3.1  常用的点燃方法

在工程上较为常用的点燃方法大致有以下几类。

**（1）炽热物体点燃**

常用金属板、柱、丝或球作为电阻，通以电流（或用其他方法）使其炽热，亦有用耐火砖或陶瓷棒等导以热辐射（或其他方法）使其加热保持高温等的方法形成各种炽热物体。当这些高温物体和静止的或以一定流速流过的可燃混合气相接触，在一定温度、压力和组成下，就可将混合气点燃着火。

**（2）电火花或电弧点燃**

利用两电极空隙间高压放电产生的火花使部分可燃混合气温度升高产生爆燃。这种方式大多用来点燃低速易燃的可燃混合气，如一般的汽油发动机。它比较简单易行，但由于能量较小，其使用范围受到一定的限制。对于温度较低、流速（或流量）较大的可燃混合气，直接用电火花来点燃是不可靠的，甚至是不可能的，有时先用它点燃一小股易燃气流，然后再借以点燃高速大流量的可燃气流。

**（3）火焰点燃**

所谓火焰点燃，就是先用其他方法将燃烧室中易燃的可燃气点燃形成一股稳定小火焰，并以此作为能源去点燃较难着火的混合气流，例如温度较低、流速较大的可燃气流或因其他原因不易用较小能量的炽热物体或电火花点燃的可燃混合气。这种方法在工程燃烧设备中，如锅炉和燃气轮机燃烧室中是比较常用的一种点火方法。它的最大优点是具有较大的点火能量。在日常生活中用火柴点火就是常见的一个典型例子。

**（4）自燃方法点燃**

这种点火方法最普遍的例子就是柴油机的压缩点燃。在柴油机中，利用活塞的压缩行程将空气压缩到很高的压力与温度，超过燃料本身的自燃温度，然后喷入雾化液体燃料，此时无需其他点火装置燃料就可着火。另外用自燃燃料作为点火装置也属于这一种类型的点火，不过它的着火是由于链锁自燃而产生。在锅炉不稳定燃烧时，由于某种原因熄火后，隔一短暂时间后又发生突然的爆燃，其原因可能是由于局部可燃气体自燃而引起的点燃和火焰传播。

**（5）热射流点火**

在发动机和工业炉中，除了用电点火以外，还经常使用热射流点火。首先用电火花点燃一股火炬，然后用火炬去点燃更大空间里的可燃混气。

不论采用哪一种点火方法，其基本原理都是可燃混合气的局部受到外来热源作用而着火燃烧。

### 5.1.3.2　火花点燃的最小点火能量

用电火花点火是发动机燃烧室点火的基本方法。点燃混合气的过程是：首先由电火花加热电火花附近的混合气，使局部混合气着火（电火花使混合气分子电离，产生大量的活性中间产物对混合气的点燃十分有利）。然后，已着火的混合气气团向未燃混合气进行稳定的火焰传播。要使点火成功，首先是电火花要有足够大的能量，能点燃一定尺寸的混合气（即形成火球）。然后是这个有足够热量的火球，能稳定地向外界传播而不熄灭。满足这两个条件，点火才能成功。电火花点火实验表明，电火花点燃混合气需要一个最小的火花能量，低于这个能量，混合气不能点燃。这一最小能量随混合气成分、性质、压力、温度和电极间距而变化。图 5-17 示出了电极间距对最小点火能量的影响。

**（1）电火花最小点火能量理论**

在静止混合气中，电极间的火花使气体加热，假设电火花加热区为球形，球形火花的最高温度是混合气的理论燃烧温度 $T_m$，从球心到球壁温度为均匀分布，并认为火花点燃混合气完全是热的作用，混合气燃烧为二级反应。当点火成功时在火焰厚度 $\delta$ 内形成温度由 $T_m$ 到 $T_0$ 的稳定温度分布，如图 5-18 所示。若电火花加热的球形尺寸较大，它所点燃的混合气较多，化学反应的放热量也多，但由于单位体积火球的表面积相对较小，因而容易满足向冷混合气传热的要求，于是火焰向外传播并不断扩大。与此相反的是，若火花加热的球形尺寸较小，它所点燃的混合气较少，化学反应的放热量也少，而单位体积火球的表面积相对较大，因而不容易满足向冷混合气传热的要求，于是火焰向外扩展困难。因此为了保证点火成功，要有一个最小的火球尺寸，或者是它所对应的火球的最小点火能量。

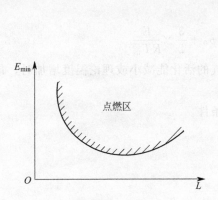

图 5-17　最小点火能量与电极间距的关系　　　　　图 5-18　电火花点燃模型

如果电火花已经点燃了某个最小火球尺寸的混合气，并形成了稳定的火焰传播，则在传播的开始瞬间必然满足火球内混合气化学反应放出的热量等于火球表面向外导走的热量，即：

$$\frac{4}{3}\pi r_{\min}^3 K_0 Q \,(\rho y)^2 \exp\left(-\frac{E}{RT_m}\right)=4\pi r_{\min}^2\lambda\frac{\mathrm{d}T}{\mathrm{d}r} \tag{5-75}$$

温度梯度可近似写为：

$$\frac{\mathrm{d}T}{\mathrm{d}r}=\frac{T_m-T_0}{\delta} \tag{5-76}$$

式中　$\delta$——火焰前峰宽度。

若进一步假设焰峰宽度与最小火球半径成正比关系，则：

$$\delta=Kr_{\min} \tag{5-77}$$

式中　$K$——比例系数。

将式(5-76)、式(5-77)代入式(5-75)可得：

$$r_{\min}=\left[\frac{3\lambda(T_m-T_0)}{KK_0 Q\rho^2 y^2\exp\left(-\dfrac{E}{RT_m}\right)}\right]^{\frac{1}{2}} \tag{5-78}$$

假设电火花点燃混合气时，火花附近的混合气成分接近化学恰当比，则有：

$$(T_m-T_0)=Q/c_P \tag{5-79}$$

把式(5-79)代入式(5-78)，则：

$$r_{\min}=\left[3\lambda/KK_0 c_P\rho^2 y^2\exp(-E/RT_m)\right]^{1/2} \tag{5-80}$$

从式(5-80)可以看出，当混合气的压力增加，理论燃烧温度增加，热传导系数减少时，最小火球尺寸减小。这一最小火球用电火花点燃时所需的电火花能量：

$$E_{\min}=k_1\frac{4}{3}\pi r_{\min}^3 c_{\mathrm{P}}\rho(T_{\mathrm{m}}-T_0) \tag{5-81}$$

式中 $k_1$——修正系数。

实际上，电火花的最高温度达 6000℃，除了电火花的电离能以外，还有一部分能量以辐射、声波等形式消耗掉。为了修正电火花能量与点火热量的差别，引用了修正系数 $k_1$。把式(5-80)代入点燃最小火球的电火花能量 $E_{\min}$ 的式中，得出：

$$E_{\min}=常数\,\rho^{-2}(T_{\mathrm{m}}-T_0)\exp(3E/2RT_{\mathrm{m}}) \tag{5-82}$$

或者可写为：

$$\ln\frac{E_{\min}}{(T_{\mathrm{m}}-T_0)}=常数-2\ln p_0+\frac{3}{2}\times\frac{E}{RT_{\mathrm{m}}} \tag{5-83}$$

可以看出，当混合气的压力增加、温度增加、混合气的活化能减小或理论温度增加时，最小点火能量是减小的。

为使可燃混合气易于点火，必须提供如下有利条件。

① 高的火焰温度。

② 高的初始可燃气温度。

③ 高的燃烧热值。

④ 高的化学反应速率（平均值）。

⑤ 低的容积比热容。

⑥ 低的热导率。

⑦ 高的可燃混合气总压力。

⑧ 可燃混合气的组成接近于化学当量比。

⑨ 低的气流速率。

⑩ 低的湍流强度（若流动是湍流的话）。

**（2）点燃的浓度界限**

实验表明，点燃如同自燃一样也存在着所谓的着火界限，就是说可燃混合气并不是在任何压力或任何组成下都能被点燃，而是存在着一定的浓度界限和最小极限压力。若可燃混合气太贫（燃料含量较少）或太富，则所需的最小点火能量将很大，甚至无限大，而任何实际的点火系统所能提供的着火能量都是有限的，因此，这就意味着对于燃料过贫或过富的可燃混合物是无法点燃的。

图 5-19 给出了两种不同可燃混合气的着火（点燃）浓度界限。在理论文献中，表示着火范围的浓度界限都是用压力（或温度）对可燃混合气组成的关系曲线来描述的。这些图形的曲线通常是不对称的，或偏向左，或偏向右。从图 5-19 所示的曲线中可以看出：随着压力的下降，着火范围变窄，存在着一个最低压力。低于这个压力，则不论可燃混合气的组成如何，都无法使其点燃。这时，着火浓度的上下界限趋

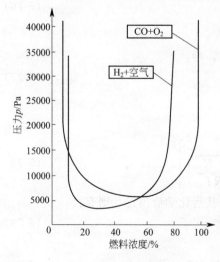

图 5-19　两种不同可燃混合气的着火浓度界限

近一致。

这些结果对燃烧装置的设计与运行有着实际意义，因究竟在怎样的浓度范围内能被点燃是点火问题中迫切需要解决与掌握的。当然，对这问题的具体解决需要通过实验来确定，但理论分析可以给出我们指出解决问题的方向与途径。

**（3）点燃界限的影响因素**

影响点燃界限的因素主要有压力、温度、流速和掺杂物等。它们对其影响的性质与程度可通过实验测定并绘制成图线来说明。

① 压力的影响　压力对点燃界限的影响如图 5-19 所示。压力的影响仅当压力逐渐下降时才显著，而在较高的压力下，可以说压力对浓度界限没有影响。这一情况与自燃时在 $T=$ 常数下的临界压力与可燃混合气组成之间的变化关系相类似。不过，自燃是在给定的压力和可燃混合气浓度范围内，整个容器中可燃混合气由于本身的氧化反应使整个体系达到自燃温度而形成的着火。但点燃则不然，整个可燃混合气温度是比较低的，处于常温状态，着火则需借助于其他高温能源，先在某一局部地区形成着火，然后再传播到各处。所以，在自燃过程中只有爆炸过程，而无火焰的传播过程。

② 温度的影响　提高可燃混合气的初始温度，对大多数烃类燃料与空气的混合气而言，可使其点火界限变宽，如图 5-20 所示。其原因在于此时提高了反应的放热率，而对散热的影响则不大。实验表明，温度对着火界限的影响主要反映在上限，而对下限则没有什么影响。

③ 流速的影响　流速对点燃界限的影响主要表现在与换热系数 $\alpha$ 有关的 $Nu$ 数的变化上。例如用炽热圆球点火时：

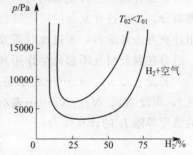

图 5-20　可燃混合气的初始温度对点燃界限的影响

$$Nu = 2 + 0.6Re^{1/2}Pr^{1/3} \tag{5-84}$$

在其他条件相同时，流速越大，着火范围越小，亦即越不容易被点燃。图 5-21 给出了烃类燃料戊烷的点火界限的实验结果。它是烃类燃料的一个典型例子。实验表明，当可燃混合气的组成接近化学当量比时，可以被点燃的速率为最大。从图 5-21 中还可看出，点燃界限还与点燃的炽热物体的大小（例如圆球的直径）有关，炽热物体（圆球直径 $d$）尺寸越小，点燃界限就越小。

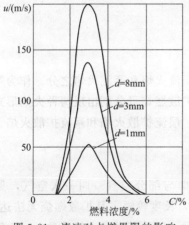

图 5-21　流速对点燃界限的影响

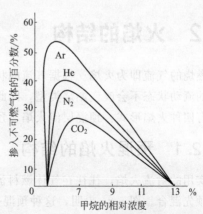

图 5-22　甲烷-空气混合气中掺入其他不可燃气体时点燃界限的变化

④ 掺杂物的影响　实验和理论计算都表明，当可燃混合气中掺杂有一定量的不可燃气体如 $N_2$、$CO_2$、Ar、He 等后，会使着火范围变窄。如果掺杂量过多，则可使可燃混合气无法被点燃。其原因是在于不可燃气体的掺入将影响反应放热速率和火焰传播速度。

图 5-22 表示了在甲烷-空气混合气中掺入不同不可燃气体的数量时对点燃界限的影响。

不可燃气体的掺入对着火界限的影响主要反映在着火上限。这是因为在燃料过贫情况下，过量的氧量起着相当于不可燃掺杂物的作用，此时若燃料浓度不变，而以其他掺入物代替氧，则对点燃界限的影响就不大了。

不同不可燃气体若掺入比例相同时，其对点燃浓度界限的影响也不一样。这是由于此时所组成可燃混合气的 $(\lambda/c_p)$ 值不同之故，导热性能好能促使火焰传播，而比热容大却能抑制火焰的传播。在工程上就利用这种特性来制造灭火剂。一种好的灭火剂应该具有低的热导率和较大的比热容。

### 5.1.3.3　多组分可燃混合物的点燃浓度界限

若向可燃混合气中掺入的不是不可燃气体，而是另一种可燃气体，则将形成一种多组分的可燃混合物。这种复杂的可燃混合物在工程中是常会遇到的，例如煤气，它就包含许多可燃组分。对于这种复杂的可燃混合物，它的着火浓度界限除了可通过实验来测定外，还可利用计算方法来求得，不过此时需要知道其中每个单一可燃组分的着火界限，同时假定这些单一组分在混合时互不起化学作用和催化作用。

若设 $n_1$、$n_2$、$n_3$……表示每个单一可燃组分占复杂可燃混合物的百分数（不包含空气），而设 $N_1$、$N_2$、$N_3$……表示每个单一组分的浓度界限（上限或下限），则复杂可燃物的浓度界限 $L$ 的计算式为：

$$\frac{100}{L} = \frac{n_1}{N_1} + \frac{n_2}{N_2} + \frac{n_3}{N_3} + \cdots \tag{5-85}$$

若 $N$ 取上限，则所计算的 $L$ 亦为上限。这种计算方法所得的结果与实验数据很接近，特别适用于性质相近似的燃料混合物，如果性质差别较大，这种计算方法只能作近似估计，其精确值就必须由实验来测定。

实验表明，在某种燃料 $A$/氧化剂的混合物中，掺入另一种燃料 $B$，并逐渐取代燃料 $A$，则此时复杂多组分燃料混合物的点燃浓度界限将逐渐从燃料 $A$/氧化剂混合物的曲线位置转移到燃料 $B$/氧化剂混合物的曲线位置上去。

# 5.2　火焰的结构

燃烧的气流即为火焰。根据气流的状态，火焰有层流火焰和紊流火焰之分。作为第二级特征的流动状态不会改变燃烧类型，因此预混燃烧和扩散燃烧可分别出现两种火焰形式，于是共有四种火焰形式：预混层流火焰、预混紊流火焰、层流扩散火焰和紊流扩散火焰。

## 5.2.1　预混火焰的结构

实用的射流火焰，往往在气体燃料流出孔口之前即与部分空气（叫一次空气，见图 5-23）预先混合。图 5-24 表明，这种预混火焰温度较高，长度较短，是扩散燃烧无法达到的。因此在工业燃烧装置中广为采用。但当一次空气量较少，以致其过量空气系数 $\alpha_1 < 1$ 时，预混气体射流中的一部分燃料首先在管口处与空气燃烧，形成火焰内锥。由于一次空气不足，

剩余的未燃燃料仍依靠扩散过程与周围空气（或二次空气）混合和燃烧，形成火焰外锥。若一次空气充足，以致 $\alpha_1$ 接近 1 时，燃料通过火焰内锥时即被燃尽，因而火焰外锥消失。

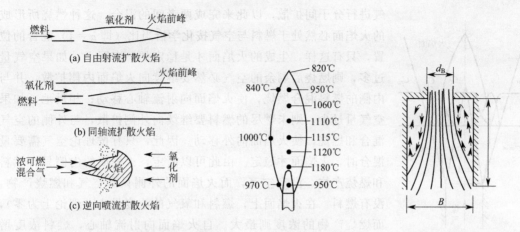

图 5-23　扩散火焰的形式　　图 5-24　人工煤气预混火焰温度分布　　图 5-25　火道燃烧室

图 5-25 表示火道燃烧室，壁面由耐火材料砌筑而成。燃料与空气的混合物从管口喷出，进入火道内燃烧，高温的燃烧产物把火道壁面烧得赤热。通过辐射和回流作用，对从管口喷出的可燃混合气加热，使火焰传播速度大大提高，因此喷入火道的混合气几乎立即燃烧。这时只能见到炽热的火道壁，几乎见不到火焰，所以称之为无焰燃烧。无焰燃烧时，火道中的放热强度可高达 $6.2 \times 10^8 \, \text{kJ}/(\text{m}^3 \cdot \text{h})$，相当于扩散燃烧时炉膛放热强度的数百倍。因此，加热设备的炉膛大小，只需要考虑被加热物的尺寸和烟气排除的需要，使尺寸变得十分紧凑，而炉膛温度则可超过 1250℃。此外，这种无焰燃烧不需要二次空气，可使炉膛的结构更加简单。

设计和使用预混燃烧器时，应特别注意回火的发生。一般而言，在预混气体中燃料与一次空气的配比越接近化学恰当比（即 $\alpha_1$ 越接近于 1），发生回火的可能性也越大。回火不仅破坏正常燃烧，还会烧坏设备，甚至引起爆炸，给设备和人身安全带来威胁。

预混燃烧时，防止回火的主要技术措施有以下几种。

① 使预混气体在燃烧室入口处的速率分布均匀，为此可将喷头制成收敛形，且表面光滑。

② 燃烧含有杂物的气体燃料时，应设有清除污垢的装置，避免破坏局部流场。

③ 用水冷却燃烧器头部，以便减小该处的火焰传播速度。

④ 设计时应根据最小热负荷状态来确定喷射速率和孔道直径。

## 5.2.2　扩散火焰的结构

如前所述，燃料与空气不预先混合的燃烧称为扩散燃烧。由于气体燃料与空气的混合速率比燃烧反应速率慢得多，因此，燃烧速率与燃烧完善性主要取决于混合过程的快慢和混合的完全程度。实际上，燃料与空气的混合是靠它们之间的质量扩散作用来实现的，因此扩散燃烧的速率也主要取决于质量扩散速率。流动介质中的质量扩散过程与流动状态有关，在层流状态，质量扩散以分子扩散的方式实现，称为层流扩散；但在湍流状态下由于大气团的无规则运动，使燃料与空气之间的质量扩散速率明显增加，因此被称为湍流扩散。

### （1）层流扩散火焰

层流扩散燃烧的火焰结构如图 5-26 所示。气体燃料由直径为 $d_0$ 的管口流出，与周围空气进行分子间扩散，以此来完成两者间的混合。这种燃烧所形成的火焰面必然处于燃料与空气按化学恰当比（即 $\alpha=1$）混合的位置，只有这样，生成的火焰面才是稳定的。实际上，如果空气量过多，则燃烧后剩余的空气必然要继续向火焰面内侧扩散，并与内侧的燃料混合燃烧，使火焰面向射流轴心移动；相反地，如果空气量过少，则未燃尽的燃料要继续向外侧扩散，与外侧的空气混合和燃烧，使火焰面向外移动。因此，只有按理论空气需要量混合时，火焰面才稳定。由此可以断定，火焰面的内侧只有燃料和燃烧产物，没有空气，而火焰面的外侧只有空气和燃烧产物，没有燃料。在火焰面上，燃料和氧气的浓度最小（理论上为零），而燃烧产物的浓度则最大。自火焰面向射流轴心，燃料浓度增

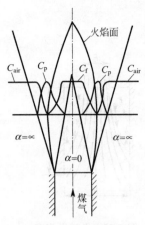

图 5-26  扩散式燃烧火焰结构
$C_{air}$—空气浓度；$C_f$—燃料浓度；
$C_p$—产物浓度

高，产物浓度减小。沿着燃料流动方向，燃料逐渐燃烧，其浓度最大的核心区直径逐渐缩小，而沿射流轴心线流动的燃料要穿过整个火焰长度达到火焰顶端，才能最终燃尽。因此整个火焰呈锥形，而锥顶与孔口之间的轴向距离称为火焰长度或火焰高度。

### （2）湍流扩散火焰

在管口直径不变时，若逐渐提高气体燃料的流出速率，使雷诺数 $Re=\dfrac{d_0 u_0 \rho_k}{\mu_g}$ 超过某一极限值，气体的流态便从层流转变成湍流，扩散过程则由分子扩散变为气团扩散，于是层流扩散燃烧也转变为湍流扩散燃烧。实验表明，在较长的直管段中（指长度大于 $0.03Red_0$）一般可认为：$Re<2300$ 时为层流，$Re>3200$ 为湍流，若 $2300<Re<3200$，则处于层流向湍流的过渡区。但若将管口做成收敛形，则当 $Re$ 高达 $4\times10^4$ 时，仍有可能保持层流。

图 5-27 表示气体燃料燃烧时火焰高度和火焰状态随管口流出速度（管径不变时）的变化情况，在层流区，火焰面清晰、光滑和稳定，火焰高度几乎同流速成正比。在过渡区中，火焰末端出现局部湍流，焰面明显起皱，并随着流出速度的增加，火焰端部的湍流区长度增加，或由层流转变为湍流的"转变点"逐渐向管口移动，而火焰的总高度则明显降低。到达湍流区之后，火焰总高度几乎与流出速度无关，而"转变点"与管口间的距离则随流速增加略有缩短。这时几乎整个火焰面严重褶皱，火焰亮度明显降低，并出现明显的燃烧噪声。

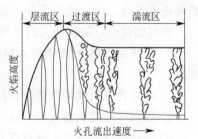

图 5-27  扩散火焰长度与火孔流出速度的关系（$d_0=$const）

① 湍流扩散火焰高度  确定扩散火焰的高度，实质上是要寻找火焰峰面与轴心线相交的位置。扩散火焰峰面应建立在燃料和空气按化学恰当比混合的地方，并可以近似地当做未燃烧情况下燃料和空气浓度符合化学恰当比处。设管口处气体燃料的相对体积浓度为 $C_0$（扩散燃烧时，取 $C_0=1$），管口下游任一截面 $x$ 处，湍流自由射流轴心线上的燃料浓度 $C_m$ 为：

$$\frac{C_m}{C_0} = \frac{0.70}{\dfrac{2ax}{d_0}+0.29} \tag{5-86}$$

实际上，射流中各点的燃料浓度和空气浓度之和均相等。因此，任意一点的燃料浓度 $C_f$ 和空气浓度之比可表示为 $\dfrac{C_f}{C_0-C_f}$，在火焰峰顶点，$C_f = C_m$，这个浓度比应为 $\dfrac{C_m}{C_0-C_m}$，其值等于化学恰当比，即等于理论空气质量的倒数 $1/V^0$，故有：

$$\frac{C_m}{C_0-C_m} = \frac{1}{V^0} \tag{5-87}$$

或

$$\frac{C_m}{C_0} = \frac{1}{V^0+1} \tag{5-88}$$

将式(5-88)代入式(5-86)，可得湍流自由射流扩散火焰高度为：

$$x_h = \frac{d_0}{2a}[0.70 \times (1+V^0)-0.29] \tag{5-89}$$

可见，湍流扩散火焰高度与管径成正比，但与初始流速无关，这一结果与图 5-27 完全一致。

② 层流扩散火焰高度 根据对射流的动量方程和能量方程的近似求解，可得层流扩散火焰高度 $H_1$ 为：

$$H_1 = \frac{u_0 d_0^2}{48\nu a_1 Y_{0\infty}} \tag{5-90}$$

式中  $H_1$——层流扩散火焰高度，mm；

  $d_0$——管口直径，mm；

  $u_0$——流出速度；

  $\nu$——射流的动力黏度，$m^2/s$；

  $Y_{0\infty}$——周围空气的氧浓度；

  $a_1$——燃料与空气的化学恰当比，其值等于 $V^0$ 的倒数。

当管口直径 $d_0 < 10mm$ 时，层流扩散火焰高度 $H_1$ 也可以按如下近似公式确定：

$$H_1 = a_1 \Delta I \tag{5-91}$$

式中  $\Delta I$——单个管口（或火孔）的热负荷，kJ/h；

  $a_1$——与燃料种类及两相邻火孔间距有关的系数，其值可按表 5-1 确定。

表 5-1  系数 $a_1$ 的值

| 燃料种类 | | 人工煤气 | 天然气 | 丁烷 |
|---|---|---|---|---|
| 单火孔 | | 0.086 | 0.110 | 0.124 |
| 多火孔 | 火孔净距 12mm | 0.120 | 0.151 | 0.144 |
| | 火孔净距 6mm | 0.256 | 0.330 | 0.311 |

③ 扩散火焰的主要特点

a. 扩散火焰的稳定性。稳定性是指火焰既不被吹跑（或叫脱火，吹熄），也不产生回火，而始终"悬挂"在管口的情况。

扩散燃烧时由于燃料在管内不与空气预先混合，因此不可能产生回火，这是扩散燃烧的最大优点。但管口流出的速度超过某一极限值时，火焰可能脱离管口并最终熄灭。此外。扩

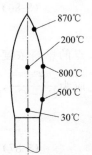

散火焰的温度较低（见图 5-28），对有效利用热能是不利的。

湍流扩散燃烧是当前工业上广泛采用的燃烧方法之一，并常用一些人工稳焰方法来改善火焰的稳定性。

b. 碳氢化合物的热分解。碳氢化合物在高温和缺氧的环境中会分解成低分子化合物，并产生游离的炭粒。如果这些炭粒来不及完全燃烧而被燃烧物带走，就会造成环境污染，并导致能量损失。扩散燃烧时，火焰的根部及火焰的内侧容易析碳，因此，如何控制炭粒生成及防止冒烟是扩散燃烧中值得注意的问题。

图 5-28　人工煤气
扩散火焰温度

实验表明，气态燃料中一氧化碳分子的热稳定性较好，在 2500～3000℃ 的高温下也能保持稳定。而各种碳氢化合物的热稳定性却较差，它们的分解温度较低，如甲烷为 683℃，乙烷为 485℃，丙烷为 400℃，丁烷为 435℃。一般而言碳氢化合物的分子量越大，热稳定性就越差，而且温度越高，分解反应越强烈，如甲烷在 950℃ 时只分解 26%，但在 1150℃ 时将分解 90%。

## ▶5.2.3　逆向喷流扩散火焰

由前述可知，在逆向喷流的滞止区附近，由于产生低速区域和高温燃烧产物的回流以预热燃料和空气射流，使火焰得以在该处获得稳定。这种情况不仅适用于均匀预混合气流的燃烧，同样也适用于燃料射流或浓预混合气体射流和空气逆向喷流的扩散燃烧。

图 5-29 所示为均匀空气流与浓预混合气流逆向喷流所形成的火焰。此时在喷燃器的出口处形成相当大的环流区，该区域内高温燃烧产物进行环流流动，而在射流轴线上滞止点附近射流与空气进行混合。因为在这里流速较低，所以火焰得以稳定。图 5-29 中一次燃烧带呈现蓝色火焰，而二次燃烧带则呈紫蓝色火焰。环流区中的高温燃烧产物一方面作为浓预混合气体射流的点火源，另一方面亦促进空气向射流方向扩散。

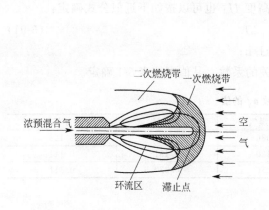

图 5-29　逆向喷流扩散火焰

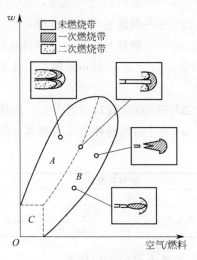

图 5-30　逆向喷流扩散火焰
的稳定范围与火焰形状

图 5-30 所示为逆向喷流扩散火焰的稳定范围和火焰形状。火焰在曲线内侧范围内都可获得稳定。在射流速度上限处，火焰附着于喷口上；而在射流速度下限处，火焰则脱离喷

口。根据火焰的不同形状可以把稳定范围划分为 $A$、$B$、$C$ 三个区域。在区域 $A$ 中，因为射流中燃料浓度大，同时与它逆向的均匀空气流的速度也较大，所以在滞止点附近无法形成火焰，故此时火焰在其前端裂开而形成喇叭形。在区域 $B$ 中，虽然射流的空燃比仍过浓，但当接近于理论空燃比时，由于均匀空气流的流速较低，因此在滞止点附近形成了火焰，此时火焰的前端呈封闭的半球形。此外，在区域 $A$ 和 $B$ 中火焰发出蓝色的光辉，而在区域 $C$ 中火焰则部分或全部发出光亮。

# 5.3 火焰的传播

气体燃料的燃烧过程实质上就是火焰在其中不断传播的过程。如果由于电火花或某一炽热物体使可燃混合气在某一局部着火，形成一个薄层火焰面，则火焰面所产生的热量将加热邻近较冷的混合气层，使其温度升高而着火燃烧。这样一层一层地着火，把燃烧逐渐扩展到整个混合气，这种现象就称为火焰的传播，传播速度的大小取决于预混合气体的物理化学性质与气流的流动状况。

实验证实，化学反应只在这薄薄的一层火焰面内进行，火焰将未燃气体与已燃气体分隔开来。因此，火焰传播的特征不是燃烧化学反应在整个混合气体内同时发生，而是集中在火焰面内并逐层进行。

根据气流流动状况，预混合气流中的火焰传播可分为层流火焰传播（或称层流燃烧）和湍流火焰传播（或称湍流燃烧）。

讨论火焰传播现象的产生、发展和传播条件以及影响传播速度的因素，将有助于工业上燃烧过程的强化和控制，并借以建立起关于燃烧过程的正确概念。

虽然在实际燃烧装置（如热力发动机的燃烧室和各种窑炉内），火焰都是在湍流气流中传播的，但是由于层流气流中的火焰传播速度是可燃预混合气体的基本物理化学特性参数，且与湍流中火焰传播速度密切相关，它是了解湍流中火焰传播的基础，也是探求燃烧过程机理的基础，因此有必要先讨论在层流中火焰的传播。

## ▶ 5.3.1 层流火焰的传播

静止的预混合气体用电火花或炽热物体局部点燃后，火焰就会向四周传播开来，形成一个球形火焰面，如图 5-31 所示。在火焰面的前面是未燃的预混合气体，在其后面则是温度很高的已燃气体——燃烧产物。它们的分界面是薄薄的一层火焰面，在其中进行着强烈的燃烧化学反应，同时发出光和热。它与邻近区域之间存在着很大的温度梯度与浓度梯度。这薄薄一层火焰面（一般在 1mm 以下）统称为"火焰前峰"或"火焰波前"或"火焰波"，这是因为火焰在混合气中的推进好像波浪在水中传播一样。所以，火焰的传播就是火焰前峰在预混气体中的推进运动。

火焰之所以能传播是因为火焰前峰内的燃烧化学反应在其边界上产生了很高的温度和很大的浓度

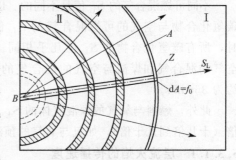

图 5-31 在静止可燃混合气体中层流火焰的传播

$A$—火焰面；$B$—电火花塞；
Ⅰ—未燃混合气体；Ⅱ—燃烧产物

梯度，从而产生了强烈的热量和质量交换。这些热量和质量的传递又引起了邻近的混合气的化学反应，这就形成了化学反应区在空间内的移动。所以火焰传播是一个很复杂的物理化学现象。火焰传播的快慢取决于预混合气体的物理化学性质。

火焰前峰在其表面的法线方向上相对于新鲜混合气的移动速度称作"火焰传播正交速度"（区别于爆震燃烧的火焰传播速度）或称"层流火焰传播速度"（反应速度测量的条件是在层流混合气中）$S_L$。设火焰面在其法线方向上的移动速度为$U_n$，新鲜混合气在同一法线方向上的流动速度为$W$，则层流火焰传播速度为：

$$S_L = U_n - W \qquad (5\text{-}92)$$

如果$W=0$，则$S_L=U_n$；如果$W=-S_L$，则$U_n=0$，即火焰前峰位置是稳定的、静止不动的。

典型的稳定层流火焰前峰可在本生灯火焰中观察到。如果在本生灯直管内的预混合气体流动是层流，则在管口处可得到稳定的正锥形的火焰前峰，如图 5-32 所示。在静止的预混合气体中由于局部点燃而产生的层流火焰前峰，其外形呈球形面状前峰，如图 5-31 所示。若在管道内的层流预混合气流中安装火焰稳定器，则所形成的稳定焰峰将呈倒锥形，如图5-33 所示。所以在层流中出现的火焰前峰形状将多种多样。

图 5-32　正锥形火焰焰峰

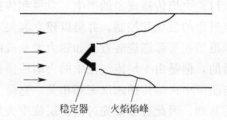

稳定器　　火焰焰峰

图 5-33　倒锥形火焰焰峰

预混合气体的层流火焰传播速度一般都由实验测定，最常用的方法是用本生灯来测定。

不同可燃混合气的$S_L$值是不同的。以氢与空气的可燃混合气的$S_L$值为最大（315cm/s），碳氢化合物与空气的可燃混合气的$S_L$值则随着烃的饱和度的增加而减小，当达到极限时，所有碳氢化合物的$S_L$值几乎相同。在一般情况下，$S_{Lmax}$值大约为40cm/s。汽油与空气的混合气和煤油与空气的混合气的$S_L$值非常接近，前者$S_L$约为45cm/s，后者$S_L$约为36cm/s。

此外，燃料与氧气的预混合气体的$S_L$值较之同样燃料与空气预混合气体的数值要大很多倍（十几倍到几十倍），如氢与氧气的预混合气体的$S_{Lmax}$达到12m/s。

#### 5.3.1.1　层流火焰的传播速度

层流火焰的传播速度是燃烧过程的一个基本特性参数。为了在实际应用时能有效地控制燃烧过程，就要知道层流火焰传播速度的大小及各种物理化学因素对它的影响。要解决这一问题就必须对火焰传播的机理有一明确的概念，即要了解燃烧的化学反应如何由这一层已反应的混合气传递到另一层新鲜混合气的具体过程。

关于火焰传播机理的理论有热力理论和扩散理论两种。热力理论认为：火焰中的化学反应主要是由于热量的导入使分子热活化而引起的，所以化学反应区（火焰前峰）在空间中的移动将取决于从反应区向新鲜预混合气体传热的导热率。热力理论并不否认火焰中有活化中心存在和扩散，但认为在一般燃烧过程中活化中心对化学反应速率的影响不是主要的。相反，扩散理论认为：火焰中的化学反应主要是由于活化中心（如 H、OH 等）向新鲜预混合气体扩散，促使其连锁反应发展所致。这两种理论中热力理论比较接近实际。前苏联科学家泽尔道维奇及其同事弗兰克-卡门涅茨基、谢苗诺夫等，在补充前人研究成果的基础上提出的层流火焰传播的热力理论被认为是目前比较完善的火焰传播理论。

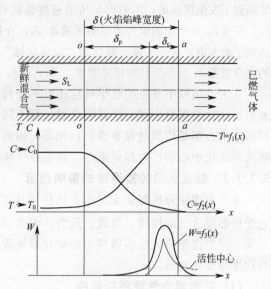

图 5-34　稳定的平面火焰前峰

设想在一圆管中有一平面形焰峰（实际上，火焰在管中传播时焰峰呈抛物线形状），焰峰在管内稳定不动，预混可燃混合气体以 $S_L$ 的速度沿着管子向焰峰流动，如图 5-34 所示。实验指出，火焰前峰是一很窄的区域，其宽度只有几百甚至几十微米，它将已燃气体与未燃气体分隔开，并在这很窄的宽度内完成化学反应、热传导和物质扩散等过程。图 5-34 中所示为火焰焰峰内反应物的浓度、温度及反应速率的变化情况。由于火焰前峰的宽度和表面曲率很小，可以认为在焰峰内温度和浓度只是坐标 $x$ 的函数。从图 5-34 中可以看出，在火焰前峰宽度内，温度由原来的预混气体的初始温度 $T_0$ 逐渐上升到燃烧温度 $T_f$，同时反应物的浓度 $C$ 由 $o$—$o$ 截面上的接近于 $C_0$ 逐渐减少到 $a$—$a$ 截面上接近于零（严格地说，预混气体初始状态 $T=T_0$、$C=C_0$、$W=0$，应相当于 $x \to -\infty$ 处截面；已燃气体的最终状态 $T=T_r$、$C=0$、$W=0$，应相当于 $x \to +\infty$ 处截面）。在火焰前峰内，实际上，只有 $95\% \sim 98\%$ 的燃料发生了反应。火焰前峰的宽度极小，但在此宽度内温度和浓度变化很大，出现极大的温度梯度 $\dfrac{\mathrm{d}T}{\mathrm{d}x}$ 和浓度梯度 $\dfrac{\mathrm{d}C}{\mathrm{d}x}$，因而火焰中有强烈的热流和扩散流。热流的方向为从高温火焰向低温新鲜混合气，而扩散流的方向则从高浓度向低浓度，如新鲜混合气的分子由 $o$—$o$ 截面向 $a$—$a$ 截面方向扩散，反之，燃烧产物分子，如已燃气体中的游离基和活化中心（如 OH、H 等）则向新鲜混合气方向扩散。因此在火焰中分子的迁移不仅由于质量流（气体有方向的流动）的作用，而且还由于扩散的作用，这样就使火焰前峰整个宽度内产生了燃烧产物与新鲜混合气的强烈混合。

从图 5-34 中还可以看到化学反应速率的变化情况。在初始较大的宽度 $\delta_p$ 内，化学反应速率很小，一般可不考虑，其中温度和浓度的变化主要由于导热和扩散，所以这部分焰峰宽度统称为"预热区"或火焰前峰的"物理宽度"，新鲜混合气在此区域内得到加热。此后，化学反应速率随着温度的升高按指数函数规律急剧增大，同时发出光和热，温度很快升高到燃烧温度 $T_f$。在温度升高的同时，反应物浓度不断减少，因此化学反应速率达到最大值时的温度要比燃烧温度 $T_f$ 略低，但接近燃烧温度。由此可见，火焰中化学反应总是在接近于燃烧温度的高温下进行的。化学反应速率越快，火焰传播速度越大，气体在火焰前峰内的停留时间就越短。但这短促的时间对于在高温作用下的化学反应来说是足够了。绝大部分可燃混合气（95%~98%）是在接近燃烧温度的高温下发生反应的，因而火焰传播速度也就对应于这个温度。这些变化都是发生在除"预热区"宽度 $\delta_p$ 外余下的极为狭窄的区域 $\delta_c$ 内，在这个区域内反应速率、温度和活化中心的浓度都达到了最大值。这一区域一般称为"反应区域"或"燃烧区"或火焰前峰的"化学宽度"。焰峰的化学宽度 $\delta_c$ 总小于其物理宽度 $\delta_p$，即 $\delta_c < \delta_p$。

在火焰焰峰中发生的化学反应还有一个特点，就是着火延迟时间（即感应期）很短，甚至可以认为没有感应期，这是与自燃过程不同的。在自燃过程中，加速化学反应所需的热量和活化中心都是依靠过程本身自行积累，因此需要一个准备时间，而在火焰焰峰中，导入的热流和活化中心的扩散都很强烈，预混合气体的温度升高很快，因而着火准备期很短。

### 5.3.1.2 层流火焰传播速度的影响因素

实验和理论分析都证实层流火焰传播速度 $S_L$ 是可燃混合气的一个物理化学特性参数，它受可燃混合气的性质、组成、压力、温度以及掺杂物种类和数量的影响，与气流流动参数无关。泽尔道维奇火焰传播热力理论在很大程度上定性阐明了这些因素对火焰传播速度的影响程度与变化趋势。

#### (1) 可燃混合气性质的影响

可燃混合气的性质对层流火焰传播速度 $S_L$ 的影响可从上述根据火焰传播热力理论导出的公式中看出：导温系数 $\alpha$（或扩散系数 $D$）、燃烧温度 $T_f$（或热值 $Q$）以及化学反应速率 $W$ 的增大，都会使 $S_L$ 值增大。

化学反应速率对火焰传播速度的影响是易于理解的，因燃烧过程本身就是一个化学反应过程。化学反应速率越大，火焰传播越快。故凡能使化学反应速率增大的各种因素都能使 $S_L$ 值增大。由于化学反应速率的大小与可燃混合气本身的化学性质有关，因此不同的燃料和氧化剂就有不同的火焰传播速度。图 5-35 所示为几种碳氢化合物在空气中的层流火焰传播速度。

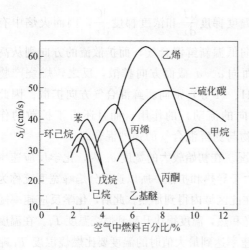

图 5-35 烃类燃料在空气中的层流火焰传播速度

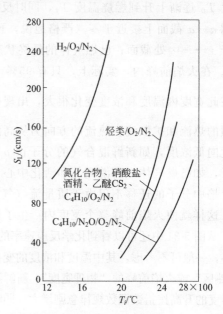

图 5-36 燃烧温度对火焰传播速度的影响

根据火焰传播热力理论，火焰中的化学反应是分子热活化的结果，所以凡是反应活化能越小的可燃混合气，其化学反应速率就越快，因而其层流火焰传播速度 $S_L$ 就越大。例如煤油在氧气中的活化能约为 126000kJ/mol，而在空气中则大于 168000kJ/mol，因此它在氧气中的层流火焰传播速度 $S_L$ 就要比在空气中的快得多。此外，在纯氧中燃烧，燃烧温度亦要比在空气中高，这也是促使 $S_L$ 值提高的一个因素。

燃烧温度的提高对火焰传播速度的影响主要由促进了火焰中化学反应的进程所致。图 5-36 所示为几种可燃混合气的最大火焰传播速度与燃烧温度之间的关系曲线。从图 5-36 中可以看出，温度对 $S_{Lmax}$ 的影响非常强烈，特别是在高温之下。对于大多数的可燃混合气，火焰传播速度的提高较之温度升高快得多，这是因为在高温下发生了离解反应，产生了作为活化中心的自由基，大大促进了火焰中的化学反应过程。

**（2）燃料结构的影响**

实验表明，以碳氢化合物作燃料的可燃混合气，它们的火焰传播速度还受到燃料分子结构的影响。当燃料分子量增加时，火焰传播速度曲线变得狭窄（即火焰传播界限缩小，见图 5-35）。饱和烃（如烷族烃的乙烷、丙烷、丁烷、戊烷、己烷等）的火焰传播速度几乎与燃料分子的碳原子数无关，约为 70cm/s。不饱和烃（如烯族烃和炔族烃）的 $S_L$ 值随碳原子数的增多而减小，在碳原子数增大到 4 以前，$S_L$ 值减小是很剧烈的；当 $n_c$ 超过 4 以后，则其减小速度变得缓慢；而当 $n_c \geqslant 8$ 以上后，$S_L$ 值趋近于极限值，接近烷族的火焰传播速度。从图 5-37 可以看出，烃类越是不饱和，其火焰传播速度就越大。

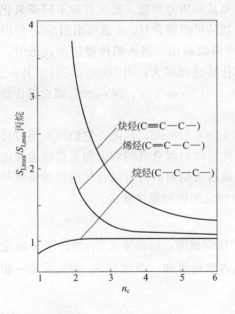

图 5-37　燃料中碳原子数目 $n_c$
对火焰传播速度的影响

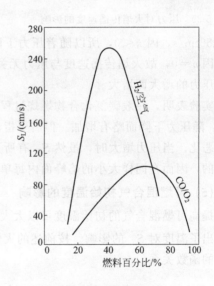

图 5-38　燃料的组成对
火焰传播速度的影响

**（3）可燃混合气组成的影响**

可燃混合气的组成，即燃料以不同比例和氧化剂（空气）混合，对火焰传播速度的影响类似于它对绝热燃烧温度的关系。在一般情况下，具有最大绝热燃烧温度的混合气组成，同时亦必具有最大的火焰传播速度。通常认为混合气的组成之所以会影响 $S_L$ 值主要是因为它对燃烧温度的影响。大多数可燃混合气的最大火焰传播速度均对应于其按化学当量比计算的混合气组成（即 $\alpha \approx 1$），但以空气作为氧化剂的可燃混合气就不一样，它们的最大火焰传播速度却在较化学当量比略富裕的一侧（即 $\alpha$ 略小于 1 处）。这种现象在氢/空气和一氧化碳/空气的可燃混合气中更加显著（见图 5-38）。这一现象可能的原因有：①最高燃烧温度也是偏向富氧燃烧区；②在燃料比较富裕的情况下，火焰中自由基 H、OH 等浓度较大，连锁反应的断链率较小，因而反应速率较快。

实验表明，一般碳氢燃料的 $S_{\text{Lmax}}$ 都在 $\alpha \approx 0.96$ 左右处，且该 $\alpha$ 值不随压力和温度改变。

### （4）可燃混合气压力的影响

研究可燃混合气的压力对燃烧过程的影响在工程应用中具有很重要的实际意义。因为增加压力一般都能提高燃烧强度，缩小燃烧设备的体积；另外，一些高空飞行器的燃烧室又都在低压下工作，所以讨论压力对火焰传播速度的影响有助于解决在不同压力下的复杂工程燃烧问题。

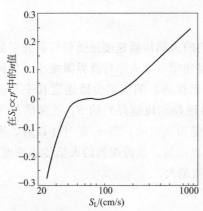

图 5-39　压力对火焰传播速度的影响

因为火焰传播速度与化学反应速率有关，而压力的改变会影响化学反应速率的大小，因而也就影响了 $S_{\text{L}}$ 值。压力对火焰传播速度的影响是：

$$S_{\text{L}} \propto p^n$$

式中　　$n$——刘易斯压力指数，对于各种不同碳氢化合物的可燃混合气，$n$ 值可由图 5-39 给出。

从图 5-39 可以看出，当火焰传播速度较低时，即 $S_{\text{L}} < 50\text{cm/s}$，因 $n < 0$，所以随着压力下降，火焰传播速度增大；当 $50\text{cm/s} < S_{\text{L}} < 100\text{cm/s}$ 时，因 $n = 0$，故火焰传播速度与压力无关；而当 $S_{\text{L}} > 100\text{cm/s}$ 时，因 $n > 0$，则火焰传播速度随压力的增大而增大。

实验表明，一般碳氢化合物燃烧过程的反应级数 $n = 1.5 \sim 2$，因此，它们的火焰传播速度 $S_{\text{L}}$ 随压力下降而略有增加。但需要指出的是，此时可燃混合气的着火和火焰稳定性能将有所恶化。当压力增大时，虽然 $S_{\text{L}}$ 有所下降，但流过火焰面的可燃混合气的质量流量却是增加的，因而在同样大小的焰峰面内每单位时间内燃烧的燃料量将增多。

### （5）可燃混合气初始温度的影响

提高可燃混合气的初始温度可以大大促进化学反应速率，因而增大 $S_{\text{L}}$ 值。图 5-40 定性地给出了温度对 $S_{\text{L}}$ 的影响。按前述的火焰传播热力理论可知，温度与 $S_{\text{L}}$ 的关系是一相当复杂的函数关系：

$$S_{\text{L}} \propto \mathrm{e}^{-E/2RT_{\text{f}}} \tag{5-93}$$

混合气初温 $T_0$ 的影响是通过燃烧温度 $T_{\text{f}}(T_{\text{f}} = T_0 + qc_0/c_{\text{p}})$ 对反应速率的影响反映出来，实验结果验证了这一论断。但当火焰温度超过 2500℃ 时，上述的论断就不准确，即此时不符合热力理论。原因在于高温火焰中的离解现象十分显著，影响到温度的升高。此外，在高温下自由基浓度及其扩散量的增加都大大影响火焰传播的速度。

图 5-41 所示为三种碳氢化合物的可燃混合气初始温度与火焰传播速度关系的实验结果。

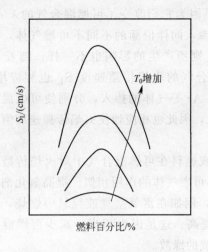

图 5-40　温度对 $S_L$ 的影响

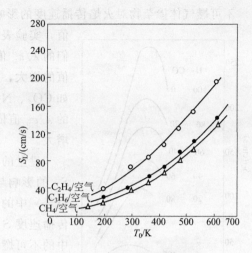

图 5-41　可燃混合气初始温度
对火焰传播速度的影响

**（6）可燃混合气中掺杂物的影响**

　　如将 $CO_2$、$N_2$、He 和 Ar 之类的不可燃气体掺入可燃混合气中，因改变了可燃混合气的物理性质（如热导率、比热容等），因而影响了火焰传播速度。将 $CO_2$ 和氮掺入 $H_2/O_2$、$CO/O_2$ 和 $CH_4/O_2$ 等可燃混合气中，它们都能产生类似的影响：①降低火焰传播速度；②使最大火焰传播速度向燃料含量较少的组成（即贫燃料）一侧转移。图 5-42 定性地表示出了这种变化关系，图 5-43 定量地给出了它们的影响程度。

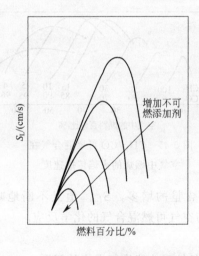

图 5-42　掺杂物对火焰传播速度的影响

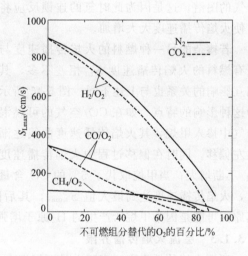

图 5-43　掺杂物对火焰传播速度的影响

　　在工程应用中可用下列公式估算掺杂物对火焰传播速度的影响：

$$S_L' = S_L(1 - 0.01[N_2] - 0.012[CO_2])\qquad\qquad(5\text{-}94)$$

式中　$S_L'$——含有不可燃气体时的火焰传播速度；

　　　$S_L$——不含不可燃气体时的火焰传播速度；

　　　$[N_2]$——所含氮气的体积百分含量；

　　　$[CO_2]$——所含二氧化碳气体的体积百分含量。

不可燃气体掺杂物对火焰传播速度的影响主要是因为它们改变了可燃混合气的 $\lambda/c_p$ 比值，实验表明，如掺入同样份额的不同不可燃气体，若它们的 $\lambda/c_p$ 值不同，则所产生的影响也不一样。随着 $\lambda/c_p$ 值的增大，可燃混合气的火焰传播速度 $S_L$ 也相应增大，如 $CO_2$、$N_2$、$He$、$Ar$ 等气体的掺入，分别使可燃混合气的 $\lambda/c_p$ 值依次增大，因此也相应地使火焰传播速度值依次增大。

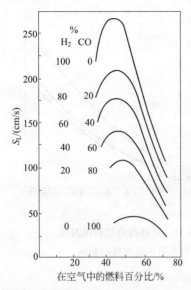

图 5-44　$H_2/CO$ 混合气在空气中燃烧时的火焰传播速度

过量的氧化剂或燃料在可燃混合气中对火焰传播速度 $S_L$ 的影响与掺入不可燃气体的作用相似。提高氧化剂（如空气）中的含氧量，例如在富氧空气或纯氧中燃烧，火焰传播速度 $S_L$ 将会提高。这是因为相当于减少可燃混合气中的不可燃气体组成的缘故。

如果可燃混合气中含有水蒸气或灰尘，也会影响火焰传播速度，例如一氧化碳燃烧时，若其中水蒸气含量小于 10%，则 $S_L$ 值随水蒸气含量的增加而显著增大，但当水蒸气含量超过 10% 时，$S_L$ 就不再增加。

若可燃混合气中掺杂的不是不可燃气体而是另一种燃料气体，例如在 CO 与空气的可燃混合气中掺杂少量的氢（$H_2$），其影响就不同于不可燃气体的掺入，如图 5-44 所示，当 CO 逐步地被 $H_2$ 所替代，则其火焰传播速度曲线将逐渐远离原先 CO/空气可燃混合气的图谱而偏向 $H_2$/空气可燃混合气的图谱。这是因为此时氢的连锁反应将促使火焰传播速度大大增加。

若掺杂的另一种燃料的火焰传播速度与原有燃料的火焰传播速度 $S_L$ 相差不多，其相互影响的关系也与上述不同。图 5-45 所示为这种影响的特点。如在 CO/空气的可燃混合气中掺入甲烷，其火焰传播速度曲线逐渐向左偏移，同时在偏移过程中火焰传播速度 $S_L$ 不断增大；当甲烷取代了 5% 的 CO 含量

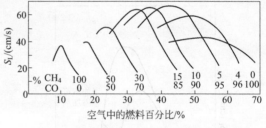

图 5-45　$CH_4/CO$ 可燃混合气在空气中燃烧的火焰传播速度

时，火焰传播速度达到最大值 $S_{Lmax}$，其后随着甲烷含量的增多，$S_{Lmax}$ 值又不断地减小，其原因可能是因为甲烷所产生的 $H_2$ 原子增强了 CO 与空气可燃混合气的化学反应。

### 5.3.1.3　层流火焰传播界限

所谓火焰传播界限，实际上是可燃混合气在什么条件下才能进行燃烧的问题。

对于任何可燃混合气，如果燃气不是太稀的话（即燃料不是过少），只要有足够强烈的点火源都可以使它着火。但着火以后能不能维持燃烧，即维持火焰在其中传播，则不一定。因为可燃混合气中火焰传播的能力与可燃混合气的组成及与周围介质的换热条件有关。

由实验可知，可燃混合气的燃烧并不是在混合气的所有各种组成下都能进行的。对于某种可燃混合气，在给定的初始温度和压力下存在着一定的传播浓度界限。在此界限以外，即使以强烈的热源使可燃混合气着火，也不能使火焰在其中传播，而将是熄灭。

无论燃料过贫或过富，火焰传播速度都会急剧下降，以致不能维持火焰在可燃混合气中

的传播，这种现象称为淬熄。淬熄时的临界条件就是火焰的传播界限。

以前曾认为火焰传播界限就是 $S_L \approx 0$ 时的参数，但从进一步的实验发现，当 $S_L$ 未接近零时就已发生淬熄现象，这是因为燃烧区对外散热（通过导热或热辐射）的缘故。可燃混合气因燃料过贫或其他原因降低了燃烧温度，导致化学反应速率变慢，使得 $S_L$ 减小；但这时散热损失却相对地增大，因而使燃烧温度更加下降，最后达到某一数值后火焰就不能再继续传播。实验表明，各种燃料相应于火焰不能传播时的最小极限火焰传播速度为 2～10cm/s，见图5-46。

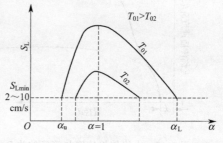

图5-46　火焰传质界限

可燃混合气因燃料过贫而使火焰传播达到临界状态的组成称为火焰传播的浓度下限 $\alpha_L$（$\alpha_L > 1$）；反之，因燃料过富而导致火焰不能传播的组成称为火焰传播的浓度上限 $\alpha_u$（$\alpha_u < 1$）。在浓度上下限之间，可燃混合气的任一组成都能保证火焰的传播。在传播界限外，可燃混合气并非不可能燃烧，而只是不能以层流火焰传播的形式来进行，例如可用绝热压缩的方法使极稀薄的燃料/空气混合气发生燃烧。

火焰传播浓度界限实际上也就是着火浓度极限。

火焰传播界限与许多因素有关，如燃料的种类、混合气的组成以及混合气的温度与压力等。燃料的性质对传播界限具有很大的影响。如果燃料不是在空气中而是在纯氧中燃烧，则其火焰传播界限将显著扩大，且主要是扩大其上限。这与燃料在纯氧中燃烧具有较大的火焰传播速度有关。

提高可燃混合气的压力可扩大其火焰传播界限，上限尤其显著。压力对火焰传播界限的影响在低压时特别明显。当压力降低到某一极限值时上下两界限会聚集在一起。此后，若再继续降低压力，则不论混合气为何种组成都无法使火焰传播。对于烃类化合物与空气的混合气在温度为 15～20℃ 时，极限压力为 4000～4700Pa；若将空气换以纯氧或升高其温度，则可使极限压力下降到 267～1333Pa。

提高可燃混合气的温度可使反应速率加快，从而提高燃烧温度，有利于火焰传播界限的扩大。温度与火焰传播界限之间呈线性正比关系。

火焰在管子中传播时，管径的大小对火焰传播界限也有很大影响。当管径减小时，因为对管壁的散热相对增大，火焰传播速度减小。当管径小到某一极限值时，向管壁的散热损失可增大到使火焰无法传播，这时的管径就称为临界直径或淬熄直径（淬熄距离），见图5-47。淬熄直径在工程上具有很实用的意义，例如利用孔径小于淬熄直径的金属网来制止火焰的通过，这是最常用的防止回火的措施。

不同的可燃混合气，其淬熄直径与理论火焰传播速度和压力成反比，即：

$$d_T = \frac{\text{const}}{S_L^0 p} \tag{5-95}$$

式中　$S_L^0$——理论火焰传播速度，即在无热损失的情况下火焰传播速度；

　　　　$p$——可燃混合气的压力。

管径对火焰传播界限的影响见图5-48。从图5-48中可以看出，增大管径可扩大传播范围，但超出某一极限后，作用就不显著了。

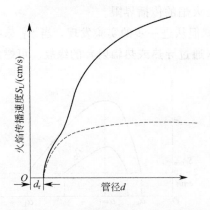

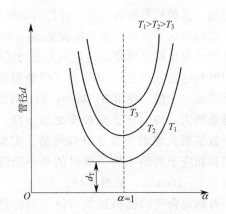

图 5-47　火焰传播速度与管径的关系
虚线表示因管径缩小，散热增加而使火焰传播速度下
降；实线表示火焰传播速度的改变除了散热因素外，
还有火焰焰峰面因管径改变而发生弯曲的影响

图 5-48　管径对火焰传播界限的影响

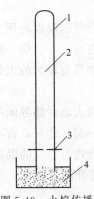

图 5-49　火焰传播界
限测定装置
1—硬质玻璃管；
2—可燃混合气；
3—点火器；4—水银槽

火焰在管中传播所以会被淬熄，主要是受到活化中心的数量和热量的扩散作用。火焰在管中传播时，管壁将吸取火焰的热量并向外散失。管子直径越小，管子的相对散热面积越大，因而容积热损失也就越大。同样，管子直径越小，活化中心与管壁碰撞的机会越多，因而这些活化中心被销毁的量也就越多。管壁的结构材料和条件对活化中心销毁速度也起到一定的作用。提高初始温度可减缓热量的损失和活化中心的销毁，故可使淬熄直径减小；减小压力可增大气体分子的平均自由程，促进活化中心与管壁的相互碰撞，加速它们的销毁速度，从而使火焰传播界限缩小。这对于在低于大气压力下需在管内作火焰传播的燃烧装置（如喷气发动机燃烧室中的传焰管装置）来说，具有非常实用的意义。此时的传焰管必须选用大于该压力下的淬熄直径，否则火焰无法传播。在可燃混合气中掺入不可燃组分，依据掺入组分的性质和数量会不同程度地缩小传播界限。

火焰传播界限一般通过实验来确定，如图 5-49 所示，在一端封闭的玻璃管内充以一定浓度的可燃混合气，然后把玻璃管开口端垂直浸入水银槽内中。用玻璃管下端的点火器点火，若火焰不能传播到管子上端时，则此时浓度就为火焰传播浓度界限。

火焰传播界限有时也可用近似的经验估算法来确定：传播界限上限一般约是化学当量计算浓度的 3 倍，下限大约是它的 50%。

## 5.3.2　湍流火焰的传播

实验和理论都证实了在层流预混气体中火焰的传播速度只取决于可燃混合气流的物理化学性质，而且它们的数值一般很小，例如在烃类燃料与空气的均匀混合气流中，火焰传播的最大速度为 35～80cm/s（当 $p=9.81×10^4$ Pa，$t=27℃$ 时）。这样低速的层流火焰传播只能在气流速度比较小的层流预混气流中才能实现，例如在照明用灯和小型加热器中。一般工业燃烧设备和热力发动机燃烧室往往需要很高的燃烧热容强度，而这唯有当可燃预混气流作高速湍流流动时才能获得。

火焰在均匀湍流中传播的基本原理与在层流中一样，都是依靠已燃气体和未燃气体之间进行热量和质量交换所形成的化学反应区在空间的移动，不过此时气流的湍流特性对燃烧过程起着很大的影响。

湍流火焰与层流火焰在外观上也有很大的区别。层流火焰的火焰前峰是光滑的，焰峰厚度很薄，火焰传播速度很小。但是当流速较高，混合气成为湍流时，它的火焰有以下明显的特点：火焰长度缩短、焰峰变宽并有明显的噪声、焰峰不再是光滑的表面，而是抖动的粗糙表面。而工业燃烧装置中，燃烧总是发生在湍流流动中，因此湍流火焰是经常遇到的。层流火焰的传播速度由混合气的物理化学参数决定，而湍流火焰的传播速度则不仅与混合气的物理化学参数有关，还与湍流的流动特性有关。在湍流火焰里，混合气的燃烧速率明显增加，这是由下述一个或几个因素共同起作用造成的。

① 湍流流动使火焰变形，火焰表面积增加，因而增大了反应区。

② 湍流加速了热量和活性中间产物的传播，使反应速率增加，即燃烧速率增加。

③ 湍流加快了新鲜混合气和燃气之间的混合，缩短了混合时间，提高了燃烧速率。

湍流是流体微团的一种极不规则的运动，很像气体分子的热运动，不过它的单位不是分子，而是流体微团。微团的尺寸不是分子量级而是宏观尺寸量级。

衡量湍流特性，常用湍流尺度 $l$ 和湍流强度 $\varepsilon$ 两个指标。湍流尺度 $l$ 表示在湍流中不规则运动的流体微团的平均尺寸，而湍流强度 $\varepsilon = u'/u$，它代表流体微团的平均脉动速度 $u'$ 与气流速度 $u$ 之比。

实验指出，在湍流中的火焰传播速度要比在层流中的大得多，而且它不仅取决于可燃混合气的性质和组成，在很大程度上，它还强烈地受到气流的湍流程度的影响。随着雷诺数（或脉动分速或湍流强度）的增大，湍流火焰传播速度显著地增大。此外，随着燃烧器管径的增大，湍流火焰传播速度也增大，这是因为湍流度随着燃烧器管径而增大的缘故。

精确地确定湍流火焰传播速度是极其困难的，它要取决于很多因素，如气流特性、可燃混合气的性质与组成、测试技术等，并涉及研究者对湍流火焰所作的理论假设，因此目前有关湍流火焰传播机理的理论都带有很多人为的、假设的成分。

目前用来解释湍流火焰传播速度所以增大的原因主要有以下两种不同的设想。第一种设想认为：湍流的脉动作用使层流火焰前峰面皱折与弯曲，显著增大了已燃气体与未燃气体相接触的焰峰表面积，这样虽然在单位表面积上所燃烧的气体量不变（即仍维持原先层流火焰传播速度），但单位时间内燃烧的总气体量由于火焰前峰面积增大而成比例地增大，这样就提高了火焰传播的速度。第二种设想认为：湍流燃烧速度的增加是因为在湍流气流中热量和活化中心转移速率大大高于层流中同类型的分子迁移速率，因而加速了火焰中的化学反应，从而提高了实际的法向燃烧速度。

基于这两种不同的设想，就有两种不同类型的关于湍流火焰传播机理的理论：皱折层流火焰的表面燃烧理论与微扩散的容积燃烧理论。显然，这两种理论都是建立在推测和猜想的基础上的，目前还在发展着，至今还不能肯定哪一种理论和在怎样的范围内是比较正确的。因为在实际中，湍流火焰的宽度比层流火焰宽得多，在这比较宽的区域内目前尚无法确证其中究竟是充满着均匀分布的可燃混合气（容积理论）还是存在着不断变动和不断弯曲的层流火焰前峰（表面理论）。目前研究得较为完整且被广泛应用的是表面燃烧理论。

# 5.4 火焰稳定

火焰的稳定性是指在规定的燃烧条件下火焰能保持一定的位置和体积，既不回火，也不断火。

导致回火的根本原因是火焰传播速度大于气流喷出速度，导致火焰传播速度与气流喷出速度之间的动平衡遭到破坏。因此，为了防止回火，可燃混合气体从烧嘴流出的速度必须大于某一临界速度，后者与燃气成分、预热温度、烧嘴口径及气流性质等因素有关。例如，对于火焰传播速度较大的燃气来说（例如焦炉气），喷出速度应不小于 12m/s。当空气或煤气预热时，其喷出速度还应提高。

除了使气流的喷出速度不小于回火临界速度以外，还应注意保证出口断面上速度的均匀分布，避免使气流受到外界的扰动。对于燃烧能力较大的烧嘴来说，将烧嘴头进行冷却也是防止回火的重要措施之一。当烧嘴口径较小时可用空气冷却，较大时则用水冷。

在断火方面（火焰脱离和熄灭），以有焰燃烧时的火焰比较稳定。这是因为，在扩散燃烧条件下，烧嘴出口附近的气体燃料和空气在混合过程中能形成各种浓度的可燃混合气体，其中包括火焰传播速度最大的气体，因而有利于构成稳定的点火热源。与此相反，无焰燃烧时，从烧嘴流出的是已经按化学当量比例混合好的可燃气体，甚至是稍贫的气体（空气过剩系数大于1），这种气体由于受到大气的冲淡，其火焰传播速度显著下降，因而容易造成火焰的脱离和熄灭。

在生产条件下，为了防止断火，除了应使气体的喷出速度与火焰传播速度相适应外，还应采取某些措施来构成强有力的点火热源，常用的办法有以下几种。

① 将燃烧通道做成突扩式以保证使部分高温燃烧产物回流到火焰根部。

② 采用带涡流稳定器或带点火环的烧嘴。

③ 在燃烧器上安装辅助性点火烧嘴或者在烧嘴前方设置点火作用的高温砌体。

所有上述措施，都能有效地提高火焰的稳定性，防止火焰的脱离和熄灭，可根据具体条件加以采用。例如喷气发动机加力燃烧室中气流速度高达 150～180m/s。因此，如果不采取特殊的措施，火焰是不能稳定燃烧的。最常用的方法是在气流中设置稳焰器使气流产生回流区，利用回流区使火焰稳定。例如喷气发动机主燃烧室和工业锅炉中常用旋流器产生回流区使火焰稳定；在喷气发动机加力燃烧室中常用钝体稳焰器产生回流区使火焰稳定；在有些工业炉中采用突扩管道产生回流区稳定火焰。由于回流区的存在，它不断地将高温已燃气体带入回流区，形成一个强大的稳定点火源，从而不断的点燃新鲜混合气，使火焰保持稳定。

## ▶5.4.1 非流线体稳定火焰的机理

在燃烧室中，气流速度远比 $u_t$ 为大。为了使火焰稳定，往往用非流线体做火焰稳定器。以 V 形槽为例，气流遇到 V 形槽以后受到阻滞，绕过 V 形槽两侧。当气流流到 V 形槽边缘时突然扩张，造成分离，气流在分离流动中有很强的不规则运动，气流的脉动分速很大。如果测量出尾迹中各点的时均流速，并画出尾迹中的时均流速分布，则如图 5-50 所示。由图 5-50 可知，在 V 形槽以外的气流轴向速度与原来的主流方向一致，而在 V 形槽尾迹中，气流方向与主流方向相反。在 Ⅰ—Ⅰ 截面上有两个点轴向分速为零。如果我们把各截面上轴向速度为零的各点连起来，就可以得到一个轴向速度为负值的区域，这就是回流区，在它以外的部分是顺流区。可以这样来解释回流区产生的机理，即主流诱导稳定器下游遮蔽区内的气流，使遮蔽区内造成负压，随着往下游远离遮蔽区，其负压减少。由于压力差的作用，下游的气体往负压区补充，因而产生了回流区。

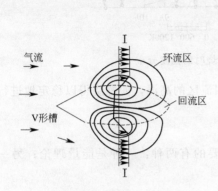

图 5-50　V形槽后的流速分布

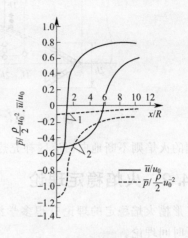

图 5-51　V形槽后轴线上的静压和轴向速度
1—冷吹风；2—燃烧时

图 5-51 是 V 形槽尾迹流中静压和流速的分布。图中表明，当冷吹风时 V 形稳定器造成的回流区长度约为 $1.5h$。燃烧时，回流区长度约为 $6h$。$h$ 是稳定器尾缘宽度。回流区的尺寸影响回流的混合气量，它对火焰稳定影响很大。

回流混合气量 $\dot{m}_r$ 可表示为：

$$\dot{m}_r = \int_0^{h_0} b\rho\bar{u}\,\mathrm{d}H \tag{5-96}$$

式中　$\dot{m}_r$——混气回流量；
　　　$\rho$——混气密度；
　　　$\bar{u}$——回流区内的平均轴向流速；
　　　$h_0$——回流边界的径向位置；
　　　$b$——V形槽横向长度。

混气回流量 $\dot{m}_r$ 随稳定器尺寸的增加而增大。

从图 5-50 可以看出，根据 V 形槽后面各点时均流速的方向，可以画出环流区。环流区的存在，使气体从后面进入回流区，从前面流出回流区。从时均流速分布看，回流气体好像总在循环。实际上，由于回流区边界上速度变化很激烈，回流区里的湍流强度很大（湍流强度可达 60%）。因此，回流气体与外界有强烈的湍流交换。当把绕流 V 形槽后的混合气点燃以后，火焰就自动地稳定在 V 形槽后面。实验表明，混合气点燃以后，回流区里充满了高温燃气，它的温度分布如图 5-52 所示。

图 5-52 中还示出了 V 形槽后面回流区和环流区的位置。根据实验测得的温度场和速度场可以看出，新鲜混气在 $1h$ 截面就与环流区流出的高温燃气接触，被点燃以后沿环流区外侧流向下游。高温燃气则从回流区下游进入补充回流区里的热量损失。然后，回流区前面的燃气又去点燃混合气。这样循环就造成了新鲜混合气不断地被回流的高温燃气所点燃，环流

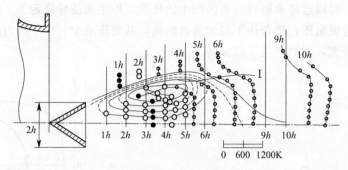

图 5-52　混合气在 V 形槽后燃烧时的温度分布

区外侧的火焰则不断地向回流区补充热量，并维持回流区的高温，使燃烧得以稳定地进行。

## ▶5.4.2　火焰稳定理论

V 形槽火焰稳定的理论有很多学派，其中最主要的有两种：一种是能量理论；另一种是特征时间理论。

### (1) 能量理论

能量理论认为，混合气是受到回流区高温燃气的加热，达到着火温度而使火焰保持稳定。如果回流区传给可燃新鲜混合气的热量不足以使混合气达到着火温度，则火焰熄灭。

回流区含有的热量 $Q_r$ 可表示为：

$$Q_r = VWQ \tag{5-97}$$

即回流区含有热量 $Q_r$ 和回流区容积 $V$ 及化学反应速率 $W$ 成正比。

点燃新鲜混合气需要的热量 $Q_s$ 为：

$$Q_s = \dot{m} c_P (T_B - T_0) \tag{5-98}$$

式中　$\dot{m}$——与热回流区边界接触的新鲜混合气量；

$c_P$——混合气比热容；

$T_B$——混合气的着火温度；

$T_0$——混合气的初始温度。

当混合气流速较低时，回流区流出的热量超过新鲜混合气点燃需要的热量，火焰就会稳定住。如果混合气流速增大到点燃新鲜混合气需要的热量超过回流区流出的热量，就会因点不着混合气而使火焰熄灭。为了找出火焰稳定的条件，需要确定回流区容积、稳定器尺寸、化学反应速率与混合气压力、温度等的关系。根据实验可以得出以下公式。

回流区容积：

$$V \propto d^3 \tag{5-99}$$

式中　$d$——稳定器的特征尺寸。

化学反应速率：

$$W \propto p^n T \tag{5-100}$$

式中　$n$——反应级数，对煤油等碳氢化合物可以取 $n = 1.75 \sim 2$。

与回流区接触的混合气量 $\dot{m}$ 可以写成：

$$\dot{m} \propto u \rho d^2 \tag{5-101}$$

式中　$u$——混合气流速；

$\rho$——混合气密度，$\rho = p/RT$；

$d^2$——代表新鲜混合气与热回流区的接触表面积。

将式(5-99)～式(5-101)代入 $Q_s$、$Q_r$ 中可以得到：

$$Q_s/Q_r \propto u/p^{n-1}T^{a+1}d = 常数 \tag{5-102}$$

如果这一比值超过某一临界值，火焰就熄灭；而小于该临界值时，火焰就稳定。因此，这一临界值就可作为均匀混合气火焰稳定的判据。可以看出，均匀混合气的压力增加，温度升高，稳定器的尺寸变大，可以在较高的流速下保持火焰稳定。从式(5-102)可知，当温度压力不变时，$u/d$＝常数，可以作为火焰稳定的判据。有人用圆柱形稳定器对不同的混合气成分和不同的稳定器尺寸进行了实验，实验结果证实了上述结论，稳定边界都落在同一条曲线所包含的区间内。当混合气是化学恰当比时火焰稳定的速度最大，而偏离恰当比时，火焰稳定的速度变小。该实验是在同一温度、压力下进行的，因此看不出它们对火焰稳定的影响。

**(2) 特征时间理论**

特征时间理论认为火焰的稳定性取决于两个特征时间的关系，一个是新鲜混合气在回流区外边界停留的时间 $\tau_s$，另一个是点燃新鲜混合气所需要的准备时间，即感应期 $\tau_1$。研究表明，未燃混合气微团与热燃气接触后，吸热升温，这时混合气微团内的化学反应虽已开始，但并没有发生显著的化学变化，需要经过一段准备时间，积累足够的热量以后才能着火燃烧，这一段时间就是感应期。显然 $\tau_s \geqslant \tau_1$，则火焰可以稳定，反之 $\tau_s < \tau_1$ 则火焰就会熄灭。

由前可知，$\tau_1 \propto 1/(p^{n-1}e^{-E/RT})$，将其代入 $\tau_1/\tau_s$ 中，可得：

$$\tau_1/\tau_s \propto u/p^{n-1}e^{E/RT}d = 常数 \tag{5-103}$$

可以看出，由特征时间理论得到的稳定性准则和由能量理论得到的稳定性准则结论基本相同。因此适当的增加稳定器尺寸，增加混合气的温度，使混合气成分接近化学恰当比，增加混合气压力等，都可以在较高的流速下保持火焰稳定。

## 5.4.3 射流扩散火焰的稳定

射流扩散火焰如同预混均匀火焰一样，亦可采用气流的环流区与回流区来稳定火焰。一般来说，射流扩散火焰的稳焰措施可以有以下几种方法。

① 在射流界面上，燃烧速率与气流速度相平衡而使火焰稳定　这是在燃料射流和周围空气的边界层上形成接近于理论化学当量比的混合气体，当该处的燃烧速率与局部流速相平衡时，火焰就可被稳定。实验表明，在流速低、湍流程度小的气流中，层流扩散火焰可以在射流的分界面上形成，但是在流速高的湍流气流中，如果在喷燃器出口处所形成的火焰比较大，它的湍流燃烧速率有可能与该处流速相平衡，因而火焰亦可能被稳定住。不过，采用这种稳焰措施的火焰稳定性不是够好的，因为只要流速发生突变或有周期性的脉动都会易于引起火焰的脱离而熄灭。所以，在实际应用中都是采用下述的两种方法来获得火焰的稳定。

② 利用喷燃器的喷口边缘后面所形成的气流环流区和回流区来稳定火焰　如图5-53所示，当喷口边缘有一

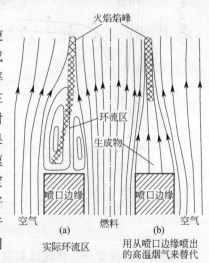

图 5-53　利用喷口边缘后形成的气流的环流区和回流区来稳定火焰

定厚度时，气流流出喷燃器，在喷口边缘后面会形成环流区，利用气流的环流作用可使火焰在相当宽广的流速范围内被稳定住。

图 5-54 所示为同轴流扩散火焰的稳定特性线。实验时喷燃器内径为 $2r_A = 7.6mm$，同轴线的外圆管的内径为 $2r_B = 50mm$，喷燃器喷口边缘的厚度可以有不同的尺寸，分别对燃料丙烷和甲烷在空气中的扩散燃烧进行测定。图 5-54 中曲线的纵坐标采用燃料射流和周围空气流的动量的通量比 $(\rho_A u_A^2)/(\rho_B u_B^2)$，因为在环流区内的混合（比例）是受动量的通量比支配的；曲线的横坐标则采用周围空气的流速 $u_B$，因为当动量的通量保持一定时，环流区内外的湍流强度和剪切强度以及它们的熄火作用都是由 $u_B$ 来决定的。

从图 5-54 中可以看出，对于丙烷-空气扩散火焰，喷口边缘厚度在 2mm 以上，对于甲烷-空气扩散火焰，喷口边缘厚度在 3mm 以上，火焰都可以在 $(\rho_A u_A^2)/(\rho_B u_B^2)$ 的某个范围内被稳定，其上限称为吹熄上限，下限称为吹熄下限。在上限附近火焰的附着点是偏于燃料射流的一侧，而在下限附近则偏于周围空气的一侧。这表明在前者情况下，环流区内部的混合比过浓，而在后者情况下，环流区内部的混合比过稀。在超过吹熄上限时，环流区内部尚存有残留火焰，在火焰上部不是激烈的颤动就是熄灭；在吹熄下限附近时，火焰部分地悬浮起，随后就被吹脱。火焰的稳定范围随着 $u_B$ 的增大而变窄，这就意味着此时由于湍流和剪切所引起的熄火作用增强了。

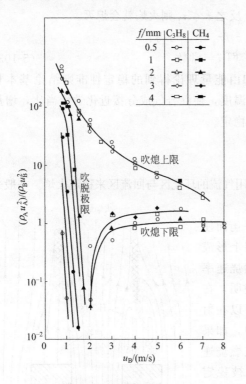

图 5-54　同轴流扩散火焰的稳定特性线

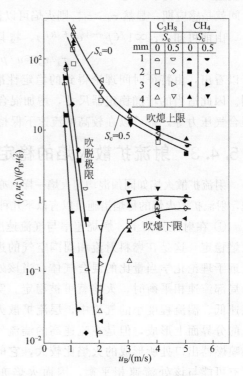

图 5-55　同轴流旋转扩散火焰
的吹熄极限与吹脱极限

如果喷口边缘变薄，环流区就将缩小，此时火焰的稳定就藉上述第一种所述的燃烧速率与气流速度相平衡的机理来实现。如图 5-54 中所示，在 $(\rho_A u_A^2)/(\rho_B u_B^2)$ 较低处由于火焰传播速度和气流速度相平衡，火焰就获得了稳定。我们把火焰被吹脱的 $(\rho_A u_A^2)/(\rho_B u_B^2)$ 值称为吹脱极限，此时火焰先从喷口边缘悬浮起（称为悬浮火焰），然后在其下游被吹脱而消失。从图 5-54 中还可以看出，在 $u_B$ 较小时，火焰的吹熄上限和吹熄下限都分别与吹脱极限相接近，这说明了即使在喷口边缘较厚的情况下，在 $u_A$ 较小的时候火焰的稳定亦仍是藉火焰的传播来实现的。

③ 利用气流的旋转所产生的环流与回流区来稳定火焰　图 5-55 所示为周围空气流带有一定程度的旋转时的火焰稳定范围。图中 $S_c$ 称为旋流数，它是气流的角动量与平移动量之比，用下式定义：

$$S_c = \frac{\int_{r_f}^{r_B} \rho u \bar{\omega} r^2 \, \mathrm{d}r}{r_B \int_{r_f}^{r_B} \rho u^2 r \, \mathrm{d}r} \tag{5-104}$$

式中　$\bar{\omega}$——旋转速率的分量；

　　　$r_f$——自射流轴线至火焰焰峰面的距离。

从图 5-55 中可以看出，当周围空气流具有 $S_c = 0.5$ 的旋转时，吹熄上限会有些下降，而吹熄下限则会有些上升，因而火焰的稳定范围就变窄。但与不带旋转（$S_c = 0$）时相比，差别极小。这可认为气流的旋转近似于刚体旋转，在喷口边缘 $\bar{\omega}$ 附近是极小的。

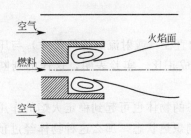

图 5-56　利用圆管稳定火焰

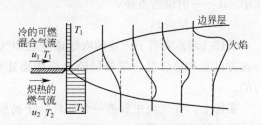

图 5-57　高速气流中用引燃
火焰作稳定器稳定火焰

④ 依靠射流出口处的短圆管与射流之间形成的环流来稳定火焰　如图 5-56 所示，在射流出口处设置一短圆管，当射流喷出后在圆管与射流之间的空隙由于卷吸作用形成环流，因而使火焰得到稳定。

## 5.4.4　高速气流中稳定火焰的方法

### (1) 利用引燃火焰稳定火焰

利用引燃火焰来维持高速气流中火焰的稳定可以认为是把炽热的燃气流射入与其流速不同的、冷的新鲜混合气流中而得到的火焰传播。此时两股气流（热流股和冷流股），因流速不同，则不仅在横截面上而且在轴向方向上也有热量和质量的交换。

若设一股引燃火焰位于冷的高速可燃混合气射流附近，如图 5-57 所示。在两股气流的边界层处通过扩散和混合进行着热量和质量的交换，因而冷的可燃混合气的反应速率与其火焰传播速度就被相应地提高，而在边界层内高速的、冷的可燃混合气的流速就被相应地滞止下来，这样，高速可燃混合气就有可能被点燃而形成稳定的焰峰。

设流过截面积为 $A$ 的可燃混合气射流的质量流量为 $A\rho_0 u$，若 $\overline{W}$ 是射流容积为 $V$

的某种平均化学反应速率，则可燃混合气由于化学反应而消耗的速度将是 $V\overline{W}$（g/s）。如果气流流速大于这一反应消耗速度就将产生吹熄现象，因而，为了维持火焰的稳定就必需：

$$A\rho_0 u \leqslant V\overline{W} \tag{5-105}$$

显然上述两速度相等时就处于临界吹熄工况，此时气流速度就应为极限吹熄速度，即：

$$u_B = \frac{V}{A} \times \frac{\overline{W}}{\rho_0} \tag{5-106}$$

因化学反应速率为：

$$\overline{W} = \frac{\rho_0^2 S_L^2 c^2 (T_f - T_0)}{2kq} \tag{5-107}$$

所以：

$$u_B = \frac{c^2 (T_f - T_0)}{2kq} \times \frac{V}{A} \rho_0 S_L^2 \tag{5-108}$$

或

$$u_B \propto dP S_L^2 \tag{5-109}$$

式中　$d$——射流的直径；

　　　$q$——反应热。

式(5-109)表明了火焰的吹熄速度是和气体射流的直径（或射流的特征尺寸）与压力的一次方以及和可燃混合气的层流火焰传播速度的平方成正比。实验表明，这样的判断是可行的。

实际上，在气流中放进一个始终处于高度炽热状态的物体也可起到稳定火焰的作用。如果这种物体的热容量很大，依靠燃烧本身可以使它达到炽热状态，那么这种物体经过预热达到热力平衡后，它本身就可成为引燃的点火源，例如被加热的燃烧器的管壁。所以管壁镶有耐火陶瓷的喷燃器，它在高速气流中稳定火焰的性能就要较金属喷燃器为高。

**（2）利用钝体稳定火焰**

在气流中如果仅借火焰附着于燃烧器管壁的效应来稳定火焰，实践表明，它对燃烧器工况的变动十分敏感，而且还限于流速（或流量）比较低的情况。利用引燃火焰来稳定火焰，根据前述，它亦受到一定的限制。因此随着高热强度燃烧器的发展，就很有必要寻求一种在高速气流中（25～30m/s 或更高）稳定火焰的最可靠且最有效的方法。利用钝体稳定火焰就是其中令人满意的一种方法。

从流体力学中知道，黏性气流绕流经过放置其中的不良流线体物体时必然会产生绕流脱体现象，在其后方形成一个稳定的涡流区，在燃烧技术上称之为回流区，利用钝体稳定火焰就是靠形成稳定的回流区来实现的。利用回流区中高温燃气的回流自动地提供点燃新鲜可燃混合气所必需的能量。由此可见，回流区的形成以及其大小和形状对稳定火焰起很大的作用。

在燃烧技术中，凡用来稳定火焰的物体（或装置）一般通称为"火焰稳定器"，例如这里所讨论的钝体就是火焰稳定器的一种结构形式。钝体火焰稳定器可以是圆棒、圆盘、圆球、平板以及圆锥体或 V 形槽等物体。图 5-58 所示为几种常见的火焰稳定器的结构形式。

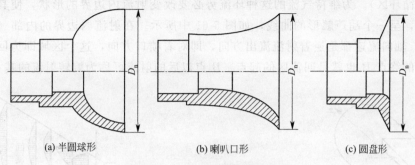

|  (a) 半圆球形 | (b) 喇叭口形 | (c) 圆盘形 |

图 5-58　几种常见的火焰稳定器

### (3) 其他各种方法

　　火焰所以能在钝体后稳定，其根本原因是气流绕流钝体后，在其尾迹中形成一种独特的气流结构——回流区和环流区，产生高温燃气的回流以提供一个固定的点火源所致。根据这一原理，如果在高速气流中采用其他方法亦能形成高温燃气回流和环流，显然就可不用钝体作火焰稳定器。实践表明，这种设想是可行的，在工程上常用下列方法：旋转气流、逆向喷流、燃烧室壁凹槽、带孔圆筒、网格等来实现高速气流中的火焰的稳定。

　　① 利用气流的旋转稳定火焰　从流体力学可知，当气流被切向引入圆筒（一端封闭，一端开口，见图 5-59）后，受圆筒内壁的引导作用而发生绕轴心的旋转运动，气流边旋转边沿 $z$ 轴方向流动，最后流出圆筒的 $B$ 端。由于旋转的作用，气流中心处压力低于气流边界上的压力，在邻近气流中心处产生了一个负压区，把圆筒外部的气流抽吸进内部形成一股逆向流动的气流。在圆筒周边上旋转着向外流动的气流，当其脱离圆筒后依靠自身的很强的旋转速度向外扩张流动，形成所谓旋转射流。

　　这股旋转射流由喷口喷出进入周围静止的气体介质中，与周围介质进行质量和动量的交换，卷吸进大量静止气体，使射流在推进扩张过程中流量逐渐增加，速度逐渐降低，边界层逐渐加厚（见图 5-60 和图 5-61）。但这种过程只发生在两个边界上：一个是整个旋转射流的外边界，另一个则是由气流开始回流的边界，前者称为射流外边界，后者则称为射流内边界。

　　图 5-60 所示为某一旋转射流在一个水平截面上的轴向及切向速度分布图。从图 5-60 中可以看出，在射流中心线两侧轴向速度各有一个正向最高峰值。这两个峰值随着远离射流喷口越来越低，整个轴向速度分布亦越趋平坦，这是由于射流与周围介质进行质量、动量交换的结果。此外，在射流中心线处轴向速度还存在一个负向最高峰值，这表明该处回流速度为最大。轴向速度由正值到负值的转折处即是轴向速度为零的回流区边界。回流区的特性尺寸是指垂直于射流中心线方向上的最大宽度，而回流区长度有时也作为回流区的另一特性尺寸。随着射流向前发展，射流中心处的轴向速度逐渐由负值转变为零。从图 5-60 的切向速度分布场中可以看出，在射流中心处和边界上切向速度最小，而在中间某半径处为最大，且随着射流的发展而逐渐趋于平坦。

　　射流外边界与周围静止介质间的质量与动量的交换以及由此而产生的边界层增长情况与自由沉没射流极其相似，因此在该边界层上有着与自由沉没射流类似的速度场规律。射流的内边界因被本身气流所包围，没有与周围介质接触的自由表面，所以它的扩张只能靠射流根部抽吸射流内部后面的边界层的气体介质来维持，故在射流内边界层处显然存在着一个气流的环流区（循环区）。为维持气流的这种环流势必要改变射流内边界的形状，使其向喷嘴轴线方向弯曲，呈一个葫芦瓢形的曲线，如图 5-61 中所示。在射流内边界的内部（见图 5-60 及图 5-61），轴向流速都是逆着射流流出方向，即对着喷口方向，这个区域即为回流区。显然，环流区的终点 $B$ 也就是回流区的起点。$B$ 点以后的射流可称为旋转射流的基本段。

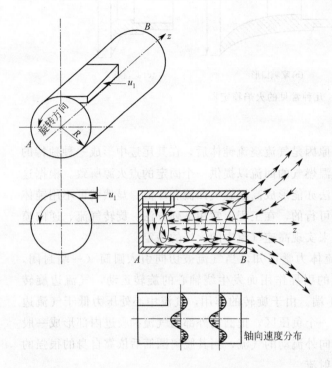

图 5-59　旋转气流的形成及其轴向流动示意图　　　　图 5-60　旋转射流速度场

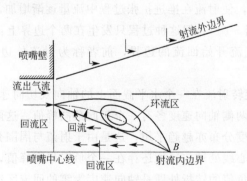

图 5-61　旋转射流的气流结构

旋转射流中径向速度的分布是很复杂的。从图 5-62 中可以看出，速度的大小与方向都在变化。在射流中心线上，径向速度为零；在回流区 $a$—$b$ 中的径向速度为正（这里取向外的径向速度为正）；在环流区的另一半 $b$—$c$ 中，径向速度则为负值，这是因气流流入回流区而产生的径向流动；而在主流区 $c$—$d$ 中径向速度回复为正值，并达到最大值，这是和整个旋转射流向四周扩散有关的。在接近外边界 $d$ 外，则因射流把边界外气体卷吸进来而使径向速度又转变为负值。在一般旋转射流中，径向速度与轴向速度和切向速度相比其值甚小，因而常可忽略不计。

此外，旋转射流的射程要较自由沉没射流短得多，也就是说它的速度趋平要快得多。这表明旋转射流具有很强烈的混合能力。这是由于旋转射流的周界表面积较自由沉没射流为大（自由射流的扩散角仅约 28°，而旋转射流可高达 90°～120°），因而增加了它与周围介质混合的表面积，导致了湍流混合加快；同时它又具有较大的湍流强度，湍流混合更快。

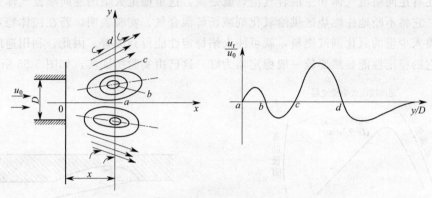

图 5-62　旋转射流径向速度分布示意图

$u_r$—径向分速；$u_0$—主气流速度

　　旋转射流不仅可作为预混合气流中的稳焰措施，而且还可在喷射气体、液体其至固体粉粒燃料的扩散燃烧气流中作为稳焰手段。所以，在锅炉、燃气轮机及其他工业燃烧设备中应用颇广。一般应用旋转射流的燃烧器统称为旋流式燃烧器，产生旋转射流的设备称为旋流器。旋流器的构造形式虽然很多，但其基本形式不外乎都是利用气流切向进入产生旋转的流道。图 5-63 所示为叶片式旋流器产生的旋转射流。

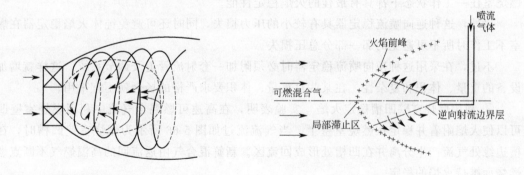

图 5-63　利用叶片式旋流器产生的旋转射流　　　图 5-64　利用逆向喷流稳定火焰示意图

　　② 利用逆向喷流稳定火焰（或称气动射流稳定器）　如在高速气流中逆向喷入另一股高速射流（空气或燃料/空气混合气）亦能实现火焰的稳定。因为当两股方向相反的高速射流相迎后，同样会产生特殊的环流区和回流区的气流结构。图 5-64 所示为这种利用逆向喷流稳定火焰的工作示意图。喷流气体沿着轴线逆向主混合气流喷射（喷流流量一般不超过主可燃混合气量的 1%～1.6%），在两股相迎的气流作用下，质量较少的一股逆向喷流的动能逐渐消失而形成一个局部滞止区。湍流火焰就在这个局部滞止区附近稳定下来。这个局部滞止区一般是在逆向喷流管下游一段距离处，该距离的长短由主气流和逆向喷流的相对速度而定。在局部滞止区和逆向喷流管口之间存在着环流区和回流区，主气流来的可燃混合气、逆向喷流管来的气流和由环流带回的高温燃气，在此进行强烈混合，组成易于燃烧的混合气成

分。当启动点火后，这里就产生引燃火焰，由此火焰依次向外传播而波及整个燃烧室，以后则由环流作用将部分已燃高温燃气带回，保证在该处混合气不断被点燃以维持一稳定的引燃火焰，使主混合气流获得稳定的燃烧。

由此可见，这里的滞止区就相当于钝体后的回流区。所不同的是此处回流区内不单有高温燃气，还有逆向喷流气体和主混合气流，就是说，这里稳定火焰的逆向喷流气体是回流区的一部分，它将不断地往燃烧区供给氧化剂或新鲜混合气。实验表明，若在钝体稳定器后的回流区中喷入少量的氧化剂或燃料，就可使火焰稳定性能得到改善。因此，利用逆向喷流稳定火焰，它的稳定性能显然要较一般稳定器为好。这已由实验所证实，如图 5-65 所示。

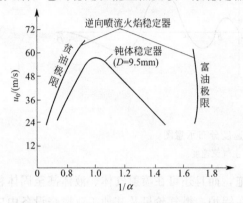

图 5-65　逆向喷流火焰稳定特性线

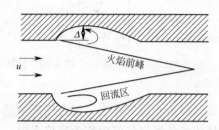

图 5-66　利用燃烧室壁凹槽稳定火焰

此外，实验还表明，逆向喷流火焰的稳定特性还与逆向喷流的化学组成、压力、温度与流量等有关。因此，适当改变逆向喷流的上述参数就可以控制火焰的稳定性能，从而保证在燃烧室任一工作状态下都具有最佳的火焰稳定性能。

另外，这种逆向喷流稳定器具有较小的压力损失，同时还可避免钝体火焰稳定器在燃烧室不工作时所不可避免的那一部分总压损失。

不过，在采用这种逆向喷流稳定器时必须附加一套射流管道及调节系统，这样就增加了设备的重量、体积和复杂性，在某些对重量、体积要求严格的场合就不宜采用。

③ 利用燃烧室壁凹槽稳定火焰　实验表明，在高速可燃混合气流中利用燃烧室壁凹槽可以使火焰附着并稳定在燃烧室壁上。当气流流过如图 5-66 所示为燃烧室壁凹槽时，在凹槽边缘处气流产生分离并在凹槽处形成回流区。新鲜混合气由返流回的高温燃气不断点燃与燃烧而维持火焰的稳定。

这种稳焰方法的优点是阻力小，稳定范围大（与钝体相比）。图 5-67 所示为这种稳焰法的压力损失与稳定范围，在图上同时给出了钝体稳定器的数据。

实验表明，这种稳定器的稳定范围随凹槽深度增加而扩大。其稳定范围所以能较钝体大得多，可能是由于所形成的回流区总容积要比钝体多得多之故。

在使用这种稳定器的燃烧室中，火焰前峰将传播到整个通道，然后在下游又汇合在一起。其火焰传播速度低于 V 形钝体稳定器，故需要较长的燃烧室长度。

由于在凹槽中存在着起稳定火焰作用的高温回流燃烧气体，所以在凹槽附近的燃烧室壁面上热交换剧烈，使室壁经常处在高温作用下，故只有在采取了特殊的有效壁面冷却措施（如在凹槽附近进行薄膜冷却）或特殊耐高温的壁面材料后才能使用这种方法。

④ 利用带孔圆筒稳定火焰　用带孔圆筒来稳定火焰的方法就是采用所谓罐式稳定器

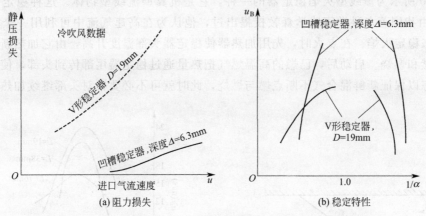

图 5-67 利用燃烧室壁凹槽稳定火焰的阻力损失与稳定特性

（见图 5-68）来稳定火焰的一种方法。当气流流过如图 5-68 所示的圆筒（或圆锥）时，气流从小孔（一排或几排小孔）进入罐内，因圆筒顶端存在着滞止区，当其中气体被由小孔进入的射流卷吸带走后，在该外部形成局部低压，以致就有气流回流向上补充形成回流区。

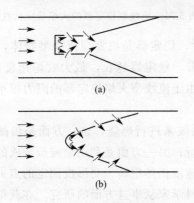

图 5-68 利用带孔圆筒稳定火焰
（罐式火焰稳定器）

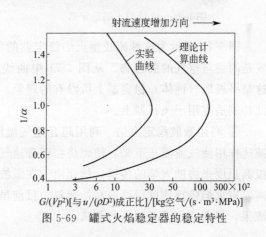

图 5-69 罐式火焰稳定器的稳定特性

新鲜混合气自小孔进入后，与回流区中回流来的高温燃气相接触而被混合加热，并在小孔与小孔间截面上形成固定点火源以点燃向下流动的混合气。

图 5-69 所示为这种稳定器[图 5-68(a)]的稳定特性。图 5-69 上还给出了按理论计算出的曲线，两者形状相似，不过理论计算的值较实验值差不多大三倍。

这种稳定方法的优点是可以人为地安排第一排小孔的轴向位置与孔径大小来控制回流区的尺寸和进入回流区的气流量，以满足所需要的稳定范围。这种稳定方法在航空发动机（燃气轮机及冲压发动机）的燃烧室中已有采用，但对其气流情况与燃烧过程还研究得不够深入。

⑤ 利用流线型物体稳定火焰 从上述讨论中可以看出，目前在高速气流中稳定火焰的基本原则是采用具有较大阻力的物体使高速气流滞止下来形成回流区，利用回流的高温燃气来点燃混合气以维持火焰的稳定。这种方法在稳定性方面还可以具有良好的效果，但在总压损失方面却要付出不小的代价。这对超音速以及高超音速发动机来说是很不利的。因此有人设想采用流线型物体来稳定燃烧，以尽量减少稳定器所造成的流阻损失。

图 5-70 所示为流线型火焰稳定器的一种，它是机翼型流线型物体。这种稳定方法早在 1950 年已由我国著名科学家钱学森教授提出过，他认为在高速气流中可利用一个高温的流线型物体来稳定火焰。在点火时，先用加热器使稳定器头部温度升高，由它加热新鲜混合气并使之点燃和燃烧。启动后，已燃的高温燃气把热量通过稳定器尾部传到头部，使头部保持在高温状态以保证新鲜混合气不断点燃与燃烧，此时就可不必要再对头部继续加热。

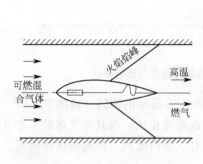

图 5-70　流线型火焰稳定器

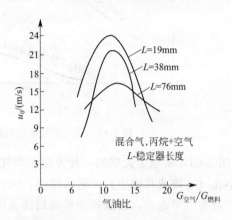

图 5-71　流线型稳定器的火焰稳定特性

图 5-71 所示为这种流线型火焰稳定器的稳定特性，稳定器是机翼型流线型物体，混合气是丙烷与空气的混合物。从图 5-71 中曲线可以看出，稳定器越长，最大吹熄速度越低。这是平板形（钝体）稳定器上所没有的现象。另外，由于流线型火焰稳定器的阻力很小，因此特别适宜用于飞行器上。

⑥ 利用激波稳定火焰　利用超音速气流形成的激波来进行燃烧，这一方面是借激波的减速作用使气流滞止下来，使燃烧在亚音速气流内进行；另一方面是利用激波所造成的局部极高温度来协助火焰的传播。然而由于在激波后气流速度仍然很高，要形成固定的点火源就需要有火焰传播速度很高的高能燃料。目前虽有不少科学家从事这方面的研究，亦获得一定成果，但离实用还有相当的距离。

## 5.4.5　火焰监视和保焰技术

### (1) 火焰监视和保焰的意义

工业炉在操作中有时会发生不同程度的爆炸事故，据文献报道，其中约有 80% 的爆炸事故是由于火焰熄灭、着火滞后或点火失败等原因所造成的。由此可见，火焰不稳是造成爆炸事故的主要原因。

随着生产技术的发展，大型、快速、自动化的工业炉不断出现，并要求燃烧装置能有更大的燃烧强度。与低强度的燃烧情况相比，更增加了产生爆炸事故的倾向。此外，在某些工业加热设备中，有时要求燃烧装置能在 750℃ 以下的低温条件下实现稳定的燃烧。所有以上情况的出现，都说明必须认真对待火焰的稳定问题。在这方面，目前采用的主要措施之一就是火焰监视装置和保焰措施，以便及时发现火焰的熄灭和确保燃烧的稳定。

火焰监视系统的作用主要有以下三个方面。

① 对点火过程进行程序控制，提供切实可行的点火措施和确认点火的成功与否。

② 核实燃烧所需的正常条件，使燃料和空气的比例及压力始终处在火焰的稳定范围内。

③ 执行经常性的火焰监视任务，当火焰熄灭时，能立即做出反应，发出警报，并切断通向该燃烧装置的燃料供应系统。

**(2) 火焰的监视方法**

① 直接监视法　这是最原始的火焰监视方法，它是由操作人员对燃烧情况直接进行观察，以发现火焰是否中断。这种方法显然不利于对火焰进行连续监视，而且也不能保证及时发现火焰的中断或在火焰熄灭时立即做出反应（现代化的火焰监视系统要求在火焰熄灭后 $2\sim4\mathrm{s}$ 内立即在监视和切断燃料供应方面做出反应）。

② 整流棒式火焰监视装置　这是一种利用火焰导电和整流作用的监视装置。火焰的导电性早在 1920 年就已发现，1930 年曾利用火焰的这种性质制成火焰监视器。由于电离作用使火焰中出现自由电荷，因而使火焰具有导电性。将面积不同的电极放到火焰中并加上 50V 直流电后，就会有一单向电流通过。但在使用中发现，当绝缘体的绝缘性能下降时，例如夏季湿度大而使绝缘性能变坏，由于电流泄漏，无火焰时也表现出有火焰的现象，因而容易产生误操作。为了消除这一弊病，可改用 220V 的交流电。由于火焰的整流作用，产生了 $5\mu\mathrm{A}$ 的直流电，用检出直流电的方法进行火焰监视，这就是一般所谓整流棒式火焰监视器。采用这种监视装置时，如果绝缘材料的绝缘性能下降，就会出现交流电，而直流检流表是检不出交流电的。因而可以将上述导致误操作的原因消除。

在使用整流棒式火焰监视器时，为了产生最大的火焰电流，接地电极的面积与伸向火焰中的棒状电极面积之比越大越好，最好为 4∶1。

③ 紫外线火焰监视系统　所有的火焰几乎都能产生足够多的紫外线，根据这一性质，可以利用紫外线监测管制成火焰监视装置，叫做紫外线火焰监视器，它能检出火焰发出的 $1900\sim2500\text{Å}$ 的紫外线。采用这种火焰监视装置时，应特别注意的问题是由于电火花发出的紫外线而产生的误操作。这是因为，当采用 6000V 交流电的电弧点火时，如果紫外线检测装置的安装位置不当，当电火花的紫外线射入紫外线监测装置，则指令信号也会发生打开主烧嘴阀的指示，而实际上这时点火器（副烧嘴）尚未点着，因而造成误操作。为了避免出现这种情况，必须注意使紫外线检测装置避开电火花点火器。

**(3) 保焰技术**

除了采用火焰监视装置以外，现代燃烧装置中还采用各种保焰措施，以保证燃烧的安全和稳定。各种保焰技术根据其工作原理大体上可分为以下几种类型。

① 分焰点火，即采用分出部分火焰担任点火。这种烧嘴，由于靠分焰来预热主焰的根部，因而能加快主焰的燃烧速率，得到非常稳定的火焰，主焰的燃烧强度高，所以在需要高温和高强度的工业炉中得到广泛的应用。

这种烧嘴的火焰导电性较好。一般情况下，煤气火焰的导电性及电的整流性较弱，而高负荷燃烧时，火焰的导电性较强，电的整流作用比较显著，再现性和稳定性也比较好。所以利用分焰点火烧嘴时，可以在炉子上设置用导电棒来监视火焰的安全装置，使火焰监视系统的可靠性和稳定性显著提高。

② 反向气流，即在空气煤气的混合气流的出口附近人为地制造一个反向旋涡流，通过它对周围气体的卷吸作用来保持火焰的稳定。

③ 在煤气空气混合气流的通道上设置某种靶类障碍物作为点火的高温热源。

④ 燃烧坑道，利用燃烧坑道壁的高温辐射作用和粘壁气流的对流作用来强化点火。

以上是目前常用的几种保焰措施的基本情况。在烧嘴设计中值得注意的是，任何一种保焰方法都受到燃料性质和最高燃烧速率的限制，也就是说，燃料本身的燃烧特性决定了它的保焰范围。当烧嘴的使用条件超过它的燃烧范围时，火焰的稳定性将遭到破坏。因此使用任何一种烧嘴，从火焰稳定和安全性来考虑，必须了解该种烧嘴的稳定燃烧范围，例如空气煤气压力的使用极限、空气煤气的比例范围、烧嘴的供热强度等。此外，有的烧嘴是专门针对某种煤气设计的，如要改用其他煤气，则应另行测定其燃烧性能曲线，确定其稳定燃烧范围，根据其在新条件下的燃烧特性曲线使用，以保证燃烧过程的稳定和安全。

## 参 考 文 献

[1] 严传俊，范玮. 燃烧学. 第3版 [M]. 西安：西北工业大学出版社，2016.

[2] 邬长城. 爆炸燃烧理论基础与应用 [M]. 北京：化学工业出版社，2016.

[3] 许健，张欣. 低热值气体燃料发动机燃烧过程及火焰稳定性 [D]. 北京：北京交通大学出版社，2016.

[4] 黄涛，范进，丁建国. 封闭管道内气体燃烧火焰传播特性研究 [J]. 中国科技纵横，2016，6：147.

[5] 王全德. 燃烧化学理论研究进展 [M]. 徐州：中国矿业大学出版社，2015.

[6] 张英华，黄志安，高玉坤. 燃烧与爆炸学. 第2版 [M]. 北京：冶金工业出版社，2015.

[7] 胡双启. 燃烧与爆炸 [M]. 北京：北京理工大学出版社，2015.

[8] [美] Stephen R. Turns. 燃烧学导论：概念与应用 [M]. 姚强，李水清，王宇译. 北京：清华大学出版社，2015.

[9] 潘旭海. 燃烧爆炸理论及应用 [M]. 北京：化学工业出版社，2015.

[10] 陈冠宇. 温度对易燃性气体燃烧界限效应之研究 [D]. 高雄：国立高雄第一科技大学，2015.

[11] 张云明. 可燃气体火焰传播与爆轰直接起爆特性研究 [D]. 北京：北京理工大学，2015.

[12] 李超. 废气再循环对天然气/柴油发动机性能的影响 [D]. 长春：吉林大学，2015.

[13] 贲宇驰. 低热值燃料多孔介质燃烧器研究 [D]. 鞍山：辽宁科技大学，2015.

[14] 杜诗萌. 基于光谱分析和神经网络技术的火焰燃烧特性研究 [D]. 北京：华北电力大学，2015.

[15] 张丽. 室内燃气泄漏扩散及燃烧爆炸的数值模拟 [D]. 太原：中北大学，2015.

[16] 段俊法. 稀释条件下的氢内燃机燃烧和排放生成机理研究 [D]. 北京：北京理工大学，2015.

[17] 王秀红. 油田柴油机混合气燃烧过程流动模拟及排放污染研究 [D]. 大庆：东北石油大学，2015.

[18] 张小杰. 微油点燃生物质与低挥发分煤粉数值模拟研究 [D]. 济南：山东建筑大学，2015.

[19] 朱桂学，胡珀. 圆柱罐内氢气-空气混合气体燃烧特性的CFD分析 [J]. 核科学与工程，2015，35 (2)：283-288.

[20] 谢烽，郭进，胡坤伦等. 初始压力对甲烷-空气预混气体燃烧特性影响的研究 [J]. 可再生能源，2015，33 (9)：1398-1402.

[21] 涂腾，胡珀. 氢氧-空气混合气体燃烧特性试验研究 [J]. 原子能科学技术，2015，49 (10)：1792-1797.

[22] 刘宏升，续真杰，解茂昭等. 多孔介质内气/液燃料过滤燃烧的试验 [J]. 上海交通大学学报，2015，49 (1)：122-128.

[23] 谢烽，郭进，姚瑶等. 甲烷-空气预混气体燃烧特性研究 [J]. 安全与环境学报，2014，14 (2)：5-9.

[24] 张俊春. 多孔介质燃烧处理低热值气体及燃烧不稳定性研究 [D]. 杭州：浙江大学，2014.

[25] 狄海生. 稀释气体对燃料着火燃烧过程影响特性的研究 [D]. 青岛：青岛大学，2014.

[26] 许健. 低热值气体燃料发动机燃烧过程及火焰稳定性研究 [D]. 北京：北京交通大学，2014.

[27] 王回春. 非平衡等离子体对汽油和甲烷燃烧影响的数值模拟研究 [D]. 合肥：合肥工业大学，2014.

[28] 冯向云. 生物质气体内燃机燃烧特性模拟研究 [D]. 哈尔滨：哈尔滨工业大学，2014.

[29] 陈朝阳，耿莉敏，巩静等. 掺氢对二甲醚预混层流燃烧特性的影响 [J]. 西安交通大学学报，2014，48 (6)：122-126.

[30] 潘剑峰. 燃烧学：理论基础及其应用 [M]. 镇江：江苏大学出版社，2013.

[31] 陈长坤. 燃烧学 [M]. 北京：机械工业出版社，2013.

[32] 李艳霞，刘中良，宫小龙等. 瑞士卷燃烧器中火焰位置影响因素的研究 [J]. 工程热物理学报，2013，34 (12)：2318-2323.

[33] 郝建斌. 燃烧与爆炸学 [M]. 北京：中国石化出版社，2012.

[34] 徐旭常，吕俊复，张海. 燃烧理论与燃烧. 第2版 [M]. 北京：科学出版社，2012.

[35] 郝长生，尤占平，罗勇．旋流燃烧器燃用低热值气体燃料的三维数值模拟分析 [J]．工业安全与环保，2012，38 (8)：79-83.

[36] 李永华．燃烧理论与技术 [M]．北京：中国电力出版社，2011.

[37] 杨林军．燃烧源细颗粒物污染控制技术 [M]．北京：化学工业出版社，2011.

[38] 赵雪娥，孟亦飞，刘秀玉．燃烧与爆炸理论 [M]．北京：化学工业出版社，2011.

[39] 徐通模．燃烧学 [M]．北京：机械工业出版社，2011.

[40] 徐宗．小型管道内气体燃烧火焰传播规律研究 [D]．太原：中北大学，2011.

[41] 裴青龙．燃煤高温烟气助燃低热值气体燃烧实验研究 [D]．武汉：华中科技大学，2011.

[42] 杨满江．高原环境下压力影响气体燃烧特征和烟气特性的实验与模拟研究 [D]．合肥：中国科学技术大学，2011.

[43] 冯珍珍．碳氢气体燃料燃烧过程中PAHS生成化学动力学模拟研究 [D]．郑州：郑州大学，2011.

[44] 郑成航，程乐鸣，李诗等．多孔介质内低热值气体燃烧及传热数值模拟 [J]．浙江大学学报：工学版，2010，44 (8)：1567-1572.

[45] 刘慧，董帅，李本文等．多孔介质内预混气体燃烧稳定操作范围的研究 [J]．东北大学学报：自然科学版，2010，31 (6)：834-837.

[46] 孙锐，于欣，彭江波等．气体燃料在本生灯燃烧过程中火焰传播速度的测量方法 [P]．中国，ZL200910308156.5，2009-10-10.

[47] 钱叶剑．气体燃料对内燃机燃烧过程及排放影响的机理研究 [D]．合肥：合肥工业大学，2009.

[48] 徐旭常，周力行．燃烧技术手册 [M]．北京：化学工业出版社，2008.

[49] 刘联胜．燃烧理论与技术 [M]．北京：化学工业出版社，2008.

[50] 方文沐，杜惠敏，李天荣．燃料分析技术问题．第3版 [M]．北京：中国电力出版社，2005.

[51] 李方运．天然气燃烧及应用技术 [M]．北京：石油工业出版社，2002.

# 第**6**章

# 气体燃料的燃烧装置

前面所讨论的各种燃烧问题都是以预先均匀混合好的可燃混合气作为研究对象的，整个燃烧过程的进展主要取决于可燃混合气氧化的化学动力过程。但这种均匀可燃混合气的燃烧在实际燃烧设备中只是燃料燃烧的一种方式，在实际的发动机燃烧室、锅炉、工业窑炉以及其他工程燃烧设备中燃料的燃烧还有另一种方式，例如燃料和氧化剂分别供入燃烧室，然后边混合边燃烧。这时燃烧过程的进展就不只取决于燃料氧化的化学动力过程，还取决于燃料与氧化剂（一般是空气）混合的扩散过程。

一般来说，燃料燃烧所需的全部时间由两部分组成，即气体燃料与空气混合所需的时间（$\tau_{mix}$）以及燃料氧化的化学反应时间（$\tau_{che}$）。如果不考虑这两个过程的重叠，则整个燃烧过程的时间就应是上述时间之和，即：

$$\tau = \tau_{mix} + \tau_{che} \tag{6-1}$$

如果混合扩散的时间和氧化反应的时间相比非常小而可忽略，即 $\tau_{mix} \ll \tau_{che}$，则整个燃烧时间就可近似地等于氧化反应所需的时间：

$$\tau \approx \tau_{che} \tag{6-2}$$

也就是说，燃烧过程是在化学反应动力区域内进行的，均匀可燃混合气体的燃烧就属此例。此类燃烧过程的进展（或燃烧速率）将强烈地受到化学动力学因素的控制，如可燃混合气的性质、温度、燃烧空间的压力和反应物质浓度等变化都将强烈影响燃烧速率的大小，而如气流速度、气流流过的物体形状和尺寸等流体动力学的扩散方面因素却与燃烧速率无关。这种燃烧过程就是化学动力燃烧（或动力燃烧）。

反之，如果燃烧过程的物理阶段所需的时间（混合时间）较之化学反应阶段所需的时间大得多，即 $\tau_{mix} \gg \tau_{che}$，则：

$$\tau \approx \tau_{mix} \tag{6-3}$$

因此可以说燃烧是在扩散区域内进行的，这种燃烧过程谓之扩散燃烧。在此时，整个过程的进展就与化学动力因素关系不大（不考虑有关物理常数对温度的影响，因这种影响一般是不大的）；相反，流体动力学的一些因素在此刻就起主要作用，如在燃料与氧化剂分别输入的燃烧中，当燃烧区内温度高到足以使燃烧瞬间完成，这时的燃烧时间就完全决定于它们的混合时间。

但在实际上，有些燃烧过程却处于上述两种极端情况之间，也就是说，此时燃料混合所需的时间与氧化的化学动力时间差不多相等，即 $\tau_{mix} \approx \tau_{che}$。这种情况是最复杂的，因为它同时要取决于化学动力因素与流体动力因素。

气体扩散燃烧是气体燃料与空气分开并同时送入燃烧室中进行的燃烧。扩散燃烧是人类最早使用火的一种燃烧方式，直到今天，扩散火焰仍是最常见的一种火焰，野营中使用的篝火、火把、家庭中使用的蜡烛和煤油灯等的火焰、煤炉中的燃烧以及各种发动机和工业窑炉中的液滴燃烧等都属于扩散火焰，威胁和破坏人类文明和生命财产的各种毁灭性的火灾也都是扩散火焰所造成的。

扩散燃烧可以是单相的，也可以是多相的。石油和煤在空气中的燃烧属于多相扩散燃烧，而气体燃料的射流燃烧属于单相扩散燃烧。

在燃烧领域内，虽然气体燃料的扩散燃烧较之预混合气体的燃烧有着更广泛的实际应用，但却很少受到注意与研究，其原因在于它不像预混合气体火焰那样有着如火焰传播速度等易于测定的基本特性参数，因而对它的研究仅限于测定与计算扩散火焰的外形和长度。

按照燃料流动的雷诺数，气体燃料的扩散燃烧可分为层流扩散燃烧和湍流扩散燃烧。一般情况下，扩散混合速率比化学反应速率慢得多，因此可以认为燃料的燃烧速率是由扩散混合速率决定的。

燃料与空气的混合可以有分子扩散，也可以有湍流扩散。因此混合扩散时间可写成：

$$\tau_{mix} = \frac{1}{\dfrac{1}{\tau_M} + \dfrac{1}{\tau_T}} \tag{6-4}$$

式中　$\tau_M$——分子扩散所需的时间；

　　　$\tau_T$——湍流扩散所需的时间。

## 6.1 气体燃料的射流扩散燃烧

从燃烧器喷出的燃料流和空气流都是一股射流。由于燃烧装置结构的差异，射流的形式有多种多样，如单孔自由射流、环状射流、同轴射流、交叉射流以及旋转射流等。射流的流动及其与周围介质的动量、质量和能量交换对燃烧过程的发展起重大作用，研究其规律对燃烧器的设计有指导意义。

### ■ 6.1.1 气体燃料射流的层流扩散燃烧

在日常生活中最常见的层流扩散火焰为蜡烛火焰或不预混的本生灯火焰。不预混的本生灯火焰可以通过关闭普通本生灯底部的一次空气孔来实现。燃气与空气在图 6-1 所示的两个同轴套管内，内管通气态燃料，外管通以空气，以相同速率在管内流动并在内管口相遇，燃料与空气相互向对方渗透燃烧。初始混合面与完成混合面之间是扩散进行区域。这时观察到的扩散火焰外形可以有两种类型：一种是当外管中所供给的空气量足够多，超过内管燃料完全燃烧所需的空气量，或者是当燃料射流喷向大空间的静止空气中（也就是说此时 $d'/d$ 的比值相当大），这时扩散火焰呈封闭收敛的圆锥状火焰（称为空气过量扩散火焰）；另一种是外管中所提供的空气量不足以供应内管中燃料射流完全燃烧所需，此时的火焰形状呈扩散的倒喇叭形火焰（称为空气不足扩散火焰）。由此可见，层流扩散火焰的外形取决于燃料与空气的混合浓度。

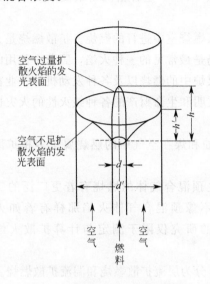

空气过量扩散火焰的发光表面

空气不足扩散火焰的发光表面

空气　燃料　空气

图 6-1　层流扩散火焰的外形

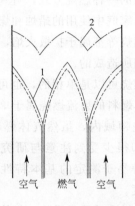

空气　燃气　空气

图 6-2　扩散区域示意图
1—初始混合面；2—完成混合面

　　两种扩散火焰的发光表面显示了扩散的方向，它们的扩散路线和区域综合示意见图 6-2。扩散火焰的特征通常都是以化学反应瞬间发生的那个表面来描述的，而这个表面一般都假定与发光的燃烧表面相重合，即上述扩散火焰的外形。但若将此混合物点着，由于反应速率大于扩散速率，燃烧将推向初始混合面，并因在高温条件下扩散速率要大一些，因此实际的燃烧火焰面将停在虚线所示处。

　　在层流流动时，燃料射流燃烧所需的氧气是依靠分子扩散从周围空气中取得的。如果喷燃器的形状是圆形的，且在空气供应过量的情况下，燃烧火焰的形状是圆锥形的。这是因为沿着流动方向，燃料气流因燃烧不断被消耗，所以燃烧区就逐渐向气流中心靠拢，最后汇聚于气流中心线上成为圆锥的顶点。

　　显然，在火焰焰峰（亦即燃烧区）的内侧只有燃料没有氧气（空气），在其外侧只有氧气没有燃料（见图 6-3）。依靠分子扩散使燃料与氧气各自向对方输送，在燃料与氧气之间的比例达到化学当量比的各个位置上形成稳定的燃烧区（即火焰前峰），在其中燃烧迅猛地进行着，可以认为此时的化学反应速率远大于可燃质的扩散速率，整个燃烧过程的速率完全取决于燃料与氧气间的分子扩散速率。

　　为什么稳定燃烧区，或者说火焰前峰表面上混合物的组成正好是化学当量比？这是因为在燃烧区不可能有过剩的氧量，亦不可能有过剩的燃料，否则燃烧区的位置将不能稳定。假设燃烧区有过剩的可燃气体，这时未燃尽的可燃气体将扩散到火焰外面的空间去，遇到氧气而着火燃烧，使进入燃烧区的氧量减少，这样燃烧区内可燃气体将更过剩。因此在这种情况下燃烧区位置就势必不可能维持稳定而要向外移，反之亦然。由此可知，扩散火焰只有在可燃气体和氧气的组成比符合化学当量比的表面上才可能稳定。

　　进入燃烧区的可燃气体（燃料）与氧气所形成的可燃混合气因火焰前峰传播的热量而着

火燃烧，生成的燃烧产物将向火焰的两侧扩散，稀释与加热可燃气体与氧气。因此火焰焰峰将燃烧空间分成两个区域：火焰的外侧只有氧气和燃烧产物而没有可燃气，为氧化区；而火焰的内侧只有可燃气体与燃烧产物而没有氧气，为还原区。

由于燃烧区内的化学反应速率非常大，因此到达燃烧区的可燃混合气体实际上在瞬刻间就燃尽，因此在燃烧区内它们的浓度为零，而燃烧产物的浓度与温度则达到最大值。此外，由于很大的化学反应速率，燃烧区的厚度（即焰峰的宽度）将变得很薄，所以在理想的扩散火焰中可以把它看成为一个表面厚度为零的几何表面，该表面对氧气和燃料都是不可渗透的，它的一边只有氧气，而其另一边却只有燃料。所以层流扩散火焰焰峰的外形只取决于分子扩散的条件而与化学动力学无关，它可作为一个几何表面利用数学分析来求出。在该表面上可燃气体向外扩散的速率与氧气向里扩散的速率之比应等于完全燃烧时的化学当量比。

图 6-4 所示为距离燃料射流喷口某一高度处扩散火焰中各物质浓度的径向分布。从图 6-4 中可以看出，燃料与氧化剂的浓度在火焰前峰处为最小（等于零），而燃烧产物的浓度则在该处为最大，并依靠扩散作用向火焰两侧穿透。这种浓度分布对燃料射流喷向周围静止的大气中亦同样适合。

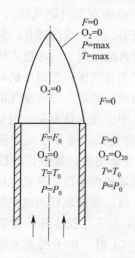

图 6-3 扩散火焰内外组成成分
$F$—气体燃料；$O_2$—氧气；
$P$—燃烧产物；$T$—温度

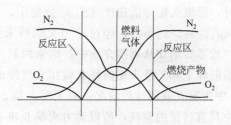

图 6-4 距燃料喷口某高度处
扩散火焰中各物质浓度的径向分布

实际上，扩散火焰中反应区并不是如上所述的那样无限的薄（见图 6-5）。实验表明，在主反应区中燃烧温度达到最大值，其中各种气体组成处于热力平衡的状态。在主反应区的两侧是预热区，它的特征是具有较陡的温度梯度。燃料和氧化剂在预热区中有着化学变化，因为几乎很少有氧气能通过主反应区进入燃料射流中，所以燃料在预热区中受到热传导和高温燃烧产物扩散而被加热，所发生的化学变化主要是热分解。此时可燃气体中的碳氢化合物会分解出炭粒子。温度越高，分解越剧烈。与此同时还可能增加复杂的、难燃烧的重碳氢化合物的含量。这些炭粒子与重碳氢化合物常常来不及燃烧而以煤烟的形式被燃烧产物带走，造成化学不完全燃烧损失。所以，扩散燃烧的一个显著特点就是会产生不完全燃烧损失，这是预混火焰所没有的。

由于层流扩散燃烧速率取决于层流中分子扩散速率，所以这种燃烧不可能很强烈。

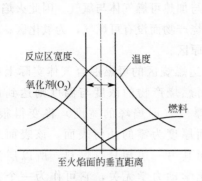

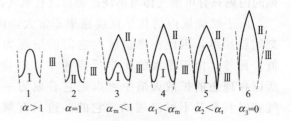

图 6-5　实际扩散火焰
中温度及浓度的分布

图 6-6　从动力燃烧转
为扩散燃烧的过程

扩散燃烧可以由动力燃烧逐渐转变而来。如图 6-6 所示，逐渐减少可燃混合气中的过剩空气量，火焰就将会由动力火焰逐渐转变为扩散火焰。图 6-6 中的工况 1 表示在 $\alpha>1$ 时均匀可燃混合气的动力燃烧情况。如果过剩空气量减少到 $\alpha_m<1$，即空气不足时，则动力火焰焰峰 Ⅰ 只能够把可燃混合物中相当于化学当量比的那部分燃料烧掉，其余没有烧掉的燃料就和完全燃烧后所生成的燃烧产物混合起来，成为一种相当于掺杂有不可燃气体的气体燃料。这种气体燃料与周围空间中的空气混合后又可以燃烧，形成第二个火焰前峰 Ⅱ，它的位置取决于扩散燃烧规律，所以它是个扩散火焰。扩散火焰和动力火焰这两个焰峰把火焰空间分为三个区域：在喷燃器出口与动力火焰之间是尚未燃烧的可燃混合气体；在两个焰峰之间是未经燃烧的可燃气体与燃烧产物的混合物；而在扩散火焰外面则是燃烧产物与空气的混合物。

动力火焰与扩散火焰的长度与进入喷燃器的可燃混合气中空气含量有关。当空气含量减小时，层流火焰传播速度（$S_L$）会变小，动力火焰长度就将变长。随着空气含量的继续减少（$\alpha_1>\alpha_2>\alpha_3=0$），经过动力火焰后未经燃烧的燃料量逐渐增多，要使这些燃料完全燃烧，就需要增加从周围介质中扩散来的氧气量，所以扩散火焰长度必随之伸长。这样，动力火焰前峰 Ⅰ 和扩散火焰前峰 Ⅱ 就相互慢慢地接近。当 $\alpha_3=0$ 时，燃烧就成为纯扩散燃烧，图 6-6 中工况 6 就属这种情况；而工况 1 和 2 则为纯动力燃烧，但在工况 1 中，由于可燃混合气中具有过量的空气，所以动力火焰长度就略长些。当 $\alpha_m<1$ 时，由于层流火焰传播速度已达到最大值，故动力火焰长度就成为最短，其实此时已非纯动力燃烧，在其外围已产生扩散火焰。

从上述讨论中可知，可燃气体与空气混合程度的完全与否对保证燃烧完全具有决定性意义。在可燃气体与空气分别送入燃烧室时，也即在纯扩散燃烧情况下，不完全燃烧程度最高；当在可燃气体中混有一部分空气时，则不完全燃烧程度就会降低；当含有足够完全燃烧所需的空气量时，则不完全燃烧程度几乎近于零。

## ◼ 6.1.2　气体燃料射流的湍流扩散燃烧

由于湍流使气流内产生激烈扰动，因此其扩散速率大大增加，可获得比层流扩散燃烧要高得多的强度，因此工业上最广泛采用的扩散燃烧是湍流扩散燃烧。

从同轴套管内流出的燃气与空气能否进行湍流燃烧取决于它们的速度大小及两者之间的速度差。同轴射流时的混合也与中心气流与外围气流的速度差有很大关系。

气体燃料的湍流燃烧可由提高气体的流速或采取人为的强化措施而得到。根据造成湍流的方法不同，湍流扩散燃烧可分为自由湍流扩散燃烧与强制湍流扩散燃烧两种。前者以自由射流为基础，后者则采用交叉射流、旋转射流等手段来实现。

将一种介质从喷口向另一种静止介质里喷射的流动状态叫自由式射流。在燃气由较小的喷口向静止空气作自由射流时，流速由低至高变化的同时可以观察到火焰由层流扩散燃烧向湍流扩散燃烧转变的过程及其特征。

如果可燃气体（燃料）与空气分别输送，但输送空气的速率非常小，可以认为可燃气体是送入一个充满静止空气的空间。这样，可燃气体自喷燃器流出的速度 $u_0$ 将决定气流的流动状态。如果气流速度足够大以致气流处于湍流状态，那么这股湍流就成为自由沉没射流。

射流自喷燃器出口以后，在湍流扩散的过程中自周围空间卷吸入空气，这样气流质量不断增加，射流的宽度亦不断扩大，而气流速度则不断减小并逐渐均匀，同时在射流宽度下形成各种不同浓度的混合物，如图 6-7 所示。

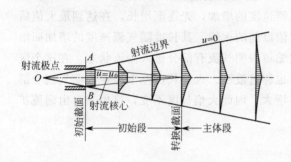

图 6-7　自由沉没射流

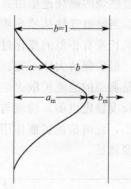

图 6-8　射流主体中任一截面
上可燃气体浓度分布曲线

在射流初始段的等速率核心区中只有可燃气体，而可燃气体与空气的混合物仅在湍流边界层中存在。在射流的主体段中，任一截面上可燃气体的浓度分布如图 6-8 曲线所示。可燃气体浓度在射流轴心线上最大，在接近射流边界处浓度逐渐减小，而在边界上气体浓度则为零，且随着远离喷燃器，可燃气体浓度越来越小；相反，空气浓度在射流轴心线上为最小，越靠近射流边界处越大，且越远离喷燃器空气浓度也越大。

这样，在射流边界层上所形成的可燃混合物在不同位置处它们的组成比例（亦即 $\alpha$）显然是不同的。用研究层流扩散火焰所作的类似分析可以得到：在着火时气流中稳定的燃烧区（即火焰前峰）是位于混合物的组成比例相当于理论完全燃烧时化学当量比的表面上。由此可见，燃烧区的位置完全由湍流扩散的条件来决定，燃烧速率则由其扩散速率来确定。

假设在某一截面上可燃气体与空气浓度分布如图 6-9 所示，在离开射流轴心线某一定距离的 A 点形成了化学当量比的混合物，在同一截面上通过这些点所组成的圆即形成了燃烧区（火焰前峰），在每个截面上通过这些相应的圆即组成了伸长的圆锥形扩散火焰焰峰，如图 6-10 所示。通过扩散进入燃烧区的氧气与可燃气体发生反应，释出相应的热量，而燃烧生成的燃烧产物则向燃烧区（火焰）两侧扩散。所以，在火焰内部是可燃气体与燃烧产物的混合物，没有氧气，而在火焰外侧则是燃烧产物和氧气（空气）的混合物，没有可燃气体。

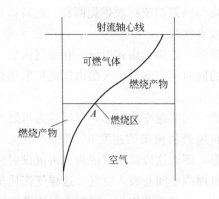

图 6-9　湍流扩散火焰的形成　　　　　　图 6-10　湍流扩散火焰焰峰

湍流扩散燃烧的燃烧速率由界面上的湍流扩散所决定。因为湍流扩散的混合速率与流速成比例，所以当燃料气体从喷头喷出进行燃烧时，火焰长度近似保持一致。图 6-11 中，三种燃气的火焰长度有相似的变化过程：随着气流速度的增加，先逐渐增长，在达到最大值后又略有缩短，最后保持大体不变。长度为最大值以前的火焰，其长度随气流速度的增加而增加，该火焰是典型的层流扩散火焰；火焰长度缩短表明气流有部分进入湍流状态。在这个区域（指火焰长度稳定以前）湍流与层流共存，也称过渡区。火焰长度基本稳定表明气流全部进入湍流状态，此时湍流扩散作用与流速同步增大，因此火焰长度不变，这也是自由湍流扩散火焰的重要特征。

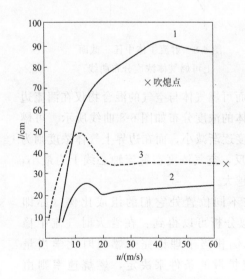

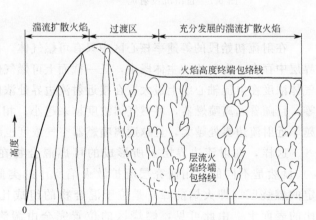

图 6-11　自由射流时火焰长度与气流速度的关系　　　图 6-12　火焰的形状及高度随
1—热分解煤气；2—发生炉煤气；3—城市煤气　　　　　　　射流速度增加的连续变化

图 6-12 所示为火焰形状与高度随射流速度增加而变化的实验结果。从图 6-12 中可以看出，在流速比较低时，亦即处于层流状态时，火焰高度随流速的增加大致成正比提高；而在流速比较高时，亦即处于湍流状态时，火焰高度几乎与流速无关。

图 6-12 中还表示出扩散火焰由层流状态转变为湍流状态的发展过程。从图 6-12 中可看出，层流扩散火焰焰峰的边缘光滑、轮廓明显、形状稳定，随着流速的增加，焰峰高度几乎呈线性增高，直至达到最大值，此后，流速的增加将使火焰焰峰顶端变得不稳定，并开始颤

动。随着流速的进一步提高，这种不稳定现象将逐步发展为带有噪声的湍流刷状火焰，它从火焰顶端的某一确定点开始发生层流破裂并转变为湍流射流。由于湍流扩散，燃烧加快，火焰的高度迅速缩短，同时使由层流火焰破裂转为湍流火焰的那个破裂点向喷燃器方向移动。当射流速度达到使破裂点十分靠近喷口，亦即达到充分发展的湍流火焰条件后，速度若再进一步提高，火焰的高度以及破裂点长度都不再改变而保持一个定值，但火焰的噪声却会继续增大，火焰的亮度亦会继续减弱。最后在某一速度下（该速度取决于可燃气的种类和喷燃器尺寸），火焰会吹离喷管。

扩散火焰由层流状态过渡为湍流状态一般发生在 $Re$ 为 $2000\sim10000$ 的临界值范围内。过渡范围这样宽的原因是气体的黏度与温度有很大的关系，绝对温度相对高的火焰可以预期在相对高的 $Re$ 下进入湍流。相反，绝对温度相对低的火焰将会在相对低的 $Re$ 下进入湍流。

介质流股以某一角度射向另一流股（主流），就形成交叉射流。由于流股间在动压作用下互相冲击而混合并深入流股内部，可大大强化扩散进程。

如果使气流在离开喷口前做旋转运动，然后射出，则射流成为旋转射流。这种射流造成强烈的旋涡流，从而能大量吸进周围介质并迅速实现混合，湍流效果会更好。

实践中人们多综合运用交叉射流与旋转射流来强制进行湍流燃烧，并用多流股形式增加作用面积，以获得很好的混合效果和很高的热强度，是应用最多的一种工业燃烧形式。

## ▶6.1.3　扩散燃烧火焰的类型

在气体燃料的扩散燃烧中，燃烧所需的氧气是依靠空气扩散而获得的，因而扩散火焰显然产生在燃料与氧化剂的交界面上。燃料气体与氧化剂分别从火焰两侧扩散到交界面，而燃烧所产生的燃烧产物则向火焰两侧扩散开。所以，对扩散火焰来说，就不存在什么火焰的传播。

按照气体燃料与空气分别供入的方式，扩散火焰可以有以下几种。

① 自由射流扩散火焰　产生于气体燃料从喷燃器向大空间的静止空气中喷出后形成的燃料射流的界面上，如图 6-13(a)所示。

② 同轴流扩散火焰　产生于气体燃料从喷管以与空气气流同一轴线喷出的燃料射流的界面上，如图 6-13(b)所示。

同轴流扩散火焰，如同自由扩散火焰一样，也是一种射流火焰。所不同的是在同轴流扩散火焰中，燃料射流是喷向有限空间的燃烧室，因此它将受到燃烧室容器壁的影响，所以这种射流火焰也称为受限射流扩散火焰。

③ 逆向喷流扩散火焰　产生于与空气气流逆向喷出的燃料射流界面上，如图 6-13(c)所示。

此外，在液体燃料燃烧中，油滴周围所产生的火焰实际上也是一种气态扩散火焰，它是由油滴表面蒸发所产生的燃油蒸气与周围空气相互扩散混合而在两者交界面上所产生的一种扩散火焰。

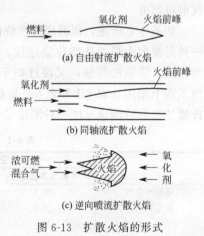

图 6-13　扩散火焰的形式

射流扩散火焰根据射流流动的状况还可分为层流射流扩散火焰和湍流射流扩散火焰。显然，湍流射流的扩散混合要较层流为好，因此湍流射流火焰的长度就要比层流的短得多。此外，射流火焰还可根据喷燃器孔径的形状分为平面射流火焰（或二维的）与圆形射流火焰（或轴对称的），前者是通过无限长的狭缝流出，后者则是通过圆孔流出。

因为扩散火焰不会发生回火现象，稳定性较好，在燃烧前又无需把燃料与氧化剂进行预先混合，比较方便，所以在工业上广泛被应用。此外，在工业燃烧设备中，为了获得高的空间加热速率，一般都采用湍流射流扩散火焰。

# 6.2 气体燃料的预混燃烧

将气体燃料与空气预先进行混合后再燃烧的方法称为气体燃料的预混燃烧。

预混燃烧在不同环境条件的影响下，可能出现两种完全不同的燃烧形式：一种是"正常燃烧"，另一种是"爆炸性燃烧"。工业中常用的是正常燃烧形式。

根据预混气体流动的雷诺数，气体燃料的预混燃烧可分为预混层流燃烧和预混湍流燃烧。

## ▶6.2.1 预混层流燃烧

将可燃气体同实现完全燃烧所需的空气预先均匀混合，然后使它们在层流状态下燃烧，即为预混层流燃烧。使可燃混合物从管口流出并点燃，可得到锥形的预混层流火焰，如图 6-14 所示。当可燃混合物在管内作层流流动并被点燃时，也可得到层流火焰，此时火焰面近似于平面，其厚度通常不足 1mm，燃烧时的热传导、扩散、反应与黏性效应等在这薄薄的反应区内完成。改变气流速度，火焰的锥形随之改变。

预先均匀混合使燃气同空气充分接触，因而预混燃烧不存在明显的发光炭微粒，像图 6-14 那样的锥形火焰轮廓就很难辨清。

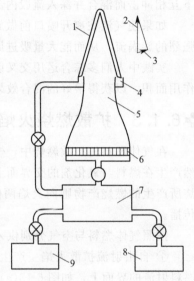

图 6-14　层流火焰实验装置
1—锥形火焰；2—气流速度；3—火焰（法线）传播速度；4—实验燃烧室；5—主燃烧室；6—稳定筛；7—混合室；8—氧化剂；9—燃料

如第 5 章所述，预混层流燃烧的火焰传播速度有两种：一种是锥形火焰的法线传播速度；另一种是管内燃烧的管测速度。管测法简便，又接近炉子的实际情况，其数据多为工程上采用。表 6-1 和表 6-2 是对部分可燃混合物的法线传播速度和管测速度的一种测定结果，仅供参考。

表 6-1　几种混合物的火焰法线传播速度

| 名称 | 按理论空气量的混合物 | | 最大传播速度的混合物 | |
|---|---|---|---|---|
| | 可燃气体含量/% | 速度/(m/s) | 可燃气体含量/% | 速度/(m/s) |
| 氢气＋空气 | 29.5 | 1.60 | 42.0 | 2.67 |
| 一氧化碳＋空气 | 29.5 | 0.30 | 43.0 | 0.41 |
| 甲烷＋空气 | 9.5 | 0.28 | 10.5 | 0.37 |
| 乙烷＋空气 | 7.7 | 1.00 | 10.5 | 1.35 |
| 乙烯＋空气 | 6.5 | 0.50 | 7.0 | 0.63 |

管测速度随管直径的减小而下降，在管径小于某一直径时火焰就不再传播了，这个直径被称为火焰传播速度的临界直径，也叫熄灭直径。一般来说，火焰传播速度快的熄灭直径就

小，如氢同空气混合物的熄灭直径为 0.9mm，甲烷与空气混合物的熄灭直径则达 3.5mm。熄灭直径在安全方面有重要意义。

表 6-2 几种火焰传播的管测速度

| 可燃混合物 | 传播速度/(m/s) | 可燃混合物 | 传播速度/(m/s) |
|---|---|---|---|
| 氢气＋空气 | 4.85 | 一氧化碳 50%＋氢气 50%＋空气 | 3.1 |
| 一氧化碳＋空气 | 1.25 | | |
| 甲烷＋空气 | 0.67 | 焦炉煤气＋空气 | 1.70 |
| 乙烷＋空气 | 0.86 | 页岩煤气＋空气 | 1.30 |
| 丙烷＋空气 | 0.82 | 发生炉煤气＋空气 | 0.73 |
| 乙烯＋空气 | 1.42 | 照明煤气＋空气 | 1.58 |

预混燃烧比较容易出现回火现象，这是因为气流速度小于火焰传播速度而使燃烧逆行进入燃烧器而发生的不正常情况，可能会造成危险，因此在实践中要防止回火的发生。

## 6.2.2 预混湍流燃烧

如果可燃气体和空气的混合物在湍流状态下燃烧，即为预混湍流燃烧。

从图 6-15 所示的预混湍流火焰的瞬时纹影像可以看出，由于湍流造成扰动，在预混层流燃烧过程中存在的稳定火焰面已不复存在，燃烧深入气流内部进行，从而形成厚厚的反应区。对火焰做纹影处理，则可见到紊乱、皱折的火焰面。湍流强度更高时火焰则分成若干小火焰。

预混湍流燃烧可使火焰的传播速度与燃烧热强度大大提高，但它也促使火焰不稳定，从而容易产生回火，因此在实际中的应用并不多。

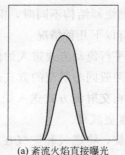

(a) 紊流火焰直接曝光　　(b) 相应的瞬时纹影像

图 6-15 预混湍流火焰的瞬时纹影像

# 6.3 气体燃料的燃烧方法

根据燃气和空气在燃烧前混合情况的不同，可将燃气的燃烧分为有焰燃烧、无焰燃烧和半无焰燃烧。

## 6.3.1 有焰燃烧

气体燃料的扩散燃烧在实际应用中几乎都有火焰产生，可以看见明显的火焰轮廓，工业上习惯称之为有焰燃烧，即有焰燃烧是气体燃料扩散燃烧实际应用的工业燃烧形式，包括层流扩散燃烧和湍流扩散燃烧两种类型。

有焰燃烧的特点是燃气和空气在进入燃烧室前不预先进行混合，而是分别用燃烧器（烧嘴）送入燃烧室，在燃烧室内边混合边燃烧，产生的火焰较长，并有清晰的火焰轮廓。有焰燃烧的燃烧速率主要取决于燃气与空气的混合速率，与燃气的物理化学性质无关，烧嘴的能力范围较大，火焰的稳定性较好。当用有焰燃烧法燃烧含碳氢化合物较多的煤气时，由于燃气在进入燃烧反应区之前，即进行混合的同时，必然要经受较长时间的加热和分解，因此在火焰中容易生成较多的固体炭粒,火焰黑度较大。从燃烧的角度来看,产生炭粒似乎不理想,但这些炭粒实际上绝大多数都可以燃尽,并且可大大增加火焰的辐射能力,从而可强化炉内的传热效果,因而利大于弊。所以有的时候还嫌发光炭粒不足,进而对燃气增碳。

采用有焰燃烧可以允许将空气和燃气预热到较高的温度而不受着火温度的限制,有利于用低热值燃气获得较高的燃烧温度和充分利用废气余热而节约燃料。改善燃气和空气混合条件的主要途径是强化燃烧和组织火焰,这可通过改变燃烧器结构来实现,如将燃气和空气的流动形成相交射流,以加强机械掺混作用;将燃气分成多股细流以增大燃气和空气的接触面积;增大燃气与空气的相对速率;增大燃气和空气之间的动量比以及采用旋转射流来加强混合等。由于以上特点,有焰燃烧至今得到广泛采用,尤其是当炉子的燃料消耗量较大,或者需要长而亮的火焰时,都采用有焰燃烧。

火焰的长短是扩散混合进程的标志。火焰长表示混合与燃烧进行得快,空气系数也可小一些。短火焰有较好的热工性能,但并非任何情况下都以短火焰为好。不同的加热炉型、加热对象与加热目的,对火焰长短等特性的要求也往往不同。如大型炉子和要求有较长均热区的炉子,希望燃烧热量在一个较长的路程上较均匀地释放出来,因此需要较长的火焰。所以应注意火焰的选择不能仅以燃烧快慢为依据,也不宜就火焰长短简单地评定其优劣。

当使用条件相同而燃烧器结构不同时,混合情况和火焰长度也不同。燃气和空气的流动方式对火焰长度的影响有以下几种情况。

① 当燃气和空气以平行流动方式进入炉内时,混合条件最差,火焰最长。

② 当燃气和空气以两股同心射流的方式送入炉内时,混合条件有所改善,火焰稍短。

③ 当燃气和空气以相交射流方式送入炉内,并缩小燃烧器出口断面时,可增大出口流速,混合更好,火焰长度更减短。

④ 当采用半无焰燃烧,将燃气和空气在燃烧器内先进行部分混合,则效果更好,火焰最短。

需要注意的是,选用燃烧器时不能只根据火焰的长短来定,而必须视火焰形状及其温度分布能否满足工艺的要求,以及燃烧器负荷调节范围能否满足炉子的要求等。

## ■ 6.3.2　无焰燃烧

无焰燃烧是指燃气和空气在进入燃烧室之前就预先将其混合均匀。因其燃烧速率只取决于着火和燃烧反应速率,比有焰燃烧的速率快,火焰短,没有明显的火焰轮廓,故称为无焰燃烧,属于动力燃烧。

无焰燃烧实现预混的方式有两种:一种是使燃气和空气按燃烧比进入混合机或预混装置,两者均匀混合后通过管道输向燃烧器;另一种是采用喷吸原理,燃料直接在燃烧器内实现预混,并进入炉内燃烧。

对于预混式无焰燃烧,由于煤气和空气已预先混合,因而过量空气系数可取得较小,一般为 1.02~1.05 即可。而燃气和空气的预热温度受到可燃混合气体着火温度的限制,通常都在 350~500℃。由于燃烧速率快,燃烧器容积热强度要比有焰燃烧高得多,且高温区较集中。为防止回火和爆炸,燃烧器的燃烧能力不能太大。

采用混合机预混,因存在较多的可燃混合物输送管,所以需要严格而复杂的保护措施才能保证安全,否则回火会导致爆炸事故,甚至使整个系统毁坏,所以这种预混系统已很少在工业生产,特别是大、中型燃烧装置中应用。

喷吸预混也称喷射式预混,其特点是直接在燃烧器内吸入空气(或燃气)实现混合,这样就省去了可燃混合物的输送管路,因而即使回火也不致造成危险,从而使安全得到保证。这种喷射器称为无焰燃烧器或喷射式烧嘴,在工业上已得到广泛应用。

工业中一般采用燃气作为喷射介质从喷口射向混合管,因介质的快速流动而在吸入室内造成负压,于是周围的空气作为被喷射介质被大量吸入并与燃气迅速实现混合,然后经扩散管和收缩形头部流出。扩散段和收缩形头部有合理利用能量,进一步使浓度均匀与促进层流流出的作用。

空气调节阀可以沿燃烧器轴线方向前后移动,以调节燃烧需要的空气量,空气吸入口做成收缩式的喇叭形管口,以减少空气的入口阻力。通过扩压管使气流的动压变为静压,增大喷射器两端压差。

燃烧坑道采用耐火材料砌成,可燃混合气体在坑道口被加热而着火燃烧。为使高温烟气能回流到喷口附近形成旋涡滞流区,有利于点燃,坑道的扩展角应大于 $90°$。

喷射式预混的缺点是容易回火、调节比小、不便利用烟气余热和燃烧产物的辐射能力差。

### ▶ 6.3.3　半无焰燃烧

如果在燃烧之前只有部分空气与燃气混合,则称为半无焰燃烧。

当采用半无焰燃烧,将气体燃料和空气在燃烧器内先进行部分混合,则效果更好,火焰最短。

需要注意的是,选用燃烧器时不能只根据火焰的长短来定,而必须根据火焰形状及其温度分布能否满足工艺的要求,以及燃烧器负荷调节范围能否满足炉子的要求等来选定。

## 6.4　气体燃料燃烧装置

气体燃料的燃烧过程可分三个阶段,即混合、着火和燃烧。燃料的混合过程比燃烧过程要缓慢得多,因此,决定气体燃料燃烧方式和效果的主要因素是混合过程。

气体燃料燃烧装置俗称烧嘴,可以从不同角度进行分类,按照上述的燃烧方法可分为两大类:有焰燃烧器和无焰燃烧器。按燃料与空气的混合方式分成扩散式煤气烧嘴、引射式煤气烧嘴、半引射式煤气烧嘴。

### ▶ 6.4.1　有焰燃烧器

有焰燃烧器是采用有焰燃烧方式的烧嘴,应用很广。在这种燃烧器中燃气和空气是在燃烧器外边混合边燃烧,形成可见的较长火焰,因而又称火炬燃烧器。

有焰燃烧的燃烧速率主要取决于燃气与空气的混合速率,因此强化燃烧和组织火焰的主要途径是设法改变燃气与空气的混合条件,这在很大程度上是通过改变燃烧器(或称烧嘴)的结构来实现的,例如:①将燃气和空气分成很多股细流;②使空气和燃气以不同角度和速度相遇;③利用旋流装置来强化气流的混合等。

图 6-16 所示为五种不同结构的烧嘴在同一使用条件下所得到的火焰长度。所有烧嘴的燃气量都等于 $35m^3/h$,燃气的发热量为 $15750kJ/m^3$,空气流量为 $130m^3/h$。图 6-16 的纵坐标为每立方米燃烧产物中的氧气浓度($m^3/m^3$)。

当燃气和空气成两股并列气流分别送到炉内时(No.1),混合条件最差,火焰最长。

当喷出速度不变,但燃气和空气以两股同心射流的方式送到炉内时(No.2),混合条件较前有所改善,火焰较短。如在空气通道中装设旋流导向叶片(No.3),则火焰会更短。

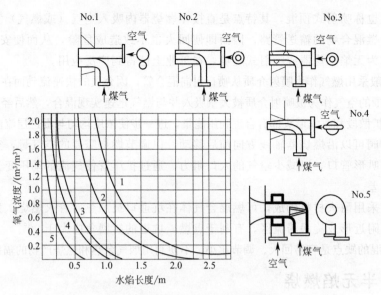

图 6-16　烧嘴结构对火焰长度的影响

缩小出口断面增大气流出口速度，并使燃气与空气流以一定角度相遇，则更有利于混合（No.4）。

如使燃气和空气在烧嘴内部预先进行部分混合（半无焰燃烧），则可得到更短的火焰（No.5）。

必须指出，任何一种烧嘴的工作都是为了满足一定生产条件的要求，每一种烧嘴的产生和发展都有它的具体条件，因此不能脱离烧嘴的使用条件孤立地评论烧嘴的结构合理与否，更不能片面地根据火焰的长短来区分烧嘴工作的好坏，而是应当看它是否能够适用和满足具体生产条件对火焰特性的要求而定。例如，火焰形状及其温度分布能否满足加热工艺的要求；烧嘴负荷的调节范围能否满足炉子供热制度的要求等。在某种使用条件下认为是比较好的烧嘴在另一种生产条件下就可能完全不能使用。因此在选择烧嘴和分析其结构特性时，必须和烧嘴的使用条件结合起来。一般来说，一个性能良好的烧嘴主要应满足使煤气和空气进行充分混合，或为混合提供必要的条件；在规定的负荷变化范围（调节比）内保证火焰的稳定，既不脱火也不回火，并能保证在规定的负荷条件下燃料的完全燃烧。

有焰烧嘴结构的主要部件是喷头部分，它的尺寸和形状不但要保证燃气和空气以一定的流量和速度进入燃烧室（炉膛），而且还要创造燃气和空气相互混合的一定的条件，例如使它们呈交叉射流或旋转射流等，以便得到炉子所要求的一定特性的火焰。有的烧嘴也在喷头之前采取结构措施（例如使气体切向进入）以强化气流混合。

有焰烧嘴的具体结构形式繁多，为便于掌握各种烧嘴的基本特点，可将有焰烧嘴按下列特征进行分类。

按燃气的发热量，可分为：①高发热量燃气烧嘴（天然气、焦炉气、石油气烧嘴）；②中发热量燃气烧嘴（混合煤气烧嘴）；③低发热量燃气烧嘴（发生炉煤气、高炉煤气烧嘴）。低发热量燃气燃烧器使用压力和发热量都较低的燃气，燃烧所需空气较所燃烧的煤气的体积小，如高炉煤气的理论空气量为 $0.7 \sim 0.8 m^3/m^3$。高发热量燃气燃烧器使用压力和发热量都较高的燃气，这就便于采用喷射式燃烧器，但是它必须吸入大量燃烧所需的空气量（4倍于燃气量），这又大大降低了使用喷射式燃烧器的可能性。由于这些原因，低发热量燃气燃烧器尺寸大，燃气和空气的喷口尺寸几乎相等。高发热量燃气燃烧器的燃气喷口断面积远小于空气供给通道的断面积。在燃烧器功率相等的条件下，高发热量燃气燃烧器的尺寸较低发热量燃气燃烧器小得多。

按烧嘴的燃烧能力，可分为：①小型烧嘴（100m³/h以下）；②中型烧嘴（100～500m³/h）；③大型烧嘴（500～1000m³/h）。

按火焰长度，可分为：①短焰烧嘴；②长焰烧嘴。

按火焰长度的可调性，可分为：①火焰长度固定（燃气量不变时）的烧嘴；②火焰长度可调的烧嘴。

按燃气与空气的混合方式，可分为：①靠空气与燃气的紊流扩散而混合的烧嘴（直流式烧嘴）；②靠流股交角混合的烧嘴；③靠旋流装置混合的涡流式烧嘴；④靠机械作用混合的烧嘴。

按燃气与空气的混合地点，可分为：①在烧嘴和炉膛中都有混合作用的烧嘴；②只在炉膛中混合的烧嘴。

按燃气与空气配比的调节方法，可分为：①手动调节空气与燃气配比的烧嘴；②自动调节空气与燃气配比的烧嘴。

按流股的形状，可分为：①扁平流股的烧嘴（如缝式烧嘴）；②圆形流股的烧嘴；③盘形流股的烧嘴（如平焰烧嘴）。

按空气与燃气的预热情况，可分为：①空气与燃气不预热的烧嘴；②空气与燃气预热的烧嘴。

按燃料的使用范围，可分为：①一种燃气用的烧嘴；②二种燃气用的烧嘴；③燃气和液体燃料共用的烧嘴。

**（1）扩散式烧嘴**

典型的自由射流扩散式烧嘴通常既称为扩散式烧嘴，又称直管燃烧器。这种烧嘴结构很简单，在燃气供给管上钻一些小孔即成，如图6-17所示。燃烧所需的空气依靠扩散从周围空间或从炉排下面吸入。

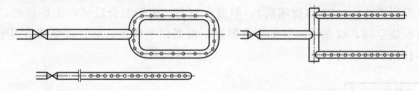

图6-17　扩散式烧嘴示意图

这种烧嘴采用层流扩散燃烧的较多，一般使用低热值或中热值燃气。这种燃烧器生产能力小，热效率低，主要在烘烤设备、家用炉具中及低温加热方面应用。火孔直径可在0.5～5.0mm之间选择，间距视需要而定，只要保证不使火焰合并即可。火孔数量以其面积之和占通道截面的50%～70%为好。燃压一般在500Pa以下，流量可任意调节。

**（2）引射式大气式烧嘴**

这是一种借助于喷射吸入作用吸入部分空气，然后空气与燃气混合流出在大气中燃烧的烧嘴。其燃烧仍是典型的扩散式的，但习惯上称它为大气式烧嘴，由引射器和头部两部分组成，如图6-18所示。其工作原理是利用燃气射流卷吸一次空气，并在引射器内混合，其相应的一次空气系数为0.45～0.75，焦炉煤气的取下限，天然气的取中限，液化石油气的取上限。燃气与一次空气预混后由头部的火孔喷出，并从周围大气中获取二次空气，以进行扩散燃烧。随着工况的变化，总空气系数为 1.3~1.8。由于吸进一次空气，因而这种烧嘴可用于高热值燃气。

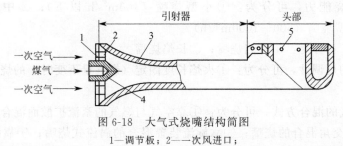

图 6-18  大气式烧嘴结构简图

1—调节板；2——次风进口；
3—引射器喉部；4—煤气喷嘴；5—火孔

烧嘴的火孔直径、分布情况与扩散式烧嘴的相同。为保证各火孔有均匀的火焰高度，混合管截面积应为各火孔面积之和的 1.7~2.5 倍。烧嘴前燃气的压头为 500~1000Pa，燃烧能力与火焰高度可随意调节，应用范围与扩散式烧嘴的相同。

由以上引射式大气式燃烧器的工作原理可以看出，它是带有部分预混的燃烧器，其特点是：与纯扩散式燃烧器相比，其火焰温度高、火焰短、火力强，燃烧比较完全，燃烧产物中 CO 含量低，但结构复杂，燃烧稳定性稍差；与强制通风燃烧器相比，不需要专设风机，投资少；工况调节范围较高，但热强度和燃烧温度则较低。

**(3) 低压烧嘴**

低压烧嘴是指采用风机供风的强制湍流扩散燃烧的烧嘴，它包括同轴射流、交叉射流、旋转射流等几种类型，应用最广。烧嘴调节比一般在 10 以上。

① 套筒式低压烧嘴  图 6-19 所示为同轴射流的套管式低压烧嘴，其燃气通道和空气通道是两个同心套管，燃气和空气是平行流动，在离开烧嘴后才开始混合。这样做的目的是有意使混合放慢，把火焰拉长。这种烧嘴的特点是不宜产生回火，火焰长，燃烧能力大，结构简单，气体流动阻力小（燃气阻力系数 1.1，空气阻力系数 1.1），所需的燃气和空气压力较低，一般只需要 784~980Pa（烧嘴前），但混合较差。由于混合较慢，火焰较长，因此需要有足够大的燃烧空间，以保证燃气的完全燃烧。根据以上特点，套管式烧嘴适用于燃气压力较低和需要长火焰的场合。

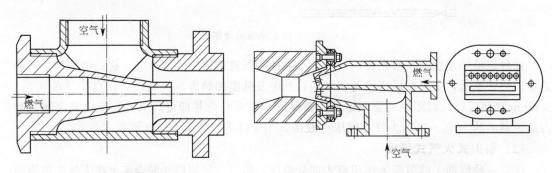

图 6-19  套筒式低压烧嘴示意图          图 6-20  交角式低压烧嘴示意图

② 交角混合式烧嘴  典型的交角混合式烧嘴示意图如图 6-20 所示。这种烧嘴也称缝式烧嘴，火焰长度适中，燃烧能力较小。使用这种烧嘴要注意根据燃气密度来确定其导入位置

（烧嘴体与头部均可转动 180°安装），密度大于空气的燃气从上面导入，反之则由下面导入，这样有利于混合。

③ 低压涡流式烧嘴（DW-1 型）　低压涡流式烧嘴是目前应用比较广泛的一种有焰烧嘴，用这种烧嘴燃烧清洗过的发生炉煤气、混合煤气、焦炉煤气时，可以得到比较短的火焰。把煤气喷口缩小后也可以用来燃烧天然气。其结构如图 6-21 所示。

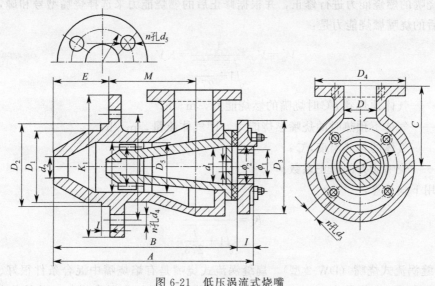

图 6-21　低压涡流式烧嘴

与套管式烧嘴相比，低压涡流式烧嘴的主要结构特点是燃气和空气在烧嘴内部就开始相遇，而且为了强化燃气与空气的混合过程，在空气的通道内还设置了涡流导向叶片，使空气产生了切向分速，在旋转前进的情况下和燃气相遇，因而混合条件较好，可以得到比较短的火焰。

导向叶片的轴向角度有 30°和 45°两种，可加强燃气和空气的混合，因而火焰较短，火焰长度为烧嘴出口直径的 4～6 倍。燃烧所需要的空气靠风机鼓入，过剩空气系数取 1.15～1.20。

安装涡流导向叶片虽然有利于燃气与空气的混合，但也增加了空气的流动阻力，因此这种烧嘴所需要的空气压力比套管式烧嘴大一些，设计煤气压力为 800Pa，空气压力为 2000Pa。如果烧嘴前的燃气压力大于或者小于 800Pa，则应按下式对烧嘴的燃烧能力进行修正。

$$V = V_{800}\sqrt{\frac{p}{800}} \tag{6-5}$$

式中　$V$——燃气压力为 $p$（Pa）时的烧嘴燃烧能力，$m^3/h$；

　　　$V_{800}$——燃气压力为 800Pa 时的烧嘴燃烧能力，$m^3/h$。

当燃气压力超过 2000Pa 时，为了保证烧嘴前的燃气调节阀的调节性能，应当在烧嘴的燃气进口处安装节流垫圈将燃气减压。节流垫圈的直径可从相关文献中查取。

当空气或燃气预热时，气体的流动阻力会有所增加，因此要想保持烧嘴原有的燃烧能力，必须相应提高烧嘴前的空气（或燃气）压力，这时所需的压力可用下式计算：

$$p' = \left(1 + \frac{t}{273}\right)p \tag{6-6}$$

式中　$p'$——预热到 $t$℃时，为了保持原有的气体流量所需要的压力，Pa。

$p$——不预热时，烧嘴前的空气（或燃气）压力，Pa；

$t$——空气（或燃气）的预热温度，℃。

如果由于设备条件的限制，不可能按上述要求来提高气体的压力，也就是说，气体压力不变，则烧嘴的燃烧能力会有所降低。在这种情况下，为了保证炉子的热负荷，必须根据下列公式对烧嘴的燃烧能力进行修正，并根据修正后的燃烧能力来选择烧嘴型号和确定烧嘴个数。预热后的烧嘴燃烧能力是：

$$V_0' = V_0 \frac{1}{\sqrt{1 + \dfrac{t}{273}}} = KV_0 \tag{6-7}$$

式中　$V_0'$——气体预热到 $t$℃时烧嘴的燃烧能力，$m^3/h$；

$V_0$——气体不预热时的烧嘴燃烧能力，即气体流量，$m^3/h$；

$t$——气体的预热温度，℃；

$K$——烧嘴能力的修正系数。

$K$ 可用下式计算：

$$K = \frac{1}{\sqrt{1 + \dfrac{t}{273}}} \tag{6-8}$$

④ 扁缝涡流式烧嘴（DW-2 型）　扁缝涡流式烧嘴是有焰烧嘴中混合条件很好、火焰很短的一种，适用于发热量为 $5435 \sim 8400 kJ/m^3$ 的发生炉煤气和混合煤气，其结构如图 6-22 所示。从图 6-22 中可以看出，它的特点是在煤气通道中安装了一个锥形煤气分流短管，使煤气沿其外壁形成中空筒状旋转气流。空气则是沿着蜗形通道以和煤气流相切的方向通过煤气管壁上的扁缝，分成若干片状气流进入混合室内，在混合室中与中空的筒状煤气流开始进行混合，因此混合条件好，火焰很短。当混合气体的出口速率为 $10 \sim 12 m/s$ 时，火焰长度为出口直径的 $6 \sim 8$ 倍。

在使用扁缝涡流式烧嘴时，要求烧嘴前的燃气压力和空气压力为 $1500 \sim 2000 Pa$，而且，因为燃气和空气在烧嘴内部就已经混合，所以混合气体的出口速度或烧嘴前的气体压力不得低于设计规定的范围。这种烧嘴当混合气体的出口速度超过 $15 m/s$ 时有可能灭火。

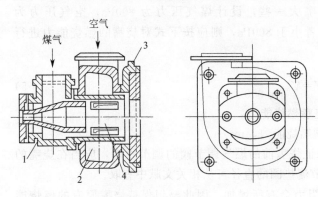

图 6-22　扁缝涡流式烧嘴

1—锥形煤气分流短管；2—蜗形空气室；
3—缝状空气入口；4—混合室

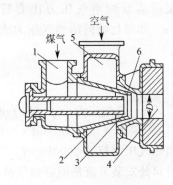

图 6-23　环缝涡流式烧嘴

1—煤气入口；2—煤气喷头；3—环缝；
4—烧嘴头；5—蜗形空气室；6—空气环缝

⑤ 环缝涡流式烧嘴　环缝涡流式烧嘴的结构如图 6-23 所示。燃气由管 1 引入，在圆柱形分流短管的作用下，形成中空筒状气流，并经过喷头 2 的环状缝隙进入烧嘴头 4。空气从蜗形空气室 5 通过空气环缝 6 旋转喷出，在烧嘴头 4 中与煤气相遇而开始混合。

这种烧嘴主要用来燃烧发热量为 3800～92000kJ/m³ 的混合煤气和清洗过的发生炉煤气，当把出口断面缩小后也可用于焦炉煤气和天然气。

环缝涡流式烧嘴所需燃气和空气压力为 2000～4000Pa。燃气应清洁干净，否则容易堵塞喷口。在没有专用燃烧室的情况下，混合气体的出口速度实际上只受燃气压力和空气压力的限制。当燃气的出口速度低于 5～8m/s 时，可能发生回火，因此最小出口速度一般都限制在 10m/s 左右。

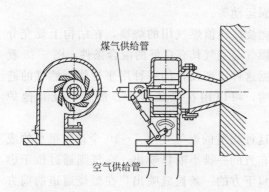

图 6-24　带旋流室的预混烧嘴　　　　图 6-25　可调整火焰长度的烧嘴（调燃气）

⑥ 带旋流室的预混烧嘴　图 6-24 是带旋流室的预混烧嘴，燃气和空气通过切向槽以相反方向进入环形混合室得到充分混合，因而火焰较短。

⑦ 火焰长度可调式烧嘴　图 6-25 和图 6-26 是两种可以调整火焰长度的烧嘴，它的工作原理都是基于改变燃气与空气的混合条件。图 6-25 是将燃气分为两路，图 6-26 是将空气分为两路，当改变中心燃气与外围燃气（见图 6-25）或中心空气与外围空气（见图 6-26）的比例时，可以得到不同的火焰长度。

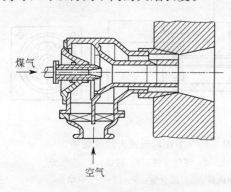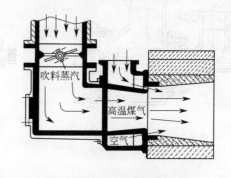

图 6-26　可调整火焰长度的烧嘴（调空气）　　　　图 6-27　烧脏发生炉煤气的烧嘴

⑧ 烧脏发生炉煤气的烧嘴　当使用未清洗的脏发生炉煤气时，由于煤气中含有粉尘和焦油，不能用送风机加压，并且容易使煤气喷口发生堵塞，因此煤气压力很低，必须注意减少阻力损失，防止喷口堵塞。为此，这种烧脏发生炉煤气的烧嘴的煤气喷口断面较大，煤气

流速较小，须靠提高空气流速来加速混合，并应用蒸汽定期吹扫和便于检修。其代表性结构如图 6-27 所示。

⑨ 天然气烧嘴 高发热量燃气（焦炉煤气、天然气）的燃烧特点是：燃烧时需要大量空气（每立方米燃气需要 $5\sim8m^3$ 或更多），即保证少量的燃气和大量的空气相混合；此外燃气和空气的混合物的着火范围较小并且燃烧温度高。混合良好的高热值燃气和空气混合物的燃烧本身没有困难，主要的问题是如何获得较好的混合。为了保证这点，常设法使燃气以各种形状的细流股通入空气中去，以及使燃气和空气的混合物形成旋涡运动等。

燃烧高热值燃气用的烧嘴，在结构上要充分考虑燃气与空气具有良好的混合条件，图 6-28 就是根据这种原则设计的一种用来燃烧天然气的缝状烧嘴，可以用在热处理炉、加热炉及其他炉子上。

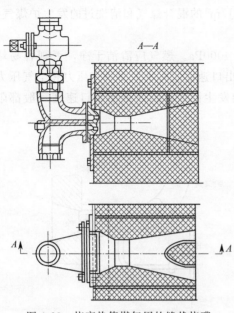

图 6-28 烧高热值煤气用的缝状烧嘴

这种烧嘴的燃气是由 $7\sim10$ 个直径很小的成直线布置的一排小喷口喷出，空气则通过位于燃气喷口下方的一条狭缝喷出，在燃烧通道的前方设有用耐火材料制成的栅墙。所有这些结构措施都是为了有利于燃气和空气的混合。图 6-29 是多孔式天然气低压烧嘴。

图 6-30 是多孔式涡流式烧嘴。为了加速混合，空气用分流导向砖 4 分割成多股细流，燃气则从燃气导管 2 与衬管 3 之间的环形断面喷出，形成一个筒状的薄壁气流，并且在混合室 5 中与空气混合。混合条件可以通过改变燃气喷口与空气分流导向砖的相对位置以及导向砖的风眼角来调整。

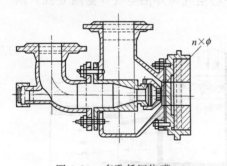

图 6-29 多孔低压烧嘴

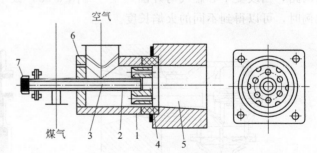

图 6-30 多孔涡流式天然气烧嘴

1—外壳；2—煤气导管；3—衬管；4—空气分流导向砖；5—混合室；6—挡板；7—堵头

当空气不预热时，烧嘴前的空气压力只需要 750Pa，空气管内的流速约在 15m/s。当采用热风操作时，应根据风温相应提高烧嘴前的空气压力。

这种烧嘴共有 10 种型号，最小的燃烧能力为 $2.1\times10^6\,kJ/h$，最大的燃烧能力为 $42\times10^6\,kJ/h$。如果把堵头 7 去掉，在衬管中插入油喷嘴，就可以用来燃烧液体燃料，或者同时烧燃气和重油。

## 6.4.2 无焰燃烧器

无焰燃烧是在燃烧之前先将燃气与空气按一定比例预先混合成可燃混合气，然后再从燃烧器喷出进行燃烧，属动力燃烧类型。其主要特点是：无焰燃烧由于燃气与空气在进入燃烧器之前已进行预先混合，在燃烧过程中不再需要混合时间，因此燃烧过程总的时间实际上取决于化学反应时间；燃气完成燃烧所需空气系数很小，一般为 1.05～1.15，甚至可低到1.03～1.05，而燃尽程度却很高，其化学不完全燃烧损失接近于零；燃烧温度高，接近理论燃烧温度；燃烧火焰很短，在炽热的燃烧坑道背景下，甚至看不到火焰，所以称无焰燃烧，其火炬的辐射能力差。

如要实现无焰燃烧方法要求的空气和燃气的预混合，可以采用多种方法，其中工业上应用最广泛的是利用喷射器，以燃气作为喷射介质，空气作为被喷射介质（少数情况下也有以空气为喷射介质的），使两者通过喷射器达到均匀混合。这种装置称为喷射式无焰燃烧器，或简称喷射式烧嘴，其结构见图 6-31。

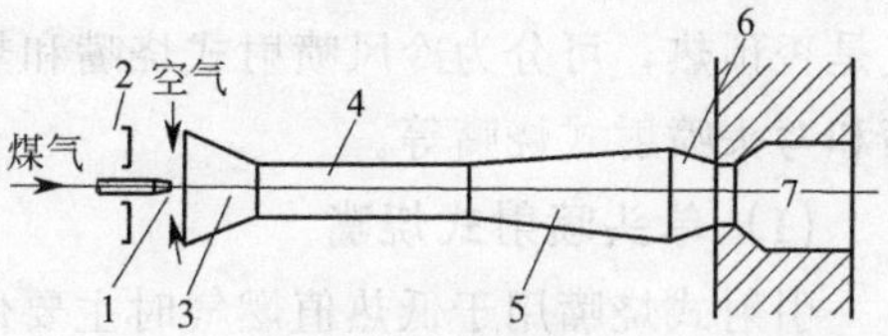

燃气喷口：是一个收缩形管嘴。做成收缩形是为了使出口断面上的气流分布均匀，以便提高喷射效率。

空气调节阀：它可以沿烧嘴轴线方向前后移动，用来改变空气的吸入量，以便根据燃烧过程的需要来调整空气过剩系数。

图 6-31　喷射式无焰烧嘴结构示意图
1—燃气喷口；2—空气调节阀；3—空气吸入口；
4—混合管；5—扩压管；6—喷头；7—燃烧坑道

空气吸入口：为了减少空气的气动阻力，常做成逐渐收缩式的喇叭形管口。

混合管：用来完成燃气和空气的混合过程，一般情况下都做成直筒形。

扩压管：气流通过扩压管时，流速降低，一部分动压转为静压，这样做的目的是为了增大喷射器两端的压差，以提高喷射器的工作效率。

喷头：呈收缩状，主要是为了使出口断面上速率分布均匀化，有利于防止回火。在一些大型的喷射式烧嘴的喷头上必须安装散热片，或者做成水冷式，以便加强散热，这是防止回火的一个有效措施。

燃烧坑道：用耐火材料砌成，可燃气体在这里被迅速加热到着火温度并完成燃烧反应。燃烧坑道对可燃气体的加热点火一方面依靠燃烧坑道壁的高温辐射作用，另一方面还可以使一部分高温燃烧产物回流到喷头附近（火焰根部），以构成直接点火热源，因此坑道的张角不宜于小 90°。

喷射式烧嘴具有如下优点：①吸入的空气量能随燃气量的变化自动按比例改变，因此喷射系数（空气过剩系数）能自动保持恒定，也就是说，这种烧嘴具有自调性。②混合装置简单可靠，燃气与空气在混合管内即达到均匀混合，只要给予 2%～5% 的过剩空气就可以保证完全燃烧。③燃烧速率快。④不需要风机，管路设置也比较简单，因此烧嘴的调节自动控制系统都比有焰烧嘴简单，这一优点对于烧嘴数量较多的连续加热炉和热处理炉尤其显得突出。

喷射式无焰烧嘴的主要缺点是：①大型的喷射式无焰烧嘴的外形尺寸很大，例如，目前最大的喷射式烧嘴长度已达到4m，占地面积大，安装和操作都很不方便。②与有焰烧嘴相比，无焰烧嘴需要较高的燃气压力（一般都在10000Pa以上），因此燃气系统的动力消耗大。③空气和燃气的预热温度受到限制。④烧嘴负荷的调节比小，即烧嘴的最大和最小燃烧能力的比值不如有焰烧嘴大。⑤对燃气发热量、预热温度、炉压等的波动非常敏感；烧嘴的喷射比（自调性）在实际情况偏离设计条件时便不能保持。

不同燃气的喷射式烧嘴的正常工作压力与回火压力如表6-3所列。

表6-3 喷射式烧嘴的正常工作压力与回火压力

| 煤气种类 | 低位发热量/(kJ/m³) | 逆火压力/Pa | 正常使用压力/Pa |
| --- | --- | --- | --- |
| 高炉煤气 | 3763～4391 | 490 | 3923～5884 |
| 发生炉煤气 | 5018～6272 | 1471 | 8826～15691 |
| 回火煤气、水煤气 | 8363～10454 | 2942 | 14710～19613 |
| 焦炉煤气 | 14636～16726 | 7845 | 29420～39227 |

喷射式无焰烧嘴的分类方式很多。根据喷射口的数量可分为单头喷射式烧嘴和多喷口喷射式烧嘴。根据使用条件的不同，喷射式无焰烧嘴又可分为不同的类型，例如，根据燃气发热量的高低可分为低热值燃气用的喷射式烧嘴和高热值燃气用的喷射式烧嘴；根据燃气和空气是否预热，可分为冷风喷射式烧嘴和热风喷射式烧嘴；根据安装方式可分为直头喷射式烧嘴和弯头喷射式烧嘴等。

### (1) 单头喷射式烧嘴

引射式烧嘴用于低热值燃气时主要借助于提高燃气压力和缩小喷口直径来达到必要的引射能力，要求燃压多在0.05～1.10MPa之间。因吸入空气比率高，混合物流出速度相对较低，因此这样的烧嘴更容易回火。

① 天然气喷射式烧嘴　天然气的出井压力都在10MPa以上，输气网中的燃气压力高达0.5～1MPa，但是，根据各国使用天然气喷射式烧嘴的情况来看，一般都是把天然气的网压降到0.15～0.2MPa使用，而烧嘴前的压力则控制在0.03～0.1MPa，这不仅浪费了天然气的动能，而且也降低了烧嘴的调节比。

为什么不可以将烧嘴前的天然气工作压力提高一些呢？例如提高到0.4～0.5MPa，以便使烧嘴的调节比更大一些呢？这是因为工程流体力学中关于可压缩气体经过管嘴流出时的一些基本规律告诉我们，在使用收缩形管嘴的情况下，随着燃气压力的提高，喷射式烧嘴的吸风能力相对下降（空气消耗系数越来越小），烧嘴不再具有自调性。在生产实践中也同样发现，对于天然气喷射式烧嘴来说，它的自调性只有在一定的工况条件（特别是燃气压力）下才能实现。

为了找出适合我国天然气特点的喷射式烧嘴的合理工况参数范围，有关部门曾对天然气喷射式烧嘴的工作特性进行了专门实验，并在此基础上制定了我国天然气喷射式烧嘴的结构系列。实验发现，天然气喷射式烧嘴在正常工作条件下的调节比是1∶3，与此相应的工作压力为0.08～0.18MPa，超过这一压力范围时，烧嘴的喷射比或自调性就不能保证。

由于目前天然气喷射式烧嘴的燃烧能力较小，所以它主要用在中小型轧钢加热炉、锻造炉、热处理炉和干燥炉上。对于大型连续加热炉和室状加热室，目前只采用有焰烧嘴或半喷射式烧嘴（即只有一部分空气靠喷射引入，其余空气用风机供给）。

为了保证喷射式烧嘴的自调性，必须注意使吸入介质的压力保持为零压，炉内的反压力应控制在零压附近,最好不超过±20Pa,当空气和燃气预热时,应注意使预热温度保持稳定。

图 6-32 所示为 TGP-1 型天然气高压喷射式烧嘴的结构,由煤气喷嘴、空气调节阀、收缩管、混合管、扩压管、喷头、燃烧坑道组成,可用于燃烧低热值[$(3.51\sim4.24)\times10^4$kJ/m³]的天然气。其回火压力在 $3.92\sim17.65$kPa 之间,工作压力为 $0.1\sim0.2$MPa,不回火的最低工作压力为 0.015MPa。

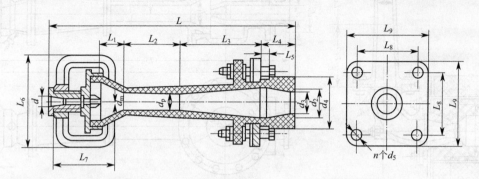

图 6-32  天然气喷射式烧嘴(TGP-1 型)结构

② 低热值燃气喷射式烧嘴  这种烧嘴适用于发热量为 $38000\sim92000$kJ/m³ 的清洗过的高炉焦炉混合煤气或发生炉煤气。用燃气作为喷射介质,烧嘴前的燃气压力从几百帕到15000Pa,根据烧嘴能力的调节范围和燃气发热量大小而定。目前已有冷风喷射式烧嘴和热风喷射式烧嘴两种定型系列。

a. 冷风低热值燃气喷射式烧嘴。这种烧嘴适用于冷空气、冷燃气或单独预热燃气的场合,烧嘴上没有空气支管,因此又叫单管喷射式烧嘴,并有直头和弯头两种结构形式。直头喷射式烧嘴见图 6-33。

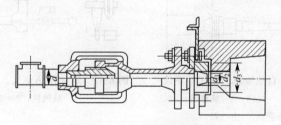

图 6-33  直头冷风喷射式烧嘴

图 6-34 是弯头冷风喷射式烧嘴的结构及其安装情况。弯头喷射式烧嘴的主要特点是它和炉子的配合十分紧凑,占地面积小,另一方面,由于它们的气流阻力较大,故应适当提高烧嘴前的燃气工作压力。

b. 热风低热值燃气喷射式烧嘴。热风低热值燃气喷射式烧嘴的结构如图 6-35 所示,它与冷风喷射式烧嘴的不同之处是多了一个空气箱和一个热风管,所以也叫双管式喷射式烧嘴。

这种烧嘴可以用在冷燃气热空气和热燃气热空气的场合。热空气是由热风管从空气预热器引到空气箱中,然后靠燃气的喷射作用将其吸进混合管。为了保证喷射式烧嘴按比例吸入空气的性能,即保证一定的喷射比,空气箱中的压力应保持恒定,通常保持为零压,或某一与大气压力相近的恒定压力。为了加强保温,烧嘴和管道应包衬绝缘材料。

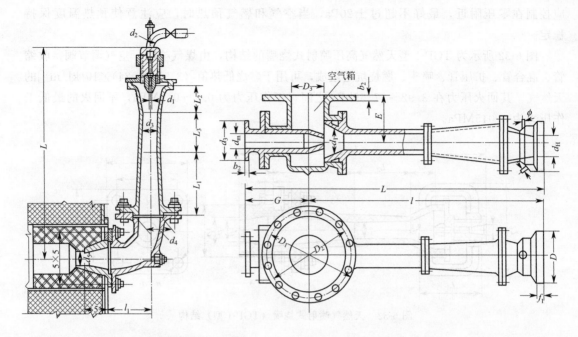

图 6-34　弯头喷射式烧嘴　　　　　　图 6-35　热风喷射烧嘴的结构示意图

当单独预热空气时，如果是自然吸风，烧嘴的工作系统如图 6-36 所示。燃气经管 1 和阀门 2 进入烧嘴 3。冷风靠燃气的抽吸作用进入换热器 4，预热后经蝶阀 5 及热风管 6 进入空气箱 7，所有空气系统的气动阻力是靠燃气喷射器所提供的负压来克服。

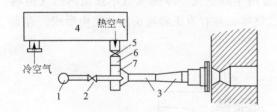　　　　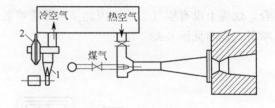

图 6-36　单独预热空气、自然吸风时的工作系统　　　图 6-37　单独预热空气、强制送风时的工作系统
　　1—燃气管；2—阀门；3—烧嘴；4—换热器；　　　　　　1—鼓风机；2—空气压力调节阀
　　5—蝶阀；6—热风管；7—空气箱

如果采用鼓风机强制送风，则烧嘴的工作系统如图 6-37 所示。这时冷空气是由鼓风机 1 送到换热器，为了保持空气箱中的空气压力为零或某一设定的恒定压力，管路中应装设空气压力调节阀 2。

在设计和使用热风喷射式烧嘴时，应当注意以下两个问题。

● 空气和燃气的预热温度不得超过所允许的最高温度，以免引起燃气在烧嘴内部提前着火燃烧。空气和燃气的最高允许温度应根据混合气体的着火温度来决定。

燃气的预热温度还受到燃气中碳氢化合物在高温下发生热分解的限制。这是因为，热分解所产生的固体炭粒沉积在管壁上容易堵塞燃气喷口和引起回火。所以对于含碳氢化合物和焦油蒸气的燃气，例如天然气和发生炉煤气，当采用无焰燃烧时，其预热温度一般不允许超过 300℃。

因此，在使用热风喷射式烧嘴时，空气预热温度一般不超过 550℃，燃气预热温度一般不超过 300℃。

- 空气与煤气预热混合后，其火焰传播速度有所提高，容易发生回火，因此应相应提高混合气体的出口速率。

因为影响火焰传播速度的因素很多，例如燃气的物理化学性质、混合气体的温度、气体的流动情况、烧嘴的大小等，因此混合气体从烧嘴喷头喷出时的合理速度只能根据科学实验和生产实践的经验确定。

③ 焦炉煤气喷射式烧嘴　在冶金厂内，由于焦炉煤气的剩余压力很低（1500～2500Pa），不足以吸入足够的空气，因此需要把它加压到 $(3\sim10)\times10^4$Pa，其动力消耗比低热值燃气高 3～5 倍。

焦炉煤气用的喷射式烧嘴通常只做成用于冷空气和冷煤气的（即空气和煤气都不预热）。当煤气压力为 $3\times10^4$Pa 时，烧嘴的最大燃烧能力可达到 500m³/h，煤气空气混合物的最小允许出口速度为 5～12m/h（与喷头出口直径的大小有关）。

焦炉煤气因氢气含量较多，所以使用喷射式无焰烧嘴时应特别注意防止回火。因此，除了应确定混合气体的最小允许出口速度外，还应当合理选择烧嘴的调节比。

对于低热值燃气和焦炉煤气用的喷射式烧嘴来说，烧嘴的最大燃烧能力实际上只决定于烧嘴前的燃气压力，而最小燃烧能力则决定于烧嘴的回火压力。因此，调节比的大小实际上和烧嘴的回火压力有关。

燃气压力一定时，越是大型烧嘴，其调节比越小（因为大口径的烧嘴容易回火）。当烧嘴型号一定时，烧嘴前的燃气压力越高，则烧嘴的调节比就越大。因此，在生产中，应当根据所要求的调节比的大小来确定烧嘴前的燃气压力。

**(2) 多喷口喷射式烧嘴**

它是在多头及组装式烧嘴基础上发展起来并具有实用价值的一种烧嘴。图 6-38 给出了燃用天然气的多喷口喷射式烧嘴的一个实例。烧嘴主体为 7 孔蜂窝形整体铸件，7 个混合管均同各自的喷口严格对中。该喷嘴的设计压力为 0.0588MPa，实验时燃压在 0.0196～0.147MPa 之间变化，空气系数变化 0.04，表明自调性甚好。头部无冷却的回火压力为 0.0177MPa，调节深度 40%。若利用燃气经头部进行冷却，则回火压力降至 0.0039MPa，调节深度达 20%（调节比为 5）。此时天然气预热温度为 250℃。烧嘴的一个突出优点是其长度比同能力的单头烧嘴缩短 60%，从而大大减少了设备体积。

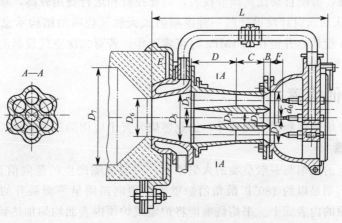

图 6-38　蜂窝形多喷口烧嘴示意图

**（3）板式燃烧器**

预混的可燃混合物从若干小直径出口流出，在一块板状平面内均匀分布、燃烧，这种燃烧器便是所谓的板式燃烧器。图 6-39 所示为一种喷射式板式燃烧器的结构示意图，小火道分布在拼装的条形耐火块上，每个耐火块一个火道，0.25m² 面积上有 100 个火道，于是燃烧器相当于炉墙的一部分，使燃烧在炉壁表面上均匀进行，因而具有特殊意义。适当选择耐火材料可使具有板状平面的头部具有红外或远红外辐射性能。生活及烘烤方面广泛应用的红外线或远红外线辐射炉即以此原理制成。

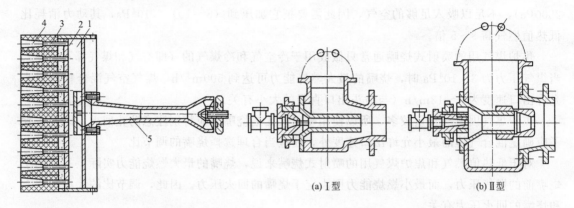

图 6-39　板式燃烧器示意图　　　　　　　　　图 6-40　半喷射式烧嘴
1—气室；2—管板；3—小管；
4—小火道；5—喷射器

(a) I 型　　　　(b) II 型

**（4）半喷射式烧嘴**

半喷射式烧嘴是同时采用喷射吸风和风机供风的烧嘴。机械通风按实际风量的 85%～90%，一次空气的吸入量不低于 10%～15%。这类烧嘴的主要特点是由于预先混合一部分空气，因此火焰较短，并可通过改变一、二次风的比例来调整火焰长短，以适应不同的要求。增大一次空气量或减小二次风量，火焰即缩短，反之则增长。烧嘴一般按中压燃气条件设计，并对气源压力有较强的适应性，对炉压波动不像喷射式烧嘴那么敏感。关闭一次风盘，烧嘴就成为一典型的低压烧嘴。其二次风可预热，也便于烟气余热的直接利用，因此这种烧嘴具有多方面的优点，如体积小、调节范围较大、适合高负荷工作。其缺点是燃气与空气的配比难以掌握，需配自动比例调节仪表，因此投资和运行费用较高，噪声稍大。

图 6-40 是重庆钢铁设计院设计的一种半喷射式天然气烧嘴的结构示意图。该烧嘴燃压按 14.7～29.4kPa 设计，并能在 0.1MPa 时正常工作。若对二次空气设涡流片，则混合效果可提高。

## ▌6.4.3　其他烧嘴

除了前述的有焰烧嘴和无焰烧嘴外，工业燃烧装置中应用的还有其他类型的烧嘴。

**（1）平焰烧嘴**

平焰烧嘴产生的火焰与一般烧嘴的火焰不同。一般烧嘴产生的是向前直冲的炬形火焰，而平焰烧嘴的火焰则是以约 180° 扩散角沿炉壁或炉顶向四周呈平面展开的圆盘形火焰，并紧贴在炉墙或炉顶的内表面上。平焰烧嘴能将炉墙或炉顶内表面均匀加热到很高的温度，形成辐射能力很强的炉墙和炉顶，因此有利于将物料均匀加热和强化炉内传热过程，显著改善加热质量，提高炉子的生产率和降低燃料的消耗。

　　平焰烧嘴的形式多种多样，按空气供给方式分类，有引射式平焰燃烧器和强制鼓风式平焰燃烧器；按燃烧方法又可分为扩散式、全预混式和大气式等。各种平焰燃烧器结构虽有不同，但原理基本一致。为了得到圆盘式的平面火焰，基本条件是必须在烧嘴砖出口形成平展气流。为此，可以使空气沿切线方向或经螺旋导向片从烧嘴砖旋转喷出，造成旋转气流，然后经过喇叭形或大张角的烧嘴砖喷出。一方面由于旋转气流产生了较大的离心力，使气流获得较大的径向速度；另一方面由于气体的附壁效应，气体向炉墙表面靠拢，因而形成平展气流。燃气可以沿轴向喷出，然后靠空气旋转时形成的负压而引到平展气流内，与空气边混合边燃烧，形成平面火焰。

　　燃气平焰烧嘴由风壳、旋风嘴等组成，其结构原理如图6-41所示。将一定压力的燃气由平焰喷嘴头部的喷射槽喷出，来自鼓风机的助燃空气从壳体切线方向鼓入，通过旋风嘴均匀分配，使空气成为较强的旋转气流流出，并与喷出的燃气混合后，沿烧嘴砖的喇叭口向炉墙扩散，形成平盘形火焰，以达到良好的燃烧效果。

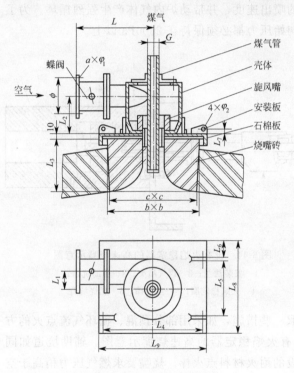

图6-41　燃气平焰烧嘴示意图

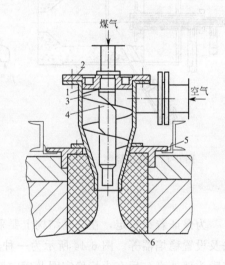

图6-42　螺旋叶片式平焰烧嘴
1—外壳；2—盖板；3—螺旋片；4—燃气喷头；5—烧嘴板；6—烧嘴砖

　　有的平焰烧嘴还在燃气喷孔中加旋转叶片，开径向孔，或在喷孔前加分流挡板，让燃气喷出后有较大的张角，以利于燃气与平展气流的混合。图6-42是螺旋叶片式平焰烧嘴的结构示意图。空气经过装有螺旋叶片的风道旋转喷出，燃气喷孔径向分布，在烧嘴出口与空气达到良好的混合，并和空气一起沿喇叭形烧嘴砖旋转喷出，按扇形展开，形成平焰。

　　平焰烧嘴可用在轧钢和锻造加热炉、热处理炉以及隧道窑等要求炉内温度（或某一区域内的温度）分布均匀的炉子。采用平焰烧嘴除有利于物料加热外，还有利于提高炉体寿命。

据现场经验，采用平焰烧嘴一般可使炉子的生产率提高 10％～20％，燃料节约 10％～30％。

**（2）高速烧嘴**

在某些对炉温均匀性要求比较严格的工业炉中，例如大型热处理炉和模锻加热炉，为了使炉温均匀，防止工件局部过热，长期以来一直采用在炉内设置循环风机或依靠烧嘴布置使炉气强制对流和均匀分布的办法来解决。从 20 世纪 50 年代开始，为了改进大型热处理炉的加热质量，开始研究试制一种燃烧产物喷出速度比较高的烧嘴，叫做高速烧嘴。它的基本特点是燃料在燃烧室或燃烧坑道的前半部即基本达到完全燃烧，由于燃烧室是密闭的，并保持足够高的压力，使高温燃烧产物以 100～300m/s 的高速喷出。由于高速气流推动炉气强烈循环，大大强化了炉内的对流传热，因此高速烧嘴的主要优点是炉温均匀性好、加热快。此外，如果在燃烧室出口或燃烧坑道的后半部供给可以调节的二次空气，还可以实现烟气温度的调节。缺点主要是焰流辐射能力较弱和噪声大。

高速喷嘴主要是同燃烧坑道结合，使反应区有一定压力，并通过收缩形出口获得较高的燃烧产物喷出速度。图 6-43 是高速烧嘴的典型结构。燃烧室仅有一个很小的喷出口，燃烧气体由于体积膨胀及压力的作用产生很大的喷出速度，并带动炉内气体产生强烈循环。为了保证获得较高的喷出速度，燃气和空气的初始压力都必须保持在 2500Pa 以上。

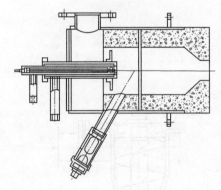

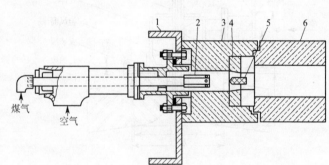

图 6-43　高速烧嘴示意图

图 6-44　设有火焰稳定器的高速烧嘴示意图
1—安装法兰；2—煤气喷头；3—辅助坑道；
4—火焰稳定圈；5—点火棒；6—燃烧坑道

为保证着火稳定，在烧嘴结构上要采取一些措施，如采用部分预混、循环气流点火的方法及设置稳焰器等。图 6-44 所示为一种具有火焰稳定器的高速烧嘴示意图。辅助坑道如同烧嘴头部外壳，后有火焰稳定圈及横向架设的耐火材料点火棒。烧嘴要求燃气压力稍高于空气压力。额定能力时空气压力为 7kPa，燃烧产物离开燃烧坑道的速度为 122m/s。

高速烧嘴中的燃料与空气是在热负荷很高（达 $174 \times 10^6 W/m^3$）的燃烧室内，在压力作用下迅速完成混合与燃烧的。根据用途，可将高速烧嘴分为两类。

① 用于快速加热的高速不调温烧嘴。这种烧嘴不加二次风，空气消耗系数变动不大，烟气温度的调节幅度较小。

② 用于热处理炉及干燥炉的高速调温烧嘴。这种烧嘴带有二次风，空气消耗系数调节范围很大，从而使烟气温度可以根据加热工艺要求在很大范围内变动。

高速调温烧嘴由于可以掺混大量二次空气，既可以根据工艺要求调节烟气温度，使其与加热工件的升温制度相适应，又可以增加高速气流的数量，在高速气流的强烈扰动下使炉温具有良好的均匀性。据有关资料介绍，通过调节燃气和一、二次风量，可以获得200～1800℃的烟气温度。

由于高速烧嘴具有以上的特点，所以特别适用于快速加热（对流冲击加热）炉、低温处理炉以及各种窑炉和干燥炉。

### (3) 自身预热式烧嘴

自身预热式烧嘴又叫做换热式烧嘴，实际上是把烧嘴和换热器联合成一个整体，用烟气在烧嘴内预热空气或燃气的烧嘴。因此自身预热式烧嘴最主要的优点是有较好的节能效果。同未回收烟气余热的烧嘴相比，这种烧嘴可降低燃料消耗20%～30%，而且可像普通烧嘴一样便于安装，体积只有烟道换热器的十分之一。缺点主要是不便于用烟道口调整炉气流动路线。

图6-45是自身预热烧嘴的结构示意图。可以看出，这种烧嘴实际上是在烧嘴本体的外面套一个逆流热交换器，后者能将烧嘴本身所需的助燃空气预热。它的结构主要是利用几层同心套管将空气和烟气彼此分开，中间套管就作为热交换面。整个换热器全部用耐热钢制成。燃料产物从喷口的喷出速度为80m/s，这种较高的出口速度促使炉气有良好的再循环，从而改善了传热过程并具有较好的温度均匀性。借助于排烟管内空气喷射器的作用，将燃烧产物吸引通过换热器，炉内压力可以通过改变喷射空气量来进行调节。这种自身预热烧嘴可用在工作温度范围为600～1400℃的工业炉上，当用于1000℃以上的高温炉时效果更好。

燃料气燃烧时，最应注意的是爆炸和气体中毒。使用时必须注意：① 点火前与熄灭后的清理；② 燃烧中火焰的观察；③ 必须先开引风机或助燃风机后再开燃料气阀门。停车时必须先关燃料气阀门，再关引风机或助燃风机。

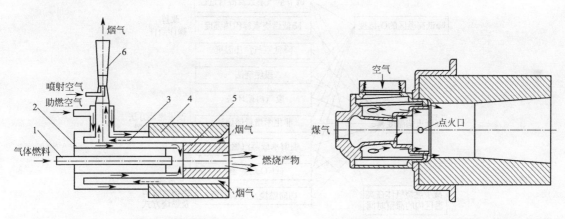

图 6-45 自身预热烧嘴结构示意图
1—气体燃料喷管；2—空气通道；3—烟气通道；
4—外围烧嘴砖；5—中心烧嘴砖；6—喷射排烟管

图 6-46 过剩空气烧嘴示意图

### (4) 过剩空气烧嘴

过剩空气烧嘴又称"调温烧嘴"，是可用大量过剩空气来调低焰流温度的烧嘴。如图6-46所示，空气分四级同燃气渐次相遇，分配比逐次增大。当空气系数略大于1时，各次空气都参与燃烧，而加大空气系数后，燃烧区域即可收缩，高次空气成了降温掺和气，较好的过剩空气烧嘴可在空气系数达到20时仍能稳定工作。高速烧嘴也有类似效果，只是投资和运行费用较高。

**（5）低氧化氮烧嘴**

低氧化氮燃烧技术是近二十年来为适应环境保护的需要而发展起来的一种新型燃烧技术。

氮的氧化物 $NO_x$ 一般包括 $N_2O$、$NO$、$NO_2$、$N_2O_4$、$N_2O_3$、$N_2O_5$ 等多种氧化氮，其中以 $NO$ 和 $NO_2$ 对大气的污染危害最大，一般环境基准和排放基准中所涉及的 $NO_x$ 值都是指 $NO$ 和 $NO_2$ 而言的。

$NO_x$ 对人体和环境的危害主要表现在以下方面：① $NO$ 对人体血液中的血色素有强烈的亲和力（比 $CO$ 大 1000 倍），人和动物吸入 $NO$ 会引起血液严重缺氧，损害中枢神经系统，甚至引起麻痹；② $NO_2$ 对呼吸器官有强烈刺激作用，会引起肺泡组织的化学病变。

$NO_x$ 在日光作用下，由于紫外线的催化作用而形成了具有强烈刺激性和腐蚀性的光化学烟雾，它能刺激人的眼睛和呼吸道，严重者引起视力减退，手足抽搐，长时间存在还会引起人体动脉硬化和生理机能衰退。此外，这种光化学烟雾还会引起植物发育不良，使金属构件严重腐蚀。世界上工业发达的国家如美国、日本、英国等在 20 世纪 50 年代和 60 年代初期都曾发生过由 $NO_x$ 引起的大气污染事件，震动世界的 1954 年美国洛杉矶光化学烟雾事件就是其中一例。

$NO_x$ 的生成与燃料的燃烧有密切关系。例如美国 1968 年 $NO_x$ 的排放量为 2060 万吨，其中固定燃烧装置的 $NO_x$ 排放量为 1000 万吨，占 48.5%；汽车、火车、飞机等发动机废气中 $NO_x$ 的排放量为 810 万吨，占 39.3%。由此可见，进入大气的 $NO_x$ 大部分是在燃料的燃烧过程中形成的。

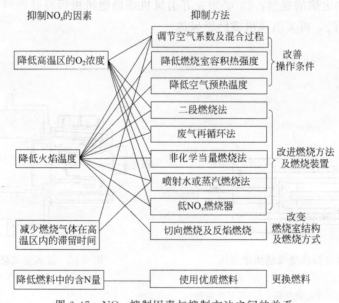

图 6-47　$NO_x$ 抑制因素与抑制方法之间的关系

目前应用的低氧化氮燃烧技术主要可以归纳为四个方面：①改善操作条件；②改善燃烧方法和燃烧装置；③改善燃烧室结构及燃烧方式；④采用含 N 量低的燃料。低氧化氮燃烧技术与抑制因素之间的关系可由图 6-47 中得到说明，其中最根本的解决办法是改进燃烧方法和燃烧装置。

目前使用的低氧化氮烧嘴类型很多，但较成熟的主要有以下两种。

① 废气自身循环式低 $NO_x$ 烧嘴  这种低 $NO_x$ 烧嘴的工作原理如图 6-48 所示。主要是利用空气的喷射作用使一部分燃烧产物回流到烧嘴出口附近与燃气空气掺混到一起，从而降低了循环区中的氧气浓度，防止局部高温区的形成。根据有关资料介绍，当废气再循环率在 20% 左右时，抑制 $NO_x$ 的效果最佳，$NO_x$ 的排放浓度在 $80g/m^3$ 以下。

② 二段燃烧式低 $NO_x$ 烧嘴  这种烧嘴的工作原理是：将燃烧用的空气分两次通入燃烧区，从而使燃烧过程分两个阶段完成，避免高温区过于集中。由于一次空气量只占总空气量的 40%～50%，因而产生强还原性气氛，形成低氧浓度区，并相应降低了该燃烧反应区的温度，抑制了 $NO_x$ 的生成，其余的空气（二次空气）是从还原燃烧区外围送入的，在火焰尾部达到完全燃烧（见图 6-49）。由于实行分段燃烧，避免高温区集中，因而 $NO_x$ 的排放浓度显著降低。

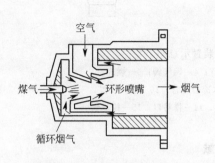

图 6-48  废气自身循环式低 $NO_x$ 烧嘴

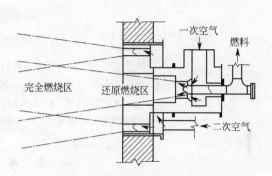

图 6-49  二段燃烧式低 $NO_x$ 烧嘴

### (6) 脉动燃烧装置

脉动燃烧是周期性的振荡燃烧过程，与传统的稳定燃烧相比，具有燃烧效率高、传热系数大、燃烧完全、排放污染少以及结构简单等优点，尤其是脉动燃烧器产生的尾气流温度可达 800℃，脉动频率为 50～150Hz，以及燃烧过程产生的强声波能，用于干燥作业能够强化传热传质过程，提高干燥效率，是一种非常理想的干燥介质发生器。

图 6-50 所示为脉动燃烧器试验装置示意图。脉动燃烧装置主要由混合室、尾管、燃烧室、排烟管组成。在脉动燃烧过程中，流体混合时间在总燃烧时间中占据主导地位，气体混合完善与否对能否实现脉动燃烧、燃烧工况的好坏起决定作用。混合室结构设计是脉动燃烧放热能否激励并维持稳定压力振荡的关键。燃烧室和尾管的合理匹配是实现脉动燃烧的必要条件。人工煤气脉动燃烧装置运行工况良好的频率范围为 100～130Hz，远高于天然气脉动燃烧装置的运行频率（60～80Hz）。尾管存在临界长度，当将尾管加长至临界长度时，运行频率将跃迁至高一次的谐波振型。若进一步加长尾管，运行频率将在这一谐波振型按声学规律下降。当发生频率跃迁时，不利于装置的稳定运行。

此外，在实验中还发现当尾管直径小于 25mm 时，因排气阻力增大而导致燃烧工况恶化乃至无法正常启动。排烟系统对装置稳定运行所起的作用也不容忽略，在结构空间允许的情况下应尽量增大排烟去耦室容积。排烟管也存在临界长度，在此长度及其附近，燃烧工况明显恶化，甚至自动终止运行。进一步延长排烟管，燃烧工况恢复正常，但也不能过长，否则可能因系统排气阻力过大而导致不稳定运行。设计空气阀时应保证自振频率远高于燃烧系统的固有频率，尽量减小空气供应系统的阻力，选用轻质、高强度、抗挠、对燃烧时压力波响应快的膜片，以充分发挥人工煤气燃烧速率快的优势，提高装置的运行频率。

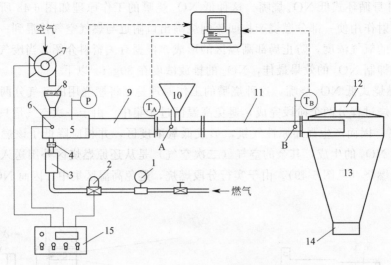

图 6-50 脉动燃烧器试验装置示意图

1—燃气流量计；2—电磁阀；3—燃气去耦室；4—燃气阀；5—燃烧室；
6—火花塞；7—风机；8—空气阀；9—带水冷套尾管；10—喂料装置；
11—干燥管；12—排气口；13—旋风分离器；14—排料口；15—控制器

## 参 考 文 献

[1] 严传俊，范玮．燃烧学．第 3 版 [M]．西安：西北工业大学出版社，2016.

[2] 邬长城．爆炸燃烧理论基础与应用 [M]．北京：化学工业出版社，2016.

[3] 王全德．燃烧化学理论研究进展 [M]．徐州：中国矿业大学出版社，2015.

[4] 张英华，黄志安，高玉坤．燃烧与爆炸学．第 2 版 [M]．北京：冶金工业出版社，2015.

[5] 胡双启．燃烧与爆炸 [M]．北京：北京理工大学出版社，2015.

[6] [美] Stephen R. Turns．燃烧学导论：概念与应用 [M]．姚强，李水清，王宇译．北京：清华大学出版社，2015.

[7] 潘旭海．燃烧爆炸理论及应用 [M]．北京：化学工业出版社，2015.

[8] 朱春华．一种生物质气体燃烧器 [P]．中国，ZL201520984892.3，2015-12-01.

[9] 黄成豪，黄松，姜義．预混气体燃烧点火系统 [P]．中国，ZL201510467878.0，2015-07-31.

[10] 程向锋，李建伟．双燃料扁平火焰气体燃烧器 [P]．中国，ZL201510366000.8，2015-06-26.

[11] 王群．一种气体燃烧装置 [P]．中国，ZL201520131117.3，2015-03-06.

[12] 陈艳．一种螺旋线气体燃烧器 [P]．中国，ZL201510081110.X，2015-02-15.

[13] 陆守祥．液态气体燃烧器 [P]．中国，ZL201520009605.7，2015-01-07.

[14] 杨顺田．低压天然气烧嘴的研制与锻造加热炉改造 [J]．锻压技术，2015，40（3）：94-99.

[15] 王海真．一种高效多孔介质燃烧器模型建立及其燃烧数值模拟 [D]．湘潭：湖南科技大学，2015.

[16] 孙丹．中低热值燃料燃气轮机燃烧室模拟及运行特性研究 [D]．哈尔滨：哈尔滨工业大学，2015.

[17] 马巍巍．天然气替代率影响 X6170 柴油/天然气双燃料发动机燃烧过程的仿真研究 [D]．长春：吉林大学，2015.

[18] 唐玮旻．微细尺度下掺氢对甲烷燃烧及熄火特性影响的数值研究 [D]．重庆：重庆大学，2015.

[19] 左泓侁．稀释气体种类及方式对天然气发动机性能的影响 [D]．长春：吉林大学，2015.

[20] 敬启建．涡轮增压天然气发动机燃烧与排放控制的试验研究 [D]．上海：上海交通大学，2015.

[21] 王安．自激抖动射流燃烧器的数值模拟及实验研究 [D]．长沙：长沙理工大学，2014.

[22] 陈聪．成分对气体替代燃料稳燃和排放影响的初步研究 [D]．北京：中国科学院研究生院，2014.

[23] 胡吉超．光壁面超声速燃烧室点火及火焰稳定研究 [D]．哈尔滨：哈尔滨工业大学，2014.

[24] 余超．中低热值气体燃料锥形稳燃装置数值和实验研究 [D]．北京：中国科学院研究生院，2014.

[25]　台宁宁 . 气体燃烧器数值模拟研究 [D]. 东营：中国石油大学（华东），2014.

[26]　王鹏田，张炜 . 一种可燃气体燃烧器 [P]. 中国，ZL201420757427.1，2014-12-07.

[27]　刘德举，莫春秀 . 工业燃烧器气体燃料和助燃空气的超混合方法及其装置 [P]. ZL201410645408.4，2014-11-02.

[28]　于秀敏，杜耀东，姜麟麟等 . 一种缸内直喷双气体燃料点燃式燃烧及控制装置 [P]. 中国，ZL201410620560.7，2014-11-04.

[29]　潘剑峰 . 燃烧学：理论基础及其应用 [M]. 镇江：江苏大学出版社，2013.

[30]　陈长坤 . 燃烧学 [M]. 北京：机械工业出版社，2013.

[31]　文午琪 . 低热值气体燃料燃烧技术及其工业应用 [D]. 武汉：华中科技大学，2013.

[32]　李振中，张宏涛，王岳等 . 一种燃气轮机气体燃料干式低氮燃烧装置 [P]. 中国，ZL201310288860.5，2013-07-10.

[33]　郝建斌 . 燃烧与爆炸学 [M]. 北京：中国石化出版社，2012.

[34]　徐旭常，吕俊复，张海 . 燃烧理论与燃烧 . 第 2 版 [M]. 北京：科学出版社，2012.

[35]　周维汉 . 交替使用不同气体燃料的燃烧装置 [P]. 中国，ZL201220582674.3，2012-11-07.

[36]　王爱洁 . 低热值气体燃料燃烧装置 [P]. 中国，ZL201220039452.7，2012-02-08.

[37]　张永生，田龙，付忠广 . 实现气体燃料低 NOx 稳定燃烧的实验装置 [P]. 中国，ZL201220730279.5，2012-12-26.

[38]　李永华 . 燃烧理论与技术 [M]. 北京：中国电力出版社，2011.

[39]　杨林军 . 燃烧源细颗粒物污染控制技术 [M]. 北京：化学工业出版社，2011.

[40]　赵雪娥，孟亦飞，刘秀玉 . 燃烧与爆炸理论 [M]. 北京：化学工业出版社，2011.

[41]　徐通模 . 燃烧学 [M]. 北京：机械工业出版社，2011.

[42]　孙红光，韩雪娇，孙娜等 . 适用于气体燃料的顶置式火花塞式火焰破碎燃烧装置 [P]. 中国，ZL201110391893.3，2011-11-30.

[43]　孙海英，刘志辉，刘靖飙 . 一种热气机用盘式旋流气体燃烧器的试验研究 [J]. 热能动力工程，2010，25（3）：317-320.

[44]　徐旭常，周力行 . 燃烧技术手册 [M]. 北京：化学工业出版社，2008.

[45]　刘联胜 . 燃烧理论与技术 [M]. 北京：化学工业出版社，2008.

[46]　张锴，王其成，鄂承林等 . 新型组合流化床气体燃料间接燃烧装置 [P]. 中国 .ZL200820110474.1，2008-04-18.

[47]　朱文学 . 热风炉原理与技术 [M]. 北京：化学工业出版社，2005.

[48]　方文沐，杜惠敏，李天荣 . 燃料分析技术问题 . 第 3 版 [M]. 北京：中国电力出版社，2005.

[49]　李方运 . 天然气燃烧及应用技术 [M]. 北京：石油工业出版社，2002.

[50]　周伟国，秦朝葵 . 燃气脉冲燃烧技术 [M]. 上海：同济大学出版社，1997.

# 第**7**章

# 液体燃料的燃烧过程

工业燃烧中用的液体燃料有重油、焦油等，其中以重油为主。工业燃烧中主要是采取各种措施将燃油雾化成微粒并使之与空气混合燃烧，称为"油雾燃烧"，燃烧的实质就是若干微小油滴燃烧的综合。为了加快油的燃烧速度，首先应把油雾化成为细小颗粒，然后使油颗粒与氧接触，在高温下开始蒸发、热解裂化和着火燃烧。这便是燃料油的雾化燃烧过程。

液体燃料的雾化燃烧过程是一个复杂的物理-化学过程。实际上，重油在炉内的燃烧是以油雾矩的形式燃烧，因此，各个油粒在同一时间并不经受同一阶段。油雾的燃烧过程如图7-1所示。

由图7-1可以看出，重油的燃烧过程可分为5个阶段。

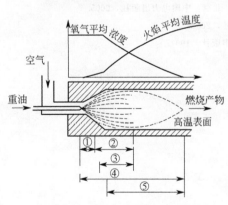

图 7-1　油雾燃烧过程示意图
①—雾化；②—蒸发；③—热解和裂化；
④—混合；⑤—着火、形成火焰

① 重油由油喷口喷出后，首先开始雾化过程，但此过程在较短距离内就结束了，此后油的颗粒不再因雾化作用而变小。

② 雾化以后，油粒即被加热，然后蒸发。

③ 伴随着蒸发，油粒的温度同时不断升高，当温度达到500℃时，有些颗粒和部分油蒸气就开始裂化，700℃以上开始强烈热解。

④ 当空气流股和油流股相接触时，就开始了混合过程。但是两个流股的混合是逐渐进行的，流股的边缘处先进行混合，流股中心处则要经过一段较长距离，空气才能与油雾混合。

⑤ 当某一处空气和油雾中的气体混合达到一定比例，并且温度达到着火温度时，即着火。由于混合过程较长，所以是边混合边燃烧，形成了有一定长度的火焰。沿火焰长度，平均温度是逐渐升高的，而氧气的平均浓度是逐渐降低的。

由此可见，燃烧过程各个阶段之间是相互联系、相互制约的。在火焰中，各个阶段之间并不存在明显的界限。

# 7.1 液体燃料的雾化过程

雾化应看做是液体燃料燃烧的先决条件。只有雾化得很细,油颗粒的单位表面积才足够大,蒸发才能加快。但只有蒸发得快还不够,还必须使蒸发的气态产物与空气迅速混合,才能迅速燃烧。反过来,燃烧越快,产生的热量会将新鲜的油雾越快地加热,使之蒸发。宏观地说,油的雾化和油与空气的混合取决于流体力学的条件,燃烧室内的高温主要取决于燃烧室内的热量平衡条件。这些是可以通过采取改变操作和结构参数加以控制的。然而,油的蒸发、热解和裂化则是在燃烧室内"自发"进行的。当燃料种类、雾化颗粒度、气氛、温度等条件一定时,这些过程的速度和产物便被决定了,同时,像雾化颗粒度、气氛、温度等条件是被雾化和混合条件决定的。总之,控制油燃烧的手段,主要是控制雾化和混合过程,而对油的蒸发、热解、裂化等,则是通过雾化和混合过程对它们施加影响,而不去直接控制。

所谓油的雾化,即指把燃料油破碎为细小的油颗粒的过程。在工业炉中,这一过程是通过油喷嘴的装置来实现的。雾化之后,油颗粒大小是不均匀的,一般最小颗粒直径只有几微米,大的颗粒要有 $500\mu m$ 或更大。油雾中的平均直径,各种喷嘴在不同条件下差别很大,小的在 $100\mu m$ 以下,大的可达 $200\sim500\mu m$。油雾的燃烧,包括油蒸气的同相燃烧和液粒、焦粒、烟粒的异相燃烧,和气体燃料相比,其速率要慢得多。由于油雾中颗粒直径是不均匀的,其产生的焦粒和烟粒的直径也是不均匀的,大的颗粒容易产生大的烟粒和焦粒。重油油雾在燃烧室中的燃烧完全程度和火焰长度,不仅和颗粒平均直径有关,而且还取决于颗粒的最大直径和大颗粒的含量。因此,在一定的燃烧条件下,为保证燃料的完全燃烧,所允许的平均颗粒直径和最大颗粒直径都是有限度的,特别是应当限制大颗粒的直径及其含量,因为它们是不完全燃烧的主要原因。

油滴雾化成许多大小不一的液滴后,在燃烧室的高温下受热而蒸发汽化,其中一些小的油滴(直径小于 $10\mu m$)很快就完成蒸发汽化,并与周围的空气形成可燃混合气,其燃烧过程类似气体燃料的均相燃烧。

当油雾中直径较大的油滴以较高速度喷入燃烧空间时,在最初阶段与气流间有一定的相对速度,但经过一定距离后,由于摩擦效应油滴将逐渐滞慢下来,这时,油滴与气流之间的相对速度几乎完全消失。具有相对速度的这一段称为"动力段",没有相对速度的一段则称为"静力段"。通常动力段所占时间很短,例如对初速度为 $100\sim200m/s$、直径为 $10\sim40\mu m$ 的油滴,其动力段只有千分之几秒。在动力段时间内油滴完成受热升温过程,蒸发汽化与燃烧过程主要在静力段进行。

对液体燃料的燃烧,多采用喷嘴雾化的方法。雾化就是通过雾化器(油枪或喷油嘴)将燃油分裂成许多微小而分散的油滴,以增加燃料单位质量的表面积,使其能和周围空间的氧化剂更好地进行混合,在空间达到迅速和完全的燃烧。雾化过程是喷嘴燃烧的最初重要阶段,雾化后的油雾喷入空气流中就形成雾化矩,并呈悬浮状态着火燃烧。

## ▶ 7.1.1 雾化原理

把液体燃料通过喷嘴碎裂成细小油珠群的过程称为雾化过程。根据雾化理论的研究,雾化过程大致是按以下几个阶段进行的。

① 液体由喷嘴流出时形成薄膜或流股。

② 由于流体的初始紊流状态和空气对液体流股的作用，使液体表面发生弯曲波动。

③ 在空气压力的作用下，产生了流体薄膜。

④ 靠表面张力的作用，薄膜分裂成颗粒。

⑤ 颗粒的继续碎裂。

⑥ 颗粒（互相碰撞时）的聚合。

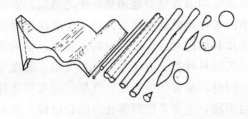
图 7-2　雾化过程示意图

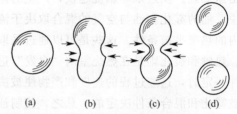
图 7-3　油粒雾化示意图

图 7-2 和图 7-3 便是对雾化过程的形象描述。由此可以看出，雾化过程是一个复杂的物理过程。无论是液体的流出和薄膜的形成，还是克服表面张力而形成小颗粒，都是要消耗能量的。只有对体系做功，才能使油雾化。据此，可以把雾化过程归结为油的表面上外力（如冲击力、摩擦力）和内力（黏性力、表面张力）相互作用的过程。外力大于内力时，油流即破碎成小颗粒。由于沿流股轴线上雾化剂和油流的速度都是逐渐减小的，即外力越来越小，而当油粒变小时，表面能是逐渐增加的，所以外力与内力将会达到平衡，雾化过程将不再进行。

## ▶ 7.1.2　雾化过程

使液体燃料雾化成为许多微小颗粒的过程是一种极为复杂的物理过程。其主要是油流表面上所受到的外力（摩擦力、冲击力）和内力（黏结力、表面张力）相互作用的过程。如外力大于内力时，油流即被击碎成小细粒。在燃油雾化过程中，燃油从喷嘴喷出时的状态，依据其喷出速度，产生如图 7-4 所示的变化。

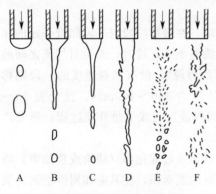
图 7-4　雾化和流速的关系

A—滴落；B—平滑流；C—过渡流；
D—波状流；E—带状雾化流；F—雾状雾化流

由于初始湍流状态和空气对油流的作用，使油流表面发生波动，在外力作用下，由于表面张力和重力的平衡被破坏，油流开始变为薄膜而被碎裂成细油滴，即如图 7-4 中 A 的滴落现象。

如果增加流速，则像 B 那样，自喷嘴出口处形成细而平滑的液柱，其层流的尖端伸展成球状。进一步增加流速时，则经过像 C 那样的流动方向不稳定的过渡状态，产生像 D 那样的横向振动，形成螺旋状的波状流。如果流速再增加，则 D 的螺旋状的波峰部分由于空气阻力而被拉长为带状，像 E 那样。当流速非常大时，像 F 那样，该波峰部分因与空气相接触，一部分成为液膜状，进而被吹碎，形成雾化流。

已分裂出的油滴在气体介质中还会继续再分裂。油滴在气体介质中飞溅时也受到外力和内力的作用。外力是由油压形成的向前推进的力、气体的阻力和油滴本身的重力所组成。因油滴质量很小，重力可忽略不计。内力即为摩擦力（宏观表现为黏度）和表面张力，力图使油滴保持现状。当外力大于内力时，油滴产生变形，因外力沿油滴周围分布是不均匀的，变形首先从油滴被压扁开始，一颗油滴破裂成两颗后，如分裂出的小油滴受到的外力仍大于内力，则将继续分裂下去。随着分裂过程的进行，油滴直径不断减小，质量和表面积也就不断缩小，这就意味着外力不断减小而内力（表面张力）不断增加，最后内、外力达到平衡时，油粒就不再破碎，雾化过程就停止了。

由上述对雾化过程的定性分析可看出，为了提高雾化质量，首先要求燃油有一定的喷射压力，压力越高，雾化油滴就越细。其次，要求燃油具有较小的黏度与表面张力，这可使油滴的内力减小而提高雾化质量。当使用黏度较大的重油时，可对重油先进行预热，降低其黏度及表面张力，以达到所要求的雾化质量。此外，提高油滴对空气的相对速度亦能改善雾化质量，这是由于增大了空气阻力这一外力的因素。

## 7.1.3 雾化方法

根据雾化过程所消耗的能量来源，可以把雾化方法分为以下两大类。

① 主要靠附加介质的能量使油雾化。这种附加介质称为"雾化剂"。实际常用的雾化剂是空气或蒸汽，个别的也有用燃气或燃烧产物。根据气体雾化剂压力的不同，这类方法还可以分为以下几种。

a. 高压雾化，雾化剂压力在 100kPa 以上。

b. 中压雾化，雾化剂压力在 10~100kPa。

c. 低压雾化，雾化剂压力 3~10kPa。

根据油流与雾化剂的相对运动形式，雾化剂雾化有直流雾化、交角雾化和涡流雾化三种主要形式，如图 7-5 所示。其中涡流雾化效果最好，直流雾化效果最差。根据雾化剂同油流的相遇次数，雾化又有一级雾化、二级雾化与三级雾化之分。雾化级数多的效果较好。雾化效果取决于雾化剂与油流的接触方式、作用面积和时间等，而这些因素可以通过雾化装置来进行调整，因此雾化器结构对雾化效果有很重要的影响。

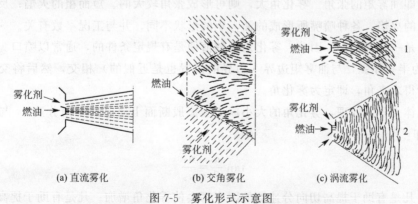

(a) 直流雾化　　(b) 交角雾化　　(c) 涡流雾化

图 7-5　雾化形式示意图

1—螺旋形导入雾化剂；2—切线方向导入雾化剂

② 主要靠液体本身的压力能把液体以高速喷入相对静止的空气中，或以旋转方式使油流加强搅动，使油得到雾化，这种方法称为油压式（或机械式）雾化。

不同的方法中，雾化过程都会包括上述几个阶段中的全部或一部分过程，但各个阶段所占的地位在不同情况下则是不同的。在用气体介质作雾化剂的过程中，雾化剂以较大的速度和质量喷出，当和重油流股相遇时，气体便对油表面产生冲击和摩擦，使油表面受到外力的作用。这种外力大于油的内力（表面张力和黏性力）时，重油流股便会破碎成分散的油粒。只要外力还大于油的内力，油的雾化过程将继续下去，直到在油的表面上的内力与外力达到平衡，油粒就不再破碎，雾化过程便到此结束。

在油压式雾化条件下，重油以高压由小孔喷出。这时，重油流股本身将产生强烈的脉动，与此同时，在与周围介质的相对运动中，也受到周围气体的摩擦作用。重油流股的强烈脉动能使它产生很大的径向分力和波浪式运动，加上周围介质对它附加的外力，从而使重油流股的连续性遭到破坏而分散成颗粒。

各种雾化器根据其性能及结构特点，可使用在不同的燃烧设备上。在燃油锅炉中，各种雾化器均有采用，但以离心式机械雾化器应用较普遍，在工业加热炉中以采用空气雾化器较多。

## ▶ 7.1.4　油雾矩的特点

重油雾化后所形成的颗粒群，分布在气体介质中，这些颗粒的运动轨迹组成了轮廓比较规则的油雾矩。一般说来，油雾矩的特性包括以下几项。

**（1）雾化粒度**

雾化粒度是指燃油雾化后所产生的油滴大小，是评定雾化质量的一个重要指标。雾化后的油粒直径是不均匀的。因此，说明油粒直径的参数应该有三个：油粒的直径分布、平均直径和最大直径。

油粒的直径分布说明不同大小的颗粒在总颗粒中占的百分数，它表示雾化颗粒的均匀程度和各种直径的颗粒占有多大比例。

颗粒的平均直径是一个最基本的雾化质量的参数，计算平均直径的方法有多种，其中比较通用的是所谓索太尔平均直径。

**（2）雾化角**

雾化角即油雾矩的张角。雾化角大，则可形成张角较大的、短而粗的火焰；反之，则可形成细而长的火焰。各种喷嘴所形成的油雾矩的形状不同，并与工况参数有关。一般的油雾矩，都不会是一个正锥形，因此，雾化角的数值便是有规定条件的，通常以喷口为中心，以100mm 长为半径作弧，与油雾矩边界（边界的位置也是近似的）相交，然后将交点与喷口中心相连所得之夹角，即定为雾化角。

根据流体力学的原理，雾化角的大小取决于流股断面上质点的切向分速 $u_t$ 与轴向速度 $u_a$ 的比，即：

$$\tan\frac{\alpha}{2} = \frac{u_t}{u_a} \tag{7-1}$$

因此，凡是有助于提高切向分速度的因素都会使雾化角增加；凡是有助于提高轴向分速度的因素都会使雾化角减小。例如采用带旋流装置的喷嘴，可得到大的张角，其至可得到中空锥体的油雾矩，张角可达 $60°\sim90°$ 或更大。采用直流喷出的喷嘴，油雾张角较小，只有 $10°\sim20°$。

**（3）油粒流量密度及其分布**

油雾中的油粒流量密度是指单位时间内在油粒运动的法线方向上，单位面积上所通过的油粒的流量。流量密度与喷嘴结构及工况参数有关。

**（4）油雾射程**

在水平喷射时，油粒降落前在轴线方向移动的距离称为油雾的射程。显然，油雾中油粒直径是不均匀的，它们移动的距离是不相同的，甚至有极细小的颗粒会悬浮于气流之中而不降落，因此，油雾射程的数值是非常粗略的。射程的远近主要取决于流体动力因素，一般来说，轴向速度越大，射程就越远。切向分速度越大，射程就越近。射程在一定程度上可以反映火焰长度，射程比较远的喷嘴常常形成长的火焰，但是射程与火焰长度是两个不同的概念，两者并不等同。

**（5）雾化均匀度**

经雾化后的油滴不仅大小相差很大，且分布也很不均匀，雾化均匀度就是表明雾化后油滴粒度粗细的接近程度，也是评定雾化质量的另一个重要指标。油滴粗细差别越小，雾化均匀度就越高，雾化均匀度可用均匀性指标 $m$ 表示，$m$ 值越大，则油滴粒度越均匀。对于一般的机械雾化器，$m = 2 \sim 4$。

## 7.1.5　雾化颗粒平均直径的影响因素

雾化颗粒的平均直径是雾化质量的一个主要指标，因此，对雾化的研究，大量工作是研究平均直径与各因素之间的关系，以探讨改善雾化质量的途径和方法。

雾化时油的黏性力、表面张力起阻碍作用，雾化就是采用外力来克服这种内部阻力，所以提高雾化质量的基本原则是减少内力和增大外力。

减小内力的措施主要是提高油温以降低油的黏度。增加外力的措施有提高油压、增大雾化剂流速、增大雾化剂供给量、改善雾化剂与油流的接触方式及增加作用面积和时间等。

不同措施对雾化颗粒平均直径的影响如下。

**（1）油温的影响**

改变油温可以改变油的黏度和表面张力，即提高油温可以显著地降低油的黏度；表面张力也有所减小，但变化不大。

降低油的黏度可以改善雾化质量。例如，在燃烧高黏度重油时，不容易达到好的雾化质量，只有将重油预热到较高的温度，即将其黏度降低，雾化质量则可随之得到改善，而且雾化剂的喷出速度越小，黏度的影响越显著。因此，在生产中为了改善雾化质量，可用提高油温的办法降低重油黏度。为了达到良好的雾化，可根据黏度和温度的关系，将油加热到一定温度。

油温也影响表面张力。油温升高，表面张力也有所减小。但是，表面张力对雾化质量的影响还不清楚，在生产中可以认为，由于各种油的表面张力相差不大，在实际工作条件下（例如油温变化时）表面张力变化很小，所以可以不去考虑表面张力对雾化质量的影响。

**（2）油压的影响**

油压决定着油的流出速度。当喷口断面一定时，油的流量将随着油压的增加而增加，如果要保持油的流量一定，当油压增加时，应减小油喷口断面。

采用气体作雾化剂的烧嘴，油压不宜太高。特别是对于低压雾化的油烧嘴，油压过高，油流股的速度太快,油流股会穿过雾化剂流股,使油得不到良好的雾化。在有的生产的炉子上可以看到,油压高时,油火焰中会有一条"黑线",即说明雾化不好。所以低压油烧嘴的油压一般均较低,有的低到100kPa以下,甚至用50kPa的油压。对于高压雾化的油烧嘴,除了上述原因油压不宜太高外,另一方面要考虑高压雾化剂在和油流股相遇时(主要是对于内混式烧嘴)雾化剂的反压力的大小,油压应高于该反压力,否则油会被雾化剂"封住"而喷不出来。所以高压内混式比外混式油压要高,有时要接近于雾化剂压力。

对于油压(机械)雾化烧嘴,情况与上述不同,它是靠油流股本身的脉动而实现雾化的。因此,油流股的速度越大越好。这就要求高的油压,一般都在2000kPa左右或更高。油压越高,越可能达到好的雾化质量。在生产中,油压的提高受到油泵及管路性能的限制。

**(3) 雾化剂压力和流量的影响**

提高雾化剂的压力时,雾化剂的喷出速度将增加。此时,如果保持雾化剂的喷口断面积不变,则雾化剂的流量将增加;如果要保持雾化剂消耗量不变,则应该相应地减小雾化剂喷口断面积。由于当调节油烧嘴时,油的流量或喷出速度也可以变化,所以应该讨论雾化剂和油流股的相对速度和雾化剂单位耗量对雾化质量的影响。

雾化剂相对速度对颗粒平均直径的影响是较大的。相对速度越大,雾化后颗粒平均直径越小,而且在高速度范围内影响更明显。所以,高压油烧嘴的雾化质量一般要比低压好一些。不论哪种油烧嘴,提高雾化剂压力(例如在低压烧嘴上提高空气的压力)均可使雾化质量得到改善。

雾化剂单位耗量对颗粒直径有重要作用。在低压烧嘴中,由于雾化剂的流速不大,一般不超过100m/s,所以需用较多的雾化剂。当雾化剂耗量太小(小于燃烧空气需要量的25%~30%)时,雾化质量严重变坏。在高压油烧嘴中,由于雾化剂速度很大,雾化剂单位耗量可以小些,一般为燃烧空气需要量的10%左右,且过大的消耗对改善雾化的效果不显著。

**(4) 油烧嘴结构的影响**

油烧嘴的结构对雾化质量影响很大。在烧嘴结构中,影响雾化质量的主要结构尺寸是:雾化剂的出口断面;油出口断面;雾化剂与油流股的交角;雾化剂的旋转角度;油的旋转角度;雾化剂与油相遇的位置;雾化剂或油的出口孔数;各孔的形状以及它们之间的相对位置等,这些因素都影响着雾化剂对油流股单位表面上作用力的大小、作用面积和作用时间,因而影响颗粒平均直径,同时也影响油雾的张角和油流股断面上油粒的分布。这些因素的影响是复杂的,以致目前还不能在生产中对其进行定量计算,但在设计和制造油烧嘴时,多是从上述因素着手来改善雾化质量。此外,烧嘴的调节方法也影响在调节范围内的雾化质量。一般来说,为了减小颗粒平均直径,改善雾化质量,可以采用减小雾化剂和油的出口断面,适当增加雾化剂与油的交角,造成流股的旋转,分级雾化,多孔流出,内部混合等措施。当然,采用这些措施要有其他条件相配合。例如,油或雾化剂喷口减小时,为了保证一定流量,要求提高压力。油孔过小容易堵塞,雾化剂旋转度过大会与油流股分离,反而雾化不好。某些措施会使油烧嘴的结构过于复杂,制造困难。总之,油烧嘴的结构要根据具体条件参考已有的实验结果进行合理的设计。

不管哪种措施,都要与雾化方式适当配合才能取得最优效果。

## 7.2 油雾与空气的混合

良好的雾化为液体燃料的燃烧提供了条件，但油雾与空气混合不好时燃烧效果仍可能不佳，因此油雾同空气的混合也是影响燃烧的一个重要因素。

雾化后的油雾与空气流的混合，在重油燃烧过程中也起着很重要的作用，这和气体燃料燃烧中的混合过程的作用是相同的。油被雾化成油雾之后，必须与大量的空气良好混合才能迅速燃烧，所以，油雾与空气的混合，不像燃气与空气的混合那样容易，重油燃烧也不像燃气燃烧那样容易得到短的火焰和达到完全燃烧。因此，对于烧油的炉子，必须要特别注意强化油雾与空气的混合过程。这一问题在实际中常常被忽视，例如在有的使用高压油烧嘴的炉子上，完全靠油喷口喷出的高速油雾从大气向燃烧室（炉膛）自然吸入空气而没有用鼓风机强制送风，这样吸入的空气量常常严重不足，而且被吸入的空气与油雾混合十分缓慢，所以火焰拉得很长，且燃烧不完全。虽然，高压油烧嘴的雾化质量比低压油烧嘴的雾化质量为好，但是由于油雾与空气混合不好，其燃烧效果反而不好。

油滴与空气的混合在专用的供风器中进行，如图 7-6 和图 7-7 所示。有直流、交角、涡流混合和一级、二级、三级混合之分，情况同雾化相似。

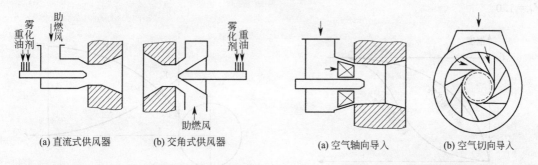

| (a) 直流式供风器 | (b) 交角式供风器 | (a) 空气轴向导入 | (b) 空气切向导入 |

图 7-6　直流式和交角式供风器简图　　　　图 7-7　涡流式供风器简图

油雾与空气的混合，基本上仍是两个流股的混合，混合的速度取决于流体动力学因素，这与两个气体流股（如燃气与空气流股）的混合是类似的，所以可以参考气体力学的原理，凡是有利于气体流股混合的措施均可运用到油烧嘴上以强化油雾与空气的混合。例如加大空气速度；使空气与油雾呈交角相遇；使空气成旋转气流与油雾相遇；使空气分两次与油雾相遇等。

此外，油雾中油颗粒流量密度的分布及颗粒直径对混合也有影响。只有雾化得很细，且油粒在断面上分布比较均匀，才有可能与空气很好混合。雾化与混合是互相联系的两个过程，特别是对于低压油烧嘴，由于燃烧用的空气同时又是雾化剂，所以雾化过程与混合过程是同时进行的，凡是影响雾化质量的因素同时也影响混合过程。

## 7.3 油珠的蒸发

雾化产生的雾化矩是由许多尺寸不同的单滴油珠组成的，因此掌握单滴油珠在燃烧室的高温条件下的蒸发与燃烧规律，是进一步研究油雾燃烧的重要基础。

蒸发是油滴在高温作用下汽化，与空气形成可燃混合气的过程，为燃烧创造条件。

### 7.3.1 蒸发或燃烧时的油珠温度

油珠在高温环境中蒸发或燃烧时，通过辐射和对流接收外部热量，温度逐渐上升，如图 7-8 所示。由于燃油本身的热传导系数不是无限大，因此在开始阶段油珠表面的温度总是高于核心温度，随后共同趋向于某一恒值 $T_{wb}$。这个温度称为蒸发平衡温度或湿球温度。在此温度下，油珠从外部吸收的热量与油珠汽化所消耗的潜热相等，达到了能量平衡。当油珠在高温环境中蒸发或燃烧时，湿球温度接近于燃油的沸点，粗略计算时，可取两者相等。

此外，油珠内部的温度分布对蒸发过程的影响不大。因此在计算时，常假定油珠内部温度是均匀的。这种情况相当于燃油热导率为无限大。

### 7.3.2 油珠蒸发或燃烧时的斯蒂芬流

假定单滴油珠在静止的高温空气中蒸发，则油珠周围的气体将是由空气和燃油蒸气组成的混合物，其浓度分布是球对称的。图 7-9 表示浓度的变化趋势，其中 $Y_a$ 和 $Y_f$ 分别表示空气和燃油蒸气的质量百分数，注脚 s 表示油珠表面。可见，燃油蒸气浓度在油珠表面最高。随着半径增大，浓度逐渐减小，直至无穷远处，$Y_{f\infty}=0$。对于空气，浓度的变化正好相反，在无限远处，$Y_{a\infty}=1.0$，并逐渐减小到油珠表面的 $Y_\infty$ 值。显然，在任意半径处，有 $Y_a+Y_f=1.0$。

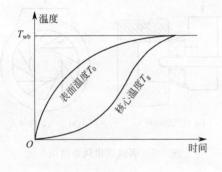

图 7-8　油珠加热过程

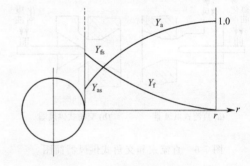

图 7-9　油珠周围成分分布

浓度差的存在必然导致质量扩散。根据费克定律，质量扩散速度正比于浓度梯度，故有：

$$m_f = -\rho D \frac{dY_f}{dr} \qquad (7-2)$$

$$m_a = -\rho D \frac{dY_a}{dr} \qquad (7-3)$$

式中　$m_f$——燃油蒸气的质量扩散速率，$kg/(s \cdot cm^2)$；

$m_a$——空气的质量扩散速率，$kg/(s \cdot cm^2)$；

$\rho$——气相密度；

$D$——气相分子扩散系数。

可见，浓度梯度的存在，使燃油蒸气不断地从油珠表面向外扩散；相反地，空气则从外部环境不断地向油珠表面扩散。在油珠表面，空气分子力图向油珠内部扩散，但空气不溶于燃油，也就是说空气不可能进入油珠内部。因此，为平衡空气的扩散趋势，必然会产生一个反向的流动。若这个反向流动的速度为 $v_s$（指油珠表面），则由质量平衡应有：

$$\pi d_s^2 \rho v_s Y_{as} - \pi d_s^2 \rho D \left.\frac{dY_a}{dr}\right|_s = 0 \tag{7-4}$$

也就是说，在油珠表面上向油珠扩散的空气质量正好被向外流动的空气质量所抵消，因此净空气流通量为零。

上述在油珠表面以速度 $v_s$ 所表征的流动称为斯蒂芬（Stefan）流，这是以油珠中心为源的"电泉"流。因此应有：

$$\pi d_s^2 \rho v_s Y_{as} = \pi d^2 \rho v Y_a \tag{7-5}$$

或

$$d^2 \rho v Y_a = \text{const} \tag{7-6}$$

式(7-4)也可以写成对任何半径都适用的形式，即：

$$\pi d^2 \rho v Y_a - \pi d^2 \rho D \frac{dY_a}{dr} = 0 \tag{7-7}$$

或

$$\rho v Y_a - \rho D \frac{dY_a}{dr} = 0 \tag{7-8}$$

式(7-8)表明，在蒸发液滴外围的任一对称球面上，由 Stefan 流引起的空气质量迁移正好与分子扩散引起的空气质量迁移相抵消，因此空气的总质量迁移为 0。

## ▶7.3.3　高温环境中相对静止油珠的蒸发速率

单位时间内从油珠表面蒸发的液体质量，通过 Stefan 流动和分子扩散两种方式将燃油蒸气迁移到周围环境。若浓度分布为球对称，则有：

$$m_f = -\pi d_s^2 \rho D \left.\frac{dY_f}{dr}\right|_s + \pi d_s^2 \rho v_s Y_{fs} \quad （油珠表面） \tag{7-9}$$

或

$$m_f = -\pi d^2 \rho D \frac{dY_f}{dr} + \pi d^2 \rho v Y_f \quad （任意半径） \tag{7-10}$$

将式(7-8)与式(7-10)相加，并考虑到 $\dfrac{dY_a}{dr} = -\dfrac{dY_f}{dr}$，可得：

$$m_f = \rho v \pi d^2 (Y_a + Y_f) = \rho v \pi d^2 \tag{7-11}$$

故式(7-10)可改写为：

$$m_f = -4\pi r^2 \rho D \frac{dY_f}{dr} + m_f Y_f \tag{7-12}$$

或

$$m_f \frac{dr}{r^2} = -4\pi \rho D \frac{dY_f}{1 - Y_f} \tag{7-13}$$

积分式(7-13)（注意 $m_f$ 与 $r$ 无关），并取边界条件为：

$$r = r_s \qquad Y_f = Y_{fs} \tag{7-14}$$

$$r = \infty \qquad Y_f = Y_{f\infty} \tag{7-15}$$

可得纯蒸发（不燃烧）条件下油珠的蒸发速率：

$$m_f = 4\pi \rho D \ln(1 + B) \tag{7-16}$$

式中　$m_f$——油珠的蒸发速率，kg/s；

　　　$B$——物质交换数，可按下式进行计算：

$$B=\frac{Y_{fs}-Y_{f\infty}}{1-Y_{fs}} \qquad (7\text{-}17)$$

计算时通常可假定油珠表面的燃油蒸气压等于饱和蒸汽压，因此只要已知油珠表面温度以及燃油的饱和蒸汽压与温度的关系，即可求得 $Y_{fs}$，因而可确定交换数 $B$。

## 7.3.4 高温环境中相对静止油珠的能量平衡

在以油珠为中心，半径为 $r$ 的球面上（见图7-10），由外部环境向内侧球体的导热量为

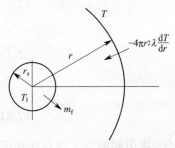

图 7-10　油珠能量平衡简图

$-4\pi r^2\lambda\dfrac{dT}{dr}$，此热量消耗于三个方面。

① 加热油珠。若油珠内部温度均匀，并等于 $T_1$，则加热所消耗的热量（单位时间内）为 $\dfrac{4}{3}\pi r_s^3\rho_1 c_1\dfrac{dT_1}{d\tau}$。

② 油珠蒸发消耗的潜热，其值为 $m_f h_{fg}$，此处 $h_{fg}$ 为汽化潜热（kJ/kg）。

③ 使燃油蒸气从 $T_1$ 升温到 $T$ 所需的热量，其值为 $m_f c_P(T-T_1)$。

于是蒸发油珠的热平衡方程为：

$$-4\pi r^2\lambda\frac{dT}{dr}+m_f c_P(T-T_1)+m_f h_{fg}+\frac{4}{3}\pi r_s^3\rho_1 c_1\frac{dT_1}{d\tau}=0 \qquad (7\text{-}18)$$

在油珠达到蒸发平衡温度后，有：

$$\frac{dT_1}{d\tau}=\frac{dT_{wb}}{d\tau}=0 \qquad (7\text{-}19)$$

于是式(7-18)可简化为：

$$-4\pi r^2\lambda\frac{dT}{dr}+m_f c_P(T-T_{wb})+m_f h_{fg}=0 \qquad (7\text{-}20)$$

或

$$\frac{m_f}{4\pi\lambda}\times\frac{dr}{r^2}=\frac{dT}{c_P(T-T_{wb})+h_{fg}} \qquad (7\text{-}21)$$

积分式(7-21)，并取边界条件：

$$r=r_s \qquad\qquad T=T_{wb} \qquad (7\text{-}22)$$

$$r=\infty \qquad\qquad T=T_\infty \quad（外界环境温度） \qquad (7\text{-}23)$$

可得：

$$m_f=4\pi r_s\frac{\lambda}{c_P}\ln\left[1+\frac{c_P(T_\infty-T_{wb})}{h_{fg}}\right] \qquad (7\text{-}24)$$

由此可见，可以用式(7-8)或式(7-24)计算油珠的纯蒸发速率，但两式的应用条件不同。式(7-24)仅适用于计算油珠已达蒸发平衡温度后的蒸发，而式(7-10)却不受这个条件的限制。实验表明，大多数情况下，特别是油珠比较粗大以及燃油挥发性较差时，油珠升温过程所占的时间不超过总蒸发时间的10%，因此当缺乏饱和蒸汽压数据时，也可用式(7-24)来计算蒸发的全过程。

若油珠周围气体混合物的刘易氏数等于1，则有$\lambda/c_P=\rho D$，并令：

$$B_T=c_P(T_\infty-T_{wb})/h_{fg} \tag{7-25}$$

则有：

$$m_f=4\pi r_s\rho D\ln(1+B_T) \tag{7-26}$$

对比式(7-26)和式(7-16)可知，当平衡蒸发（即$T_1=T_{wb}$）且$Le=1$时，应有：

$$B=B_T \tag{7-27}$$

或

$$\frac{Y_{fs}-Y_{f\infty}}{1-Y_{fs}}=\frac{c_P(T_\infty-T_{wb})}{h_{fg}} \tag{7-28}$$

# 7.4 油珠的燃烧过程

## 7.4.1 相对静止油珠的燃烧

相对静止的单个油珠燃烧时，油珠被一对称的球形火焰包围，火焰面半径$r_f$通常比油珠半径大得多。静止条件下的油珠燃烧属于扩散燃烧，如图7-11所示。由于受到高温火焰的作用，油珠表面的燃油将首先蒸发汽化，形成的燃油蒸气从油珠表面向火焰面扩散，而空气则由外界向火焰面扩散。在油珠附近，即$r=r_f$处，油气与空气的混合物达到化学恰当比（即$\alpha=1$），在此处被点燃，形成一离开油珠表面一定距离的球形火焰峰面。由火焰前峰放出的热量用于加热油滴，使之蒸发汽化。由油滴表面蒸发汽化产生的油气在向火焰前峰扩散的同时由于受热和化学反应而升温，使温度由油珠表面的温度逐渐升高到火焰前峰上的温度。氧则从周围空气向油珠扩散，并在火焰前峰处与油蒸气相遇而达到化学当量比的配合比例，并开始着火燃烧。

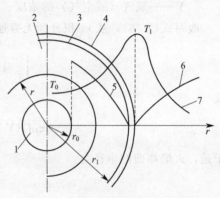

图7-11 油珠的扩散燃烧模型
1—油珠；2—油气区；3—燃烧区；4—外层空气区；5—油气浓度；6—氧浓度；7—温度

理想情况下，可假设火焰峰面的厚度为无限薄，亦即反应速率无限快，燃烧在瞬间完成。由此可见，火焰面上，燃油蒸气和空气的浓度（$Y_f$和$Y_a$）为零，而燃烧产物的浓度$Y_P=1.0$。燃烧产物向火焰面内外两侧扩散。

若取边界条件

$$r=r_s \qquad Y_f=Y_{fs} \tag{7-29}$$

$$r=r_f \qquad (Y_f)_f=0 \tag{7-30}$$

并对式(7-13)进行积分，可得油珠的燃烧速率为：

$$m_f=4\pi\rho D\frac{1}{\dfrac{1}{r_s}-\dfrac{1}{r_f}}\ln(1+B) \tag{7-31}$$

$$B=\frac{Y_{fs}}{1-Y_{fs}} \tag{7-32}$$

油珠纯蒸发时，火焰面不存在，相当于 $r_f \rightarrow \infty$。若 $Y_{f\infty} = 0$，则式(7-31)和式(7-32)分别变为式(7-16)及式(7-17)。

油珠燃烧时，可取 $T_{wb} = T_b$（燃油沸点温度），同理，若取边界条件：

$$r = r_s \qquad T = T_b \tag{7-33}$$

$$r = r_f \qquad T = T_f（火焰温度）\tag{7-34}$$

并对式(7-21)积分，也可得到油珠燃烧速率的表达式：

$$m_f = \frac{1}{\dfrac{1}{r_s} - \dfrac{1}{r_f}} \times \frac{4\pi\lambda}{c_P} \ln \left[ 1 + \frac{c_P(T_f - T_b)}{h_{fg}} \right] \tag{7-35}$$

油珠外围球面焰峰的半径 $r_f$ 可按如下方法确定。油珠燃烧所需的氧气（或空气）从远处向球面焰峰扩散，其扩散速率应等于式(7-35)确定的燃油消耗 $m_f$ 乘上氧气（或空气）对燃油的化学当量比 $\beta$，即：

$$4\pi r^2 \rho D \frac{dY}{dr} = \beta m_f \tag{7-36}$$

式中　$D$——氧气（或空气）的扩散系数；

　　　$Y$——氧气（或空气）的浓度。

改写式(7-36)，从 $r_f$ 积分到无穷远处，并考虑焰峰面上的氧浓度为零，则可得：

$$\int_0^{Y_\infty} 4\pi\rho D \, dY = \int_{r_f}^{\infty} \beta m_f \frac{dr}{r^2} \tag{7-37}$$

或

$$4\pi\rho D(Y_\infty - 0) = -\beta m_f \left( \frac{1}{\infty} - \frac{1}{r} \right) \tag{7-38}$$

于是，火焰峰面的半径为：

$$r_f = \frac{\beta m_f}{4\pi\rho D Y_\infty} \tag{7-39}$$

将 $r_f$ 代入式(7-35)，经整理可得：

$$m_f = 4\pi r_s \left\{ \frac{\lambda}{c_P} \ln \left[ 1 + \frac{c_P(T_f - T_b)}{h_{fg}} \right] + \frac{\rho D Y_\infty}{\beta} \right\} \tag{7-40}$$

实验表明，油珠的燃烧时间是其表面积的线性函数，即燃烧时间与油滴直径的平方成正比。

$$\tau_s = d_0^2 / K_f \tag{7-41}$$

式中　$\tau_s$——燃烧时间，s；

　　　$d_0$——油珠直径，mm；

　　　$K_f$——燃烧速率常数，$m^2/s$。不同燃料的燃烧速率常数如表 7-1 所列。

表 7-1　不同液体燃料的燃烧速率常数

| 燃料 | 空气温度/℃ | $K$/(mm²/s) | 燃料 | 空气温度/℃ | $K$/(mm²/s) |
|------|-----------|-------------|------|-----------|-------------|
| 酒精 | 800 | 1.6 | 柴油 | 700 | 1.11 |
| 汽油 | 700 | 1.1 | 重油 | 700 | 0.93 |
| 煤油 | 700 | 1.12 | | | |

## ▶ 7.4.2 强迫对流条件下油珠的蒸发或燃烧速率

实际燃烧过程中，油珠和气流之间总是存在着相对运动，如当燃油从喷嘴喷出时，喷射速度不等于周围气流的速度，在湍流气流中（实际燃烧装置中多为湍流），油珠的质量惯性比气团大得多，因此油珠总是跟不上气团的湍流脉动，相互间存在着滑移速度，如图 7-12 所示。当油气间有相对运动时，前面关于球对称的假设是不适用的。也就是说，在对称球面上，浓度、温度等不再相等，斯蒂芬流也不再保持球对称。为处理这个复杂得多的问题，工程上常用所谓"折算薄膜"来近似处理。其结果可表示为如下的简单形式：

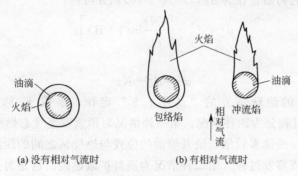

图 7-12　单个油滴的燃烧

$$(m_f)_{Re \neq 0} = \frac{N_u^n}{2} (m_f)_{Re = 0} \tag{7-42}$$

式中　$Re$——油珠在气流中相对运动的雷诺数。

$Re$ 定义为：

$$Re = \frac{u_R \rho_g d_s}{\mu_g} \tag{7-43}$$

式中　$u_R$——油气间的相对速度；

　　　$d_s$——油珠直径；

　　　$\rho_g$——气体的密度；

　　　$\mu_g$——气体的黏性系数。

式(7-42)中，注脚 $Re = 0$ 及 $Re \neq 0$ 分别表示相对静止条件和强迫对流条件。它表明强迫对流条件下的油珠纯蒸发（或燃烧）速率等于相对静止条件下的相应速率乘以系数 $N_u^n/2$。而相对静止条件下纯蒸发或燃烧速率可分别按式(7-16)、式(7-24)、式(7-31)和式(7-35)求得。

式(7-42)中的 $N_u^n$ 是强迫对流条件下固体小球表面的努塞尔数，可按下列经验公式求得：

$$N_u^n = 2 + 0.60 Re^{0.5} pr^{0.33} \tag{7-44}$$

式中　$pr$——气态混合物的普朗特数。

## ▶ 7.4.3 d² 定律及油珠寿命

利用前面导出的油珠纯蒸发或燃烧速率表达式，可以进一步求出给定直径的油珠在一定条件下的生存期或寿命。在燃烧装置的设计中这是一个非常重要的数据。

油珠纯蒸发或燃烧时，直径不断减小，其减小速率与前述的蒸发或燃烧速率 $m_f$ 有关。设任一瞬间的油珠直径为 $d$，经过 $\Delta\tau$ 时间后，直径减小 $\Delta d$，则 $m_f$ 可表示为：

$$m_f = -\pi d^2 \rho_1 \frac{\Delta d}{2} \times \frac{1}{\Delta\tau} \tag{7-45}$$

以相对静止条件下的纯蒸发为例，将式(7-16)代入得：

$$\frac{\Delta d}{\Delta\tau} = -\frac{4\rho D}{d\rho_1} \ln(1+B) \tag{7-46}$$

可见，油珠直径越小，直径缩小率越大，也就是说，大油珠在蒸发（或燃烧）后期直径缩小得更快。若油珠的初始直径为 $d_0$，对式(7-46)积分可得：

$$d^2 = d_0^2 - \left[\frac{8\rho D}{\rho_1} \ln(1+B)\right]\tau \tag{7-47}$$

或

$$d^2 = d_0^2 - K\tau \tag{7-48}$$

这就是广为应用的油珠蒸发的"直径平方"定律，系数 $K$ 称为蒸发常数。根据式(7-48)，可将燃烧过程分为四种情况：第一种情况为预蒸发型气态燃烧。这种情况相应于油和气的进口温度高，或油雾较细，或者喷油的位置与燃烧区之间的距离较长，因而在进入燃烧区之前油珠已完成蒸发过程。第二种情况为滴群扩散燃烧。这是另一种极端情况，相当于油和气的进口温度低，或燃油雾化不好，油珠比较粗大（或燃油挥发性差），在进入燃烧区时，油珠基本未蒸发，只有滴群的扩散燃烧。通常在冲压发动机和液体火箭发动机燃烧室中接近这种燃烧。第三种情况为复合燃烧。这时油雾中较细的油滴在进入燃烧区时已蒸发完毕，并形成一定浓度的预混气体。在燃烧区既有预混气体的气相燃烧，也有粗大油珠的扩散燃烧。第四种情况为气相燃烧加上液滴的蒸发。这时在到达燃烧区时已蒸发的油珠与空气进行气相燃烧，而未蒸发的油珠又因直径太小而着不了火，因此只能在燃烧区中继续蒸发，而不存在油珠的扩散燃烧。

上述四种油雾火焰有各自的特点。例如第一种火焰类似于气体湍流燃烧，燃油的蒸发过程几乎不影响火焰的长度。第二种火焰的燃烧过程和蒸发过程几乎是同步的，蒸发过程的快慢控制着整个燃烧过程的进展，因此为强化燃烧和缩短火焰，必须加速蒸发过程。第三种和第四种情况，则蒸发因素、湍流因素和反应动力学因素将共同起作用。在不同的燃烧装置中，工作条件不同，采用燃料不同，可能得到不同类型的液雾火焰，应针对不同情况作具体的分析。

## ▶ 7.4.4 油滴群的扩散燃烧

下面介绍一种关于滴群扩散燃烧模型，作为分析油雾燃烧问题的举例。

Probert 提出的滴群扩散燃烧模型认为，滴群燃烧是由许许多多直径不等的油珠扩散燃烧所组成，不考虑油珠与气体之间的相对速度，也不考虑相邻油珠对蒸发过程的影响。

假设油雾中初始滴径的分布符合 Rosin-Rammler 分布，即：

$$R = \exp\left[-\left(\frac{d_{0i}}{d}\right)^n\right] \tag{7-49}$$

式中 $R$——直径大于 $d_{0i}$ 的液滴质量占总质量的百分数。

根据直径平方定律，在任何瞬间 $\tau$，初始直径小于及等于 $\sqrt{K_f\tau}$ 的油珠都已蒸发完毕，剩下的只有那些初始直径大于$\sqrt{K_f\tau}$的油珠，这些油珠经过$\tau$时间后剩余的质量百分数为：

$$\int_{\sqrt{K_f\tau}}^{\infty}\left(\frac{d_1}{d_{0i}}\right)^3\frac{\mathrm{d}R}{\mathrm{d}(d_{0i})}\mathrm{d}(d_{0i}) \tag{7-50}$$

根据扩散燃烧的概念，燃烧过程与蒸发过程同步，因此完全燃烧程度或燃烧效率应为：

$$\eta=1-\int_{\sqrt{K_f\tau}}^{\infty}\left(\frac{d_1}{d_{0i}}\right)^3\frac{\mathrm{d}R}{\mathrm{d}(d_{0i})}\mathrm{d}(d_{0i}) \tag{7-51}$$

因为：

$$\left(\frac{d_1}{d_{0i}}\right)^3=\left(\frac{d_1^2}{d_{0i}^2}\right)^{\frac{3}{2}}=\left(1-\frac{K_f\tau}{d_{0i}^2}\right)^{\frac{3}{2}} \tag{7-52}$$

以及：

$$\mathrm{d}R=(-n)\left(\frac{d_{0i}}{\bar{d}}\right)^{n-1}\left(\frac{1}{\bar{d}}\right)\mathrm{e}^{-\left(\frac{d_{0i}}{\bar{d}}\right)}\mathrm{d}(d_{0i}) \tag{7-53}$$

所以：

$$\eta=1-\int_{\sqrt{K_f\tau}}^{\infty}(-n)\frac{d_{0i}^{n-4}}{\bar{d}^n}(d_{0i}^2-K_f\tau)^{3/2}\mathrm{e}^{-\left(\frac{d_{0i}}{\bar{d}}\right)^n}\mathrm{d}(d_{0i}) \tag{7-54}$$

$$\eta=1-\int_{\sqrt{\tau/\tau_s}}^{\infty}(-n)\left(\frac{d_{0i}}{\bar{d}}\right)^{n-4}\left(\frac{d_{0i}^2}{\bar{d}^2}-\frac{\tau}{\tau_s}\right)^{3/2}\mathrm{e}^{-\left(\frac{d_{0i}}{\bar{d}}\right)^n}\mathrm{d}\left(\frac{d_{0i}}{\bar{d}}\right) \tag{7-55}$$

其中：

$$\tau_s=\overline{\bar{d}^2}/K_f \tag{7-56}$$

用数值积分法对式(7-55)进行计算，可以得到：

$$\eta=\eta\left(n,\frac{\tau}{\tau_s}\right) \tag{7-57}$$

可见，影响燃烧效率的油雾特性参数主要有以下几个。

① 雾化细度　油雾特征尺寸$\bar{d}$越小，时间$\tau_s$越短，燃烧过程发展越快，燃烧效率越高。

② 液滴的燃烧常数$K_f$　$K_f$越大，时间$\tau_s$越短，表明燃烧过程发展越快，效率越高。

③ 均匀度指数$n$　$n$值越小，尺寸分布越不均匀，燃烧后期效率升高缓慢，主要是粗大油珠燃烧进程缓慢所致。

对于均匀油珠群的燃烧，则有：

$$\eta=1-\left(\frac{d}{d_0}\right)^3=1-(1-\tau/\tau_s)^{3/2} \tag{7-58}$$

其中：

$$\tau_s=d_0^2/K_f \tag{7-59}$$

均匀油珠群的效率上升最快，表明油雾燃烧得最快。因此从提高燃烧效率角度希望油雾既细又均匀。

事实上，不可能所有的油珠在一开始都同时着火，而且在燃尽过程中又不断有油珠发生灭火，因此实际上的燃烧完全度应低于按上述模型估算的燃烧完全度。

根据上述液体燃料的燃烧特点，可以看出稳定和强化燃烧的基本途径有以下3条。

① 改善雾化质量。

② 供给适量的空气，强化空气与油雾的混合。

③ 保证点火区域和燃烧室的高温。

液体燃料的燃烧操作及燃烧装置的设计和管理都必须遵循这些原则。

# 7.5 液体燃料的油雾燃烧过程

油雾就是由许多粒度不等的油滴组成的油滴群，其产生的焦粒的直径也是不均匀的。重油油雾在燃烧室内中的燃烧完全程度，不仅取决于油滴的平均直径，还取决于油滴的最大直径和大颗粒油滴的含量。为了使燃烧完全，必须限制油滴平均直径和最大直径。

液体燃料的油雾燃烧（包括其蒸发）是一个复杂的过程，它不同于单个油滴在无限空间中的蒸发和燃烧，因为此时影响的因素更多，如油雾和空气的射流特性，油雾中各个油滴相互作用的影响，滴径的不均匀性，燃油与空气的混合情况以及炉内的燃烧工况等都将影响着油雾的燃烧速率和燃尽时间。特别是当油滴靠得十分近时，这种相互影响主要表现在下列两个方面。

① 相邻油滴间的同时燃烧使它们之间有着热量的交换，以致减少了每个烧着油滴的热量散失。

② 相邻油滴间的同时燃烧起到了竞相争夺氧气的作用，妨碍了氧气扩散到它们的火焰焰峰面去。

前一影响的存在可以促进油滴的燃烧，使燃烧所需时间比单滴燃烧为少，但后一影响的存在却妨碍了油滴群的燃烧，使燃烧时间延长，甚至可能引起熄火。

油雾的燃烧可分为以下几种类型。

① 预蒸发式燃烧　在燃油的汽化性强、雾化油滴细、相对速度高和进口气温高等情况下燃烧，油滴的蒸发汽化速率远高于氧的扩散速率，油雾在进行燃烧之前已蒸发汽化完毕，因此其燃烧受气相扩散燃烧的规律控制，火焰的结构类似于气体燃料的湍流扩散燃烧。

② 油滴群扩散式燃烧　在燃油的汽化性差、雾化油滴粗、相对速度低、进口气流温度不高和油滴间距较大的情况下，则形成油滴群扩散燃烧。油滴群中的每一油滴独立地进行燃烧，其燃烧是以单颗油滴燃烧形式进行的。

③ 复合式燃烧　一般来说，油雾是由大小不同的油滴组成的，其中较小的油滴由喷油嘴出来后很快就蒸发汽化，形成一定程度的预混火焰，而较大的油滴则按油滴群扩散式燃烧进行燃烧。这种包含两种燃烧形式的燃烧称复合燃烧。

此外，如果油滴之间的统计平均距离很短（即相互靠得很近），而油滴火焰焰峰面的半径较之油滴本身半径又很大，这样在燃烧时每个油滴就不可能保持有自己单独的球状火焰面，而只能在油滴之间可燃混合气体中进行滴间的气相燃烧（所谓滴间燃烧）。相反，如果滴间平均距离很大，则着火后各油滴均可保持自己单独的球状火焰面，如同单滴燃烧一样，故称为滴状燃烧。一般雾化燃油的燃烧多数属于这种情况。

实验研究表明，在油雾燃烧时，油滴的燃烧时间仍遵循着前述的与直径平方呈线性关系的规律，不过此时的燃烧速率常数值 $K$ 与孤立单滴燃油燃烧时有所不同。研究表明，此时的燃烧速率常数值 $K$ 稍有增大。

在油滴群燃烧中，经过 $\tau$ 时间燃烧后，剩留下未完全烧掉的各不同粒径油滴的容积百分数，仿照油雾蒸发计算可得出在形式上完全类同于式（7-48）的表达式，但其中蒸发常数

$K_1$需换为燃烧速率常数 $K$。由式（7-48）所得出的结论同样可适用于油雾燃烧过程，即雾化均匀度差的油雾，其最初燃烧速率虽高，但燃烬时间却长；而雾化均匀度好的油雾，虽初始燃烧速率较低，但燃烧过程却结束得早。所以，不论从缩短蒸发时间或燃烧时间来说，都应要求油雾具有较好的均匀度。

需要指出的是，在上述油雾的蒸发或燃烧计算中，在所考虑的时间范围内认为每个油滴都具有相同的常数 $K$ 值（或 $K_1$ 值），但实际上却不是这样简单，例如在燃烧室的不同空间范围内，有些油滴尚处于着火前的蒸发状态，有些处于燃烧状态，而有些却处于灭火后的高温蒸发状态，因此就应分别对不同空间进行计算。即使在同一空间里、在所考虑的时间范围内，不同粒径的油滴所处的状态亦不一致，因此也不能简单地用同一个 $K$ 值来计算。

另外，在上述计算中也没有考虑油雾气流的射流特性。

液体燃料的油雾燃烧由于其中存在着油滴燃烧的特殊性，因此它的燃烧过程具有如下的一些特点。

① 在油雾燃烧中，燃烧过程的扩展（即所谓火焰传播）主要是借助于油滴的不断着火、燃烧。油滴的着火是由于周围高温介质（例如邻近已燃油滴产生的高温火焰）所传递的热量，靠油滴本身的蒸发和油气的扩散来实现，而这些过程如传热、蒸发和扩散等，它们几乎不受燃烧室中总过量空气系数值变动的影响，因此，在油雾燃烧过程中，其火焰传播速度（实际上是燃烧速率）就不像在均匀可燃混合气中燃烧时那样强烈地受到过量空气系数的影响。这是油雾燃烧过程所具有的一个特点。

油雾燃烧的燃烧速率一般总比均匀混合气燃烧时为小，这是因为油雾中油滴的燃烧需经过传热、蒸发、扩散和混合等过程，以致所需时间相对较长。

② 油雾燃烧还有一个显著的特点，或者说突出的优点，就是具有比均匀可燃混合气燃烧更为宽广的着火界限和稳定的工作范围，这对燃烧室的工作性能来说，具有很实际的意义。它可以在变化较大的工作范围内进行稳定的燃烧。油雾燃烧之所以具有较宽广的着火界限（亦即火焰传播范围）与稳定的工作范围，是因为油滴燃烧过程的扩展主要取决于油滴周围的油/气比，即局部地区的过量空气系数。因此，若从燃烧室的整体来说，油/气比（即总的空气系数）虽已超过均匀可燃混合气可以燃烧的界限，但在局部地区仍会有适合油滴燃烧的油/气比，它可保证燃烧所需空气的及时供应和相邻油滴间的相互传热，以促进燃烧，这样就扩大了油雾燃烧的稳定工作范围。所以在一些燃烧设备上，如在航空喷气发动机的燃烧室中常有意识地采用油雾燃烧以扩大其工作范围。

在燃烧室中，有些液滴还可以与燃烧室壁或其他固体物（例如用来做火焰稳定器或点火器的高温耐火砖壁）碰撞，重油在固体表面上蒸发，并被气流带入而混合燃烧。这时固体表面上形成点火热源，有利于稳定燃烧和提高燃烧完全程度。但是，如果是与较冷表面碰撞，或者固体表面附近为缺氧介质，则将在固体表面形成焦壳，油蒸气也不会完全燃烧。

除了雾化与混合之外，重油燃烧过程中，由于有蒸发等吸热作用，因而其着火过程中加热阶段的时间（包括把油加热到沸点；油气化为蒸汽；组成燃料/空气可燃混合物，把可燃混合物加热到着火温度的时间，以及化学感应期的时间）和气体燃料相比要长得多。因此，为了强化重油的燃烧过程，必须缩短着火过程的加热时间。这个时间主要取决于燃烧室的温度水平。例如，根据实验，在 1000℃ 的介质中，比在 600℃ 的介质中，颗粒的加热要快4.5～4.6倍。这就要求重油火焰的点火热源（包括初始点火和连续点火）的能力要大一些，点火热源（区域）的温度要尽量高一些。常采用的方法有：向火焰根部强化高温燃烧产物的再循环；设置火焰稳定器造成局部高温气流循环；用高温的烧嘴砖或设置高温点火砖；向火焰中分段供应空气，避免大量空气在火焰根部造成冷却效果等。

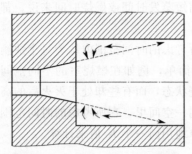

图7-13　高温气流循环点火示意图

油滴的燃烧是通过炉内的辐射传热和对流传热而蒸发了的油蒸气与空气中的氧在气体边界进行扩散混合而发生的，因此，本质上与气体燃料的扩散燃烧相同，燃烧时油雾-空气混合物的流速大于火焰传播速度时就会出现脱火，反之则会回火。脱火易使火焰熄灭，回火则使燃烧退至燃烧器内进行，既影响雾化，又容易结焦堵塞。重油雾的火焰传播速度不大，一般不会回火，而是容易脱火，所以重油燃烧时还要注意火焰稳定性问题。

解决火焰稳定性问题除了要在喷嘴与供风器结构上采取措施强化混合外，还可在砌体结构和专设稳火装置方面采取措施。图7-13所示的砌体留出"死角"供高温气流循环点火，因此有稳定火焰的作用。有的在燃烧器或炉内结构方面设置有稳火器，这样就有更好的稳火效果。

## 参 考 文 献

[1] 严传俊，范玮．燃烧学．第3版［M］．西安：西北工业大学出版社，2016.

[2] 邹长城．爆炸燃烧理论基础与应用［M］．北京：化学工业出版社，2016.

[3] 王全德．燃烧化学理论研究进展［M］．徐州：中国矿业大学出版社，2015.

[4] 张英华，黄志安，高玉坤．燃烧与爆炸学．第2版［M］．北京：冶金工业出版社，2015.

[5] 胡双启．燃烧与爆炸［M］．北京：北京理工大学出版社，2015.

[6] ［美］Stephen R. Turns．燃烧学导论：概念与应用［M］．姚强，李水清，王宇译．北京：清华大学出版社，2015.

[7] 潘旭海．燃烧爆炸理论及应用［M］．北京：化学工业出版社，2015.

[8] 罗燕来．小尺度射流扩散火焰特性的实验研究和数值模拟［D］．广州：华南理工大学，2015.

[9] 万远亮．基于双壳流燃烧系统的生物柴油喷雾燃烧特性研究［D］．北京：北京理工大学，2015.

[10] 写义智．跨临界条件下影响液体燃料雾化的主要因素［D］．合肥：中国科学技术大学，2015.

[11] 雷正．液体动力燃料燃爆特性研究［D］．南京：南京理工大学，2015.

[12] 麻剑．乙醇-空气预混层流燃烧特性试验与仿真研究［D］．杭州：浙江大学，2015.

[13] 罗智斌．荷电雾化特性及小型燃烧器性能的实验研究［D］．广州：华南理工大学，2015.

[14] 唐绍瑞．非对称同轴喷注雾化特性分析［D］．台南：成功大学，2015.

[15] 续真杰．多孔介质内过滤燃烧的实验与模拟研究［D］．大连：大连理工大学，2015.

[16] 李满厚．液滴表面火焰传播及表面流传热特性研究［D］．合肥：中国科学技术大学，2015.

[17] 甘云华，罗燕来，田中华．燃料流量与管径对受限空间下微小火焰的影响分析［J］．农业机械学报，2015，46（1）：323-328.

[18] 李天云，许敏，孔令逊 等．关于直接喷雾液相温度分布的研究［J］．工程热物理学报，2015，36（9）：2045-2049.

[19] 陈福振，强洪夫，苗刚等．燃料抛撒成雾及其燃烧爆炸的光滑离散颗粒流体动力学方法数值模拟研究［J］．物理学报，2015，64（11）：18-28.

[20] 郭洋裕，张昊春，于海杰等．低 Reynolds 数空气来流正庚烷液滴蒸发过程滴产特性［J］．化工学报，2014，65（6）：1971-1977.

[21] 霍岩，邹高万，李树声等．竖通道内液体燃料燃烧形成的旋转火焰特性［J］．哈尔滨工业大学学报，2014，46（1）：77-82.

[22] 吴伟亮，沈彦成，钟策．横向气流中喷雾粒径的变化规律［J］．燃烧科学与技术，2014，20（6）：478-482.

[23] 包堂堂．可控热氛围下柴油/汽油混合燃料燃烧特性研究［D］．上海：同济大学，2014.

[24] 张龙．凝胶单液滴蒸发模型的数值研究［D］．天津：天津大学，2014.

[25] 姚瑶．液体燃烧润湿条件下砂床表面火蔓延特性研究［D］．淮南：安徽理工大学，2014.

[26] 赵钰祥．强迫对流环境下单油滴燃烧的数值模拟［D］．包头：内蒙古科技大学，2014.

[27] 白洪宝．乙醇/柴油混合燃料表面火蔓延研究［D］．合肥：中国科学技术大学，2014.

[28] 曹雪幡．气泡雾化特性试验研究［D］．武汉：华中科技大学，2014.

[29] 潘剑峰．燃烧学：理论基础及其应用［M］．镇江：江苏大学出版社，2013.

[30] 陈长坤．燃烧学［M］．北京：机械工业出版社，2013.

[31] 胡鹏，孙平，夏舜午等．正庚烷单液滴在高质量分数$CO_2$/水蒸气气氛围中蒸发燃烧特性［J］．内燃机学报，2013，31（6）：525-530.

[32] 李建新．燃烧污染物控制技术［M］．北京：中国电力出版社，2012.

[33] 郝建斌．燃烧与爆炸学［M］．北京：中国石化出版社，2012.

[34] 徐旭常，吕俊复，张海．燃烧理论与燃烧．第2版［M］．北京：科学出版社，2012.

[35] 梁国福，陆洞，黄金亮．易燃液体燃烧烟气沉积物环境时效性研究［J］．消防科学与技术，2012，31（5）：454-457.

[36] 刘义祥，王启立．几种易燃液体燃烧烟尘微粒形貌特征研究［J］．武警学院学报，2012，28（12）：89-91.

[37] 鲁志宝，梁国福，杨淳旭．易燃液体燃烧烟气在空间不同位置的沉积规律［J］．消防科学与技术，2011，30（9）：860-862.

[38] 黄生洪，冯美艳．雾化燃烧模拟一体化方法及应用研究［J］．工程热物理学报，2011，32（8）：1399-1402.

[39] 张小斌，项世军，曹潇丽等．用VOF方法数值计算液滴燃烧［J］．化工学报，2011，62（2）：692-698.

[40] 李永华．燃烧理论与技术［M］．北京：中国电力出版社，2011.

[41] 杨林军．燃烧源细颗粒物污染控制技术［M］．北京：化学工业出版社，2011.

[42] 赵雪娥，孟亦飞，刘秀玉．燃烧与爆炸理论［M］．北京：化学工业出版社，2011.

[43] 徐通模．燃烧学［M］．北京：机械工业出版社，2011.

[44] 徐旭常，周力行．燃烧技术手册［M］．北京：化学工业出版社，2008.

[45] 刘联胜．燃烧理论与技术［M］．北京：化学工业出版社，2008.

[46] 余永刚，昌学霞，周彦煌等．整装式含能液体燃烧推进实验研究及数值模拟［J］．工程热物理学报，2008，29（3）：531-535.

[47] 丁瑞金．易燃液体燃烧问题［J］．消防技术与产品信息，2006，2：60-62.

[48] 朱文学．热风炉原理与技术［M］．北京：化学工业出版社，2005.

[49] 方文沐，杜惠敏，李天荣．燃料分析技术问题．第3版［M］．北京：中国电力出版社，2005.

[50] 张以祥，曹湘洪，史济春．燃料乙醇与车用乙醇汽油［M］．北京：中国石化出版社，2004.

[51] 岑可法．燃烧理论与环境污染［M］．北京：机械工业出版社，2004.

[52] 刘治中，许世海，姚如杰．液体燃料的性质及应用［M］．北京：中国石化出版社，2000.

# 第**8**章

# 液体燃料的燃烧装置

工业炉中燃烧的液体燃料有重油、焦油等，其中以重油为主。重油用油槽车（或用管路）运入厂内，存入储油罐中，然后靠油泵把油加压输送到油烧嘴。在油的输送管路中，需要用过滤器将油中的机械杂质除去。重油在通过油烧嘴燃烧时，需要把油喷成雾状，即进行雾化。在管路中设有加热器加热重油，降低其黏度，以保证良好的雾化效果和流动性。此外，整个油路系统还伴随有蒸汽管加热和保温。重油通过油烧嘴后进入炉膛（或单独的燃烧室）中燃烧。

## 8.1　液体燃料燃烧过程的组织

欲使燃料达到充分燃烧，首要的条件就是要供应足够的空气并使其与燃料均匀混合，故当已雾化好的液体燃料喷入燃烧空间后，怎么保证及时、正确地供应足够的空气量并与之充分混合将是保证液体燃料充分燃烧的关键。

一般燃油炉上常用一种配有旋流式调风器的喷燃器。喷燃器又叫燃烧器，它由雾化器和调风器组成。调风器的功用是正确地组织配风、及时地供应燃烧所需空气量以及保证燃料与空气充分混合。

燃油通过中间的雾化器雾化成细雾喷入燃烧室（炉膛），空气（或经过预热的热空气）经风道从调风器四周切向进入。因为调风器是由一组可调节的叶片所组成，且每个叶片都倾斜一定角度，故当气流通过调风器后就形成一股旋转气流。这时由雾化器喷出的雾状油滴在雾化器喷口外形成一股空心锥体射流，扩散到空气的旋流中去并与之混合、燃烧。由于气流的旋转，增大了喷射气流的扩散角和加强了油气的混合。叶片可调的目的是为了在运行中能借此来调节气流的旋转强度以改变气流的扩展角，使其与由雾化器喷出的燃油雾化角相配合，保证在各不同工况下都能获得油与空气的良好混合。

油雾在着火前首先要加热、汽化，然后与空气混合进行燃烧，为此就需要大量的热量来促使油雾蒸发气化。如果仅依靠燃烧空间内辐射热来加热的话，则往往是不够的。因油滴尺寸很小，没有足够的表面积来吸收较多的辐射热。在实践中，一般是在雾化器的前端加装一个不良流线体（钝体）如圆盘或圆锥体等物，称之为稳焰罩。当空气绕流过稳焰罩时，在其背后会形成一个局部负压区，使部分高温烟气流返向回流，这样在雾化器前端的轴线部分处形成一个高温回流区，成为一固定点火源。它可对刚从雾化器喷出的油雾进行加热，促使其迅速蒸发汽化并着火燃烧。

为了强化油雾与空气的混合，还可采用提高调风器出口处空气流速的方法。速度越高，油气混合就越好。因此目前一般调风器送出的气流流速都较高。但是这样大量高速气流直接吹向火焰根部很容易将火焰吹熄，所以稳焰罩的设置还可挡住大量的高速气流直接吹向火焰根部而使其绕流而过，防止火焰吹熄，故它又起到了稳定火焰、保证燃烧的作用。

如果燃烧的油是重质油（这是一般动力锅炉、工业窑炉中较为广泛使用的燃料），还需注意防止燃油的高温分解。重油油滴在受热时，如果空气供应不足，在一定的高温下极易分解出一些难以燃烧的重碳氢化合物和固体炭黑。这些物质因难于燃烧，常常在没在烧尽就离开炉膛而从烟囱中排出去，形成浓厚的黑烟，造成大量的热损失并污染环境。因此对于处于稳焰罩后面，位于回流区中火焰根部的油雾来说，由于其间氧气较少，极易产生高温热分解，就需输送足量的空气到火焰根部去（一般称此为"根部送风"）以防止高温下的缺氧裂解。所以在沿着稳焰罩的圆周方向上开有 6～12 个槽形孔，使一部分空气穿过这些孔直接送到火焰根部，这样一方面可补足氧气，促进氧化过程的进行，另一方面亦降低了温度，限制了高温热分解。因此，这股气流在实际上也就起了一次风的作用，其余的空气，或称为二次风，则绕流而过从稳焰罩四周供入，以保证燃料继续充分燃烧。在这里，少量的一次风也起着防止稳焰罩被烧坏和结焦的作用。

稳焰罩和雾化器可沿着喷燃器中心线前后移动，以改变回流区的形状和位置来达到调整燃烧的目的。

目前，为了减轻和防止燃油燃烧时的低温腐蚀和高温腐蚀以及改善大气污染，比较有效的措施就是采用低氧燃烧。所谓低氧燃烧就是在比较少的过量空气情况下（一般在 1.02～1.05）保证燃油的充分燃烧（此时烟气中剩余自由氧量需控制在 0.5%～1.0%）。为此，除了要有一个良好的喷燃器外，还需要有严格的、正确的配风，特别是油气分配的控制。

① 每个雾化器的特性需要相同，如以简单机械雾化器来说，就要求在相同的油压下，各雾化器的喷油量应当相同，最好偏差不超过 ±1%，这样就必须要对每个雾化器进行标定。

② 每个调风器的风量分配应当均匀，为此需对每个调风器进行标定与调整。实践证明，严格做到这一点非常困难，这比上述燃油的分配困难得多。

③ 喷燃器最好能有较大的调节比，这样在负荷变动时，尽可能不要改变投入工作的喷燃器数量，而只改变所有喷燃器的流量以适应负荷变化。这样可以减少不工作喷燃器的漏风，同时亦便于调节。

④ 雾化器的油喷嘴与配风器的相对位置必须合适。要求油雾的最大浓度区与配风器空气流的高速度区相吻合，才能使油、风密切混合。如两者相对位置不合适时将对混合有较大的影响。喷嘴位置太靠前，易造成油与风的混合不良，甚至还会引起油雾在里层、空气在外层的油风"分层"现象。如果喷嘴位置太靠后，油滴穿透风层打在风口或喷燃器周围的受热面上，会引起结焦，也是不合适的。如果喷嘴的位置适中，使高浓度的油雾与高速度的空气流相遇，混合良好。

综上所述，良好的雾化、正确的配风、充分的混合是保证燃油良好燃烧的必须而重要的条件。实践证明，选择雾化性能良好的雾化器是保证燃油烧好的一个基础，但如不重视混合和配风问题，则燃油仍然会烧不好，在某些意义上甚至可以说混合和配风比雾化更为重要。

当然，为使燃油获得良好的燃烧，还需有一个足够大的燃烧空间以保证燃油在其中进行充分而完全的燃烧。此外，维持足够高的温度，合理地布置喷燃器以及精心管理与调整等亦都是保证燃油良好燃烧不可缺少的条件。

## 8.2 燃油烧嘴

液体燃料燃烧装置中的关键部件是燃烧器，通常称油烧嘴。液体燃料燃烧装置的种类很多，按不同的特征可分类如下。

**(1) 按雾化方法分类**

① 气体介质雾化油烧嘴 它是靠气体介质的动量将油雾化。根据气体介质的压力不同，又分为高压雾化油烧嘴、中压雾化油烧嘴、低压雾化油烧嘴。其中高压雾化油烧嘴和低压雾化油烧嘴在工业加热炉方面应用较广。另外，还有靠燃烧产物将油雾化的"喷气式"油烧嘴等。

② 油压式烧嘴 靠油在高压下流出而得到雾化，如离心式机械油烧嘴。

③ 转杯式油烧嘴 使油通过高速旋转的转杯，成薄膜状喷出，然后又被空气雾化。

**(2) 按调节或控制方法分类**

① 手工调节的油烧嘴。

② 自动调节的油烧嘴，如风油比例调节油烧嘴。

**(3) 按可使用的油质分类**

① 烧轻油的烧嘴；

② 烧重油的烧嘴。

**(4) 按形成的火焰形状分类**

① 小张角直火焰烧嘴；

② 大张角火焰烧嘴；

③ 平火焰烧嘴；

④ 火焰长度可调烧嘴。

**(5) 按助燃空气的温度分类**

① 使用冷风的油烧嘴；

② 使用热风的油烧嘴。

油烧嘴虽然形式各异，但正确的雾化最重要，它将直接影响是否能完全燃烧及燃后气体中有无明显灰分，并将直接影响后续的生产过程。

### 8.2.1 机械喷嘴

#### 8.2.1.1 油压式机械油烧嘴

油压式机械油烧嘴也称离心式喷嘴，主要是借助高压油流从小孔喷出时压力的突然降低而使油流分裂、破碎进行雾化。此时，不需要雾化剂，而燃烧所需的全部空气用鼓风机另行供给。现在这类喷嘴多数同时采用涡流装置以增强雾化效果。

油压式机械油烧嘴的工作原理是：燃油在一定压力差作用下切向进入喷油嘴旋流室，在旋流片的作用下产生高速旋流运动，然后从喷油嘴的喷口喷出，从而雾化成许多小油滴。

图 8-1 所示为简单离心式喷油嘴的工作原理。

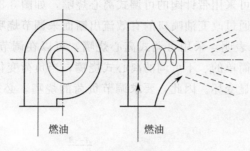

图 8-1　离心式喷油嘴的工作原理

为了保证油压式烧嘴的雾化质量，要求油的喷出速度要高，因此就要求油压特别高，一般为 1500～2500kPa 或更高。若油压比较低而采用油压式烧嘴，则雾化质量不易保证。

常用的离心式油压烧嘴如图 8-2 所示。重油经过分流片 1 上的许多小孔进入涡流片 2。在涡流片 2 上，油以切线方向流入，高速旋转，然后由雾化片 3 上的喷口喷出。由于离心力作用，产生大的切线速度，使油能得到较好的雾化，并且靠油雾流的旋转，造成与空气混合的有利条件。这种离心式烧嘴的火焰较短，但张角较大，一般可达到 80°～120°。

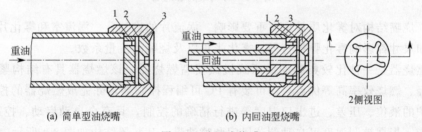

图 8-2　油压式烧嘴
1—分流片；2—离心涡流片；3—雾化片

图 8-2 是两种油压式烧嘴，表示两种不同的流量（烧嘴能力）调节方案。图 8-2（a）所示为简单型油压式烧嘴，图 8-2（b）所示为内回油型油压式烧嘴。简单型油压式烧嘴的油量调节是调节供油管道上的阀门，从而调节了烧嘴前的供油压力，油量即随之变化。这种烧嘴结构比较简单。但是由于油压对雾化质量的影响非常显著，油压降低将导致雾化质量变坏，所以这种烧嘴的调节倍数很小，并且因为流量与压力的平方根成正比，因此当要求流量有一定的变化时，压力就要有很大的变化。例如，根据燃烧过程的要求，如果在最小热负荷时要求油压为 1000kPa，那么当调节比为 2 时，则供油压力要保证 4000kPa；调节倍数为 3 时，供油压力就要保证 9000kPa。这样高的油压在选择油泵和管道系统方面都是困难的。如果在实际中保证不了这样高的油压，则当处于最小热负荷时便不能有好的雾化质量。所以简单型油压式烧嘴仅适用于热负荷变化不大的炉子，或者允许用开、闭单个烧嘴（而不调节每个烧嘴）来调节热负荷的炉子。

为了解决上述油压和雾化质量之间的矛盾，可采用图 8-2（b）中的调节方案，即采用有回油路的烧嘴。该烧嘴中，在分流片上开一个回油孔，引入回油管路。这样在供油压力不变的条件下，可以用改变回油量的办法来调节烧嘴能力。由于供油压力不变，在涡流片中油的切线速度基本不变。当需要减小烧嘴油量时，可使回流量增加，但油仍以高速旋转喷出，可以在低负荷时保持较好的雾化质量，油雾张角也变化不大。这种回油型的油压式烧嘴的调节倍数可达到 4 左右，可以用在热负荷有变化的炉子上。

为了保持雾化质量，可采用带针阀的可调式离心烧嘴，如图 8-3 所示。这种烧嘴是用操作手柄使针阀前后移动，通过改变油喷口的有效流出断面来调节烧嘴的负荷。该烧嘴的调节倍数可达 2~3。测定结果表明，采用可调式离心烧嘴，可以在调节烧嘴负荷时保证雾化质量基本不变；相反，采用简单的、不可调的离心式烧嘴，当负荷变化时，雾化颗粒平均直径将显著增加，雾化质量明显变坏。因此，要求调节负荷的烧嘴，必须选用适当的调节方案，以保证良好的雾化效果。

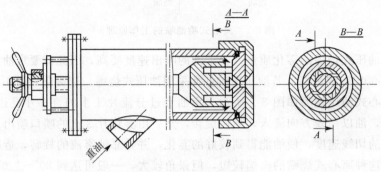

图 8-3　可调式离心烧嘴

此外，烧嘴结构对雾化质量也有重要影响。涡流片的进油孔、涡流室和雾化片喷口等部位的形状和尺寸都影响雾化颗粒直径、雾化张角以及烧嘴的流量系数。

枪式燃烧器是一种比较典型的油压式机械喷嘴燃烧器。该燃烧器具有结构紧凑、体积小、质量轻、燃烧效率高等优点，还可装有 PC 可编程控制器，除完成燃烧器的控制外，还能对加热炉的液位、压差、进出口温度等进行精确的控制，具有全自动启动、控制、监测、关机等功能，根据被测温度可自动调节风门和喷油量。其装置结构如图 8-4 所示。

上面讨论的仅为油压式烧嘴的油喷嘴部分，喷嘴外面还应当装有供给空气的风套（配风器）。风套的工作原理与燃气烧嘴的风口是相似的。

油压式烧嘴不需要雾化剂，烧嘴结构简单紧凑，使用时噪声小，空气预热温度不受限制。但是，这种烧嘴一般来说雾化颗粒直径比高压和低压油烧嘴大，且要求油压很高。油压式烧嘴的烧嘴头容易堵塞。在烧嘴结构上要使之拆卸方便，能经常清扫。目前，这种烧嘴广泛应用在锅炉上，而在冶金、机械生产的炉子上应用较少。

由于在燃烧过程中，被加热的气体里会带有火星，所以要注意防火，需加火星消除装置（如铁丝网等）。

### 8.2.1.2　转杯式机械油烧嘴

转杯式机械油烧嘴是将油导入一个高速旋转的扩张形杯中，依靠"转杯"高速旋转产生的离心力将油向四周分散均匀地甩出，并加上周围空气流的冲击摩擦而将油进行雾化，其工作原理见图 8-5。这种烧嘴是将转杯、风嘴及带动转杯的电机都安装在一起。当电机带动轴 1 旋转时，转杯 3 便旋转。同时，在转轴 1 上装的风扇也旋转，由 4 供入一次风。当油经 2 进入转杯后，就在高速旋转的转杯内表面上分散成很薄的油膜。转杯是一个向外扩张的空心圆锥体，旋转时产生离心力或轴向力，油膜在其中一边旋转一边前进。且越前进，油膜就越

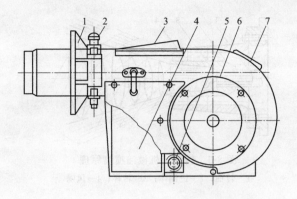

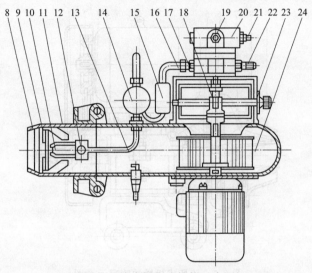

图 8-4 枪式燃烧器结构示意图

1—连接法兰；2—插销；3—观火窗；4—点火变压器；

5—航空插销；6—蜗壳；7—燃烧标志；8—扩散口；

9—稳焰板；10—喷油嘴；11—点火棒；12—点火棒固定螺栓；

13—火焰感受器；14—电磁阀；15—压力表；16—调节阀门；

17—出油接头；18—联轴器；19—回油接头；20—油泵；

21—压力调节螺钉；22—进油接头；23—叶轮；24—电机

薄，最后脱离杯口时已成极薄的碎片或小颗粒，再与一次风相遇，受到进一步的雾化而成更小的颗粒。油粒离开杯口时，径向速度很大，但由于一次风的作用，仍不至于飞离雾化矩，使火焰保持规整的外形。

转杯式油烧嘴的雾化质量主要取决于转杯的转速。燃烧重油时，转速必须高于 4000r/min 才能保证较好的雾化质量。转速越高，雾化越好，大能量的烧嘴，要求更高的转速。一般转杯烧嘴的一次风量是不足以达到燃烧空气需要量的（因受电机功率的限制），只有燃烧空气需要量的 15%～20%，最高不过 50%。不足的空气（二次风）是靠自然吸风。这只有在负压操作的炉子（如负压锅炉）才易实现。不然，烧嘴的燃烧能力应适当减小。

图 8-6 所示为转杯式机械油烧嘴的结构形式。由于自身带有风扇和电机，对于炉子很少或仅装一两个烧嘴的炉子，不需要再装风机和风管道，使炉前设备大为简化。实验表明，转杯烧嘴点火容易，燃烧稳定，火焰短，张角大（80°以上）。操作中油压不宜太高（30～

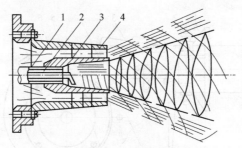

图 8-5　转杯式机械油喷嘴原理

1—转轴；2—进油体；3—转杯；4—风嘴

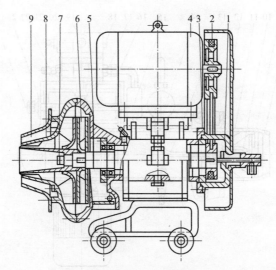

图 8-6　转杯式机械油喷嘴示意图

1—进油管；2—皮带轮；3—进油体；

4—电动机；5—转轴；6—叶轮；

7—转杯；8—一次风嘴；9—二次风嘴

120kPa)，且油量小时雾化质量更好。所以烧嘴的调节倍数较大（可达到 5 以上）。此外，因烧嘴的进油口较大，对油的过滤要求不很严，油压、油温的波动对雾化质量影响不大。但目前，这种烧嘴都由于结构复杂而比较笨重，造价较高，不便于预热空气，而且噪声较大。

转杯式机械油烧嘴多用于中小型锅炉，也可用于热处理炉和某些窑炉。

## ▶8.2.2　气体介质雾化式喷嘴

### （1）低压雾化烧嘴

低压雾化烧嘴的特点是用鼓风机供给燃烧的全部或大部分（60%）助燃空气作雾化剂，烧嘴前风压一般为 5~10kPa，高的可达 12kPa。在这样的压力下，雾化剂与燃料相遇时的速度为 50~100m/s。

低压油烧嘴重油的雾化是靠雾化剂产生的动量。由于雾化剂的喷出速度受到风压的限制，所以为了保证雾化质量良好，就必须用较大量的空气作雾化剂。根据实验研究的一些结果，雾化剂消耗量应为燃烧空气需要量的 60%，且有许多烧嘴是将全部燃烧空气量都作为雾化剂经由烧嘴喷入。这样一来，在雾化的同时，创造了空气和油雾混合的良好条件。所以为了达到完全燃烧，低压油烧嘴可选用较小的空气消耗系数，一般为 1.10～1.20。由于混合较好，低压油烧嘴可以产生较短的火焰。

低压油烧嘴的油压不宜太高，一般为 30～150kPa。如果油压过高将不利于雾化。另外油压过高时，为保证油量一定，油孔必将过小，这易使油孔堵塞。烧嘴前最好装设稳压器，将油压稳定在较低水平。

低压油烧嘴的能力不宜太大，一般不超过 150～200kg/h，这是因为在雾化剂压力和油压均较低的情况下，如果能力设计的太大，空气喷出口和油喷口的断面都将很大，这一方面使雾化质量不易保证；另一方面使烧嘴结构过于庞大。

在低压油烧嘴中，空气的预热温度受到限制，特别是对于流经油管外面的空气，如果预热温度太高，油管内的重油会被加热至过高的温度，以致在油喷出前便裂化产生焦粒，造成喷嘴堵塞。一般来说，当全部空气用来作雾化剂时，预热温度应控制在 400℃以下。如果要求将空气预热至更高的温度，那么可将空气分为两部分，一部分流经烧嘴，为一次空气；另一部分由烧嘴之外通入燃烧室，为二次空气。二次空气的预热温度不受烧嘴的限制。

油烧嘴的结构主要包括四部分：空气导管、油导管、烧嘴喷头和调节机构。对燃烧过程起关键性作用的是烧嘴喷头部分的形状和尺寸，这些决定着烧嘴的能力、雾化质量和混合速度，从而决定着火焰的特性和燃烧质量。喷头的尺寸（喷出口断面积）可以由计算确定，喷头的形状则是根据经验设计的。

低压喷嘴的主要优点是燃烧效果好，雾化成本低，噪声小，燃烧过程容易控制；缺点是调节比小，燃烧能力受到限制，不便于以烟气余热预热空气等。这类喷嘴在中小型加热炉上应用较多。

① 低压直流式喷嘴（DZ 型）  低压直流式喷嘴中，空气流呈一定交角与油流相遇，空气可以分为一次、二次或三次与油流相遇。一般来说，采用二次或三次雾化的喷头可以得到较好的雾化效果。空气流与油流的交角对雾化质量、混合速度和火焰长度也都有影响。交角大一些，有利于雾化、混合，并可得到较短的火焰。但是交角不宜过大，一般不超过 45°。空气流与油流相遇时的相对速度对雾化质量有很大的影响，相对速度越大，雾化颗粒越细。实际上，相对速度的数值是难以确定的，因为不论是空气流的速度还是油流的速度，沿射流轴线方向上都是变化的。这样，相对速度与油的喷口相对空气喷口的位置有很大的关系。图 8-7 即表示了这一概念。图 8-7(a) 所示的油喷口与空气喷口在同一断面上；图 8-7(b) 则是油喷口缩回一些，相当在喷头内部有一段"雾化室"。比较起来，图 8-7(b) 所示的喷头其空气能在较大的相对速度范围内与流股相作用，因而有利于改善雾化质量。当然，这并不是说油喷口缩回的越长越好。如果"雾化室"太长，在低压条件下，油雾颗粒将会与外壁碰撞而聚积成更大的颗粒使雾化质量变坏。

图 8-8 所示为常见的套管式低压直流式喷嘴（有的称为"C 型烧嘴"）结构，其特点是空气出口断面可以调节。通过燃油嘴子前后滑动改变空气出口截面积来调节风量是这类喷嘴的主要结构特点，但由此也增加了防漏的难度。这类烧嘴以空气入口管的直径大小作为烧嘴型号。烧嘴能力，最小的烧嘴为 5～10kg/h，最大的可达到 200～290kg/h。图 8-8 所示的烧嘴结构比较简单，该烧嘴调节比较方便，但油阀的调节性能不好，在较小的油量范围内，移动阀门会造成油量的急剧变化，即不容易实现微量调节。在调节倍数不超过 2 的范围内，雾化质量较好，火焰细长（0.7～2.3m），张角 10°～20°。

烧嘴使用中当加工不精确时，套管前后移动会造成油喷口偏移，火焰偏斜。因此，设计、制造和调整时，一定要保证油口正直，油管与空气喷口要保证同心。此外，因为空气套管是在油管上滑动，如果加工精度不够，也常发生漏油。总之，对油烧嘴来说，加工制造要有必要的精确度。

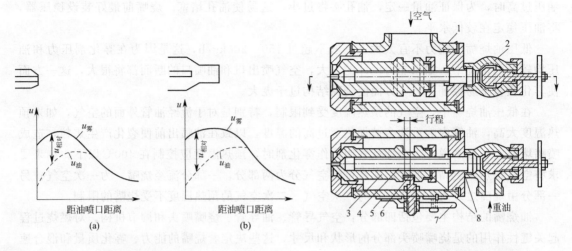

图 8-7　喷口相对位置和相对速度的关系

图 8-8　低压直流式喷嘴示意图

1—喷嘴体空气管；2—燃油阀；3—调风外套管
（燃油嘴子）；4—燃油管（内套管）；5—风量
指针与刻度盘；6—偏心轮；7—调风手轮；8—密封垫

② 低压旋流式喷嘴（DX 型）　如将低压喷嘴的喷头做成旋流式的，即为低压旋流式喷嘴（DX 型），空气呈旋转气流与油流相遇。气流的旋转强度和旋转角度对雾化混合都有影响。一般来说，旋转强度和角度越大，雾化质量越好，混合也越快。但旋转角度过大会使得旋转气流的最大速度区域（该区域不在轴线上）远离了油流股，则气流对油流的作用将减弱。此外，叶片的倾斜角度越大，喷头的阻力也越大，因而会更多地消耗气体的压力能。合适的旋转角度应由实验测定。

图 8-9 所示的低压旋流烧嘴（称"K 型烧嘴"）是空气出口截面不可调的低压旋流式喷嘴，其气流与油流有 70°～90°的交角。旋流式喷头可以得到较大张角的火焰，且由于在中心可以造成负压区，增强了高温燃烧产物的回流，相当于增强了连续点火的热源，使油雾得以更快地蒸发和燃烧，有助于稳定燃烧。其缺点是调节比太小，仅为 1.5 左右，不能满足大多数情况下的需要。

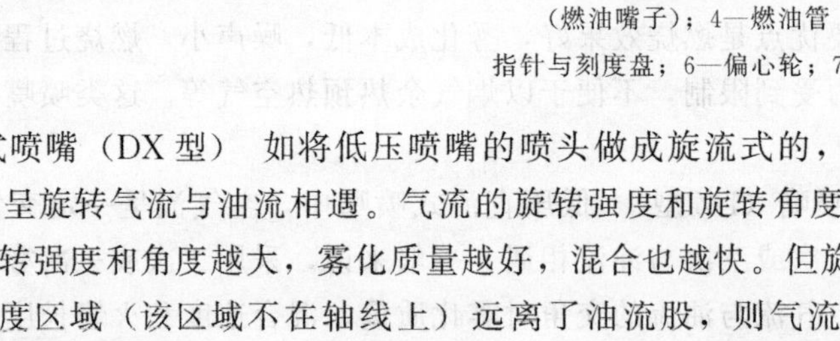

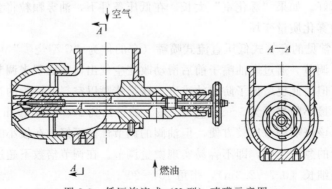

图 8-9　低压旋流式（K 型）喷嘴示意图

可调空气出口的低压旋流式喷嘴是针对上述出口不可调的喷嘴改进而成的，其调节比增大到 3~3.5，如将供风压力提到高于 6868Pa，则调节比可达到 4.3。

低压油烧嘴的油量调节有两种方案：一种是在烧嘴外进油导管上安装调节阀门，通过调节进入油烧嘴的油压而改变油量，使油的喷出速度变化；另一种是在烧嘴内部安装调节装置，改变喷口的有效断面，以改变油的流量。图 8-9 所示的 K 型烧嘴便是采用针阀调节，前后移动针阀的位置使油喷口的有效断面改变，从而达到调节油量的目的。图 8-8 所示的套管式低压烧嘴是采用旋塞阀来调节油量。旋塞阀由旋塞套和旋塞芯组成。旋塞套上有两个轴向流通槽，旋塞芯上有一条横向的，断面积变化的三角槽。油先通过旋塞芯时，由入口轴向槽到横向槽的有效可通断面即会变化，从而调节了油量。这种调节阀调节灵敏，恰当地设计三角槽的断面尺寸时，可以使油量随旋塞芯的转动角度成正比变化。这样，便可以标记旋转角度而核计流量，给操作带来方便。

对低压油烧嘴空气量的调节必须给予更大的重视，可以在烧嘴前的空气导管上安装调节阀以调节空气流量。在低压油烧嘴中，空气不仅是助燃剂，而且也是雾化剂。对于一般将全部燃烧所需空气量作为雾化剂的烧嘴，当调节油量时，例如减小油量时，则燃烧所需空气量也要相应减小。此时，如果只调节管道上的阀门，则空气喷口处的风量和风速将同时减小，这势必使雾化质量变坏。为了解决这个矛盾，大多数低压油烧嘴都在烧嘴内部设有调节装置，用改变风口有效可通断面的办法来调节风量。这样，可以在减小风量的同时，不使风速减小，因而不致造成雾化质量的恶化。有的烧嘴将空气分为一次风和二次风，雾化靠一次风，负荷调节靠二次风，雾化质量比较稳定，但调节比受到限制。

③ 二级雾化式低压喷嘴　采取二级雾化的低压喷嘴很多，但效果较好的是同时可调空气出口的喷嘴。图 8-10 所示为我国有的单位采用的二级雾化式喷嘴，这是一种较好的喷嘴。该喷嘴的二次空气出口可调，一次风借助于旋流片，因此雾化良好，燃烧稳定，点火容易，调节比在 4 左右。

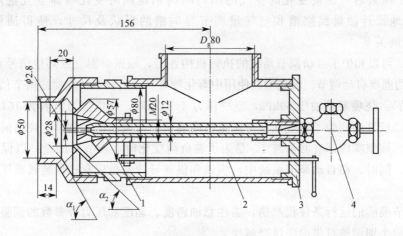

图 8-10　二级雾化（Z 型）喷嘴（$\alpha_1 = 60°$，$\alpha_2 = 45°$或 60°）

1—可调风帽；2—移动杆；3—端盖；4—油阀

北京某厂在可调出口的低压旋流式喷嘴基础上增加一次空气形成两级雾化，从而研制成功了可调出口的二级雾化式低压旋流喷嘴，使雾化可调性进一步得到提高，如图 8-11 所示。该喷嘴在油风比为 1∶20 时仍能稳定地燃烧。

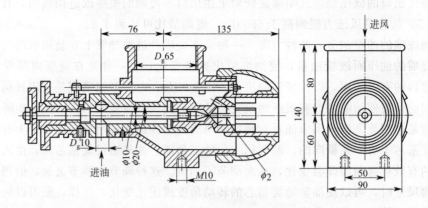

图 8-11  可调出口二级雾化式低压旋流喷嘴示意图

为了实现烧油炉子的热工自动调节，油烧嘴的自动调节是一个重要问题。对于低压烧嘴来说，实现自动调节就是要在调节油量的同时，保证油量和空气量的比例（即保持空气消耗系数），并同时相应地改变空气喷出口断面。

④ 比例调节式喷嘴（DB 型）  比例调节式喷嘴是油、风联锁调节并保持燃烧配比不变的喷嘴，主要用于燃烧和炉温的自动调节。这类喷嘴结构复杂，制造要求高，使用条件严格，一般在炉子上应用很少，且获得成功运用的结构类型也不多。

图 8-12 是一个能自动保持油量和空气比例的三级雾化式烧嘴（有的称为 R 型，也有的称为 B 型）的原理图。该烧嘴中空气分三级与油流股相遇，以加强雾化和混合，空气量的调节是改变二次和三次空气的喷出口断面。转动操作杆 6 可使空气套管上的螺旋导向槽在导向销 7 上呈螺旋方向前进或后退。油量的调节是改变一个特殊的旋塞通油槽 3 的可通断面积。该烧嘴的设计意图是进行比例调节，即将空气调节盘 11 和油量调节盘 10 压紧后，油量变化时空气的出口断面积也同时变化（即空气量同时变化），且由于恰当地设计油量旋塞槽和空气量调节导向槽的形状及尺寸，使得油量与空气量的变化成比例关系。

操纵杆 6 可以和炉子自动调节系统的执行机构连接，根据炉温（或其他信号）调节油量，以实现炉子的温度自动调节。该烧嘴在使用中雾化较好，火焰较短。烧嘴的调节倍数较大，可达 8（设计值）。烧嘴要求油压 60kPa，空气压力 4~12kPa，烧嘴能力大者为 164L/h。但是，该烧嘴结构比较复杂。为了实现油量与风量的准确调节及风油比例调节，烧嘴前的油压与风压必须稳定。该烧嘴内部有回油路 4，是为了在负荷变化时，调节回油量，以保持旋塞阀前的油压稳定。同时，在自动调节系统中，供风和供油导管上也应有稳压装置或压力自动调节系统。

比例调节喷嘴的运行条件很严格，需注意油密度、黏度和压力等参数的调整与控制，燃烧器油风比的个别调整可借助吸风套解决。

图 8-13 是另一种 F 型油压比例调节喷嘴示意图，它是我国燃烧工作者本着结构简单，经济实用，便于自动控制等原则研制而成的新型喷嘴，由壳体、油喷头、后套、空气喷头、柱塞套、柱塞、柱塞盘、波纹管外环、波纹管、吊环、丝堵、紫铜密封环、固定螺钉、波纹管内环、螺母、油风比例调节旋钮、压盖、后盖、螺钉、连接板、紫铜密封圈、弹簧、拉杆组成。

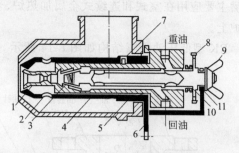

图 8-12　R 型油压比例调节喷嘴

1—一次空气入口；2—二次空气入口；3—调节油量的通油槽；
4—回油通路；5—离合器连接；6—调节空气量的转动（操纵）杆；
7—导向销；8—调节油量的手柄；9—实现比例调节的拧紧旋帽；
10—油量调节盘；11—空气调节盘

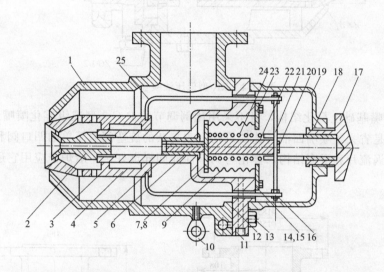

图 8-13　F 型油压比例调节喷嘴示意图

1—壳体；2—油喷头；3—后套；4—空气喷头；5—柱塞套；6—柱塞；7—柱塞盘；
8,15—波纹管外环；9—波纹管；10—吊环；11—丝堵；12—紫铜密封环；13—固定螺钉；
14—波纹管内环；16—螺母；17—油风比例调节旋钮；18—压套；
19—后盖；20—螺钉；21—连接板；22—连接手；23—紫铜密封圈套；24—弹簧；25—拉杆

　　和 R 型油压比例调节喷嘴相比，烧嘴头部结构是相同的，因而有相近的燃烧质量，但是调节方式不同。该烧嘴的油量调节不是靠油孔断面，而是靠调节供油压力。这样一来，烧嘴前不再需要一套按炉温调节油量的调节机构，而是在油管路上安装根据炉温（或其他信号）调节油压的调节机构。同时，该烧嘴中装有一个可伸缩的波纹管，当油压变化时，将使波纹管的长度变化，并通过连杆拉动空气喷头前后移动，从而改变空气喷口的有效断面，以调节空气量。由于恰当设计，使油压变化而引起的油量变化正好与波纹管伸缩而引起的风量变化成正比，这样，当风压一定时，在调节过程中可以保持风量与油量的比例不变。显然，与图 8-12 所示的烧嘴相比，虽然其设计调节比稍低，但由于结构比较简单，投资可大大减少（喷嘴减少 30%，整个系统减少 50%），燃烧性能和比值保持性也好，因而是一种有实用价值的较好的喷嘴。

低压油压比例调节喷嘴主要应用在室式和连续式金属加热炉、热处理炉及耐火材料和建筑材料的窑炉等各种工业炉上。

⑤ RK 型低压油喷嘴　RK 型低压油喷嘴结构如图 8-14 所示。其优点是雾化效果良好，燃烧完全，火焰较短。

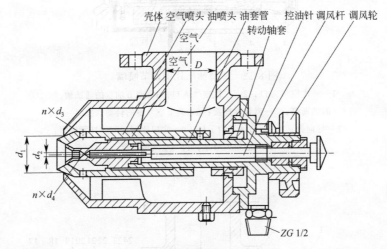

图 8-14　RK 型低压油喷嘴结构

在 R 型喷嘴基础上简化结构，且不采用比例调节的 R-C-3 型三级雾化喷嘴示于图 8-15。这种喷嘴主要是省去了喷嘴回油与连锁机构，改复杂的旋塞阀为简单的凹口阀和针阀，保留了三级雾化、涡流片和滑套结构，雾化与调节性能同样良好，一般炉子应用它还是较好的。

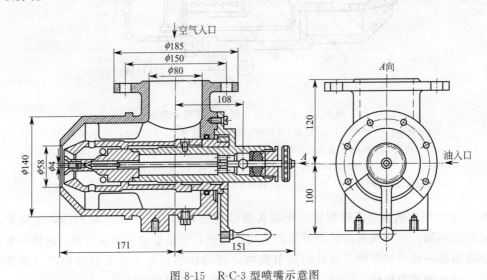

图 8-15　R-C-3 型喷嘴示意图

喷嘴性能：耗油量 4.7～29kg/h；油压 0.05～0.1MPa；燃油恩氏黏度<7；

油温 80～100℃；风量 55～334m³/h；风压 4～8kPa

图 8-16 所示为一种特殊的再循环式喷嘴示意图，其结构特点是在燃烧室内有一内套管使燃烧产物保持较多的回流（再循环），从而使油雾同高温烟气混合并在迅速汽化的情况下燃烧，以达到接近于气体燃料燃烧的状况和效果。这种喷嘴也称"汽化式喷嘴"，这种喷嘴还有减少氧化氮生成量的作用，是一种新型的低氧化氮燃烧器。

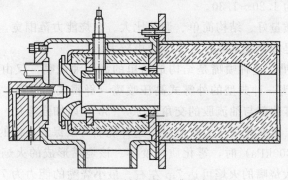

图 8-16　再循环式喷嘴示意图

**(2) 高压雾化喷嘴**

高压雾化是指以压力较高的气体作雾化剂，并使它们高速喷出，雾化剂喷出速度有的超过声速，所以对油滴的破碎力强，雾化颗粒细微。但高速喷出也使油雾流速高，从而造成混合困难，火焰拖长，并需要较大一些的空气系数才能实现完全燃烧。

高压雾化喷嘴使用的雾化剂一般为压缩空气或蒸汽，也可以用氧气或高压燃气（如天然煤气）等。用压缩空气作雾化剂时，烧嘴前压缩空气的压力一般为 $300\sim700kPa$，雾化剂用量一般为 $0.2\sim0.6kg/kg$。用蒸汽作雾化剂时，会降低理论燃烧温度，且增加炉气中水蒸气含量，使炉气中的氧化能力增大，所以蒸汽量不宜太大，特别是对金属加热炉和热处理炉，蒸汽过多会有害于加热质量。但一般条件下，蒸汽比压缩空气成本低，且用量适当时对一般金属加热质量损害不大，所以蒸汽仍得到广泛应用。采用蒸汽作雾化剂时，燃烧需要的全部空气由鼓风机单独供给。

根据高压气体的流出原理，高压气体绝热膨胀后，温度降低，当它与油股相遇时，会使油的温度降低，从而油的黏度变大而使雾化质量变坏。因此，高压油烧嘴最好采用温度较高的（可为 $200\sim300℃$）过热蒸汽或压缩空气。

由于高压油烧嘴的燃烧所需空气是用鼓风机另行供给（见图 8-17），和低压油烧嘴相比，空气与油雾的混合条件较差，因此高压油烧嘴的空气消耗系数要求较大些，为 $1.20\sim1.25$，火焰较长。由于雾化剂压力较高，喷出速度大，所以火焰的动能较大。在高压烧嘴中，空气的预热温度不受重油裂化的限制。

高压烧嘴的能力，小型烧嘴为每小时几十千克，大型烧嘴可达到每小时几千千克，调节倍数较大，一般为 $4\sim5$，高者可达 10，且油量变化时，雾化质量影响不大。

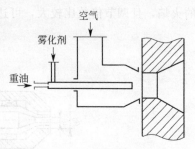

图 8-17　空气供给方式

高压油烧嘴比低压油烧嘴结构简单，体积小。有的工厂加热炉采用高压油烧嘴时，燃烧所需空气不用鼓风机强制送风，而是靠高压油烧嘴的喷射作用，由烧嘴周围的炉墙上的孔洞自然吸入，这样燃烧设备就更为简单了。但是，这种靠自然吸风的炉子，空气量常严重不足，且混合不好，燃烧不完全。所以，使用高压油烧嘴时，用鼓风机强制送风为宜。

按结构形式，高压喷嘴又分为外雾式、内雾式、二级雾化式、涡流式等数种。高压油烧嘴不论用蒸汽或用压缩空气作雾化剂，喷嘴本身没有原则区别。包括雾化用压缩空气，高压喷嘴的一般空气系数为 1.20~1.30。

高压喷嘴有雾化质量好、结构简单、调节比大、燃烧能力范围宽,便于利用烟气余热预热空气等优点,缺点是雾化成本高,工作时噪声较大。

① 外雾式高压喷嘴　这种喷嘴是结构最简单的高压油烧嘴,仅由燃油内管和雾化剂外管构成。图 8-18 所示为一种典型的外雾式高压喷嘴(舒霍夫式喷嘴)示意图。该烧嘴雾化剂喷口为收缩状,使雾化剂与油流股的交角为 25°~30°,以加强雾化。雾化剂的喷出速度低于临界状态下的音速。当雾化剂压力较高时,这种烧嘴可以保证良好的雾化质量;当雾化剂压力较低(例如低于 300kPa)时,雾化质量变坏。该烧嘴形成的火焰外形细而长,小烧嘴的火焰可达 2~4m,大烧嘴的火焰可达 7m 左右。最小烧嘴的能力为 7~10kg/h,最大烧嘴为 350~400kg/h。该烧嘴由于结构简单,在小型平炉、反射炉和连续式加热炉上得到了应用。雾化剂消耗量,用蒸汽时为 0.4~0.6kg/kg,用压缩空气为 0.5~0.8m³/kg。

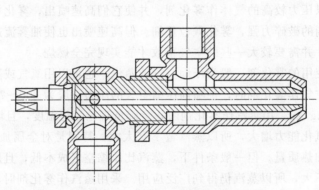

图 8-18　外雾式高压喷嘴示意图

② 涡流式高压喷嘴　为了改善舒霍夫式喷嘴的雾化质量并加强与空气的混合,高压油烧嘴也可以采用使雾化剂喷出时呈旋转流动的措施。图 8-19 是一种涡流式高压烧嘴。该烧嘴在雾化剂喷头中装有涡流叶片。烧嘴前油压为 30kPa,雾化剂压力为 300kPa,烧嘴的能力最小的型号为 15kg/h,最大的型号为 180kg/h。雾化剂单位消耗量,蒸汽为 0.22kg/kg,压缩空气为 0.28m³/kg。该烧嘴由于采用旋流雾化剂,因而雾化效果良好,可以得到较短的火焰,且调节倍数比较大,可达到 5。

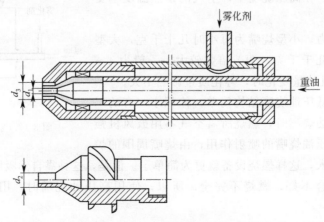

图 8-19　涡流式高压喷嘴结构示意图

由图 8-18 所示的舒霍夫式喷嘴和图 8-19 所示的涡流式高压喷嘴的结构可以看出，外雾式高压喷嘴的共同特点是油管喷口与雾化剂喷口基本上在同一截面上，雾化剂与油流股在喷嘴之外才相遇，因此也称其为"外混式"烧嘴。与此不同的即是内雾式高压喷嘴。

③ 内雾式高压喷嘴　内雾式高压喷嘴由外雾式高压喷嘴的燃油嘴子缩短而成。因其雾化在喷嘴内部进行，因而有两个重要优点：一是可以防止油喷口接受燃烧室来的辐射热量，不致使油裂化而堵塞喷口；二是雾化剂可以在较大一段距离内以高速与油流股相遇，从而可以改善雾化质量，且油粒可在油雾中较均匀地分布，有利于空气的混合，因此可以得到比外混式烧嘴较短的火焰。

图 8-20 所示为一种内雾式高压油喷嘴，雾化剂与油流是在一个"混合室"内相遇的。实际上，在这里与其说被雾化，不如说是油被乳化，即实际上在混合室中形成了油-汽乳状液。混合室中必须保持较高的压力，以使乳状液由喷口喷出时进一步雾化成细小

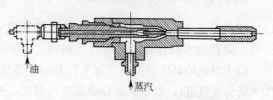

图 8-20　内雾式高压油喷嘴

的颗粒。混合室中的压力与油压及雾化剂的压力有关，提高油压或雾化剂的压力均可增大混合室内的压力。但是，在内雾式高压油喷嘴中，混合室压力对烧嘴能力是有影响的。油量取决于油压与混合室压力之差。由于混合室压力是随雾化剂压力的增加而增加，所以油量也就与雾化剂压力有关。一般雾化剂的压力高于油压，提高雾化剂压力将会使油量减小，过分地提高雾化剂压力，将会使油不能流出，而造成所谓"油封"现象。当然，如果过高地提高油压，也会使雾化剂不能流出，使油"倒流"到雾化剂管路中而造成事故。

④ 两级雾化式高压喷嘴　为了充分利用高压气体的能量，更为理想的高压油喷嘴结构是雾化剂喷头采用拉瓦尔管，即不是采用图 8-19 中的收缩口，而是采用扩张口。这样一来，高压雾化剂在扩张管内由于绝热膨胀可使速度大大提高，从而有利于雾化和混合；或者说，采用拉瓦尔管后，可以节约雾化剂的消耗量。

图 8-21 便是采用拉瓦尔管制成的油烧嘴的一个例子。该烧嘴中一级雾化采用了拉瓦尔管，即雾化剂经一段扩张管后才和重油相遇，然后又有二级雾化。所以，该烧嘴雾化较好，烧嘴压力较高。在拉瓦尔管之后，尚有一段扩张-收缩管，其目的是为了使油粒在气流断面上分布更加均匀，也使速度分布更加均匀。该烧嘴的能力较大，最小型的烧嘴为 100kg/h，最大型的为 600kg/h。烧嘴前油压要求 500kPa，雾化剂压力如是压缩空气为 500kPa，蒸汽为 $600 \sim 650kPa$。雾化剂的消耗量较大，压缩空气为 $1m^3/kg$，蒸汽为 $1.0kg/kg$。采用拉瓦尔管时，拉瓦尔管的尺寸按高压气体流出原理计算确定，且加工制造要精确，否则，扩张管反而会造成能量损失而达不到强化雾化过程的效果。

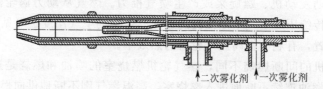

图 8-21　拉瓦尔管式二级油烧嘴

拉瓦尔管式二级油烧嘴因采用二级雾化，可通过一、二次雾化剂的适当比例来调整火焰长短。其缺点主要是雾化剂耗量较多。

⑤ 多喷口高压油喷嘴 在油烧嘴的结构设计中，为了改善雾化质量或使油雾均匀分布，还可采用多喷口的措施。对于高压油烧嘴，由于较高的雾化剂压力便于克服较大的阻力，所以更有条件采用多喷口的结构。

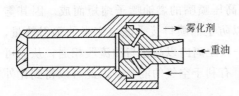

图 8-22 多喷口高压内混式烧嘴

图 8-22 所示的多喷口高压油烧嘴是内混式的（又称"Y型烧嘴"），有多个油雾喷口，各喷口均向外倾斜一定角度。这样，可以形成一个大张角的油雾炬。这种油雾炬的油量分布曲线为双峰形，并在中心形成高温燃烧产物的回流区，有利于稳定燃烧。为了形成这种回流区，喷口的倾斜角度及各喷口之间的距离应相互配合，使形成的火焰连成一个空心圆锥体。否则，如果形成多流股的小火焰，则燃烧不易稳定，甚至点火困难。

以上讨论的高压油烧嘴实际上只是油的雾化喷嘴，作为完整烧嘴，还应该包括空气喷射部件（风套或风道），以供入燃烧所需要的空气，并促使空气与油雾混合燃烧。它的工作也是十分重要的，其结构也必须合理设计。该部件的工作原理及设计主要是一些气体力学问题。

高压油烧嘴的应用主要受到高压雾化剂供应条件的限制。有高压蒸汽或压缩空气的工厂，在平炉、反射炉、均热炉、加热炉等工业炉上，高压油烧嘴得到了应用。其中像平炉、反射炉等，由于火焰要求有较大的动能和高的烧嘴能力，因此必须采用高压油烧嘴而不采用低压油烧嘴。

燃油喷嘴还可以同其他燃料燃烧器结合构成复合燃烧器，如燃油-粉煤燃烧器、煤气-燃油两用燃烧器等。

# 8.3 液体燃料燃烧装置的典型应用

## ■ 8.3.1 燃气（涡）轮（发动）机燃烧室

燃气轮机是目前应用最广泛的动力装置之一，广泛用于地面发电、飞机、舰船、机车和坦克等的动力。其主要特点是功率大，相对重量小，是当前高速飞机的唯一动力。

图 8-23 所示为燃气轮机的基本循环线路。空气压缩机和燃气涡轮在同一转轴上。空气在压缩机内压缩，压力升高，然后经热交换器进入燃烧室。燃油与空气在燃烧室中燃烧，产生的高温燃气先进入燃气涡轮，在其中膨胀并对涡轮做功。涡轮发出的功率用于驱动压气机。稳定工作时，涡轮输出功率等于压缩机消耗功率，于是转速恒定不变。离开燃气涡轮的燃烧产物仍具有一定的压力和温度，因此可在动力涡轮中进一步膨胀做功，使动力涡轮发出所需功率，用于驱动发动机、螺旋桨或产生喷气推力。燃气从动力涡轮流出，进入热交换器，把剩余的热量传给压缩空气，以便提高进入燃烧室的空气温度。可见，图中的热交换器相当于余热回收装置，有利于提高燃气轮机的热效率。

与往复式内燃机的间断燃烧不同，燃气轮机燃烧室的喷油和燃烧是连续进行的，如图 8-24 所示。空气和燃油连续不断地进入燃烧室，高温燃气则不断地供向燃气涡轮。

燃气轮机燃烧室的结构特点由以下两个因素决定。

① 燃烧室出口温度受涡轮叶片材料的限制不能过高 对于不冷却叶片，最高燃气温度约为 1200K，气冷叶片的最高燃气温度可以高些，但一般也不宜超过 1600K。

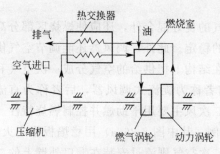

图 8-23  燃气轮机循环

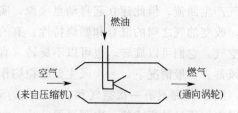

图 8-24  燃气轮机燃烧室示意图

② 余气系数大　燃烧室出口的余气系数与出口温度有关，在通常出口温度下，余气系数为 3～4，明显地超出了贫油可燃范围。

实际上，余气系数等于 1 时对燃烧最为有利。这时燃烧速率最大，火焰稳定性最好，燃烧温度也最高。对于燃气轮机所用的燃料，不论是煤油、柴油或重油，$\alpha=1$ 时的燃烧温度可高达 2000～2400K，大大超过了涡轮叶片材料所能承受的温度。由此可见，从组织燃烧考虑，希望余气系数接近于 1，但从叶片材料出发，余气系数

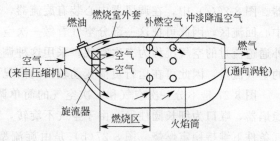

图 8-25  燃气轮机燃烧室的空气分配

应提高到 3～4。为解决这一矛盾，目前涡轮发动机燃烧室内都装有"火焰筒"，如图 8-25 所示。进入燃烧室的空气分为两路：第一路空气经旋流器进入火焰筒内部，与燃油混合燃烧。设计时，要严格控制第一路空气量，使燃烧区的余气系数接近于 1。第二路空气由火焰筒四周流过，然后经火焰筒壁面上的孔依次流入火焰筒内，起补燃和冲淡降温作用。这样的安排，既保证了燃烧能在最有利的条件下进行，又满足了涡轮工作温度不超过允许值的要求。现有燃气轮机的燃烧室尽管在结构上千差万别，但这种分配空气的原则是相同的。

## 8.3.2　燃油工业炉

工业炉采用液体燃料，运行操作方便，对环境污染小。工业炉使用的液体燃料可以为柴油、原油和重油，但大多数是使用重油。

我国原油含蜡多，黏度大，重油的凝固点一般都在 30℃ 以上。也就是说，常温下大多数重油均处于凝固状态。为了增压和输送，并改善雾化性能，使用时应将重油预热到 90～120℃。重油系宽馏分燃料，其中的各种碳氢化合物具有不同的沸点。喷入炉膛的油滴，温度逐渐升高，低沸点成分首先蒸发，剩余的液滴中高沸点成分越来越多。于是油珠的温度越来越高。当达到燃油的裂解温度（一般高于 600K）时，油珠裂解，生成较大的炭粒。所以与通常的轻油燃料相比较，燃烧重油时，炭黑的生成更为突出。此外，燃油蒸气在高温缺氧的条件下也会裂解，生成较为细小的炭粒。一般地说，如果在炉膛的后半部能够保持足够的高温和充足的空气，则已生成的炭粒可进一步烧掉。否则排到大气中形成黑烟，成为污染源。因此在油炉设计时，一方面应保证重油雾化良好，避免液态油珠的裂解。为此重油雾化多采用气动喷嘴，其雾化介质可根据具体情况选用蒸汽或空气。另一方面，要适当分配进入炉膛的空气，保护喷入炉内的油雾在燃烧前期和后期均能获得足够的空气，能与燃油良好混

合。因此合理选用或设计调风器十分重要。

调风器是油炉的重要部件，除了保证燃油与空气的良好混合外，还应使燃烧区部分高温烟气产生回流，借此建立起自动点火源，实现火焰的稳定。此外，调风器还能调节空气供给量，改变油气之间的混合和燃烧特性。有的调风器在结构上把供给的空气分成一次空气和二次空气。它们可以旋转，也可以不旋转（直流）。前者称为旋流式调风器，后者称为直流式调风器。一般情况下，一次风主要起稳焰作用，而二次风主要用于助燃并控制燃烧特性。

图 8-26 是具有一次空气和二次空气的调风器实例。其中图 8-26(a) 用稳焰板稳定火焰，助燃空气通过轴流式的一次调风器叶片，而外侧的二次空气则流过安装在喉口外壁上的二次调风器叶片，以便造成中心部位的一次空气和外侧二次空气在旋转程度上的差别。图 8-26(b) 则将一次空气和二次空气在入口处分开，这时借助旋流叶片使一次风产生强烈旋转，在轴线附近形成中心回流区，以此实现火焰稳定，因此不需要装设图 8-26(a) 所示的稳焰器。图 8-26(c) 中，在调风器中心装有旋流器，部分空气流过旋流器时获得旋转动量，形成中心回流区，因此可把这一部分空气看做一次空气。与此同时，把内通道外侧流过的空气及外通道流过的空气统称为二次空气。采用这种调风器时可以根据消耗燃料的大小增减外通道的空气流量，因此可在运行负荷变动较大的情况下保持良好的燃烧特性。

图 8-27 是不分一次空气和二次空气的简单调风器实例。其中图 8-27(a) 带有一个中心稳焰器，喉口为细长圆柱形。由于空气不旋转，因而形成细长的火焰，并可以在较低过剩空气条件下维持稳定燃烧。图 8-27(b) 是由旋流型稳焰器与扩张型喉口组成，这种调风器与前者不同，部分空气通过旋流装置获得旋转动量。使用时可以使旋流装置前后移动，借此改变喉口的流通面积，从而调节助燃空气的流动阻力。图 8-27(c) 仍采用稳焰器，并在风箱的入口处装设径向式调风器叶片，使空气旋转。此外，喉口做成扩张型，因此当燃油的雾化锥角变小时，空气和燃料的混合变坏。

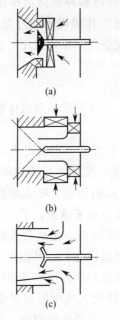

(a)

(b)

(c)

图 8-26　调风器实例（一）

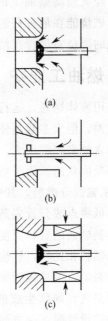

(a)

(b)

(c)

图 8-27　调风器实例（二）

调风器的喉口由耐火材料制成，其角度和尺寸通常由供油量和火焰扩张角度决定。若喉口直径太小，雾化的油滴会冲击喉口内表面，使油气混合恶化，而且会使沉积于表面的燃油在高温作用下结焦，影响正常燃烧。若喉口直径过大，油雾与空气混合不良，也会引起燃烧恶化和效率降低。喉口的张角主要由空气的流动特点决定，一般情况下，旋流式调风器喉口的扩张角 $\alpha$ 小于 $30°$，而对直流式调风器，张角 $\alpha$ 小于 $20°$，甚至采用张角为零的圆柱形喉口。

# 8.4　乳化油及其燃烧

当前，燃烧科技工作者面临着两方面的挑战：一是提高燃烧效率，节约燃料；二是降低污染物的排放，保护环境。为了强化油的燃烧过程，节约燃料，将一部分水加入油中，或是油中本来含有较多的水分（如因为蒸汽直接加热油所造成），经强烈搅拌，使之成为油水乳状液，然后经过油烧嘴燃烧的乳化油燃烧技术是解决上述问题的重要技术途径，在各类锅炉、工业窑炉、燃气轮机和内燃机等装置中已有实际应用。

## ▶8.4.1　乳化技术

实践证明，为了使油掺水后能有良好的燃烧性能，必须使水在油中分散成细小的（几个微米的数量级）粒子，呈乳化状。一般形成油包水型（W/O 型），其中水为分散相，油为连续相。

制造乳化油的方法很多，主要可归纳为三类。

① 机械法　最简单的是在油泵前加水，通过油泵几次循环可被乳化。为了保证乳化质量，可采用专门的搅拌机，搅拌机中的搅拌器有两叶片式、三叶片式或涡轮机式。也可用碾压原理的"均质器"。常用的还有乳化管，可使油水混合物通过细孔曲折流路而达到乳化。

② 气动法　将高压空气或蒸汽通过水油混合物进行搅拌，也是工业中常用的办法。但是这种办法产生的水的粒度较大，且不够均匀，气体由流体中排出时可能带出一些轻质的碳氢化合物，且该法消耗的能量比机械法要大。

③ 超声波法　近年来，超声波的应用越来越广泛，在乳化方法中占有较重要的地位。我国曾推广过簧片哨超声乳化器（见图 8-28），在正确使用的条件下可取得良好效果。后来国内研究成功的压电超声乳化装置是一种高效率的乳化器。

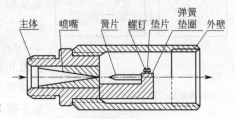

图 8-28　簧片哨式乳化装置

乳化燃料除要求其中分散相（水）尽可能的均匀且微细外，还应具有一定的稳定性。通常 W/O 型乳化液的稳定性常用油水不分层、变形和破乳的搁置时间的长短来表征。为了提高乳化油的稳定性，广泛采用加入表面活性剂（或称乳化剂）的办法。

乳化剂一般有以下四种类型。

① 阴离子型　如羧酸盐类、硫酸盐类、磺酸盐类、磷酸盐类。

② 阳离子型　如简单胺盐、季铵盐类。

③ 非离子型　包括脂类，如脂肪酸聚氧乙烯酯、脂肪酸山梨醇酯；醚类，如脂肪醇聚氧乙烯醚、烷基苯酚聚氧乙烯醚、脂肪醇山梨醇酯聚氧乙烯醚；酰胺类，如烷基醇酰胺。

④ 两性离子型　如羧酸类、硫酸类、磺酸类。

乳化剂在分子结构上存在亲油亲水两种基团，利用两种基团保持平衡的性质以达到稳定乳化液的目的。上述各类乳化剂，亲油亲水的性能强弱不同。W/O 型乳化液要求亲油性强的乳化剂。

关于乳化剂应用的研究重点是集中在汽油、煤油、柴油的乳化方面，因为对这些燃料的乳化若不加入乳化剂，其稳定性不能满足使用的要求。有的研究表明，重油中的焦油质和沥青质本身便可作为乳化剂。实际上，对稳定性的要求是相对的，它与燃烧前的搁置时间有关。乳化剂一般都是比较贵的，因此应降低乳化剂的成本，减少乳化剂的用量。一些研究对采用乳化剂的经济效益分析指出，乳化剂用量过多，其增加的成本将会抵消节油带来的经济效益，或者反言之，在乳化剂耗量一定时，必须达到一定的节油率，才能在经济上有实际收益。

## ▶8.4.2　乳化油燃烧机理

油水乳化燃料的燃烧过程可以得到强化，对其机理有多种解释，其中比较成熟的主要是以下理论。

### (1)"微爆"理论

比较早的发现并研究乳化油燃烧"微爆"现象的是前苏联的 И BaHOB 等人。他们通过

(a) 重油

(b) 重油掺水乳化液

图 8-29　着火过程中液滴的变化
（左右两张照片的间隔时间为 0.004s）

大量系统地对单液滴燃烧的高速摄影，可以明显看出，W/O 型乳化液在燃烧时每个液滴中包含的水滴，当液滴表面的油尚未完全蒸发而温度急剧升高时，其包含的水滴温度升高到沸点以上，水蒸气压力超过油壳表面张力和环境压力之和时，水蒸气向外突然逸出，使液滴发生"微爆"，碎裂为更微小的微粒，如图 8-29 所示。这种"微爆"现象相当于使油的雾化改善，并有利于油雾与空气的混合，增大了油的相对蒸发面积，从而可加速油雾的燃烧过程。以某实验为例，重油加入 30% 的水，滴径为 $1100\mu m$，环境温度为 740℃，此时乳化油滴的平衡寿命与纯油相比缩短了 70%。研究表明，"微爆"的强弱与乳化油中连续相及分散相的结构有关，且与环境状态有关，如水浓度过大，很快发生"微爆"，但水浓度过大，则"微爆"时残余油量下降，对改善雾化质量的作用显著减弱。为了"微爆"时有较多的残余油量，合适的水浓度为 10%～30%。在空气消耗系数 $\alpha > 1$ 的气氛中，火焰面靠近油滴表面，对发生"微爆"有利，当 $\alpha < 1$ 时，火焰面远离油滴表面，将有利于"微爆"的发生。

### (2)"水煤气反应"理论

用化学反应动力学的观点解释乳化油中水的作用难度较大，因为这种机理性的实验不是一般的实验手段所能胜任的，但在实践中，确实发现乳化油燃烧的废气中油烟含量减少，燃烧室中积炭减少，$NO_x$ 减少等，在某些条件下仅靠"微爆"理论难以解释，而可用化学反应动力学加以解释。根据化学反应动力学的研究结果，水可以参加碳氢燃料的燃烧反应。碳氢燃料在燃烧过程中会因热解生成碳，于是，水蒸气将和碳在高温下发生水煤气反应。

$$C + H_2O \longrightarrow CO + H_2 \tag{8-1}$$

然后，$H_2$将产生活性核心，继而开始一系列连锁反应，即：

$$H_2 + M \longrightarrow 2H_2 + M \tag{8-2}$$

$$H_2O + H \longrightarrow OH + H_2 \tag{8-3}$$

$$H_2O + O \longrightarrow OH + OH \tag{8-4}$$

$$H_2 + O \longrightarrow OH + H \tag{8-5}$$

$$H + O_2 \longrightarrow OH + O \tag{8-6}$$

$$CO + OH \longrightarrow CO_2 + H \tag{8-7}$$

应该说，由于问题的复杂性，乳化油的燃烧反应机理尚不十分明确，有待进一步研究。

## ▶ 8.4.3　燃烧技术

油水乳化液中，水必须呈极小的颗粒（$1\sim5\mu m$）均匀分布，水的颗粒越细，分布越均匀，不但乳化液越稳定（长时间搁置水和油不分离），并且也越有利于燃烧。

油水乳化液的性质和原来油的性质已有变化，这些变化主要如下。

① 黏度增加。油掺水乳化后，黏度增加，这是因为两相之间产生了新的内摩擦力。黏度增加的程度和水含量、原来油的黏度、温度等因素有关。含水越多，黏度越大；和不掺水相比，在低温区黏度相差较大，而在高温区（$90\sim100℃$）则相差较小。

② 凝固点提高，一般可提高 $11\sim25℃$。

③ 密度增大。乳化液的密度相当于油、水按一定比例混合物的密度。

④ 表面张力增加。

⑤ 比热容增加，热导率增大。

油掺水乳化燃料的燃烧一般均采用原有的燃烧器，但应调整操作控制参数。首先引起重视的是乳化燃料的黏度增加，因而必须适当提高油的加热温度。考虑到在一定温度下测定高黏度乳化油的黏度比较困难，可建议采用以下经验式进行估算：

$$\mu_1 = \frac{\mu_2}{1-\varphi}\left(1 + 1.5\varphi\,\frac{\mu_3}{\mu_2 + \mu_3}\right) \tag{8-8}$$

式中　$\mu_1$——乳化油的黏度；

$\mu_2$——连续相的黏度；

$\mu_3$——分散相的黏度；

$\varphi$——分散相的体积占体积的份数。

黏度值均为指定温度下的数值。按该式计算的结果表明，对于重油掺水乳化燃料，其黏度主要取决于$\mu_2/(1-\varphi)$，因为上式括号中的第二项数值远小于 1。这表明，乳化重油的黏度不仅与油本身的黏度有关，而且与掺水量有关。

其次，研究表明，由于乳化燃料在燃烧过程中的雾化及油雾与空气的混合过程得以改善，因此，在燃烧控制中，应适当降低空气消耗系数。这对提高油水乳化燃料燃烧技术的节能效果十分重要。因为油中水分含量增加时，理论燃烧温度将会降低。减小空气过剩系数，可使理论燃烧温度增高，所以采用油水乳化燃料，应该通过降低空气过剩系数保持必要的理论燃烧温度和炉内温度。此外，油中水分增加时还将使燃烧产物生成量增加而有可能增加炉子废气热损失，如果降低空气消耗系数，则有可能减少废气热损失。总之，采用油水乳化燃料时，应调整燃烧操作才能达到强化燃烧过程和节约燃料的目的。

要实现乳化油的燃烧，首先必须完成乳化油的输送。图8-30所示为乳化油的输送系统，其中有两条并联管路。可以看到，在原有管路的基础上改烧乳化油并不需要有多大的改动，而且在乳化系统检修时仍可使燃烧装置不中断运行。

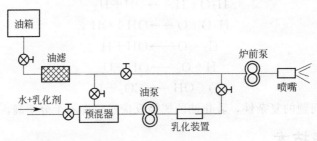

图 8-30　乳化油输送系统

当然也可以由乳化站把油和水加工成不同使用要求的乳化液。这种情况下，要求乳化液具有良好的稳定性，即其中的水不易集结沉淀。目前乳化液一般可保存近一个星期而不会引起水的明显集结沉淀。

## 参 考 文 献

[1]　严传俊，范玮 . 燃烧学 . 第 3 版［M］. 西安：西北工业大学出版社，2016.

[2]　邹长城 . 爆炸燃烧理论基础与应用［M］. 北京：化学工业出版社，2016.

[3]　王全德 . 燃烧化学理论研究进展［M］. 徐州：中国矿业大学出版社，2015.

[4]　张英华，黄志安，高玉坤 . 燃烧与爆炸学 . 第 2 版［M］. 北京：冶金工业出版社，2015.

[5]　胡双启 . 燃烧与爆炸［M］. 北京：北京理工大学出版社，2015.

[6]　［美］Stephen R. Turns. 燃烧学导论：概念与应用［M］. 姚强，李水清，王宇译 . 北京：清华大学出版社，2015.

[7]　潘旭海 . 燃烧爆炸理论及应用［M］. 北京：化学工业出版社，2015.

[8]　甘小勇 . 一种改进的醇基液体燃烧炉头［P］. 中国，ZL201520633481. X，2015-08-20.

[9]　甘小勇 . 一种双气化室醇化基液体燃烧炉炉头［P］. 中国，ZL201520631843.1，2015-08-20.

[10]　陈民 . 一种高节能新型环保液体燃烧器［P］. 中国，ZL201510177257.9，2015-04-15.

[11]　甘云华，李海鸽，罗智斌 . 一种双腔液膜微型液体燃烧器［P］. 中国，ZL201520168511.4，2015-03-24.

[12]　于维铭，袁振，钟北京 . 航空煤油火焰传播速度实验与动力学研究［J］. 工程热物理学报，2014，35（10）：2102-2107.

[13]　罗智斌 . 荷电雾化特性及小型燃烧器性能的实验研究［D］. 广州：华南理工大学，2015.

[14]　蔡德琛 . 基于 LES 液雾两相燃烧数值模拟的关键技术研究［D］. 绵阳：西南科技大学，2015.

[15]　魏超 . 一种超细雾化喷嘴的数值模拟及结构优化研究［D］. 北京：华北电力大学，2015.

[16]　梁策 . 可燃废水焚烧处理装置的自控设计［D］. 长春：吉林大学，2015.

[17]　董亚琴 . 含氧燃料对柴油燃烧特性的影响研究［D］. 南京：南京理工大学，2014.

[18]　于维铭 . 航空煤油替代燃料火焰传播速度与反应动力学机理研究［D］. 北京：清华大学，2014.

[19]　顾文领 . 甲醇、柴油双燃料发动机供气系统研究设计［D］. 太原：中北大学，2014.

[20]　姜建纲 . 可燃液体燃烧机［P］. 中国，ZL201420533092.5，2014-09-16.

[21]　雷汉坤 . 合成液体燃烧炉［P］. 中国，ZL201410473083.6，2014-06-23.

[22]　郭成功 . 一种液体燃料燃烧装置［P］. 中国，ZL201410290424.6，2014-06-25.

[23]　吴乾 . 使用液体的燃烧器［P］. 中国，ZL201320215070. X，2013-04-24.

[24]　潘剑峰 . 燃烧学：理论基础及其应用［M］. 镇江：江苏大学出版社，2013.

[25]　陈长坤 . 燃烧学［M］. 北京：机械工业出版社，2013.

[26]　崔渼禹 . 煤油液滴燃烧模式实验与模拟研究［D］. 北京：北京航空航天大学，2013.

[27]　袁浩然，邓丽芳，黄宏宇等 . 一种新型液体燃烧器喷嘴［P］. 中国，ZL201210235955.6，2012-07-09.

[28] 张骢蓝．一种新型生物液体燃料燃烧装置 [P]．中国，ZL201220462794.X，2012-09-11.

[29] 李建新．燃烧污染物控制技术 [M]．北京：中国电力出版社，2012.

[30] 郝建斌．燃烧与爆炸学 [M]．北京：中国石化出版社，2012.

[31] 徐旭常，吕俊复，张海．燃烧理论与燃烧．第2版 [M]．北京：科学出版社，2012.

[32] 崔运静．液体燃料无焰燃烧的实现与特性研究 [D]．合肥：中国科学技术大学，2012.

[33] 田伟，周明．液体燃料炉汽化燃烧器 [P]．中国，ZL201120115126.5，2011-04-19.

[34] 李学炎．一种液体燃料燃烧装置 [P]．中国，ZL201120045684.9，2011-02-21.

[35] 黎伟智．一种用于液体燃料的燃烧装置 [P]．中国，ZL2011-20150560.7，2011-05-12.

[36] 刘俊，任建伟，冯敏昌．集散式液体燃料燃烧装置 [P]．中国，ZL201120169406.4，2011-05-25.

[37] 李永华．燃烧理论与技术 [M]．北京：中国电力出版社，2011.

[38] 杨林军．燃烧源细颗粒物污染控制技术 [M]．北京：化学工业出版社，2011.

[39] 赵雪娥，孟亦飞，刘秀玉．燃烧与爆炸理论 [M]．北京：化学工业出版社，2011.

[40] 徐通模．燃烧学 [M]．北京：机械工业出版社，2011.

[41] 杨福堂，杜光宗，吴海军等．高效雾化液体燃烧器 [P]．中国，ZL201020524256.X，2010-09-10.

[42] 冯敏昌．一种液体燃料燃烧装置 [P]．中国，ZL201020687343.7，2010-12-29.

[43] 钟良斌，刘春钱．液体燃料燃烧装置 [P]．中国，ZL200910305425.2，2009-08-10.

[44] 徐旭常，周力行．燃烧技术手册 [M]．北京：化学工业出版社，2008.

[45] 刘联胜．燃烧理论与技术 [M]．北京：化学工业出版社，2008.

[46] 周万杰．高燃点液体燃烧点火装置 [P]．中国，ZL200820046559.8，2008-04-18.

[47] 朱文学．热风炉原理与技术 [M]．北京：化学工业出版社，2005.

[48] 方文沐，杜惠敏，李天荣．燃料分析技术问题．第3版 [M]．北京：中国电力出版社，2005.

[49] 张以祥，曹湘洪，史济春．燃料乙醇与车用乙醇汽油 [M]．北京：中国石化出版社，2004.

[50] 刘治中，许世海，姚如杰．液体燃料的性质及应用 [M]．北京：中国石化出版社，2000.

# 第**9**章

# 废液焚烧设备

通常将有机物浓度较高、适合焚烧处理的工业废水称为有机废液。有机废液的来源十分广泛,从城市生活废水到石油化工、冶金、造纸、制革、发酵酿造、制药、纺织印染工业废水。有机废液直接排放会对环境造成严重污染,必须进行处理后才能排放。焚烧是在高温条件下,使有机废液中的可燃组分与空气中的氧进行剧烈的化学反应,将其中的有机物转化为水、二氧化碳等无害物质,同时释放能量,产生固体残渣。

对于高浓度的有机废液,由于其中所含的 COD 浓度较高,本身具有一定的热焓值,如采用焚烧法进行处理,还可将有机废液本身所含的热量加以回收利用,达到废物综合利用的目的。同时焚烧处理还具有有机物去除率高(99%以上)、适应性广等特点,所以在发达国家已得到广泛应用。目前国内也越来越重视焚烧方法处理高浓度难降解有机废液,相继建成了技术成熟的焚烧处理装置,用于处理难生化处理、浓度高、毒性大、成分复杂的有机废液。

有机废液的焚烧过程是集物理变化、化学变化、反应动力学、催化作用、燃烧空气动力学和传热学等多学科于一体的综合过程。有机物在高温下分解成无毒、无害的 $CO_2$、水等小分子物质,有机氮化物、有机硫化物、有机氯化物等被氧化成 $SO_x$、$NO_x$、HCl 等酸性气体,但可以通过尾气吸收塔对其进行净化处理,净化后的气体能够满足国家规定的《大气污染物综合排放标准》。同时,焚烧产生的热量可以回收或供热。因此,焚烧法是一种使有机废液实现减量化、无害化和资源化的处理技术。一般有机废液焚烧处理的工艺流程包括预处理、高温焚烧、余热回收及尾气处理等几个阶段。预处理主要包括废液的过滤、蒸发浓缩、调整黏度等,其目的是为后续的焚烧过程提供最优的条件。

不同有机废液焚烧处理的工艺流程根据废液性质的不同而有所不同:对于 COD 值很高、热值也很高的有机废液,可以直接送入焚烧炉进行焚烧处理,而对于热值不是很高的废液,则可以添加辅助燃料帮助废液进行焚烧;对于含水分比较高的有机废液,可以先进行蒸发浓缩后再进行焚烧。当废液中不含有害的低沸点有机物时,可考虑采用高温烟气直接浓缩的方法,但对于含有有害的低沸点组分的有机废液应采用间接加热的浓缩法。

工业生产中产生的废液种类极其繁多，可根据废液的化学组成将其分为 3 类：①不含卤素有机废液。该类废液中的有机化合物仅含有 C、H、O，有时还含有 S。废液中含水较少时自身可燃，可作为燃料（如废弃的有机溶剂），燃烧产物为 $CO_2$、$H_2O$ 和 $SO_2$，燃烧产生的热量可通过锅炉或余锅炉回收。②含卤素有机废液。废液中的有机化合物包括 $CCl_4$、氯乙烯、溴甲烷等。废液的热值取决于卤素的含量。在焚烧处理时，根据其热值的高低确定是否需要辅助燃料。废液在焚烧炉内氧化后，将产生单质卤素或卤化氢（HF、HCl、HBr等），根据需要可将其去除或回收。③含高盐有机废液。含有高浓度无机盐或有机盐的这类废液在燃烧后会产生熔化盐，因此在设计时，耐火材料、燃烧温度的选择以及停留时间的确定将成为主要考虑因素，由于该类废液通常热值较低，需要辅助燃料以达到完全燃烧。

# 9.1 焚烧处理流程及其特点

## 9.1.1 焚烧处理流程

有机废液焚烧处理的一般工艺流程为：有机废液→预处理→高温焚烧→余热回收→烟气处理→烟气排放。

**(1) 预处理**

由于有机废液的来源及成分不同，通常都要进行预处理使其达到燃烧要求。

① 一般的有机废液中都含有固体悬浮颗粒，而有机废液常采用雾化焚烧，因此在焚烧前需要过滤，去除有机废液中的悬浮物，防止固体悬浮物堵塞雾化喷嘴，使炉体结垢。

② 不同工业废液的酸碱度不同。酸性废液进入焚烧炉会造成炉体腐蚀，而碱性废液更易造成炉膛的结焦结渣。因此有机废液在进入焚烧炉前需进行中和处理。

③ 低黏度的有机废液有利于泵的输送和喷嘴雾化，所以可采用加热或稀释的方法降低有机废液的黏度。

④ 喷液、雾化过程在废液焚烧过程中十分重要。雾化喷嘴的大小、嘴形直接关系到液滴的大小和液滴凝聚，因此需要选好合适的喷嘴和雾化介质。

⑤ 不适当的混合会严重限制某些能作为燃料的废物的焚烧，合理的混合能促进多组分废液的焚烧。混合组分的反应度和挥发性是提高混合方法效果的重要因素，混合物的黏性也十分重要，因为它影响雾化过程。合理的混合方法可以减少液滴的微爆现象。

**(2) 高温焚烧**

有机废液的焚烧过程大致分为水分的蒸发、有机物的气化或裂解、有机物与空气中氧的燃烧反应三个阶段。焚烧温度、停留时间、空气过剩量等焚烧参数是影响有机废液焚烧效果的重要因素，在焚烧过程中要进行合适的调节与控制。

① 大多数有机废液的焚烧温度范围为 900～1200℃，最佳的焚烧温度与有机物的构成有关。

② 停留时间与废液的组成、炉温、雾化效果有关。在雾化效果好、焚烧温度正常的条件下，有机废液的停留时间一般为 1～2s。

③ 空气过剩量的多少大多根据经验选取。空气过剩量大，不仅会增加燃料消耗，有时还会造成副反应。一般空气过剩量选取范围为 20%～30%。

④ 对于工业废液中出现的挥发性有机化合物，可采用催化焚烧的方式，即对焚烧的

废液进行催化氧化后再焚烧，此举可以降低运行温度，减少能量消耗。对于抗生物降解的有机废液，可以采用微波辐射下的电化学焚烧，它不会产生二次污染，容易实现自动化。

### (3) 余热回收

余热回收是将高浓度有机废液焚烧产生的热量加以回收利用，既节能又环保。常用的余热利用设备主要包括余热锅炉、空气换热器等。余热锅炉多用在废液热值高且处理量大的废液焚烧系统中。在废液处理规模较小的废液焚烧处理系统中多利用空气换热器，将空气预热后输送至焚烧炉中，达到余热利用的目的。余热利用需要尽量避免二噁英类物质合成的适宜温度区间（300～500℃）。

余热回收装置并不是废液焚烧炉的必要组件，其是否安装取决于焚烧炉的产热量，产热量低的焚烧炉安装余热回收装置是不经济的。废热回收设计还需考虑废液燃烧产生的 HCl、$SO_x$ 等物质的露点腐蚀问题，要控制腐蚀条件，选用耐腐蚀材料，保证其不进入露点区域。

### (4) 烟气处理

由于有机废液成分复杂，多含有氮、磷、氯、硫等元素，焚烧处理后会产生 $SO_2$、$NO_x$、HCl 等酸性气体，不但污染大气，而且还降低了烟气的露点，造成炉膛腐蚀和积灰，影响锅炉的正常运行。因此，焚烧装置必须考虑二次污染问题，产生的烟气必须经过脱酸处理后才能排放到大气中。美国 EPA 要求所有焚烧炉必须达到以下三条标准：①主要危险物 P、O、H、C 的分解率、去除率≥99.9999％；②颗粒物排放浓度 34～57mg/dscm；③烟气中 $HCl/Cl_2$ 比值为 21～600ppmv，干基，以 HCl 计。我国出台的 18484—2001《危险废物焚烧污染控制标准》，对高浓度有机废液等危险废物焚烧处理的烟气排放进行了严格的规定。

烟气脱酸的方式主要有三种：湿法脱酸、干法脱酸和半干法脱酸。高浓度有机废液焚烧系统中采用何种方式脱酸与废液的成分有关。当废液中 N、S、Cl 等成分的含量少时，可以采用干法脱酸；当废液中含有大量 N、S、Cl 等成分时，可采用湿法脱酸；一般情况下，国内废液焚烧系统多采用半干法脱酸。半干法脱酸是干法脱酸和湿法脱酸相结合的一种烟气脱酸方法，结合了干法和湿法的优点，构造简单，投资少，能源消耗少。

高浓度废液在焚烧过程中会产生飞灰等颗粒物，因此在烟气排放前还须对其进行除尘处理，降低烟尘排放。烟气除尘多采用除尘器进行去除，常用除尘器主要有旋风除尘器、袋式除尘器、静电除尘器等。在上述除尘器中，袋式除尘器在高浓度有机废液焚烧系统中的应用率较高，它主要是通过精细的布袋将烟气进行过滤，从而去除烟气中的飞灰，除尘效率能够达到 99％以上。袋式除尘器必须采取保温措施，并应设置除尘器旁路。为防止结露和粉尘板结，袋式除尘器宜设置热风循环系统或其他加热方式，维持除尘器内温度高于烟气露点温度 20～30℃。袋式除尘器应考虑滤袋材质的使用温度、阻燃性等性能特点，袋笼材质应考虑使用温度、防酸碱腐蚀等性能特点。

## 9.1.2 有机废液焚烧存在的问题

采用焚烧法处理高浓度废液具有占地面积小、焚烧处理彻底等特点，具有广泛的应用前景，但必须同时解决以下几个问题。

### (1) 焚烧过程中有害物质的排放

废液中含有聚氯乙烯、氯苯酚、氯苯、PCB 等类似结构的物质，在焚烧过程中会反应生成二噁英。二噁英的排放不易控制是高浓度有机废液焚烧处理工艺应用的一个难点。二噁英的排放难以控制的主要原因是二噁英的形成机理至今仍未研究透彻，一般抑制二噁英的生成可采取以下方法。

①提高焚烧温度，一般应 $T \geqslant 800℃$，并保证烟气的停留时间，保证废液在焚烧炉内充分燃烧。在焚烧炉中，利用 3T+1E（指温度、时间、扰动和过剩空气系数）综合控制的原则，确保废液中的有害成分充分分解。②加入辅助燃料煤，利用煤中的硫抑制二噁英的生成。③尽可能充分燃烧以减少烟气中的碳含量。④使冷却烟道尾部的烟气温度迅速下降，尽量减少其在 $500 \sim 300℃$ 温度段的停留时间，避免二噁英在此温度段的再合成。⑤高效的烟气除尘设施。由于烟气的飞灰中可能吸附有二噁英，必须加以去除。目前一般是采用袋式除尘器进行除尘，收集的飞灰经进一步固化后，安全填埋。⑥利用活性炭部分吸附尾气中的二噁英。

**(2) 结焦结渣**

结焦结渣是熔化了的飞灰沉积物在受热面上的积聚，其本质是床层颗粒燃烧产生大量热量，使温度超过灰渣的变性温度而发生的黏结成块现象。造成焚烧炉结焦结渣的原因很多，如灰分的组成及其熔点的高低、焚烧温度、碱金属盐类、燃烧器布置方式及其结构、辅助燃料的混合比例及其特性等。减轻结焦结渣的方法有：①适当降低焚烧温度；②预处理时除去碱金属盐类；③设计最佳的燃烧器喷射高度；④向其中添加高岭土、石灰石、$Fe_2O_3$ 粉末等添加剂来抑制结焦结渣。

**(3) 炉体腐蚀**

炉体腐蚀的主要形式为露点腐蚀和应力腐蚀。炉体腐蚀的主要原因有：①焚烧产生的酸性物质如 $H_2S$、$SO_2$、$NO_x$ 等与水蒸气结合形成酸液，附着在炉壁上造成化学和电化学腐蚀；②炉体受热不均产生的热应力。主要的防护措施有：①在尾气炉前端加衬防护衬里；②使用耐腐蚀性能强的炉体材料。

**(4) 二次废水**

焚烧装置产生的废水主要为洗涤尾气产生的烟气除尘废水，主要污染指标为 COD、SS，一般经沉淀处理后排放。

**(5) 处理成本与投资效益**

废液焚烧技术之所以在我国受到较少的关注，其原因就在于其投资大、收益低，因此需要解决有机废液焚烧中的各种问题，改进焚烧技术，降低成本。

利用焚烧法处理高浓度有机废液处理成本高的原因主要有如下两点。

(1) 项目初投资大。相对于其他高浓度有机废液处理技术，焚烧处理高浓度有机废液系统包括焚烧系统和烟气处理系统，所需的设备多，且部分设备需进口，因此初投资大。

要降低项目的初投资，主要是进一步发展高浓度废液焚烧技术，大力推行焚烧处理设备的国产化，降低对进口设备的依赖。

(2) 处理废液的热值波动范围较大，很多高浓度废液的焚烧处理必须添加辅助燃料，造成处理成本高。一般认为 $COD \geqslant 100000mg/L$、热值大于或等于 10450kJ/kg 的有机废液，在有辅助燃料引燃的条件下能够自燃，适宜用焚烧法处理。

要解决此问题，就需要提前对高热值有机废液进行分析，对于热值大于或等于 10450kJ/kg 的有机废液直接入炉焚烧；对于热值小于或等于 10450kJ/kg 的高浓度有机废液，可以浓缩后再入炉焚烧，也可以采用其他的处理技术进行处理。

# 9.2  焚烧炉

高浓度有机废液的焚烧设备多种多样,对于不同的有机废液,可以采用不同的炉型。常用的有机废液焚烧设备有液体喷射焚烧炉、回转窑焚烧炉、流化床焚烧炉等。

## ◾▷9.2.1  液体喷射焚烧系统

针对高浓度难降解有机废液的处理通常选用液体喷射焚烧系统。液体喷射焚烧系统由以下几部分组成:①废液预处理系统;②废液雾化系统;③助燃及燃烧系统(焚烧炉);④尾气处理系统;⑤电气控制系统。其工艺流程如图 9-1 所示。

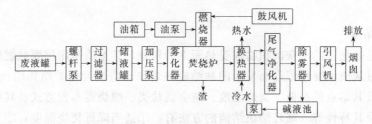

图 9-1  废液焚烧处理工艺流程

废液焚烧各系统的功能分别如下。

**(1) 废液预处理系统**

为防止废液雾化器的堵塞,需要对废液进行预处理,通过螺杆泵将废液加压通过过滤网以去除废液中较大的固体颗粒物,之后进入储液罐。废液在储液罐内存放一定的时间,使废液中密度较大的颗粒物、重组分能够沉淀到储罐底部,同时也可达到使废液水质均匀混合的目的。储罐底部装有排污阀,以便定期清除罐内沉淀物。经过滤后的废液用加压泵送入雾化器。

**(2) 废液雾化系统**

对于废液焚烧炉来说,废液的雾化效果直接影响着废液的燃烧速率和燃尽效果,废液雾化系统主要包括雾化泵和废液喷枪。加压泵一般选用螺杆泵,具有耐腐蚀、运行稳定的特点,系统内设有计量装置,用来计量废液的处理量。

**(3) 助燃系统**

当废液中水分较多且热值较低时,废液不能维持自身的燃烧,需采用辅助燃料助燃。助燃系统的主要设备有燃料油箱、油泵、油料燃烧器。油料由油泵加压送入燃烧器,经喷雾雾化后喷入炉膛燃烧,同时炉膛内鼓入一次风,保证废液与油料燃烧正常的空气量。空气量不能过大,过大会带走炉内的热量,使燃烧不能正常进行;空气量也不能小,过小会使燃烧不完全。一般空气量取理论需求量的 1.2~2.0 倍即可。

**(4) 焚烧炉炉体**

焚烧炉炉体是整个焚烧系统的核心部分,液体喷射焚烧炉用于处理可以用泵输送的液体废弃物,其简易结构如图 9-2 所示。通常为内衬耐火材料的圆筒(水平或垂直放置),配有一级或二级燃烧器 2、6。废液通过喷嘴雾化为细小液滴,在高温火焰区域内以悬浮态燃烧。可以采用旋流或直流燃烧器,以便废液雾滴与助燃空气充分混合,增加停留时间,使废液在高温区内充分燃烧。废液雾滴在燃烧室内的停留时间一般为 0.3~2.0s,焚烧炉炉温一般为1200℃,最高温度可达 1650℃。良好的雾化是达到有害物质高分解率的关键,常用的雾化技术有低压空气、蒸汽和机械雾化。一般高黏度废液应采用蒸汽雾化喷嘴，低黏度废液可采用机械雾化或空气雾化喷嘴。为了防止焚烧爆炸性液体汽化时产生爆炸现象，在炉膛顶部设置有卸爆阀 5；同时为了清除炉内的残渣，设有排渣炉门 7。

**（5）尾气处理系统**

尾气处理系统主要包括吸收塔、除雾器、尾气引风机、碱液池、碱液泵等。焚烧炉排出的烟气首先经过热交换器将烟气中的热能回收利用，同时也降低了烟气的温度，降温后的烟气进入吸收塔，用碱液洗涤除去烟气中的酸性组分及残余的细粉尘。经过净化处理后的烟气流进除雾器。除雾器内装有填料，含水汽的烟气流经除雾器时，与塔内填料不断撞击，使烟气中的小液滴吸附在填料表面，随着烟气的流动，液滴不断扩大形成水流，最后从除雾器底部排出。除雾器的烟气由引风机通过烟囱排放，最终达到《危险废物焚烧污染控制标准》。

液体喷射焚烧炉用于处理可以用泵输送的液体废弃物，主要分为卧式和立式两种。

**（1）卧式液体喷射焚烧炉**

图 9-3 所示为典型的卧式液体喷射焚烧炉炉膛，辅助燃料和雾化蒸汽或空气由燃烧器进入炉膛，火焰温度为 1430～1650℃，废液经蒸汽雾化后与空气由喷嘴喷入火焰区燃烧。在燃烧室内的停留时间为 0.3～2.0s，焚烧炉出口温度为 815～1200℃，燃烧室出口空气过剩系数为 1.2～2.5，排出的烟气进入急冷室或余热锅炉回收热量。卧式液体喷射焚烧炉一般用于处理含灰量很少的有机废液。

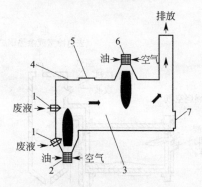

图 9-2　焚烧炉简易结构示意图
1—废液雾化器；2—一级燃烧器；3—炉膛；4—炉壁；
5—卸爆阀；6—二级燃烧器；7—排渣炉门

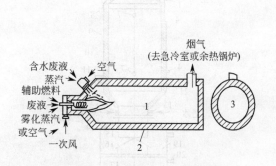

图 9-3　典型的卧式液体喷射焚烧炉炉膛
1—炉膛；2—耐火衬里；3—炉膛横截面

**（2）立式液体喷射焚烧炉**

典型的立式液体喷射焚烧炉如图 9-4 所示，适用于焚烧含较多无机盐和低熔点灰分的有机废液。其炉体由碳钢外壳与耐火砖、保温砖砌成，有的炉子还有一层外夹套以预热空气。炉子顶部有重油喷嘴，重油与雾化蒸汽在喷嘴内预混合后喷出。燃烧用的空气先经炉壁夹层预热后，在喷嘴附近通过涡流器进入炉内，炉内火焰较短，燃烧室的热强度很高，废液喷嘴在炉子的上部，废液用中压蒸汽雾化，喷入炉内。对大多数废液的最佳燃烧温度为 870～980℃。在很短的时间内，有机物燃烧分解。在焚烧过程中，某些盐、碱的高温熔融物与水接触会发生爆炸。为了防止爆炸的发生，采用了喷水冷却的措施。在焚烧炉炉底设有冷却罐，由冷却罐出来的烟气经文丘里洗涤器洗涤后排入大气。

有机废液喷射焚烧炉的优点是：①可处理的废液种类多，处理量大，适用范围广；②炉体结构简单，无运动部件，运行维护简单；③设备造价相对较低。其缺点是无法处理黏度非常高而无法雾化的高浓度有机废液。

## 9.2.2 回转窑焚烧炉

回转窑焚烧炉是采用回转窑作为燃烧室的回转运行的焚烧炉，用于处理固态、液态和气态可燃性废物，对组分复杂的废物，如沥青渣、有机蒸馏釜残渣、焦油渣、废溶剂、废橡胶、卤代芳烃、高聚物，特别是含PCB（印制电路板）的废物等都很适用。美国大多数危险废物处置厂采用这种炉型。该炉型的优点是可处理废物的范围广，可以同时处理固体、液体和气体废物，操作稳定、焚烧安全，但管理复杂，维修费用高，一般耐火衬里每两年更换1次。

典型的回转窑焚烧炉如图9-5所示，废液和辅助燃料由前段进入，在焚烧过程中，圆筒形炉膛旋转，使废液和废物不停翻转，充分燃烧。该炉膛外层为金属圆筒，内层一般为耐火材料衬里。回转窑焚烧炉通常稍微倾斜放置，并配以后置燃烧器。一般炉膛的长径比为2~10，转速为1~5r/min，安装倾角为1°~3°，操作温度上限为1650℃。回转窑的转动将废物与燃气混合，经过预燃和挥发将废液转化为气态和残态，转化后气体通过后置燃烧器的高温度（1100~1370℃）进行完全燃烧。气体在后置燃烧器中的平均停留时间为1.0~3.0s，空气过剩系数为1.2~2.0。

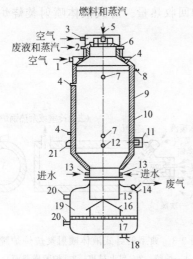

图9-4 典型的立式液体喷射焚烧炉

1—废液喷嘴部分空气进口；2—废液喷嘴进口；
3—燃烧器空气入口；4—视镜；5—燃料喷嘴；
6—点火口；7—测温口；8—上部法兰；9—耐火衬里；
10—炉体外筒；11—人孔；12—取样口；
13—冷却水进口；14—废气出口；15—连接管；
16—锥形帽；17—带孔挡板；18—排液器；
19—冷却罐；20—防爆孔；21—支座

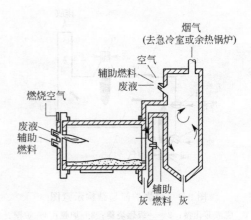

图9-5 典型的回转窑焚烧炉炉膛/燃尽室系统

回转窑焚烧炉的平均热容量约为$63×10^6$ kJ/h。炉中焚烧温度（650~1260℃）的高低取决于两方面：一方面取决于废液的性质，对于含卤代有机物的废液，焚烧温度应在850℃以上，对于含氰化物的废液，焚烧温度应高于900℃；另一方面取决于采用哪种除渣方式（湿式还是干式）。

回转窑焚烧炉内的焚烧温度由辅助燃料燃烧器控制。在回转窑炉膛内不能有效地去除焚烧产生的有害气体，如二噁英、呋喃和PCB等，为了保证烟气中有害物质的完全燃烧，通常设有燃尽室，当烟气在燃尽室内的停留时间大于 2s、温度高于 1100℃时，上述物质均能很好地消除。燃尽室出来的烟气到余热锅炉回收热量，用以产生蒸汽或发电。

## ▶ 9.2.3 流化床焚烧炉

流化床焚烧炉内衬耐火材料，下面由布风板构成燃烧室。燃烧室分为两个区域，即上部的稀相区（悬浮段）和下部的密相区。

流化床焚烧炉的工作原理是：流化床密相区床层中有大量的惰性床料（如煤灰或砂子等），其热容量很大，能够满足有机废液的蒸发、热解、燃烧所需大量热量的要求。由布风装置送到密相区的空气使床层处于良好的流化状态，床层内传热工况十分优越，床内温度均匀，稳定维持在 800～900℃，有利于有机物的分解和燃尽。焚烧后产生的烟气夹带着少量固体颗粒及未燃尽的有机物进入流化床稀相区，由二次风送入的高速空气流在炉膛中心形成一旋转切圆，使扰动强烈，混合充分，未燃尽成分在此可继续进行燃烧。

与常规焚烧炉相比，流化床焚烧炉具有以下优点。

① 焚烧效率高  流化床焚烧炉由于燃烧稳定，炉内温度场均匀，加之采用二次风增加炉内的扰动，炉内的气体与固体混合强烈，废液的蒸发和燃烧在瞬间就可以完成。未完全燃烧的可燃成分在悬浮段内继续燃烧，使得燃烧非常充分。

② 对各类废液适应性强  由于流化床层中有大量的高温惰性床料，床层的热容量大，能提供低热量、高水分的废液蒸发、热解和燃烧所需的大量热量，所以流化床焚烧炉适合焚烧各种水分含量和热值的废液。

③ 环保性能好  流化床焚烧炉采用低温燃烧和分级燃烧，所以焚烧过程中 $NO_x$ 的生成量很小，同时在床料中加入合适的添加剂可以消除和降低有害焚烧产物的排放，如在床料中加入石灰石可中和焚烧过程中产生的 $SO_x$、HCl，使之达到环保要求。

④ 重金属排放量低  重金属属于有毒物质，升高焚烧温度将导致烟气中粉尘的重金属含量大大增加，这是因为重金属挥发后转移到粒径小于 $10\mu m$ 的颗粒上，某些焚烧实例表明：铅、镉在粉尘中的含量随焚烧温度呈指数增加。由于流化床焚烧炉焚烧温度低于常规焚烧炉，因此重金属的排放量较少。

⑤ 结构紧凑，占地面积小  由于流化床燃烧强度高，单位面积的废弃物处理能力大，炉内传热强烈，还可实现余热回收装置与焚烧炉一体化，所以整个系统结构紧凑，占地面积小。

⑥ 事故率低，维修工作量小  由于流化床焚烧炉没有易损的活动零件，所以可减少事故率和维修工作量，进而提高焚烧装置运行的可靠性。

然而，在采用流化床焚烧炉处理含盐有机废液时也存在一定的问题。当焚烧含有碱金属盐或碱土金属盐的废液时，在床层内容易形成低熔点的共晶体（熔点在 635～815℃之间），如果熔化盐在床内积累，则会导致结焦、结渣，甚至流化失败。如果这些熔融盐被烟气带出，就会黏附在炉壁上固化成细颗粒，不容易用洗涤去除。解决这个问题的办法是：向床内添加合适的添加剂，它们能够将碱金属盐类包裹起来，形成像耐火材料一样的熔点在1065～1290℃之间的高熔点物质，从而解决了低熔点盐类的结构问题。添加剂不仅能控制碱金属盐类的结焦问题，而且还能有效控制废液中含磷物质的灰熔点。但对于具体情况，需进行深入研究。

流化床焚烧炉运行的最高温度通常决定于：①废液组分的熔点；②共晶体的熔化温度；③加添加剂后的灰熔点。流化床废液焚烧炉的运行温度通常为 760～900℃。

流化床焚烧炉可以两种方式操作，即鼓泡床和循环床，这取决于空气在床内空截面的速度。随着空气速度的提高，床层开始流化，并具有流体特性。进一步提高空气速度，床层膨胀，过剩的空气以气泡的形式通过床层，这种气泡将床料彻底混合，迅速建立烟气和颗粒的热平衡。以这种方式运行的焚烧炉称为鼓泡流化床焚烧炉，如图9-6所示。鼓泡流化床内空截面烟气速度一般为1.0～3.0m/s。

当空气速度更高时，颗粒被烟气带走，在旋风筒内分离后，回送至炉内进一步燃烧，实现物料的循环。以这种方式运行的称为循环床焚烧炉，如图9-7所示。循环流化床内空截面烟气速度一般为5.0～6.0m/s。

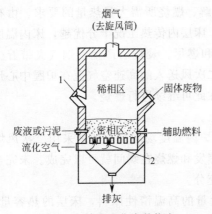

图 9-6　鼓泡流化床焚烧室
1—预热燃烧器；2—布风装置
工艺条件：焚烧温度760～1100℃；
平均停留时间1.0～5.0s；过剩空气100%～150%

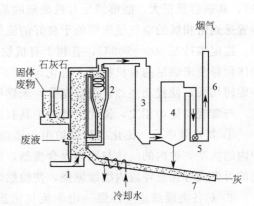

图 9-7　循环流化床焚烧炉系统
1—进风口；2—旋转分离器；3—余热利用锅炉；
4—布袋除尘器；5—引风机；6—烟囱；
7—排渣输送系统；8—燃烧室

循环床焚烧炉可燃烧固体、气体、液体和污泥，采用向炉内添加石灰石来控制$SO_x$、HCl、HF等酸性气体的排放，而不需要昂贵的湿式洗涤器，HCl的去除率可达99%以上，主要有害有机化合物的破坏率可达99.99%以上。在循环床焚烧炉内，废物处于高气速、湍流状态下焚烧，其湍流程度比常规焚烧炉高，因而废物不需雾化就可燃烧彻底。同时，由于焚烧产生的酸性气体被去除，因而避免了尾部受热面遭受酸性气体的腐蚀。

循环流化床焚烧炉排放烟气中$NO_x$的含量较低，其体积分数通常小于$1×10^{-4}$。这是由于循环床焚烧炉可实现低温、分级燃烧，从而降低了$NO_x$的排放。

循环流化床焚烧炉运行时，废液、固体废物与石灰石可同时进入燃烧室，空截面烟气速度为5～6m/s，焚烧温度为790～870℃，最高可达1100℃，气体停留时间不低于2s，灰渣经水间接冷却后从床底部引出，尾气经废热锅炉冷却后，进入布袋除尘器，经引风机排出。

表9-1所示为几种常规焚烧炉与流化床焚烧炉的比较结果。可以看出，流化床焚烧炉（包括鼓泡流化床焚烧炉和循环流化床焚烧炉）在处理废液方面具有明显的优越性。正是由于流化床焚烧炉的上述优点，在工业发达国家，它已被广泛用于处理各种废弃物。

表 9-1　各种废液焚烧炉的比较

| 项目 | 旋转窑焚烧炉 | 液体喷射焚烧炉 | 鼓泡流化床焚烧炉 | 循环流化床焚烧炉 |
|---|---|---|---|---|
| 投资费用构成 | ￥￥+洗涤器+燃尽室 | | ￥+洗涤器+额外的给料器+基础设施投资 | |
| 运行费用构成 | ￥￥+更多的辅助燃料+回转窑的维修+洗涤器 | | ￥+额外的给料器的维修+更多的石灰石+洗涤器 | |

| 项目 | 旋转窑焚烧炉 | 液体喷射焚烧炉 | 鼓泡流化床焚烧炉 | 循环流化床焚烧炉 |
|---|---|---|---|---|
| 减少有害有机成分排放的方法 | 设燃尽室 | 炉腔内高温 | 燃烧室内高温 | 不需过高温度 |
| 减少 Cl、S、P 排放的方法 | 设洗涤器 | 42%采用洗涤器 | 设洗涤器 | 在燃烧室内加石灰石 |
| $NO_x$、CO 排放量 | 很高 | 很高 | 比 CFB 高 | 低 |
| 废液喷嘴数量 | 2 | 5 | | 1（为基准） |
| 废液给入方式 | 过滤后雾化 | 过滤后雾化 | 过滤后雾化 | 直接加入无需雾化 |
| 飞灰循环 | 无 | 无 | 最大给料量的 10 倍 | 给料量的 50～100 倍 |
| 燃烧效率 | 高（需采用燃烬室） | 高 | 很高 | 最高 |
| 热效率/% | <70 | | <75 | >78 |
| 炭燃烧效率/% | | | <90 | >98 |
| 传热系数 | 中等 | 中等 | 高 | 最高 |
| 焚烧温度/℃ | 700～1300 | 800～1200 | 760～900 | 790～870 |
| 维修保养 | 不易 | 容易 | 容易 | 容易 |
| 装置体积 | 大（>4×CFB体积） | 居于回转窑和鼓炮间 | 较大（>2×CFB体积） | 较小 |

注：CFB 表示循环流化床焚烧炉；¥表示循环流化床焚烧炉的费用（作为比较基准），¥¥表示循环流化床焚烧炉费用的两倍。

## 9.3 有机废液的热值估算

焚烧炉的选型和设计是焚烧处理有机废液的关键。有机废液中由于含有相当数量的可燃有机物，所以具有一定的发热值。有机废液的热值是辅助燃料配比、焚烧炉设计和产生余热量计算的必须参数。

若有机废液中的有机成分单一，可通过有关资料直接查取该组分的氧化方程及发热值。如果已知有机废液中有机组分各元素的含量，也可根据下式来计算有机废液的低位发热值：

$$Q_{dw}^y = 337.4C + 603.3(H-O/8)95.13S - 25.08W^t \quad (kJ/kg) \tag{9-1}$$

式中　C，H，O，S，$W^t$——有机物中碳、氢、氧、硫的质量分数和有机废液的含水率。

然而，有机废液是生产过程中产生的废弃物，组分复杂、不易点燃，利用对煤进行工业分析的方法确定有机废液的元素组成和发热值是难以实现的。通常采用监测指标 COD 值来计算有机废液的发热值。通常所说的 COD 值是指使用强氧化剂将有机物氧化为最简单的无机物（如 $CO_2$ 和 $H_2O$）所耗的氧量，即化学耗氧量。它可以表征有机废液中有机物的含量，所以它与有机废液的发热值存在着必然的联系。不少学者通过对一些有代表性有机物的标准燃烧热值进行分析发现，虽然它们的标准燃烧热值相差很大，但燃烧时每消耗 1gCOD 所放出的热量却比较接近，所以可以取这些有机物燃烧时每消耗 1gCOD 所放出热量的平均值 13.983kJ 作为 1gCOD 的热值，通常认为约等于 14kJ/g。利用这一平均值计算有机废液的高位发热值所产生的最大相对误差为−10%和+7%，这样的误差在工程计算时是允许的。

有机废液在焚烧前应首先测定废液的低位发热值，或通过测定 COD 值以估算出其热值。进行有机废液焚烧处理时，辅助燃料的消耗量直接关系到处理成本的高低，所以对于 COD 值小于 235g/L 的有机废液，其低位热值为 3300kJ/kg，由于其本身所具有的热量不足以自身蒸发所需的热量，焚烧过程中不能向外提供热量，此时焚烧过程的辅助燃料耗量很大，从经济上分析采用焚烧的方法进行处理将是不利的，对于低位热值可达 6300kJ/kg 的有机废液，如果采用适当燃用低热值废料的流化床焚烧炉就可在点燃后不加辅助燃料进行焚烧处理。

## 9.4 理论空气量与烟气组成

焚烧所需理论空气量、焚烧后产生的理论烟气量和理论烟气焓是焚烧炉产生余热量计算的必需参数。

**(1) 理论空气量**

有机废液焚烧时的理论空气量与 COD 值的关系式为：

$$COD = K_{O_2} V° \rho_{O_2} \tag{9-2}$$

式中　$K_{O_2}$——空气中氧气的体积比，约为 0.21；

　　　$V°$——有机废液焚烧时所需的理论空气量（标准状态下），$m^3/kg$；

　　　$\rho_{O_2}$——氧气在标准状态下的密度，$g/m^3$，其值为 1429.1。

所需的理论空气量计算式为：

$$V° = \frac{COD}{K_{O_2}\rho_{O_2}} = \frac{COD}{0.21 \times 1429.1} = \frac{COD}{300.111} \tag{9-3}$$

**(2) 理论烟气组成**

理论烟气量由四部分组成：有机物燃烧产物（主要为二氧化碳、二氧化硫、产生的水蒸气和生成的氮氧化物）、理论空气量中原有的氮气和水蒸气、有机废水中水分蒸发产生的水蒸气，如下式：

$$V_y° = V_{yj} + 0.79V° + 0.0161V° + 1.24P/100 \tag{9-4}$$

式中　$V_y°$——有机废水焚烧的理论烟气量（标准状态下），$m^3/kg$；

　　　$V_{yj}$——有机物焚烧产物的体积，$m^3/kg$；

　　　$P$——废液的含水量，%。

将 $V_{yj} = 1.163COD/1000$ 代入式(9-3) 和式(9-4)，整理得：

$$V_y° = 0.003849COD + 0.0124P \tag{9-5}$$

**(3) 理论烟气焓**

理论烟气焓是有机废液焚烧产生的理论烟气量所具有的焓值，是焚烧炉设计时热力计算必需的参数。通常情况下某一温度的理论烟气焓是根据烟气的成分和各种组分的比热容计算确定，如下式：

$$I_y° = V_{RO_2}°(cT)_{RO_2} + V_{N_2}°(cT)_{N_2} + V_{H_2O}°(cT)_{H_2O} \tag{9-6}$$

式中　$I_y°$——理论烟气焓，kJ/kg；

　　　$V_{RO_2}°$——烟气中三原子气体（$CO_2$ 和 $SO_2$）的量，$m^3/kg$（标准状态）；

　　　$V_{N_2}°$——理论烟气中氮气的量，$m^3/kg$（标准状态）；

　　　$V_{H_2O}°$——理论烟气中水蒸气的量，$m^3/kg$（标准状态）；

　　　$c$——气体的比热容，$kJ/(m^3 \cdot ℃)$，可根据气体种类和温度计算或查表获得；

　　　$T$——烟气的温度，℃。

由于有机废液的组成复杂，焚烧后产生的烟气成分难以确定，所以利用上述计算理论烟气焓的方法难以实现，而是采用最常用的有机废液监测指标 COD 值的方法来估算理论烟气焓。

平均来说，焚烧 1gCOD 产生 0.00058664m³（标准状态）的三原子气体、0.00054727m³（标准状态）的水蒸气、0.000066763m³（标准状态）的氮气，同时每消耗 1gCOD 就从空气中带入焚烧产物 0.00263237m³（标准状态）的氮气和 0.000053647m³（标准状态）的水蒸气。考虑到有机废液本身所含的水量 $P$ 在焚烧时也产生水蒸气进入理论烟气量中，所以 COD 与理论烟气量所具有的的焓值的关系如下：

$$I_y^° = COD \times [5.8664 \times 10^{-4}(cT)_{RO_2} + 26.9913 \times 10^{-4}(cT)_{N_2}] +$$
$$[6.00918 \times 10^{-4}COD + 0.0124P](cT)_{H_2O} \tag{9-7}$$

在有机废液焚烧炉设计的适用温度和 COD 浓度范围内，水分含量在＞42％的情况下，由式(9-7) 计算的理论烟气焓所产生的相对误差≤15％，这对于焚烧炉设计时的热力计算是能够接受的。

# 9.5　废液焚烧技术的应用

目前发达国家采用焚烧法处理高浓度有机废液所使用的焚烧炉大多是以燃油或燃气为辅助燃料（中国以柴油或重油为主），技术相对成熟。如意大利某公司处理高浓度含盐废水，废液由染料母液和压滤头遍洗液组成，COD 浓度为 130g/L，含盐量为 6％～7％。处理方法为：先将废液送入二效蒸发器进行蒸发浓缩，浓缩后的废液送入焚烧炉焚烧。反应区温度为 900～1000℃，废液在炉内的停留时间为 3～4s 时，有机物完全氧化分解，其烟道排放的烟气符合国家标准。德国某公司将高浓度含盐废液和不可生化处理的染料、农药废水中和后蒸发浓缩，得到含水量为 30％的结晶盐浓缩液，将该浓缩液进行焚烧处理，焚烧过程中以天然气为辅助燃料。当反应温度为 900～1000℃，停留时间约 3s 时，有机物得到有效分解。

20 世纪 80 年代以来，我国的石油化学工业、电子工业等得到了极大的发展，高浓度难降解工业废水的产量逐年增加，造纸厂、农药厂、制药厂及印染企业等都排放大量的高浓度难降解有机废液，一般的生化法很难彻底处理这些高浓度有机废液，而高级氧化技术还很难应用到实际工程中，于是焚烧法逐渐开始受到青睐。如东北制药总厂较早采用硅砖砌成的圆形炉膛卧式液体喷射炉，以氯霉素的副产物邻硝基乙苯作燃料，处理维生素 C 石龙酸母液，实现了以废治废、节约能源的目的。年处理 COD 在 400t 以上，烟气经水洗后达到国家排放标准。河北某农药厂排放的精馏塔残釜液原混入生化处理废水中，基本不能生化降解，后采用回转窑焚烧炉处理生产过程中的废液，处理能力为 1.1t/d，使用柴油作为辅助燃料，在油料/废水为 1∶3、燃烧温度为 900～1000℃、燃烧时间为 3s 的情况下，可使有机废液得到彻底分解。平顶山尼龙 66 盐厂在生产过程中产生的己二酸、己二胺废水含有多种有机化合物，并且含有 1％左右的钠盐，治理过程中采用流化床焚烧炉来处理，将己二酸废水经雾化后进入稀相区内焚烧，而将己二胺废水送入密相区进行焚烧，以煤为辅助燃料。当采用加入一定量的添加剂防止低熔点钠盐影响流化后，焚烧取得取良好效果。

丑明等采用焚烧法处理了焦化污水，焦化污水经预处理除去 $S^{2-}$ 后进入焚烧炉内，用焦炉煤气作燃料在焚烧炉内进行焚烧，污水中的有机物在高温下变成 $CO_2$ 和水，使 COD、酚类、$CN^-$ 等从根本上得到治理，产生的热废气经余热锅炉换热，产生蒸汽，可供生产上使用。对污水量较大的情况，可采用膜分离技术先将污水浓缩、分离、循环回收，浓缩的污水去焚烧炉焚烧。焚烧法还用于含酚废水的处理中。

# 参 考 文 献

[1] 廖传华, 朱廷风, 代国俊等. 化学法水处理过程与设备 [M]. 北京: 化学工业出版社, 2016.

[2] 严传俊, 范玮. 燃烧学. 第 3 版 [M]. 西安: 西北工业大学出版社, 2016.

[3] 王全德. 燃烧化学理论研究进展 [M]. 徐州: 中国矿业大学出版社, 2015.

[4] 胡双启. 燃烧与爆炸 [M]. 北京: 北京理工大学出版社, 2015.

[5] [美] Stephen R. Turns. 燃烧学导论: 概念与应用 [M]. 姚强, 李水清, 王宇译. 北京: 清华大学出版社, 2015.

[6] 潘旭海. 燃烧爆炸理论及应用 [M]. 北京: 化学工业出版社, 2015.

[7] 卜银坤. 化工废液焚烧余热锅炉的结构设计研究 [J]. 工业锅炉, 2015, 5: 12-19.

[8] 王磊. 己内酰胺废液焚烧炉衬使用及缺陷问题分析 [J]. 工业炉, 2015, 37 (5): 65-67.

[9] 刘颖, 王丽洁. 化工废液焚烧及废气除尘工艺探讨 [J]. 科学中国人, 2015, 9: 28-29.

[10] 尹洪超, 付立欣, 陈建标等. 废液焚烧炉内燃烧过程及污染物排放特性数值模拟 [J]. 热科学与技术, 2015, 14 (4): 297-304.

[11] 付立欣. 化工废液焚烧装置燃烧过程及污染物生成特性的数值模拟 [D]. 大连: 大连理工大学, 2015.

[12] 英鹏. 炼化废液焚烧飞灰粒子沉积与分布特性研究 [D]. 大连: 大连理工大学, 2015.

[13] 吴现亮. BA 研究所废液焚烧项目质量管理研究 [D]. 哈尔滨: 哈尔滨工业大学, 2014.

[14] 郑全军, 王舫, 肖显斌等. 新型有机废液焚烧炉炉内燃烧过程的数值模拟 [J]. 环境工程, 2014, A1: 210-213.

[15] 李永胜, 王舫, 肖显斌等. 高浓度有机废液焚烧炉燃烧器布置方式的数值模拟 [J]. 工业炉, 2014, 36 (2): 13-16.

[16] 任天杰. 化工系硫胺废液焚烧处理工程方案设计探析 [J]. 当代化工, 2014, 43 (5): 767-769.

[17] 张善军. 废液焚烧余热锅炉结渣过程的数值模拟研究 [D]. 大连: 大连理工大学, 2014.

[18] 李军, 李江陵. 化工废液焚烧废气除尘技术特点探析 [J]. 中国环保产业, 2013, 1: 63-65.

[19] 夏善伟. 废液焚烧炉燃烧过程的数值模拟及结构优化设计 [D]. 合肥: 合肥工业大学, 2013.

[20] 金鑫. 含盐苯胺废液焚烧及其溶盐腐蚀行为研究 [D]. 合肥: 合肥工业大学, 2013.

[21] 刘亮. 废液焚烧余热锅炉结渣实验与沉积机理研究 [D]. 大连: 大连理工大学, 2013.

[22] 刘亮, 尹洪超, 穆林. 废液焚烧余热锅炉灰渣沉积机理分析 [J]. 化工进展, 2013, 32 (5): 1172-1176.

[23] 王舫, 李永胜, 肖显斌等. 新型有机废液焚烧炉的雾化干燥技术研究 [J]. 工业炉, 2013, 35 (6): 1-4, 15.

[24] 李振威, 喻朝飞, 卢强. 提高焚烧炉对 BI 废液焚烧效果的方法 [J]. 化工机械, 2013, 40 (3): 479.

[25] 胡琦, 于淑芬, 林川. 废液焚烧处置控制系统的设计 [J]. 中国环保产业, 2013, 9: 50-54.

[26] 潘剑峰. 燃烧学: 理论基础及其应用 [M]. 镇江: 江苏大学出版社, 2013.

[27] 陈长坤. 燃烧学 [M]. 北京: 机械工业出版社, 2013.

[28] 李传凯. 丙烯腈废液焚烧空气分级及 $NO_x$ 排放试验研究 [J]. 石油化工设备, 2013, 42 (3): 20-24.

[29] 陈高, 李传凯. 丙烯腈废液焚烧二次污染物排放的特性研究 [J]. 工业炉, 2012, 34 (6): 42-45.

[30] 李建新. 燃烧污染物控制技术 [M]. 北京: 中国电力出版社, 2012.

[31] 穆林, 赵亮, 尹洪超. 化工废液焚烧炉内积灰结渣特性 [J]. 化工学报, 2012, 63 (11): 3645-3651.

[32] 穆林, 赵亮, 尹洪超. 废液焚烧余热锅炉内气固两相流动与飞灰沉积的数值模拟 [J]. 中国电机工程学报, 2012, 32 (29): 30-37.

[33] 汪君, 金航, 张世红等. 糖蜜酒精废液焚烧炉水冷壁结渣原因探析 [J]. 可再生能源, 2012, 30 (12): 48-51.

[34] 徐旭常, 吕俊复, 张海. 燃烧理论与燃烧. 第 2 版 [M]. 北京: 科学出版社, 2012.

[35] 李永华. 燃烧理论与技术 [M]. 北京: 中国电力出版社, 2011.

[36] 杨林军. 燃烧源细颗粒物污染控制技术 [M]. 北京: 化学工业出版社, 2011.

[37] 徐通模. 燃烧学 [M]. 北京: 机械工业出版社, 2011.

[38] 张晓健, 黄霞. 水与废水物化处理的原理与工艺 [M]. 北京: 清华大学出版社, 2011.

[39] 陈金思, 金鑫, 胡献国. 有机废液焚烧技术的现状及发展趋势 [J]. 安徽化工, 2011, 37 (5): 9-11.

[40] 陈金思, 施银燕, 胡献国. 废液焚烧炉的研究进展 [J]. 中国环保产业, 2011, (10): 22-25.

[41] 张绍坤. 焚烧法处理高浓度有机废液的技术探讨 [J]. 工业炉, 2011, 33 (5): 25-28.

[42] 潘华丰, 刘兴高. 有机废液焚烧炉控制系统设计 [J]. 控制工程, 2009, 16 (A2): 53-56.

[43] 徐旭常，周力行.燃烧技术手册 [M].北京：化学工业出版社，2008.

[44] 刘联胜.燃烧理论与技术 [M].北京：化学工业出版社，2008.

[45] 陈志超，赵长遂，陈晓平等.含盐有机废液焚烧煤灰熔融特性试验研究 [J].热能动力工程，2007，22（1）：61-65.

[46] 方文沐，杜惠敏，李天荣.燃料分析技术问题.第 3 版 [M].北京：中国电力出版社，2005.

[47] 唐受印，戴友芝.水处理工程师手册 [M].北京：化学工业出版社，2001.

[48] 刘治中，许世海，姚如杰.液体燃料的性质及应用 [M].北京：中国石化出版社，2000.

[49] 别如山，杨励丹，李季等.国内外有机废液的焚烧处理技术 [J].化工环保，1999，（3）：148-154.

[50] 韩昭沧.燃料与燃烧 [M].第 2 版.北京：冶金工业出版社，1994.

[51] 顾恒祥.燃料与燃烧 [M].西安：西北工业大学出版社，1993.

[52] 庞丽君，孙恩召.锅炉燃烧技术及设备 [M].哈尔滨：哈尔滨工业大学出版社，1991.

# 第**10**章

# 固体燃料的燃烧过程

固体燃料的燃烧不同于前述气体燃料和液体燃料的燃烧。固体燃料在空气中的燃烧属多相扩散燃烧（非均相燃烧）。在这种燃烧中，首先要使氧气到达固体表面，在固体表面和氧气之间界面上发生多相化学反应；其后，化学反应所需的物质量则靠自然扩散或强制扩散所形成的物质转移来提供。固体燃料的燃烧较之气体燃料的燃烧要复杂得多。

固体燃料的地位及其重要性随着近年来能源紧张日益显得重要，不但各种过去曾使用过固体燃料的热能动力装置正不断恢复与扩大使用固体燃料，甚至那些过去尚未使用过固体燃料的运输、航空和空间推进动力装置以及新型的磁流体发电机上也正在探索燃用固体燃料的规律。

固体燃料除了天然燃料如煤、油页岩、木柴等以外，实际上还包括许多特殊用途的燃料，如硼、镁、铝以及各种火箭固体推进剂等。本章仅限于讨论在热能工程中最常使用的固体燃料——煤。

在我国燃料资源中，煤是最主要的部分。从我国乃至世界燃料资源考虑，煤的应用将日益占有重要地位。目前不仅传统的用煤部门大力研究改善煤的燃烧技术，甚至一些过去未使用过煤的部门，也在积极研究这一问题。

为了充分利用煤资源，就必须研究和掌握煤的燃烧规律和特性，以改进燃烧技术和探索新的燃烧技术。

## 10.1　固体燃料燃烧过程的分类

固体燃料的燃烧通常可根据其燃烧时的特征和燃烧方式进行分类。

### 10.1.1　按燃烧特征分类

**（1）表面燃烧**

表面燃烧是指燃烧反应在燃料表面进行的燃烧。这种燃烧现象常发生在几乎不含挥发分的燃料中，例如在焦炭和木炭表面的燃烧，这时氧和 $CO_2$ 通过扩散到达燃料表面进行反应。如在燃料表面尚不能完全燃烧，则不完全燃烧产物（如 CO 等）在离开表面后，可再与 $O_2$ 进行气相燃烧反应。

**（2）分解燃烧**

这种情况常发生在热分解温度较低的固体燃料，此时由热分解产生的挥发分在离开燃料表面后，再与 $O_2$ 进行气相燃烧反应。木材、纸张和煤挥发分的燃烧就属此类燃烧。

**（3）蒸发燃烧**

这种情况发生在熔点较低的固体燃料。燃料在燃烧前先熔融成液态，然后再进行蒸发和燃烧（和液体燃料一样）。石蜡等链烷烃系高级碳氢化合物的燃烧就属此类燃烧。在很多情况下，在进行蒸发燃烧的同时也可能进行分解燃烧。

**（4）冒烟燃烧**

对一些易热分解的固体燃料，当因温度较低而使挥发分未能着火时，将会冒出大量的浓烟，使大量可燃物散失在烟雾中。木材和纸张在温度较低的条件下燃烧时，就易于产生冒烟燃烧。

通过固体燃料的这几种燃烧现象可以看出：在分析固体燃料燃烧时，有时还需应用气体燃料和液体燃料的燃烧理论知识。

## ▶10.1.2 按燃烧方式分类

**（1）层状燃烧**

层状燃烧是将燃料呈层状堆置于炉栅上进行燃烧的一种方式，也称火床式燃烧。一般从炉栅下供风，使空气穿过炭层进行燃烧，如图 10-1 所示。燃烧所在的区间称为燃烧室。

从图 10-1 可以看出，燃烧室内的炭层可划分为干馏、还原、氧化、灰渣四个层次。如果细分，干馏层上还有干燥层。

当煤在固定的水平炉栅上作层状燃烧时，空气自下而上穿过炉栅而遇到最下层灼热的煤块（底火）时，就形成了CO，$C+O_2 \longrightarrow CO$。CO 在煤层间隙中又与过剩的氧作用燃烧，生成 $CO_2$，即 $CO+O \longrightarrow CO_2$，这一层叫氧化层，氧化层是主要的燃烧层。在氧化层中由于燃烧反应是放热反应，所以温度最高，$CO_2$ 含量也越来越多，氧消耗量最大。氧化层厚度一般为煤粒尺寸的 3～4 倍。当形成的 $CO_2$ 继续向上移动，与上层的焦炭粒作用后又被还原成 CO，即 $CO_2+C \longrightarrow 2CO$，这是个吸热反应。吸热反应的结果使温度下降，CO 含量增加，这一层叫还原层。在还原层以上是煤的干馏层。干馏层只在加炭初期存在，煤受热后，有挥发物逸出，剩下的焦炭进入还原层。最上面是干燥层，在这一层，煤不仅受到

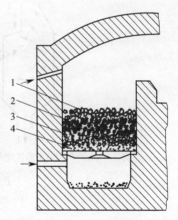

图 10-1　层状燃烧示意图
1—干馏层；2—还原层；
3—氧化层；4—灰渣层

来自下面的热气体的加热，同时受到煤层上部空间热辐射的作用而受到烘干。灰渣层实际已不属于炭层，所以通常所说的炭层厚度只是氧化层和还原层的厚度。其中，氧气在此大体被耗尽。

经过炉排，进入煤层供燃烧的空气称一次风；在煤层上部，向炉膛送入的空气称二次风，它除了用于空间燃烧外，并用于形成炉内所需要的空气动力场。在总空气量中，一次风是主要的燃烧空气，其量占空气量的80%～100%，二次风则占总空气量的0～20%。

层状燃烧的一个重要特点是氧化层的厚度主要同炭的粒度大小有关，而与通风速度无关。氧总在3～4倍炭粒直径的炭层厚度处耗尽，表现了氧化层厚度是炭粒直径3～4倍的关系。因此增加炭层厚度只是加厚了还原层，不会强化燃烧。强化层状燃烧的途径是强化通风，这时气流速度增加虽不能使氧化层增厚，却能使燃烧速率加快，使炭耗量增加。

层状燃烧又可分为上饲式固定炉排燃烧、下饲式固定炉排燃烧及链条活动炉排燃烧等。

层状燃烧中，由于煤层的运动很缓慢，而且颗粒较大，因此煤粒在炉内无充分逗留时间是不能燃尽的，一般要求至少逗留15～30min。层状燃烧需要结构比较复杂且金属耗量大的炉排，其燃烧效率较低，对大容量锅炉，这些矛盾更为突出，因此层状燃烧只适用于中小容量工业锅炉及某些工业炉。

**（2）悬浮燃烧**

悬浮燃烧是将煤磨成一定细度的煤粉并通过管道输送到特制的燃烧器中，使煤粉在炉膛空间内以悬浮状态进行的燃烧过程。因整个燃烧均在炉膛空间内进行，因此又称火室式燃烧。煤粉与燃烧所需空气可通过燃烧器上不同功能的喷口喷入炉膛，形成所需的燃烧空气动力场，以建立合适的燃烧条件。

根据燃料的燃烧特性和对炉内燃烧组织的不同要求，燃烧器有直流式和旋流式之分。前者的燃料和空气流均不旋转，为直流射流，后者则为旋转射流。直流式燃烧器常用在锅炉内形成U形或W形燃烧火焰，或用于组织四角燃烧火焰。旋流式燃烧器常用于在炉内组织L形火焰。图10-2所示为几种悬浮燃烧炉炉膛内燃烧火焰的组织。

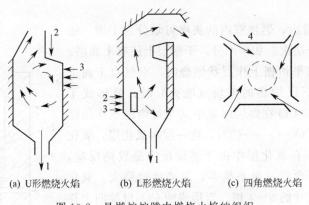

(a) U形燃烧火焰　　　(b) L形燃烧火焰　　　(c) 四角燃烧火焰

图10-2　悬燃炉炉膛内燃烧火焰的组织

1—渣；2——次风和煤粉；3—二次风；4—燃烧器

煤粉在炉中随气流而快速运动，煤粉在炉内逗留时间很短，一般仅2～3s，故需将煤粉磨得很细，使它来得及充分燃烧。对煤粉的要求为：颗粒平均直径为0.07～0.05mm（200～300目），大于0.1mm的不易燃尽，水分含量为0.5%～1.0%（质量分数）。

在煤粉炉燃烧时，煤粉是先与部分燃烧空气（称一次风）组成一股煤粉-空气混合流，然后再经过燃烧器喷入炉内燃烧，燃烧所需总空气量的其余部分称二次风，当把煤粉制粉系统的排气送入炉内燃烧时，称为三次风。在燃烧器中合理地安排一、二、三次风口的射流是达到所需燃烧空气动力场的关键。一次风为总空气量的20%～25%，二次风占70%～80%。

二次空气应适当预热，以利于煤粉的燃烧。在燃烧条件较好时粉煤可在1.2～1.3的空气消耗系数下达到完全燃烧。煤粉燃尽后的灰渣可以固态或液态排出炉外，并分别称之为固态除渣煤粉炉及液态除渣煤粉炉。

供悬浮燃烧的煤挥发分以高于20％为好，灰分熔点应高于炉温150～200℃，水分不大于3％。水分高了影响流散性，易导致产生黏腻现象并使管道堵塞。灰分熔点低于炉温会造成金属表面的缺陷，并影响砌体寿命和导致炉内积渣。

与层状燃烧相比，悬浮燃烧有以下优点：①热工性能好，燃烧效率高，工况稳定；②可利用烟气余热预热空气，因此可使用含灰质及水分高的劣质煤和无烟煤煤屑；③可实现运行操作的全部机械化和自动化；④单机容量可以大型化，适用于大型电站锅炉。目前，蒸发量大于75t/h的燃煤锅炉几乎都采用悬浮燃烧，有一些冶金加热炉也采用煤粉室燃烧方式。

但悬浮燃烧也存在不足之处：①金属的受热面易磨损；②烟气中飞灰含量较高；③受热面上的积灰和结渣问题较严重；④煤处理环节多，制备复杂，需设置专用的制粉系统，且制粉尚需耗能；⑤对炉子的运行操作要求很高。

### (3) 旋风式燃烧

旋风式燃烧是一种使燃料悬浮于旋转空气中的燃烧方式。燃料颗粒与一次风经燃烧器送入旋风炉，大量的二次风则沿切线方向高速（可达100m/s以上）进入旋风炉，形成强烈的旋转运动。由于气流的旋转，使燃料颗粒紧贴圆筒壁，边旋转，并边进行热分解、着火燃烧直到燃尽。燃烧生成的烟气由中心孔流出。由于气流的旋转，燃料在炉中逗留时间较长，故可燃用煤粒乃至小煤块（其尺寸可达5～6mm甚至更大）。燃料颗粒越大，燃尽时间越长，在炉中旋转的次数也越多，正满足了充分燃烧的要求。由于燃料在炉中逗留时间较长，旋风炉内存留的燃料量较大，故燃烧工况比较稳定，对燃料和空气量供应的波动不太敏感。

由于旋风燃烧中燃料与空气混合很剧烈，使燃烧过程大为强化，炉内温度可达到很高水平（可达1600～1700℃），燃料中的灰分亦大部熔化为液态从炉中排走，因而可大大减少烟气带出的飞灰。

### (4) 沸腾式燃烧

沸腾燃烧相当于在火床通风速度达到煤粒沉降速度时的临界状态下的燃烧，煤粒由气力系统送入沸腾床中，燃烧所需空气经布风板孔以高速喷向煤层，使煤粒失稳而在煤层中作强烈的上下翻腾运动，因其颇类似沸腾状态，故称为沸腾燃烧。图10-3所示为沸腾燃烧的原理。由于煤粒和空气进行剧烈的搅拌和混合，燃烧过程十分强烈，燃料燃尽率很高（一般可达到96％～98％），所以沸腾燃烧能有效地燃用多种燃料，如无烟煤、烟煤、褐煤及油页岩等多种固体燃料。但由此而由烟气带出的飞灰量也较大，一般需经二级除尘后才能达到排放标准。

为防止沸腾层内灰渣结块破坏燃烧过程，通常在沸腾床内设置埋管受热面，使床内温度维持在800～900℃之间。这些受热面由于受到强烈翻腾煤粒的冲刷，使热阻的层流边界层常遭破坏，受热面

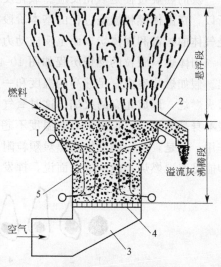

图10-3　沸腾燃烧原理

1—燃料管；2—排灰管；3—进气管；

4—布风板；5—混合器

可达到很高的传热系数 $[250\sim350W/(m^2 \cdot ℃)]$，因此，较小的受热面积即可传递大量的燃烧放热量。沸腾燃烧属低温燃烧，在 $800\sim900℃$ 的床层温度下，对脱硫化学反应很有利，因此，常随燃料加入一定数量的 $CaCO_3$ 及 $MgCO_3$ 作为脱硫剂。据研究，在 $Ca/S\geqslant2$ 的条件下，可使燃料中大部分的硫（$80\%\sim90\%$）被化合成 $CaSO_4$ 炉渣残留下来，从而防止有害气体 $SO_x$ 对大气的污染。由于低温燃烧，排气中的有害成分 $NO_x$ 也大为降低。

# 10.2　炭粒的燃烧

固体矿物燃料煤在被加热时，其中所含的水分首先被蒸发逸出，然后有机质开始热分解，在热分解过程中一部分被称为挥发物的可燃气态物质被分解析出，最后剩下的基本上是由炭和灰分所组成的固体残物，称为焦炭。这些被析出的挥发物如果遇有适量的空气（氧气）并且又具有足够高的温度，就会着火燃烧起来。由于焦炭比挥发物难以着火，所以焦炭常在部分挥发物或甚至几乎全部挥发物烧掉以后才开始着火燃烧。

对于天然的固体矿物燃料来说，焦炭是燃料中所有可燃物质中含量最多的，燃料燃烧所放出的热量主要是由焦炭燃烧提供的。与此同时，焦炭的燃烧阶段也是燃料燃烧中最长的一个阶段，约占全部燃烧所需时间的 $90\%$。所以，焦炭的燃烧过程对固体燃料的燃烧起着决定性的作用，可以认为固体燃料的燃烧实质上就是焦炭的燃烧。因此要了解和掌握固体燃料的燃烧规律，首先要研究焦炭的燃烧，也就是炭的燃烧。

固体燃料的燃烧实质上可归结为炭的燃烧，甚至在燃烧气体燃料和液体燃料时，解离出的炭黑和黑烟粒的燃烧也是属于炭的燃烧。某些金属的燃烧也类似于炭的燃烧。因此，炭的燃烧实质引起了科研工作者的极大兴趣与注意，他们为此进行了很多理论和技术的研究工作。

## ▶10.2.1　炭粒的燃烧过程

炭的燃烧过程是氧化反应。氧化反应所需的氧化剂则是依靠扩散到固体炭表面的空气。所以，在固体燃料燃烧过程的基本阶段，炭的燃烧过程是一个复杂的两相物理化学过程，它受气体的扩散和固体炭表面上反应动力学两类因素的制约，是一种扩散-动力型燃烧。

固体燃料颗粒的燃烧历程如图 10-4 所示。首先，燃料被加热干燥，而后挥发物开始析出。假如燃烧室内有足够高的温度和一定量的氧气，则挥发出来的可燃气体就会在颗粒周围着火燃烧，形成光亮的火焰。这时氧气消耗于挥发物的燃烧，不能到达焦炭的表面，此时焦炭本身是暗黑的，焦炭中心的温度不超过 $600\sim700℃$。这样，挥发物起了阻碍焦炭燃烧的作用；但是，由于挥发物在焦炭颗粒附近燃烧，焦炭被烤热，所以在挥发物尽以后，焦炭即能迅速地燃烧，故从这方面说，挥发物的燃烧能促进其后的焦炭燃烧。

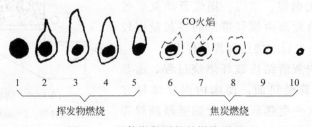

图 10-4　固体燃料颗粒的燃烧历程

由前述可知，物料炭化程度越浅，挥发物就越多，开始析出的温度越低，因而越容易着火；反之，炭化程度越深，如贫煤、无烟煤等，挥发物就越少，开始析出的温度越高，因而就难以着火。

挥发物着火后，经过不长的时间，火焰逐渐缩短以致最后消失，这表明挥发物已基本燃烧完毕。实验表明，从燃料干燥开始到干馏出挥发物以致挥发物基本燃尽所需的时间是极短的，仅占燃料全部燃烧时间的10%。

当挥发物基本上燃烧完毕，焦炭表面局部开始燃烧、发亮，然后逐渐扩展到整个表面，其时焦炭温度亦逐渐上升，达到最高值（对于褐煤，可达1100℃），而后几乎保持不变。这时在炭粒周围只有极短的蓝色火焰，它主要是由一氧化碳燃烧所形成的。在焦炭燃烧阶段，仍有少量挥发物继续析出，但这时它对燃烧过程已不起决定作用。焦炭燃烧时间持续较长，几乎占整个燃烧时间的90%。

在燃料燃烧初始阶段，需要从外界获得热量使燃料加热、干燥并使挥发物分解析出；但在焦炭燃烧时，恰巧相反，焦炭放出热量，此热量不仅可用来供应前阶段燃烧所需，而且还可加热周围介质。

综上所述，固体燃料的燃烧是由一系列连续阶段构成，它们是预热、干燥、挥发物的析出与焦炭的生成以及挥发物和焦炭的燃烧。在所有这些阶段中起决定性作用的是焦炭的燃烧。它的强度决定了整个燃料燃烧过程的强度，所以，强化固体燃料的燃烧显然就是加强焦炭的燃烧过程，为它创造有利的燃烧条件。

### (1) 炭粒燃烧的化学反应

炭粒燃烧是一种气固两相反应，按照现代的概念，反应是在炭的吸附表面上进行的。反应的产物有二氧化碳（$CO_2$）和一氧化碳（CO）。这些产物可通过周围介质扩散出去，也能够重新被炭表面吸附。二氧化碳可能再次与炭反应并产生一氧化碳。在靠近炭表面的气体边界层中，一氧化碳亦可能再次燃烧并生成二氧化碳。

炭的燃烧过程可用如下反应方程式表示。

炭与氧的化学反应，即炭本身的燃烧：

$$C+O_2 \longrightarrow CO_2+406957 \qquad kJ/mol（炭） \qquad (10-1)$$

$$2C+O_2 \longrightarrow 2CO+123092 \qquad kJ/mol（炭） \qquad (10-2)$$

一氧化碳被氧化：

$$2CO+O_2 \longrightarrow 2CO_2+283446 \qquad kJ/mol（一氧化碳） \qquad (10-3)$$

二氧化碳被炭还原、分解：

$$C+CO_2 \longrightarrow 2CO-162406 \qquad kJ/mol（炭） \qquad (10-4)$$

在这里，炭与氧的化合反应过程是炭燃烧的基本过程，称为初级反应（或一次反应、正反应），而一氧化碳的燃烧与二氧化碳的还原过程称为次级反应（或二次反应、副反应）。它们的产物则分别称为初级（一次）和次级（二次）产物。

在上述反应中，第一级反应是两相反应（或称表面反应），第二级反应则为单相反应（或称容积反应）。

炭粒的燃烧过程比较复杂，初级反应和次级反应是相互交错进行的，因此很难确定哪些是初级反应的产物，哪些是次级反应的产物。此外，实际上炭粒燃烧过程的进行较之上述还要复杂得多。因在燃烧时空气中含有水分，另外在空气鼓风机中也经常加入水蒸气，这样除了上述三组初级反应和次级反应外，还将发生下列这些反应：

$$C + H_2O \longrightarrow CO + H_2 \qquad (10\text{-}5)$$

$$CO + H_2O \longrightarrow CO_2 + H_2 \qquad (10\text{-}6)$$

或综合为：

$$C + 2H_2O \longrightarrow CO_2 + 2H_2 \qquad (10\text{-}7)$$

同时还存在：

$$H_2 + O_2 \longrightarrow 2H_2O \qquad (10\text{-}8)$$

由此可见，炭表面上的燃烧反应是十分复杂的，包括炭的氧化反应，炭与 $CO_2$ 的还原反应，炭与水蒸气的还原反应等。在上述这 8 个反应过程中，除了 $H_2$ 燃烧成 $H_2O$ 外，都得到同样的气体产物 CO 和 $CO_2$。这些反应中哪些反应起主要作用，哪些反应可以忽略，这要取决于温度、压力以及气体成分等燃烧过程的具体条件。下面我们对几个基本反应再作一些进一步的讨论。

**（2）炭和氧的反应**

历史上对炭和氧的反应，曾经提出过三种不同的看法。这就是所谓的炭粒燃烧的三种模型。

① 二氧化碳是初次反应产物的模型。

② 一氧化碳是初次反应产物的模型。

③ 二氧化碳、一氧化碳同时是初次反应产物的模型。

第一种模型认为，在炭的氧化反应中二氧化碳是初次反应产物，而燃烧产物中的一氧化碳则为二氧化碳与炽热的炭相互作用的二次产物。

第二种模型认为，在炭的氧化反应中一氧化碳是初次反应产物，二氧化碳是一氧化碳与氧再次氧化生成的二次产物。

这两种模型各有自己的实验作为基础，第一种模型是早年根据很低的气流速度流过薄的炭层时得到的实验结果提出的，这时一氧化碳有足够的时间与机会燃尽。第二种模型是在很高的气流速度下进行燃烧试验，得到大量的 CO，从而提出了 CO 是初次反应产物的第二种模型。

目前比较普通接受的是第三种模型，即认为炭和氧反应首先生成碳氧络合物，碳氧络合物进一步反应同时产生一氧化碳和二氧化碳。写成化学式是：

$$xC + \frac{y}{2}O_2 \longrightarrow C_xO_y \qquad (10\text{-}9)$$

$$C_xO_y \longrightarrow m\,CO_2 + nCO \qquad (10\text{-}10)$$

温度不同时，由于反应机理上的区别，生成物中一氧化碳和二氧化碳的比例也不相同。比值 $n/m$ 随温度上升而增大。

根据 L. Mayer 的实验结果，在 1300℃ 以下或炭表面氧的分压很低、浓度很小的情况下，$C + O_2$ 是一级反应，反应产物的比例 $CO/CO_2 = 1$。此时氧分子溶入炭的晶体内构成固溶络合物，碳氧络合物在氧分子的撞击下发生离解。因此，燃烧过程的化学反应可表示成以下几种反应式。

络合反应：

$$3C + 2O_2 \longrightarrow C_3O_4 \qquad (10\text{-}11)$$

离解反应：

$$C_3O_4 + C + O_2 \longrightarrow 2CO_2 + 2CO \qquad (10\text{-}12)$$

其总反应式可简化表示为：

$$4C+3O_2 \longrightarrow 2CO_2+2CO \tag{10-13}$$

当温度高于1600℃时，由于溶入炭晶体的氧分子解吸作用增大，因此氧分子几乎不再溶于石墨晶体。炭氧化反应的机理逐步转为由化学吸附引起，络合物不待氧分子撞击就自行热分解。因此燃烧过程符合下述反应式。

络合反应：

$$3C+2O_2 \longrightarrow C_3O_4 \tag{10-14}$$

离解反应：

$$C_3O_4 \longrightarrow 2CO+CO_2 \tag{10-15}$$

此时，反应产物的比例$CO/CO_2=2$，反应级数为零。其总反应式可简化表示为：

$$3C+2O_2 \longrightarrow 2CO+CO_2 \tag{10-16}$$

由此可知，炭和氧燃烧时，由于温度不同所得到的$CO_2$和$CO$的比例是不同的。在温度低于1300℃时，两者的比例为1：1。当温度高于1600℃时，两者的比例为1：2。

当温度在1300～1600℃之间时，反应将同时有固溶络合和晶界上直接化学吸附两种反应机理，反应产物的比例$CO/CO_2$将由实际发生的反应结果来决定。在此温度范围内，若气体处于常压而炭表面的氧浓度又不是很大时，其反应也接近一级反应。

**(3) 炭和二氧化碳的反应**

炭和二氧化碳的反应是一个吸热反应。这个反应与炭和氧的反应一样，也是$CO_2$首先吸附到炭的晶体上形成络合物，然后络合物分解成$CO$，解吸而离开炭表面。由于$CO_2$的化学吸附活化能比氧的溶解活化能大得多，因此只有在温度很高时，这一反应才显著起来。炭和二氧化碳的反应亦是一种炭的气化反应（或二氧化碳的还原反应），因此是煤气发生炉中的主要化学反应。温度在800℃以下时反应速率几乎等于零。当温度超过800℃时反应速率才比较显著，到温度很高时（2400℃左右），它的反应速率常数可超过炭氧化反应的速率常数。其总的反应是一级反应，即：

$$\overline{w}_{CO_2} = K_{CO_2} C_{CO_2 \cdot 0} \tag{10-17}$$

式中　$K_{CO_2}$——气化反应的速率常数；

$C_{CO_2 \cdot 0}$——炭表面上二氧化碳的浓度。

由于炭在燃烧过程中，周围气体既有氧气又有二氧化碳，因而它既可进行氧化反应，又可进行气化反应。但究竟哪种反应的反应速率快，是燃烧技术上一个感兴趣的重要问题。

比较两种反应的活化能和反应速率常数可以知道，炭与氧之间的氧化反应的活化能较小［$(8.4\sim16)\times10^4$ kJ/mol］，而炭与二氧化碳之间的气化反应的活化能较大［$(16.8\sim31)\times10^4$ kJ/mol］。在1200～1500℃的温度范围内，氧化反应的速率常数比气化反应的速率常数要大10～30倍，因此在一般反应温度下，氧化反应的速率要快得多。

如果考虑反应时炭周围氧和二氧化碳浓度的影响，则对气化反应就更有利，因为通常在炭表面上二氧化碳的浓度比氧的浓度要大。在炭的燃尽阶段，氧已燃烧殆尽而二氧化碳浓度相对比较显著，对气化反应就更为有利。因此在温度较高时，炭粒表面上的气化反应比氧化反应迅速，炭主要是靠气化反应烧掉的。

需要指出的是，炭的氧化反应是强烈的放热反应。氧化反应得到强化，放热更多，温度升高，反应更趋强烈。也就是说氧化反应的强化是自我促进的。而炭的气化反应是强烈的吸热反应。气化反应得到强化，吸热增多，温度降低，反应减慢，也就是说气化反应的强化是自我抑制的。这是在炭粒燃尽阶段，强化燃尽时所应该注意的。

**（4）炭与水蒸气的反应**

炭和水蒸气的反应是水煤气发生炉中的主要反应。其反应式如下：

$$C+H_2O \longrightarrow CO+H_2-123\times10^2 kJ \tag{10-18}$$

上述反应与炭的气化反应十分类似，同样为吸热反应。反应级数为一级，活化能比气化反应的活化能大，约为 $3.76\times10^5 kJ/mol$（或 $9\times10^4 kcal/mol$）。反应进行过程中水蒸气也是经过吸附、络合与分解一系列环节才能完成水煤气的生成的。

由于炭与水蒸气反应的活化能很大，因此要到温度很高时反应才会以显著的速率进行。需要指出，炭与水蒸气反应的活化能比炭与二氧化碳反应的活化能大，它的反应速率也比炭与二氧化碳反应的速率大。这是因为这两个反应的快慢不仅与反应速率有关，而且与扩散速率有关。根据分子物理学，分子量越小的气体分子，其扩散系数越大，所以水蒸气的扩散系数比二氧化碳大，氢的扩散系数又远比一氧化碳大。和炭与二氧化碳的反应相比，炭与水蒸气的反应物扩散到炭表面的速率迅速，反应产物扩散离开炭表面的速率也快，因此，炭粒与水蒸气反应的速率反而比与二氧化碳反应的速率来得快。

**（5）两相燃烧原理**

在化学反应中可以有两种反应：一种是单相反应，它是在气体容积中进行，故又称为容积反应；另一种是多相（一般是两相）反应，一般在固相、液相或气相之间的相界面上进行，因此有时亦称为表面反应。

当物体是松散的，具有孔隙、裂缝等，多相反应亦可以在物体内部表面进行，因此只有当燃料表面是平滑的、不透气时才能有真正的（或单纯的）"表面"反应，否则两者都有（实际上一般固体燃料都具有一定的孔隙性）。当多相反应在物质的内表面进行时，谓之内部反应。内部反应时，反应气体也是以扩散的方式向物质的内部孔隙扩散渗透。煤在燃烧或氧化时都会存在内部反应，此时氧气扩散到焦炭的内表面上。当反应温度越高和固体的反应能力越大，则反应越集中于物体的外表面上进行；反之，温度越低和反应能力越小，则反应越深透地渗入物体的内部。

某一定量的物质，在一定的容积和一定的时间内，与容积中的气体分子（或液体分子）进行化合时的相界面称为反应面。

如前所述，固体炭的燃烧属于两相燃烧范围，是多相反应过程。多相反应的速率取决于过程中所经历的最慢阶段的速率。一般来说，在多相反应所经历的五个阶段中，最基本的是反应面上的化学反应阶段和氧气藉扩散导入反应面的阶段。所以两相燃烧的速率亦取决于反应面上的化学反应速率和气体导入与导出反应面的扩散速率之间的关系。如在炭粒两相燃烧时不考虑次级反应的存在，则两相燃烧速率就被上述两速率中最慢的一个速率所制约。根据这两个速率之间的大小关系，两相燃烧可以有动力燃烧工况、扩散燃烧工况和过渡燃烧工况。

燃烧化学反应速率与燃料性质及物理条件（如反应面上的气体浓度与温度等）有关，其中与温度的关系尤为紧密。在低温时化学反应速率非常小，它比燃烧所需氧气到达的扩散速率小得多，化学反应所消耗的氧气数量仅是扩散到达反应面上氧气的很小一部分，因而反应面上氧气的浓度与在气流中浓度实际上没有什么差别。此时燃烧过程的速率受到化学反应速率的限制，而与氧气引入的条件，例如气流的速率、炭粒的大小等基本上无关，这种工况就称为动力工况（或动力控制区）。这时燃烧速率和温度呈指数函数的关系（见图10-5）。反之，当在反应温度较高时，此时化学反应速率较之气流的扩散速率要快得多，因而燃烧过程就受到氧气对固体粒子扩散速率的制约，成为扩散燃烧。显然，在扩散燃烧时，燃烧速率受温度的影响很小，但是受气流速度与粒子大小的影响却很显著，如增加气流速度及减小粒子尺寸（即加速氧气的进入），就可增大燃烧速率。由于在高温时化学反应速率非常之大，因此扩散到反应面上的氧气瞬刻之间就被消耗掉，所以在反应面上氧气浓度非常小，实际上可以认为它等于零（见图 10-6）。因而在扩散燃烧工况中，燃烧速率与燃料性质和温度几乎无关（见图 10-7）。

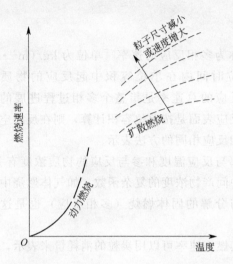

图 10-5　燃烧速率与温度之间的关系

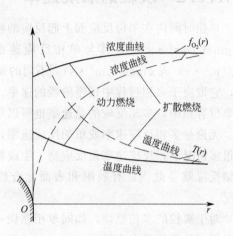

图 10-6　固体炭粒的动力燃烧和扩散燃烧

　　图 10-7 示出两相燃烧反应的各个区域。在低温时由于处于动力燃烧工况，燃烧速率随着温度按阿累尼乌斯定律急剧地增大（见图 10-7 中曲线Ⅰ）。在高温时由于化学反应速率很大，燃烧过程受到气流扩散到反应面的限制，处于扩散燃烧工况。在此时燃烧速率与温度几乎无关（见图 10-7 中曲线Ⅱ），但强烈地受到流动条件的影响，如气流相对速度、燃料颗粒大小等。

　　在动力燃烧区与扩散燃烧区之间存在着过渡区Ⅲ。在这个区中，化学反应速率与氧气扩散到反应面上的速率两者相差不多，其中任何一个都不能略去不计。此时燃烧速率不仅与化学反应速率有关，而且还

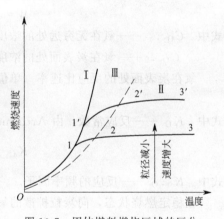

图 10-7　固体燃料燃烧区域的区分

与氧气扩散速率有关。所以随着温度升高，燃烧速率增加，但比在动力区增加得慢些，而且随温度的增加，燃烧速率增长的趋势亦趋平缓，最后达到最大值，而后就过渡到扩散区，与温度无关（见图 10-7 中曲线 1—2 和 1′—2′）。

　　从图 10-7 中曲线可以看出，如果增加气流速度（或减小炭粒尺寸）可以加速气流扩散，使进入的氧气量增加，这样动力燃烧工况可在更高温度下进行，因而进入扩散区的时间就相应较晚。所以当空气流速较大、炭粒较小时，将在较高的温度下才进入扩散燃烧。据此原理，在其他条件相同情况下，由块煤过渡到煤粉可使燃烧过程由扩散区转移到过渡区甚至动

力区；相反，温度升高可使反应移向扩散区。

燃烧工况稳定时，在一定的表面氧气浓度下，扩散过来的氧气与化学反应所消耗的氧气在数量上达到动平衡，此时反应表面上的氧气浓度则与这两个过程的速率之比有关：当扩散速率很大时，它接近于气流中氧气浓度；反之，当化学反应速率增大，它就使氧气浓度降低以致接近于零。

两相燃烧究竟在哪一区内进行将取决于具体的条件。两相燃烧过程研究的主要任务就是确定反应在哪个区域内进行，然后求出其数值关系，从而找出强化燃烧的方法。

## ▶ 10.2.2 炭粒的燃烧速率

单位时间内在单位反应面上起反应的物质量称为多相反应的速率［单位为 $kg/(m^2 \cdot s)$ 或 $gmol/(cm^2 \cdot s)$］，其与单相反应速率［单位时间内在单位容积中起反应的物质量 $kg/(m^3 \cdot s)$ 或 $gmol/(cm^3 \cdot s)$］不同的是多相反应的总速率是指整个多相过程进展的速率，它取决于多相过程中最慢阶段的速率。如果反应表面是按单位容积计算，则在反应空间的单位容积中，多相反应的总速率也可以用与单相反应相同的方法表示。

无论是多相反应速率或单相反应速率，它们都与反应温度和参与反应的物质浓度有关。在很多情况下，反应速率是反应物、生成物以及中间产物浓度的复杂函数，如气体燃烧中的连锁反应就是此例；有吸附和表面化合物生成与分解的固体燃烧（多相反应）也是这种情况。

对于炭粒的多相燃烧，如同单相燃烧一样，其燃烧速率可以用炭粒的消耗量来表示，也可以用氧的消耗量来表示。

由前可知，反应时氧的消耗量应服从质量作用定律，即：

$$W = \alpha_D^n (C_{O_2 \cdot \infty} - C_{O_2 \cdot 0}) \tag{10-19}$$

式中　$C_{O_2 \cdot \infty}$——氧在无穷远处的浓度；

　　　　$C_{O_2 \cdot 0}$——氧在炭表面处的浓度。

氧在炭表面处的反应比速率（单位炭粒表面、单位时间燃烧掉的氧量）可表示为：

$$W = K_{O_2} C_{O_2 \cdot 0} \tag{10-20}$$

式中　$K_{O_2}$——反应常数，由 Arrhenious 定律确定。

$$K_{O_2} = K_{0 \cdot O_2} \exp\left(-\frac{E}{RT}\right) \tag{10-21}$$

式中　$K_{0 \cdot O_2}$——反应的频率因子。

在稳定燃烧状态，向炭粒扩散的氧量应等于炭粒燃烧所消耗的氧量。因此：

$$\alpha_D^n (C_{O_2 \cdot \infty} - C_{O_2 \cdot 0}) = K_{O_2} C_{O_2 \cdot 0} \tag{10-22}$$

所以

$$C_{O_2 \cdot 0} = \frac{\alpha_D^n}{\alpha_D^n + K_{O_2}} C_{O_2 \cdot \infty} \tag{10-23}$$

把 $C_{O_2 \cdot 0}$ 代回式(10-22)，可得：

$$C_{O_2} = \frac{C_{O_2 \cdot \infty}}{\dfrac{1}{\alpha_D^n} + \dfrac{1}{K_{O_2}}} = K' C_{O_2 \cdot \infty} \tag{10-24}$$

式中　$K'$——炭粒燃烧反应的表观速率常数。

$$K' = \cfrac{1}{\cfrac{1}{\alpha_D^n} + \cfrac{1}{K_{O_2}}} \tag{10-25}$$

它的倒数值为：

$$\frac{1}{K'} = \frac{1}{\alpha_D^n} - \frac{1}{K_{O_2}} \tag{10-26}$$

我们可以把 $1/K'$ 看作多相燃烧过程中反应的总阻力。它由两部分组成，一部分是燃烧反应的化学阻力，另一部分是氧气扩散过程中的物理阻力。

在动力区，当化学阻力比物理阻力大得多时（即 $\alpha_D^n \gg K_{O_2}$），式(10-25)可以写成 $K' = K_{O_2}$，此时燃烧速率取决于化学反应速率，故称为动力燃烧。比较式(10-24)和式(10-20)可知，当 $\alpha_D^n \gg K_{O_2}$ 时，$C_{O_2 \cdot \infty} = C_{O_2 \cdot 0}$，这表明炭表面上氧气浓度接近于周围气流中氧的浓度。这种情况相当于较低温度下的燃烧情况。此时由于化学反应速率很低，从远处扩散到炭表面的氧消耗很少，从而使得炭表面氧的浓度等于远处环境中氧的浓度。

若在扩散燃烧区，当物理阻力比化学阻力大得多时（即 $K_{O_2} \gg \alpha_D^n$），式(10-25)可以写成 $K' = \alpha_D^n$，燃烧速率取决于氧分子的扩散速率，故称为扩散燃烧。比较式(10-24)和式(10-19)可知，当 $K_{O_2} \gg \alpha_D^n$ 时，$C_{O_2 \cdot 0} \approx 0$，即炭表面上氧气浓度接近于零，这相当于在高温下的燃烧情况。此时，由于温度很高，化学反应能力已大大超过扩散能力，使所有扩散到炭表面的氧气即全部反应掉，从而导致炭表面的氧浓度为零。

若在过渡燃烧区，当化学阻力和物理阻力在同一数量级时（即 $K_{O_2} \approx \alpha_D^n$），则两者均不能忽略。此时燃烧工况处于扩散控制和动力控制之间，故称为过渡燃烧。炭表面上的氧气浓度应按式(10-23)计算。

$$C_{O_2 \cdot 0} = \cfrac{1}{1 + \cfrac{K_{O_2}}{\alpha_D^n}} C_{O_2 \cdot \infty} \tag{10-27}$$

它介于扩散燃烧和动力燃烧之间，即 $0 < C_{O_2 \cdot 0} < C_{O_2 \cdot \infty}$。

根据以上讨论可以知道，炭的燃烧速率和温度关系很大。当温度由低温到高温时，炭燃烧速率的规律和炭表面的氧浓度是不同的。温度比较低时，燃烧属于动力控制。此时由于 $K_{O_2}$ 服从阿累尼乌斯定律，温度升高时 $K_{O_2}$ 急剧增大。在高温区，燃烧属于扩散控制。由于 $\alpha_D^n$ 与温度关系十分微弱，因此燃烧速率与温度无关，只有提高氧扩散到炭表面的传质系数 $\alpha_D^n$，才能提高燃烧速率。介于两者之间的则是过渡燃烧区。

在动力区炭表面的氧浓度等于远处环境氧浓度 $C_{O_2 \cdot \infty}$。在扩散区炭表面的氧浓度等于零，而在过渡区炭表面的氧浓度 $C_{O_2 \cdot 0}$ 则介于零和 $C_{O_2 \cdot \infty}$ 之间。

由此可知，要强化炭的燃烧，应根据炭所处的燃烧状态采取相应的措施才可以达到目的。在动力燃烧状态，强化燃烧主要是要提高化学反应速率（首先是温度）。在扩散燃烧状态，强化燃烧主要是要加强氧的扩散（强化混合过程）。而在过渡状态，则两者都要在注意。

由于炭的燃烧状态取决于燃烧时化学反应能力和扩散能力之间的关系，亦即取决于反应速率常数 $K$ 和传质系数 $\alpha_D$ 之间的比值，因此可用这一比值来判断炭的燃烧状态。$\alpha_D$ 与 $K$ 的比值称为谢米诺夫准则，即：

$$S_m = \frac{\alpha_D}{K} \tag{10-28}$$

炭的燃烧状态也可以用氧的浓度比（$C_{O_2 \cdot 0}/C_{O_2 \cdot \infty}$）来判断。

需要指出，增大气流速率或减小炭粒直径可以加快气体扩散（增大 $\alpha_D$），使 $S_m$ 值增大。因而动力燃烧可以在更高的温度下进行，进入扩散燃烧就可相应推迟。所以当空气流速较大或炭粒较小时，要在较高温度下才可以达到扩散燃烧。例如直径为 10mm 的煤粒在 1000℃ 即处于扩散燃烧，但直径为 0.1mm 的煤粉在 1700℃ 时才处于扩散燃烧。所以对于细度为 0.01～0.05mm 的煤粉，在煤炉中燃烧一般均处于动力燃烧或过渡燃烧状态。因此提高煤粉炉的温度可以大大加速燃烧过程。

#### 10.2.2.1 内部扩散燃烧

实际煤粒（如焦炭等）不像前述所假设的那样表面光滑、不透气的理想炭粒，而是一种多孔性物质，因而其燃烧就不仅局限在固体外表面上，还可深入固体内表面上。这样，燃烧现象就更加复杂了。

在温度不高时，氧气向固体炭粒表面的扩散速率较之化学反应速率大得多，氧气在表面浓度接近于周围气流中浓度的情况下扩散到固体炭粒内部空隙中去，因而在炭粒内部体积中也进行着反应过程，这样，增加了总的反应表面，使炭粒燃烧过程加速。此时，燃烧过程向多孔物质内部扩散的深度取决于气态反应物质（氧气）经气孔扩散的速率，就是说，取决于内部扩散速率与气孔表面上的化学反应速率之比。如果内部扩散能力很强，其速率大大超过内表面的化学反应速率，则此时扩散作用就来得及将氧气送到内表面的各部分去，因而整个体积内部都有氧气渗入，反应就在炭粒的内部整个体积中进行。这时候限制燃烧过程发展的因素是化学反应能力本身，所以这种极限情况称为内部动力燃烧工况。

随着反应温度的升高，内表面的化学反应能力增大，这时氧气渗入的深度则随内部扩散能力和内表面的化学反应能力之比而变化。氧气在外表面浓度接近周围气流浓度下，向内渗入逐渐减少到零，所以此时炭粒的内部只有部分内表面参加反应。燃烧过程就由内部动力燃烧逐渐开始转入内部扩散燃烧工况。当温度升高到某一值时，必然会使内表面反应速率远远超过氧气在炭粒气孔内的扩散速率，此时氧气向内部扩散深度相对来说很浅，反应几乎集中在外表面上进行，燃烧过程开始转入外表面区域，这种极限情况称为内部扩散燃烧工况。

在外表面反应中，若温度还不太高时，氧气扩散到炭粒外表面的速率仍比炭粒表面的化学反应速率来得快些，此时反应面上的氧气浓度仍接近于周围气流中的氧气浓度，这种工况就属于外部动力燃烧。这时内表面已不参加反应，反应只在外表面上进行。

若温度继续提高，由于反应速率强烈地随着温度而升高，这时反应速率可以超过氧气扩散到外表面去的速率，这样燃烧过程就会转入外部过渡燃烧工况以致最后达到外部扩散燃烧工况。这些正如前面所说的在足够高的温度时可以认为炭与氧气（及二氧化碳）的作用是纯粹的表面反应。

当流过炭粒表面的气流速度较大时，则反应面上物质的交换就进行得强烈，因而出现外部扩散燃烧的工况就比较迟。

假设炭粒内部具有均匀一致的多孔结构，即具有同样的内部扩散系数 $D_i$，同样的内部比反应面积 $S_i$ 和同样的反应速率常数 $k$。这时，由于不仅有外部表面参加反应，同时内部表面也参加反应，故总的氧气消耗量应为：

$$W_{O_2} = kC_s S_e + kS_s C_i V \tag{10-29}$$

式中　$S_e$——外部表面积；

　　　　$S_i$——单位孔隙体积的内部表面积；

$V$——参加反应的内部体积。

如果折合成单位外表面积上的氧气消耗量，则应为：

$$W_{O_2} = kC_s + k\frac{S_iV}{S_e}C_s \tag{10-30}$$

或

$$W_{O_2} = k\left(1 + \frac{S_iV}{S_e}\right)C_s \tag{10-31}$$

令

$$\bar{k} = k\left(1 + \frac{S_iV}{S_e}\right) = k\frac{S_e + S_iV}{S_e} = k\frac{S}{S_e} \tag{10-32}$$

式中  $S$——总反应表面积。

$$W_{O_2} = \bar{k}C_s \tag{10-33}$$

对于表面光滑、不透气的材料，或者反应只在外表面进行时，因 $S = S_e$，故 $\bar{k} = k$。这时就处于内部扩散燃烧工况。当处于内部动力燃烧工况时，炭粒内部整个体积全都参加反应，若炭粒呈球形，则因：

$$V = \frac{4}{3}\pi r^3 \tag{10-34}$$

$$S_e = 4\pi r^2 \tag{10-35}$$

因此有：

$$\bar{k} = k\left(1 + \frac{S_i r}{3}\right) \tag{10-36}$$

如果内表面积远超过外表面积，则后者可略去不计，得：

$$\bar{k} = k\frac{S_i r}{3} \tag{10-37}$$

根据阿累尼乌斯定律：

$$k = k_0 e^{-E/RT} \tag{10-38}$$

则

$$\ln k = -\frac{E}{R} \times \frac{1}{T} + \ln k_0 \tag{10-39}$$

所以：

$$\ln\bar{k} = \ln k + \ln\frac{S_i r}{3} = -\frac{E}{R} \times \frac{1}{T} + \ln k_0 + \ln\frac{S_i r}{3} = -\frac{E}{R} \times \frac{1}{T} + \ln\frac{S_i r}{3}k_0 \tag{10-40}$$

式(10-40)表明在 $\ln\bar{k}$-$\frac{1}{T}$ 的坐标图上，该方程式是一根直线（见图10-8），其斜率仍相

当于活化能 $E$，而它和纵坐标的截距为 $\ln\frac{S_i r}{3}k_0$。从图10-8中可以看出，在内部动力燃烧

工况下，随着燃料颗粒直径的增大，总有效反应速率常数亦随之增大。对于不同直径的颗粒，这些反应常数的变化呈一组平行线。

当温度逐渐升高，这一组平行线的斜率初始减小而后又增大，最后均合并成一条直线。这一直线就相当于外部燃烧工况，即 $\bar{k} = k$，它和原来一组平行线平行，因它们的斜率均相同。

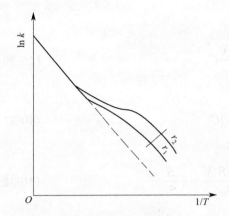

图 10-8　总有效反应速率常数与温度的关系

在这两种极端情况之间，存在着内部扩散工况。这时反应面积不断在变化，因而情况就比较复杂。从图 10-8 中可以看出，在该区域内曲线的斜率比较小，相当于此时化学反应的活化能较小，且颗粒直径越大，斜率越小，因而活化能也就越小。对于最大的颗粒，在该区域（内部扩散燃烧区）内，其最小的活化能值不低于 $E/2$；而对于较小的颗粒，则在 $E/2 \sim E$ 的范围内变化。

以上分析都是针对着颗粒内表面相对外表面很大的情况下获得的。但是，如果颗粒直径只有几十微米，那就不可能发生这种情况，所以对非常微小的碳粒就不能作这样的假设。

需要指出的是，式(10-36) 只适用于低温和小颗粒的情况。如果在高温以及大颗粒时，则总有效反应速率常数可按下式来确定：

$$\bar{k} = k + (S_i D_i k)^{1/2} \tag{10-41}$$

随着温度的升高，上式中第一项的增长较之第二项快得多，这是因为在式(10-41) 中与温度有关的只有参数 $k$，且其按指数规律增加。所以，在高温时：

$$\bar{k} = k \tag{10-42}$$

这表明此时反应完全集中在外表面上。

而对于中间温度，则总有效反应速率常数可为：

$$\bar{k} \approx (S_i D_i k)^{1/2} \tag{10-43}$$

这样，式(10-33) 可写成：

$$W_{O_2} = \bar{k} C_s \approx (S_i D_i k)^{1/2} C_s \tag{10-44}$$

因为外部扩散速率非常高，所以 $C_s \approx C_\infty$，则式(10-44) 又可写成：

$$W_{O_2} \approx (S_i D_i k)^{1/2} C_\infty \tag{10-45}$$

式(10-44) 或式(10-45) 是在同时考虑了炭粒内、外表面上化学反应的影响后所得出的反应总有效速率，但其中并未考虑到外部扩散的影响。

#### 10.2.2.2　表面燃烧

##### (1) 炭粒表面燃烧速率

根据炭粒稳定燃烧时，向炭粒扩散的氧量等于炭粒表面燃烧消耗的氧量，可得到多相燃烧时总的反应速率常数（$K'$）为：

$$K' = \cfrac{1}{\cfrac{1}{K_{O_2}} + \cfrac{1}{\alpha_D^n}} \tag{10-46}$$

于是，炭粒燃烧速率可以用一个很精练的公式来计算：

$$G_{O_2} = K' C_{O_2 \cdot \infty} \tag{10-47}$$

需要指出，在得出上述总的反应速率常数 $K'$ 时，假设了传质和传热完全可以类比，因而只要从传热实验中求得 $Nu$ 数。

$$Nu = \frac{\alpha_D^n \mathrm{d}s}{D} \tag{10-48}$$

根据式（10-48）就可以算出 $\alpha_D^n$。这在炭粒燃烧没有斯蒂芬流，且气体的 $Le=1$ 的情况下是可以适用的。然而实际情况是炭粒燃烧有斯蒂芬流存在，因而对流扩散系数 $\alpha_D^n$ 不能从传热的 $Nu$ 数中求出。因此采用式（10-48）计算炭粒的燃烧速率必须引入一些经验系数才可进行，也就是说上述考虑扩散和反应速率对燃烧速率影响的公式实际上只是一个半经验公式。

在没有空间气相反应而考虑斯蒂芬流影响时，可以利用下面炭粒燃烧时的扩散方程和能量方程计算炭粒的燃烧速率和燃尽时间。扩散方程和能量方程可表示成如下形式。

扩散方程：

$$\rho V \frac{\mathrm{d}f_s}{\mathrm{d}r} = \frac{1}{r^2} \times \frac{\mathrm{d}}{\mathrm{d}r}\left(r^2 D\rho \frac{\mathrm{d}f_2}{\mathrm{d}r}\right) \tag{10-49}$$

能量方程：

$$\rho V c_P \frac{\mathrm{d}T}{\mathrm{d}r} = \frac{1}{r^2} \times \frac{\mathrm{d}}{\mathrm{d}r}\left(r^2 \lambda \frac{\mathrm{d}T}{\mathrm{d}r}\right) \tag{10-50}$$

或写为：

$$G \frac{\mathrm{d}f_{O_2}}{\mathrm{d}r} = \frac{\mathrm{d}}{\mathrm{d}r}\left(4\pi r^2 D\rho \frac{\mathrm{d}f_{O_2}}{\mathrm{d}r}\right) \tag{10-51}$$

$$G c_P \frac{\mathrm{d}T}{\mathrm{d}r} = \frac{\mathrm{d}}{\mathrm{d}r}\left(4\pi r^2 \lambda \frac{\mathrm{d}T}{\mathrm{d}r}\right) \tag{10-52}$$

式中　$G$——炭粒燃烧过程中，沿炭粒半径方向的总物质流（即半径为 $r$ 球面上的斯蒂芬流）；

$f_{O_2}$——半径 $r$ 处氧的质量相对浓度；

$D$——气体的扩散系数；

$c_P$——气体的比热容；

$\lambda$——气体的热导率；

$\rho$——气体的密度；

$T$——半径 $r$ 处的温度。

由于不存在空间反应，因此在任何半径上的总质量均应相等。

$$G = 4\pi r_0^2 \rho_0 V_0 = 4\pi r^2 \rho V \tag{10-53}$$

将式（10-51）、式（10-52）从 $r_0 \sim r$ 积分，可以得到：

$$-4\pi r_0^2 D_0 \rho_0 \left(\frac{\mathrm{d}f_{O_2}}{\mathrm{d}r}\right)_0 + f_{O_2 \cdot 0} G = -4\pi r^2 D\rho\left(\frac{\mathrm{d}f_{O_2}}{\mathrm{d}r}\right) + f_{O_2} G = G_{O_2} \tag{10-54}$$

$$-G c_P (T_0 - T) = 4\pi r^2 \lambda \frac{\mathrm{d}T}{\mathrm{d}r} - 4\pi r_0^2 \lambda_0 \left(\frac{\mathrm{d}T}{\mathrm{d}r}\right)_0 \tag{10-55}$$

式（10-54）表示，炭粒球面上任何半径 $r$ 处氧的总质量流均相等。按照炭粒与氧燃烧反应 $C + O_2 \rightarrow CO_2$ 的当量比，$CO_2$ 生成量、C 消耗量之间应有下述关系：

$$G_{CO_2 \cdot 0} = -\frac{44}{32} G_{O_2 \cdot 0} \tag{10-56}$$

$$G_C = \frac{12}{32} G_{O_2 \cdot 0} \tag{10-57}$$

因为炭的燃烧速率就是总的质量流，亦就是斯蒂芬流。它和氧的扩散方向相反。所以：

$$G = G_C = -\frac{12}{32} G_{O_2} = -\frac{G_{O_2}}{\beta} \tag{10-58}$$

式中  $\beta$ ——当量比（$\beta = 32/12$）。

将式(10-58)代入式(10-54)，可得：

$$G_{O_2} = \frac{-4\pi r^2 D\rho \dfrac{\mathrm{d}f_{O_2}}{\mathrm{d}r}}{1 + \dfrac{f_{O_2}}{\beta}} \tag{10-59}$$

利用分离变量，对式(10-59)再进行积分：

$$\int_{r_0}^{r_\infty} \frac{G_{O_2}}{-4\pi r^2} \mathrm{d}r = \int_{f_{O_2 \cdot 0}}^{f_{O_2 \cdot \infty}} \frac{D\rho\beta}{1 + \dfrac{f_{O_2}}{\beta}} \mathrm{d}\left(1 + \frac{f_{O_2}}{\beta}\right) \tag{10-60}$$

于是可得

$$G_{O_2} = 4\pi D\rho\beta r_0 \ln\left(1 + \frac{f_{O_2 \cdot \infty} - f_{O_2 \cdot 0}}{\beta + f_{O_2 \cdot 0}}\right) \tag{10-61}$$

炭的燃烧速率就等于

$$G_C = -\frac{G_{O_2}}{\beta} = 4\pi D\rho r_0 \ln\left(1 + \frac{f_{O_2 \cdot \infty} - f_{O_2 \cdot 0}}{\beta + f_{O_2 \cdot 0}}\right) \tag{10-62}$$

与此类似，对式(10-55)进行改写并积分，用 $Q_{O_2}$ 表示氧的燃烧热，则依次可得：

$$\frac{G_{O_2}}{\beta} c_P (T_0 - T) = 4\pi r^2 \lambda \frac{\mathrm{d}T}{\mathrm{d}r} = -G_{O_2} Q_{O_2} \tag{10-63}$$

$$\frac{G_{O_2}}{\beta} [c_P(T_0 - T) + \beta Q_{O_2}] = 4\pi r^2 \lambda \frac{\mathrm{d}T}{\mathrm{d}r} \tag{10-64}$$

$$\frac{\dfrac{G_{O_2}}{\beta}}{4\pi r} \mathrm{d}r = \frac{-\lambda}{c_P[C_P(T_0 - T) + \beta Q_{O_2}]} \mathrm{d}[c_P(T_0 - T) + \beta Q_{O_2}] \tag{10-65}$$

$$G_{O_2} = -\frac{4\pi\lambda}{c_P} \beta r_0 \ln\left[1 + \frac{c_P(T_0 - T_\infty)}{\beta Q_{O_2}}\right] \tag{10-66}$$

因此，炭的燃烧速率也可写成：

$$G_C = -\frac{G_{O_2}}{\beta} = -\frac{4\pi\lambda r_0}{c_P} \beta r_0 \ln\left[1 + \frac{c_P(T_0 - T_\infty)}{\beta Q_{O_2}}\right] \tag{10-67}$$

在炭粒表面氧的消耗应该等于阿累尼乌斯公式表达的化学反应速率，因此：

$$G_{O_2} = -4\pi r_0^2 K_{O_2 \cdot 0} f_{O_2 \cdot 0} C_0 \exp\left(-\frac{E}{RT_0}\right) \tag{10-68}$$

由式(10-61)、式(10-66)和式(10-68)可以确定炭粒燃烧时的三个未知量 $G_{O_2}$、$T_0$ 和 $f_{O_2 \cdot 0}$。若进一步假定 $Le = 1\left(D\rho = \dfrac{\lambda}{C_P}\right)$，那么比较式(10-61)与式(10-66)可以得到：

$$\frac{c_P(T_0 - T_\infty)}{\beta Q_{O_2}} = \frac{f_{O_2 \cdot \infty} - f_{O_2 \cdot 0}}{\beta + f_{O_2 \cdot 0}} \tag{10-69}$$

这就是说炭粒燃烧时，表面温度（$T_0$）和氧的浓度（$f_{O_2 \cdot 0}$）之间应有式（10-69）的关系。

由此可见，当炭粒温度很高、反应速率在高水平进行时，$f_{O_2 \cdot 0} \approx 0$，此时炭粒表面与环境的温差（$T_0 - T_\infty$）最大，这种情况就是扩散控制的燃烧状态。当炭粒温度较低、反应速率在低水平进行时，$f_{O_2 \cdot 0} \approx f_{O_2 \cdot \infty}$，此时 $T_0 - T_\infty$ 很小，这种情况就是动力控制的燃烧状态。

**（2）次级反应对炭粒燃烧速率的影响**

由炭初级反应所生成的 $CO_2$ 在高温下会与炭进行还原反应生成 CO，这一反应为次级反应。由次级反应与初级反应所生成的 CO 在向外扩散时，会与正向炭表面扩散的氧相遇，并再次燃烧生成 $CO_2$，这时氧实际上不能达到炭表面，只能以 $CO_2$ 作为氧的载体和炭进行反应，所以这时炭的燃烧速率主要取决于 $CO_2$ 的还原反应速率。由此可知，在温度较低时，炭的燃烧速率主要取决于炭的氧化反应，而处于动力燃烧区；当温度较高时，炭的燃烧将处于扩散燃烧区；当温度进一步提高时，炭的燃烧将处于以还原反应为特征的动力燃烧区；当温度非常高时，炭的燃烧将转入以还原反应为特征的扩散燃烧区。在图 10-9 中示出了温度对炭粒燃烧速率的影响以及上述各燃烧区。

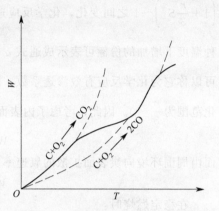

图 10-9　温度对炭粒燃烧速率的影响

**（3）炭粒内孔对燃烧速率的影响**

实际的煤粒上有许多被称为内孔的裂缝，它可能是煤粒固有的裂缝，也可能是由于水分和挥发分析出时形成的。炭粒的燃烧不仅在炭外表面上进行，而且也可能在由裂缝所形成的内孔表面上进行，但在不同温度下，炭粒内、外表面参与化学反应的情况有所不同。

① 温度较低的情况　这时化学反应速率较低，氧扩散速率远大于内、外表面进行化学反应所需的氧量，因此在炭粒内外表面各处的氧浓度相同并等于炭粒外表面处的氧浓度 $C_s$。以相同氧浓度条件参加化学反应的总表面（这里假定炭粒为一半径为 $r$ 的炭球）将为：

$$S = 4\pi r^2 + \frac{4}{3}\pi r^3 S_1 \tag{10-70}$$

$$= 4\pi r^2 \left(1 + \frac{r}{3} S_1\right) \tag{10-71}$$

式中　$S_1$——折算至炭球单位体积的内表面面积，或称为比内表面面积，$cm^2/cm^3$。根据实验一般为：

木炭　　　　$S_1 = 57 \sim 114 \ cm^2/cm^3$

无烟煤　　　$S_1 \approx 100 cm^2/cm^3$

电极炭　　　$S_1 = 70 \sim 500 cm^2/cm^3$

所以 $S$ 与炭球外表面面积 $4\pi r^2$ 相比，相当于进行化学反应的表面积增大了 $\left(1 + \dfrac{r}{3} S_1\right)$ 倍，从而增大了炭球的燃烧速率。通常把这个放大系数考虑在反应速率常数 $k$ 上，即认为其效应相当于化学反应速率增大到原有数值的 $\left(1 + \dfrac{r}{3} S_1\right)$ 倍，因此可以称这个增大倍数为放大系数。

② 温度较高的情况　在此条件下，由于化学反应速率较高，以至扩散至炭表面的氧在外表面处已消耗殆尽，使炭粒的内表面不能再参加化学反应。此时的反应速率常数不需要再放大，即相当于放大系数等于 1。

由以上讨论可知，当炭粒温度由低温趋向高温时，相应的化学反应速率常数放大系数在 $\left(1+\dfrac{r}{3}S_1\right)\sim 1$ 之间变化，化学反应速率常数的增加份额则在 $\dfrac{r}{3}S_1\sim 0$ 之间变化。因此在各种温度下增加的份额可表示成通式 $\alpha\dfrac{r}{3}S_1$，$\alpha=1\sim 0$。令 $\varepsilon=\alpha\dfrac{r}{3}$。根据 $\varepsilon$ 代表的物理意义可以称它为化学反应有效渗透系数，因为它说明了化学反应深入内表面的程度，显然 $\varepsilon$ 的变化范围为 $\dfrac{r}{3}\sim 0$。因此，考虑了内表面的影响后，化学反应速率可表示为：

$$W_{OC}=k\left(1+\varepsilon S_1\right)C_s \tag{10-72}$$

而由周围环境向炭表面扩散的氧速率为：

$$W_{OD}=\alpha_D\left(C_0-C_s\right) \tag{10-73}$$

在稳定燃烧时：

$$W_{OC}=W_{OD} \tag{10-74}$$

于是可解出

$$W_{OC}=\dfrac{C_0}{\dfrac{1}{k\left(1+\varepsilon S_1\right)}+\dfrac{1}{\alpha_D}} \tag{10-75}$$

$$C_s=\dfrac{C_0}{1+\dfrac{k\left(1+\varepsilon S_1\right)}{\alpha_D}} \tag{10-76}$$

由式(10-75)与式(10-76)可以看出：

① 在高温、大颗粒炭粒时，因 $\dfrac{1}{k\left(1+\varepsilon S_1\right)}\ll\dfrac{1}{\alpha_D}$，这时炭粒燃烧速率取决于氧扩散速率。

$$W_{OC}=\alpha_D C_0 \tag{10-77}$$

式(10-77)所示化学反应完全在炭粒外表面进行，故有效渗透深度 $\varepsilon\approx 0$，由于炭粒表面的氧浓度远低于周围环境氧浓度，则 $C_s\approx 0$。

② 在低温、小颗粒炭粒时，因 $\dfrac{1}{k\left(1+\varepsilon S_1\right)}\gg\dfrac{1}{\alpha_D}$，这时炭粒燃烧速率取决于内、外表面上的化学反应速率。

$$W_{OC}\approx k\left(1+\varepsilon S_1\right)C_0 \tag{10-78}$$

即炭粒燃烧速率与炭粒的裂缝情况以及氧在内表面的扩散有关，其有效渗透深度 $\varepsilon\approx\dfrac{r}{3}$，炭粒表面的氧浓度 $C_s\approx C_0$，并向炭粒内表面逐渐降低。

一般炭粒或煤粒在燃烧时，其温度往往超过 1000℃，因此对大颗粒的炭粒或煤粒都可不考虑内孔表面的影响。但对小颗粒的炭粒或煤粒，则要视温度范围，如果温度很高，则可不考虑内孔表面的影响，若是中等温度就要考虑内孔表面的影响。

## 10.3　灰分对炭粒燃烧的影响

炭燃烧时生成的 $CO_2$（或 $CO$），从炭表面解吸逸走后，残存的固态灰分往往形成一层多孔的覆盖层。这层惰性覆盖层对更里层的炭的燃烧构成了附加的扩散阻力，从而妨碍了炭的燃尽。灰层扩散阻力的大小，取决于灰层的厚度、密度等物理因素。

为了近似地估计炭表面上生成灰层对燃烧速率的影响，先对平面炭板的燃烧进行研究。假设：

① 燃烧过程是一维稳定过程；

② 灰分在炭板中均匀分布；

③ 燃烧着的含灰炭板的温度是定值，随着过程的发展，灰层在垂直于它的表面方向增厚；

④ 燃烧反应只在灰层和炭板的界面上进行，不存在内部燃烧现象。

对平板形炭，取炭板厚度为 $2d$，坐标原点在炭板中心，如图 10-10 所示。

在稳定情况下，单位时间通过单位面积的氧扩散量等于炭反应的耗量，亦即反应速率可表示为：

$$G_{O_2} = \alpha_D (C_{O_2 \cdot \infty} - C'_{O_2 \cdot 0}) = D_{灰}\left(\frac{C'_{O_2 \cdot 0} - C_{O_2 \cdot 0}}{x}\right) = KC_{O_2 \cdot 0} = K'C_{O_2 \cdot \infty} \quad (10\text{-}79)$$

式中　$C_{O_2 \cdot \infty}$——周围介质中氧的浓度；

　　　$C'_{O_2 \cdot 0}$——灰层表面氧的浓度；

　　　$C_{O_2 \cdot 0}$——炭层表面氧的浓度；

　　　$D_{灰}$——氧在灰层中的扩散系数。

根据数学运算规则，式(10-79) 可以写为：

$$G_{O_2} = \frac{C_{O_2 \cdot \infty}}{\dfrac{1}{\alpha_D} + \dfrac{x}{D_{灰}} + \dfrac{1}{K}} \quad (10\text{-}80)$$

亦即：

$$\frac{1}{K'} = \frac{1}{\alpha_D} + \frac{x}{D_{灰}} + \frac{1}{K} \quad (10\text{-}81)$$

反应物质　　　外部扩　　　灰层扩　　　化学反
交换总阻力　　散阻力　　　散阻力　　　应阻力

也就是含灰炭层燃烧时，反应物质交换总阻力等于反应气体到达燃料外表面的扩散阻力、气体通过灰层的扩散阻力和燃料表面上化学反应阻力之和。另一方面，因为平面炭板的氧消耗速率与炭的燃尽速率有下列关系：

$$G_C = \frac{G_{O_2}}{\beta} = C_0 \frac{\mathrm{d}x}{\mathrm{d}\tau} \quad (10\text{-}82)$$

因此

$$\frac{C_{O_2 \cdot \infty}}{\beta\left(\dfrac{1}{\alpha_D} + \dfrac{x}{D_{灰}} + \dfrac{1}{K}\right)} = \rho c \frac{\mathrm{d}x}{\mathrm{d}\tau} \quad (10\text{-}83)$$

积分式（10-83），当 $\tau=0$ 时，$x=0$。$\tau=\tau$ 时，$x=x$。因此：

$$\tau=\frac{\rho c\beta x^2}{C_{O_2\cdot\infty}}\left(\frac{1}{\alpha_D}+\frac{x}{2D_{灰}}+\frac{1}{K}\right)\tag{10-84}$$

当 $x=d$ 时，$\tau$ 为完全燃烧时间 $\tau_b$，即

$$\tau_b=\frac{\rho c\beta d^2}{C_{O_2\cdot\infty}}\left(\frac{1}{\alpha_D}+\frac{d}{2D_{灰}}+\frac{1}{K}\right)\tag{10-85}$$

从式(10-84) 可以知道，灰层达到一定厚度后，灰层中的扩散阻力远大于外部扩散阻力和化学反应阻力。此时燃烧过程将处于扩散工况（即燃烧速率取决于灰层中的扩散速率），燃尽时间 $\tau$ 与灰层厚度的平方成正比。当灰层厚度 $x$ 很小（相当于开始燃烧瞬间），且温度较低时，化学反应阻力 $(1/K)$ 远大于外部扩散力及灰层中的扩散阻力，过程处于外部动力燃烧，此时燃尽时间 $(\tau)$ 与灰层厚度 $(x)$ 成正比，如果在开始燃烧瞬间，温度很高，那么随着时间的增加，燃烧将从以外部扩散阻力为主的情况转移到以灰层内部扩散为主的情况，燃尽时间 $(\tau)$ 亦将从与灰层厚度 $(x)$ 成正比关系转移为与灰层厚度的平方成正比的关系。

对于含灰球形炭粒的燃烧速率，采用与平面燃烧问题同样的推导思路，可以得到下列关系（见图 10-11）。

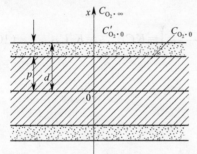 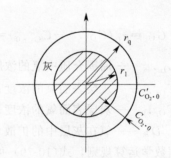

图 10-10　平面炭板燃烧时灰层的形状　　　　图 10-11　炭球燃烧生成灰层的情况

$$4\pi r_1^2 G_{O_2}=4\pi r_0^2\alpha_D(C_{O_2\cdot\infty}-C'_{O_2\cdot 0})\tag{10-86}$$

$$=\frac{4\pi r_1 r_0 D_{灰}(C'_{O_2\cdot 0}-C_{O_2\cdot 0})}{r_0-r_1}=4\pi r_1^2 K C_{O_2\cdot 0}\tag{10-87}$$

改写式(10-87) 可以得到：

$$G_{O_2}=\frac{C_{O_2\cdot\infty}-C'_{O_2\cdot 0}}{\dfrac{1}{\alpha_D}\left(\dfrac{r_1}{r_0}\right)^2}=\frac{C_{O_2\cdot 0}-C_{O_2\cdot 0}}{\dfrac{r_0-r_1}{D_{灰}}\times\dfrac{r_1}{r_0}}=\frac{C_{O_2\cdot 0}}{\dfrac{1}{K}}\tag{10-88}$$

亦即：

$$G_{O_2}=\frac{C_{O_2\cdot\infty}}{\dfrac{1}{K}+\dfrac{1}{\alpha_D}\dfrac{r_1^2}{r_0}+\dfrac{r_0-r_1}{D_{灰}}\times\dfrac{r_1}{r_0}}\tag{10-89}$$

根据氧消耗速率与炭燃尽速率的关系，可以写出：

$$-\rho c\frac{dr_1}{dt}=\frac{C_{O_2\cdot\infty}}{\beta\left[\dfrac{1}{K}+\dfrac{1}{\alpha_D}\left(\dfrac{r_1}{r_0}\right)^2+\dfrac{r_0-r_1}{D_{灰}}\times\dfrac{r_1}{r_0}\right]}\tag{10-90}$$

式(10-90) 的边界条件为：$t=0$ 时，$r_1=r_0$；$t=t_b$ 时，$r_1=0$，因此：

$$\int_{\infty}^{0} -\rho c \beta \left[ \frac{1}{K} - \frac{1}{\alpha_D} \left( \frac{r_1}{r_0} \right)^2 + \frac{r_0-r_1}{D_{\overline{K}}} \times \frac{r_1}{r_0} \right] dr_1 = \int_0^{t_b} C_{O_2 \cdot \infty} dt \qquad (10\text{-}91)$$

积分式(10-91)，可得含灰炭球的完全燃尽时间为：

$$t_b = \frac{\beta \rho c r_0^2}{C_{O_2 \cdot \infty}} \left( \frac{1}{K} + \frac{1}{3\alpha_D} + \frac{r_0}{6D_{\overline{K}}} \right) \qquad (10\text{-}92)$$

由式(10-92) 可知，与平板形含灰炭板的燃烧一样，当燃烧处于灰层扩散控制时，球形炭粒的燃尽时间和炭粒的初始半径 $r_0^2$ 成正比。在燃烧开始阶段，且温度较低时，化学反应阻力远大于外部扩散阻力和灰层中的扩散阻力，则炭粒的燃尽时间和炭粒的初始半径 $r_0$ 成正比。

以上讨论的灰分作为覆盖层对炭燃烧速率的影响，是对燃烧温度低于灰熔点时的情况说的。当燃烧系统温度高于灰的熔化温度时，情况就完全不同了。此时大炭粒的灰层就会熔融形成液态灰滴从炭粒表面坠落，从而不断暴露出它的反应面来，因此灰分的存在并不降低它的燃烧速率，有时反而会有所提高。对于煤粉燃烧来说，由于燃料在磨制过程中，大部分灰分已与可燃质分离。磨制越细，这种分离便越完善，因此灰粒对各个煤粒的燃烧过程，从微观来看已不存在直接的影响，所以不再加以讨论。

# 10.4　固体炭粒的着火和熄火

固体矿物燃料，如煤等的燃烧是先从挥发物的着火燃烧开始的，但挥发物着火燃烧后，焦炭粒能否着火就不一定。虽然挥发物的燃烧可以使焦炭得到迅速加热，并促使其以后能稳定地燃烧，但毕竟挥发物的着火和焦炭的着火是两个单独的过程，一个是单相反应，一个是多相反应。

焦炭粒能否着火取决于颗粒本身表面温度能否迅速提高以致自行加热，这是与焦炭本身的化学反应过程和与周围介质的换热过程有关的。如同气体燃料的单相反应一样，当由化学反应所放出的热量与向周围介质所散失的热量（在研究燃烧工况稳定性时，认为随燃烧产物带出去的热量所起的作用和系统的散热一样）相等时，炭粒表面温度就保持不变；若前者大于后者，就有可能使炭粒表面温度不断上升而使炭粒达到着火燃烧，这些都取决于化学反应速率与散热强度的强弱关系。

现在假设炭粒燃烧仅限在表面上进行，并直接生成最终燃烧产物，即只有 $C+O_2 \longrightarrow CO_2$ 的反应，且反应为一级，不考虑次级反应的存在（包括挥发物的燃烧），亦不考虑内部反应和灰层的影响。

如果炭粒表面温度为 $T_S$，周围介质气流温度为 $T_{0\infty}$，则单位炭粒表面上热量放出速率为：

$$q_I = Q K_S^C = Q \frac{1}{\phi} \frac{C_\infty}{\frac{1}{k} + \frac{d}{D} \times \frac{1}{Nu_D}} \qquad (10\text{-}93)$$

式中　$Q$——燃料（炭粒）的发热量；

$K_S^C$——炭的单位燃烧速率，亦即炭燃烧时的反应总速率，取决于气流的扩散和反应动力学。

而在单位时间、单位表面上热量散出速率为：

$$q_{II} = \alpha_\Sigma (T_S - T_{0\infty}) \qquad (10\text{-}94)$$

式中 $\alpha_\Sigma$——综合的换热系数，因为固体燃料燃烧时，必须考虑辐射的散热损失，所以这里的换热系数 $\alpha_\Sigma$ 应等于对流换热系数 $\alpha_C$ 与辐射换热系数 $\alpha_R$ 两者之和，即：

$$\alpha_\Sigma = \alpha_C + \alpha_R \tag{10-95}$$

若辐射受热面的温度等于周围气流温度，则：

$$\alpha_R = \frac{C\left[\left(\dfrac{T_S}{100}\right)^4 - \left(\dfrac{T_{0\infty}}{100}\right)^4\right]}{T_S - T_{0\infty}} \tag{10-96}$$

式中 $C$——辐射系数。

图 10-12 和图 10-13 给出了式(10-93)与式(10-94)的图解情况。

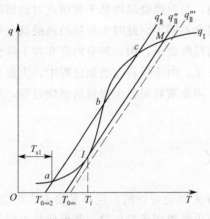

图 10-12　固体燃料的着火

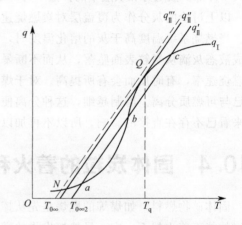

图 10-13　固体燃料的熄火

图中曲线 $q_I$ 代表反应的放热曲线。在低温时，由于在动力燃烧区，燃烧速率取决于化学反应速率，因此它符合阿累尼乌斯定律随着温度升高而急剧上升，直到反应速率与氧气扩散速率差不多时为止。在高温时，多相反应一般都进入扩散燃烧区，此时燃烧速率受温度的影响很小，主要取决于气流的扩散速率，所以随着温度的升高，速率的提高就很缓慢，这时曲线趋近于水平线。因此热量析出曲线就近似呈 S 形。

由于换热系数与温度关系不大，即使考虑了辐射换热的影响也是一样，因而散热曲线 $q_{II}$ 在图中就可近似地用直线表示。它的坡度取决于热换系数 $\alpha$，而它的位置则取决于四周散热介质的温度 $T_{0\infty}$。

显然，炭粒表面温度就应是放热曲线 $q_I$ 和散热曲线 $q_{II}$ 的交点。

放热曲线和散热曲线在一般情况下可相交于 $a$、$b$ 和 $c$ 三点（见图 10-12 和图 10-13）。最下面一点 $a$ 是一个稳定点，相应该点工况是缓慢氧化工况，它位于低温动力燃烧区。此时炭粒表面温度为 $T_{S1}$，它和周围介质温度 $T_{0\infty2}$ 相差很小，不会引起着火燃烧。若提高周围介质温度，散热曲线就向右移动，炭粒表面温度亦就相应随之升高；当周围介质温度升高到 $T_{0\infty}$ 时，放热曲线与散热曲线相切于 I 点，相应该点的表面温度为 $T_i$。若此时使周围介质温度稍升高于 $T_{0\infty}$，则此后放出热量大于散失热量，炭粒表面温度就不断地升高，使反应跃进式地进入高温区，并在 M 点建立一个新的稳定工况，进入激烈的扩散燃烧工况。如再继续提高周围介质温度，则此时只会使燃烧温度逐渐地升高而无其他实质性的变化。显然点 I 就相应为一临界着火点，而该时表面温度 $T_i$ 就被称为着火温度（或着火点），燃烧工况由动力燃烧向扩散燃烧过渡。所以着火主要决定于动力燃烧工况，也就是说此时扩散作用可以忽略不计，过程的温度高低对着火点起着主要的作用。

当炭粒着火以后，若把周围介质温度降低，这时散热曲线就向左移动，炭粒表面温度亦就相应地下降。当周围介质温度降低到 $T_{0\infty}$ 时，这时放热曲线与散热曲线相切，但切点在 $Q$ 点，相应 $Q$ 点的炭粒表面温度为 $T_q$。若此时使周围介质温度略比 $T_{0\infty}$ 降低一些，则此后反应放出的热量总是小于向周围介质的散热量，炭粒表面温度就会急剧地下降，使反应突然地进入低温区，而在 $N$ 点又再建立一个稳定的缓慢氧化工况，换言之，亦就使燃烧停止而熄火。这样，$Q$ 点就相应为临界熄火点，这时表面温度 $T_q$ 就相应地称为熄火温度。所以，从扩散燃烧工况向动力燃烧工况的过渡就相应为熄火（缓慢的氧化）过程。

这样，放热曲线与散热曲线的三个交点的工况是：$a$ 是低温氧化，在动力区进行；$c$ 点是高温燃烧，在扩散区进行；中间 $b$ 点则是不稳定的，实际上不可能存在，故可不考虑。

从上述讨论中可以看出，着火和熄火不是相互可逆的同一条件，但在各临界参数变化规律上有着类似之处。根据上述分析可得到着火或熄火的条件为：

$$\begin{cases} q_{\text{I}} = q_{\text{II}} \\ \dfrac{dq_{\text{I}}}{dT} = \dfrac{dq_{\text{II}}}{dT} \end{cases} \tag{10-97}$$

这与可燃混合气体在容器中的着火情况是类似的。解上列方程组（10-97），即可求得着火温度（或熄火温度）。

与气体燃料单相燃烧相同，固体燃料的着火温度（或熄火温度）也不是燃料的某个确定的物理化学常数，它既和燃料的理化性质有关，又与周围介质的散热条件（包括容器大小和形状等）有关。散热条件不仅随周围介质温度而变，而且亦随颗粒直径、气流速度等大小而改变。当周围介质温度一定时，随着气流速度加快或颗粒直径减小，散热强度增大，着火温度（或熄火温度）提高。例如无烟煤粉在空气中燃烧，当其他条件相同时，若颗粒直径为 $20\mu\text{m}$ 时，着火温度为 $1430℃$；若颗粒直径增大为 $75\sim100\mu\text{m}$ 时，着火温度则下降为 $1172℃$。所以，在有些情况下，原先可以着火燃烧的炭粒，但由于外界条件发生改变（例如颗粒减小或流速增大）以致失去着火的可能性。图 10-14 就示出了这种情况。

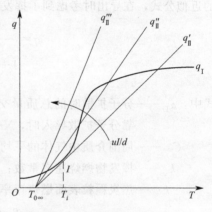

图 10-14　散热条件对着火的影响

此外，固体燃料在着火前，亦如气体燃料一样存在着所谓感应期，在此时间内过程进展缓慢，为以后反应速率的急剧升高（即着火）做热力的准备（如积蓄热量）。

## 10.5　煤粒的燃烧

煤是一种很复杂的固体燃料。除了含有水和矿物杂质（灰分）以外，其可燃成分主要是碳和氢，并和所含的少量氧、氮、硫一起构成有机聚合物。煤就是由很多不同结构的含 C、H、O、N、S 的有机聚合物粒子和矿物杂质混合而结合成整体的。各种有机聚合物粒子间，常由不同的碳氢支链相互连接成更大的粒子。大粒子之间夹杂着各种杂质，或留有细小的空穴和缝隙。

虽然固体矿物燃料煤的燃烧过程可以归结为炭的燃烧，但是纯炭粒的燃烧仍不同于天然煤粒的燃烧。天然煤粒的燃烧过程由于其中挥发物的燃烧而变得复杂起来。

如前所述，煤粒的燃烧大致经过如下的阶段：煤粒首先被预热、干燥、蒸发出水分，然后开始析出挥发物；析出的挥发物在足够高的温度下，与周围的氧作用在煤粒附近着火燃烧，形成光亮的火焰；挥发物燃烧时，煤粒被加热，当挥发物析出与燃尽后，煤焦已足够热，可以和扩散进入的氧气化合进行燃烧反应，此时挥发物的可见火焰燃烧已渐为煤焦的无焰燃烧所代替。

由于挥发物的燃烧阻隔了氧气扩散到炽热煤焦表面，妨碍了煤焦的燃烧，因此煤焦的燃烧只能在挥发物燃尽以后才能开始，在这之前进入的氧气都消耗于挥发物的燃烧上，但是挥发物的燃烧却加热与活化了煤焦，为煤焦的燃烧做热力准备。此外，炽热的煤焦也有利于挥发物的析出与燃烧。所以，挥发物的燃烧在煤粒燃烧的发展全过程中具有双重的影响。

煤焦的燃烧并不是在挥发物全部燃尽以后才开始的，而是和挥发物的燃烧一起交叉进行，并且相互影响，所以把煤粒的燃烧截然分成挥发物的燃烧和纯炭粒的燃烧两个阶段，只是初步的近似分析。

因为挥发物的燃烧对煤粒的燃烧过程有一定的"抑制作用"，所以，煤粒的燃烧速率亦因而受到抑制，例如煤粒的燃烧速率就比半焦低。不过，随着挥发物的逐渐烧尽，对煤粒燃烧速率的这种抑制作用的影响也将逐渐减小。

根据氧气消耗于颗粒表面和挥发物壳中燃烧的平衡方程式可以导出计算煤粒燃烧总速率的近似公式，在导出时考虑到了挥发物与焦炭颗粒同时燃烧的因素，其式为：

$$q = \frac{\alpha_D C_\infty}{1 + \left(\alpha_D + \dfrac{1}{\dfrac{1}{\alpha_D} + \dfrac{1}{k_v}}\right)\left(\dfrac{1}{k} + \dfrac{\delta}{D}\right)} \tag{10-98}$$

式中：$\alpha_D$——分子扩散时的总质量交换系数，亦即扩散速率常数。当介质是静止的、气体靠分子扩散导入时，$Nu_D = \alpha_D d/D$，因而 $\alpha_D = 2D/d = D/r$；

$C_\infty$——周围介质中气体的平均浓度；

$k_v$——挥发物燃烧速率常数；

$k$——焦炭颗粒表面燃烧速率常数；

$D$——扩散系数，$D = D_0 \dfrac{p_0}{p}\left(\dfrac{T}{T_0}\right)^n$；

$\delta$——焦炭外围挥发物壳的厚度。

式(10-98)可用来分析不同因素对煤粒燃烧速率（或时间）的影响。

图 10-15 给出了与挥发物同时燃烧的煤粒燃烧时间与压力之间的关系曲线，其中图 10-15(a) 是根据式(10-98)计算得到的理论曲线，而图 10-15(b) 则是根据实验结果绘制的实验曲线。从图 10-15(a) 中可以看出，在 $p_1 p_2$ 段上由于挥发物的燃烧使燃烧速率受到抑制，燃烧时间因而延长；当增加压力时，由于扩散系数的逐渐减小，使焦炭的燃烧工况进入过渡区并继而进入扩散区，此时挥发物的抑制作用就不再存在，燃烧时间继续减小。这一理论分析结果基本为实验所证实。

此外，实验还表明，燃烧速率受到抑制的区段长短和一系列的因素有关，如挥发物产量、温度、气流速率等。

挥发物的产量还强烈地影响着着火温度。实验资料表明：不含挥发物的焦炭其着火温度要比含有挥发物的煤粒高出很多。

实验表明：煤粒在空气流中燃烧时，当气流速度小于 0.3～0.4m/s 时，煤粒被一层薄薄的、发光的一氧化碳蓝色火焰包围［见图 10-16（a）］并较对称地燃烧着；但当速度超过 2m/s 时，煤粒的燃烧就很不对称，煤粒主要在迎面部分和气流流过的两侧强烈地燃烧着，而在其背面很少有燃烧，但在其后面沿着气流方向则拖着两条长大的、蓝色的彗星尾状的 CO 火焰［见图 10-16（b）］。这就表明在气流速度大时，燃烧基本上发生在煤粒的正面，而在其两侧由于气流流束从颗粒表面脱开，直接被空气流冲刷的表面积减少，同时在煤粒燃烧时所生成的一氧化碳被气流带到颗粒背后去进行燃烧，这样就阻碍了氧气进入颗粒的背部。所以，一氧化碳的燃烧无疑妨碍了煤粒的燃烧，影响了它的燃烧总速率。实验结果表明：一氧化碳燃烧对煤粒燃烧的抑制影响，对于大颗粒煤粒特别显著，例如在 750℃ 温度范围内它有着强烈的抑制作用；但对于小颗粒，可以说它的影响（显然还包括有挥发物燃烧的影响）是微不足道的。

需要指出的是，在气流速度较大时，虽然颗粒后部的燃烧被强烈地抑制，但整个颗粒的单位表面燃烧速率（平均值）总是比静止时大得多，且还随着送风速度的增加而增加，这是由于颗粒两侧的燃烧过程被大大加强的结果。

一般来说，在煤粒燃烧过程中一氧化碳的生成会加速碳的消耗，但其后一氧化碳的燃烧反应却又抑制了煤粒燃烧的发展。不过，在煤粒燃烧过程中二氧化碳的还原反应却又对这种抑制起了反作用，尤其在高温时它加速发展了煤粒的燃烧过程，促使其燃烧速率再次出现增加。这一现象可从测定燃烧速率与温度关系的试验中观察得到。在不同气流速度下测定煤粒燃烧速率与温度关系时，可以发现在某一高温区时，燃烧速率的上升非常平缓，但经过一段时间后，亦即在更高的温度区域中，燃烧速率又有新的增长。虽然按两相燃烧原理来说，在这样的区域中燃烧速率随着温度的增长应日趋平缓，以致最后在扩散区中，它与温度无关，但现在却反而在增长，因此这只

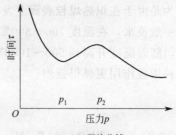

(a) 理论曲线

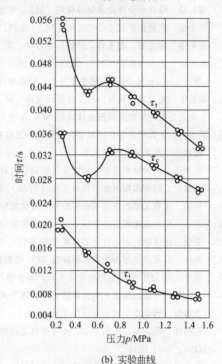

(b) 实验曲线

图 10-15　煤粒燃烧（与挥发物同时燃烧）
时间与压力之间的关系曲线

$\tau_t$—总时间；$\tau_c$—燃烧时间；$\tau_i$—着火时间

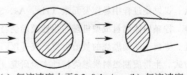

(a) 气流速度小于0.3～0.4m/s　(b) 气流速度大于2m/s

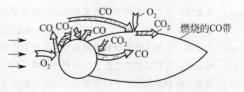

(c) 气流速度大于2m/s

图 10-16　碳粒在空气流中的燃烧

能认为是由于在炽热煤粒表面上发生了强烈的二氧化碳的还原反应，使它的气化作用加速所致。一般说来，在温度 700~800℃以下时，这一反应和炭的直接氧化反应相比较是很缓慢的，但随着温度升高到 900~1000℃时，二氧化碳的还原反应作用大大增加，且当温度更高时这种增强作用更显得强烈。

## 参 考 文 献

[1]  严传俊，范玮．燃烧学．第 3 版 [M]．西安：西北工业大学出版社，2016.

[2]  邝长城．爆炸燃烧理论基础与应用 [M]．北京：化学工业出版社，2016.

[3]  王全德．燃烧化学理论研究进展 [M]．徐州：中国矿业大学出版社，2015.

[4]  张英华，黄志安，高玉坤．燃烧与爆炸学．第 2 版 [M]．北京：冶金工业出版社，2015.

[5]  胡双启．燃烧与爆炸 [M]．北京：北京理工大学出版社，2015.

[6]  [美] Stephen R. Turns．燃烧学导论：概念与应用 [M]．姚强，李水清，王宇译．北京：清华大学出版社，2015.

[7]  陈景华．无机非金属材料热工过程及设备 [M]．上海：华东理工大学出版社，2015.

[8]  王凌力．煤与生物质在撞击块式低 $NO_x$ 浓淡直流燃烧器中运动特性的研究 [D]．杭州：浙江大学，2015.

[9]  周维师．生物质链条炉床层燃烧过程的数值研究 [D]．大连：大连理工大学，2015.

[10]  纪宗成．纯氧燃烧技术开发 [D]．台南：成功大学，2015.

[11]  迟鸿伟．固体燃料超燃冲压发动机燃烧室内自点火和火焰稳定性研究 [D]．北京：北京理工大学，2015.

[12]  王琳俊．超细煤粉热解机理与燃烧过程 $NO_x$ 排放特性研究 [D]．上海：上海交通大学，2015.

[13]  钟莹．煤粉无焰燃烧的基础实验研究及数值模拟 [D]．杭州：浙江大学，2015.

[14]  李伟．循环流化床富氧燃烧 $SO_2$ 生成和脱除特性研究 [D]．北京：中国科学院研究生院，2015.

[15]  秦钊．固体燃料燃烧性能测试系统与 HTPB 基燃料的点火燃烧特性研究 [D]．南京：南京理工大学，2015.

[16]  叶骥．混煤燃烧过程中未燃尽碳与 $NO_x$ 排放协同优化研究 [D]．武汉：华中科技大学，2015.

[17]  郭韦．600MW 超临界循环流化床锅炉动态仿真模拟 [D]．重庆：重庆大学，2015.

[18]  王汝佩．可燃固体废弃物控氧热转化机理及试验研究 [D]．杭州：浙江大学，2015.

[19]  潘旭海．燃烧爆炸理论及应用 [M]．北京：化学工业出版社，2015.

[20]  迟鸿伟，魏志军，王利和等．固体燃料超燃冲压发动机燃烧室中火焰稳定性数值研究 [J]．推进技术，2015，36(10)：1495-1503.

[21]  陶欢，魏志军，迟鸿伟等．等直段直径对固体燃料超燃冲压发动机燃烧室性能的影响 [J]．推进技术，2015，36(6)：884-892.

[22]  马仑，汪涂维，方庆艳等．混煤燃烧过程中的交互作用：机理实验研究与数值模拟 [J]．煤炭学报，2015，40(11)：2647-2653.

[23]  吉桂明．低级燃料和生物质在脉动层内的燃烧 [J]．热能动力工程，2015，30(1)：137-139.

[24]  吉桂明．超临界循环流化床锅炉 [J]．热能动力工程，2015，30(1)：65-66.

[25]  孙竹玮，刘月军．锅炉内煤粉燃烧数学模拟研究 [J]．机电信息，2014，21：109-110.

[26]  王钦．煤燃烧过程中易挥发元素（Hg，As，Se）迁移规律研究 [D]．天津：天津大学，2014.

[27]  张静．柠条固体燃料成型机理与物性及燃烧特性研究 [D]．晋中：山西农业大学，2014.

[28]  廖胜．等离子辅助燃烧的数值模拟研究 [D]．武汉：华中科技大学，2014.

[29]  熊绍武．生物质制料炭燃烧特性实验研究 [D]．上海：上海理工大学，2014.

[30]  潘剑峰．燃烧学：理论基础及其应用 [M]．镇江：江苏大学出版社，2013.

[31]  张亚宁．空气＋氧气型旋流煤粉燃烧燃烧器设计与试验研究 [D]．武汉：华中科技大学，2013.

[32]  陈长坤．燃烧学 [M]．北京：机械工业出版社，2013.

[33]  沈莹莹．农林生物质原料及炭成型燃料性能检测研究 [D]．杭州：浙江大学，2013.

[34]  随晶侠．生物质成型燃料燃烧的数值模拟 [D]．大连：大连理工大学，2013.

[35]  朱超．不同掺混方式下的混煤燃烧过程孔隙率实验研究 [D]．长沙：长沙理工大学，2013.

[36]  鲍春来．某电厂 600MW 机组混煤燃烧过程的数值模拟研究 [D]．北京：华北电力大学，2013.

[37]  苏华美，王智，刘志斌．煤燃烧过程中砷的析出规律 [J]．黑龙江科技学院学报，2013，23(3)：254-257.

[38] 王骁，李水清，陈娉婷等．环境辐射对固体燃料火焰传播速度的影响 [J]．工程热物理学报，2013，34（12）：2401-2404.

[39] 杨阳．超燃烧火焰稳定技术的试验研究 [D]．北京：北京航空航天大学，2012.

[40] 梁健国．高炉回旋区喷煤燃烧过程数值模拟与优化 [D]．长沙：中南大学，2012.

[41] 李建新．燃烧污染物控制技术 [M]．北京：中国电力出版社，2012.

[42] 郝建斌．燃烧与爆炸学 [M]．北京：中国石化出版社，2012.

[43] 徐旭常，吕俊复，张海．燃烧理论与燃烧 [M]．第 2 版．北京：科学出版社，2012.

[44] 柏继松，余春江，李廉明等．煤和垃圾衍生燃料循环流化床混烧的试验研究 [J]．中国电机工程学报，2012，32（4）：36-41.

[45] 陶欢，魏忠军，武志文等．固体燃料超燃冲压发动机燃烧室流动与掺混过程研究 [J]．飞航导弹，2012，8：75-79.

[46] 陈锦凤，帅琴．煤燃烧过程中钙基材料除砷脱硫的试验研究 [J]．合肥工业大学学报：自然科学版，2012，35（1）：112-115.

[47] 李海洋，谢芳，史永永等．煤燃烧过程分析与建模及其应用于 Texaco 气化炉模拟研究 [J]．现代化工，2012，32（7）：98-101.

[48] 葛仕福，赵培涛，李扬等．污泥-秸秆衍生固体燃料燃烧特性 [J]．中国电机工程学报，2012，32（17）：110-116.

[49] 刘联胜，苟湘，陆俊等．燃煤/秸秆成型燃料层燃混烧试验研究 [J]．中国电机工程学报，2012，32（8）：124-132.

[50] 王潜龙，汪小憨，曾小军等．多孔焦炭燃烧特性的模型构建及数值模拟 [J]．工程热物理学报，2012，33（1）：167-170.

[51] 魏伟，张绪坤．生物质固体成型燃料的发展现状与前景展望 [J]．广东农业科学，2012，39（5）：135-138.

[52] 张小乐，胡隆中，霍然等．低重力下典型固体燃料的火焰特征及燃烧速率 [J]．燃烧科学与技术，2011，17（3）：262-267.

[53] 赵京，黄镇宇，程军等．工业废弃物对煤粉燃烧的催化研究 [J]．热力发电，2011，40（8）：26-27.

[54] 李永华．燃烧理论与技术 [M]．北京：中国电力出版社，2011.

[55] 杨林军．燃烧源细颗粒物污染控制技术 [M]．北京：化学工业出版社，2011.

[56] 赵雪娥，孟亦飞，刘秀玉．燃烧与爆炸理论 [M]．北京：化学工业出版社，2011.

[57] 徐通模．燃烧学 [M]．北京：机械工业出版社，2011.

[58] 朱金陵，王志伟，师新广等．玉米秸秆成型燃料生命周期评价 [J]．农业工程学报，2010，26（6）：262-266.

[59] 张永春，张军，刘扬先等．$O_2/CO_2$气氛下混煤燃烧过程中 $NO_x$ 排放特性 [J]．东南大学学报：自然科学版，2010，40（5）：992-996.

[60] 吴家桦．串行流化床中固体燃料化学链燃烧过程机理研究 [D]．南京：东南大学，2010.

[61] 徐明厚，于敦喜，刘小伟．燃煤可吸入颗粒物的形成与排放 [M]．北京：科学出版社，2009.

[62] 徐旭常，周力行．燃烧技术手册 [M]．北京：化学工业出版社，2008.

[63] 刘联胜．燃烧理论与技术 [M]．北京：化学工业出版社，2008.

[64] 蒋恩臣，何光设．稻壳、锯末成型燃料低温热解特性试验研究 [J]．农业工程学报，2007，23（1）：188-191.

[65] 牛牧晨．铁路固体废弃物衍生燃料 RDF 的燃烧过程过程与污染特性研究 [D]．北京：北京交通大学，2007.

[66] 鲍志彦．CDC 分解炉的改进研究及其煤粉燃烧状态的数学建模分析 [D]．南京：南京工业大学，2006.

[67] 刘靖昀．富氧环境下煤粉燃烧特性试验研究 [D]．杭州：浙江大学，2006.

[68] 向军，胡松，孙路石等．煤燃烧过程中碳、氧官能团演化行为 [J]．化工学报，2006，57（9）：2180-2184.

[69] 朱文学．热风炉原理与技术 [M]．北京：化学工业出版社，2005.

[70] 李芳芹．煤的燃烧与气化手册 [M]．北京：化学工业出版社，2005.

[71] 方文沐，杜惠敏，李天荣．燃料分析技术问题．第 3 版 [M]．北京：中国电力出版社，2005.

[72] 段炬锋，赵广播．块粒型煤在链条炉中燃烧速度的实验研究 [J]．锅炉制造，2005，4：18-20.

[73] 肖兵，毛宗源．燃烧控制器的理论与应用 [M]．北京：国防工业出版社，2004.

[74] 傅维镳．煤燃烧理论及其宏观通用规律 [M]．北京：清华大学出版社，2003.

# 第**11**章

# 固体燃料的燃烧装置

燃烧器的作用是将燃料燃烧，放出反应热。不同品种的燃料需要配备不同类型的燃烧器，不同结构的燃烧器适用的燃料和用途也不同。燃料燃烧效果的好坏主要取决于燃烧器的性能，因此燃烧器是组织固体燃料燃烧的主要因素。

固体燃料的地位及其重要性随着近年来能源紧张日益显得重要，不但各种过去曾使用过固体燃料的热能动力装置正不断恢复与扩大使用固体燃料，甚至那些过去尚未使用过固体燃料的运输、航空和空间推进动力装置以及新型的磁流体发电机也正在探索燃用固体燃料的规律。

固体燃料有两种，即煤及生物质固体燃料。在我国燃料资源中，煤是最主要的部分。从我国乃至世界燃料资源考虑，煤的应用将日益占有重要地位。煤的燃烧方法主要有两种：块煤的层状燃烧法和粉煤的悬浮燃烧法。目前大多采用块煤的层状燃烧法，即煤在炉排上保持一定的厚度进行燃烧。

## 11.1 块煤的燃烧方式和燃烧装置

块煤是指粒径较大的煤块，其燃烧方式主要是层状燃烧和沸腾燃烧，相应的燃烧装置分别为层燃炉和沸腾炉。

### ▶ 11.1.1 块煤的燃烧方式

#### （1）层状燃烧

层状燃烧的特征是将固体燃料置于固定的或移动的炉箅上，与通过炉箅送入燃料层的空气进行燃烧，生成的高温燃烧产物离开燃料层而进入炉膛，如图11-1所示。在燃烧过程中燃料不离开燃料层，故称为层燃。绝大部分燃料是在炉箅上燃烧，少量细煤末和挥发分在炉膛空间燃烧，灰渣则排到坑里。

采用层状燃烧法时，固体燃料在自身重力的作用下彼此堆积成致密的料层。为了保持燃料在炉箅上稳定，煤块的质量必须大于气流作用在煤块上的动压冲力。对于一定直径的煤块，如果气流速度太高，当煤块的质量和气流对煤块的动压相等时，煤块将失去稳定性，如果再提高空气流速，煤块将被吹走，造成不完全燃烧。

为了能在单位炉箅上燃烧更多的燃料，必须提高气流速度，因此也必须保证有一定直径的煤块。另一方面，煤块越小，反应面积越小，燃烧反应越强烈。因此，应当同时考虑上述两个方面，确定一个合适的块度。例如，烧烟煤时，煤块最合适的尺寸为 $20\sim30\text{mm}$，这样大小的煤块可以保证它的稳定性，同时也可以保证有足够的反应面积。

层状燃烧法的优点是燃料的点火热源比较稳定，因此燃烧过程也比较稳定。缺点是鼓风速度不能太大，而且，机械化程度较差，因此燃烧强度不能太高，只适用于中小型的炉子。

在炉箅上，煤块首先经受干燥和干馏作用而释放出水分和挥发分，然后才是固体炭的燃烧。挥发分多的煤，火焰较长，反之，则火焰较短。

燃烧炉中固体炭的燃烧过程可以用图 11-2 中所给出的沿煤层厚度方向上气体成分的变化曲线来说明。从图 11-2 中可以看出，在氧化带中，炭的燃烧除了产生 $CO_2$ 以外，还产生少量的 $CO$。在氧化带末端（该处氧气浓度已趋于零），$CO_2$ 的浓度达到最大，而且燃烧温度也最高。实验证明，氧化带的厚度等于煤块尺寸的 $3\sim4$ 倍。

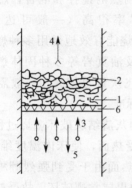

图 11-1　层状燃烧示意图
1—灰渣层；2—燃料层；3—空气；
4—燃烧产物；5—灰渣；6—炉箅

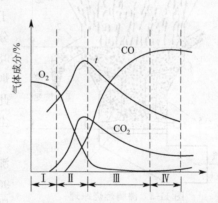

图 11-2　沿煤层厚度方向
上气体成分的变化
Ⅰ—灰渣带；Ⅱ—氧化带；
Ⅲ—还原带；Ⅳ—干馏带

当煤层厚度大于氧化带厚度时，在氧化带上将出现一个还原带，$CO_2$ 被 $C$ 还原成 $CO$。因为是吸热反应，所以随着 $CO$ 浓度的增大，气体温度逐渐下降。

上述情况说明，根据煤层厚度的不同，所得到的燃烧反应及其产物也不同，因此就出现了两种不同的层状燃烧法，即"薄煤层"燃烧法和"厚煤层"燃烧法。

薄煤层燃烧法的煤层较薄，对于烟煤只有 $100\sim150\text{mm}$，在煤层中不产生还原反应。

厚煤层燃烧法也叫半煤气化燃烧法，煤层较厚，对烟煤来说为 $200\sim400\text{mm}$，目的是为了使部分燃烧产物得到还原，使燃烧产物中含有一些 $CO$、$H_2$ 等可燃气体，以便使火焰拉长，改善炉膛中的温度分布。

当采用薄煤层燃烧法时，助燃空气全部由煤层下部送进燃烧室。当采用半煤气化燃烧法时，一部分空气由煤层下部送入（叫做一次空气），另一部分（叫做二次空气）则是从煤层上部空间分成很多股细流以高速送到燃烧室空间，以便和燃烧产物中的可燃气体迅速混合和燃烧。二次空气与一次空气的比例应根据煤炭挥发分的含量和燃烧产物中可燃气体的多少来决定。实践证明，如果二次空气的比例不合适或者与可燃气体的混合不够好时，不仅不能保证半煤气化燃烧法的预期效果，而且还会由于送入大量冷风而降低燃烧温度，影响炉温，并增加了金属的氧化和烧损。

层状燃烧法是一种最简单和最普通的块煤燃烧法，它的发展已有悠久的历史，从一般的人工加煤燃烧室发展到复杂的机械加煤燃烧室。根据工业炉的用途和生产工艺特点的不同，燃烧室的结构有所不同，但从发展来看，层状燃烧法将不能满足生产要求，特别是大型工业炉的需要，而且不能完全机械化和自动化。虽然如此，在目前的中小型工业炉中，层状燃烧法仍占有一定地位。

**（2）沸腾燃烧**

沸腾燃烧相当于在火床中当火床通风速度达到煤粒沉降速度时的临界状态下的燃烧，煤粒由气力系统送入沸腾床中，燃烧所需空气经布风板孔以高速喷向煤层，使煤粒失去稳定而在煤层中作强烈的上下翻腾运动，因其颇类似沸腾状态，故称为沸腾燃烧。图11-3所示为沸腾燃烧的原理。由于煤粒和空气进行剧烈的搅拌和混合，燃烧过程十分强烈，燃料燃尽率很高（一般可达到96%～98%），所以沸腾燃烧能有效地燃用多种燃料，如无烟煤、烟煤、褐煤及油页岩等多种固体燃料。但由此而由烟气带出的飞灰量也较大，一般需经二级除尘后才能达到排放标准。

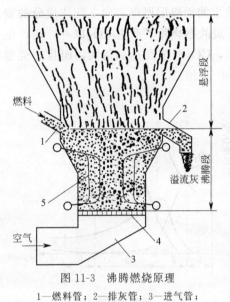

图 11-3　沸腾燃烧原理

1—燃料管；2—排灰管；3—进气管；
4—布风板；5—混合器

为防止沸腾层内灰渣结块破坏燃烧过程，通常在沸腾床内设置埋管受热面，使床内温度维持在800～900℃之间。这些受热面由于受到强烈翻腾煤粒的冲刷，使热阻的层流边界层常遭破坏，故受热面可达到很高的传热系数［可达250～350W/(m$^2$·℃)］。因此，较少的受热面积即可传递大量的燃烧放热量。沸腾燃烧属低温燃烧，在800～900℃的床层温度下，对脱硫化学反应很有利，因此，常随燃料加入一定数量的$CaCO_3$及$MgCO_3$作为脱硫剂。据研究，在$Ca/S \geqslant 2$的条件下，可使燃料中大部分的硫（80%～90%）被化合成$CaSO_4$炉渣残留下来，从而防止有害气体$SO_x$对大气的污染。由于低温燃烧，排气中的有害成分$NO_x$也大为降低。

## 11.1.2　层燃炉

由于加煤方式不一样，层燃炉可分为上饲式固定炉排、链条炉、往复炉排炉等炉型。图11-4所示为几种典型的块煤燃烧炉形式。要保证燃烧正常运行，炉内空气量供应要充分，对于中小型层燃炉，炉膛出口过剩空气系数可按下列范围选择：人工烧煤炉 $\alpha=1.3\sim1.4$，机械化炉排煤炉 $\alpha=1.2\sim1.3$。

### 11.1.2.1　上饲式固定炉排炉

上饲式固定炉排炉属于正烧法燃烧炉。正烧法是指燃料从面上加入的一种燃烧方法，燃料在面上先行预热、干燥，逐渐释放出挥发物并形成焦炭。焦炭的氧化燃烧主要在料层的中

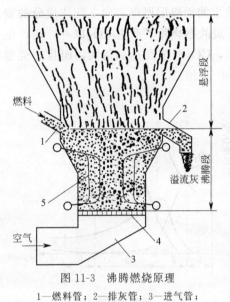

（图中标注文字：悬浮段、燃料、溢流灰、沸腾段、空气、2、1、5、4、3）

层面及其偏下部位，是氧的最主要消耗区，炉栅面上是灰渣层。这种燃烧方法，部分挥发物会因面上温度偏低或供氧不足而未经燃烧便已逃逸；其次还会因煤层烧结而影响氧与可燃物的充分接触，使燃烧进行得不充分，因此黑烟相对较多（尤其是添加多量新煤时），灰渣夹炭现象较为明显，热效率一般偏低。

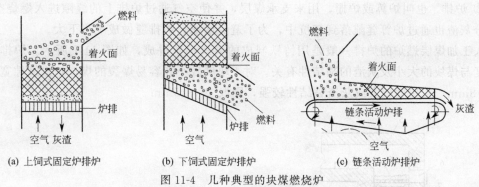

(a) 上饲式固定炉排炉　　　　(b) 下饲式固定炉排炉　　　　(c) 链条活动炉排炉

图 11-4　几种典型的块煤燃烧炉

上饲式固定炉排炉根据加煤方式可分为人工加煤上饲式固定炉排炉和机械加煤上饲式固定炉排炉。人工加煤上饲式固定炉排炉又称手烧炉。根据炉排形式的不同，上饲式固定炉排炉可分为水平炉排炉、倾斜炉排炉和阶梯炉排炉，图 11-4(a) 所示为上饲式固定炉排炉结构示意图，图 11-5 所示为水平炉排手烧炉。

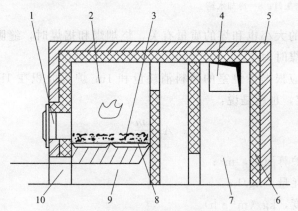

图 11-5　水平炉排手烧炉结构示意图

1—炉门；2—炉膛；3—燃料层；4—出烟口；5—红砖外壳；6—耐火砖内衬；
7—沉降室；8—炉排；9—炉渣室；10—出渣口

上饲式固定炉排炉的操作过程是先手工或机械将燃料铺在炉排上，与通过炉排缝隙送入燃料层的空气接触燃烧。上饲式固定炉排炉是一种最简单而又被普遍使用的燃烧设备，煤的着火条件较好，煤在炉膛上部受炉膛高温的热辐射，下部受到燃烧层的直接加热，即使水分较多、挥发物较少的煤，也能较容易地着火燃烧，所以又称无限制燃烧方式。其优点是投资少，煤种适应性广，一般窑炉上均可采用，但同时具有热效率低、消烟除尘差、劳动强度大等缺点。

**(1) 人工加煤层燃炉**

这是最早采用的一种层燃炉。由于过去的工业技术水平较低，对工业炉的容量和经济性要求不高，而这种燃烧炉的结构又比较简单，通用性较强，因此获得广泛应用，并在应用中不断完善，直到今天，在中小型企业中仍有相当数量。

图 11-6 所示的人工加煤层燃炉主要由以下几个部分构成。

① 灰坑　位于炉箅下部，用来积存灰渣和使空气沿炉箅平面分布均匀，高度约为 800mm。

② 炉排　也叫炉箅或炉栅，用来支承煤层，并使空气通过炉排上的缝隙进入燃烧空间，一部分灰渣也通过炉箅缝隙落到灰坑中，为了避免堵塞，炉排缝做成上小下大。

人工加煤层燃炉的炉排一般是用铸铁制成的梁式炉条拼成，如图 11-7 所示。炉排缝隙的宽度与煤块的大小及灰渣的黏结性有关。对于块度较小和容易爆裂的煤，炉排缝隙宽度可取 3～8mm，若块度较大或灰渣黏结性较强，则取 10～15mm。

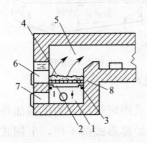

图 11-6　人工加煤层燃炉
1—灰坑；2—炉排；3—灰层；4—煤层；5—燃烧室空间；
6—加煤口；7—清灰口；8—冷却水箱

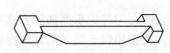

图 11-7　梁式炉条

炉排缝隙总面积的大小也和煤的质量有关，烧烟煤和褐煤时，缝隙面积为炉排面积的 26%～32%，烧无烟煤时为 20%～24%。

炉排面积的大小应根据燃烧室的燃料消耗量和 1m² 炉箅面积在 1h 内所能烧掉煤的量（即炉排强度）来确定，也就是说：

$$A = \frac{m}{Q_F} \tag{11-1}$$

式中　$A$——所求的炉箅面积，$m^2$；

　　　$m$——煤炭消耗量，kg/h；

　　　$Q_F$——炉箅强度，kg/$(m^2 \cdot h)$。

为了操作上的方便，人工加煤层燃炉的长度应在 2m 以下，每个加煤口所负担的操作面的宽度不宜大于 1.2m。

③ 灰层　在炉排和煤层之间应保留一层厚 50～60mm 的灰渣（即灰层），主要目的是保护炉排使之不和高温燃烧反应区直接接触，以免烧坏。此外，灰层也有使鼓风分布均匀和使空气得到预热的作用。

当炉子强化操作及产量提高时，燃烧室四周的灰渣往往会和炉墙黏结在一起，使得炉排的有效面积越来越小，并造成清渣困难，甚至被迫停炉。为了解决这一问题，可以在燃烧室周围靠近炉排处安装冷却水箱。这一措施对延长炉墙寿命、保证燃烧室正常工作，以及改善劳动条件都有良好的效果。

④ 燃烧室空间　煤层上部的自由空间叫做燃烧室空间，它的作用是使燃烧产物能够比较畅通地进入炉膛，并使烟气中的可燃气体能在燃烧室内达成完全燃烧，因此应有一定的容积。

当燃烧室的容积太小时，会造成炉压过大，燃烧不完全。空间太大时，则容易抽进冷风，导致燃烧温度的降低。燃烧室空间的容积应根据燃烧室的耗煤量及所允许的容积热强度 $Q_v$ 来确定，即：

$$V = \frac{Q_{低} m}{Q_v} \tag{11-2}$$

式中　$V$——所求的燃烧室空间的容积，$m^3$；

　　　$Q_{低}$——煤炭的发热量，kJ/kg；

　　　$m$——燃烧室煤炭消耗量，kg/h；

　　　$Q_v$——燃烧室的容积热强度，$W/m^3$。

燃烧室的容积热强度也是一个经验指标，它和煤炭种类及操作方法有关。根据经验，对于烧烟煤的轧钢加热炉来说，$Q_v$ 取（0.70～0.93）$\times 10^6 \, W/m^3$ 较为合适。对于干燥炉等温度较低的炉子，$Q_v$ 可取（0.29～0.35）$\times 10^6 \, W/m^3$。

燃烧室空间的高度可用下式计算：

$$H = \frac{V}{A} \tag{11-3}$$

式中　$H$——燃烧室空间的高度，m；

　　　$A$——炉排面积，$m^2$。

根据实践经验，轧钢加热炉炉头燃烧室空间的高度以 1100～1500mm 为宜，腰炉燃烧室空间高度以 850～1200mm 为宜。

在层状燃烧室中，燃料从上下两方面都获得热量促使着火，上面是靠炉膛内高温烟气和炉墙的辐射热，下面则是靠流经新煤层的热烟气，因此着火热力条件最为可靠，几乎可以使用各种不同性质的燃料。

人工加煤层燃炉的主要特点是：新燃料周期性地加进炉内，因此燃烧过程也具有周期性。在两次加煤间隔时间内，燃料分别经过加热、干燥、挥发物分解、燃烧和固体炭的烧尽等阶段，形成一个燃烧周期。由于加煤操作是不连续的，所以煤的燃烧过程波动很大。这是由于当煤刚加到炉膛内的燃烧层上时，火床煤层的厚度加厚，通风阻力增加，透过煤层的空气量减少，这时新加到火床上的燃料受热析出挥发物，同时焦炭的燃烧也需要大量的新鲜空气；而挥发分烧完后，只剩下固体炭的燃烧，所以需要的空气量最少。但实际上鼓风量不可能随着加煤周期进行调整，因此风量必然有时显得不足，有时又显得过剩。此外，由于混合不完善，以及炉内有些地方温度太低等原因，进入炉内的空气只有一部分能被利用。因此，在每一加煤周期的最初阶段，虽然空气有过剩，但是还是不足以使燃料完全燃烧，但这时的空气系数将显得过大。由于这种燃烧过程的周期性，所以人工加煤燃烧室的经济性较差。为了提高经济性，应合理地缩短加煤周期，即每次加入炉内的煤量要少，而次数多。加煤周期越短，周期性的影响就越小。

炉子运行周期的长短与炉子的出力负荷有关。当炉子需要较高的出力时，往火床的投煤量增大，加煤、拨火的周期较短，冒黑烟的频率增加，甚至为持续性冒黑烟。排烟黑度的深浅与燃煤所含的挥发性组分有关。若煤中的挥发性组分高，燃烧时需要的空气量就增大，周期性不完全燃烧的情况就更严重。烟气黑度一般在林格曼 3 级左右，高的达到 4～5 级，远远超过了烟尘排放标准的要求，从而造成严重的大气环境污染。解决上饲式固定炉排炉内煤层的燃烧产生黑烟的关键是解决运行过程中的周期性不完全燃烧。

除了上述特点之外，人工加煤层燃炉由于加煤和清渣全靠人力，劳动强度大，劳动条件也很差，而且为了防止烧坏炉排和出现化渣现象，一次空气的预热温度不能太高，一般不超过250℃。

综合以上所述可以看出，为了改善人工加煤层燃炉的燃烧过程和劳动条件，必须采用连续性的机械加煤措施。

**（2）抛煤机上饲式燃烧炉**

利用机械或风力把煤抛在炉排上，代替人工扬煤，19世纪末就开始在锅炉上应用。这种燃烧技术的特点是消除了人工加煤时炉温出现周期性波动和因投煤打开炉门吸入大量冷风使炉子热效率降低的缺点，同时也大大减轻司炉工的体力劳动。

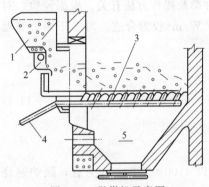

图11-8 抛煤机示意图

1—给煤器；2—抛煤器；3—往复炉排；
4—手摇杆；5—灰渣斗

抛煤机一般都由两个主要部分组成：一是给煤器，它的主要任务是把煤斗里的煤按需要输送到抛煤器中；二是抛煤器，它的任务则是把煤抛撒到炉排上。若与往复炉排配合使用，可使投煤和清灰工作实现机械化，如图11-8所示。

抛煤机加煤炉的特点是，当燃料颗粒大小适当时，沿整个炉排上燃烧进行得很均匀，随抛随烧，煤层很薄，对调节煤的燃烧量很敏感，升温和熄灭都很快，煤屑和挥发物在经过炉膛空间时，就能进行燃烧，因此，它能适应烧挥发分较高的烟煤和褐煤；对结焦性强的煤，在这里也能获得满意的燃烧；清炉借助于手动往复炉排就能方便地进行；送风压力只要25～50mmH$_2$O就可以满足供风。

## 11.1.2.2 下饲式固定炉排炉

下饲式固定炉排炉属于明火反烧法，是指燃料从炉腔底部加入的一种燃烧装置。

**（1）抽板顶升式燃烧炉**

抽板顶升式属于明火反烧方式。煤层的着火燃烧主要是在表面火源的直接传导下，初步形成干燥、预热层带，逐渐分解析出挥发物，并与从炉排下部进入、穿过煤层的风混合后，往上穿过火源着火燃烧，燃烧热又使释放出挥发物后的焦炭剧烈燃烧，产生大量热。此时煤层反烧进入正常运行期，逐渐形成上层的灰渣带、中层的氧化带、下层的预热干燥层带及底层的煤层。随着燃烧反应的进行，氧化层带逐渐下移，灰渣层带加厚，直到层带消失，整个煤层燃尽，这就是整个燃烧反应周期。

自动底加煤法的加煤间隔时间较短，加煤过程兼有破拱作用，料层通透性良好，空气过剩系数相对可以小一些，因而燃烧比较充分，炉温较高，黑烟可以基本消除。另外，反烧法还可以减少炉门的开启次数。以上这些因素都会导致热效率的提高。据实验测定，反烧法比正烧法可节约燃料10%以上。

抽板顶升式燃煤炉由炉缸、抽板及煤缸等部件组成。设置在炉膛内的炉缸是火床燃烧的主要部件，风室布置在炉缸与炉膛之间的夹层内，炉缸壁开有风孔并与风室相通，风由风室经风孔横向进入炉缸内煤层中往上穿越，为煤层的燃烧反应提供充足的空气，使燃烧充分，达到较好的消烟效果。抽板与煤缸是饲煤的主要部件，煤缸一般安装在炉前抽板的下部，缸口与抽板面相平，饲煤时抽板向炉后水平移动，将已装煤的煤缸移至炉膛内的炉缸底部，通过煤缸内的顶煤板将煤顶升进入炉缸内，饲煤后抽板往回移动，并将煤缸及顶煤板恢复至原位置，为下次往炉膛内饲煤做好准备。

炉膛内的煤层厚度，燃烧时一般保持在450～500mm，而炉缸内煤层的高度略低于煤层的厚度，一般约为300mm，煤缸内的顶煤板提升、下降的行程高度一般为120mm。对于炉膛面积较大的炉子，为了使中心区获得较好的燃烧状态，根据炉膛燃烧的通风要求，在炉缸内布置中间风道，以获得较好的燃烧效果。

由于煤层的着火燃烧是从煤层表面往下进行的，煤的着火条件差，所以对挥发物低的煤种不适宜使用。如果炉膛内的辐射面积过大，对煤层的着火燃烧是有影响的，因此在炉膛内加拱有利于煤层的燃烧，提高炉膛温度，达到完全燃烧。运行周期中严禁对燃烧层进行激烈搅拌，造成燃烧层带混乱，破坏正常燃烧，产生大量黑烟。

明火反烧方式由于受燃烧周期的限制，不能适应炉子的持续运行，因为随着燃烧时间的延续，燃烧层逐渐下移，灰渣层加厚，炉膛热量逐渐降低，炉子负荷不稳定。

### (2) 螺旋下饲式燃烧炉

为解决持续性燃烧，通过螺旋输送机（也称绞煤机）从燃烧层下部及时补充燃煤，使明火反烧持续进行，这就是螺旋下饲式燃烧炉，如图11-4(b) 和图11-9 所示。

燃煤经煤斗由螺旋输送机送到炉膛内的煤槽下，受螺旋的挤压力缓慢上升至槽上。燃煤在炉膛内受顶部燃烧层的直接传导进行预热、干燥，析出挥发物与从煤槽周围横向进入的一次风充分混合，往上穿出火层，在炉膛内充分燃烧。燃烧热使析出挥发物后的焦炭剧烈燃烧，放出大量热，焦炭逐渐被挤推至四周的炉排上继续燃烧。生成的灰渣则集中在两侧的可以翻转的渣板上，到一定程度时由人工清出炉外，也可以借渣板的翻转落到下面的渣车中。而燃煤定时地经煤斗由螺旋输送机传输至煤槽内，缓慢上升至炉膛内进行补充，使炉膛内的明火燃烧持续进行。

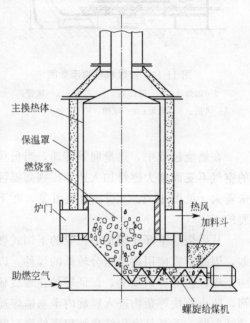

图 11-9　40 型反烧热风炉结构示意图

螺旋输煤机（也称绞煤机）是一种应用较广的机械加煤设备，其简单结构情况如图11-10所示。从煤斗 1 加进来的煤，由于绞杆 3 的推挤作用而被挤压到煤槽 7 的上方，形成由下而上的连续性的加煤动作。在煤炭的上移过程中，逐渐受到从燃烧室空间传来的热量加热作用而放出水分和挥发分。助燃用的空气是由风管 4 送到风箱 5 中，并通过风眼 6 穿过煤层进入燃烧空间，在煤层上部与焦炭及挥发分进行燃烧反应。图 11-10 中的搅拌器 2 是用来起松动作用，以保证煤斗中的煤能顺利地落到绞杆上。水套 8 是用来冷却灰渣，避免与燃烧室围墙粘在一起。

在输煤过程中，为了减少燃煤对螺旋的反作用力及传输中的摩擦阻力，使煤粒保持疏松状态，将螺旋的节距从进煤口至出煤口处采用逐节放大的不等螺距，以使螺旋在输煤过程中阻力降低，输送畅通，避免发生挤压堵塞现象。在煤槽底部螺旋出煤口处，还设置反螺旋叶片，使煤输送到煤槽底部出煤口处，因受对称螺旋的螺旋作用力而被均匀地垂直向上顶升至燃烧层下。

下饲式燃烧炉中的燃烧过程如图11-11所示。新燃料区位于燃烧区之下，由于没有高温烟气流过新燃料层对其进行预热，着火所需的热量仅来源于煤层上部的燃烧反应区，因此着火热力条件较差。当燃料向上运动时，它逐渐被加热、干燥，并析出挥发物，在燃料层表面的已是焦炭，挥发物和空气的混合物经过焦炭层，在焦炭层的孔隙中燃烧，燃烧很激烈，在燃料层上的火焰很短。在挥发物燃烧区，如果挥发物较多，空气中的氧大多用于挥发物的燃烧；焦炭则由于缺乏氧气而只是局部气化。此后，在新燃料的推动下，焦炭向炉排两侧运动，并开始与氧接触而燃烧。

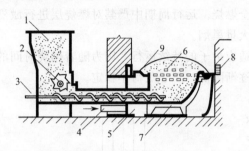

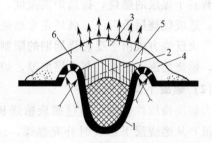

图 11-10　绞煤机结构示意图

1—加煤斗；2—搅拌器；3—绞杆；4—风管；
5—风箱；6—风眼；7—煤槽；8—水套；9—渣板

图 11-11　下加煤燃烧室中的燃烧情况

1—新燃料区；2—挥发物析出区；3—挥发物燃烧区；
4—焦炭燃烧区；5—空气流的边界线；
6—挥发物和焦炭燃烧区的分界线

在燃烧过程中，热量向下传递，当负荷不变时，燃料层中各个区域保持稳定。如果送入的空气不变而增大燃料加入速率，则高温区将向上移动，甚至使新燃料到达燃料层表面而还未着火 [见图11-12(b)]，由此可见，在下加煤燃烧室中，保持正确的燃料层结构是很重要的。

从燃烧层下部连续饲进燃煤的下饲式燃烧方式是持续明火反烧。由于煤层明火反烧条件差，因此不宜使用挥发组分较低的煤种，以用Ⅲ类烟煤为宜。煤的表面水分也不宜过高，以防止煤粒黏滞现象发生，保证煤粒在螺旋输送过程中呈疏松状态。煤粒进入煤斗前应进行过筛，防止石块等杂物进入螺旋内卡塞输煤通道，导致燃烧中断。另外，因煤粒的松散度及流动性问题，尤其是燃用结焦性很强的燃料时，会出现着火不良和焦块黏结现象，表现为火床中部隆起，需人工平整拨火，将焦炭推拨至四周炉排上继续燃烧，切忌将火层激烈搅动，使燃烧层带混乱，人为造成不完全燃烧，使烟囱冒黑烟。

下饲式层燃炉对燃料颗粒的大小也有较高的要求，最大块度不超过40mm，一般希望在3～20mm 之间。为了有利于焦炭的着火和燃烧，煤的挥发分最好不少于20%。灰分含量希望在 20%以下，熔点应当在 1200℃以上。当燃烧不结焦的燃料（如长焰煤）时，由于煤层厚薄不均，如热强度稍大，很容易出现穿孔现象，导致炉子的热强度和经济性降低。

实践经验证明，只要煤质合乎上述要求和注意维护管理，下饲式层燃炉用于蒸发量小于10t/h 的锅炉和小型金属加热炉上时，可以得到良好的效果。它的炉排热强度为 (0.986～1.16) ×10^6 W/m^3，容积热强度为 (0.29～0.35) ×10^6 W/m^3。

下饲式燃煤装置是一种持续性的明火反烧设备，煤层着火条件差，对突然增大的燃烧负荷不适应。当炉子需要提高出力负荷时，如果直接往火床上投煤，将会造成火床燃烧恶化，出现严重的不完全燃烧，产生黑烟，炉渣中可燃物增加，热效率降低。正常燃烧时，烟气中含尘初始浓度一般在 $0.5\sim2g/m^3$ 范围。

### 11.1.2.3 振动炉排燃烧炉

振动炉排是在 20 世纪 70 年代前后开始应用到一般工业炉上的，它具有升温快、温度均匀等特点。如使用在加热炉上，煤耗一般稳定在 1t 钢 100～130kg。采用这种形式的炉排可以使体力劳动大大减轻，除渣也完全实现了机械化。

炉排由死炉排（固定炉排）和活炉排两部分组成。活炉排除支承并输送燃料外，还有能通风保证燃烧的作用，并能随时更换。死炉排主要起封闭作用，是砌在燃烧室侧墙里的金属结构件，与炉排活动部分接触，并有防渣管冷却。活动炉排安装在用型钢焊接而成的一组金属结构架上，振动靠马达带动一偏心轮，通过焊在金属结构架上的钢管和弹簧板的弹力，使炉排产生振动。煤在炉排上靠振动所产生的惯性，徐徐向后移动，并与空气相交而遇。随着炉排上煤的移动，新的煤由煤斗不断补充引入炉内。按照先后顺序，得到干燥、预热、着火燃烧和燃尽。小颗粒炉渣落入炉排底下，由绞龙清除；大颗粒炉渣由振动炉排自动排除，落入燃烧室外边的灰桶里，如图 11-13 所示。煤的运行速度最快可达 $0.08\sim0.1m/s$，一般煤层厚度控制在 150～300mm。

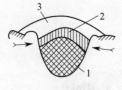

(a) 正常的燃烧情况  (b) 不正常的燃烧情况

图 11-12  下饲式层燃炉的不同燃烧情况
1—新燃料区；2—挥发物析出及气化区；3—燃烧区

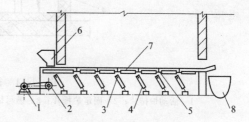

图 11-13  振动炉排示意图
1—电动机；2—偏心轮；3—压簧；4—弹簧板；
5—拉杆；6—煤斗；7—活动炉排；8—灰渣斗

炉排下部空间，既是风箱，空气由此穿过炉排上的风眼进入燃烧室，又是煤末及灰渣的沉积箱，并装有绞龙，随时清理积灰和炉渣。

当振动炉排工作时，煤中所含的水分和灰分的多少，在一定程度上限制了煤在炉排上的移动速度。当煤中含水分较多时，会使煤的预热区占据炉排过多的工作区域，以致相应地减少了其他各燃烧区域。多灰分的燃料形成的灰渣层，阻碍灰层中尚未烧完的焦炭的燃烧。为了燃尽，又必须要求延长燃尽的行程，否则会大大增加灰渣中的不完全燃烧热损失。

振动炉排炉希望用筛分过的块煤。烟煤的粒度为 10～50mm，0～10mm 煤屑含量不大于 15%；无烟煤的粒度为 5～35mm，0～5mm 的煤屑含量不大于 10% 为宜。

此外，燃用灰分熔点低而易结渣的煤或强结焦性的煤，或者燃用高水分、高灰分的煤时，都会限制炉子的工作强度。因此，振动炉排炉对煤质的要求是：水分和干燥质灰分不大于 20%；灰熔点不低于 1200℃；结焦性不宜太强。

### 11.1.2.4 往复推动式炉排燃烧炉

往复推动式炉排燃烧炉，又称往复推饲炉或往复推动炉，其结构简单，制造容易，金属耗量低，运行维修方便，煤种适应性广，能烧劣质煤，而且消烟除尘效果好，因此被广泛采用。

往复推动式炉排燃烧炉的主要部件是由活动和固定炉排组成的往复炉排，如图 11-14 所示。往复炉排在运行过程中，燃煤从煤斗靠自重下落到炉排最上层固定炉排上，由于炉排的不断往复运动，煤层由前向后缓慢移动，进入炉膛后受前拱和高温烟气的热辐射，从而逐步实现煤的预热、干馏、着火燃烧，并最后燃尽。燃烧反应中产生的可燃气和黑烟，从前拱向后流经中部的高温燃烧区和燃尽区，在离开炉膛之前绝大部分燃尽。正常燃烧时的排烟黑度在林格曼1级左右。燃尽的灰渣由出渣炉排的退回间隙（150～300mm）漏进水封渣池中。燃烧着的高温火焰通过翻火口进入炉膛，实现对工件的加热。

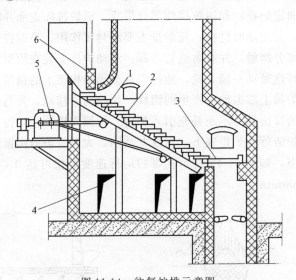

图 11-14  往复炉排示意图

1—活动炉排片；2—固定炉排片；3—燃尽炉排片；4—分段风室；5—传动机构；6—煤闸门

往复推动炉排炉具有较好的着火条件，炉内煤层的着火燃烧除了炉拱和烟气的高温辐射外，当炉排往复运动时将未着火的煤推至后方已着火的煤层上，起到机械拨火的作用，能够连续不断地将煤预热干馏，并使煤直接受热着火燃烧，因而能适应燃用水分较高、灰分较多的煤种。

进入加热室的火焰能连续稳定并完全燃烧，这就有利于提高炉膛温度，提高传热效率。另外，往复炉排送煤是连续的，并有一定的运行时间，所以，煤的挥发物是连续稳定地析出。析出的气体主要是碳氢化合物及一氧化碳等可燃气体，当它们在500℃左右，立即与炉排下边所供空气或二次热风中的氧混合燃烧。

往复炉排炉不仅克服了人工加煤的许多弊病，实现机械加煤，而且活动炉排还能起到类似人工拨火的作用，大大改善了燃烧条件和减少对环境的污染。

往复炉排对煤质要求不高，选择性宽，其发热量在21000kJ/kg以上即可，对挥发物高者更适宜，煤的灰分熔点不宜过低，否则容易结渣；对煤的粒度无严格要求，但块煤和粉煤混合燃烧对往复炉排炉不适宜，由于燃烧速率不均，块煤不易燃烧，造成不完全燃烧。

节能、消烟除尘效果与炉排是否正常运行有密切关系，关键是保证炉膛达到设计温度要求；在正常运行时，除保证达到较高的炉膛温度外，推煤的时间不要过长，但要经常推；要进行合理的布风，保持炉排满火，主燃区火焰要达到最高温度，使通过此区域的可燃气与燃烧反应产生的黑烟烧尽；拨火清渣时应关小风量，尽量避免在炉膛前部或中部拨火，严禁往火床上直接投煤，造成燃烧层带混乱，燃烧恶化，产生黑烟。

根据往复炉排炉的设计特性，以烧中、次煤为宜。对难以着火的煤要保持较厚的煤层，堆煤要慢，要提高通风压头，使炉膛燃烧呈微正压状态，以保证炉膛高温，便于煤层的充分燃烧和消除黑烟。但要注意，炉排后部不能出现漏风情况。

排烟中烟气初始含尘浓度一般为 $2\sim4g/m^3$，浓度高的可达 $5g/m^3$ 左右。

然而，往复炉存在着主燃烧区温度高，容易烧坏炉排片，烟气容易窜入煤斗引起煤斗着火，以及炉排前端漏煤量多等缺点。

#### 11.1.2.5 链式炉排燃烧炉

链式炉排也是一种机械化燃煤装置，它如同皮带运输机一样在炉内缓慢移动。链条炉有煤斗加煤和抛煤机加煤两种形式，大都采用煤斗加煤的链条炉，图 11-4(c) 所示为链条炉示意图。燃料自料斗下来落在炉排上，随炉排一起前进，空气自炉排下方自下而上引入。燃料在炉内受到辐射加热后，开始烘干并放出挥发物，继之着火燃烧和燃尽，灰渣则随炉排移动而被排出，以上各个阶段是沿炉长方向相继进行的，但又是同时发生的，所以炉内的燃烧过程不随时间而变，不存在燃烧过程的周期性变化。

燃料在链条炉排炉中的燃烧过程如图 11-15 所示，分为四个阶段。

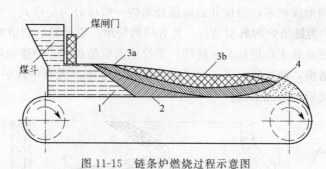

图 11-15　链条炉燃烧过程示意图

1—干燥区；2—燃烧区；3a—焦炭燃烧区；3b—焦炭还原区；4—灰渣形成区

① 当煤随炉排进入炉膛后，首先进入预干燥区 1，煤层受炉拱和炉膛高温烟气的热辐射及相邻燃烧层的直接热传导，进行预热干燥。该阶段基本上不需要氧气，燃料受热分解析出挥发物。

② 挥发物析出燃烧区 2，在该区内挥发物与从下而上穿过煤层的一次风充分混合，穿出煤层进入炉膛并在高温下着火燃烧，挥发物边析出边燃烧，燃烧温度也随之增高。

③ 焦炭燃烧区 3。挥发物的燃烧热使析出挥发物后的焦炭剧烈燃烧，这就是煤层在炉膛内的主要燃烧阶段。该区又分为两个区段，首先是当一次风从下而上穿过炽热的焦炭层时，空气中的氧便与炭分子进行氧化反应生成 $CO_2$，并产生大量的热，此为焦炭燃烧区 3a；然后为焦炭还原区 3b，在该区段内，经氧化反应后的一次风再往上穿越上面的焦炭层，由于空气中的氧在氧化反应时已基本耗尽，主要为 $CO_2$，所以在其穿越焦炭层时，$CO_2$ 中的 O 被焦炭层中的 C 所夺取，产生还原反应，即 $CO_2$ 被还原为 CO，并在穿出焦炭层时在炉膛内燃烧。

④ 灰渣形成区 4。链条炉是单面引火，最上层的燃料首先点燃，因此灰渣也在此较早形成。此外，因空气从下层进入，最底层的燃料氧化燃尽也较快，也较早形成灰渣。随着燃烧反应的进行，焦炭层已基本成为炉渣，随着炉排的往后移动，进入炉膛后部的余燃区内燃烧，炉渣落在灰斗排出炉外。

为适应燃料层沿炉排长度方向分阶段燃烧这一特点，可以把炉排下边的风室隔成几段，各段都装有调节门，分段送风。通常沿炉排长度分为 4～6 段。采用分段送风后，在一定程度上改善了空气供求之间的配合情况。

煤层在炉膛内随着炉排的移动,燃烧反应过程是持续的,消除了手工投煤产生的周期性不完全燃烧现象。正常运行时,烟气黑度为林格曼 0~1 级,消烟效果显著。

链条炉在运行过程中,为了保持良好的消烟效果和经济燃烧,应使炉排上的煤层进行正常的燃烧反应,拨火时应避免将燃烧层带搅乱,人为造成燃烧恶化,并严禁直接往炉排上投煤燃烧,防止产生手烧炉的周期性排烟污染。正常运行时,链条炉的初始烟尘排放浓度一般为 3~4 g/m³,高浓度时达 6 g/m³ 左右。

链式炉排上的燃料系单面引燃,着火条件比较差,燃料层本身没有自动扰动作用,拨火工作仍需借助于人力,因此燃料性质对链式炉排工作有很大影响。一般链式炉排对燃料有严格要求,即水分不大于 20%,灰分不大于 30%,灰分熔点应高于 1200℃,燃料应经过筛选,0~6mm 的粉末不应超过 55%,煤块最大尺寸不应超过 40mm,以保证燃尽。由于贫煤的水分和灰分含量较高,且易于粉碎,采用链条炉很难取得良好的燃烧效果,因此链条炉使用的煤大都为优质烟煤。

链式炉排的结构形式很多,但按其运动部分结构一般可分为链带式、鳞片式和横梁式三大类。图 11-16 所示为链条炉的典型结构,具有结构简单、重量轻、制造安装和运行都很方便等优点。其主要缺点是主动炉排片(链环)受拉应力较易折断,炉排通风面积大,长期运行后炉排之间相互磨损,使通风间隔更大,漏煤损失也增多,当有一片炉排折断而掉下时,会使整个炉排运行受阻而造成事故。

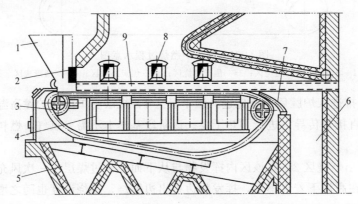

图 11-16　链条炉示意图

1—煤斗;2—煤闸门;3—链条炉排;4—风室;5—灰斗;

6—渣斗;7—除渣板;8—检查孔;9—防渣箱

## ▶11.1.3　沸腾燃烧炉

固体燃料的沸腾燃烧,是介于层燃燃烧和悬浮燃烧之间的一种燃烧方式,它是利用空气动力使煤在沸腾状态下完成传热、传质和燃烧反应。沸腾燃烧法所使用的煤的粒度一般在 10mm 以下,大部分是 0.2~3mm 的碎屑。运行时,刚加入的煤粒受到气流的作用迅速和灼热料层中的灰渣粒子混合,并与之一起上下翻腾运动,沸腾燃烧的名称就是由此而来的,如图 11-17 所示。

### 11.1.3.1　沸腾燃烧炉的工作原理

为了了解沸腾床的含义,我们进行下述实验,即在炉排上铺以直径小于 10mm 的煤粉,然后由下向上送风。随着送风速度增大,按炉排空截面积计算的风速 $W_0$ 也增大。这时固体颗粒与流动气流之间会有如下三种情况出现。

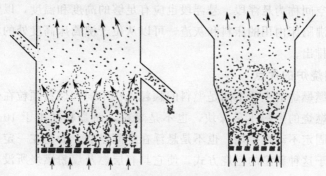

图 11-17  沸腾燃烧时的煤粒运动示意图

当送风速度小于临界速度 $W_c$ 时，燃料层一直固定在炉箅上不动。气流只是通过燃料颗粒之间的空隙穿过。随着送风速度增加，燃料层高度不变，但在空隙中实际流速增大，因而燃料层阻力在不断增大。这就是固定床阶段。

当送风速度达到临界速度 $W_c$ 时，燃料层被气流吹开，失去稳定性。燃料颗粒被吹离孔板（带有小孔的炉箅），但又未被吹走，而是在一定高度内自由翻滚。气流速度增大，料层高度将随截面流速的增大而直线增加。要指出的是，因为膨胀后料层中的空隙增大，但颗粒空隙中气流的实际流速可基本保持不变。因此料层阻力可不随截面气流速度的增大而变化。

当送风量继续增大，到超过某一值 $W_f$ 时，燃料颗粒已无法稳定在一定高度内翻滚而被气流带走。这时料层不再存在，空隙中的空气实际速度大大提高，而阻力却反而下降。这就进入气力输送状态了。

临界速度 $W_c$ 是由固定床转为沸腾床时的截面气流速度，亦称为临界沸腾速度。由沸腾转化为气力输送时的速度 $W_f$ 称为飞出速度。这两个速度对沸腾床燃烧来说是非常重要的参数。维持沸腾床料层煤粒间气流的实际速度大于临界速度 $W_c$ 而小于飞出速度 $W_f$ 是建立沸腾床的必要工作条件，一般沸腾床在正常工作状态，气流速度是临界速度的 1.5～2.2 倍，亦即 $W_0 = (1.5～2.2) W_c$。而飞出速度一般为临界速度的 6～7 倍。由于沸腾炉燃用的燃料是由尺寸不同的颗粒（0～8mm）所组成，其临界速度和飞出速度相差很大，所以运行风速的选取既要考虑粗粒的沸腾质量，也要尽量减少细粒被吹走而造成的机械不完全损失。

根据我国沸腾炉的运行经验，冷态运行时沸腾炉的气流速度可以根据煤种和颗粒大小按经验数据加以选用。热态运行时，由于气体黏度增加、密度下降和体积膨胀等因素，运行风速可以降低，一般为冷态风速的 60%～80%。

沸腾炉中，燃料通过螺旋给煤机从前墙送入床内。床内布置有倾斜的埋管受热面，空气由风箱经过床底的布风板进入床层，使固体料床（热灰渣）及燃料颗粒沸腾起来（流态化）。沸腾床层静止时，高度为 500～600mm，料床中 90%～95% 是热渣，只有 5%～10% 才是新加入的煤粒，煤粒尺寸在 8～10mm，大部分是 0.2～3mm 的碎屑。运行时新加入的煤粒在气流作用下迅速与灼热的灰渣粒混合，并在一定高度下上下翻腾地进行燃烧，这个一定高度便称为沸腾段（一般为 1.0～1.5m）。沸腾段内的温度常维持在 850～1050℃。温度所以保持得较低是为了避免床层内炉料的结渣。沸腾段内的颗粒浓度很大，其中新燃料颗粒，只占 5%～10%。新燃料进入沸腾段后，和 10 倍、20 倍的炽热炭粒或灰粒混合因而能迅速着火燃烧，即使是灰分多、水分大、挥发分少的劣质燃料也能稳定地燃烧。并且由于燃料颗粒在沸腾段内上下翻腾，停留时间较长，因此绝大部分颗粒（90％以上）都能燃烧完全。沸腾床上界面以上的炉膛空间称为悬浮段。悬浮段也应有足够的高度和温度，以保证从沸腾段飞出的细粒能够燃尽。沸腾床内用的床料和灰渣，可以从位于沸腾床高度处的溢流口，或从床底部的冷渣排放管中排出。

### 11.1.3.2　沸腾燃烧炉的优点

沸腾燃烧与层燃燃烧的主要不同是燃料的颗粒大小不同和燃料颗粒在炉膛里的运动特性不同。在沸腾炉中燃烧的燃料不是煤块，也不是煤粉，而是粒径小于 10mm 的煤末。这煤末既不是在炉排上固定不动地燃烧，也不是悬浮在空间燃烧，而是在一定高度内上下翻腾地进行燃烧。正是由于这种新型的燃烧方式，使它具有层燃及煤粉燃烧所没有的一些优点。这些优点主要有如下几点。

**(1) 燃烧稳定，对燃料适应性大**

沸腾炉采用颗粒较小的煤末工作，燃烧面积很大。且颗粒在炉内停留时间长，炉内蓄热量大，混合又十分强烈。因此着火和燃烧都很稳定，可以采用含灰量多、水分大、挥发分少的劣质燃料来工作。又由于沸腾炉内温度较低，有利于灰熔点低、含碱量高的燃料工作。所以这种燃烧方式可以采用广泛的燃料品种，燃料的适应性大。

**(2) 沸腾床内传热强烈，可节省受热面钢材**

沸腾床内的受热面，由于颗粒上下翻滚，因此传热性能很好，传热系数通常可达 $230\sim290W/(m^2\cdot K)$。这一数值比一般对流传热系数大 $3\sim4$ 倍，因而可大大节省受热面耗用的钢材。

**(3) 污染物排放较少，对环境保护有利**

沸腾床内维持的温度较低，因此燃烧生成的 $NO_x$ 较少，可以大大减轻氮氧化物对大气的污染。

**(4) 容积热强度大，锅炉体积小**

沸腾炉内燃烧强度很大，炉膛的容积热强度可达 $1750\sim2080kW/m^3$，约为普通煤粉炉的 5 倍，再加上炉内传热系数又大，因此沸腾炉的体积较小。与煤粉炉相比体积约可减小 2/3，造价可降低 15％左右。

沸腾炉的灰渣具有"低温烧透"的特点，因而灰渣不会软化和黏结，可用来作为水泥等建筑材料，也可作沥青和塑料的填料，或进行其他综合利用。

### 11.1.3.3　沸腾燃烧炉的应用

由于沸腾炉具有上述优点，因此受到了各方面的重视，发展很快。自 20 世纪 60 年代以来沸腾炉的容量已由每小时几吨（蒸汽）发展至几十吨，不仅一般工业锅炉中采用，某些中、小型电站锅炉甚至大型锅炉也开始采用沸腾炉。

沸腾炉的料层温度一般控制在 $850\sim1050℃$，运行时，沸腾层的高度为 $1.0\sim1.5m$，其中新加入的燃料仅占 5％，因此整个料层相当于一个大"蓄热池"，燃料进入沸腾层后，就和几十倍以上的灼热颗粒混合，因此能很快升高温度并着火燃烧，即使对于多灰、多水、低挥发分的劣质燃料，也能维持稳定的燃烧。

由于沸腾炉能烧各种燃料，解决了劣质煤的利用问题，并给大量煤矸石的利用找到了出路，因此从 1965 年后沸腾燃烧法在锅炉上发展很快（见图 11-18），对解决我国煤炭资源的合理利用问题有重要意义。

沸腾炉虽有上述优点，但在运行过程中也存在不少问题。这些问题主要如下。

① 飞灰量大，飞灰中含碳量高，因而锅炉热效率低（60%～75%）。

② 炉内受热面和炉墙磨损比较严重，沸腾层中埋管一般一年左右就得更换。

③ 烟尘排放浓度大，一般必须二级除尘。

④ 运行中燃料需破碎至 10mm 以下，且送风需要压力高（5886～7848Pa）的鼓风机，因而耗电量大。

⑤ 加石灰石脱硫时，石灰石的钙利用率低，为达到较高的脱硫效率，需用大量的石灰石。

上述问题严重影响沸腾炉的进一步发展和应用，但可以相信，随着沸腾燃烧技术的进一步发展，这些问题将会不断地得到改善和解决。目前已出现了能发挥沸腾燃烧技术优点并能克服其不足的循环流化床技术（循环床），已在实际中开始应用。

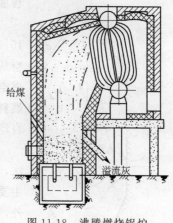

图 11-18　沸腾燃烧锅炉

# 11.2　粉煤的燃烧过程与装置

在工业上，固体燃料除了以块状作层燃燃烧外，还可将其碾磨成一定细度（一般是20～70μm）的粉末，用空气通过喷燃器（或称粉煤燃烧器，如图 11-19 所示）送入炉膛，在炉膛空间中作悬浮状燃烧（见图 11-20），此即为粉煤燃烧法。粉煤燃烧法是 20 世纪 20 年代出现的一种燃烧方法，但直到 20 世纪 30 年代（1935 年）出现了较完善的制粉设备以后，才开始在动力锅炉上大量采用。

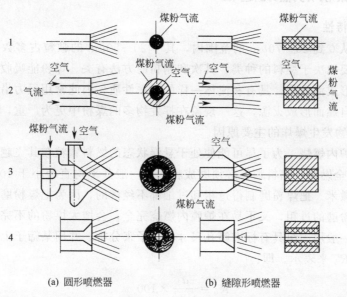

(a) 圆形喷燃器　　(b) 缝隙形喷燃器

图 11-19　煤粉喷燃器

与层状燃烧法相比，粉煤燃烧法的最大优点是可以大量使用劣质煤和煤屑，甚至还可以掺用一部分无烟煤和焦炭屑。实践证明，当用层状燃烧法燃烧发热量较低和灰分含量较高的劣质煤时，炉温只能达到 1100℃，而改用粉煤燃烧法时，由于粉煤燃烧速率快，完全燃烧程度高，炉温可达到 1300℃。

用来输送煤粉的空气叫一次空气，一般占全部助燃空气量的 15%～20%（与粉煤的挥发分的产率有关），其余的空气叫二次空气，另外用管道单独送至炉内。在采用粉煤燃烧法时，二次助燃空气可以允许预热到较高的温度，因而有利于回收余热和节约燃料。此外，采用粉煤燃烧法时，炉温容易调节，可以实现炉温自动控制，并且可以减轻体力劳动强度和改善劳动条件。

我国曾在 20 世纪 60 年代在轧钢加热炉上广泛采用粉煤燃烧法，并在高炉冶炼中喷吹煤粉以降低焦比。与层状燃烧法相比，主要困难是建立一套煤粉制造和输送系统，设备比较复杂。此外，在外坯加热炉中，当粉煤灰分熔点较低时，在钢坯表面形成湿渣，容易造成钢板表面夹杂，影响产品质量。虽然如此，由于我国燃料结构的特点，粉煤燃烧在冶金生产的某些环节中将继续发挥重要的作用。

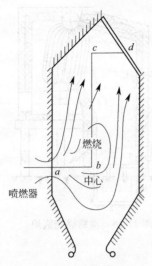

图 11-20　煤粉炉燃烧情况

采用粉煤燃烧法，最好使用挥发分高一点的煤，这样可以借助于挥发分燃烧时放出的热量来促进炭粒的燃烧，有利于提高燃烧速率和完全燃烧程度，一般希望挥发分大于 20%。此外，应注意控制原煤的含水量。煤中的水分对煤粉的磨制和输送妨碍极大，因此，原煤在磨制前应进行干燥处理，最好把水分降到 1%～2%，一般不超过 3%～4%。实践证明，当水分含量达到 7% 时，在同样粉煤细度的情况下，磨粉电力消耗将显著增加，而且还会显著降低煤粉机的粉煤产量。

## ▌11.2.1　煤粉的燃烧过程

### （1）煤粉的特性

煤粉的粒度从 0 到 20～70μm 的范围内，其中 20～50μm 的颗粒占多数。煤粉的形状是不规则的，它主要取决于燃料的种类，其次和制粉的方法有关。煤粉能吸收大量空气，它和空气结合在一起形成混合物，具有和流体一样的输送性质，因此常用风力沿管道输送。在贮存时，煤粉容易自燃而形成火源，这一现象在挥发物多的煤粉中更为严重，这种火源就是导致煤粉-空气混合物发生爆炸的主要原因。

煤粉在煤粉炉内燃烧，为了尽可能使处于悬浮状态的燃料颗粒在其飞越燃烧室的极短时间内（2～3s）完全燃烧，燃料颗粒必须磨成粉状，一般其平均直径小于 100μm，颗粒的大小从几十到几百微米。把煤粉磨制得过粗和过细都不经济的，因为把煤粉磨得过细，能量消耗太大，而把煤粉磨的过粗，又不易在炉膛内燃烧完全，会增大煤粉的不完全燃烧损失。

煤粉的细度一般用一组具有标准筛孔尺寸的筛子来分析，并用某筛子上剩余量占筛分前煤粉总量的份额 $R_\delta$ 来表示。即：

$$R_\delta = \frac{a}{a+b} \times 100\% \tag{11-4}$$

式中　$a$——某筛子上的剩余量；

　　　$b$——通过筛子的量；

　　　$\delta$——筛孔的尺寸，μm。

筛子上剩余的煤粉越少，$R_\delta$ 越小，则煤粉越细，反之则煤粉颗粒越粗。当用不同尺寸的筛子对煤粉进行筛分，就可以把煤粉颗粒大小的分布情况表示出来。最常用的表示煤粉细度的筛余份额为 $R_{90}$ 和 $R_{200}$。

**（2）煤粉气流**

伴随煤进入炉膛的空气仅是燃烧所需空气量的一小部分，通称一次风，它与煤粉混合成一股煤粉气流（有时把一次风和煤粉的混合物统称为一次空气混合物），其余的燃烧所需空气量则称为二次风（有时尚从其中再分出一部分，称为三次风）。二次风风量占总风量的 $70\%\sim80\%$，它被预热到 $300\sim750K$（一次风预热到约 $375K$，可使煤粉加热和气化），通常是由喷燃器的环状截面送入炉膛，或者不经过喷燃器而通过设置在喷燃器邻近或有一定距离处的喷嘴送出。二次风风速为 $5\sim40m/s$。二次风送入是在煤粉气流已着火且当燃烧过程已获得一定发展以后。

通过喷燃器喷入炉膛的煤粉气流是一股自由沉没湍流射流（有时是旋转射流），它扩散在二次风气流中，然后一同扩散在炉膛中或直接扩散在炉膛中（即周围无二次风）。煤粉气流在炉膛内的停留时间很短，只有 $1.5\sim2s$。

在煤粉气流中，由于煤粉和空气密度的差别很大，燃烧所需的空气体积比燃料体积要大几万倍，例如燃烧 $1kg$ 贫煤，当其密度为 $1900kg/m^3$ 时，它的体积为 $0.000525m^3$，若空气过量系数为 $1.2$，则燃烧所需要的空气体积为 $905m^3$，这体积比 $1kg$ 煤的体积大 $17200$ 倍。离开喷燃器出口后，若考虑到炉膛温度及卷吸入烟气的影响，则这个比值还要大好几倍。此外，煤粉颗粒是均匀地混合于气流中，且被气流带着运动，它们之间没有相对运动，所以煤粉颗粒的速度实际上就是气流局部速度，因此可以把煤粉气流看作如同其中无悬浮颗粒存在的一股空气射流，只不过它的密度大一些而已。这样，空气射流的规律就可适用于煤粉气流了。

煤粉气流在炉膛中湍流扩散时，由于卷吸入周围高温烟气使其质量增加，因而在横截面上速度降低，同时它被高温烟气加热和稀释。

图 11-21 给出了自由煤粉射流过程的示意图。假设在喷嘴出口截面上气流速度、温度与煤粉浓度是均匀的，根据自由射流的特性，在射流核心区 $ABC$ 中任一截面上的气流速度、温度及煤粉浓度均是定值，且等于喷嘴出口截面上的参数值（$W_0$、$T_0$ 和 $C_0$）。在湍流边界层中，因为与周围介质发生卷吸作用，引起了热量、质量与动量的交换，气流速度、

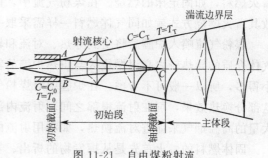

图 11-21 自由煤粉射流

温度与煤粉浓度均相应地发生变化，速度下降、温度升高、煤粉浓度降低，也就是说在气流横截面上由轴心线到边界，温度由初始温度 $T_0$ 逐渐升高到周围高温（烟气温度）；煤粉浓度则由初始浓度 $C_0$ 逐渐下降到周围介质中含有的浓度；在主体段内，离开喷嘴出口截面越远，温度、浓度以及速度的分布越趋平缓。

在煤粉射流中，截面上浓度（包括速度、温度等）之所以会发生变化是由于射流与周围介质作了交混的作用，因此感兴趣的不是它的绝对值，而是它与周围介质的浓度差值，即剩余浓度。所谓剩余浓度就是截面上任一点的煤粉浓度与周围介质中煤粉浓度之差值，即：

$$\Delta C = C - C_T \tag{11-5}$$

式中　$C$，$C_T$——截面上任一点处和在周围介质中的煤粉浓度，且认为介质中煤粉浓度为零。

在主体段中任意截面上，轴心线上煤粉浓度（剩余浓度）具有最大值，然后逐渐下降，到射流边界上为零。所取截面离开喷嘴出口越远，则射流宽度越宽，剩余浓度分布曲线亦越平坦。

在湍流射流中速度、温度及悬浮混合物浓度的改变都是因湍流脉动所引起的，因此由一层转移到另一层的微团同时要带走热焓、动量与所含的混合物。在主体段内，射流轴心线上的剩余浓度沿气流轴向逐渐降低，这是因为在煤粉气流任一截面上的煤粉含量为常数。根据湍流射流的性质，煤粉剩余浓度的下降规律与剩余温度的下降规律类似，它应与卷吸入的烟气量成正比。

图 11-22 给出了在圆形截面煤粉气流中浓度沿轴线的变化。在湍流煤粉气流的主体段内，当喷嘴直径已知时，浓度与流速无关，而与初始浓度成正比，与远离喷口距离成反比。

以上所述都是对未燃煤粉气流而言。显然燃烧过程的存在是会改变气流速度场、温度场与浓度场的情况，但在煤粉气流着火以后未传播到大部分之前，燃尽的煤粉量是很少的，另外在燃烧过程中因气体热膨胀而引起的密度改变对速度场与温度场亦都起到同样的影响，因此燃烧过程的存在就不会显著破坏速度场、温度场与浓度场的相似性。所以上述分析结果对燃烧的煤粉气流初始时期也是可适用的。

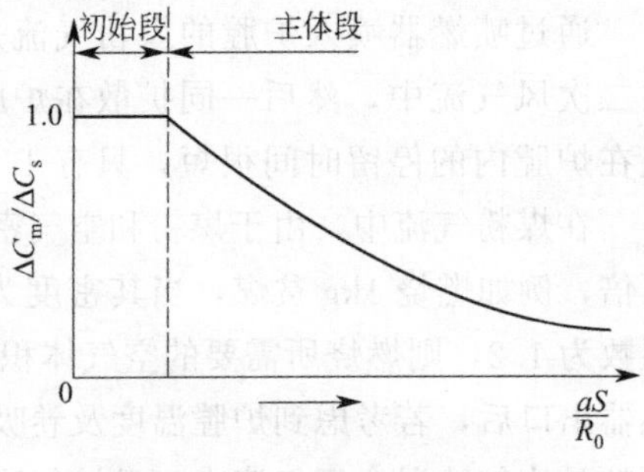

图 11-22　圆截面煤粉射流中浓度沿轴线的变化

### (3) 煤粉气流的着火

煤粉气流的着火与燃烧不同于层燃燃烧。因在层燃燃烧时，燃料层中的燃料是静止不动的，它可充分利用高温燃烧产物以逆流方式来加热、着火燃料，如固定床的燃烧。在煤粉气流中，由于气流携带着煤粉一起流动形成一股射流，故其着火燃烧方式就如同气体燃料一样需采取一定的措施以保证其稳定的着火。

煤粉气流喷入炉膛后将受到导热、对流和辐射三种方式的加热。在这三种方式中，高温气体介质的导热较之高温燃烧区与炽热炉墙的辐射、高温烟气的卷吸与湍流混合的对流换热小得多，所以一般可不考虑。在炉膛中对煤粉气流着火起决定作用的是对流换热，为了增强这部分换热效果，可在射流根部之间、射流内部或射流与炉墙之间造成强烈的涡流区以吸入大量的高温烟气来促进对流换热，如利用射流的旋转形成高温烟气的回流。

固体燃料的着火首先是从挥发物的析出、着火开始的，煤粉气流亦是如此。煤粉气流在着火前必须经燃料预热、干燥和挥发物析出等阶段，并将煤粉气流加热到着火温度。这一过程所需热量称为煤粉气流的着火热。着火热主要来自高温烟气的对流换热。析出的挥发物与空气在着火温度下首先着火燃烧。这一氧化反应发生在射流的整个边界层内，因为化学反应速率是与温度成指数关系的，所以反应速率就各不相同，如在射流的外层反应速率最大。虽然该处煤粉与氧气的浓度由于大量烟气的吸入而急剧下降，但其温度却最高，接近周围高温烟气温度，所以煤粉气流的着火是由气流的边界层开始，然后火焰逐渐传播到气流的内部以致整个截面，在离开喷燃器出口一定距离处到达气流轴心线上，形成一个火炬。

煤粉气流的着火过程与静止可燃混合气和炭粒的着火一样，也是放热和散热两者相互作用的结果，但不同的是煤粉气流是流动的。另外，放热量不仅限于化学反应放出的热量，还要包括由于卷吸入高温烟气所带来的对流热（为简单计，辐射热不考虑）；还有所谓的散热量，在不考虑对周围介质散热损失的情况下，系指燃烧产物从燃烧室中带走的热量。

凡是一切有利于放热的因素都可促使着火温度降低，并使着火点接近于喷燃器出口；反之，凡不利于放热而有利于散热的因素，则将会使着火温度升高并远离喷燃器。

**（4）煤粉气流着火后的燃烧**

在着火以后的燃烧阶段中煤粉空气混合物剧烈燃烧并放出大量热量。这时，煤粉颗粒的表面首先析出挥发物并燃烧，然后是颗粒本身煤焦的燃烧。若燃烧过程中到达煤粉颗粒表面的氧气是充足的话，则析出的挥发物就在颗粒周围燃烧，并可强化其后的煤焦燃烧；若氧气不足或局部缺乏，则只能使燃料发生气化，产生可燃气体，以后在有足够氧气与温度之处发生燃烧。挥发物的析出与燃烧进行得很快，约占整个燃烧过程所需时间的1/10，因此煤粉气流的燃烧主要是颗粒本身煤焦的燃烧。所以，煤粉气流的燃烧完全与否主要取决于其煤焦的燃尽程度。

图 11-23 示出了沿火炬长度煤粉气流燃烧的情况。从图 11-23 中可以看出，在着火后的初始阶段，由于温度很高、氧气充足，混合亦很强烈，故燃烧进行得很猛烈，这时燃烧所放出的热量比散出的多，所以整个过程是在温度不断升高的情况下进行的。当温度（和放出热量）达到最大值时，燃烧过程已发展得最完全，燃烧得亦最有效，这就所谓达到了燃烧中心。此后，因氧气已被大量消耗，煤粉颗粒也逐渐燃尽，有些颗粒被灰渣包围住，同时气流的混合亦减弱，这样燃

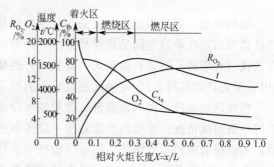

图 11-23 煤粉气流沿火炬长度的燃烧工况
（L 为炉内火炬长度）

烧反应就逐渐减慢，放出的热量减少，少于散出去的热量，因而温度开始下降，温度的下降反过来又影响燃烧速率的减慢，所以这时燃烧过程进展很缓慢，进入所谓的燃尽区。燃尽区占了火炬长度的很大一部分，根据试验数据表明，在 25% 的时间内燃尽了 97% 的煤粉，而余下 3% 的煤粉却要在 75% 的时间内燃尽。因此，根据煤粉气流燃烧过程的发展，沿火炬长度大致可分为三个区域：着火区、燃烧中心区和燃尽区。在着火区内煤粉气流经干燥预热后着火燃烧；在燃烧中心区内大量可燃物（挥发物及煤焦）在猛烈地燃烧；而在燃尽区内只有少量的未燃尽可燃物在继续燃烧。由于燃烧过程的复杂性，上述几个阶段不是依次进行，而是有些交叉的，所以这几个区域之间无法清晰地区分开，因而亦不能有明显的界限，大致上可以这样认为：靠近喷燃器出口为着火区；与喷燃器同一水平或稍偏高的炉膛中心部分为燃烧中心；而后直到炉膛出口的大部分区域均为燃尽区。

缩短着火时间与着火区长度可增加煤焦燃尽的时间与空间，但必须特别注意强化煤焦的燃尽过程，因它占有了煤粉燃烧的大部分的时间与空间。这对煤粉气流在极短时间内通过有限的炉膛空间进行燃烧来说具有很实用的意义。

煤粉气流中含有大小不同的煤粉颗粒。小颗粒表面积大、质量小、水分少，因而在炉膛中很快被预热、干燥以致着火燃烧，所以在进入燃烧中心以前这些小颗粒煤粉已基本燃尽；而比较大的颗粒，由于着火慢，燃尽阶段长（这是主要的），故其燃烧过程进行得很缓慢，拖延很长的时间与空间；其他绝大多数的一般尺寸、中等颗粒的煤粉，它们燃烧过程则介于上述两极端之间，按照上述的燃烧三阶段进行。因此，有时为了保证最大尺寸煤粉颗粒以及由于某种原因着火迟缓的颗粒能够燃尽，把燃尽区大大拉长，这对要求设计较紧凑的燃烧室来说是不合适的。

此外，煤粉机械不完全损失主要是由于飞灰可燃物引起的，而这又主要是因为煤粉颗粒过粗所致。根据这些情况，有必要要求制粉系统制成的煤粉颗粒尽可能均匀（不含有过粗的煤粉），但亦不必要磨得过细，否则会徒然增加能量的消耗。

具有高挥发物产量的褐煤、烟煤等的煤焦，其反应能力较无烟煤、贫煤等强得多；另外，这种煤焦具有多孔结构，可增大它们的反应表面积，所以同样大小颗粒的褐煤就要比贫煤、无烟煤燃烧得快些，因而相应地就不需要较长的燃烧时间和较大的燃烧空间。但在实际燃烧装置上（如煤粉炉），为了适应煤种的变换，不可能在炉膛尺寸上有很大的差距，因此为了保证各煤种的不同燃烧特性，可采用如下的办法来解决：高挥发物产率的煤种可燃用较粗颗粒的煤粉，而低挥发物产率的煤种则应燃用颗粒较细的煤粉。

## 11.2.2　粉煤燃烧系统

煤粉燃烧一般采用悬浮燃烧法。悬浮燃烧是将磨成微粒或细粉状的燃料与空气混合后从喷燃器喷出，在炉膛空间呈悬浮状态的一种燃烧。按空气流动方式的不同，悬浮燃烧可分为直流式（火炬式）燃烧和旋涡式（旋风式）燃烧两种。直流式燃烧采用的燃烧设备叫煤粉炉（因采用粉状燃料得名），旋涡式燃烧采用的燃烧设备叫旋风炉（因空气旋转得名）。

粉煤燃烧系统是由磨粉装置、煤粉输送设备和燃烧设备所组成。图11-24是粉煤燃烧系统的一般组成情况。原煤经给煤器按一定速率进入煤粉机，在煤粉机中经过粉碎后送到分离器，不合格的粗粉沿回路重新回至煤粉机中进行研磨，合格的细粉则沿管道送至一次风机，在一次空气的带动下，以规定的速率送往粉煤燃烧器。

根据供粉方式的不同，煤粉燃烧系统有直吹式供粉燃烧系统和中间储仓式供粉燃烧系统。直吹式供粉燃烧系统在任何时候整台磨煤机的制粉量都等于燃烧器的燃煤量，制粉量是随燃煤量而变化的，当燃煤量减少时，制粉系统负荷降低会造成运行的不经济。中间储仓式供粉燃烧系统是将磨好的煤粉用细粉分离器分离下来，储存在煤粉仓中，然后再从煤粉仓中根据燃煤量的需要，调节给粉机把煤粉送入燃烧器进行燃烧。这种供粉燃烧系统，供粉可靠，且可使磨煤机在经济工况下运行，但需要增加细粉分离器、螺旋输粉机及粉仓等设备，因而系统复杂，投资较大，一般在电站锅炉中应用较多。

根据煤粉用量的大小，煤粉制备系统一般可以为分两种类型，即集中式的粉煤制备系统，规模较大，供全厂集中使用；分散式的粉煤制备系统，规模较小，分散在各个车间，一套设备只供一个车间或一个炉子使用。在冶金厂内，由于车间分散，而每个车间的煤粉用量又不很大，所以最好采用分散式的煤粉系统。

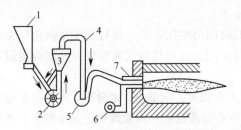

图11-24　粉煤燃烧系统的一般组成

1—给煤器；2—煤粉机；3—分离器；4—煤粉输送管道；
5—一次空气；6—二次空气；7—粉煤燃烧器

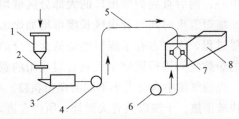

图11-25　简易煤粉磨制和输送系统

1—煤斗；2—给煤器；3—煤粉机；4—送粉风机（一次风机）；
5—煤粉输送管理；6—二次风机；7—煤粉烧嘴；8—加热炉

图11-25是轧钢加热炉常用的一种简单的粉煤制备和输送系统示意图。这种简单煤粉制

备系统的主要特点是，在煤粉磨制过程中不使用干燥剂，而且从煤粉机出来的粉煤不经过分离器就直接送往炉内燃烧。

煤粉机是煤粉制备系统的重要设备，它的类型很多，如钢球煤粉机（球磨机）、中速煤粉机、竖井式煤粉机、锤击式煤粉机、风扇磨等。

煤粉机的选取主要取决于产量的大小和煤质的情况，后者主要指煤的含水量、挥发分产率和可磨性系数。所谓可磨性系数，是用来表示将煤制成煤粉的难易程度的一个指标，它是在实验室条件下，将粒度相同的标准煤和被测定煤磨制成同样细度时所消耗的能量之比。可磨性系数越大，表示该种煤越容易磨细。

目前我国轧钢加热炉系统所用的煤粉机主要是锤击式煤粉机和风扇磨，它们都属于高速型煤粉机，其工作原理是在高速旋转的叶轮上装有许多锤板（锤击式煤粉机）或叶片（风扇磨），利用锤板和叶片对煤的高速冲击作用而将煤磨细，达到所要求的粒度。

煤粉炉的基本特点是，炉膛内的燃料粉末和空气不进行旋转。它们在炉膛内的停留时间很短，一般只有 $2 \sim 3s$。要在这么短的时间内完成燃烧过程，必须把燃料磨得很细（平均直径在 $100 \mu m$ 以下）。由于燃料磨得细，表面积大大增加，因而改善了与空气的混合条件。再加上炉膛温度高，燃烧可以进行得很剧烈。各种煤种的燃料都可有效地燃烧，所以煤粉炉具有燃烧效率高、热强度较大、负荷调节方便的特点。它是现代燃煤锅炉的一种主要形式，对于容量较大的工业锅炉（$D \geqslant 35t/h$），也常采用这种方式。

煤粉在煤粉炉中进行火炬式燃烧，有一些与其他燃烧方式以及与气体燃料和液雾燃料不同的燃烧特点，这些特点主要如下。

**（1）煤粉-空气混合气流的点燃比较困难**

煤粉的点燃过程是将煤粉空气混合气流与高温炽热的烟气混合，使煤粉空气混合物的温度升高，一直到煤粉能够着火。一般在规定条件下，静止煤粉颗粒的着火温度，烟煤为 $400 \sim 500℃$，贫煤、无烟煤和焦炭为 $650 \sim 800℃$，而要点燃煤粉气流则需要更高的温度才能着火。

将煤粉气流加热到着火温度所需要的热量称为着火热。煤粉气流需要的着火热要比气体燃料或液雾燃料的着火热高得多，因此煤粉空气混合气流的点燃要困难得多。根据计算将 $1kg$ 的煤气空气混合气加热到其着火温度 $600℃$，只需要 $684kJ$ 的热量，但要将挥发分为 $20\%$ 的烟煤煤粉空气混合物加热到着火温度 $840℃$，则 $1kg$ 这种混合物（$0.75kg$ 空气和 $0.25kg$ 煤粉）需要热量 $1050kJ$。如果将无烟煤煤粉空气混合物加热到着火温度 $1000℃$，则需要的着火热 $1300kJ$。由此可见，点燃烟煤煤粉空气混合物需要的热量要比点燃煤气空气混合气时多 $50\%$ 以上，而点燃无烟煤煤粉空气混合物需要的热量要增加 $1$ 倍。这就是为什么在锅炉中烧煤气或燃料油时，一般不存在着火问题，但是要使喷入炉膛的煤粉气流能连续稳定地点燃却要困难得多。因此，煤粉气流的着火是煤粉燃烧中必须重视和设法解决的一个重要问题。

**（2）煤粉气流的燃尽过程较长**

煤粉气流燃烧正常时，一般在离燃烧器喷口 $0.3 \sim 0.5m$ 处开始着火，在离喷口 $1 \sim 2m$ 距离内大部分挥发分已析出并燃烧掉。但焦炭的燃烧常要延续至 $10 \sim 20m$ 或更远的距离，这就要有一个较长的燃尽过程。

在燃烧室长度的 $15\% \sim 20\%$ 处，煤粉燃尽率已达 $90\% \sim 96\%$。在燃烧室长度的 $50\%$ 处，燃烧烟煤煤粉时燃尽率已达 $98\%$，在其后燃烧室长度的 $50\%$ 距离上，燃尽率的提高很少。无烟煤的燃尽要困难一些，在燃烧室长度的 50% 处，燃尽率还不到 98%，但其燃尽过程的变化趋势和烟煤是一样的。

如果单从满足合理的燃尽率来看，煤粉炉燃烧室的长度可以有较大的缩短，其容积热负荷还可增大。但是为了使燃烧过程中形成的灰粒不以熔融状态黏结在壁上，需要在炉膛四周有足够的水冷壁的面积，这就需要限制煤粉炉的容积热负荷，因此燃烧室的长度不宜缩得太短。目前煤粉燃烧炉的容积热负荷一般都在 $(130 \sim 180) \times 10^3 \, W/m^3$。

**（3）煤粉燃烧时污染物的排放较多**

固体燃料燃烧时排放出来的污染物主要是粉尘、$SO_x$ 和 $NO_x$。不同的燃烧方式和燃煤条件对煤燃烧污染物的产生和排放影响很大。煤粉在煤粉炉中燃烧时，每吨燃料燃烧产生的粉尘和 $NO_x$ 量比层燃大得多，因此控制煤粉燃烧时污染物的产生和排放就比较困难但也更为重要了。

**（4）煤粉燃烧要注意防止结渣**

煤中的灰含量一般在 10%～35%，有的会高达 50%，燃烧过程中形成的灰分在温度很高时会逐渐变形、软化以至熔化。在煤粉炉炉膛中心，燃烧温度一般都在灰分熔化温度以上（1400～1600℃），因此灰分常呈熔融状态。如果灰粒在还没有冷却前就碰在炉膛四周的炉墙和受热面上，以及炉膛出口受热面上，那么熔融状态的灰粒就会黏结在上面，受热面黏结灰粒以后，就会降低它冷却炉膛烟气的作用，其附近的烟气和灰粒的温度就会更高，就会更容易地使灰粒熔化及黏结。因此灰粒一旦黏结在炉墙和受热面上，则黏结的灰渣便会越来越厚，这种现象称为结渣。结渣是煤粉炉安全运行的主要危险，必须注意避免。保证炉膛四周有足够的水冷壁面，使熔融灰粒在靠近壁面时由于辐射传热面冷却，是防止结渣的有效措施。这也是煤粉炉炉膛热负荷不能进一步提高的原因。

根据以上讨论可以知道，与机械化层燃炉相比，煤粉炉具有下列优点。

① 燃烧效率高。

② 可采用灰分、水分多的劣质煤和挥发分少的无烟煤屑。

③ 可实现操作运行的全部机械化和自动化。

④ 单机容量可以做得很大，适宜于大型动力工业的需要。

目前蒸发量大于 75t/h 的燃煤锅炉，差不多全部采用煤粉燃烧方式。

煤粉炉虽有上述优点，但亦存在一些不足，主要如下。

① 烟气中飞灰含量高。

② 金属受热面易磨损。

③ 受热面上积灰和结渣问题较严重。

④ 需要一套制粉设备，使能耗增加。此外操作、运行亦复杂化。

因此对蒸发量小于 35t/h 的小型锅炉，不宜采用煤粉燃烧方式；对中等大小的锅炉，采用何种炉子合适，需要根据燃料品种、使用条件等具体情况来确定。

## ▶ 11.2.3　粉煤燃烧器

煤粉燃烧系统中的燃煤器是一个重要部件，在工业炉中它又称为煤粉烧嘴。燃煤器的功用是将燃料和空气送入燃烧室，并组织气流使燃料和空气合理地在燃烧室中混合、着火和燃烧。煤粉燃烧器分为直流式和旋流式两类，前者在大容量电站煤粉锅炉中应用较多，后者在我国的中小型煤粉锅炉中使用较广。

#### 11.2.3.1 设计参数

因为煤粉在输送管道中已经和一部分或全部空气达到均匀混合，在燃烧过程中，混合条件的影响不像烧油或烧煤气那样显著，因此煤粉燃烧器一般都比较简单，在考虑它的结构尺寸时主要应掌握以下几个设计参数。

**(1) 煤粉燃烧时间 $\tau_燃$**

煤粉燃烧时间的长短直接影响火焰的长度，它们之间的关系可用下式来表示，即：

$$l_焰 = u_混 \tau_燃 \tag{11-6}$$

式中  $l_焰$——火焰长度，m；

$u_混$——煤粉空气混合物的喷出速度，m/s；

$\tau_燃$——煤粉燃烧时间，s。

因为煤粉的燃烧主要是小炭粒的燃烧，所以燃烧时间的长短主要取决于煤粉的细度，其次，它和挥发分的产率及炉温的高低也有关系，挥发分产率及炉温越高，越有利于小炭粒的燃烧。

由于炭粒燃烧的复杂性，以及实际燃烧条件的多样性，影响燃烧速率和燃烧时间的因素很多，尤其是气流分布及流场结构方面的因素对炭粒燃烧时间的影响更为明显和复杂，因此，关于燃烧时间的具体数据，现在主要是根据实践经验或通过实验来决定。

**(2) 煤粉空气混合物的喷出速率 $u_混$**

因为煤粉在管道中已和空气混合在一起，又因煤粉是悬浮在空气流中燃烧，因此煤粉空气流的喷出速度不能太小，否则会发生回火及粗粉从焰流中坠落的现象。

根据以上情况，在确定煤粉空气流的喷出速度时，原则上按照火焰传播速度的大小，使喷出速度大于火焰传播速度，以免发生回火。在一般工业炉的燃烧条件下，煤粉火焰的传播速度主要和煤的质量以及煤粉在空气流中的浓度有关。

知道了火焰传播速度，就可以按下式确定煤粉空气流的最小允许喷出速度。

$$u_混 = mS_L \tag{11-7}$$

式中  $u_混$——最小允许喷出速度，m/s；

$m$——煤粉烧嘴的调节倍数；

$S_L$——火焰传播速度，m/s。

根据经验，当煤粉粒度较细（<10%）、挥发分含量较多（>20%）以及炉子较大时，在正常负荷下，煤粉空气流的喷出速度可取为 20～30m/s；而当煤粉较粗，挥发分较少，炉子比较小时，喷出速度可以小些，为 10～15m/s。

**(3) 空气量的分配**

在煤粉燃烧过程中，挥发分的燃烧对它有很大的促进作用。为了给挥发分的燃烧创造有利条件，应当使煤粉空气流中的挥发分有足够大的浓度，因此一次空气的浓度不宜太多，也就是说，最好是根据挥发分的多少来确定一次空气所占的比例。

在生产实践中，还常常改变一、二次空气比例，作为调整火焰的手段，例如，减少一次空气，在一定范围内可以起到缩短火焰的作用。又如，有的连续加热炉，为了得到较长的火焰，常采用全部是一次空气的单管式煤粉燃烧器。

#### 11.2.3.2 煤粉燃烧器的结构

煤粉燃烧器的结构比起煤气和重油燃烧器来要简单得多，根据喷口断面形状，有圆口烧嘴和扁口烧嘴，如图11-26所示。在设计煤粉燃烧器（简称煤粉烧嘴）时，重要的不是选择烧嘴的形式，而是按照煤炭的质量及炉子对火焰的要求选择合理的喷出速度。根据煤质的不同，应当选择不同的喷出速度。

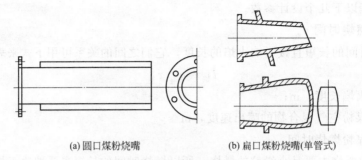

(a)圆口煤粉烧嘴　　　　　　(b)扁口煤粉烧嘴(单管式)

图 11-26　煤粉烧嘴

根据煤粉喷嘴结构的不同，主要有以下几种形式。

**(1) 扩散式燃烧器**

① 直流式燃烧器　直流燃烧器结构比较简单，常由一组圆形或矩形喷口组成，如图11-27所示。煤粉和空气分别从不同喷口送入炉膛。喷口分为一次风喷口（将煤粉送入炉膛并供给着火阶段所需空气）、二次风喷口（供给助燃空气，保证煤粉的燃尽）和三次风喷口（加强煤粉燃烧后期的混合）。直流燃烧器一、二次风喷口的排列方式有两种：一种是一、二次风喷口交替间隔排列，称为均匀配风。这种配风可使煤粉和空气混合较快，因而适用于燃烧挥发分较多的煤种。另一种是几个一次风喷口相对集中称为分级配风。这种配风使一、二次风的混合推迟，它适用于燃烧挥发分较少的煤种。大部分直流煤粉燃烧器布置在煤粉炉炉膛的四角，四角燃烧器的轴线相切于炉膛中心的假想切圆，形成切向燃烧。从各喷口喷出的射流火炬呈 L 形，共同围绕炉膛中心轴线旋转，然后汇集成略有旋转的上升火焰并向炉膛出口流去。

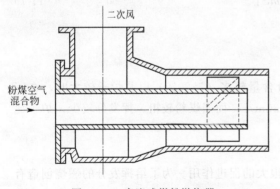

图 11-27　直流式煤粉燃烧器

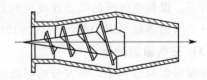

图 11-28　涡流式粉煤喷嘴

② 涡流式或旋风式喷嘴　涡流式或旋风式煤粉喷嘴有多种形式。

图 11-28 所示为涡流式煤粉喷嘴，一次风是通过蜗壳送入的直流风，二次风是通过轴向叶片送入的旋转射流。轴向叶片的角度可用拉杆进行调节，从而可在较大范围内改变二次风的旋转强度以适应煤种多变的要求。这种燃烧器还可换烧重油和煤粉。在烧油或烧很容易着火的煤粉时，可以减少二次风的旋流强度，缩小扩展角，使二次风和油雾及煤粉较快地混合，在烧煤粉时可采用较大的旋流强度，增大回流区尺寸，以使煤粉易于着火和稳定燃烧。

图 11-29 所示为旋风式煤粉喷嘴的结构示意图，其特点是二次风呈螺旋状进入，燃烧时火焰产生旋流，燃烧速率明显加快，火焰较短。

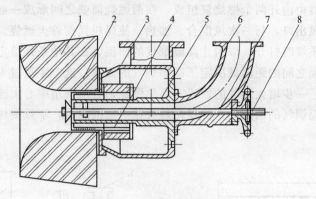

图 11-29　旋风式粉煤喷嘴
1—烧嘴砖；2—钝体；3—风壳；4—旋风室；5—直管；6—弯管；7—调节杆；8—手轮

③ 双管式煤粉喷嘴　图 11-30 所示为双管式煤粉燃烧器，煤粉和一次空气混合物从中间喷管喷出，二次空气从外层套管送入，其特点是火焰较长。

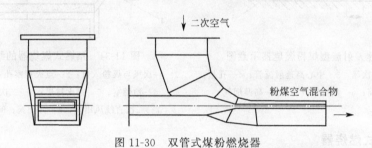

图 11-30　双管式煤粉燃烧器

④ 煤气、煤粉两用燃烧器　图 11-31 所示为一种煤气、煤粉两用燃烧器，可同时燃用两种或单独燃用任何一种燃料。

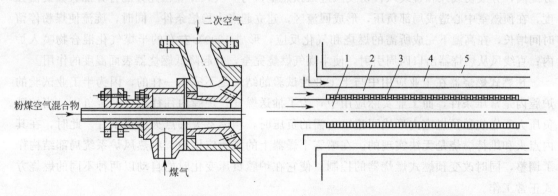

图 11-31　煤气、煤粉两用燃烧器　　　图 11-32　电加热式多级点火燃烧器示意图
1—第 1 级煤粉气流；2—环间风；3—电热丝；
4—第 2 级煤粉气流；5—第 3 级煤粉气流

⑤ 电加热多级点火燃烧器　浙江大学从事电加热方面的研究，并形成了一套独特的方式，图 11-32 所示为电加热式多级点火燃烧器示意图。

⑥ 速差射流型喷嘴 图 11-33 所示为在回转水泥窑中燃用低挥发分煤的速差射流煤粉燃烧器的强化燃烧，设计了一种新型的煤粉燃烧器。为了不使煤粉火焰发散，使其能形成稳定的窑皮，该燃烧器由内外两个燃烧筒组成，在两燃烧筒壁之间形成一通道，高温烟气通过此通道回流至一次风出口，与一次风混合、加热，使煤粉提前着火燃烧。燃烧器外筒端面的冷却风仅在燃用优质煤时打开，以阻止高温烟气的回流。在其他条件给定的情况下，燃烧器内筒端面与喷口端面之间的距离就决定了高温烟气的回流，这个距离过大和过小都不利于回流量。此外，为了进一步增大烟气的回流，强化燃烧，必须采用中心大速差射流。它的作用是：进一步增加高温烟气的回流量；使煤粉约束在一定范围内，不致使煤粉扩散；使窑炉的 $NO_x$ 排放量降低。

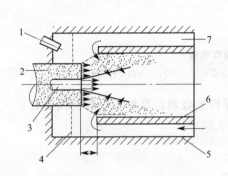

图 11-33 速差射流型煤粉燃烧器示意图

1—冷却风；2—一次风；3—中心高速射流管；4—孔板；
5—燃烧器外筒；6—燃烧器内筒；7—高温烟气

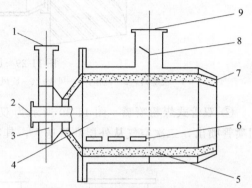

图 11-34 预燃式燃烧器的结构简图

1——次风与煤粉入口；2—点火观察孔；3—蜗壳旋流器；
4—预燃室；5—耐火衬里；6—二次切线风出口；
7—二次直线风出口；8—分配阀；9—二次风进口

### (2) 预燃式燃烧器

图 11-34 所示为预燃式燃烧器的结构简图。由磨煤机连续供给的一次风和煤粉通过燃烧器的蜗壳旋流器形成旋流，在预燃室内强烈旋转；来自高压助燃风机的二次风经过燃烧器的分配阀，分成切线风和直线风；切线风进入预热室，与一次风和煤粉充分混合并加大其旋流强度，在预燃室中心造成局部负压，形成回流区，建立起点火稳焰条件。同时，旋流使煤粉停留时间增长，在高温下完成所需的燃烧和气化反应，形成 1200℃ 左右的半煤气化混合物喷入炉内；直线风从燃烧器出口四周引射，使半煤气燃烧完全，并起降低燃烧器表面温度的作用。

预燃式燃烧器在工业应用中与半工业性试验的结果是不完全一样的，因为半工业试验的炉膛内是常压条件，而工业实际应用中，为了抽送燃气，炉膛内往往形成一定负压。当炉膛负压大于燃烧器预燃室内形成回流区所需的负压时，预燃室失去点火稳焰条件。此时，在其内点火和维持燃烧是无法实现的。在喷雾干燥器上的实际应用中，将热风炉系统局部结构作了调整，同时改变预燃式燃烧器的控制，使它在炉膛负压变化时能自动以两种不同的燃烧方式正常工作。

常压下的冷态半煤气点火方式：将排烟装置打开，热风炉系统与干燥塔热风管的通道同时关闭；启动磨煤机和助燃风机，热风炉自成系统运行，此时炉膛内为常压；用油棉纱在燃烧器内引火，煤粉在几十秒内点燃，并在预热室内强烈燃烧；喷出的半煤气火焰迅速将炉膛温度提高到 800℃ 以上。

负压下的正常运行方式：当炉温升高，烟囱不冒黑烟时，进行烟气切换，干燥塔热风管接通；在主排风机的作用下，炉膛内形成负压，燃烧立即自动从燃烧器的预燃室内转入炉膛内。此时燃烧器是将高速旋转的雾状煤粉喷入炽热的炉膛内悬浮燃烧，并以这种燃烧方式持续运行；热风炉暂停后的热态点火也是采用这种燃烧方式，不用在预燃室内点火，只需通过燃烧器将煤粉喷入炉内即可使炉温迅速回升。

预燃式燃烧器使用中的两种燃烧形式和冷、热态点火迅速是其重要的特点，适合有些干燥器操作上的随时启停的需要。

根据直接点火方式的不同，预燃式燃烧器又有以下几种有代表意义的形式。

① 带根部二次风预燃式直接点火燃烧器　图 11-35 所示的带根部二次风的煤粉直接点火燃烧器是很有代表性的。在 20 世纪 80 年代初预燃室技术得不到广泛推广的原因就在于其易发生积粉、结渣、烧坏预燃筒等事故，根部二次风是解决这一问题的办法之一。

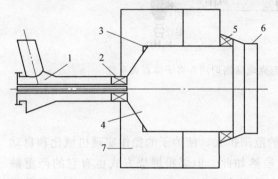

图 11-35　带根部二次风预燃室煤粉直接点火燃烧器
1——一次风筒；2——次风旋流叶片；3—根部二次风直叶片；
4—预燃室筒体；5—出口二次风旋流叶片；6—预燃室出口；
7—二次风箱

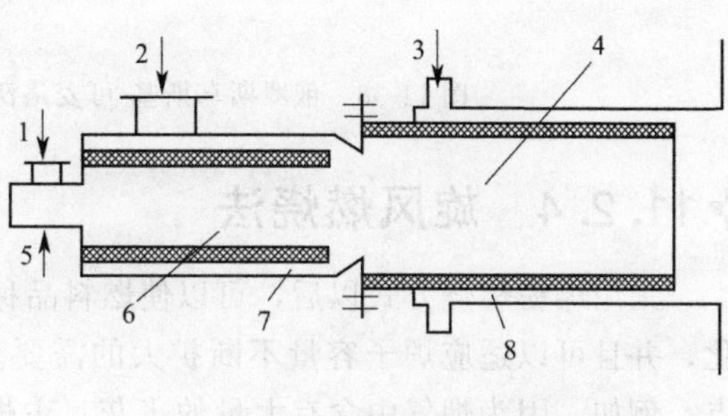

图 11-36　中心火炬预燃室
1—空气；2——次风粉；3—二次风；4—煤燃烧室；5—油
6—油燃烧室；7——次风粉夹套；8—二次风夹套

② 中心火炬式煤粉直接点火燃烧器　图 11-36 所示的中心火炬式煤粉直接点火燃烧器，它设置了一个前置油燃烧室，形成 1200℃ 高温火炬入燃烧室，投入一次风粉后即可着火，既可点燃，又可作主燃烧器连续运行。

③ 抛物线内筒式直接点火燃烧器　图 11-37 所示的煤粉直接点火燃烧器是一种发展较成熟的结构形式。一方面，预燃室内筒采用了抛物线型，有将热量聚焦的作用，再加上旋流产生的热回流，可以较理想地点燃煤粉；另外，在内筒外流过的二次风既起冷却内筒的作用，又使本身加热，以一定的方式进入预燃筒，起到防渣、吹灰的作用。

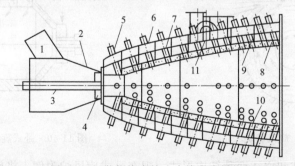

图 11-37　抛物线内筒式直接点火燃烧器
1——一次风进口管；2—锥形管；3—套管；4—旋流叶片；5—燃烧筒外壳；
6—外层风套；7—内层风套；8—抛物线型内衬；9—二次风嘴；10—吹灰喷嘴；11—隔板

④ 等离子直接点火燃烧器  图 11-38 所示为俄罗斯开发的等离子体点火系统，由预燃室和具有可动石墨阴极的同轴直流等离子体发生器（功率达 200kW）组成，属于无油直接点火燃烧器。我国也成功进行了等离子体直接点燃煤粉的工业性实验并取得成功。

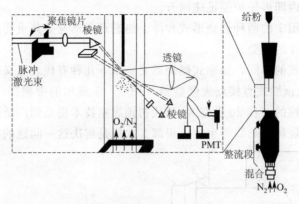

图 11-38  俄罗斯乌斯基-可麦洛沃斯克电站锅炉用等离子体点火系统

## 11.2.4  旋风燃烧法

采用煤粉燃烧方式以后，可以使燃料品种的范围扩大，使炉子的操作实现机械化和自动化，并且可以适应炉子容量不断扩大的需要。虽然如此，但煤粉燃烧方式也有它的严重缺点，例如，因为烟气中含有大量的飞灰，占燃料全部灰分的 $85\% \sim 90\%$，造成换热器和风机的磨损，而且有碍环境卫生，不得不装设复杂的除尘设备。此外，燃烧煤粉还需要复杂的制粉设备，增加设备投资。

旋风燃烧是利用旋风分离器的工作原理，使燃料空气流沿燃烧室内壁的切线方向，以高达 $100 \sim 200 m/s$ 的速度做旋转运动，如图 11-39 所示，在离心力的作用下，燃料颗粒和空气得以紧密接触和迅速完成燃烧反应。在这种燃烧方式下，不仅改善了燃料和空气的混合条件，而且还显著延长了燃料在燃烧室中的停留时间，因此可以将空气过剩系数降到 $1.05 \sim 1.0$，并且可以燃烧粗煤粉或碎煤粒，从而可以简化甚至取消制粉设备。旋风燃烧法的突出优点是燃烧强度大，它的容积热强度可达到 $(12.5 \sim 25.1) \times 10^6 kJ/m^3$，而且由于燃烧温度高，可以使渣熔化成液体排出，从而解决了由于烟气飞灰所带来的一系列问题。

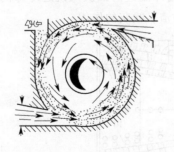

图 11-39  旋风燃烧

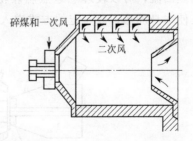

图 11-40  卧式旋风炉示意图

旋风燃烧室有卧式和立式两种结构形式，现在卧式旋风炉为例，将旋风燃烧室的有关特性说明如下。

卧式旋风炉的简单示意图如图 11-40 所示。燃料由一次空气从旋风炉前的喷煤器送入炉内，所用的燃料是碎煤粒，二次空气沿切线方向送入炉内，在炉膛内和燃料强烈混合并燃烧。炉渣熔化成液态，在离心力的作用下在炉墙上形成液态渣膜。旋风炉可以水平布置，也可以向下倾斜 $5°\sim20°$，使熔渣容易排出。

旋风炉中可以将气流分为两个区域。在外层气流中，越靠近炉墙，其切向速度越低。在气流中心处则相反，越靠中心，切向速度越低。旋风炉中的轴向速度有两个极大值，可将气流分为外层和内层两个区域。

燃料由于离心力的作用，大部分集中在外层气流中，随着气流螺旋形前进，直到喇叭形的出口处所形成的旋风沟中。在旋风沟中，燃料浓度很高，空气消耗系数远小于 1，燃料强烈气化，而且由于此处温度很高，因此化学反应速率很快。在煤粉炉中，燃料和烟气的停留时间是相同的，而在旋风炉中，燃料在炉内的停留时间大大延长，而且扩散掺混和燃烧过程特别强烈。

工业上实际采用的旋风炉，由于二次空气送入的方式不同，气流分布和燃烧情况不尽相同。图 11-41 给出循环区的位置与气流入口位置的关系。当气流集中在旋风炉前部送入时，如前所述，外层气流的循环区位于旋风沟附近，燃烧过程主要也在那里进行。相反，如果将气流入口移到旋风沟中，则外层气流的循环区移到旋风炉前部，燃烧区的位置也随之改变。当气流由两端送入时，燃烧主要是在旋风炉中部进行。如果气流由中间送入，则前后都进行激烈的燃烧反应，由此可见，将气流集中到旋风炉前部送入是不恰当的，不能充分利用炉膛容积，只有出口部分有液体渣膜，前部的耐火材料容易磨损。将气流集中在旋风沟中送入的方式同样也是不恰当的，它将导致旋风沟中温度过分降低，影响液态渣的排出。比较合理的方式是将气流在中部送入，这时火焰充满炉膛，几乎全部炉墙都有液体渣膜包住。

除了送风方式以外，旋风燃烧室的工作状态还和燃料性质、灰渣成分及燃料颗粒尺寸大小等因素有关。一般都将二次风嘴沿旋风炉宽度成组布置，并分别调节，这样具有较大的灵活性，并可获得最有利的工况。

按照一次风的送入方式，卧式旋风炉又可分为两大类，即一次风沿轴向送入或者沿切向送入。

图 11-40 所示就是一次风沿轴向送入的旋风炉。试验证明，虽然一次风也是沿蜗壳喷燃器送入的，但决定旋风炉中气体流动情况的主要还是沿切向送入的二次

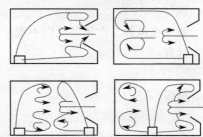

图 11-41  旋风炉循环区域的位置
与气流入口位置的关系

风。试验发现，如果将燃料沿轴向送入旋风炉，则将有许多细粉随着内层气流运动。虽然内层气流也是旋转的，但是它不经过旋风沟，气流也不循环，很快就流出旋风炉，使机械不完全燃烧增加，燃烧一直延续到旋风炉出口以后，捕渣率也降低。因此，当燃烧粗煤粉时，煤粉宜从切线送入，使燃料保持在外层气流中，经过循环区，延长它在炉内的停留时间，使它能强烈气化和燃烧。

图 11-42 所示是一次风沿切向送入的卧式旋风炉。喷嘴分成上、下两排，下排用来送一次风，上排用来送二次风，而且它们是沿旋风炉的宽度均匀送入的，这样，在一次风和炉墙之间夹有一层空气，使燃料不能直接和炉墙接触，只有熔化的液体渣由于相对密度较大，才能从气流中分离出去。由此可知，此时在一次风和二次风的接触面上都可以着火，着火面积大大增加，沿整个炉膛长度形成管状的着火面，如图 11-43 所示。这样，使得这种旋风炉不仅可燃烧含挥发物多的燃料，而且可以燃烧挥发物少的燃料，甚至贫煤。据资料介绍，当一

次风沿切线进入时，可以燃烧挥发物只有8%、灰渣熔化温度高达1550℃的燃料。

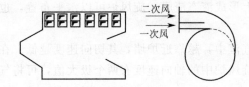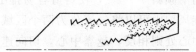

图 11-42 切向送进一次风的卧式旋风　　　　图 11-43 切向送进一次风时卧式旋风炉的着火面

在采用旋风燃烧法时，旋风炉的二次风速高达 130～180m/s，旋风炉的阻力往往也高达数百毫米水柱，因此降低二次风的阻力对旋风炉的经济性有很大意义。

在不改变风速的条件下，降低旋风炉阻力的主要措施是降低设备的阻力系数 $\zeta$。实验证明，阻力系数主要和下列结构因素有关。

① 旋风炉的喷口直径 $d_c$ 和它的直径 $D$ 之比。

② 二次风喷嘴流通截面 $\sum A_C$ 和旋风炉截面 $A$ 之比，亦即：

$$\zeta = f\left(\frac{d_c}{D}, \frac{\sum A_C}{A}\right) \tag{11-8}$$

对于几何相似的旋风炉，$d_c/D = \text{const}$，为了保证它们的阻力相等，在一定的二次风速下，必须保证它们的 $\sum A_C/A$ 相同。一般情况下，$\sum A_C/A = 2.2\% \sim 6.4\%$。因为 $\sum A_C/A = \text{const}$，而且二次风速 $u_2 = \text{const}$，因此：

$$\frac{u_2 \sum A_C}{A} = \frac{V_2}{A} = \text{const} \tag{11-9}$$

或　　　　　　　　　　　　$V_2 \propto F \tag{11-10}$

当一次风和二次风的比例不变，空气消耗系数相同时，旋风炉的热负荷正比于空气消耗量，故有：

$$Q \propto V \propto V_2 \propto A \tag{11-11}$$

亦即：

$$Q/A = \text{const} \tag{11-12}$$

由此可见，为了保证旋风炉的经济性，使它的阻力在合理的范围内，需要保证的不是它的容积热强度，而是它的截面热强度 $Q/A[\text{kJ}/(\text{m}^2 \cdot \text{h})]$。根据现在资料介绍，旋风炉的截面热强度一般为 $(42 \sim 54.6) \times 10^6 \text{kJ}/(\text{m}^2 \cdot \text{h})$。

根据截面热强度，可以决定旋风炉的直径为：

$$D = \sqrt{\frac{BQ_{低}}{0.785 \dfrac{Q}{A}}} \tag{11-13}$$

式中　　$B$——燃料消耗量，kg/h；

　　　　$Q_{低}$——燃料发热量，kJ/kg。

在采用轴向进煤（一次风）时，一次风量约占15%。当负荷变化时，一次风量保持不变。一次风速为 $u_1 = 30 \sim 35\text{m/s}$。对于切线进风的旋风炉，一次风速较低，一般可取 $u_1 = 20 \sim 30\text{m/s}$。旋风炉的空气消耗系数可取为 $1.05 \sim 1.1$。

旋风炉的出口的结构尺寸（喷口直径 $d_c$、长度 $l_c$、张角 $\alpha_c$，见图11-44 对它的工作有很大的影响。减小 $d_c/D$，可以使外层气流加大，最大切线速度 $w_t$ 也加快，边界上的气流切线速度几乎不变而中心的切线速度则增加，同时，还导致旋风炉中心负压和四周正压增大，因而使密封和加煤困难，而且气流阻力也增大。因此，不宜过分减少喷口直径。一般情况下，$d_c/D=0.35\sim0.59$ 为宜，对于挥发物含量高和化学反应能力强的燃料，$d_c/D$ 可稍大。

喇叭口的长度 $l_c$ 对气流运动情况的影响较小。喇叭口可以使循环气流加强，并且可以稍稍改善分离情况。喇叭口过长会使旋风沟减少，一般可取 $l_c/D=0.6\sim1.0$。

喇叭口的扩张角 $\alpha$ 对旋风炉的阻力略有影响，当 $\alpha=30°\sim45°$ 时，阻力最小。

当气流入口情况不变时，增加旋风炉的长度 $L$ 导致阻力增加，使气流出口处的旋转速度降低。一般 $L/D=1\sim1.3$。

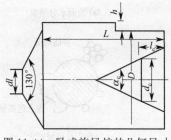

图 11-44 卧式旋风炉的几何尺寸

综上所述，旋风燃烧法由于热强度大，设备结构紧凑，而且可以液体排渣，因此在蒸汽动力工业部门获得了很大的发展。

# 11.3 生物质燃料的燃烧过程和装置

近年来，生物质材料成型燃料技术得到了长足的发展，具有一定粒度的生物质原料，在一定压力作用下（加热或不加热），可以制成棒状、粒状和块状等各种成型燃料。原料经挤压成型后，密度可达 $1.1\sim1.4t/m^3$，能量密度与中质煤相当，燃烧特性明显改善，火力持久，黑烟少，炉膛温度高，而且便于储存和运输。目前生物质致密成型工艺从广义上可划分为常温压缩成型、热压成型和炭化成型三种主要形式。

## 11.3.1 生物质成型燃料的燃烧过程

作为固体燃料的一种，生物质成型燃料的燃烧过程也要经历点火、燃烧等阶段。

**(1) 点火过程**

生物质成型燃料的点火过程是指生物质成型燃料与氧分子接触、混合后，从开始反应到温度升高至激烈的燃烧反应前的一段过程。实现生物质成型燃料的点火必须满足：生物质成型燃料表面析出一定浓度的挥发物，挥发物周围要有适量的空气，并且具有足够高的温度。生物质成型燃料的点火过程是：①在热源的作用下，水分被逐渐蒸发逸出生物质成型燃料表面；②生物质成型燃料表面层燃料颗粒中的有机质开始分解，有一部分挥发性可燃气态物质分解析出；③局部表面达到一定浓度的挥发物遇到适量的空气并达到一定的温度，便开始局部着火燃烧；④随后点火面逐渐扩大，同时也有其他局部表面不断点火；⑤点火面迅速扩大为生物质成型燃料的整体火焰出现；⑥点火区域逐渐深入生物质成型燃料内部一定深度，完成整个稳定点火过程。点火过程如图 11-45 所示。

影响点火的因素有：点火温度、生物质的种类、外界的空气条件、生物质成型燃料的密度、生物质成型燃料的含水率、生物质成型燃料的几何尺寸等。

生物质成型燃料由高挥发分的生物质在一定温度下挤压而成，其组织结构限定了挥发分由内向外的析出速率及热量由外向内的传递速率减慢，且点火所需的氧气比原生物质有所减少，因此生物质成型燃料的点火性能比原生物质有所降低，但远远高于型煤的点火性能。从

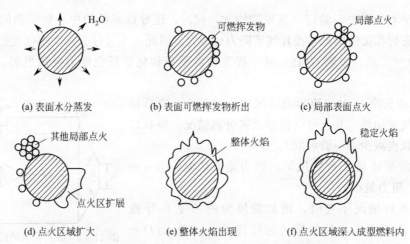

(a) 表面水分蒸发     (b) 表面可燃挥发物析出     (c) 局部表面点火

(d) 点火区域扩大     (e) 整体火焰出现     (f) 点火区域深入成型燃料内

图 11-45   生物质成型燃料点火过程示意图

总体趋势分析，生物质成型燃料的点火特性更趋于生物质点火特性。

**（2）燃烧机理**

生物质成形燃料的燃烧机理属于静态渗透式扩散燃烧，燃烧过程就从着火后开始，包括如下几个阶段：①生物质成型燃料表面可燃挥发物燃烧，进行可燃气体和氧气的放热化学反应，形成火焰。②除了生物质成型燃料表面部分可燃挥发物燃烧外，成型燃料表层部分的炭处于过渡燃烧区，形成较长火焰。③生物质成型燃料表面仍有较少的挥发分燃烧，更主要的是燃烧向成型燃料更深层渗透。焦炭进行扩散燃烧，燃烧产物 $CO_2$、$CO$ 及其他气体向外扩散，行进中 $CO$ 不断与 $O_2$ 结合成 $CO_2$，燃料表层生成薄灰壳，外层包围着火焰。④燃烧进一步向更深层发展，在层内主要进行炭燃烧（$C+O_2 \longrightarrow CO$），在成型燃料表面进行 $CO$ 的燃烧（即 $CO+O_2 \longrightarrow CO_2$），形成比较厚的灰壳。由于生物质的燃尽和热膨胀，灰层中呈现微孔组织或空隙通道甚至裂缝，较少的短火焰包围着成形块。⑤灰壳不断加厚，可燃物基本燃尽，在没有强烈干扰的情况下，形成整体的灰球，灰球表面几乎看不出火焰而呈暗红色，至此完成了生物质成型燃料的整个燃烧过程，如图 11-46 所示。

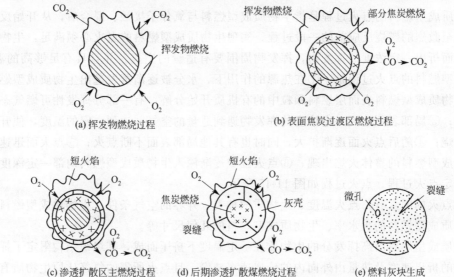

(a) 挥发物燃烧过程     (b) 表面焦炭过渡区燃烧过程

(c) 渗透扩散区主燃烧过程     (d) 后期渗透扩散煤烧过程     (e) 燃料灰块生成

图 11-46   生物质成型燃料的燃烧过程示意图

### (3) 燃烧特性

① 原生物质的燃烧特性　原生物质，特别是秸秆类生物质，密度小、体积大，其挥发分高达 60%～70% 之间，点火温度低，易点火。同时热分解的温度又比较低，一般在 350℃ 就释放出 80% 左右的挥发分。燃烧速率快，燃烧开始不久就迅速由动力区进入扩散区，挥发分在短时间内迅速燃烧，放热量剧增，在传统燃烧设备中，高温烟气来不及传热就由烟囱排出，因此造成大量的排烟损失。另外，挥发分剧烈燃烧所需要的氧量远远大于外界扩散所供应的氧量，导致供氧明显不足，较多的挥发分不能燃尽，形成大量的 $CO$、$H_2$、$CH_4$ 等产物，产生大量的气体不完全燃烧损失。

当挥发分燃烧完毕，进入焦炭燃烧阶段时，由于生物质焦炭的结构为松散状，气流的扰动就可使其解体并悬浮起来，从而脱离燃烧层，迅速进入炉膛的上方空间，经过烟道而进入烟囱，形成大量的固体不完全燃烧损失。此时燃烧层剩下的焦炭量很少，不能形成燃烧中心，使得燃烧后劲不足。这时如不严格控制进入空气量，将使空气大量过剩，不但降低炉温，而且增加排烟热损失。

总之，生物质燃烧的速率忽快忽慢，燃烧所需的氧量与外界供给的氧量极不匹配，呈波浪式燃烧，燃烧过程不稳定。

② 生物质成型燃料的燃烧特性　由于生物质成型燃料是经过高压而形成的块状燃料，其密度远大于原生物质，其结构与组织特征决定了挥发分的逸出速率与传热速率都大大降低，点火温度有所升高，点火性能变差，但比型煤的点火性能要好，从点火性能考虑，仍不失生物质的点火特性。燃烧开始时挥发分慢慢分解，燃烧处于动力区，随后挥发分燃烧逐渐进入过渡区与扩散区。如果燃烧速率适中，能够使挥发分放出的热量及时传递给受热面，使排烟热损失降低，同时挥发分燃烧所需的氧量与外界扩散的氧量很好地匹配，挥发分能够燃尽，又不过多地加入空气，炉温逐渐升高，减少了大量的气体不完全燃烧损失与排烟热损失。挥发分燃烧后，剩余的焦炭骨架结构紧密，运动的气流不能使骨架解体悬浮，骨架炭能保持层状燃烧，能够形成层状燃烧核心。这时炭的燃烧所需的氧与静态渗透扩散的氧相当，燃烧稳定持续，炉温较高，从而减少了固体与排烟热损失。在燃烧过程中可以清楚地看到炭的燃烧过程，蓝色火焰包裹着明亮的炭块，燃烧时间明显延长。

总之，生物质成型燃料的燃料速率均匀适中，燃烧所需的氧量与外界渗透扩散的氧量能够较好地匹配，燃烧波动小，燃烧相对稳定。

## ▶ 11.3.2　生物质成型燃料的燃烧装置

生物质燃料的一般特点是水分高、灰分少、挥发分高、发热值偏低、形状不规则，除一些农产品果实的外壳（稻壳、核桃壳）和果核（玉米芯、桃核等）可直接燃烧外，其他的燃料如秸秆、树枝等在燃烧前必须经过处理，以使能够布料并保证燃烧的均匀。

理论上来说，块煤、粉煤、油或气体燃烧装置都可以燃烧生物质燃料，但由于生物质材料特有的燃烧特性，在这些燃烧装置中燃烧生物质燃料还存在许多问题，如粉状燃烧时，首先应将其制成粉末，但由于生物质燃料是非脆性材料，磨制时易生成纤维团而不是粉状，而且需要预先干燥，而干燥高水分的生物质燃料则需要消耗大量的热。因此，目前针对生物质燃料的特性开发了一些燃烧装置。

### (1) 生物质燃料层状燃烧装置

我们可以采用与块煤同样形式的层状燃烧装置，如图 11-47 所示。国内也有一些企业将燃煤炉改造成燃生物质燃料的实例，如图 11-48 所示。

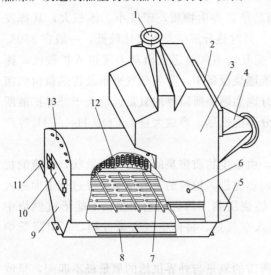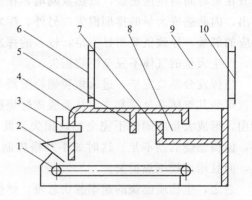

图 11-47　燃柴热管空气加热炉结构示意图　　　　图 11-48　燃煤燃稻壳两用炉结构示意图
1—烟气出口；2—冷空气入口；3—列管换热器；4—热空气出口；　　1—自动炉排；2—加燃料口；3—喷射器；4—前拱；
5—二次风风道；6—二次风口；7—活动炉排；8—清灰插板；　　　　5—储能花墙；6—冷空气入口；7—后拱；
9—落灰室；10—投柴门；11—活动炉排扳手；12—热管；　　　　　　8—除尘室；9—换热器；10—热空气出口
13—副进风口

　　采用层状燃烧炉燃烧生物质燃料，燃料通过料斗送到炉排上时，不可能像煤那样均匀分布，而容易在炉排上形成料层疏密不均，从而形成布风不匀。薄层处空气短路，不能用来充分燃烧，厚层处需要大量空气用于燃烧，但由于这里阻力较大，因而空气量较燃烧所需的空气量少，这种布风将不利于燃烧和燃尽。

　　由于生物质的挥发分很高，在燃烧的开始阶段，挥发分大量析出，需要大量空气用于燃料，如这时空气不足，可燃气体与空气混合不好将会造成气体不完全燃烧损失急剧增加。同时，由于生物质比较轻，容易被空气吹离床层而带出炉膛，这样造成固体不完全燃烧损失很大，因而燃烧效率很低。此外，当生物质燃料含水率很高时，水分蒸发需要大量的热量，干燥及预热过程需要较长时间，所以生物质燃料在床层表面很难着火，或着火推迟，不能及时燃尽，造成固体不完全燃烧损失很高，导致加热装置燃烧效率、热效率均较低，实际运行的层状燃烧装置的热效率有的低达 40%。另外，一旦燃尽后，由于灰分很少，不能在炉排上形成一层灰以保护后部的炉排不被过热，从而导致炉排被烧坏。

　　目前国内外大多采用倾斜炉排的生物质燃料燃烧炉，炉排有固定和振动两种。这种堆积燃烧型炉结构简单，但热效率低，燃烧时温度难以控制，劳动强度大。

　　生物质燃料燃烧产生的烟气由于含有害成分较少，因此烟道气可直接用来干燥产品，也可以采用二次加热的方式生产洁净热空气，所用的换热器可以是无管式、列管式，也可采用热管式。

**（2）生物质燃料流化床燃烧装置**

　　流化床反应器具有混合均匀、传热和传质系数大、燃烧效率高、有害气体排放少、过程易于控制、反应能力高等优点，因此利用流化床反应器对生物质进行热化学处理越来越受到人们的关注。然而，单独的生物质形状不规则，呈线条状、多边形、角形等，当量直径相差较大，受到气流作用容易破碎和变形，在流化床中不能单独进行流化。以锯末为例，气流通入以纯锯末为流化物的流化床中，床中将出现若干个弯曲的沟流，大部分气体从中溢出，无法实现正常的流化。通常加入廉价、易得的惰性物料如沙子、白云石等，使其与生物质构成双组分混合物，从而解决了生物质难以流化的问题。

采用流化床燃烧方式时，密相区主要由媒体组成，生物质燃料通过给料器送入密相区后，首先在密相区与大量媒体充分混合，密相区的惰性床料温度一般在 $850\sim950℃$ 之间，具有很高的热容量，即使生物质含水率高达 $50\%\sim60\%$，水分也能迅速蒸发干，使燃料迅速着火燃烧。加上密相区内燃料与空气接触良好，扰动强烈，因此燃烧效率显著提高。

生物质燃料媒体流化床的一个关键问题是如何选择媒体种类与尺寸，如何得到流化速度。Azner 在直径 14cm、30cm 的流化床中系统研究了谷类秸秆、松针、锯末、不同尺寸的木块切片与砂、硅砂、FCC 构成的双组分混合物的最小流化速度，发现硅砂适宜尺寸在 $200\sim297\mu m$，白云石在 $397\sim630\mu m$，FCC 在 $65\mu m$。混合物的最小流化速度随生物质占混合物的体积比在 $2\%\sim50\%$ 之间缓慢上升，达到 $50\%$ 后急剧上升，而达到 $75\%\sim80\%$ 时混合物体系不再流化。已有的预测混合物最小流化速度的关联式都与各单个组分的最小流化速度有关，而单一生物质的流化速度无法得到，造成原有的关联式不能应用。而且，不同生物质双组分的流化曲线形状差异很大，也不易得到通用预测式。因此，应通过试验确定生物质与惰性颗粒双组分混合物的最小流化速度。

生物质的另一个流化问题是惰性物料与它的混合、分离。生物质在流化床中处理时要求两者混合均匀，避免分离。Rasul 以甘蔗渣与砂的粒径比、密度比分别为横、纵坐标，得出该双组分混合物的混合-分离图，对其他生物质双组分混合物具有一定的参考价值。

目前采用流化床燃烧生物质已工业化。瑞典通过将树枝、树叶、森林废弃物、树皮、锯末和泥炭的碎片混合，然后送到热电厂，在大型流化床锅炉中燃烧利用。其生物质能达到 $55kW\cdot h$，占总能耗的 $16.1\%$。虽然生物质的含水率高达 $50\%\sim60\%$，锅炉的热效率仍可达 $80\%$。美国爱达荷能源公司生产的媒体流化床锅炉，其供热 $(1.06\sim1.32)\times10^6 kJ/h$。该系列锅炉对生物质的适应性广，燃烧效率高达 $98.5\%$，环保性能好，可在流化床内实现脱硫，装有多管除尘器和湿式除尘器，烟气排烟浓度小于 $24.42mg/m^3$。我国哈尔滨工业大学开发的 12.5t/h 甘蔗流化床锅炉、4t/h 稻壳流化床锅炉、10t/h 碎木和木屑流化床锅炉也得到应用，燃烧效率可达 $99\%$。

**（3）生物质燃料扩散燃烧装置**

扩散燃烧装置的燃烧方法是利用机械动力或风力将粉碎后的生物质燃料（稻壳、细碎秸秆等）分散，然后在空气中燃烧。这种炉子由于在燃烧室中生物质燃料和空气接触较为充分，所以燃烧完全，温度也较稳定。

① 生物质多室燃烧装置 其结构如图 11-49 所示，采用了变截面炉膛，多室燃烧，顶部进料，底部不通风等措施，燃料从紊流度最大部位进入燃烧室，使大颗粒燃料与小颗粒燃料分离。

旋风作用使小颗粒燃料与大颗粒燃料分离，并处于悬浮燃烧状态，较重燃料颗粒才能落到炉底料堆。因无细小颗粒，空气与辐射热能穿透料堆，$40\%$ 的燃料在悬浮状态下完成燃烧。细小颗粒燃料不进入床底燃料堆，便于空气流通和辐射热传递，使燃料能快速干燥和燃烧。在炉底不通空气的情况下，也能获得较高的燃烧率。

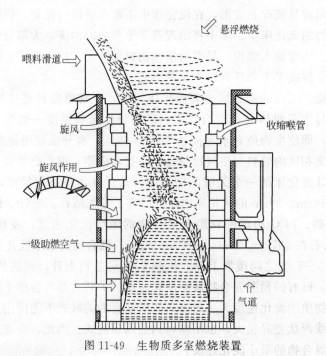

图 11-49　生物质多室燃烧装置

二级助燃空气从喉管处切向进口引入，产生旋流，使燃料和空气充分混合。一级助燃空气从炉膛下部反射墙上的小孔引入。收缩喉管加强空气的速度和紊流度。各室气道的调节门分开，便于控制和各室清理。

② 生物质同心涡旋燃烧装置　其结构如图 11-50 所示，由炉膛、液压柱塞进料器、切向进风装置等组成，其特点是炉算在炉底一侧，底部不进风，空气从上部切向进入，排气采用喷射原理，并利用空气层隔热。

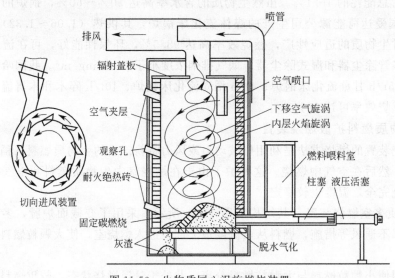

图 11-50　生物质同心涡旋燃烧装置

工作时，助燃空气从顶部的进气口切向进入炉膛，形成向下运动的旋涡，在下降过程与火焰中的挥发分气体和燃料微粒相混合。由于外部旋涡的作用，内部火焰也形成一个向上的强烈涡流。在涡流作用下，火焰中未燃烧的燃料颗粒和灰粒被向外分离，进入外层旋涡后被重新带回炉底。

同心旋涡的作用：一方面是增加挥发分气体和空气的混合程度，延长燃烧时间，使燃料充分燃烧；另一方面是利用离心分离原理，减小烟气中的灰粒。

燃料从炉膛一侧由柱塞推入，在炉算上逐渐由入口向出灰口运动。在运动中依次完成脱水、挥发分燃烧和固体炭燃烧三个过程。由于炉底不通风，加之同心旋涡的净化作用，烟气比较洁净。试验结果表明，烟气平均温度为 500℃，最高达 700℃，热效率为 50%～80%，平均值为 64%，排气无味、清洁。

③ 生物质两级涡旋燃烧装置  其结构如图 11-51 所示，由第一燃烧室、第二燃烧室、进料装置等组成。其特点是有两级涡旋燃烧室、切向进气、底部进料并预热空气等。燃料进入第一燃烧室，完成脱水、挥发分汽化、固体炭燃烧。挥发分气体进入第二燃烧室后才开始燃烧。

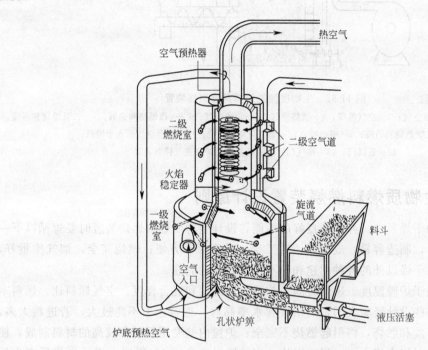

图 11-51  生物质两级涡旋燃烧装置

④ 生物质倾斜炉排涡旋燃烧装置  其结构如图 11-52 所示，采用倾斜炉排使进料更容易。燃烧过程在一个主燃烧室和两个辅助燃烧室中完成。进入燃烧室的空气经炉壁预热到93～205℃。排气采用喷射原理，可避免泄漏，且进风、排气共用一个风机。

试验表明，一级燃烧室的温度可达 750～800℃，二级燃烧室的温度可达 850～1350℃。出口烟气温度控制在 100～150℃，进入干燥机前温度降为 80～100℃。

如果除尘比较彻底，以上三种形式的生物质燃烧装置都可用来直接加热热风，但层状燃烧装置中由于存在不完全燃烧，烟气中含有较多的有害气体，所以目前主要是用在间接加热热风炉上；流化床燃烧装置由于设备造价较高，操作条件下控制比较复杂，目前主要用在锅炉和汽化炉上；扩散燃烧装置虽然燃烧比较完全，但造价较高，操作复杂，在国外得到应用，但在国内应用还较少。

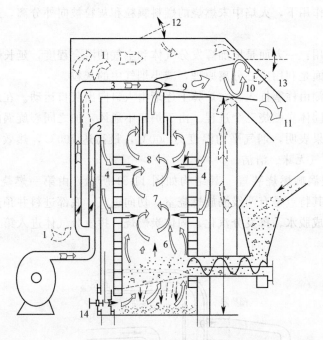

图 11-52　生物质倾斜炉排涡旋燃烧装置

1—环境空气；2—助燃空气；3—空气喷嘴；4—预热空气；5—炉底空气；6—一级燃烧和热解；7—二级燃烧和涡流；
8—三级燃烧和涡流；9—喷流嘴；10—烟气与空气混合；11—混合空气送入干燥机；
12—通风门；13—排气门；14—排灰门及炉底进气控制装置

## ▶11.3.3　生物质燃料燃烧装置设计原则

为了满足谷物干燥要求，并保证良好的性能，设计生物质燃料燃烧装置时要遵循以下一般原则：结构简单，制造容易，成本低，需工少，操作保养方便；燃烧完全，烟气质量好，热效率高；兼顾除干燥以外的各种用途和对不同燃料的适应性。

燃烧质量取决于炉膛温度、燃烧时间、炉膛内紊流度和混合程度、空气燃料比、燃料本身的物理性质。一些设计经验表明，当秸秆含水率高时，进料速率不能过大，若进料太多，不能及时脱水、挥发和燃烧，将引起燃烧不完全；炉膛内壁要用反射率较高的材料制成，使达到的辐射热能反射回火焰中心，促进燃烧；当炉膛温度高于 800℃时，燃料燃烧后产生的炉渣会熔化（燃料经常带土），熔化后易黏附在炉排上，堵塞通风孔，使燃烧状况恶化。为避免上述状况，炉渣排放前的温度应控制在 800℃以下；进气量要充足，一方面保证完全燃烧；另一方面可避免炉渣熔化，可能时最好对燃料进行预处理，如压扁、切碎，以扩大空气与燃料的接触面积，使燃烧更迅速。

# 11.4　煤的气化

在世界燃料资源中，煤的贮藏量远大于天然气与石油，所以大力增加煤的开采和改进其利用方法，已成为国内外极为关注的问题。

与石油和天然气相比，以煤直接作为燃料不仅燃烧装置复杂，能量转换效率差，而且由于灰分含量高，对环境保护极为不利。在某些场合下，例如某些运输式或移动式动力装置中，更难以使用煤为燃料。为此，从 20 世纪 70 年代以来各国纷纷致力于研究煤的气化和液化新技术，以期从煤制取使用方便、能量转换效率高，且燃烧污染低的燃料。目前，有些研究已逐步投入使用。

## ▶ 11.4.1 煤的气化过程

煤的气化是一个在高温条件下借气化剂的化学作用将固体炭转化为可燃气体的热化学过程。

在煤气发生炉（见图 11-53）中，煤从上部加进，气化剂从煤层下部通入，制得的煤气由位于上部的煤气口排出。根据炉内所进行的气化过程的特点，可将煤层自上而下地分为干燥带、干馏带、还原带、氧化带和灰层。在干燥和干馏带中，煤受到高温炉气的加热而放出水分和挥发分，剩下的焦炭在还原带和氧化带中进行气化反应。

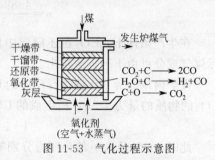

图 11-53　气化过程示意图

气化剂穿过灰层后在氧化带中与高温焦炭接触进行燃烧反应放出大量的热量，在还原带中主要完成 $CO_2$ 及水蒸气的还原反应，得到 CO 和 $H_2$ 等可燃气体。由此可见，干燥和干馏是气化过程的准备阶段，而焦炭的燃烧以及 $CO_2$ 和水蒸气被 C 还原则是气化过程的主体。

在工业上，所用的气化剂主要是空气（空气发生炉煤气）、水蒸气（水煤气）、空气加水蒸气（混合发生炉煤气）。当用空气作气化剂时，在气化区的主要气化反应有：

① $C+O_2 \Longrightarrow CO_2+408861kJ$

② $2C+O_2 \Longrightarrow 2CO_2+246477kJ$

③ $2CO+O_2 \Longrightarrow 2CO_2+571275kJ$

④ $CO_2+C \Longrightarrow 2CO-162414kJ$

反应①和反应②是碳被自由氧氧化的反应，而反应④则是用空气作气化剂制取发生炉煤气时的基本还原反应，它是一种可逆反应，随着外界条件（如温度、压力、浓度）的不同，反应可以向着生成一氧化碳的方向进行，也可以向着生成二氧化碳的方向进行。在一定的温度条件下，经过一定时间后，反应达到动平衡，其平衡常数可写成：

$$K_p = \frac{p_{CO}^2}{p_{CO_2}} \tag{11-14}$$

这一反应平衡常数可用下式计算：

$$\ln K_p = 2.14 - \frac{42000}{T} \tag{11-15}$$

在理想情况下，上述气化反应可统一写成：

$$2C+O_2+3.762N_2 \Longrightarrow 2CO+3.762N_2 \tag{11-16}$$

也就是说，通过还原反应，C 全部转化为 CO，得到所谓理想煤气成分为：

$$CO = \frac{2}{2+3.762} \times 100\% = 34.7\%$$

$$N_2 = \frac{3.762}{2+3.762} \times 100\% = 65.3\%$$

这时的煤气产率（每千克碳产生煤气）为：

$$V=\frac{(2+3.762)\times22.4}{2\times12}=5.38(\mathrm{m^3/kgC})$$

煤气发热量为：

$$Q_{\text{低}}=12650\times\frac{34.7}{100}=4389.6(\mathrm{kJ/m^3})$$

气化效率为：

$$\eta=\frac{4389.6\times5.38}{33453}\times100\%=70.6\%$$

在生产条件下，$CO_2$ 在还原层中停留时间一般不超过 2s，因此平衡状态难以实现，实际煤气成分可由下列方法求出。

设炉内压力为 $p$，已进行反应的 $CO_2$ 的物质的量为 $\alpha$，则从反应④可知，未进行反应的 $CO_2$ 的物质的量为 $1-\alpha$，所生成的 CO 的分子数为 $2\alpha$，气体的总分子数为：

$$1-\alpha+3.76+2\alpha=4.76+\alpha \tag{11-17}$$

此时，CO 及 $CO_2$ 的分压力分别等于：

$$p_{CO}=\frac{2\alpha}{4.76+\alpha} \tag{11-18}$$

$$p_{CO_2}=\frac{1-\alpha}{4.76+\alpha} \tag{11-19}$$

将上述分压值代入反应平衡常数方程中，得：

$$K_p=\frac{p_{CO}^2}{p_{CO_2}}=\frac{4\alpha^2}{4.76-3.76\alpha-\alpha^2} \tag{11-20}$$

根据反应区的温度求出平衡常数 $K_p$，即可由上式算出值 $\alpha$，从而得到该反应条件 CO、$CO_2$ 和 $N_2$ 的成分。

当用蒸汽-空气混合鼓风时，除了反应①～④外，还有下列基本反应：

⑤ $C+H_2O \rightleftharpoons CO+H_2-118828\mathrm{kJ}$

⑥ $C+2H_2O \rightleftharpoons CO_2+2H_2-75240\mathrm{kJ}$

⑦ $CO+H_2O \rightleftharpoons CO_2+H_2-43587\mathrm{kJ}$。

从上述反应式中可以看出，向红热的焦炭中通进水蒸气可以得到 $H_2$ 和 CO，用这种方法得到的煤气叫做水煤气。

由于上述反应都是吸热反应，只有在红热的焦炭层中才能进行，因此，为了使反应进行下去，必须提供热源，以保证必要的反应温度。为解决这一问题，在工业上采用的方法是周期性是向发生炉内送进空气，使燃料进行燃烧放热反应，当达到一定温度，炉内已积蓄了足够的热量后，则关闭空气而送入水蒸气，通过气化反应而得到水煤气。因此，水煤气的生产过程是间歇的，先是燃烧加热，然后是还原造气，在工业条件下，必须有多台炉子交替操作，以保证煤气的连续反应。

在理想情况下，水煤气的成分为 $H_2O$ 50%、CO 50%，发热量为 11724～12142$\mathrm{kJ/m^3}$。

在工业上，水煤气虽然可以作为工业炉的燃料，但由于生产设备及操作工艺复杂，生产成本高，所以在冶金生产中很少使用，主要用于化学工业中作为化工原料气使用。

通过以上所述可以看出，当用空气作气化剂时，在氧化层完全是放热反应，因而该处温度很高，容易使灰渣熔化，阻塞通气，影响气化过程的正常进行。此外，这种煤气的发热值太低，不能适应高温冶金炉的要求。水煤气的发热量虽然较高，但由于制造工艺和设备比较复杂，在冶金生产中也没有得到推广。

为了避免上述两种发生炉煤气的缺点，最常用的办法是在空气中加入适量的水蒸气作气化剂，生产所谓的混合发生炉煤气。

在空气中加入适量的水蒸气是为了改善煤气的质量和防止灰分结渣，水蒸气的加入量主要应视燃料条件的好坏和煤气炉气化强度的高低，根据经验来决定，一般每千克碳需水蒸气 0.4~0.6kg。图 11-54 是从实验得出的水蒸气消耗量与水蒸气分解率、煤气热值及煤气组成的关系。

从图中可以看出，水蒸气的绝对分解量［每千克碳消耗水蒸气(kg)］，随着水蒸气的单位消耗量的增加而增加，但是它的相对分解率（%）却降低了，也就是说，水蒸气的利用率随着消耗量的增加而降低。

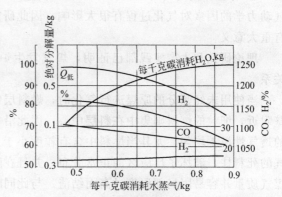

图 11-54　水蒸气消耗量与水蒸气分解率及煤气质量的关系

水蒸气消耗量的提高使气化区的温度下降，因而使 CO 的生成条件变坏，但煤气中 $H_2$ 的含量却有所增加（当继续增加水蒸气的消耗量时，$H_2$ 的含量也会开始下降）。由于煤气中 $H_2$ 的增长速率小于 CO 的下降速率，所以当每千克碳水蒸气的消耗量超过 0.6kg 时，煤气热值开始下降。

## 11.4.2　影响气化指标的主要因素

### (1) 燃料性质对气化过程的影响

燃料的水分、灰分的熔融性和结渣性，燃料的耐热、反应能力以及黏结性等对气化过程都有显著影响。

① 燃料的水分　燃料在发生炉上部受到上升煤气的加热而被干燥，少量的水分不致对生产有太大的影响，但水分太多时，将会破坏气化过程的进行，使煤气质量下降。

煤炭水分过高时，必须增加燃料层的厚度以延长进入气化反应区前的干燥时间，否则将影响反应区内的温度和反应区的有效高度，影响还原反应的进行。但过分加厚煤层也有一定的困难，它不仅增加了料层的阻力，而且还降低了煤气的温度，这将引起焦油的凝结，妨碍气体的流通，根据一般经验，对于焦油产率较高的煤来说，煤气出口温度不应低于 80℃。

② 燃料灰分的影响　一般来说，燃料灰分越多，炉渣中的含碳量越多，因而燃料的损失就越大。当灰分的熔点较低时（1400℃），在反应区内容易结渣，由此引起气流分布很不均匀和烧穿现象，影响气化质量，并增加了炉渣带走的热损失。

为了防止由于灰分结渣而影响气化过程，首先应加强对燃料煤的管理和准备。通常原料煤的灰分不宜超过 20%，在进行强化生产时，灰分含量应少一些。

在操作过程中，为了防止灰分结渣，可适当增加鼓风中水蒸气的数量以降低气化层的温度，通常气化层的温度在 1100~1300℃。

③ 煤的黏结性和抗爆性　煤的黏结性对气化工艺及设备的选择有重要影响。黏结性强的燃料，在气化过程中容易黏结成块，妨碍气体流通和料层下降，影响煤气质量，一般不能

使用。抗爆性差的煤，例如无烟煤，在进入高温区后容易爆裂成碎片，因而也会影响气流的正常流通和形成烧穿现象，这种煤一般不宜采用。

**（2）燃料层的结构对气化过程的影响**

① 煤块粒度的均匀性　在一般层状发生炉中，如同其他散料层中的多相反应一样，空气动力学的因素对气化过程有很大影响，因此研究散料层中的气体运动规律对改善气化过程有重大意义。

理论研究和生产实践都已证明，煤气发生炉内的气体分布与燃料层的结构情况有密切关系。

当使用未经筛分的原煤进行气化时，燃料层中块度分布很不均匀，大块的燃料多偏向炉壁附近，细粒的燃料则集中在料层中心，因此沿料层截面上气体的流动阻力差别很大，料层的透气性极不均匀，尤其当燃料中含有粒度小于 1mm 的煤末时，容易在局部地区形成不透气的死料柱，破坏了反应区的正常分布，并且在阻力较小的部位造成烧穿现象，严重恶化了煤气质量并容易因局部温度过高而结渣。与此同时，由于大块燃料的偏析，在炉壁附近形成了所谓边缘气流，使 $CO_2$ 来不及充分还原，影响煤气质量。

根据以上所述，料块粒度不均时，不可避免地会破坏正常的气化过程。为了提高气化效率和保证气化质量，应使用粒度均匀和大小适中的燃料，尤其要尽量减少煤末的含量。

② 煤块的粒度　在煤的气化过程中，煤块的粒度及其总反应面的大小有很重要意义。反应表面越大，则热交换及扩散过程就越强烈，因而气化反应也越快。当块度较大时，不但降低了总反应面，而且煤块本身的温度梯度较大，因而容易由于温度应力而导致煤块爆裂。

研究表明，煤的块度越小，燃料的稳定性（耐热性）就越好，热交换及扩散过程也越强，因而有利于气化过程的进行。但是，对于层状气化煤气发生炉来说，料块越小，料层阻力及煤气带出物的损失就越大，并且容易出现烧穿现象。

因此，综合各方面的因素，从实用和经济角度来考虑，燃料块度以 12～75mm 为宜，但要求最大块和最小块的尺寸比值最好不大于 2。因此，最好使用 13～25mm 的煤块。考虑到煤的品种和机械强度，一般说来，所用的块度是：

| 烟煤 | 13～25 | 25～50mm |
| 无烟煤和焦炭 | 6～13 | 13～25mm |
| 褐煤 | 25～50 | 50～100mm |

③ 料层高度　燃料层的高度是气化工艺制度中的一个重要参数，它关系到料层中的扩散和热交换过程，对整个气化过程都有直接影响。料层高度由以下几个部分构成：a. 燃料准备层（干燥层和干馏层）；b. 燃料的气化层（氧化层和还原层）；c. 渣层。

对于无烟煤、焦炭、烟煤及褐煤来说，气化层的高度起主要作用，而对于某些水分和挥发分较多的燃料（例如泥煤），干燥和干馏层的高度起主要作用，至于渣层的厚度则主要取决于炉栅的结构特点，一般在 50～150mm 之间。因此，料层厚度的选择与燃料种类、块度、水分、挥发分、耐热性以及煤气发生炉的结构和特点有关。

在煤的气化技术发展过程中，一度曾采用"灰层厚、煤层薄、饱和温度低"的操作制度，灰层厚达 500～700mm，煤层则不超过 300mm，鼓风饱和温度只有 30～40℃，因而煤气出口温度高达 800℃ 以下，煤气中的碳氢化合物大量分解，CO 含量只有 20% 左右，$CO_2$ 的含量一般都在 5% 以上，甚至高达 9%～10%，煤气热值低到 4606～5024kJ/m³。显然，这种气化工艺制度和料层厚度都是极不合理的。实践证明，将灰层厚度降低到 250～

400mm，煤层厚度增加到 600～800mm，饱和温度提高到 45～55℃后，煤气出口温度只有 450～550℃，煤气中 CO 的含量由 20％增加到 25％，甚至达到 29％～31％，发热量也增加到 6071～6490kJ/m³，煤气质量有所提高。

理论研究和生产实践都已证明，根据煤炭种类和块度大小的不同，煤层的厚度应有一个合理的范围，并认为气化层的厚度应为料块平均直径的 5～12 倍，下限适用于还原性较强的年轻的燃料（褐煤、泥煤等），上限适用于炭化程度较高的燃料（无烟煤、瘦煤、焦炭），对于长焰煤和气煤则取中间值。因此，当煤块平均直径为 20～40mm 时，在不同气化强度下，气化层的合理厚度为：无烟煤 250～500mm，烟煤 180～360mm。

## ▶11.4.3 煤气发生炉生产过程的强化

许多方面的研究和生产实践证明，在固定床煤气发生炉中的气化强度可以达到 450～500kg/(m²·h) 而不至于影响煤气的质量和炉子的操作。

根据还原层的气化反应所进行的研究证明，其反应速率存在着极大的潜力。在现有生产条件下（空气-蒸汽鼓风；固定料层，常压操作），煤气发生炉完全有可能进一步提高气化速率而不致影响煤气质量。

在工业实践和对还原反应所进行的试验研究中证明了以下情况，当气化强度在 600kg/(m²·h) 以下，气化层最高温度在 1100～200℃时，反应实际上是在外扩散区进行。这就是说，在增加质量交换速率的同时，气化速率也会相应增加，因而煤气成分实际上没有明显的改变。但如果超过这一范围，反应将转移到动力区，这时反应速率将跟不上鼓风速率的增加，因而一部分气体未经还原而通过还原层，使煤气质量变坏。要改善这一情况就必须提高反应层的温度，或者增加反应层的表面积（亦即增加燃料高度或减小燃料的块度）。但在普通结构的层状煤气发生炉中，气化层的最高允许温度取决于灰分的熔点，因而不能过分提高，而燃料的块度也不能过分减小。因此可以认为，在目前这种气化条件下，合理的气化强度不宜超过 600 kg/(m²·h)。

对于炭的燃烧和气化这一多相反应来说，在高温条件下，其反应速率是很大的，因此，气化过程的速率主要取决于气体向反应表面的扩散速率，后者与煤气炉中的气体速率直接有关。因此，加大风量，提高气流速率是强化生产的主要手段。

必须指出，煤的气化是一个物理化学的综合过程，在采取上述强化生产措施的同时，必须考虑和其他技术措施相配合。例如，①加强原料的准备，特别是燃料的粒度应严格控制；②相应提高加料及排渣设备的工作能力；③相应提高风机、煤气输送和清洗设备的工作能力。

## ▶11.4.4 煤气的净化

刚从发生炉出来的煤气含有大量煤尘、焦油和水分。这些杂质的存在，容易堵塞管道，破坏燃烧器和自控装置的正常工作，而且还会造成周围环境和大气的污染。因此，在将煤气输入管网送往用户之前必须对其进行净化。

煤气的净化包括冷却、除尘和干燥等过程。根据用户对煤气质量要求的不同，煤气净化的程度和方式也有所不同。

**（1）煤气的冷却和干燥**

煤气之所以需要冷却是因为：①需要用鼓风机压入管网；②进行除尘和捕集焦油；③使

煤气脱水干燥。常用的煤气冷却设备主要有洗涤塔和竖管冷却器。

洗涤塔是由锅炉钢板焊接而成的圆筒形结构，被冷却的煤气由下面送入，水则从上面喷下和煤气直接接触。根据水与煤气形成接触面的方式，洗涤塔可分为有填料和无填料两种。

在有填料的洗涤塔中，水与煤气的接触表面是由被水湿润的填料表面所形成，最常用的填料是木格板、焦炭块等。在无填料的洗涤塔中，冷却表面是由水滴表面构成。水滴的大小直接和所形成的冷却表面有关。从冷却效果上来看，有填料的洗涤塔效果最好。

洗涤塔除了有冷却和干燥的作用外，对除掉煤气中的粉尘和焦油也起很大作用，因此，它也是一种常用的除尘设备。

竖管冷却器是一种水管式竖管冷却器，煤气从上部管引入，从下部管排出。水从下部管进入，通过换热管组后由上部出口排出。焦油水的冷却液则经水封槽由冷却器中排出。

在冷却管中所进行的热过程包括煤气、水蒸气和液体的冷却和冷凝。在这些过程中，每一过程的温度差及传热系数都是不同的，因此，在确定所需的冷却表面时，应分别按以下三个阶段进行：①煤气及水蒸气冷却到蒸汽的凝结温度；②水蒸气的凝结；③煤气和冷凝液冷却到规定的温度。整个冷却器的冷却表面根据上述各个阶段所需冷却表面之和求得。

**（2）煤气的除尘**

根据工艺要求的不同，煤气的除尘程度也不同，一般可以分为三级。

① 粗除尘。煤气含尘量达 $1.5g/m^3$ 以下，适用于短而粗、没有支管的煤气管道。

② 半精除尘。煤气含尘量达 $0.1\sim1.0g/m^3$，用于支管多、距离长的煤气管道。

③ 精除尘。煤气含尘量为 $0.01\sim0.03g/m^3$，这种煤气主要用于煤气发动机。

煤气除尘的方法有两类，即干法除尘和湿法除尘。

干法除尘的特点是，煤气的温度应能保证使煤气中的水蒸气和焦油蒸气不致在除尘器中冷凝下来。

在干除尘器中，一般采用的粗除尘设备是沉降室和旋风除尘器，精除尘设备则用电滤器。

沉降室是利用使煤气的速度急剧降低和流动方向急剧改变的原理来达到除尘的目的，所以又称为重力除尘器。旋风除尘器主要是利用离心力的作用使煤气中的固体尘粒分离出来，其除尘效果较沉降室好，气流速度要求在 $15\sim20m/s$。电滤器又名静电除尘器，可以除掉煤气中的粉尘和焦油，是一种精除尘设备。煤气中的粉尘、焦油和水滴进入电离区后，获得与放电电极相同的电荷，并向相反的电极移动，当其达到沉降极后即失去电荷而沉降在电极上，在这里积聚到一定数量后，即因自身重力作用而下降，并从出口排出。

静电除尘器可以除掉其他方法所不能除掉的最小悬浮微粒，其除尘效率与气流速度、煤气湿度及温度有关。一般要求煤气温度应在 $80\sim100℃$，煤气速度为 $2\sim4m/s$。静电除尘的电能消耗较小，每 $1000m^3$ 煤气所消耗的电能为 $0.4\sim0.8kW\cdot h$。

湿法除尘的特点是用水将煤气冷却和湿润，将煤气中的水分、焦油及尘粒同时清除出去。常用的湿法除尘器有洗涤塔（半精除尘）、离心式洗涤机和文氏管（精除尘）。

# ▐▌11.4.5 煤水浆燃烧技术

除煤的气化之外，将煤制成为流态化的煤浆燃料也是一种引起人们广泛注意的洁净煤利用技术，在改进煤的运输方式、降低燃烧污染等方面都有许多突出的优点。

煤油浆和煤水浆都是由试图以煤代油的技术发展而研究出现的。煤油浆是以大约30%

的煤粉和 70％ 的油混合成的浆状燃料，随后可以用泵唧送，但煤油浆只能代替少部分的油，因而没有大规模的发展。煤水浆是以 50％～70％ 的煤和水组成，有可能代替油料。煤水浆中的煤粉颗粒尺寸有一定要求，只有符合一定尺寸规律才能制得高浓度煤水浆。煤水浆中还加少量附加剂。煤水浆在使用中其喷嘴、泵都有个耐磨损问题。目前煤水浆喷嘴的寿命还只有几百小时。煤水浆的运输、保存也有一定要求，特别是时间长了要出现沉淀，在冬天有结冰问题。从燃烧角度来看，煤水浆的着火与燃烧都比煤粉要困难，为了在燃气轮机上使用，需要超净（灰分在 1％ 以下）超细磨的煤水浆，但这种浆的成本很高。以煤水浆代替油用于工业窑炉，同样要解决除尘除硫等问题。

煤水浆是高浓度的煤粉颗粒在水中的悬浮混合物，对于电力工业及煤气化的应用，要求煤粉的浓度为 70％，对于燃气轮机而言，要求煤粉的浓度为 50％。煤水浆制备上的一个基本问题是如何达到要求的高浓度（即成浆）并具有合适的流变性，特别是黏性。固体颗粒浓度与煤水浆的黏性是紧密相关的，其黏性随着固体颗粒浓度呈指数关系增长。但煤水浆的性质不仅是黏性，还有以下这些也是重要的：①贮存期中的稳定性；②贮运、泵送中的流动性；③在燃烧室中可达到良好喷射雾化及散布的雾化性质；④点火性及着火性；⑤由煤浆带来的磨削性。

煤水浆制备包括以下几部分：①煤粉的制备，有干磨及湿磨两种；②煤的清洗除灰；③与水混合，达到要求的浓度；④加附加剂，以改善煤水浆的性质。

## 参 考 文 献

[1] 严传俊，范玮. 燃烧学. 第 3 版 [M]. 西安：西北工业大学出版社，2016.

[2] 邹长城. 爆炸燃烧理论基础与应用 [M]. 北京：化学工业出版社，2016.

[3] 王全德. 燃烧化学理论研究进展 [M]. 徐州：中国矿业大学出版社，2015.

[4] 张英华，黄志安，高玉坤. 燃烧与爆炸学. 第 2 版 [M]. 北京：冶金工业出版社，2015.

[5] 胡双启. 燃烧与爆炸 [M]. 北京：北京理工大学出版社，2015.

[6] ［美］Stephen R. Turns. 燃烧学导论：概念与应用 [M]. 姚强，李水清，王宇译. 北京：清华大学出版社，2015.

[7] 潘旭海. 燃烧爆炸理论及应用 [M]. 北京：化学工业出版社，2015.

[8] 林志龙. 焦炭热性能与焦炭降解关系的研究 [D]. 武汉：武汉科技大学，2015.

[9] 张全旭. 均匀混合分层燃烧技术在链条炉排锅炉上的应用 [J]. 建筑工程技术与设计，2015，27：33-35.

[10] 张开鹏，李杰. 双强微油点火煤粉燃烧器应用浅析 [J]. 科技展望，2015，21：155-158.

[11] 刘效洲，刘敬尧，董龙标. 煤块层燃与生物质气化喷燃相结合的链条复合燃烧系统 [P]. 中国 ZL201510490689.5，2015-08-11.

[12] 李强. 燃烧蜂窝煤块的多种窑炉和烘干机的燃烧室 [P]. 中国 ZL201520183992.6，2015-03-31.

[13] 方庆艳，叶骥，马仑等. 含碳固体燃料混合燃料试验装置及方法 [P]. 中国 ZL201510081201.3，2015-02-13.

[14] 车战斌. 固体燃料的燃烧装置 [P]. 中国 ZL201420098817.2，2014-03-05.

[15] 车战斌. 固体燃料的燃烧装置及其进料口组成 [P]. 中国 ZL201410112492.3，2014-03-25.

[16] 车战斌. 固体燃料的燃烧方法及燃烧装置 [P]. 中国 ZL201410049632.7，2014-01-30.

[17] 卓卫民. 一种斜置炉排的固体燃料燃烧装置 [P]. 中国 ZL201420329840.8，2014-06-20.

[18] 卓卫民，杨进成，田小兵等. 固体燃料清洁燃烧装置 [P]. 中国 ZL201420329864.3，2014-06-20.

[19] 潘剑峰. 燃烧学：理论基础及其应用 [M]. 镇江：江苏大学出版社，2013.

[20] 陈长坤. 燃烧学 [M]. 北京：机械工业出版社，2013.

[21] 张亚宁. 空气＋氧气型旋流煤粉燃烧燃烧器设计与试验研究 [D]. 武汉：华中科技大学，2013.

[22] 李建新. 燃烧污染物控制技术 [M]. 北京：中国电力出版社，2012.

[23] 郝建斌. 燃烧与爆炸学 [M]. 北京：中国石化出版社，2012.

[24] 徐旭常，吕俊复，张海. 燃烧理论与燃烧. 第 2 版 [M]. 北京：科学出版社，2012.

[25] 谢蕴江. 褐煤脉动燃烧的特性研究 [D]. 天津：天津科技大学，2012.

[26] 李永华. 燃烧理论与技术 [M]. 北京：中国电力出版社，2011.

[27] 杨林军. 燃烧源细颗粒物污染控制技术 [M]. 北京：化学工业出版社，2011.

[28] 赵雪娥，孟亦飞，刘秀玉. 燃烧与爆炸理论 [M]. 北京：化学工业出版社，2011.

[29] 徐通模. 燃烧学 [M]. 北京：机械工业出版社，2011.

[30] 石建发. 防结渣褐煤双通道及浓淡煤粉燃烧器的研究与应用实践 [J]. 电站系统工程，2011，27（4）：21-22.

[31] 焦伟营，雷晓锋. 锅炉煤粉燃烧器烧损原因分析及防止措施 [J]. 广西电业，2011，11：88-89.

[32] 刘丰元. 浅谈直流煤粉燃烧器炉膛切圆大小形成因素对燃烧的影响 [J]. 经营管理者，2011，17：389-401.

[33] 孟庆忠. 可控型固体燃料燃烧装置 [P]. 中国 ZL201110274831.4，2011-09-16.

[34] 徐明厚，于敦喜，刘小伟. 燃煤可吸入颗粒物的形成与排放 [M]. 北京：科学出版社，2009.

[35] 刘光奎. 双旋流煤粉燃烧器流动及燃烧特性试验研究 [D]. 哈尔滨：哈尔滨工业大学，2009.

[36] 徐旭常，周力行. 燃烧技术手册 [M]. 北京：化学工业出版社，2008.

[37] 刘联胜. 燃烧理论与技术 [M]. 北京：化学工业出版社，2008.

[38] 介玉芳. 陆德新式煤粉燃烧设备 [J]. 工程机械与维修，2008，9：136-137.

[39] 朱文学. 热风炉原理与技术 [M]. 北京：化学工业出版社，2005.

[40] 李芳芹. 煤的燃烧与气化手册 [M]. 北京：化学工业出版社，2005.

[41] 方文沐，杜惠敏，李天荣. 燃料分析技术问题. 第3版 [M]. 北京：中国电力出版社，2005.

[42] 肖兵，毛宗源. 燃烧控制器的理论与应用 [M]. 北京：国防工业出版社，2004.

[43] 赵广播，栾积毅，董芃. 块粒型煤在固定炉排炉内燃烧特性的实验研究 [D]. 热科学与技术，2003，2（2）：178-180.

[44] 安恩科，富明，王启杰. 小油枪煤粉燃烧器在电站锅炉中的应用 [J]. 中国电力，2000，33（3）：10-17.

# 第12章

# 污泥焚烧过程与设备

城市污泥中含有大量的有机物和一定量的纤维素、木质素，焚烧正是利用污泥中有机成分较高、具有一定热值等特点来处置污泥的。焚烧法处理是在高温条件下，使污泥中的可燃组分与空气中的氧进行剧烈的化学反应，将其中的有机物转化为水、二氧化碳等无害物质，同时释放能量，产生固体残渣。如将热量加以回收利用，可达到废物综合利用的目的。

焚烧过程是集物理变化、化学变化、反应动力学、催化作用、燃烧空气动力学和传热学等多学科于一体的综合过程。有机物在高温下分解成无毒无害的 $CO_2$、水等小分子物质，有机氮化物、有机硫化物、有机氯化物等被氧化成 $SO_x$、$NO_x$、$ClO^-$ 等酸性气体，但可以通过尾气吸收塔对其进行净化处理，净化后的气体能够满足国家规定的《大气污染物综合排放标准》。同时，焚烧产生的热量可以回收或供热。因此，焚烧法是一种使污泥实现减量化、无害化和资源化的处理技术，在发达国家已得到广泛应用。

## 12.1 污泥焚烧的基本原理及其影响因素

焚烧可使污泥等废弃物在 $600\sim850℃$ 的高温条件下热解燃烧，并有效地减容、解毒和资源化。在焚烧过程中，污泥显示出与煤燃烧不同的性质。污泥的干燥、挥发分的释放和燃烧、含碳组分的燃烧将明显影响污泥燃烧的整个过程。

### ▶ 12.1.1 污泥焚烧过程

污泥焚烧过程比较复杂，通常由干燥、热分解、蒸发和化学反应等传热、传质过程所组成。一般根据不同可燃物质的种类，分为分解燃烧（即挥发分燃烧）和固定碳燃烧两种。而从工程技术的观点来看，又可将污泥的焚烧分为三个阶段：干燥加热阶段；焚烧阶段；燃尽阶段，即生成固体残渣的阶段。由于焚烧是一个传质、传热的复杂过程，因此这三个阶段没有严格的划分界限。从炉内实际过程来看，送入的污泥中有的物质还在预热干燥，而有的物质已开始燃烧，甚至已燃尽了。从微观角度上来讲，对同一污泥颗粒，颗粒表面已进入焚烧阶段，而内部可能还在加热干燥。这就是说上述三个阶段只不过是焚烧过程的必由之路，其焚烧过程的实际工况将更为复杂。

**（1）干燥加热阶段**

从污泥送入焚烧炉起到污泥开始析出挥发分着火这一阶段，都认为是干燥加热阶段。污泥送入炉内后，其温度逐步升高，水分开始逐步蒸发，此时，物料温度基本稳定。随着不断的加热，水分开始大量析出，污泥开始干燥。当水分基本析出后，温度开始迅速上升，直到着火进入真正的燃烧阶段。在干燥加热阶段，污泥中的水分是以蒸汽形态析出的，因此需要吸收大量的热量——水的汽化热。

污泥是有机物和无机物的综合，含水率较高，因此，焚烧时的预热干燥任务很重。污泥的含水率越大，干燥阶段也就越长，从而使炉内温度降低。水分过高，炉温将大大降低，着火燃烧就困难，此时需投入辅助燃料燃烧，以提高炉温，改善干燥着火条件。有时也可采用干燥段与焚烧段分开设计的办法，一方面使干燥段的大量水蒸气不与燃烧的高温烟气混合，以维持燃烧段烟气和炉墙的高温水平，保证燃烧段有良好的燃烧条件；另一方面，干燥吸热是取自完全燃烧后产生的烟气，燃烧已经在高温下完成，再取其燃烧产物作为热源，就不致影响燃烧段本身了。

**（2）焚烧阶段**

物料基本上完成了干燥过程后，如果炉内温度足够高，且又有足够的氧化剂，物料就会很顺利地进入真正的焚烧阶段。焚烧阶段包括强氧化反应、热解和原子基团碰撞三个同时发生的化学反应模式。

① 强氧化反应　燃烧是包括产热和发光的快速氧化反应。如果用空气作氧化剂，则可燃元素（C）、氢（H）、硫（S）的燃烧反应为：

$$C + O_2 == CO_2 \tag{12-1}$$
$$2H_2 + O_2 == H_2O \tag{12-2}$$
$$S + O_2 == SO_2 \tag{12-3}$$

在这些反应中，还包括若干中间反应，如：

$$2C + O_2 == 2CO \tag{12-4}$$
$$2CO + O_2 == 2CO_2 \tag{12-5}$$
$$C + H_2O == CO + H_2 \tag{12-6}$$
$$C + 2H_2O == CO_2 + 2H_2 \tag{12-7}$$
$$CO + H_2O == CO_2 + H_2 \tag{12-8}$$

② 热解　热解是在无氧或近乎无氧的条件下，利用热能破坏含碳高分子化合物元素间的化学键，使含碳化合物破坏或者进行化学重组。尽管焚烧时有 $50\% \sim 150\%$ 的过剩空气量，可提供足够的氧气与炉中待焚烧的污泥有效接触，但仍有部分污泥没有机会与氧接触。这部分污泥在高温条件下就要进行热解。

热解后的组分常是简单的物质，如气态的 $CO$、$H_2O$、$CH_4$，而 C 则以固态形式出现。

在焚烧阶段，对于大分子的含碳化合物而言，其受热后总是先进行热解，随即析出大量的气态可燃气体成分，诸如 $CO$、$CH_4$、$H_2$ 或者分子量较小的挥发分成分。挥发分析出的温度区间在 $200 \sim 800 \, ^\circ\!C$ 范围内。

③ 原子基团碰撞　焚烧过程出现的火焰实质上是在高温下富有原子基团的气流的电子能量跃迁，以及分子的旋转和振动产生的量子辐射，它包括红外线、可见光及波长更短的紫

外线的热辐射。火焰的形状取决于温度和气流组成。通常温度在 1000℃ 左右就能形成火焰。气流包括原子态的 H、O、Cl 等元素，双原子的 CH、CN、OH、C2 等，以及多原子的 HCO、NH$_2$、CH$_3$ 等极其复杂的原子基团气流。

干化污泥的热值相当于低品位的煤，但污泥通常含有很高比例的挥发分和较少的固定碳，因此在焚烧时会产生更多的挥发分火焰。

**(3) 燃尽阶段**

燃尽阶段的特点可归纳为：可燃物浓度减少，惰性物增加，氧化剂量相对较大，反应区温度降低。

然而，由于污泥中固体分子是紧密靠在一起的，要使它的有机分子和氧分接触进行氧化反应较困难。有机物在焚烧炉中充分燃烧的必要条件有：①碳和氢所需要的氧气（空气）能充分供给；②反应系统有良好搅动（即空气或氧气能与废物中的碳和氢良好接触）；③系统温度必须足够高。这三个因素对于污泥焚烧过程很重要，也是最基本的条件。因此，为改善燃尽阶段的工况，常采用翻动、拨火等办法来有效地减少物料外表面的灰尘，或控制稍多一点的过剩空气，增加物料在炉内的停留时间等。该过程与焚烧炉的几何尺寸等因素直接相关。

需注意的是，污泥的成分变化较大，如不同处理阶段的污泥、不同来源的污泥，焚烧过程也不一样。

## ▶ 12.1.2 污泥焚烧的影响因素

影响污泥焚烧过程的因素有许多，主要因素有污泥的性质、停留时间、燃烧温度、焚烧传递条件、空气过量系数等。

**(1) 污泥的性质**

污泥的性质主要包含污泥的含水率和污泥中挥发分的含量。污泥的含水率或污泥本身含有水分的多少直接影响污泥焚烧设备的运行和处理费用。因此，应降低污泥的水分，以降低污泥焚烧设备的运行及处理费用。通常情况下，污泥含水率与挥发物含量之比小于 3.5，则污泥能够维持自燃，节约燃料。污泥挥发分含量通常能够反映污泥潜在热量的多少，如果污泥潜在热量不够维持燃烧，则需补充热能。

**(2) 污泥焚烧的工艺操作条件**

污泥焚烧的工艺操作条件是影响污泥焚烧效果和反映焚烧炉工况的重要技术指标，主要有污泥焚烧温度和时间以及焚烧传递条件。焚烧温度和时间形成了污泥中特定的有机物能否被分解的化学平衡条件；焚烧炉中的传递条件则决定了焚烧结果与平衡条件的接近程度。

最佳燃烧条件控制措施包括：通过优化一次风、二次风供给计量系数和分配，控制空气供给速率；通过优化燃烧区停留时间、温度、紊流度和氧浓度，增加二燃室扰动度，控制燃烧温度分布及烟气停留时间；防止出现会使部分燃料露出燃烧室的过冷或低温区域等。

① 污泥的焚烧温度　污泥的焚烧温度越高，燃烧速率越大，污泥焚烧得就越完全，焚烧效果也越好。

一般来说，提高焚烧温度不仅有利于污泥的燃烧和干燥，还有利于分解和破坏污泥中的有机毒物。但过高的焚烧温度不仅增加了燃料消耗量，而且会增加污泥中金属的挥发量及烟气中氮氧化物的数量，引起二次污染。因此，不宜随便确定较高的焚烧温度。

② 污泥焚烧的停留时间　污泥在焚烧炉内停留时间的长短直接影响焚烧的完全程度，

停留时间也是决定炉体容积尺寸的重要依据。为了使污泥能在炉内完全燃烧，污泥需要在炉内停留足够长的时间。停留时间意味着燃烧烟气在炉内所停留的时间，燃烧烟气在炉内停留时间的长短决定气态可燃物的完全燃烧程度。

污泥焚烧的气相温度达到 800～850℃，高温区的气相停留时间达到 2s，可分解污泥中绝大部分的有机物，但污泥中一些来自工业源的耐热分解有机物需在温度为 1100℃、停留时间为 2s 的条件下才能完全分解。

污泥固相中有机物充分分解的温度和停留时间与其焚烧时的传递条件有极大的关系。污泥颗粒越小，有机物完全分解所需的停留时间越短，如当污泥粒径为毫米级时（如在流化床中），则其停留时间在 0.5～2min 即已足够。

③ 污泥焚烧的传递条件  污泥焚烧的传递条件包括污泥颗粒和气相的湍流混合程度，湍流越充分，传递条件越有利。一般采用 50%～100% 的过量空气作为焚烧的动力。

**(3) 过剩空气系数**

过剩空气系数 $(\alpha, \%)$ 为实际供应空气量与理论所需空气量的比值。

$$\alpha = \frac{V}{V^\circ} \tag{12-9}$$

式中　$V^\circ$——理论所需空气量；

　　　$V$——实际供应空气量。

过剩空气系数 $\alpha$ 对污泥的燃烧状况有很大的影响，供给适量的过剩空气是有机可燃物完全燃烧的必要条件。合适的过剩空气系数有利于污泥与氧气的接触混合，强化污泥的干燥、燃烧，但过剩空气系数过大又有一定的副作用：既降低了炉内燃烧温度，又增大了燃烧烟气的排放量。

# 12.2  污泥焚烧工艺

污泥焚烧是利用焚烧炉高温氧化污泥中的有机物，使污泥完全矿化为少量灰烬的处理方法。以焚烧技术为核心的污泥处理方法是最彻底的处理方法，也是工业发达国家普遍采用的处理方法。

## ▶12.2.1  污泥单独焚烧工艺

污泥单独焚烧处理工艺流程如图 12-1 所示。

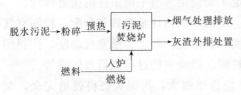

图 12-1  污泥焚烧的工艺流程

污泥焚烧工艺系统包括预处理、燃烧和烟气处理与余热利用三个子系统。预处理子系统包括污泥的前置处理和预干燥。污泥焚烧系统的原料一般以脱水污泥饼为主，前置处理过程包括浓缩、调理、消化和机械脱水等。考虑到焚烧对污泥热值的要求，一般拟焚烧的污泥应不再进行消化处理。在选用污泥脱水的调理剂时，既要考虑其对污泥热值的影响，也要考虑其对燃烧设备安全性和燃烧传递条件的影响，因此，腐蚀性强的氯化铁类调理剂应慎用，石灰有改善污泥焚烧传递性的作用，适量（量过大会使可燃分太低）使用是有利的。

污泥焚烧主要分为两类：一类是将脱水污泥直接送焚烧炉焚烧；另一类是将脱水污泥干化后再焚烧。预干燥对污泥焚烧自持燃烧条件的达到有很大的帮助，大型污泥焚烧设施都应采用预干燥单元技术。

对于污泥燃烧子系统，主要是考虑污泥焚烧炉型的选择，焚烧炉型的不同直接影响污泥焚烧的热化学平衡和传递条件。

污泥焚烧设备主要有回转式焚烧炉（回转窑）、立式多段焚烧炉、流化床焚烧炉等。从污泥性状来看，污泥焚烧会阻塞炉排的透气性，影响燃烧效果，因此炉排炉不适于焚烧污泥。

在污泥焚烧工业化的初期，多采用多膛炉，但多膛炉燃烧的固相传递条件较差，污泥燃尽率通常低于95%，同时，辅助燃料成本的上升和气体排放标准的更加严格，使得多膛炉逐渐失去了竞争力。

目前应用较多的污泥焚烧炉形式主要是流化床和卧式回转窑两类。流化床焚烧炉于20世纪60年代开始出现于欧洲，70年代出现于美国和日本。流化床焚烧炉包括沸腾流化床和循环流化床两种，其共同特点是气、固相的传递条件良好，气相湍流充分，固相颗粒小，受热均匀，所以流化床焚烧炉已成为城市污水处理厂污泥焚烧的主流炉型。流化床炉的缺点是炉内的气流速度较高，为维持床内颗粒物的粒度均匀性，不宜将焚烧温度提升过高（一般为900℃左右）。

污泥卧式回转窑焚烧炉在结构上与水平水泥窑十分相似，污泥在窑内因窑体转动和窑壁抄板的作用下翻动、抛落，动态地完成干燥、点燃、燃尽的焚烧过程。回转窑焚烧的污泥固相停留时间较长（一般大于1h），且很少会出现"短流现象"；气相停留时间易于控制，设备在高温下操作的稳定性较好（一般水泥窑烧制最高温度大于1300℃），特别适合含特定的耐热性有机物的工业污水处理厂污泥（或工业与城市污水混合处理厂污泥）。其缺点是逆流操作的卧式回转窑，尾气中含臭味物质较多，另有部分挥发性的有毒有害物质，需配置消耗辅助燃料的二次燃烧室（除臭炉）进行处理；顺流操作回转窑则很难利用窑内烟气热量实现污泥的干燥与点燃，需配备炉头燃烧器（耗用辅助燃料）使燃烧空气迅速升温，达到污泥干燥与点燃的目的。因此，水平回转窑焚烧的成本一般较高。

在20世纪90年代，污泥焚烧烟气处理子系统主要包含酸性气体（$SO_2$、HCl、HF）和颗粒物净化两个单元。大型污泥焚烧厂酸性气体净化多采用炉内加石灰共燃（仅适用于流化床焚烧）、烟气中喷入干石灰粉（干式除酸）、喷入石灰乳浊浆（半干式除酸）3种方法。颗粒物净化采用高效电除尘器或布袋式过滤除尘器。小型焚烧装置则多用碱溶液洗涤和文丘里除尘方式分别进行酸性气体和颗粒物脱除操作。后来为了达到对重金属蒸气、二噁英类物质和$NO_2$进行有效控制的目的，逐步加入了水洗（降温冷凝洗涤重金属）、喷粉末活性炭（吸附二噁英类物质）和尿素还原脱氮等单元环节。这些烟气净化单元技术的联合应用可以在污泥充分燃烧的前提下，使尾气排放达到相应的排放标准。

污泥焚烧烟气的余热利用，主要方向是用于自身工艺过程（以预干燥污泥或预热助燃空气为主），很少有余热发电的实例。焚烧烟气余热用于污泥干燥时，既可采用直接换热方式，也可通过余热锅炉转化为蒸汽或热油能量间接利用。

#### 12.2.1.1 污泥流化床焚烧炉单独焚烧

流化床焚烧炉特别适合焚烧污水处理厂污泥和造纸污泥，流化床焚烧炉通常分为固定式（鼓泡式）、旋转式和循环式三种类型，常用工艺为固定式和循环式。脱水污泥和干化污泥均可在流化床中焚烧。循环流化床比鼓泡床对燃料的适应性更好，但是需要旋风除尘器来保留床层物质。鼓泡式可能会存在被一些污水污泥堵塞设备的危险，但可从工艺中回收热量促进污泥的干燥，进而降低对辅助燃料的需求。鼓泡式适用于处理热值较低的污泥，往往需要加入一定的辅助燃烧，一般可焚烧多种废物，如树皮、木材废料等，也可加入煤或天然气作为辅助燃料，处理能力为 1~10t/h；旋转式适用于污泥与生活垃圾混合焚烧，处理能力为 3~22t/h；循环式特别适合焚烧高热值的污泥，主要是全干化污泥，处理能力为 1~20t/h（大多数大于 10t/h）。炉膛下部有耐高温的布风板，板上装有载热的惰性颗粒，通过床下布风，使惰性颗粒呈沸腾状，形成流化床段，在流化床段上方设有足够高的燃尽段（即悬浮段）。污泥在焚烧炉中混合良好，热值范围广，燃烧效率高，负荷调节范围宽。

流化床焚烧炉的污染物排放浓度低，热强度高，飞灰具有良好浸出性，灰渣燃尽率高。对于鼓泡式流化床焚烧炉（BFB）、旋转流化床焚烧炉（RFB）和循环流化床焚烧炉（CFB）来说，灰渣中的残余炭均可小于 3%，其中 RFB 通常在 0.5%~1% 之间；烟气残留物产生量少，焚烧装置内烟气具有良好的混合度和高紊流度。$NO_x$ 含量可降至 $100mg/m^3$ 以下。废水产生量少，炉渣呈干态排出，无渣坑废水，亦无需处理重金属污水的设备。通常需对污泥进行严格的预处理，将污泥破碎成粒径较小、分布均匀的颗粒，因此飞灰产生量较多，操作要求较高，烟气处理投资和运行成本较高。

流化床既可以直接燃烧湿污泥，也可以燃烧半干污泥（干燥物质的质量分数为 40%~65%）。当污泥的水分含量高于 50% 时，水分蒸发过程往往贯穿了燃烧过程的始终，在燃烧过程中占有显著地位，并明显不同于一般化石燃料的燃烧。污泥着火时间（污泥燃烧产生火焰时的开始时间）随床温的增加而减小，随水分的增大而增大，当床温超过一定值（≥850℃）或水分低于一定值（≤43%）时，着火时间的差别相差很小。对流化床燃烧而言，燃料在炉内的停留时间通常达几十分钟，因此，高水分污泥的着火延迟不会对污泥在流化床内的燃尽有实质影响。

由于水分蒸发具有初期速率极快的特点，在流化床焚烧含水量大的污泥时，必须有足够的措施来保证大量析出的水分不会使床层熄火。首先要注意的一点是给料的稳定性和均匀性。给料的波动会造成床温的波动，这会给运行带来不利的影响。另外，还要保证燃烧初期污泥与床料较好地混合。与煤相比，污泥是较轻的一种燃料，大量的潮湿污泥堆积在床层表面会使流化床上部温度急剧下降而导致熄火。

在流化床中污泥干燥和脱挥发分两个过程是平行发生的，此过程中颗粒的中心温度相对比较低，但在炭燃烧过程中，温度快速增加，达到峰值温度 1000℃，干燥和脱挥发分过程中的低颗粒温度说明了初期强干燥将产生由颗粒内部到外表面的低温蒸汽流，这使表面温度保持很低。低脱挥发分温度的影响使湿污泥的脱挥发分时间比干污泥颗粒脱挥发分的时间长。

污泥中可燃物的绝大部分都是挥发分，污泥中 80% 以上的碳随着挥发分析出。

湿污泥在原始直径降到较小时，颗粒物主要漂浮在流化床表面，干燥时有时会沉降至较低位置挥发和燃烧。挥发分以某种脉动的方式析出，以短的明焰燃烧，火焰不连续，时有时无。对于更小的颗粒而言（直径在 10mm 以下），则观察不到火焰。与湿污泥燃烧相比，干污泥的燃烧火焰是长而黑的，火焰的高低取决于析出挥发分的强度。

挥发分的析出在燃烧初期比较缓慢，随着燃烧过程的进行，挥发分的析出速率逐渐增大，并在一定的时间内保持不变，最后随着燃烧接近尾声，挥发分的析出速率又降低为零。

污泥中的可燃物在燃烧中大部分以气态挥发分的形式出现，必须组织好炉内的动力场以有效的对这些气体成分进行燃烧破坏。适当在床内加一部分二次风不但可以增加炉内的湍流度，而且还可以延长燃料在炉内的停留时间。

在污泥干燥和脱挥发分后，剩下的污泥焦会继续和氧反应直到被烧掉为止。由于污泥中的固定碳很少，炭焦的燃烧时间比挥发分析出和燃烧的时间要短或者差不多。对于湿污泥而言，脱挥发分的时间更长，在湿污泥燃烧中可以忽略炭焦燃烧的影响。污泥燃烧以很少的碳载荷为特征，而且在床内的炭焦浓度与燃料中的固定碳含量完全关联。污泥的含湿量和挥发分含量高，对污泥燃烧特性影响大。污泥中挥分发含量高确定了干燥和挥发分的脱析在燃烧过程中的主导地位，与其对应的炭焦燃烧处于次要地位。污泥干燥、挥发分析出和燃烧的位置确定了污泥焚烧炉中的温度分布，当用流化床燃烧时，这种现象格外明显。

污泥在流化床中失重的同时伴随着污泥球粒径的减少，在整个燃烧过程中，污泥密度变化范围很大，粒度变化相对较小。采用流化床焚烧处理污泥时，选取合适的床料，保证在燃烧的大部分过程中，污泥均能很好地在床层内混合均匀，具有重要的意义。

当污泥以较大体积的聚集态送入流化床时，往往会迅速形成具有一定强度和耐磨性的较大块团，还会通过包覆或粘连床内的其他颗粒而形成较大的块团，这种现象称为凝聚结团现象，这能有效减少场析损失，是一个能提高燃烧效率、减轻二次污染的有利因素。污泥与柴油混烧时，污泥结团强度变小，而污泥与煤混烧时，其结团强度能得到大大增强。

#### 12.2.1.2 喷雾干燥和回转式焚烧炉联合处理工艺

北京市环境保护科学研究院和浙江环兴机械有限公司在杭州市萧山区临浦工业园区建成了一座处理能力为 60t/d 的污泥喷雾干燥-回转窑焚烧工艺的示范工程（污泥含水率为 80%），用来处理萧山污水处理厂的脱水污泥，其工艺流程如图 12-2 所示。

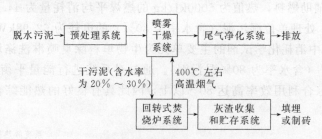

图 12-2　污泥喷雾干燥-回转窑焚烧工艺流程

在污泥含水率为 64.5% 和 28.9% 的情况下，污泥的低位热值分别为 2.8MJ/kg 和 7.2MJ/kg，当污泥被干燥到含水率为 30% 以下时，污泥不但能够维持燃烧，而且可以有大量的热量富余，这些热量可用来干燥污泥等。脱水污泥经预处理系统处理后，通过高压泵进入喷雾干燥顶部，经过充分的热交换，污泥得到干化，干化后含水率为 20%～30% 的污泥从干燥塔底直接进入回转式焚烧炉焚烧，产生的高温烟气从喷雾干燥系统顶部导入，直接对雾化污泥进行干燥，排出的尾气分别经过旋风分离器、喷淋塔和生物填料除臭喷淋塔处理后，经烟囱排放。焚烧灰渣送往砖厂制砖或附近的水泥厂作为生产水泥的原料。该示范工程的主要设备包括一台喷雾干燥器（$\phi \times H = 3.5m \times 7m$）、一台回转式焚烧炉 [$\phi \times H$（筒身）= 1.7m×9.0m、内径为 1.0m，倾角为 2°]、一个热风炉、一个二燃室（6m×1.85m×2.0m）、一个旋风除尘器（$\phi$1320mm×5727mm）和两个生物除臭喷淋洗涤塔（$\phi$5.0m×5.0m）。此工艺具有以下特点。

① 工艺中采用微米级粉碎设备，将含水率为75%～80%的脱水污泥破碎，使污泥中的部分结合水转变为间隙水，在提高污泥流动性和均质度以利于泵输送的同时，能够最大限度地使污泥得到有效雾化，在与焚烧炉高温烟气直接接触时，不仅使干燥速率最大化，而且使经气固分离后得到的干化污泥的松密度、流动性和粒径分布更为合理。

② 通过调整喷嘴雾化粒径，使污泥形成300～500μm的液滴，在吸附并积聚焚烧烟气中颗粒物质及重金属氧化物以及减少粉尘产生量的同时降低安全隐患，降低后续尾气处理难度，节约处理成本，并使干燥污泥的粒度分布在0.125～0.250mm，利于焚烧。

③ 烟气在温度大于850℃的条件下停留时间在2s以上，可有效消减二噁英及其前驱物的产生。同时，将进入喷雾干燥塔的烟气温度控制在400℃左右，可防止二噁英及其前驱物的再生。

④ 喷雾干燥塔具有烟气预处理功能，可有效降低后续烟气净化设施的处理负荷。400℃的高温烟气进入喷雾干燥器与雾化污泥并流接触后，烟气中的粉尘和重金属氧化物吸附在雾化污泥中，烟气中的酸性气体也溶解在其中，并随水蒸气进入后续烟气净化系统。

⑤ 利用焚烧高温烟气直接对雾化污泥进行干燥，避免了复杂换热器的热损失，干燥器高温烟气进口温度（400℃）高，废气排放温度（70～80℃）低，因此热效率（＞75%）高。采取一些热能循环利用措施后，其热利用效率可以提高到80%以上。

⑥ 系统结构简单，投资成本仅为流化床干化系统的30%～40%。

⑦ 系统安全可靠，污染风险低。污泥焚烧采用煤作为辅助燃料，利用污泥本身的热能燃烧产生热风，供应干燥塔，在污泥焚烧中实现回转炉焚烧尾气的零排放，同时在焚烧炉设置二燃室、干燥塔和旋风除尘器、活性炭吸附设备，彻底避免尾气的烟尘污染、臭气和可能存在的二噁英问题。

系统以煤作为辅助燃料，热值为5000kJ/kg的燃煤平均消耗量为44.84kg/m³（含水率为80%的湿污泥）；处理单位湿污泥（含水率为80%）的电耗为62.98kW·h/t。单位水耗为2.33m³/t，系统中消耗化学试剂的主要单元为生物填料除臭喷淋洗涤塔，其平均单位碱消耗量为2.5kg/m³（含水率为80%湿污泥）。通过对系统进行能量平衡分析（见图12-3）可知，系统的热能综合利用效率高达80%以上，因此具有良好的热能综合利用效率和节能效果。

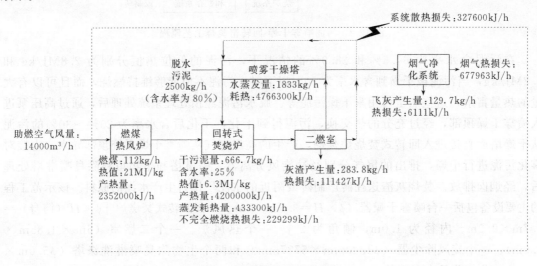

图 12-3　系统能量平衡分析

系统烟气监测结果表明，在连续运转过程中排放的各种大气污染物质，经旋风除尘器、喷淋塔、生物填料除臭喷淋洗涤塔处理后，均远低于（GB 18485—2014）《生活垃圾焚烧污染控制标准》中大气污染物排放限值的要求。

## 12.2.2 污泥混烧工艺

相对于投海、填埋、堆肥等处理方法，焚烧法处理污泥可消灭病原体、大幅度减小污泥体积、回收部分能量，在无害化、减量化、资源化方面优势明显。但是，单独建大型污泥焚烧厂存在诸多问题：①投资巨大。污泥焚烧炉及尾气净化系统等设备价格昂贵，国外一套日处理 1000t 的污泥焚烧系统需要投资 6 亿～7 亿元。②运行成本高。污泥含水率高、热值低，必须吸收大量的热能后才能燃烧，需要消耗大量的常规能源，目前国内单独焚烧 1t 污泥的成本，上海地区需要 160 元，江苏地区需要 200 元。③建设周期长。④运输成本高。污水处理厂污泥的含水率通常为 80% 左右，体积庞大，而且城市污水处理厂往往较为分散，集中焚烧处理必然带来高昂的运输费用。如果利用污水处理厂附近的电厂、水泥厂、垃圾焚烧厂等现有的燃烧设备和技术就近焚烧处理污泥，不仅可节省大量的湿污泥运输费用，而且投资少、运行成本低、见效快，在经济效益和环境保护上均具有显著的优点。

### 12.2.2.1 燃煤电厂污泥混烧工艺

#### (1) 煤粉炉中的污水污泥混烧

实践证明，当污泥占燃煤总量的 5% 以内时，对于尾气净化以及发电站的正常运转无不利影响。过高的混烧比例（如 7.6% 干污泥）会造成尾部烟气净化装置，特别是静电除尘器产生严重的结灰现象。火电厂煤粉炉混烧污泥的主要优点是：可以除臭，病原体不会传染，卫生；装车运输方便；仓储容易，与未磨碎煤的混合性及其燃烧性都得以改善。对于煤粉炉中的污泥和煤的混烧，需要考虑燃料的制备、燃烧系统的改造和燃烧产生的污染物处理等。首先，污泥必须预先干燥，并在干燥后磨制成粉末；其次，电厂还须增加处理凝结物、臭气、粉尘和 CO 的设备，并考虑污泥干燥过程中的能源损耗以及干燥后的污泥还存在自燃、风粉混合物的爆燃等隐患。煤粉炉长期进行污泥和煤混烧，应严格控制污泥中 Cl、S 及碱金属的含量，因为碱性硫化物容易凝结在受热面上，并与氧化层进行反应，形成复杂的碱性铁硫化合物 $[(K_2Na_2)_3Fe(SO_4)_3]$，使过热器产生高温腐蚀。污泥中的氮、硫和重金属含量较高，还会导致混烧过程中 $NO_x$、$SO_2$ 和重金属排放增加，由此会受到更严格的污染排放标准的约束。

#### (2) 流化床炉中的污水污泥混烧

近年来，在国际上，利用热电厂循环流化床锅炉将污泥与煤混烧已逐渐成为重要的污泥处置方式。燃煤流化床炉中污水污泥的混烧又可分为湿污泥直接混烧和污泥干化混烧。湿污泥直接混烧发电是将湿污泥直接送入电厂锅炉与煤混烧，污泥干化混烧发电则是将湿污泥经干化后再送入电厂锅炉与煤混烧。按照热源和换热方式来分，典型的污泥干化方法包括两类：一类是利用锅炉烟道抽取的高温烟气或锅炉排烟直接加热湿污泥；另一类是利用低压蒸汽作为热源，通过换热装置间接加热污泥。湿污泥的含水率约为 80%，干化污泥的含水率为 20%～40%。

湿污泥直接混烧的典型工艺流程如图 12-4 所示。含水率为 80% 左右的污泥经喷嘴喷入炉膛，迅速与大量炽热床料混合后干燥燃烧，随烟气流出炉膛的床料在旋风分离器中与烟气分离，分离出来的颗粒再次送回炉膛循环利用，炉膛内的传热和传质过程得到强化。炉膛内

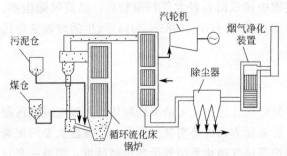

图 12-4　典型燃煤电厂混烧污泥工艺流程

温度能均匀地保持在 850℃ 左右，由旋风分离器分离出的烟气引入锅炉尾部烟道，对布置在尾部烟道中的过热器、省煤器和空气预热器中的工质进行加热，从空气预热器出口流出的烟气经除尘净化后，由引风机排入烟囱，排向大气。

这种处理处置方式在经济和技术上还存在以下问题。

① 污泥的含水率和掺混率对焚烧锅炉的热效率有很大影响。污泥含水率越高，热值越低，含水率为 80% 的污泥对发电的热贡献率很低，为保证良好的混烧效果，其混烧的量不能很大，否则会对电厂的运行造成不良影响。

② 污泥掺入还会影响锅炉的焚烧效果。由于混烧工况下烟气流速会增大，对烟气系统造成磨损，烟气流速的上升会导致燃料颗粒在炉内的停留时间缩短，可能产生停留时间小于 2s 的工况，不符合避免二噁英产生的基本条件。

③ 污泥焚烧处理所需的过剩空气系数大于燃煤，因此污泥混烧会导致电厂烟气排量大，热损失大，锅炉热效率降低。

④ 混烧对锅炉的尾气排放也会带来较大影响。由于污泥中含有较高浓度的污染物（如汞浓度数十倍于等质量的燃煤），焚烧后烟气中有害污染物浓度明显增加，但由于烟气量大幅度增加，烟气中污染物被稀释，其浓度可能低于非混烧烟气污染物的浓度，目前无法严格合理地界定并控制排入大气的污染物浓度。

常州某热电厂 1 台 20t/h 流化床锅炉污泥与煤混烧结果表明，随着污泥拌量的增加，减温幅度增加，热效率降低，煤耗、电耗量增加。如以 1t/h 的污泥拌量为例，排烟温度由理论值 145.6℃ 上升至 166.3℃，上升幅度为 20.7℃；烟气量增大 9%，烟气侧阻力增加 200Pa，增加引风机电耗 18kW·h；污泥系统耗电量为 11kW·h，为保证原有蒸发量，需多耗煤 0.054t/h；热效率由 87.8% 下降至 85.30%。烟气中二噁英浓度最大值为 0.004ng/m³，与国家标准限值 1.0ng/m³ 相差三个数量级，重金属（Pb、Cd、Hg）的浓度远低于国家标准限值。灰渣中的重金属（Cu、Fe、Pb、Cd）含量均小于原污泥灰渣，浸出毒性远小于（GB 5085.3—2007）《危险废物鉴别标准　浸出毒性鉴别》中危险固体废物的鉴别标准。

常州某热电有限公司利用 3 台 75t/h 的循环流化床锅炉处理含水率为 80% 的污泥 180～225t/d，其工程投资由焚烧锅炉本体防磨喷涂改造和新建污泥储存、输送系统两部分组成，投资总额 120 万元，每吨污泥的混烧处理成本为 106 元，低于单独建设同等规模焚烧装置的费用。

### 12.2.2.2　水泥厂回转窑污泥混烧工艺

水泥生产过程中，原料中的 $K_2O+Na_2O$ 绝对含量宜控制在 1.0% 以下，硫碱比 $n(S)/n(R)$ 在 0.6～1.0 之间。$Cl^-$ 含量通用的控制标准为不大于 0.015%，因此，对于卤素含量高的含镁、碱、硫、磷等的污泥，应该控制其焚烧喂入量。通常加入的干污泥占正常燃料（煤）的 15%。若 1kg 干污泥汞含量超过 3mg，则不宜入窑焚烧。

污泥与水泥原料粉混合或分别送入水泥窑，通过高温焚烧至 2000℃，污泥中的有机有害物质被完全分解，在焚烧中产生的细小水泥悬浮颗粒会高效吸附有毒物质；回转窑的碱性气氛很容易中和污泥中的酸性有害成分，使它们变为盐类固定下来，如污泥中的硫化氢（$H_2S$）因氧的氧化和硫化物的分解而生成 $SO_2$，又被 $CaO$、$R_2O$ 吸收，形成 $SO_2$ 循环，在回转窑的烧成带形成 $CaSO_4$、$R_2SO_4$ 而固定在水泥中。污泥中的重金属在进窑燃烧的过程中，被固定在熟料矿物晶格里。污泥灰分的成分与水泥熟料的成分基本相同，污泥焚烧残渣可以作为水泥原料使用，混烧即为最终处理，灰渣无需处理。

水泥窑具有燃烧炉温高和处理物料量大的特点，而且水泥厂均配备大量的环保设施，是环境自净能力强的装备，利用水泥窑系统混烧污泥具有如下优点。

① 可以利用水泥熟料生产中的余热烘干污泥的水分，从而提高水泥厂的能量利用率。

② 污泥可以作为辅助燃料应用于水泥熟料煅烧，从而降低水泥厂对煤等一次能源的需求。

③ 水泥窑内的碱性物质可以和污泥中的酸性物质化合成稳定的盐类，便于其废气的净化脱酸处理，而且还可以将重金属等有毒成分固化在水泥熟料中，避免二次污染，对环境的危害降到最低。

④ 污泥可以部分替代黏土质原料，从而降低水泥生产对耕地的破坏。

⑤ 投资小，具有良好的经济效益，只需要增加污泥预处理设备，投资及运行成本均低于单独建立焚烧炉，上海某水泥厂污泥混烧示范工程的综合运行成本仅为 60 元/t（污泥含水率为 80%）。

⑥ 回转窑的热容量大，工艺稳定，回转窑内气体温度通常为 1350～1650℃；窑内物料停留时间长，高温气体湍流强烈，有利于气固两相的混合、传热、分解、化合和扩散，有害有机物分解率高。

⑦ 燃烧即为最终处理，省却了后续的灰渣处理工序，节约了填埋场用地和资金。

其缺点是：a. 恶臭气体和渗滤液等若未经合适处理会使厂区环境变糟糕；b. 脱水污泥进厂后要进行脱水和调质等预处理，增加了资源和能量消耗；c. 水泥窑中过高的焚烧温度会导致 $NO_x$ 等污染物排放的增加，从而增加了尾气处理成本。

利用水泥厂干法（回转窑进行污泥混烧）处理污泥有以下两种方法。

① 污泥脱水后直接运至水泥厂，在水泥厂进行湿污泥直接燃烧，即贮存污泥通过提升输送设备，采用给料机进行计量后，输送到分解炉或烟室进行处置。直接燃烧处理工艺环节少，流程简单，二次污染可能性小，但处理所需的燃料量大，水泥厂应充分利用回转窑废气余热烘干湿污泥后焚烧。该方法在污水处理厂与水泥厂距离较远、运输路线长时污泥运输费用高，同时水泥厂需要进行必要的设备改造。

② 污水处理厂污泥脱水后，通过适当的措施进行干化或半干化，然后运至水泥厂。该方法的优点是水泥厂焚烧相对简单，容易得到水泥厂的配合，运输费用低，污泥可作为水泥生产的辅助燃料提供热量，缺点是污水处理厂需要设置干化设备，没有充分利用水泥厂的余热进行干化，导致污泥干化费用较高。

利用水泥法湿法直接焚烧处理污泥也可采取两条技术路线：a. 污泥从湿法搅拌机进入，经过均化、贮存、粉磨后从窑尾喂入窑内焚烧；b. 污泥与窑灰搅拌混合、均化后，从窑中喂入窑内焚烧。一般而言，污泥含水率高，更适合湿法水泥窑处理，直接作为生料配料组分加以利用。

利用水泥厂的干法水泥窑进行污泥混烧，污泥的进料位置可以为生料磨、分解炉底部、窑尾和窑头冷却机，如图 12-5 所示。

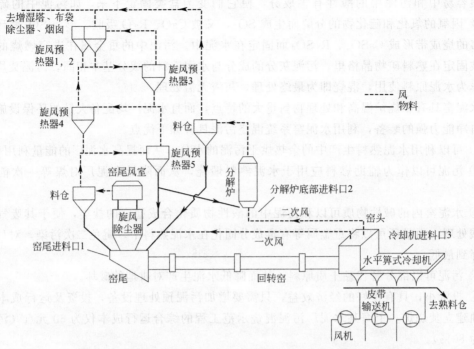

图 12-5　水泥回转窑利用市政污泥煅烧生态水泥熟料的工艺流程

① 从生料磨进料　对于水分含量较低的污泥，如干化后含固率达到 8% 左右，可以作为水泥生产的辅助原料直接加入生料磨中和其他物料一起粉磨；当污泥的含水率较高（如 65%~80%），由于污泥的处理量相对于水泥生料量很小，也可以将污泥直接加在生料磨上，利用热风和粉磨时产生的热量去除污泥中残存的少量水分。

在生料磨中加入污泥对水泥窑整个生产线的影响最小，对分解炉和回转窑的运行没有什么影响，充分利用了烟气余热，增加的煤耗很少，所以是首选的进料方式。

② 从分解炉底部进料　分解炉进料，污泥经过分解炉的 850~900℃ 的高温干化，分解炉可利用窑头算冷机所产生的热风（二次风）作为污泥预干化的热源和助燃空气，能保证污泥的水分蒸发及燃烧，流态化分解炉的温度为 850~900℃，气体停留时间为 2s 左右，污泥中的有机物可以完全燃尽，气体中的有害成分也可以完全燃尽，物料焚烧后通过窑尾的旋风除尘器进入水泥生料系统，系统简单安全。生料中的石灰石能吸收污泥中的硫化物，不需要设置脱硫装置。

从分解炉底部进料的方式不适合处理氯含量高的污泥，因为飞灰中含有高浓度的氯离子，容易腐蚀分解炉的炉体和回流管的耐火材料，形成结皮和结圈，使系统无法使用。

分解炉底部进料的缺点是：污泥量不能太大，污泥量太大可能导致炉底局部温度下降过快，使得煤不能完全燃烧，耗煤量增加。

③ 从窑尾进料　某水泥厂干法水泥窑熟料生产能力为 1050t/d，每吨熟料的煤耗为 163kg，污泥（含水率为 80%）处理量为 2.3t/h 时，未干化的市政污泥（含水率为 80%）从窑尾投加到回转窑中，窑尾的温度很快从 900℃ 下降至 850℃ 左右。自控系统立即指令进料的计量泵转速降低，从而使得熟料的产量下降 10% 左右，喂煤量保持不变。

④ 从窑头冷却机进料　某水泥厂的窑头冷却机为水平算式冷却机，熟料从窑头出料，温度从 1100℃ 降低到 190℃ 左右，在应急的情况下，可以直接将污泥用抓斗或者布料管均匀

分布在水平箅上，利用熟料的高温，使污泥中的水分蒸发掉，并使有机物分解。

根据对水泥窑生产的影响和热能消耗的比较，从生料磨加入污泥是最安全、最节能的方式。主要原因是水泥生产线的生料磨本来就是利用水泥窑的余热进行生料的加热，不需对回转窑进行热能的重新平衡，而且生料磨和回转窑、分解炉关联性不大，不会因为局部温度骤降而影响运行，也避免了污泥中的污染物质可能导致的水泥窑结皮和结圈。

从窑尾和分解炉底部加入污泥都需要限制投加量，保证局部温度不要骤降而导致熟料产量下降或增加煤耗。从窑头冷却机进料可以作为应急措施，但不能作为长期的措施，因为烟气不能达标排放，并可能造成熟料质量的不稳定。

### 12.2.2.3 垃圾焚烧厂污泥混烧技术

#### (1) 垃圾焚烧厂直接混烧污泥技术

典型垃圾焚烧厂混烧污泥的工艺流程如图 12-6 所示。垃圾和污泥加入焚烧炉，垃圾焚烧炉的烟气出口温度不低于 850℃，烟气停留时间不小于 2s，可控制焚烧过程中二噁英的形成，高温烟气经余热锅炉吸收热能回收发电，余热锅炉充分考虑了烟气高温和低温腐蚀，从余热锅炉出来的烟气依次经除酸系统、喷活性炭吸附装置、除尘器等烟气净化装置处理后排出。为提供焚烧炉内垃圾、污泥处理所需的热氧化环境，炉内过剩空气系数大，排放的烟气中氧气含量为 6%～12%。

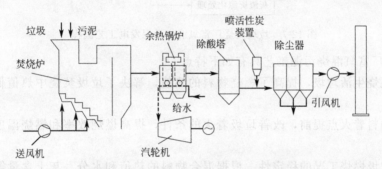

图 12-6 垃圾焚烧厂混烧污泥工艺流程

垃圾焚烧炉型包括机械炉排炉和流化床炉。我国垃圾焚烧行业经过多年的发展，以机械炉排炉为主的垃圾焚烧工艺相对完善，并具有一定的规模，基本具备混烧污泥的条件。利用垃圾焚烧厂炉排炉混烧污泥，需安装独立的污泥混合和进料装置。含水率为 80% 污泥与生活垃圾的大致比例为 1：4，干污泥（含固率约 90%）以粉尘状的形式进入焚烧室或者通过进料喷嘴将脱水污泥（含固率为 20%～30%）喷入燃烧室，并使之均匀分布在炉排上。

污泥与生活垃圾直接混烧需考虑以下问题：①污泥和垃圾的着火点均比较滞后，在焚烧炉排前段着火情况不好，可造成物料燃尽率低。②焚烧炉助燃风通透性不好，物料焚烧需氧量不充分，可造成燃烧温度偏低。③市政污泥与生活垃圾在炉排上混合程度不理想时，会引起焚烧波动。④物料燃烧工况的不稳定。城市生活垃圾成分受区域和季节的影响较大，垃圾含水率和灰土含量的大小将直接影响污泥处理量。⑤为保证混烧效果，污泥混烧过程中往往需要向炉膛添加煤或喷入油助燃，消耗大量的常规能源，运行成本高。

目前为止，我国已有多座示范工程，如深圳盐田垃圾焚烧厂，每天处理 40t 脱水污泥。

#### (2) 垃圾焚烧厂富氧混烧污泥

我国垃圾和污泥的热值普遍偏低，单纯混烧污泥将不利于垃圾焚烧发电系统的正常运行，天津某环保有限公司开发了污泥掺混垃圾的富氧焚烧发电技术。

垃圾焚烧厂富氧混烧污泥技术的工艺流程如图 12-7 所示。在湿污泥中加入新型助滤剂后脱水，使污泥含水率降低至 50% 左右，污泥实现低成本干化后再与少量的秸秆混合制成衍生燃料，秸秆与污泥的掺混比例一般为（1:5）~（1:3），以保证焚烧的经济性并兼顾污泥的入炉稳定燃烧。衍生燃料和垃圾一起入炉焚烧，将一定纯度的氧气通过助燃风管路送到垃圾焚烧炉内助燃，在垃圾焚烧炉上实现生活垃圾掺混污泥的富氧焚烧，产生的热能通过锅炉、汽轮机和发电机转化成电能。富氧焚烧所需氧气量根据城市生活垃圾含水率、灰土成分和污泥的热值变化而不断调整，助燃风含氧量为 21% ~ 25%。

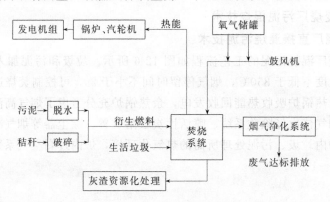

图 12-7　垃圾焚烧厂富氧混烧污泥发电工艺流程

垃圾焚烧厂富氧混烧污泥工艺具有如下特点。

① 污泥混烧生活垃圾，提高了燃烧物料的热值，解决了垃圾焚烧中热值低、不易燃烧的问题。

② 混合物料着火点提前，改善垃圾着火的条件，提高燃烧效率和燃烧温度，保证垃圾焚烧处理效果。

③ 提高垃圾燃烧工况的稳定性。根据混合物料的热值和水分、灰土含量等实际情况及时调整富氧含量，改善垃圾着火情况，从而解决燃烧工况不稳定的问题。

④ 增加焚烧炉内助燃风氧气含量，有效降低锅炉整体空气过剩系数，获得更好的传热效果，降低排烟量，从而减少排烟损失，有助于提高锅炉效率，减少环境污染。

⑤ 提高烟气排放指标。富氧燃烧能使炉内垃圾剧烈燃烧，从而降低烟气中 CO 和二噁英等有害物质的浓度。

⑥ 减少灰渣热灼减率。富氧燃烧使助燃风中氧气含量提高，充分满足垃圾焚烧所需助燃氧气，提高垃圾燃烧效率，从而减少炉渣热灼减率。

垃圾焚烧厂富氧混烧垃圾的缺点是烟气和飞灰产生量增加，烟气净化系统投资和运行成本增加，并降低生活垃圾发电厂的发电效率和焚烧厂垃圾处理能力。

### 12.2.2.4　污泥与重油在流化床锅炉中的混烧

浙江大学在 500mm×500mm 的大型流化床上开展了重油与污泥焚烧试验研究，研究了重油和污泥的混烧特性，以寻求最佳的油枪布置位置和验证燃油系统的可靠性。试验结果表明，采用高料层、低风速运行非常有助于燃烧及床温的稳定。污泥的给料粒度在较大范围内均能正常燃烧，大粒度给料不会影响运行稳定；重油与污泥混烧时维持一定的料层高度是重要的，应适时补充床料。

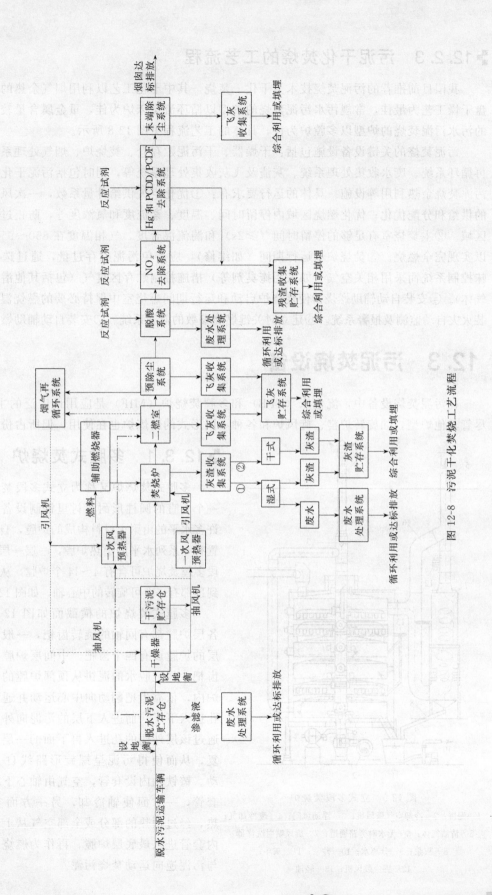

图 12-8 污泥干化焚烧工艺流程

### ▶ 12.2.3 污泥干化焚烧的工艺流程

我国目前推荐的污泥焚烧技术为干化＋焚烧，其中干化工艺以利用烟气余热的间热式转盘干燥工艺为最佳，常规污水污泥焚烧的炉型以循环流化床炉为佳，重金属含量较多且超标的污水污泥焚烧的炉型以多膛炉为佳，具体的工艺流程见图12-8所示。

污泥焚烧的关键设备设施包括：干燥器、干污泥贮存仓、焚烧炉、烟气处理系统、烟气再循环系统、废水收集处理系统、灰渣及飞灰收集处理系统等，同时包括污泥干化预处理和污泥焚烧余热利用等设施。具体的运行要求有：①优化空气供给计量系数，一次风和二次风的供给和分配优化；优化燃烧区域内停留时间、温度、紊流度和氧浓度等，防止过冷或低温区域。②主焚烧室有足够的停留时间（≥2s）和湍流混合度，气相温度在850～950℃为宜，以实现完全燃烧。③焚烧炉不运行期间（如维修），应避免污泥贮存过量，通过选择性的气味控制系统而采用相关空气（如采用掩臭剂等）措施控制贮存区臭气（包括其他潜在的逸出气体）。④安装自动辅助燃烧器使焚烧炉启动和运行期间燃烧室中保持必要的燃烧温度。⑤安装火灾自动监测及报警系统。⑥建立对关键燃烧参数的监测系统。⑦安装自动辅助燃烧器。

# 12.3 污泥焚烧设备

在污泥焚烧设备中，流化床（CFB）和多膛焚烧炉（MIF）是应用最广泛的主要炉型，尽管其他炉型，如旋转炉窑、旋风炉和各种不同形式的熔炼炉也在使用，但所占份额不大。

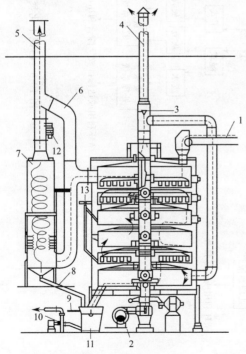

图12-9　立式多段焚烧炉

1—泥饼；2—冷却空气鼓风机；3—浮动风门；4—废冷却气；
5—清洁气体；6—无水时旁路通道；7—旋风喷射洗涤器；
8—灰浆；9—分离水；10—砂浆；11—灰斗；
12—感应鼓风机；13—轻油

### ▶ 12.3.1 多膛式焚烧炉

多膛式焚烧炉又称为立式多段焚烧炉，是一个垂直的圆柱形耐火衬里钢制设备，内部有许多水平的由耐火材料构成的炉膛，自上而下布置有一系列水平的绝热炉膛，一层一层叠加。一段多膛焚烧炉可含有4～14个炉膛，从炉子底部到顶部有一个可旋转的中心轴，如图12-9所示。

多膛式焚烧炉的横截面如图12-10所示，各层炉膛都有同轴的旋转齿耙，一般上层和下层的炉膛设有四个齿耙，中间层炉膛设有两个齿耙。经过脱水的泥饼从顶部炉膛的外侧进入炉内，依靠齿耙翻动向中心运动并通过中心的孔进入下层，而进入下层的污泥向外侧运动并通过该层外侧的孔进入再下面的一层，如此反复，从而使得污泥呈螺旋形路线自上而下运动。铸铁轴内设套管，空气由轴心下端鼓入外套管，一方面使轴冷却，另一方面空气被预热，经过预热的部分或全部空气从上部回流至内套管进入最底层炉膛，再作为燃烧空气向上与污泥逆向运动焚烧污泥。

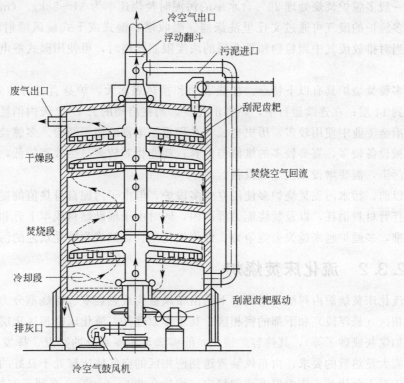

图 12-10　立式多膛焚烧炉的横截面

图中标注文字：
- 冷空气出口
- 浮动翻斗
- 污泥进口
- 废气出口
- 刮泥齿耙
- 干燥段
- 焚烧空气回流
- 焚烧段
- 冷却段
- 刮泥齿耙驱动
- 排灰口
- 冷空气鼓风机

　　从污泥整体焚烧过程来看，多膛炉可分为三个部分。顶部几层为干燥区，起污泥干燥作用，温度为 425～760℃，可使污泥含水率降至 40% 以下。中部几层为污泥焚烧区，温度为 760～925℃。其中上部为挥发分气体及部分固态物燃烧区，下部为固定碳燃烧区。多膛炉最底部几层为缓慢冷却区，主要起冷却并预热空气的作用，温度为 260～350℃。

　　该类设备以逆流方式运行，分为三个工作区，热效率很高。气体出口温度约为 400℃，而上层的湿污泥仅为 70℃或稍高。脱水污泥在上部可干燥至含水 50% 左右，然后在旋转中心轴带动的刮泥器的推动下落入燃烧床上。燃烧床上的温度为 760～870℃，污泥可完全着火燃烧。燃烧过程在最下层完成，并与冷空气接触降温，再排入充水的熄灭水箱。燃烧气含尘量很低，可用单一的湿式洗涤器把尾气含尘量降到 200mg/m³ 以下。进空气量不必太高，一般为理论量的 150%～200%。

　　根据经验，燃烧热值为 17380kJ/kg 的污泥，当含水量与有机物之比为 3.5:1 时，可以自燃而无需辅助燃料，否则，多膛炉应采用辅助燃料。辅助燃料由煤气、天然气、消化池沼气、丙烷气或重油等组成。多膛炉焚烧时所需辅助燃料的多少与污泥的自身热值和水分大小有关。

　　正常工况下，空气过剩系数为 50%～100% 才能保证燃烧充分，如氧供应不充足，则会产生不完全燃烧现象，排放出大量的 CO、煤油和碳氢化合物，但过量的空气不仅会导致能量损失，而且会带出大量灰尘。

　　多膛焚烧炉的规模多为 5～1250t/d 不等，可将污泥的含水率从 65%～75% 降至约 0，污泥体积降至 10% 左右。多膛焚烧炉的污泥处理能力与其有效炉膛面积有关，特别是处理城市污水污泥时，焚烧炉有效炉膛面积为整个焚烧炉膛面积减去中间空腔体、臂及齿的面积。一般多膛炉焚烧处理 20%含水率的污泥时焚烧速率为 34～58kg/（m³·h）。

多膛炉的废气可通过文丘里洗涤器、吸收塔、湿式或干式旋风喷射洗涤器进行净化处理。当对排放废气中颗粒物和重金属的浓度限制严格时，可使用湿式静电除尘器对废气进行处理。

多膛焚烧炉具有以下特点：加热表面和换热表面大，炉身直径可达到 7m，层数可从 4 层多到 14 层；在连续运行中，燃料消耗少，而在启动的头 1～2 天内消耗燃料较多；在有色金属冶金工业中使用较多，历史也长，并积累了丰富的使用经验。多膛焚烧炉存的问题主要是机械设备较多，需要较多的维修与保养；耗能相对较多，热效率较低，为减少燃烧排放的烟气污染，需要增设二次燃烧设备。

以前，污水污泥焚烧炉多使用立式多段炉，但由于污泥自身热值的提高使炉温上升并产生搅拌臂材料消耗，以及焚烧能力等原因，同时由于辅助燃料成本上升和更加严格的气体排放标准，多膛炉越来越失去竞争力，促使流化床焚烧炉成为较受欢迎的污泥焚烧装置。

## ▶ 12.3.2 流化床焚烧炉

流化床焚烧炉内衬耐火材料，下面由布风板构成燃烧室。燃烧室分为两个区域，即上部的稀相区（悬浮段）和下部的密相区。其工作原理是：流化床密相区床层中有大量的惰性床料（如煤灰或砂子等），其热容量很大，能够满足污泥水分的蒸发、挥发分组成的热解与燃烧所需大量热量的要求。由布风装置送到密相区的空气使床层处于良好的流化状态，床层内传热工况十分优越，床内温度均匀稳定，维持在 800～900℃，有利于有机物的分解和燃尽。焚烧后产生的烟气夹带着少量固体颗粒及未燃尽的有机物进入流化床稀相区，由二次风送入的高速空气流在炉膛中心形成一旋转切圆，使扰动强烈，混合充分，未燃尽成分在此可继续进行燃烧。

流化床焚烧炉的炉型按照流化风速及物料在炉膛内的运动状态可分为沸腾式流化床和循环流化床两大类，如图 12-11 所示。

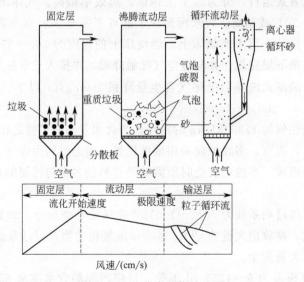

图 12-11　流化床焚烧炉炉型

沸腾式流化床焚烧炉的横断面如图 12-12 所示。高压空气（20～30kPa）从炉底部耐火栅格中的鼓风口喷射而上，使耐火栅格上约 0.75m 厚的硅砂层与加入的污泥呈悬浮状态。干燥破碎的污泥从炉下端加入炉中，与灼热硅砂剧烈混合而焚烧，流化床的温度控制在 725~950℃。污泥在循环流化床和沸腾流化床焚烧炉中的停留时间分别为数秒和数十秒。焚烧灰与气体一起从炉顶部排出，经旋风分离器进行气固分离后，热气体用于预热空气，热焚烧灰用于预热干燥污泥，以便回收热量。流化床中的硅砂也会随气体流失一部分，因此每运行 300h，应补充流化床中硅砂量的 5%，以保证流化床中的硅砂有足够的量。

污泥在流化床焚烧炉中的焚烧在两个区完成：第一个区为硅砂流化区，污泥中水分的蒸发和污泥中有机物的分解几乎同时发生在这一区中；第二区为硅砂层上部的自由空旷区，这一区相当于一个后燃室，污泥中的碳和可燃气体继续燃烧。

流化床焚烧炉排放废气的净化处理可以采用文丘里洗涤器和/或吸收塔。

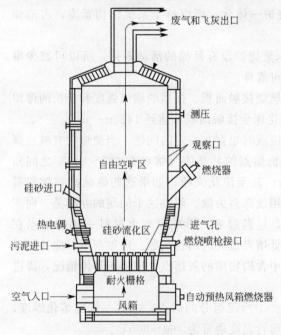

图 12-12　沸腾式流化床焚烧炉的横截面

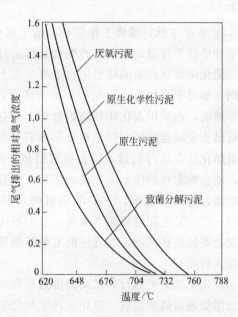

图 12-13　焚烧温度与污泥焚烧炉
尾气臭味排放水平的关系

污泥流化床焚烧炉的焚烧温度一般为 660~830℃（辅助燃料采用煤时，该温度区域可扩大为 850℃）。在该区域可有效消除污泥臭味，图 12-13 所示为焚烧温度与污泥焚烧炉尾气臭味排放水平的关系。污泥焚烧温度在 730℃ 以上时，臭味的排放接近于零。此温度可由设在炉床处的辅助烧嘴及热风予以调节控制。

与多膛式焚烧炉相比，流化床焚烧炉具有以下优点。

① 焚烧效率高　流化床焚烧炉由于燃烧稳定，炉内温度场均匀，加之采用二次风增加炉内的扰动，炉内的气体与固体混合强烈，污泥的蒸发和燃烧在瞬间就可以完成。未完全燃烧的可燃成分在悬浮段内继续燃烧，使得燃烧非常充分。热容量大，停止运行后，每小时降温不到 5℃，因此在 2 天内重新运行，可不必预热载体，可连续或间歇运行；操作可用自动仪表控制并实现自动化。

② 对各类污泥的适应性强　由于流化床层中有大量的高温惰性床料，床层的热容量大，能提供低热量、高水分污泥蒸发、热解和燃烧所需的大量热量，所以流化床焚烧炉适合焚烧

各种污泥。

③ 环保性能好  流化床焚烧炉将干燥与焚烧集成在一起，可除臭；采用低温燃烧和分级燃烧，所以焚烧过程中 $NO_x$ 的生成量很小，同时在床料中加入合适的添加剂可以消除和降低有害焚烧产物的排放，如在床料中加入石灰石可中和焚烧过程中产生的 $SO_x$、HCl，使之达到环保要求。

④ 重金属排放量低  重金属属于有毒物质，升高焚烧温度将导致烟气中粉尘的重金属含量大大增加，这是因为重金属挥发后转移到粒径小于 $10\mu m$ 的颗粒上，某些焚烧实例表明：铅、镉在粉尘中的含量随焚烧温度呈指数增加。由于流化床焚烧炉的焚烧温度低于多膛式焚烧炉，因此重金属的排放量较少。

⑤ 结构紧凑，占地面积小  由于流化床燃烧强度高，单位面积的废弃物处理能力大，炉内传热强烈，还可实现余热回收装置与焚烧炉一体化，所以整个系统结构紧凑，占地面积小。

⑥ 事故率低，维修工作量小  由于流化床焚烧炉没有易损的活动零件，所以可减少事故率和维修工作量，进而提高焚烧装置运行的可靠性。

流化床焚烧技术的优势还在于有非常大的燃烧接触面积、强烈的湍流强度和较长的停留时间。如对于平均粒径为 0.13mm 的床料，流化床全接触面积可达到 $1420m^2/m^3$。

然而，在采用流化床焚烧炉处理含盐有机废液时也存在一定的问题。当焚烧含有碱金属盐或碱土金属盐的污泥时，在床层内容易形成低熔点的共晶体（熔点在 $635\sim815℃$ 之间），如果熔化盐在床内积累，则会导致结焦、结渣，甚至流化失败。如果这些熔融盐被烟气带出，就会黏附在炉壁上固化成细颗粒，不容易用洗涤器去除。解决这个问题的办法是：向床内添加合适的添加剂，它们能够将碱金属盐类包裹起来，形成像耐火材料一样的熔点在 $1065\sim1290℃$ 之间的高熔点物质，从而解决了低熔点盐类的结构问题。添加剂不仅能控制碱金属盐类的结焦问题，而且还能有效控制废液中含磷物质的灰熔点。但对于具体情况，需进行深入研究。

流化床焚烧炉运行的最高温度通常取决于：①污泥组分的熔点；②共晶体的熔化温度；③加添加剂后的灰熔点。流化床污泥焚烧炉的运行温度通常为 $760\sim900℃$。

流化床焚烧炉可以采用两种方式操作，即鼓泡床和循环床，这取决于空气在床内空截面的速度。随着空气速度的提高，床层开始流化，并具有流体特性。进一步提高空气速度，床层膨胀，过剩的空气以气泡的形式通过床层，这种气泡将床料彻底混合，迅速建立烟气和颗粒的热平衡。以这种方式运行的焚烧炉称为鼓泡流化床焚烧炉，如图 12-14 所示。鼓泡流化床内空床截面烟气速度一般为 $1.0\sim3.0m/s$。

当空气速度更高时，颗粒被烟气带走，在旋风筒内分离后，回送至炉内进一步燃烧，实现物料的循环。以这种方式运行的称为循环床焚烧炉，如图 12-15 所示。循环流化床内空床截面烟气速度一般为 $5.0\sim6.0m/s$。

循环流化床焚烧炉可焚烧固体、气体、液体和污泥，可采用向炉内添加石灰石的方式控制 $SO_x$、HCl、HF 等酸性气体的排放，而不需要昂贵的湿式洗涤器，HCl 的去除率可达99%以上，主要有害有机化合物的破坏率可达 99.99%以上。在循环流化床焚烧炉内，废物处于高气速、湍流状态下焚烧，其湍流程度比常规焚烧炉高，因而废物不需雾化就可燃烧彻底。同时，由于焚烧产生的酸性气体被去除，因而避免了尾部受热面遭受酸性气体的腐蚀。

循环流化床焚烧炉排放烟气中 $NO_x$ 的含量较低，其体积分数通常小于 $100\times10^{-6}$。

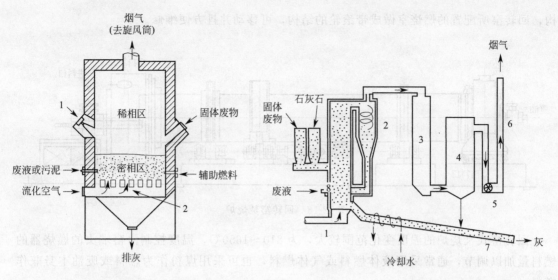

图 12-14　鼓泡流化床焚烧室

1—预热燃烧器；2—布风装置

工艺条件：焚烧温度 760～1100℃；平均停留时间

1.0～5.0s；过剩空气 100%～150%

图 12-15　循环流化床焚烧炉系统

1—进风口；2—旋转分离器；3—余热利用锅炉；4—布袋除尘器；

5—引风机；6—烟囱；7—排渣输送系统；8—燃烧室

这是由于循环流化床焚烧炉可实现低温、分级燃烧，从而降低了 $NO_x$ 的排放。

循环流化床焚烧炉运行时，废液、固体废物与石灰石可同时进入燃烧室，空床截面烟气速度为 5～6m/s，焚烧温度为 790～870℃，最高可达 1100℃，气体停留时间不低于 2s，灰渣经水间接冷却后从床底部引出，尾气经废热锅炉冷却后，进入布袋除尘器，经引风机排出。

流化床焚烧炉的缺点是运行效果不及其他焚烧炉稳定；动力消耗较大；飞灰量很大，烟气处理要求高，采用湿式收尘的水要专门的沉淀池来处理。

## 12.3.3　回转窑式焚烧炉

回转窑焚烧炉是采用回转窑作为燃烧室的回转运行的焚烧炉，用于处理固态、液态和气态可燃性废物，对组分复杂的废物，如沥青渣、有机蒸馏釜残渣、焦油渣、废溶剂、废橡胶、卤代芳烃、高聚物，特别是含 PCB（印制电路板）的废物等都很适用，美国大多数危险废物处置厂采用这种炉型。该炉型的优点是可处理废物的范围广，可以同时处理固体、液体和气体废物，操作稳定、焚烧安全，但管理复杂，维修费用高，一般耐火衬里每两年更换1次。

回转窑采用卧式圆筒状，外壳一般用钢板卷制而成；内衬耐火材料（可以为砖结构，也可为高温耐火混凝土预制），窑体内壁是光滑的，也有布置内部构件结构的。窑体的一端以螺旋加料器或其他方式进行加料，另一端将燃尽的灰烬排出炉外。污泥在回转窑内可逆向与高温气流接触，也可与气流一个方向流动。逆向流动时高温气流可以预热进入的污泥，热量利用充分，传热效率高。排气中常携带污泥中挥发出来的有毒有害气体，因此必须进行二次焚烧处理。顺向流动的回转窑，一般在窑的后部设置燃烧器，进行二次焚烧。如果采用旋流式回转窑，那么顺向流动的回转窑不一定必须带二次燃烧室。

污泥回转窑焚烧炉见图 12-16。炉衬为混凝土结构和砖，混凝土部分设置内部构件结构，回转窑所配置的燃烧室做成带滚轮的结构，可移动并且方便维修。

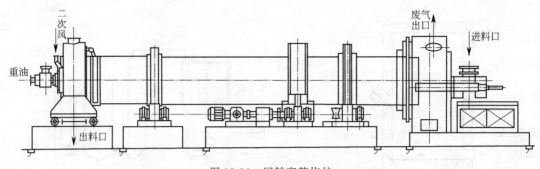

图 12-16    回转窑焚烧炉

回转窑式焚烧炉的温度变化范围较大，为 810～1650℃，温度控制由窑端头的燃烧器的燃料量加以调节，通常采用液体燃料或气体燃料，也可采用煤粉作为燃料或废油本身兼作燃料。

典型的回转窑焚烧炉炉膛/燃尽室系统如图 12-17 所示，污泥和辅助燃料由前段进入，在焚烧过程中，圆筒形炉膛旋转，使污泥和废物不停翻转，充分燃烧。该炉膛外层为金属圆筒，内层一般为耐火材料衬里。回转窑焚烧炉通常稍微倾斜放置，并配以后置燃烧器。一般炉膛的长径比为 2～10，转速为 1～5r/min，安装倾角为 1°～3°，操作温度上限为 1650℃。回转窑的转动将废物与燃气混合，经过预燃和挥发将污泥转化为气态和残态，转化后气体通过后置燃烧器的高温（1100～1370℃）进行完全燃烧。气体在后置燃烧器中的平均停留时间为 1.0～3.0s，空气过剩系数为 1.2～2.0。

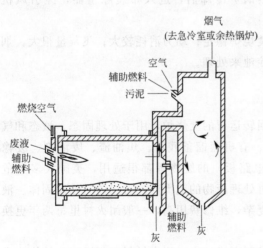

图 12-17    典型的回转窑焚烧炉炉膛/燃尽室系统

回转窑焚烧炉的平均热容量约为 $6.3 \times 10^7 kJ/h$。炉中焚烧温度（650～1260℃）的高低取决于两方面：一方面取决于污泥的性质，对于含卤代有机物的污泥，焚烧温度应在 850℃ 以上，对于含氰化物的污泥，焚烧温度应高于 900℃；另一方面取决于采用哪种除渣方式（湿式还是干式）。

回转窑焚烧炉内的焚烧温度由辅助燃料燃烧器控制。由于在回转窑炉膛内不能有效去除焚烧产生的有害气体，如二噁英、呋喃和 PCB 等，为了保证烟气中有害物质的完全燃烧，通常设有燃尽室，当烟气在燃尽室内的停留时间大于 2s、温度高于 1100℃ 时，上述物质均能很好地消除。燃尽室出来的烟气到余热锅炉回收热量，用以产生蒸汽或发电。

## ▶12.3.4    炉排式焚烧炉

污泥送入炉排上进行焚烧的焚烧炉简称为炉排型焚烧炉。炉排焚烧炉因炉排结构不同，可分为阶梯往复式、链条式、栅动式、多段滚动式和扇形炉排，可使用在污泥焚烧中的通常为阶梯往复式炉排焚烧炉。

阶段往复式炉排焚烧炉的结构如图 12-18 所示。一般该焚烧炉炉排由 9～13 块组成，固定炉排和活动炉排交替放置。前几块为干燥预热炉排，后为燃烧炉排，最下部为出渣炉排。活动炉排的往复运动由液压缸或由机械方式推动，往复的频率根据生产能力可在较大范围内进行调节，操作控制相当方便。

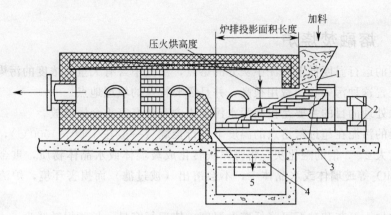

图 12-18　阶梯往复式炉排焚烧炉
1—压火烘；2—液压缸；3—盛料斗；4—出灰斗；5—水封

用炉排炉焚烧污水污泥，固定段和可动段交互配置，油压装置使可动段前后往返运动，一边搅拌污泥层，一边运送污泥层。污泥燃烧的干燥带较长，燃烧带较短。含水率在 50% 以下的污泥可以高温自燃。上部设置余热锅炉，回收蒸汽可以用于污泥干燥等。脱水污泥饼（含水率为 75%～80%）经过干燥成干燥污泥饼（含水率为 40%～50%）进入焚烧炉排炉，最终形成焚烧灰。

## 12.3.5　电加热红外焚烧炉

电加热红外焚烧炉如图 12-19 所示，其本体为水平绝热炉膛，污泥输送带沿着炉膛长度方向布置，红外电加热元件布置在焚烧炉输送带的顶部，由焚烧炉尾端烟气预热的空气从焚烧炉排渣端送入供燃烧用。

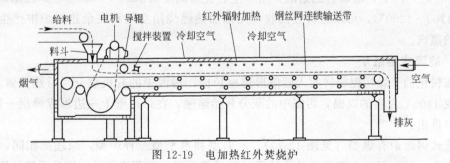

图 12-19　电加热红外焚烧炉

电加热红外焚烧炉一般由一系列预制件组合而成，可以满足不同焚烧长度的要求。脱水污泥通过输送带一端送入焚烧炉内，入口端布置有滚动机构，使污泥以近 12.5mm 的厚度布满输送带。

在焚烧炉中，污泥先被干化，然后在红外加热段焚烧。焚烧灰排入设在另一端的灰斗中，空气从灰斗上方经过焚烧灰层的预热后从后端进入焚烧炉，与污泥逆向而行。废气从污泥的进料端排出。电加热红外焚烧炉的空气过剩系数为 20%～70%。

电加热红外焚烧炉的特点是投资小，适合于小型的污泥焚烧系统。缺点是运行耗电量大，能耗高，而且金属输送带的寿命短，每隔 3～5 年就要更换一次。

电加热红外焚烧炉排放废气的净化处理可采用文丘里洗涤器和/或吸收塔等湿式净化器进行。

## ▐▌ 12.3.6 熔融焚烧炉

很多炉型的运行温度低于污泥中灰分的熔点，灰渣中含有大量高浓度的污染环境的重金属，要处理处置这种污染物，费用很高，并且需要特殊的填埋地点。

污泥熔融处理的目的主要是控制污水污泥中含有的有害重金属排放。

预先干燥的污泥在超过灰熔点的温度下进行焚烧（一般在 1300～1500℃），形成比其他焚烧方式密度大 2～3 倍的融化灰，将污泥灰转化成玻璃体或水晶体物质，重金属以稳定的状态存在于 $SiO_2$ 等玻璃体或水晶体中，不会溶出（被过滤）而损害环境，炉渣可用作建筑材料。

向污泥中加入石灰和硅石可降低熔融温度，使运行容易、炉膛损耗减少。

一般来说，污水污泥的熔融设备系统由以下四个过程组成。

① 干燥过程：含有 70%～80%水分的脱水污泥饼降至含水 10%～20%的干燥污泥饼。

② 调整过程：根据各熔炉的适用方式，进行造粒、粉碎、热分解、炭化等。

③ 燃烧、熔融过程：有机分燃烧，无机分首先变成灰，然后再熔融成为炉渣。

④ 冷却、炉渣化过程：使用水冷却得到粒状炉渣，空冷得到慢慢冷却的炉渣，然后将结晶炉渣渣粒化后实现资源化利用。

用于污泥处理的熔融炉有多种，如表面熔融炉（膜熔融炉）、焦炭床式熔融炉、电弧式电熔融炉、旋流式熔融炉。

**(1) 表面熔炉**（膜熔融炉）

表面熔融炉的构造有方形固定式和圆形回转式两种。熔污泥时，有机成分首先热分解燃烧，灰分在炉表面以膜状熔流滴下，形成粒状炉渣。如果污泥的发热量在 14654kJ/kg（3500kcal/kg）以上，能够自然熔融。由于主燃烧室温度为 1300～1500℃，炉膛出口的烟气温度为 1100～1200℃，可以进行热回收，用来加热燃烧用空气和在余热锅炉中产生用于干燥污泥的蒸汽。

**(2) 旋流式熔融炉**

将细粉化的干燥污泥旋转吹入圆筒形熔融炉内，污泥中的有机成分瞬时热分解、燃烧，这时形成 1400℃左右的高温，污泥中的灰分开始熔融，在炉内壁上一边形成薄层一边流下，从炉渣口排出。

旋流式熔融炉有纵型（见图 12-20）、倾斜型和水平型三种炉型，原理都相同，具有旋风炉的特性，但污泥送入熔融炉的前处理过程可能不同，有蒸汽干燥、流动干燥、流动热分解等。

**(3) 焦炭床式熔融炉**

焦炭床式熔融炉的结构如图 12-21 所示，填充焦炭为固定层，由风口吹入一次空气，床内形成 1600℃左右的灼热层，含水率为 35%～40%的干燥粒状污泥和焦炭、石灰或碎石交互被投入。灰分和碱度调整剂一起在焦炭床内边熔融边移动，生成的炉渣在焦炭粒子间流下。炉膛出口烟气温度为900℃左右，直接进行空气预热后在500℃左右进一步进行热回收产生锅炉蒸汽，蒸汽被送入桨式污泥干燥机。焦炭的消耗量受投入污泥的含水率、发热量及投入量影响较大，填充的焦炭必须保证一定的量。炉内容易保持较高的温度，同样适用于发热量较低的污泥或熔点较高的污泥。对于发热量较高的污泥，不会节省焦炭，因此必须进行积极的热回收。

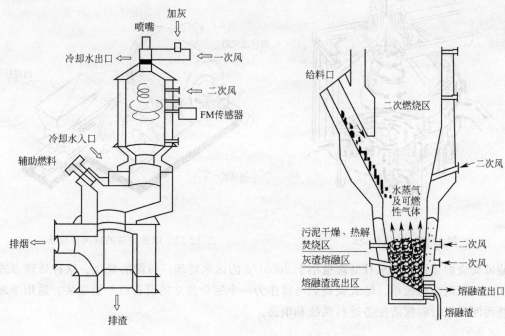

图 12-20 纵型旋流式熔融炉　　　　　　　图 12-21 焦炭床熔融炉

### (4) 电弧式电熔融炉

这种方式需先将污泥干燥到含水率为20％左右。电炉的电弧热使干燥污泥饼中的有机物分解，变成可燃气体，无机物作为熔融炉渣被排出。用高压水喷射流下来的炉渣，使其粉碎后形成人工砂状物。粒状炉渣经沉降分离后由泵送到料斗中贮藏。熔融炉中产生的热分解气体在脱臭炉中直接燃烧，干燥机排气在750℃左右脱臭，然后经过除尘装置以及排气洗涤塔处理后排放到大气中。这种方式由于使用电能，成本较高，使用剩余能量不如城市垃圾焚烧炉那样优点突出。

## 12.3.7　旋风焚烧炉

旋风焚烧炉是单个炉膛，炉膛可动，齿耙固定（见图12-22）。空气被带进燃烧器的切线部位。焚烧炉是耐火材料线性排列的圆顶圆柱形结构，以即时燃料补充的方式加热空气，形成了一个提供污泥和空气混合良好的强漩涡形式。空气和烟气在螺旋气流中顺着圆顶中心位置排出的烟气回旋垂直上升。污泥由螺旋给料机供给，在回转炉膛的外壁沉积，并被耙向炉膛中心排出，正如飞灰一样。

焚烧炉内的温度为815～870℃。这些焚烧炉相对较小，在操作温度下，可在1h内启动。

单独安装的旋风反应器是卧式旋风焚烧炉的一个改型，如图12-23所示。飞灰通过烟气排出，污泥从炉壁沿切线方向由泵打进焚烧炉，空气被带进燃烧器的切线部位形成旋风效果。这种焚烧炉没有炉膛，只有炉壳和耐火材料，污泥在炉中的停留时间不超过10s。燃烧生成物在815℃下从涡流中排出，确保完全燃烧。

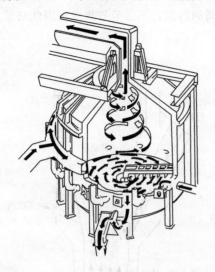

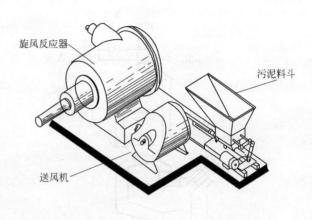

旋风反应器

污泥料斗

送风机

图 12-22　旋风焚烧炉　　　　　　图 12-23　单独安装的旋风反应器

　　旋风焚烧炉适用于污水日处理量小于9000t/d的污水处理厂污泥的焚烧。这种处理方式相对便宜，机组结构简单。卧式焚烧炉可以作为一个完全独立的设备以单独安装，适用于现场焚烧污泥，运行时仅需配备进料系统和烟囱。

## 参 考 文 献

[1] 廖传华，朱廷风，代国俊等．化学法水处理过程与设备［M］．北京：化学工业出版社，2016．
[2] 王锦，龚春辰，刘德民等．铁路含油污泥的焚烧特性［J］．中国铁路科学，2015，36（2）：130-135．
[3] 李庆，李金林，赵凤伟．含油污泥焚烧特性及其在海外油田项目的应用［J］．中国给水排水，2015，31（6）：76-79．
[4] 李畅．城市污泥焚烧及污染物排放特性研究［D］．北京：华北电力大学，2015．
[5] 张幸福．污泥焚烧过程中铬等重金属的迁移转化特性研究［D］．杭州：浙江大学，2015．
[6] 曾佳俊．FeCl₃/CaO调理后市政污泥焚烧特性及排放特性研究［D］．广州：广东工业大学，2015．
[7] 梁英．撬装式含油污泥焚烧炉燃烧特性模拟研究［D］．西安：西安石油大学，2015．
[8] 尚秀娟．污泥焚烧无害化处理方案设计［J］．工业用水与废水，2015，46（6）：80-83．
[9] 孟联宇，宋春涛．污水污泥焚烧处理工艺应用探讨［J］．建筑与预算，2015，7：41-42．
[10] 王少波，夏廷纲，缪幸福等．污泥焚烧底灰的理化性质及再利用技术［J］．净水技术，2014，33（2）：71-75．
[11] 高云涛．垃圾协同半干化市政改性活性污染试运行掺烧比例分析［J］．北京：清华大学，2014．
[12] 李辉，吴晓芙，蒋龙波等．城市污泥焚烧工艺研究进展［J］．环境工程，2014，32（6）：88-92．
[13] 刘敬勇，孙水裕，陈涛等．污泥焚烧过程中Pb的迁移行为及吸附脱除［J］．中国环境科学，2014，34（2）：466-477．
[14] 刘磊，罗跃，刘清云等．江汉油田含油污泥焚烧处理技术研究［J］．石油与天然气化工，2014，43（2）：200-203．
[15] 王玉洁，刘敬勇，孙水裕．水洗预处理对垃圾掺烧污泥焚烧飞灰中重金属高温挥发特性的影响［J］．中南大学学报：自然科学版，2014，45（5）：1751-1758．
[16] 姬爱民，崔岩，马劲红等．污泥热处理［M］．北京：冶金工业出版社，2014．
[17] 顾里，欧如清，宣建岚．污泥焚烧系统尾气污染物排放控制［J］．中国给水排水，2014，30（18）：128-130．
[18] 龚春辰．铁路含油污泥焚烧资源化处理研究［D］．北京：北京交通大学，2014．
[19] 刘敬勇，卓钟旭，孙水裕等．污泥焚烧过程中氯化物对Cd迁移行业的影响［J］．环境科学，2014，35（9）：3612-3618．

[20] 程龙得，崔立清，张小泉．含锌污泥的焚烧装置 [J]．人造纤维，2014，44（6）：21-24．

[21] 方平，唐子君，岑超平等．活性污泥焚烧过程中镍的迁移分布特性 [J]．化工环保，2013，33（6）：486-489．

[22] 杨倩，徐江锋．污染焚烧中重金属离子迁移规律研究 [J]．化学教与学，2013，6：22-24．

[23] 刘敬勇，孙水裕，陈涛．固体添加剂对污泥焚烧过程中重金属迁移行为的影响 [J]．环境科学，2013，34（3）：
1166-1173．

[24] 唐子君．污水处理厂污泥焚烧过程中重金属的迁移分布特性研究 [D]．北京：中国环境科学研究院，2013．

[25] 王进，申敏，凌碧．污泥焚烧项目改造及运行效果分析 [J]．中国给水排水，2012，28（15）：47-49．

[26] 方平，岑超平，唐子君等．污染焚烧大气污染物排放及其控制研究进展 [J]．环境科学技术，2012，35（10）：
70-80．

[27] 吕清刚，朱建国，李诗媛等．循环流化床一体化污泥焚烧工程的调试及分析 [J]．中国给水排水，2012，28（3）：
77-79．

[28] 刘风，马鲁铭．污水处理厂出水回用于污染焚烧烟气的净化 [J]．环境工程学报，2012，6（1）：3899-3904．

[29] 周法．污泥焚烧污泥物排放及灰渣理化特性研究 [D]．杭州：浙江大学，2012．

[30] 李云玉．循环流化床一体化污泥焚烧工艺实验研究 [D]．北京：中国科学院研究生院，2012．

[31] 陈萌，张建清，杨国录等．污泥焚烧工艺研究 [J]．工业安全与环保，2011，37（8）：46-48．

[32] 邹庐泉，徐广钊，吕瑞滨等．不同污泥焚烧残渣的重金属稳定性 [J]．安全与环境工程，2011，18（3）：32-35．

[33] 陈涛，孙水裕，刘敬勇等．城市污水污泥焚烧二次污染物控制研究进展 [J]．化工进展，2010，29（1）：157-162．

[34] 王罗春，李雄，赵由才．污泥干化与焚烧技术 [M]．北京：冶金工业出版社，2010．

[35] 方平．城镇污泥焚烧烟气污染控制技术研究 [D]．北京：中国科学院大学，2010．

[36] 刘敬勇，孙水裕．城市污泥焚烧过程中重金属形态与分布的热力学平衡分析 [J]．中国有色金属学报，2010，20
（8）：1645-1655．

[37] 刘敬勇，孙水裕．污泥焚烧中铅的形态转化及脱除的热力学平衡研究 [J]．高等学校化学学报，2010，31（8）：
1605-1613．

[38] 刘瑞江，曹作忠．污泥焚烧的成本分析 [J]．环境工程，2009，27（5）：103-106．

[39] 王郁，林逢凯．水污染控制工程 [M]．北京：化学工业出版社，2008．

[40] 朱开金，马忠亮．污泥处理技术及资源化利用 [M]．北京：化学工业出版社，2007．

[41] 韩军，徐明后，姚洪等．高温熔融炉中污泥的焚烧试验 [J]．华中科技大学学报：自然科学版，2006，34（6）：
108-110．

[42] 李军，王忠民，张宁等．污泥焚烧工艺技术研究 [J]．环境工程，2005，32（6）：48-52．

[43] 唐受印，戴友芝．水处理工程师手册 [M]．北京：化学工业出版社，2001．

# 第**13**章

# 燃烧装置的附属设备

为了充分发挥燃烧装置的作用，必须选择与燃烧装置本体相适应的附属设备，与其相配合。一般来说，燃烧装置的附属设备包括空气和燃料供给装置、点火装置和自动控制装置。

## 13.1 空气和燃料供给装置

### 13.1.1 空气供给装置

助燃空气的供给方式，有自然通风方式和强制供风方式。

**(1) 自然通风方式**

自然通风方式是借助烟囱的通风作用吸入空气的方法，石油精制或化工厂用的加热炉、水泥烧成炉等，大部分采用这种方式。自然通风方式构造简单，但不适合于高负荷燃烧，而且，具有通风量容易随风向和强度变动等缺点。在空气量调节方面，通常采用下述几种方法：①在烟囱处装设出口挡板进行操作。②在烧嘴本体上设置空气室，操作吸入口挡板。③开闭烧嘴调风器叶片等。

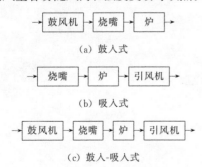

图 13-1 强制供风方式的种类

**(2) 强制供风方式**

强制供风方式是借助鼓风机供给助燃空气的方式，大部分烧嘴采用这种方式。根据鼓风机的安装方法，可以分为鼓入式、吸入式以及鼓入和吸入并用式三种方式。

鼓入式如图 13-1(a) 所示，是将鼓风机安装在烧嘴的上游侧的方式，炉内压力为正压。吸入式如图 13-1(b) 所示，是将引风机安装在排气导管上的方式，炉内压力为负压。鼓入和吸入并用式如图 13-1(c) 所示，是将上述两者组合起来的方式。通常情况下采用鼓入式，后来为了实现高负荷燃烧，烧嘴出口全压和炉压之差有增大的趋势。而在燃烧室后面装设对流换热器时，因为炉压增高，所以，必须根据鼓风机至烧嘴间配管的压力损失、调风器差压、炉内压力损失和换热器内压力损失之和，来确定鼓风机出口的设计压力。

作为烧嘴附属设备的鼓风机，大部分是离心式风机，几乎不用轴流式风机。在压力比较高的情况下，采用透平鼓风机，低压时采用西洛科（Sirocco）鼓风机，而板状叶片鼓风机（一般的离心式风机）由于构造简单，所以可在小容量、低压条件下使用。

鼓风机风量的调节方法有速度控制、挡板控制以及叶片控制三种。速度控制是通过改变鼓风机的转速而实现风量调节的方法，是一种最理想的方法，但需要变速电机；挡板控制是通过开闭鼓风机的出口阀、吸入阀和放风阀而实现风量调节的方法，在中小容量情况下应用最广，但因为关小挡板时效率降低，所以，功率消耗不随风量的减少而成比例降低；叶片控制是在鼓风机的吸入口安装有许多导向叶片，通过调节导向叶片的角度来调节吸入风方向的一种方法。在大容量情况下应用这种方法，与挡板控制方法相比，可大大节省动力消耗，而且与两级变速电机配合使用，效果更为显著。

强制供风时，从鼓风机到烧嘴之间的风管直径必须根据配管的设备费和送风压力损失的动力费的总费用来决定。通常选定的管内流速也随着鼓风压和和管道长度而有所不同，但大致为 $10 \sim 20 \text{m/s}$。

## 13.1.2　燃料供给装置

### 13.1.2.1　液体燃料供给装置

液体燃料供给装置由油罐、油泵、油加热器、油过滤器、压力调节阀和流量调节阀等控制阀、各种仪表以及配管等构成，下面仅就其中的主要装置加以说明。

**（1）油泵**

油泵按照用途可以分为输送用和喷雾用两种。

输送泵通常是低压油泵，例如，从储罐向给油罐输送燃料时使用。喷雾燃烧时，则采用喷燃泵，这种泵的出口压力比较高。

油泵按形式可分为齿轮泵、螺旋泵和柱塞泵三种。

齿轮泵又可分为外啮合式和内啮合式。图 13-2(a) 所示为外啮合式齿轮泵。图 13-2(b) 所示为内啮合式齿轮泵。外啮合式是指两齿轮在外部啮合，内啮合式是外齿轮与装在其内侧的内齿轮相啮合而进行旋转的齿轮泵。通常，齿形是按照余摆曲线形成的，因此称为余摆齿轮泵。这种泵可以用在小型喷嘴上。

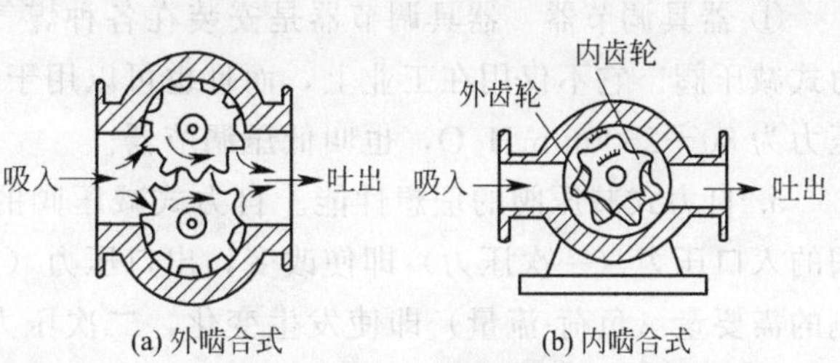

螺旋泵与齿轮泵相比，适合于高压、大容量喷嘴。

柱塞泵用于压力非常高的地方，因为它是一种往复运动的泵，所以，必须考虑减少压力的波动。

在选择泵的时候，除了需要的出口压

图 13-2　齿轮泵
(a) 外啮合式　(b) 内啮合式

力和流量以外，还必须考虑油的黏度、润滑性以及温度等因素。使用像轻油这类润滑性能不好的油的泵，因为滑动部分的磨损较严重，所以必须注意间隙和材质。而黏度低的油，考虑漏损量，必须使容量富余些。在使用回油型喷射泵喷射黏度高的重油时，因为高温重油返回到泵的吸入侧，所以泵必须采用耐高温的结构。

**（2）油加热器**

如果输送黏度高的油，因为油从油罐里吸不上来或配管中的压力损失大等输送上的原因，需采用油加热器进行加热，也有时是为了改善雾化条件才加热的。

油加热器有电气式和蒸汽式两种。电加热器主要用在小容量情况下以及作为启动用。蒸汽加热器因为容易调节油温，运转费用低，所以可以用在有蒸汽源的地方。

油加热器必须控制油的黏度以达到所要求的值。重油黏度和温度的关系是：温度越高，黏度越小。如果油的种类和性质相同的话，因为一定的黏度对应着一定的温度，所以通常采用控制温度的方法，使之达到所要求的黏度。

**（3）油过滤器及配管**

油过滤器设置在油泵的前面，是过滤混入油中的固态杂质的装置。在过滤器中，装入细号的、可以更换的金属网。

油管通常采用钢管，但是，与油罐、喷嘴等连接的部分必须使用软管。必须注意，配管不要漏油，而且尽可能避免空气滞留的场所，应该在适当的位置设置排气孔。

### 13.1.2.2 气体燃料供给装置

气体燃料供给装置由煤气罐、加压机、控制阀、各种仪表以及配管等组成，与液体燃料供给装置没有根本差别，但是，配管的直径比用液体燃料时大得多，也有与空气供给系统相似之处。

**（1）加压机**

煤气加压机是煤气输送设备，当煤气低于大气压力情况下使用时，采用真空泵、抽气机，而在要求高于大气压力时，采用风扇和鼓风机。

风扇和鼓风机通常采用离心式的，但也可以采用容积式的罗茨风机。在压力特别高的情况下，有的采用往复动作的压缩机。

为了将城市煤气利用在工业上，因为供给压力（$100mmH_2O$ 左右）比较低，所以需要加压至 $300\sim1500mmH_2O$，这时采用加压机。煤气加压机的特征是带有压力自动控制装置，如果出口压力过高，打开旁通阀，使压力下降，以防止送出的煤气压力过高。

**（2）调节器**

调节器是当入口压力和流量即使变化，能使出口压力仍旧保持一定的控制器，大多数煤气供给系统都装有这种调节器。

调节器有各种形式，大体可以分为器具调节器（自力式减压阀）、零压调节器、中压调节器和高压调节器四类。

① 器具调节器　器具调节器是安装在各种煤气燃烧装置上的调节器的总称，也叫做自力式减压阀。它不仅用在工业上，而且也可以用于一般的煤气燃具上。这种调节器一般控制压力为 $80\sim2500mmH_2O$，也叫低压调节器。

a. 自力式减压阀的理想性能。自力式减压阀的理想性能应包括如下几点：自力式减压阀的入口压力（一次压力）即使改变，出口压力（二次压力）也不变，仍保持设定值。二次侧的需要量（负荷-流量）即使发生变化，二次压力也不改变，仍保持设定值。一次压力和流量即使发生急剧变化，二次压力也不会相应地发生变化。

这种调节器应该是小型、大容量，便宜，寿命比较长，安全可靠，操作简单，并且阀的关闭比较严密。

b. 自力式减压阀的构造和工作原理。自力式减压阀的构造如图 13-3 所示。检测的二次压力加在主薄膜的下侧，用主薄膜上侧的弹簧压紧，规定阀的开度。

自力式减压阀的工作原理如图 13-4 所示，是自上而下的力（弹簧的力 $k\Delta l$ 和阀、阀轴、薄膜的重量之和）与自下而上的力（加在薄膜两侧的压力差所产生的力）相平衡，即：

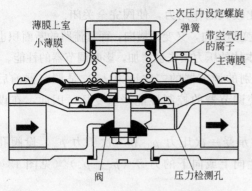

图 13-3 自力式减压阀的构造

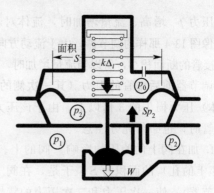

图 13-4 自力式减压阀原理

$$k \Delta l + W = S(p_2 - p_1) \qquad (13\text{-}1)$$

式中　$k$——弹簧常数；

　　　$\Delta l$——弹簧的压缩量；

　　　$W$——阀、阀轴和薄膜重量之和；

　　　$S$——薄膜的有效面积；

$p_2 - p_1$——加在薄膜两侧的压力差。

　　向下的力是设定值，如果向上的力比它小的话，则阀立即稍微开大些，如果比它大的话，立即稍微关小些。在力相平衡的位置上，阀停止动作。

　　c. 薄膜的影响。阀的开启，引起薄膜的动作，如图 13-5 所示。当二次压力增高，达到 $p_2'$ 时，则力的平衡状态下的有效面积比设定压力 $p_2$ 时的面积 $S$ 小，成为 $S'$。

　　如果二次压力降低为 $p_2''$ 时，则有效面积增大，变为 $S''$。有效面积减小相对于有效面积不变来说，则与检测的压力低具有相同的效果；而有效面积增大，则与检测的压力比实际压力高具有相同的效果。由此可见，阀的动作与必要性（如果压力降低，希望阀开大）正好相反，因此，调节器的性能不好。

　　d. 弹簧的影响。弹簧代替二次压力的设定，简单而又非常便利，但是，如果阀打开，则弹簧伸长，压缩量减少，而这正是二次压力下降的时候。这样一来，向下的力（设定值）便减小，于是会出现二次压力不断下降的结果。

　　阀关闭时，也会出现同样的现象。无论是随着阀的关闭，设定值变高，还是随着阀的打开，设定值变低，弹簧都与其进行相反的作用。这样一来，使调节器性能变坏。

　　为了减小弹簧的这种不良影响，使用弹簧常数小的弱弹簧，相对于弹簧的压缩量来说，这种变化越小越好。

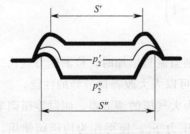

图 13-5 阀开闭时薄膜的状态

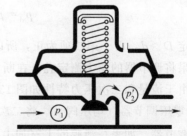

图 13-6 构造最简单的自力式减压阀

　　e. 调节器本体的影响。图 13-6 是比较常用的、构造最简单的自力式减压阀示意图。当

一次压力 $p_1$ 增高、流量增加时，流体对薄膜有比较大的作用力，使阀完全关闭。

像图 13-4 那样的调节器，由于流动方向由横向变为纵向，又变为横向，而且流路的断面积也比连接管的断面积小，所以当流量增加时，调节器本体的压力损失也增加，影响调节器的性能。

调节器前后配管的阻力（其一次侧的压力是别的调节器的二次压力 $p_0$）是调节器前后（本体）压力损失的 3 倍以上，由于该压力损失使调节器的控制性能严重变坏，因此，在设计配管时，也必须充分注意。

f. 加在阀上的差压的影响。阀的上、下方各承受一次压力 $p_1$ 和二次压力 $p_2$，设阀孔（阀座上的孔）的面积为 $S$，于是，在阀上就产生向上或向下的力 $S(p_1-p_2)$（见图 13-4 的调节器），使一次压力和二次压力的特性变坏。

为了消除加在阀上的差压产生的影响，采用复座式阀或装设小薄膜，这样，用两个阀或者阀和小薄膜，就可以抵消差压产生的影响。但是，因为复座式阀的两个阀同时密闭比较困难，所以，必须充分进行调整以及将阀或者阀座加上一层用合成橡胶等材料制成的薄垫片。

g. 改善自力式减压阀性能的方法。自力式减压阀性能变坏，大多数是由于薄膜、弹簧以及调节器本体等造成的，因此，必须采取各种方法，改善其性能。

对高性能自力式减压阀的研究结果表明，都要利用增压作用来改善其性能，如图 13-7 所示。

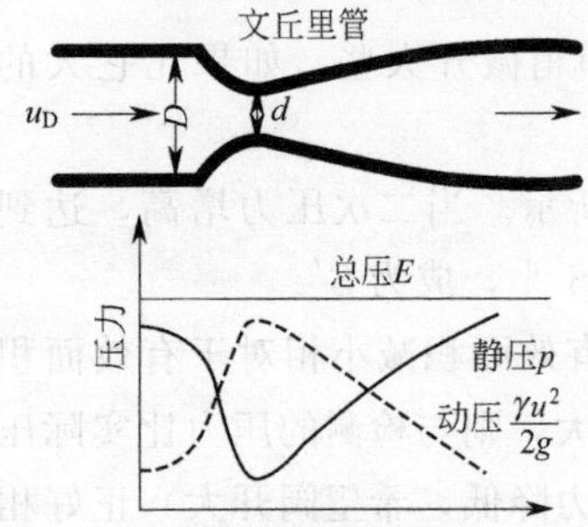

图 13-7　文丘里管

如果介质是气体，压缩性和黏性忽略不计，并且水平流动的话，根据能量守恒定律，则：

$$\frac{\rho u^2}{2g}+p=E（定值）\tag{13-2}$$

即：

$$动压+静压=全压或总压\tag{13-3}$$

式中　$\rho$——单位体积的重量；

$u$——流速；

$g$——重力加速度。

动压用皮托管测定，静压可以由管壁的取压孔测定。

$$\frac{\rho}{2g}u_d^2+p_d=\frac{\rho}{2g}u_D^2+p_D\tag{13-4}$$

$$p_d=p_D-\frac{\rho}{2g}(u_d^2-u_D^2)\tag{13-5}$$

由于流量 $Q$ 不变，将 $Q=\frac{\pi}{4}D^2u_D=\frac{\pi}{4}d^2u_d$ 代入式(13-5)，可得：

$$p_d=p_D-\frac{\rho}{2g}u_D^2\left(\frac{D^4}{d^4}-1\right)\tag{13-6}$$

规定 $D>d$，由于第二项为正，所以 $p_d<p_D$。

如果将调节器的压力测定孔开在断面小的部位，则当流量增加时，检测压力就比二次压力小。由于流量和二次压力特性如图 13-7 所示，因此可以大大改善调节器的性能。

② 零压调节器（均压阀）　将二次压力 $p_2$ 控制为大气压的调节器，叫做零压调节器或大气压调节器。如果在薄膜的上室加上控制用的空气压力 $p_a$，便可作为均压阀使用。其构造与自力式减压阀大体相同，可以分为四类：带反向弹簧的零压调节器、弹簧压缩型零压调节器、弹簧伸张型零压调节器以及小型零压调节器（上下反置型）。

a. 带反向弹簧的零压调节器。如图 13-8 所示，在自力减压阀的下侧装设反向弹簧，而将二次压力设定用的弹簧大大减弱，通过设定，使其阀、阀轴等重量之和等于零，则可以用作零压调节器或均压阀。

$$k_s \Delta l_s + W - k_c \Delta l_c = 0 \tag{13-7}$$

或

$$k_s \Delta l_s + W - k_c \Delta l_c = S p_2' \tag{13-8}$$

因为反向弹簧的压缩量 $\Delta l_c$ 或弹簧常数比较大，所以，在弹簧的影响下，性能容易变坏。

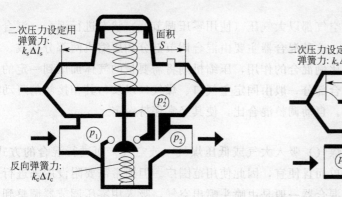

图 13-8　带反向弹簧的零压调节器　　　　图 13-9　弹簧压缩型零压调节器

b. 弹簧压缩型零压调节器。它是利用自力式减压阀的二次压力设定弹簧来支承阀和阀轴等重量的零压调节器，结构如图 13-9 所示。

$$W - k_s \Delta l_s = 0 \tag{13-9}$$

或

$$W - k_s \Delta l_s = S p_2' \tag{13-10}$$

由于薄膜的有效面积大大增加，流量和二次压力特性也大为改善。

c. 弹簧伸张型零压调节器。如果二次压力设定用的弹簧不用压缩型，而用伸张型，则为弹簧伸张型零压调节器。与压缩型相比，因为弹簧常数小，使用的弹簧长且弱，可以制作性能良好的零压调节器。其结构如图 13-10 所示。

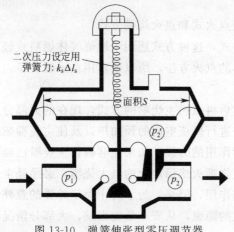

图 13-10　弹簧伸张型零压调节器

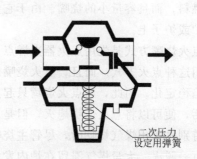

图 13-11　小型零压调节器

d. 小型零压调节器。为了使结构简化，而把自力式减压阀的上下方倒置过来，用作零压调节器，其结构如图 13-11 所示，但其性能不太好。

e. 中压和高压调节器。中压和高压调节器，是在一次压力相当高的情况下使用的调节器。应该使得在一次压力变动的情况下，二次压力所受的影响较小。

## ▶ 13.1.3　煤气和空气混合装置

在预混型煤气烧嘴中，煤气和空气需要在燃烧前进行混合，为此，采用混合器。混合器可以分为面积比例式、文丘里式和压力式三种。

### （1）面积比例式混合器

这种方式的混合器，煤气和空气都以大气压（使用零压调节器）状态进行混合，混合后用风机压缩进行压力输送。因此，这种混合器主要由混合调节部分和压缩机两部分构成。混合调节部分起到使煤气和空气按比例混合的作用，压缩机则将需要量的气体加压到一定的压力。面积比例式混合器的比例混合部分一般由固定空气口、煤气口以及与其相接触的可动活塞组成，通过活塞的上升和下降，自动调整混合比，使其经常保持一定。

### （2）文丘里式混合器

这种方式是用高压空气（或煤气）吸入大气或低压煤气（或空气）而进行混合的方式。在各种混合器中，它的操作最简单而且便宜，因此使用范围广。但通常需要附设用来进行比例混合的各种控制装置。文丘里混合器一般是由喷头喷出空气，吸入用零压调节器调整到大气压的煤气的一种形式。这种情况下，如果通过调节螺栓，调整和设定煤气孔板面积的话，就可以在能力允许范围内使混合比保持一定。

### （3）压力式混合器

这是当煤气压力和空气压力都比混合气体压力高的情况下采用的一种混合方式，最简单的形式是将带有阀门的煤气管和空气管直接相连接构成的，但是，因为一侧压力的变化对另一侧有影响，所以须装有各种自动控制装置。

# 13.2　点火装置

## ▶ 13.2.1　点火方法

烧嘴有各种各样的点火方法，大致可分为直接点火式和点火烧嘴方式。

直接点火式是采用点火器直接点燃主烧嘴的方式，这种方式适用于燃烧气体燃料或轻质液体燃料，而且容量小的烧嘴。由于它是一种简单的点火方法，所以通常用在采暖设备、小型锅炉或炉子上。

点火烧嘴方式是先用点火器点燃点火烧嘴，然后再点燃主烧嘴的方式，现在的大部分烧嘴采用这种点火方式。而且，点火烧嘴还有的用来进行燃烧室内的预加热以及使主烧嘴燃烧的火焰稳定化。因此，当点火烧嘴只起点烧主烧嘴作用的时候，如果能够确认主烧嘴已经着火的话，便可以将点火烧嘴熄灭，但是，用来使主烧嘴火焰稳定化的点火烧嘴，必须经常燃烧。特别是采用煤气烧嘴时，尽管主烧嘴具有稳焰作用，但是，为了防止由于外界的意外干扰而万一脱火、大量煤气滞留在炉内发生爆炸事故的隐患，从安全角度出发，大部分情况下采用点火烧嘴，并且使其经常燃烧。

通常采用燃烧性能好的煤气作为点火烧嘴的燃料，但是根据情况，也有采用轻质液体燃料的，其燃烧能力为主烧嘴的 1%～3% 较为合适，对于沥青那样的重油则取 5% 左右。

## ▶ 13.2.2 点火器和点火烧嘴

### (1) 点火器

点火器是给着火以必要的活化能的装置，端部蘸油的点火棒和煤气引燃器都是简单的点火器，通常采用电点火器。电点火器中的单体组体，统称为火花塞。

火花塞是在电极间加以高电压，通过火花放电放出点火能量的装置。工业烧嘴用的电点火器采用 100V 或 200V 的交流电源，通过变压器升压到 5000～10000V，在间隔保持 4～8mm 的电极间加上电压。

### (2) 点火烧嘴

点火烧嘴，有采用轻质液体燃料的，也有采用气体燃料的。

液体燃料的点火烧嘴通常采用油压喷射阀，将轻质油雾化，用电点火器点火而得到点火火焰。这种点火烧嘴用于容量大的主烧嘴。

气体燃料的点火烧嘴，通常将煤气和空气进行预混合，用电点火器点火。

预混型煤气烧嘴（稳焰型）也可以用作点火烧嘴，假如与文丘里式混合器相组合，即使在外部强烈干扰的情况下也不会熄火，可以得到稳定的点火火焰。

# 13.3 自动控制装置

为了节省人力以及防止运转的误操作，在大部分烧嘴上不能不装设烧嘴的附属装置，例如，自动进行点火和熄火控制、运转中的燃烧控制、烧嘴个数的控制以及重质油的预热控制等。

## ▶ 13.3.1 燃烧自动控制的原理

所谓燃烧自动控制，就是为了使作为控制对象的温度、压力、湿度和被加热物的成分等物理量，在过程的负荷条件变化以及外部干扰情况下，仍能保持预先的设定值，而自动调节燃料流量和空气流量，使其处于最佳状态。

在热处理、陶瓷、耐火、铸造、水泥以及玻璃等工业领域内，主要将炉温作为控制对象。与此相反，在火力发电、纸浆、染色等工业领域内，则主要将锅炉的蒸汽压力作为控制对象。

图 13-12 所示为燃烧自动控制的原理示意图，即用温度计（压力计）检测炉子（或锅炉）的炉温（蒸汽压力），如果检测值与设定值之间存在偏差的话，采用电气或机械方式自动操作燃料系统和空气

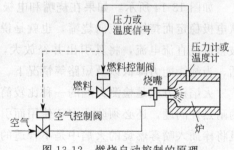

图 13-12 燃烧自动控制的原理

系统的控制阀，改变烧嘴的燃烧状态，进行自动控制，以便保持其设定条件。这种情况下，一般是控制燃料流量和空气流量的比例，使之经常保持设定值。

## ▶ 13.3.2 自动点火、熄火以及安全装置

### (1) 概述

自动点火通常是将开关一下子接通，可以使燃烧量达到满负荷，而且还必须装设安全装

置，以便在运转中发生事故、火焰脱火时，能够立即关闭燃料等阀门。

为了使烧嘴的点火、熄火操作自动化，需要通过计时器和继电器等组合作用，使鼓风机、燃料泵、点火烧嘴和各种控制阀等，按照一定顺序进行启动停止或开闭操作，把这种控制方式叫做程序控制，而在控制系统中，也必须装有安全装置。

燃烧安全装置，无论在任何情况下都必须向安全方向动作，即当烧嘴不着火、运转中突然断火、锅炉壳体的水位异常降低等异常状态下，需要切实切断燃料，而且随后再点火时，也必须处于绝对安全状态。

**（2）燃烧安全装置**

燃烧安全装置的基本形式如图 13-13 所示，通常由三个重要部分，即检测火焰的监视装置——检测器、依据检测部分发出的信号进行动作的增幅器或继电器以及依据继电器的信号进行动作的操作部分——燃料切断阀构成。

① 燃烧监视装置　当燃烧室壁的温度低于燃料燃点的时候（带水冷壁的锅炉），煤气烧嘴一旦熄灭，煤气便充满燃烧室内，如果受到什么撞击而着火，就会发生爆炸。工业用的加热炉也会出现类似现象。为了防止这种事故的发生，必须采用燃烧监视装置，确认烧嘴部位的燃烧状态。

检测火焰的方法，通常有电气方法和光学方法两种。

a. 电气方法。电气方法是利用火焰导电作用的一种方法。例如，若在煤气和空气的预混合火焰中插入耐热性好的金属电极，在电极和烧嘴之间连接一个微型电流表，则可发现有 $1 \sim 2mA$ 的直流电流从电极流向烧嘴，在火焰中流动。

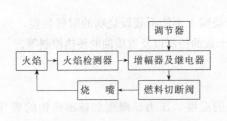

图 13-13　燃烧安全装置的基本形式

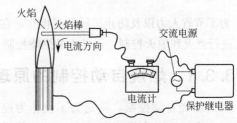

图 13-14　用火焰棒检测火焰

如图 13-14 所示，如果在烧嘴和电极间加上交流电压，则在火焰中就有约 5mA 的电流从电极稳定而持续地流向烧嘴，也就是说，在火焰棒上附加交流电压，靠火焰的整流作用而被整流成直流电流，将其引出并经放大，使继电器动作，打开燃料阀门，如果构成回路的话，当绝缘能力降低以及短路等情况下，燃料阀门则关闭，处于安全状态。

火焰棒方式是检测火焰的一种比较简单的方法，但因为将棒插入火焰中，所以要考虑棒的耐热性问题，还必须防止多年使用而引起的变化以及炭黑等导致绝缘能力降低的现象，而且将棒插入喷雾燃烧的火焰中是不合适的，因此，这种方式只适用于煤气燃烧。

b. 光学方法。光学方法是检测火焰发出的光的方法。燃料燃烧过程中发出的光包含有红外线、可见光线和紫外线等范围很宽的波长，其火焰检测方法大体有两种，即用镉电池等来检测可见光线以及仅仅感知由火焰的闪烁而产生的固有频率。但由于烧嘴砖和炉壁发出的信号难于区别，因此容易产生误操作。

最可靠的方法是在火焰发出的波长中仅仅检测紫外线的方法，通常采用紫外线光电管。紫外线光电管不接受由 1300℃ 以上的赤热炉壁所发出的辐射光线，在即使采用火焰棒也不可能检测的情况下，只要视野范围内火焰是可见的，无论怎样遥远或微弱，都可以检测出来。

在采用紫外线检测器的情况下，通常与保护继电器配合使用。

在应用光学方法进行检测时，最好是选择对于燃烧状态的变化尽可能稳定的监视点，但是，当一个监视点比较困难的情况下，需要使用两个检测器。对于喷雾燃烧的火焰来说，在喷射阀附近的区域内，有很多没有燃烧的喷雾粒子存在，大部分是可见光线和红外线部分，这可以用肉眼来确认火焰。而紫外线部分，因被喷雾粒子和雾化蒸汽吸收和散射，得不到足够的能量，所以应该避免在该区段内使用。

② 燃烧安全系统　图 13-15 所示为采用煤气烧嘴时的燃烧安全系统的例子。火焰检测器是采用电气方法，但是，即使采用光学方法，其安全系统也大致不变。

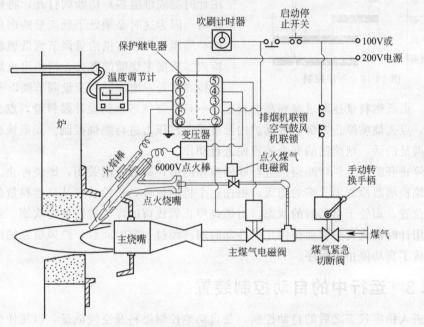

图 13-15　煤气烧嘴的燃烧安全系统

如图 13-15 所示，在煤气管道上装设紧急切断阀，当排烟机或空气鼓风机发生故障时，便立即切断煤气，以防止爆炸混合物的产生。这种情况下，将联锁控制的排烟机和空气鼓风机启动后，用手动转换手柄打开紧急切断阀，然后把启动停止开关置于"启动"位置上。电源一经接通，吹刷用的计时器便开始动作，仅在规定的时间内进行炉内吹刷，使保护继电器的电源接通。这样一来，继电器内的真空管在短时间内变热，打开点火煤气电磁阀，开始向点火烧嘴送煤气。同时，向点火变压器送电，在点火烧嘴的火焰口处，开始持续进行电火花放电。于是该电火花便使煤气着火，与此同时，在火焰棒上有电流流过，然后，主煤气电磁阀打开，同时停止放电，恢复到正常运转状态。如果因为某种原因，点火火焰脱火，检测不出来火焰的时候，则在 1s 内停止主煤气，重新进行点火操作。当这种状态延续 15s 以上时，通过复位继电器的作用，使与燃烧有关的电源全部切断，开始吹刷。如果不经过足够的吹刷时间，则电源就不会接通。也就是说，采用一个保护继电器进行自动点火、火焰检测、熄火以及重新吹刷等操作。

**(3) 程序控制装置**

程序控制装置是一种自动控制装置，在程序控制装置中装有继电器和计时器等，一旦按下启动开关，便按计划进行辅助装置启动、预吹刷、点火烧嘴的点火、主烧嘴的点火和点火烧嘴熄火等一系列运转程序，如果按下停止开关的话，便按计划进行主烧嘴熄火、最终吹刷和辅助装置停止等一系列运转程序。图 13-16 所示为程序控制的一个例子。

如果按下启动开关，鼓风机便启动，进行预吹刷。预吹刷的时间是利用计时器或真空管开始动作的加热时间。经过一定时间后，假若无其他异常的话，点火系统的阀门打开，将点火用的燃料供给点火烧嘴，借助于火花塞的电火花，点燃点火烧嘴。点火烧嘴着火后，经过一定时间（使用计时器或继电器）切断阀打开，将燃料供给主烧嘴。因为这时必须处于低流量的燃烧状态，所以必须预先将燃料供给量调节到低燃料量。火焰检测器依据主烧嘴的着火，检测出火焰，根据这个检测信号，增加燃料流量调节阀以及鼓风开挡

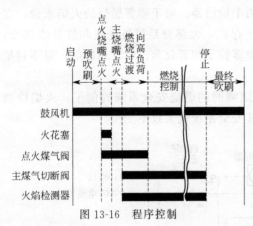

图 13-16　程序控制

板的开度，由低燃料量逐渐过渡到高燃料量。一旦燃烧状态达到设计燃料量，点火系统的阀门则关闭，点火烧嘴停止燃烧，根据炉内温度或蒸汽压力进行燃烧控制。如果该程序中的规定条件不满足的话，则前述的安全装置便进行动作。

如果停止开关或燃料切断阀，进行联锁操作的话，则切断阀关闭，燃烧停止。依据燃烧停止，火焰检测器检测出火焰的熄灭，根据这个检测信号，供给装置从高燃料量位置过渡到低燃料量位置，而处于启动时的状态。对燃烧停止后残留的煤气进行最终吹刷。最终吹刷的时间，利用计时器或真空管动作停止的冷却时间。经过一定时间后，鼓风机及辅助装置停止运转，完成了自动停止的程序。

## ▶13.3.3　运行中的自动控制装置

燃烧进入稳定状态之后的自动控制，是自动地控制燃料及空气流量，以便使炉内温度或蒸汽压力等项的检测值与设定值相一致。

### （1）控制方法

燃烧自动控制的方法大致有位置式控制方式以及测定式控制方式两种。

① 位置式控制方式　位置式控制方式如图 13-17 所示，它是由主控制器决定挡板和阀等位置的控制方式。这种方式构造简单，但是，流量随着负荷以及鼓风机压力的变动而变化，空气过剩系统不能经常保持一定。

位置式控制方式进一步可以分为双位控制、三位控制、比例位置控制以及它们的组合控制等方式。

a. 双位控制。如果压力和温度等检测值低于设定值的话，则供给额定流量的燃料和空气进行燃烧，如果超过设定值的话，则燃料和空气减至低流量或零，这种调节方式就是双位控制。将燃料流量控制为零的控制方式叫做通-断控制，控制为低流量时，叫做高-低控制。此外，也有使空气流量经常保持额定流量以及空气流量随燃料流量的变化而进行调节的方式。

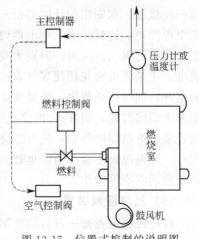

图 13-17　位置式控制的说明图

双位控制方式通常用于容量非常小的烧嘴。

b. 三位控制。三位控制是将燃料量调节到高燃料量、低燃料量以及零的三个位置的控制方式。图 13-18 所示为三位控制方式的一个例子。在这种方式中，鼓风机和燃料泵用相同级数变换的马达驱动，根据主控制器的信号，将马达转速控制为高、低和零三种转速。因为鼓风机及燃料泵的吐出流量通常与转速成比例，所以，空燃比大致保持一定。

c. 比例位置控制。比例位置控制是根据主控制器发出的单一信号的大小，连续、成比例地控制燃料流量和空气流量的方式。小型锅炉以及工业炉上大部分采用这种控制方式。

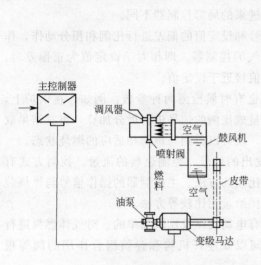

图 13-18　三位控制方式

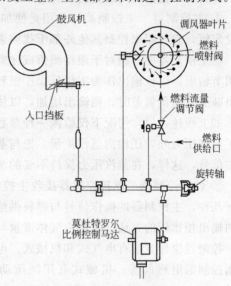

图 13-19　比例位置控制

图 13-19 所示为比例位置控制的一个例子。它借助于主控制器比例控制马达的回转来控制在同一回转轴上用连杆机构连接的鼓风机入口挡板以及燃料流量调节阀的开度，调节燃料流量和空气流量。在图 13-19 所示系统中，因为调风器叶片的操作连杆机构也与该回转轴相连接，所以，空气的旋转程度也与空气流量、煤气流量相对应的进行调节。

② 测定式控制方式　测定式控制方式如图 13-20 所示，它是检测由主控制器支配的燃料流量和空气流量等项控制量，操作挡板和阀等机构，以使其达到设定值的一种控制方式。因而，在这种方式中，由于空气系统和燃料系统所受的外部干扰立即得到补偿，并且操作端的特性也不受影响，因此，在负荷变动范围比较大的情况下，空燃比可以保持一定。在大型锅炉以及工业炉上，大多数采用这种方式。测定式控制方式进一步可以分为串列串级式和并列串级式两种。

a. 串列串级式。仅仅用主控制器调节空气（或燃料），检测出该空气量的变化，使燃料执行机构（或空气执行机构）动作，调节燃料（或空气）量。即燃料流量跟踪空气流量的变化，因此，当鼓

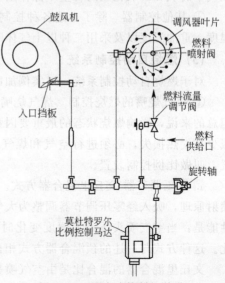

图 13-20　测定式控制的说明

风机发生故障时，也不会产生燃料过剩的危险。然而，在空气流量和燃料流量之间，由于有滞后时间，所以多少会产生误差。

b. 并列串级式。并列串级式是用主控制器同时调节燃料和空气，再用比例控制器来修正调节空气流量或者燃料流量的一种方式。因此，采用这种方式，两者之间的时间滞后比较少。

**（2）控制装置**

燃料自动控制所用的控制装置有很多种，这里仅介绍其中主要的几种。

① 主控制器 主控制器的作用是使加热炉和锅炉的炉内温度或蒸汽压力等主要参数保持设定值，它与用来控制其他外部干扰因素而加进来的局部控制器不同。

在主控制器中，相对于跟检测值成比例的信号和设定值的偏差进行比例和积分动作，作为调节输出，以该输出作为主信号操作燃料和空气的控制器。即相对于设定值为正偏差时，输出减少；而负偏差时，则输出增加，以使检测值接近于设定值。

如上所述，通常情况下仅检测一种参数，但也有时候检测两种参数。例如，在锅炉上，除了蒸气压力外，还检测蒸汽流量，把与蒸汽流量成比例的信号进行微分加算，将其结果取作主信号，这样，在蒸汽压力保持不变的情况下，就可以得到与负荷相适应的燃烧状态。

② 燃料控制器 燃料控制器接收主控制器发出的信号，控制燃料的流量。控制方式有以下几种：主控制器的操作信号与燃料供给量相比较的方法、主控制器的操作信号与燃烧装置的输出相比较的方法以及炉内气体流量与燃料供给量相比较等方法。

控制器操作方法有电气式和机械式。电气式有电动阀以及比较简单的、对气体燃料进行通断控制的电磁阀等。机械式有用油压动作的阀以及连杆机构和弹簧组合作用的阀等很多种。

③ 空气控制器 空气控制器接收主控制器发出的信号，控制空气的流量。控制的方式及控制器的操作方法与燃料控制器类似。

使空气流量与燃料流量的比例保持为适当的值，这一点是最重要的。当空气流量过小时，产生不完全燃烧，如果过大的话，排气热损失增加。因而在大型燃烧装置中，有时检测烟气中的氧和二氧化碳的含量来操作空气控制器。

④ 其他控制器 除了上述各种控制器以外，还有单独控制炉内压力、助燃空气的预热温度、重油温度以及采用三种以上气体时的流量比例等参数的控制器。

**（3）燃烧自动控制系统**

对于燃烧自动控制系统，以实例加以说明。

① 煤气烧嘴的燃烧控制 煤气烧嘴有许多种形式，其燃烧过程和火焰特性也各有不同，但总的来说，影响燃烧状态的最重要因素之一是空气和煤气的比例。为了消除不完全燃烧和减少排气热损失，必须进行空气和煤气的比例控制，使煤气量和空气量之比保持一定的装置，叫做比例控制装置。

a. 零压调节器-文丘里混合器方式。从文丘里混合器的空气喷头以高速喷射空气，利用喷射原理，吸入经零压调节器调整为大气压力的煤气，然后使之通过文丘里管。这种装置的性能是：当空气喷头压力大幅度变化时，煤气量和空气量的比例保持一定，即空燃比不变化。这种方式与后述的预混合器方式相比，既安全可靠，燃烧量的调节范围又宽。

文丘里混合器的混合比是由空气喷头断面积与喉口断面积之比以及空气喷头压力与混合气体压力之比来决定。因此，如果希望气体压力尽可能高，可采取下述各种措施，如改变连通喷头和喉口的圆棒直径，若直径大，则面积比增大，吸入状况良好；也有的将圆棒改成带孔的管子，如果将孔设在喷头最小断面稍前方，则其余的空气就会通过管子流动等。

b. 均压阀方式。如果在高温炉上使用预混型烧嘴，则由于炉内热的辐射和传导而有回火现象，因此希望采用喷头混合型烧嘴。均压阀方式无论使用在喷头混合型烧嘴还是预混型烧嘴上都很方便。温度控制阀二次侧的空气压力 $p_a$ 加在均压阀薄膜的上室，控制煤气压力 $p_g$ 等于空气压力 $p_a$，则空燃比是用煤气相对密度的平方根乘以节流断面积之比而得到的，它不受燃烧室压力等因素的影响。

均压阀是和零压调节器相同的装置，在均压阀的性能（能力由一次压力和二次压力的差压决定）范围内，煤气量和空气量的比例保持一定。即使空气倒流入煤气中，均压阀也不关闭，因此，必须采用相应的措施，防止空气的倒流。

如果在预混型烧嘴上使用均压阀的话，当调节比较大时，风机的空气压力比较低，也可以满足要求。这种情况下，通常使用煤气和空气流入速度相等的圆锥型混合器等。但是，因为流入速度相等，混合不好，所以，从混合器到烧嘴支管的距离要选得足够长。当空气压力较高时，使用零压调节器——文丘里混合器，则混合比较好。

这种方式用于扩散型煤气烧嘴，无论在什么条件下也不回火，燃烧量的调节范围也最宽。

c. 双均压阀方式。为了提高热效率，一般回收烟气带走的热量来预热助燃空气。但是，采用零压调节器-文丘里混合器或均压阀方式时，随着空气预热温度的提高，会感到空气不足。倘若采用双均压阀方式，则煤气量和空气量的比例与空气预热温度没有关系，可以经常保持一定。

d. 煤气控制方式。在 $100\sim500\text{℃}$ 的热风炉以及均热炉等炉子上，空气通常保持一定流量，而温度是靠装在煤气配管上的控制阀进行控制。通常，这种方式在过剩空气燃烧的炉子上应用，博得了好评。

调节控制阀，应该使得在全开时进行理论空气燃烧，而全闭时，在最大空气过剩系数下燃烧。

e. 预混合器（机械混合器）方式。预混合器方式是用风机吸入空气和煤气进行加压的方式。在风机的一次侧安装比例阀，在比例阀的一次侧安装均压阀或自力式减压阀，使煤气和空气保持一定比例供入烧嘴，进行燃烧。

预混合器方式结构简单而且经济，但因混合气体的配管往往比较长，特别是运转中停电以及鼓风机转速下降的时候，容易发生回火，所以必须充分采用防止回火的措施。例如，装设煤气紧急切断阀和难于回火的烧嘴，每个烧嘴装有回火安全器以及在预混合器的二次侧也装设带有防爆装置的回火安全器等。

回火安全器是使回火中断（燃烧屏蔽）的装置。多数用几片 40 目的金属网重叠在一起、小波纹的波状圆板以及将注射针粗细程度的细管捆在一起等几种方法制成。其主要作用是使回火的火焰变细，通过较长的通路，放散热量，使其降低到着火温度以下。

然而，在大多数情况下，即使回火中断，但在回火安全器的二次侧仍然继续燃烧，这时，不仅配管烧损，而且不需经过多长时间，在回火安全器的一次侧就会产生二次回火，因此必须装设用耐热金属或尼龙绳检测回火而关闭阀门的机构。

防爆装置多数是将铝制薄板装设在比配管直径稍大一些的法兰上而构成的。如果防爆装置动作，火焰便从排泄孔排出，因此将排泄管装设到厂房外面安全的地方，与此同时，检测出防爆装置的动作,必须立即关闭紧急切断阀和预混合器的两侧。

预混合器的操作程度应该遵循下述原则。在煤气紧急切断阀处于关闭状态时,预混合器开始动作,然后打开紧急切断阀进行点火。而熄火时,在关闭煤气紧急切断阀之后,再停止预混合器。

综上所述,零压调节器-文丘里混合器、均压阀、双均压阀、煤气控制方式以及预混合器等五种方式都是比例控制方式,而且除了煤气控制方式外,其燃料流量都是根据空气侧的信号而进行增减的,这是它们所具有的共同特征。

② 重油喷嘴的燃烧控制  在重油喷嘴中,如果重油温度低,由于黏度增高,送油困难,并且雾化和喷雾状态也不好,因此需要保持一定的油温,这就需要使用重油喷嘴的控制系统。

这种喷嘴的控制是位置式比例控制方式,用给油泵将重油从重油储罐送入给油罐中。为了使重油保持 50~60℃ 的温度,在给油罐中装有电加热器和蒸汽加热器。电加热器仅在启动时使用,如果有蒸汽产生的话,便可切换成蒸汽加热器。给油罐里的重油用喷燃泵加压送往喷嘴,并用途中装设的油加热器将油温提高到与良好的喷雾条件相适应的温度。这个油加热器是电气式加热器,采用通-断控制,使重油保持一定温度。通过油加热器的重油用燃料控制阀调节流量,仅把需要量的油送往喷嘴,其余的重油经过三通电磁阀返回喷燃泵的吸入侧。燃料控制阀由比例控制电机进行控制,而这个电机是根据与蒸汽压力的检测值和设定值之差相应的信号进行动作。另外,助燃空气由同一个比例控制电机相连接的挡板的开闭进行控制,使空气流量与燃料流量成比例的进行调节。

在这种喷嘴上,装设有点火煤气烧嘴以及火焰检测器,自动进行点火和熄火控制。

## 参 考 文 献

[1]  严传俊,范玮. 燃烧学. 第 3 版 [M]. 西安:西北工业大学出版社,2016.
[2]  邹长城. 爆炸燃烧理论基础与应用 [M]. 北京:化学工业出版社,2016.
[3]  王全德. 燃烧化学理论研究进展 [M]. 徐州:中国矿业大学出版社,2015.
[4]  张英华,黄志安,高玉坤. 燃烧与爆炸学. 第 2 版 [M]. 北京:冶金工业出版社,2015.
[5]  [美] Stephen R. Turns. 燃烧学导论:概念与应用 [M]. 姚强,李水清,王宇译. 北京:清华大学出版社,2015.
[6]  宋镇镐,金焕烈,宋镛万等. 可燃气体燃烧控制器 [P]. 中国,2014-10-16.
[7]  潘剑峰. 燃烧学:理论基础及其应用 [M]. 镇江:江苏大学出版社,2013.
[8]  陈长坤. 燃烧学 [M]. 北京:机械工业出版社,2013.
[9]  李建新. 燃烧污染物控制技术 [M]. 北京:中国电力出版社,2012.
[10]  徐旭常,吕俊复,张海. 燃烧理论与燃烧. 第 2 版 [M]. 北京:科学出版社,2012.
[11]  李永华. 燃烧理论与技术 [M]. 北京:中国电力出版社,2011.
[12]  徐通模. 燃烧学 [M]. 北京:机械工业出版社,2011.
[13]  徐旭常,周力行. 燃烧技术手册 [M]. 北京:化学工业出版社,2008.
[14]  刘联胜. 燃烧理论与技术 [M]. 北京:化学工业出版社,2008.
[15]  肖兵,毛宗源. 燃烧控制器的理论与应用 [M]. 北京:国防工业出版社,2004.
[16]  李方运. 天然气燃烧及应用技术 [M]. 北京:石油工业出版社,2002.

# 第**14**章

# 燃烧造成的污染及防治

世界上的能量主要由燃烧矿物燃料而得,但在燃烧燃料的时候,会产生一系列的燃烧产物,如烟尘、灰分以及各种气体,包括 $CO$、$CO_2$、$SO_2$、$NO_2$、$H_2O$ 等。这些产物最后都被排放到大气中去。这些产物或者是易污染的脏物,或者是有害气体,它们充塞周围环境,对人们的生活、活动和动植物的生长都带来不利的影响,甚至有危害生存的危险。由燃料燃烧引起的对环境的污染除了上述有害物质污染大气外,还可产生难以忍受的噪声和臭味,使人们感到不适,甚至危害健康。

近年来,由于生产的发展,能源消耗日益增长,由此而引起的环境污染已严重到成为社会公害。因此,这种因燃烧燃料而造成的环境污染已引起世界各国燃烧科学工作者的重视,纷纷转向与环境保护有关的燃烧研究,如开展对燃烧污染物形成机理的研究;探索通过改变燃烧工艺以减少或消除污染物排放的研究,研究无公害的"干净的"燃烧技术以期将污染消灭于燃烧之中。

## 14.1 燃烧造成的大气污染

所谓大气污染,是指人类活动所产生的污染物超过自然界动态平衡恢复能力时,所出现的破坏生态平衡而导致的公害。

引起大气污染的来源叫污染源。污染源有的来自自然界,如火山爆发、森林火灾;有的来自人类的活动,如燃料燃烧、废物的焚烧以及工业生产过程中排出的有害物质。这些直接排放到大气中的污染物称为一次污染物;一次污染物被太阳照射后,经过一系列的光化学反应产生的污染物称为二次污染物。

人类的活动,特别是现代工业的发展,向大气排放污染物的种类和数量越来越多,其中污染物的大部分是燃料燃烧产生的。

根据燃料燃烧的类别,常将大气污染划分为下列几种类型。

**(1) 煤炭型**
主要的一次污染物是二氧化硫、粉尘及各种金属氧化物。这些污染物在太阳光照射下,经过一系列光化学反应后，二氧化硫被氧化生成硫酸，并再次反应生成由盐类构成的气溶胶（大气中气体污染物以及悬浮在其中的固体微粒和液体微粒的总称）等二次污染物，所以又称"还原型烟雾"。这种烟雾在英国伦敦、美国匹兹堡及日本札幌等城市先后都发生过，但以英国伦敦发现最早，次数也最多，所以又称"伦敦型烟雾"。

**(2) 石油型**

主要污染物来自石油及石油化工产品。例如汽车排气、石油燃烧及油田和石油化工厂的排放物。一次污染物中突出的是一氧化氮和燃烧不完全的碳氢化合物。这些污染物在太阳照射下，经过一系列的光化学反应后产生了臭氧和过氧化物等强氧化剂的二次污染物，所以又称"氧化型烟雾"。这些烟雾在世界各地的一些大城市都曾发生过，例如美国洛杉矶、日本东京等地，但以美国洛杉矶最早发现，所以又称"洛杉矶烟雾"。

**(3) 混合型**

其污染物的主要来源既有煤炭燃烧产生的废气，又有石油及其石油化工产品燃烧产生的废气。由于现代城市中已不可能仅靠某一种燃料作为能源，因而混合型烟雾已成为目前大气污染的主要类型。

世界能源现正进入一个新的时代，石油的黄金时代已告终，大力增加煤炭的开发、利用已成为当务之急。煤炭利用能否迅速发展，能否为社会广泛接受，很大程度上取决于消除污染的技术进展。20世纪70年代以来，许多国家的燃烧科学工作者有很大一部分已转入与保护环境有关的研究工作中去。例如开展对燃烧排放物形成机理的研究；探索通过改变燃烧方法以减少污染物排放量的可能性；研究所谓"干净的燃烧技术"等。

噪声污染同大气污染一样，也是一种公害。随着工业和交通运输业的发展，噪声污染及其对人体健康的危害，已日益引起人们的关注。噪声影响人们正常的工作和休息，可以引起听觉器官、心血管系统、神经系统等方面的疾病。噪声分散人们的注意力，掩蔽安全信号，所以它常常又是导致伤亡事故的根源。因此，如何控制噪声，将噪声降低到无害的程度，为人们创造舒适的声学环境，既是现代化建设不可缺少的一个方面，也是环境保护和劳动保护的一项重要课题，还是生活在现代文明社会的人们的共同责任。

近30年来，我国环境保护科学技术发展异常迅速，为控制和改善大气质量、创造清洁适宜的环境、防止生态破坏、保护人民健康、促进经济发展，我国制定了一系列有害物质的排放标准。

本章将扼要地讲述燃料燃烧产生的一次污染的生成机理及其防治，着重介绍烟尘、硫化物和氮氧化物的生成机理及其防治。此外，还将介绍燃烧时噪声产生的机理及控制噪声的原则措施。

# 14.2 烟尘的生成机理及防治

## 14.2.1 烟尘的生成及其危害性

烟尘是指燃烧过程中产生的黑烟与煤灰。黑烟与煤灰是燃烧引起的最常见的污染物。滚滚浓烟不仅会降低大气的透明度，妨害周围环境卫生，而且在浓烟中含有大量燃烧不完全的炭粒以及许多稠环碳氢化合物。这些碳氢化合物都是由碳、氢、硫等组成的复杂有机化合物，其中有些化合物，如苯并芘、苯并蒽等还是致癌物质。

烟尘对人体危害很大，当烟尘浓度为 $250\mu g/m^3$ 时，短时期接触，就会使呼吸道疾病患者的病情恶化；当烟尘浓度达 $100\mu g/m^3$ 时，长期接触，会使呼吸道病症加剧或呼吸道病患者死亡率上升，烟尘落在植物叶片上将影响其光合作用，使粮食作物减产；蚕由于食用污染的桑叶而僵死；带有酸性的烟尘降落在建筑物上，使建筑物受到侵蚀等。

## ▶14.2.2　烟尘的种类及生成机理

工程上习惯把烟尘分作以下两类：①降尘。颗粒直径大于 $10\mu m$，它会很快降落在地面上。②飘尘。小于 $10\mu m$ 的粉尘，会长期漂游在空气中而不沉降。有的甚至几天、几年不沉降，而小于 $0.1\mu m$ 的颗粒根本就不沉降。层燃中的飞灰，大都属于降尘，而煤粉炉的飞灰两者都有。

按生成机理看，烟尘可分为以下几种。

① 气相析出型　气相析出型烟尘来源于气态可燃物中的碳氢化合物。是空气不足受热分解而生成的固体颗粒，一般称为"炭黑"。这里气态可燃物包括气体燃料及液体、固体燃料燃烧过程中形成的气态可燃物。炭黑粒径很小，一般在 $0.02\sim0.05\mu m$ 范围内。收集来的炭黑呈絮状，看起来很多，但质量却很轻。由于粒子细，容易黏附于物体而难于消除。

炭黑形成后，首先因为有部分燃料未经燃烧而造成不完全燃烧热损失的增加；其次这些炭黑易于沉积在炉窑的各种受热面上，增加了高温烟气与受热面之间的热阻，阻碍传热，增加排烟损失，降低了炉窑热效率；再次，这些细小微粒的炭黑与飞灰随烟气排向大气后，污染环境，对人们健康造成危害。因这些微粒（特别是 $0.5\sim5\mu m$ 的微粒）可直接深入人体肺部，在肺泡内沉积，并可能进入血液输往全身而沉积下来，会引起各种病症。

② 剩余型　剩余型烟尘来自液体燃料燃烧时最终剩余下来的固体颗粒，它是由重质油雾滴在高温下蒸发燃烧后形成的絮状空心球（半固态黏性外壳），通常称"油灰"。油灰粒径较大，为 $100\sim300\mu m$。

积灰也是剩余型烟尘的一种，它是重质油滴附着在喷口、炉壁上，并受炉内高温加热汽化而残留下来的固体残渣，它的颗粒较大，形状不定。上述烟尘一般为含有氮、氧等多种成分的含碳物质。

③ 粉尘　粉尘是固体燃料燃烧时产生的飞灰，其主要成分为炭和灰。燃料中灰分在燃烧后大部分形成灰渣落入灰坑被清理出去，而部分则形成细小颗粒随烟气流动，其中较粗粒子则自然地沉积在燃烧室内和烟道中，而细粒悬浮于烟气中并被带出炉膛进入大气。煤粉燃烧产生的飞灰粒径大多为 $3\sim100\mu m$，层燃飞灰的粒径在 $10\sim200\mu m$ 间。这种飞灰不管燃烧好坏，只要燃料中含有灰分就一定会有，且还经常混杂有未燃尽的炭粒，当燃用多灰分燃料时更甚。飞灰中未燃尽炭粒的存在会增大燃烧不完全的热损失；它随着烟气中炭黑一起外逸时，会增加磨损损失；沉积在受热面上会增大热阻，降低传热效果；排向大气会污染环境，危害人体健康。

## ▶14.2.3　影响烟尘生成的因素及防治途径

燃料在炉内燃烧，影响烟尘生成的因素很多，它们是以下几项。

**（1）燃料种类的影响**

燃料种类不同，产生的烟尘情况也不同。氢燃烧时产生透明火焰，几乎不产生炭黑；甲醇燃烧时也没有炭黑产生。对碳氢化合物燃料来讲，C/H越大，产生的炭黑数量就越多；碳原子数越多，就越容易产生炭黑，液体燃料的残炭含量越多，产生的烟尘越大。与轻质油相比，重油的碳原子数大，C/H也大，燃烧时产生的烟尘量要比轻质油多。固体燃料在不完全燃烧时同样会产生炭黑，挥发分多的比挥发分少的煤，其炭黑的生成量要多得多。但是，煤燃烧产生的烟尘主要是以飞灰形式出现。

**（2）燃烧方式及操作条件的影响**

预混燃烧不产生炭黑。气体燃料扩散燃烧、液体燃料燃烧及固体燃料燃烧时，碳氢化合物会分解产生炭黑。液体燃料燃烧受雾化质量的影响，雾化油滴粗，产生残余型烟尘的浓度会急剧增大。固体燃料燃烧时的飞灰浓度随燃烧方式（层燃、煤粉燃烧、沸腾燃烧）、磨煤机形式不同而有较大的变化，其中影响最大的是煤粉细度，颗粒越细，飞灰浓度越大。

燃烧操作条件的影响比较复杂，涉及的因素较多，这里介绍三个主要因素：空气燃料比、燃烧温度及燃烧时间。空气燃料比增加，表示空气量增多，燃烧完全，排烟中的烟尘浓度会下降。一般而言，烟气出口浓度降低，烟尘浓度将增大。提高燃烧温度和延长在高温区的停留时间，都会使烟尘量下降。因为燃烧所产生的炭黑、油灰和飞灰可燃物质都是固体物质，其燃烧速率取决于氧化剂扩散到固体表面上的扩散速率及表面上的反应速率。高温时，对炭黑和小粒径的油灰及飞灰的燃烧速率、化学反应速率是主要影响因素。对大粒径的颗粒，扩散速率的影响就不能忽视。由此可见，要使烟尘可燃质在离开炉膛之前燃尽，除及时供给足够氧气外，还必须使烟尘在足够高的温度条件下停留足够长的时间。

燃料与空气混合的完善程度对烟尘的产生有很大影响。由于工业燃烧装置多数采用扩散燃烧，混合过程的快慢及完善程度决定着扩散燃烧的快慢和完善程度。加强燃料和空气的混合将使烟尘浓度降低。

既然燃料品种、燃烧方式和操作条件对烟尘生成有很大的影响，那么，可以从改变燃料品种、燃烧方式和运行条件着手，来降低或抑制烟尘的生成量。例如：可以选用低烟尘燃料，如气体燃料、轻质油、低灰分煤；也可以选用低烟尘的燃烧方法，如气体燃料预混燃烧、固体燃料层燃等。但是，燃料和燃烧方法的选用，涉及面很广，并不取决于或不完全取决于烟尘生成量的多少。

因此，对给定的燃料及燃烧设备来说，抑制烟尘生成量的措施主要是从改善操作条件着手：①改善燃料和空气的混合；②保证足够的高温水平；③足够的燃烧时间。

仅仅依靠改善燃烧技术使烟尘完全消除是不可能的，还必须对烟尘进行治理，使之低于国家规定的排放标准，其主要措施有：①装设除尘设备，以减少烟尘排放量。除尘设备一般可分为机械式、洗涤式、过滤式、电气式及声波式五类除尘器。②高烟囱排放，以扩散稀释大气污染，降低地面上烟尘与人、动植物和建筑物所接触的浓度。

# 14.3 硫氧化物的生成机理和防治

燃料燃烧产生的含硫化合物主要是 $SO_x$。各种燃料均含有少量硫，气体燃料中一般较少，煤和石油中比较多，为 $0.1\% \sim 3\%$，它们以无机硫或有机硫的形式存在。这些硫极大部分燃烧后形成 $SO_2$（但有机硫，如硫醚、硫醇等，在燃烧过程中先形成 $H_2S$，然后再氧化成 $SO_2$），随烟气排走，其中可能有部分硫（约 $5\%$）形成不可溶性的硫酸盐留存在灰渣中。烟气中的二氧化硫（或称亚硫酸气体）部分（1%～4%）有可能继续再氧化成三氧化硫（$SO_3$ 称为无水硫酸），若遇水蒸气即化合成为硫酸气体（$H_2SO_4$）；而随烟气一起直接排出的二氧化硫在大气的光合作用下经数天后亦会被氧化成 $SO_3$。在大气中，$SO_2$ 与 $SO_3$ 的比例一般是 1：1。这样，燃料中的可燃硫经燃烧后生成的产物就有 $SO_2$、$SO_3$ 和 $H_2SO_4$（气体）等，一般统称为"硫的氧化物"（$SO_x$）。

## 14.3.1 硫氧化物的种类及生成机理

硫的氧化物 $SO_x$ 主要是指 $SO_2$ 和 $SO_3$。

### (1) 二氧化硫

各种燃料均含有硫。气体燃料中的硫主要存在于 $H_2S$ 中，经完全燃烧产生 $SO_2$。煤和石油中的硫包括无机硫和有机硫两部分，无机硫（如硫铁矿 $FeS_2$）在燃烧时氧化生成 $SO_2$，有机硫（硫醚、硫醇）在空气系数大于 1 时，全部氧化成 $SO_2$。煤在燃烧过程中有 5%～10%的硫残留在灰渣中。

### (2) 三氧化硫

完全燃烧条件下，在生成 $SO_2$ 的同时，0.5%～2.0%的 $SO_2$ 将进一步氧化成 $SO_3$，其转化率随燃料含硫量的增加而下降，其生成机理有三种说法。

① 氧原子的作用　氧分子在高温下首先分解成氧原子，氧原子再与二氧化硫反应生成三氧化硫，即：

$$O_2 \longrightarrow O+O \tag{14-1}$$
$$SO_2+O \longrightarrow SO_3 \tag{14-2}$$

$SO_3$ 的反应速率取决于火焰中生成氧原子的浓度，火焰温度越高，火焰中氧原子浓度越大，$SO_3$ 的生成量越多；火焰越长，停留时间越长，$SO_3$ 的生成量越多。因此，不希望火焰中心温度过高，也不希望火焰拖得很长，以防 $SO_3$ 生成量过大。

② 对流受热面上积灰和氧化膜的催化作用　$V_2O_5$ 是灰的组成之一，$Fe_2O_3$ 存在于金属氧化膜中，它们都是 $SO_2$ 生成 $SO_3$ 的催化剂。$V_2O_5$ 的催化作用在 540℃附近出现最大值。$Fe_2O_3$ 的催化作用在 500℃附近达最大。$V_2O_5$ 的催化作用比 $Fe_2O_3$ 要强。二氧化硫在430～820℃条件下，与 $V_2O_5$ 接触发生如下反应：

$$V_2O_5+SO_2 \longrightarrow V_2O_4+SO_3 \tag{14-3}$$
$$2SO_2+O_2+V_2O_4 \longrightarrow 2VOSO_4 \tag{14-4}$$
$$2VOSO_4 \longrightarrow V_2O_5+SO_2+SO_3 \tag{14-5}$$

此外，氧化硅、氧化铝、氧化钠等一些氧化物对二氧化硫的氧化都有一定的催化作用。

③ 硫酸雾、酸雨及酸性尘　一旦产生三氧化硫，和烟气中的水分结合生成硫酸 $H_2SO_4$，这些硫酸气体在温度降低时将变成雾状，称为硫酸雾。

硫酸雾在大气中与粉尘结合会形成酸性粉尘，被雨水淋落而产生酸雨。

硫酸雾如在烟道内与烟尘结合，当烟气温度降到露点温度附近时，将长大形成雪花状的污染物，称为酸性尘或雪花，排入大气后会降落地面。

$SO_2$ 直接排入大气中会由于日光照射而缓慢地转化成 $SO_3$，从而生成硫酸烟雾，此即所谓"伦敦型烟雾"。

$SO_2$ 是一种无色、具有强烈辛辣窒息性气味的气体，对黏膜和呼吸道有刺激作用，当大气中 $SO_2$ 浓度达 0.05～1.0mg/kg 时，死亡率同接触时间成正比。一旦生成 $SO_3$，进而形成硫酸雾，对金属设备将产生强烈腐蚀，酸雨和酸性尘带来的危害更大、更广。$SO_3$的最大危害并不是$SO_2$的直接影响，而是经光合作用所产生的"伦敦型烟雾"，它使心肺疾病患者激增，支气管炎、支气管扩张与肺纤维病症患者死亡率增加。

## ▶ 14.3.2 影响硫氧化物生成的因素及防治途径

一般来说，二氧化硫的生成量正比于燃料的含硫量。煤炭的含硫量通常为$0.5\%\sim5.0\%$，因此$SO_2$生成浓度在空气系数为7时，可达到$360\sim3200mg/kg$。空气系数增加，$SO_2$生成浓度可相应降低。但总的说来，目前用改变燃烧技术的方法来抑制$SO_2$的生成量的办法不多。

影响三氧化硫生成的因素是：①燃料中含硫量越多，$SO_3$生成量越多；②空气系数越大，$SO_3$生成量越多；③火焰中心温度越高，在高温区停留时间越长，$SO_3$的生成量也越多。

综上所述，抑制硫的氧化物（主要是$SO_2$）生成的有效办法主要有以下几种。

### (1) 控制燃料含硫量，使用低硫或无硫燃料

控制燃料含硫量是减少$SO_x$的方法之一。例如美国一些地方规定燃料含硫量应低于$0.3\%$，英国规定电厂用煤含硫量不超过$1.2\%$，德国则要求低于$1.5\%$，气象条件恶劣时用含硫$1.1\%$的煤。如果燃料不含硫或含有极少量的硫，例如气体燃料，那么燃烧后就根本不会或者很少出现硫的氧化物，因而它的污染问题与危害性就消除了。这是一个最为有效与简便的方法。

燃料脱硫是控制燃料含硫量的有效措施。它包括气体燃料脱硫、重油脱硫和煤脱硫。煤经气化、液化后无疑是一种较为"干净"的燃料，因为在气化、液化过程中能将含硫物质加以清除。这关系到使用成本是否经济合算。不过在做这种比较时，一般都是把各种燃料按其对大气污染的程度进行排列，并以每千焦热量计算的燃料价格进行对照的，同时参照今后可能采用排硫措施所耗费用，这样可得到较为客观的对比。采用低硫或无硫燃料虽然价格比较昂贵，但可避免设置其他昂贵的脱硫装置，因此反而显得较为合算。

### (2) 炉内处理

炉内处理即在炉膛内脱硫。将石灰石（$CaCO_3$）或白云石（$CaCO_3 \cdot MgCO_3$）粉末与煤同时送入炉内，石灰石或白云石经热分解产生$CaO$、$MgO$，与炉内$SO_2$发生反应：

$$CaO + SO_2 + \frac{1}{2}O_2 \longrightarrow CaSO_4 \qquad (14-6)$$

$$MgO + SO_2 + \frac{1}{2}O_2 \longrightarrow MgSO_4 \qquad (14-7)$$

反应后产生的$CaSO_4$与$MgSO_4$进入炉膛。这是较为经济、简便的方法，这种方法在煤粉炉与沸腾炉中都已应用，其中沸腾炉内的脱硫效果较好。

### (3) 烟气处理

除非采用无硫燃料，否则要彻底消除烟气中硫的氧化物是很困难的，因此为了降低烟气中硫的氧化物的排放量及降低局部地区的污染，一般采用烟气处理方法，即在烟气排入大气前，利用活性炭、氢氧化钙、氨等物质进行吸收处理，使之转化成硫酸铵、石膏等以去除大部$SO_2$，而让烟气在比较洁净后排入大气。

烟气脱除$SO_2$的技术比较成熟。按使用吸收剂的形态和原理可分为干法和湿法两大类。

干法采用粉状或粒状吸收剂、吸附剂和催化剂以除去 $SO_2$；湿法采用液体吸收剂以除去 $SO_2$。因为烟气量大，$SO_3$ 浓度低，烟气脱硫装置的投资和运转费都很高，这是目前烟气脱硫技术进展的重要障碍。

**(4) 高烟囱排放**

这是一种局部解决方法，就是利用提高烟囱高度（一般超过 200m）的办法将烟气中硫的氧化物扩散到更远的地面去。因为烟气中 $SO_x$ 被大气稀释，所以落到地面时浓度已很稀，无害于人类及动植物的生存。但它并不能从根本上消除 $SO_2$ 和减轻对大气的总污染，仅仅起到缓和污染的作用。近年来经常出现酸雨，因此采用这种方法应慎重。

**(5) 采用低氧燃烧法**

所谓低氧燃烧，就是以最少的过量空气量（一般为 1.03～1.05）来进行燃烧。因为燃料中硫燃烧成 $SO_2$ 后，若遇到氧便再氧化成 $SO_3$。采用低氧燃烧时，烟气中剩余氧量极少，因而使 $SO_2$ 转化成 $SO_3$ 的可能性就大大减少，这样就可防止 $SO_3$ 的产生和抑制 $H_2SO_4$ 的生成。因此这时虽然仍有 $SO_2$ 的污染，但是可以防止硫酸腐蚀和酸烟雾的形成，例如锅炉采用低氧燃烧法对防止低温腐蚀就收到了很好的效果。

低氧燃烧只能减少 $SO_3$ 的形成，但不能全部消除；此外，低氧燃烧又较难控制，对调节的要求亦较高，同时还不可避免地会增加炭黑，因此这不是一种有效地防止 $SO_x$ 污染的措施。

# 14.4　氮氧化物的生成机理及防治

燃料燃烧引起的对大气环境的污染，其中危害最大且又最难处理的是氮的氧化物。因燃料燃烧而产生的氮氧化物主要来自两个方面：一是燃烧时空气中带进来的氮在高温下与氧反应所生成的 NO；二是来自燃料中固有的氮化合物经过复杂的化学反应所生成的氮的氧化物。这两部分氮的氧化物的形成机理是不相同的。

## ▶14.4.1　氮氧化物的种类及生成机理

燃烧过程中生成的氮氧化物 $NO_x$ 主要指 NO 和 $NO_2$，其中 NO 约占 90%，其余为 $NO_2$。因而，下面介绍 $NO_x$ 的生成机理时，主要是指 NO。在燃烧过程中，根据燃料和燃烧条件不同，生成的 NO 有两类，即温度型 $NO_x$ 和燃料型 $NO_x$。

**(1) 温度型 $NO_x$**

空气中的氮气，在高温下氧化而产生的氮氧化物，叫做温度型 $NO_x$。

按泽尔道维奇机理，NO 的生成可用下面一组不分枝连锁反应来说明：

$$O_2 \rightleftharpoons O+O \tag{14-8}$$

$$O+N_2 \rightleftharpoons NO+N \tag{14-9}$$

$$N+O_2 \rightleftharpoons NO+O \tag{14-10}$$

以上是对高氧化可燃混合气火焰而言，对过渡可燃混合气火焰，还需考虑：

$$N+O_2 \rightleftharpoons NO+O \tag{14-11}$$

上述反应中，式(14-9) 的反应为吸热反应，是整个连锁反应的关键。由于氧原子与燃料中可燃成分反应的活化能很小，而氧原子与氮分子反应的活化能很大，因此，氧原子和燃料分子的反应先于氧原子与氮分子反应。温度型 $NO_x$ 生成反应基本上是在燃料燃烧后期才发生，故在火焰中不会产生大量温度型 $NO_x$。

实验发现，当火焰温度低于 1500℃ 时，温度型 $NO_x$ 生成量极少；当火焰温度高于 1500℃ 时，生成速率就变得明显，并符合阿累尼乌斯定律。可见，温度的影响对温度型 $NO_x$ 的生成具有决定性作用，为此，把空气中的氮在高温下氧化生成的氧化物称作温度型 $NO_x$。一般温度越高，生成温度型 $NO_x$ 浓度也越高。

温度型 $NO_x$ 的生成机理比较适用于气体燃料的预热火焰，因为在气体燃料中一般没有氮的有机化合物。

在温度型 $NO_x$ 的范畴中有一种比较特殊的情况，即碳氢化合物/空气预混气体进行过浓燃烧时（空气系数为 0.7~0.8），发现火焰前峰内有大量的 NO 生成，将这种 NO 命名为快速温度型 $NO_x$。这是一种特有的现象，在一氧化碳/空气和氢气/空气等预混可燃气燃烧反应中，并没有出现过这种现象。快速温度型 $NO_x$ 的生成机理至今还没有明确的结论，但有一特性是知道的，即它的生成量受温度的影响不大，而与下面将要介绍的燃料型 $NO_x$ 倒很相似。由于温度型和快速温度型 $NO_x$ 都是由空气中的氮气在高温条件下与氧化合而成的，所以有人把这两种 NO 统称为温度型 $NO_x$，下面将要讨论的关于影响温度型 $NO_x$ 的因素及防治途径都是针对前者而言的。

**(2) 燃料型 $NO_x$**

在原油中含有 0.1%~0.3% 的氮，煤炭中含有 0.5%~2.5% 的氮，这些氮都是存在于氮的有机化合物中，如喹啉（$C_5H_5N$）、吡啶（$C_7H_7N$）等。这些有机化合物的氮以原子状态与各种碳氢化合物结合，其结合键的能量一般为 $(2.52\sim6.3)\times10^7$ J/mol，而空气中氮分子的结合键能较高，为 $9.45\times10^8$ J/mol。因而，在燃烧过程中，有机化合物的氮原子容易分解出来，使氮原子浓度有较大增加，从而生成大量的 NO。这种 NO 往往在火焰前峰内就形成，而不是在火焰末端形成。这种由于氮的有机化合物放出大量的氮原子而生成的 NO，称为燃料型 $NO_x$。燃料型 $NO_x$ 受温度的影响较小，这是由于有机化合物中氮的分解温度常常低于现有燃烧装置中的燃烧温度的缘故。

关于燃料型 $NO_x$ 的生成机理至今还不清楚，弗尼诺提出的机理认为，燃料燃烧时，燃料中的氮几乎全部迅速分解成中间产物 $X$（为 CN、HCN 和 $NH_3$ 等化合物），如果有含氧的化合物 $R$（为 O、$O_2$ 和 $OH_4$ 等化合物）存在时，这些中间产物 $X$ 将与 $R$ 反应生成 NO；同时，$X$ 还可以与 NO 发生反应而生成 $N_2$，即：

$$燃料 N \longrightarrow X \tag{14-12}$$

$$X+R \longrightarrow NO+\cdots \tag{14-13}$$

$$X+NO \longrightarrow N_2+\cdots \tag{14-14}$$

在通常的燃烧温度水平条件下，$NO_2$ 的浓度较低，与 NO 相比可以忽略不计。例如甲烷在过浓燃烧时生成的 $NO_2$ 与 NO 浓度的比值约为 $2\times10^{-3}$。在锅炉排出的烟气中，$NO_2$ 仅占 $NO_x$ 总量的 5%~10%。但是，当燃烧产生的 NO 排入大气后，经缓慢氧化反应会产生 $NO_2$。

$$2NO+O_2 \longrightarrow 2NO_2 \tag{14-15}$$

## ▌14.4.2 影响氮氧化物生成的因素

**(1) 温度型 $NO_x$**

综上所述，影响燃料燃烧时 NO 生成的主要因素有以下几个方面。

① 燃料中氮化合物的含量。氮化合物含量越高，"燃料型 NO"的生成量就越多，例如气体燃料中氮化合物含量极少，故它燃烧时 NO 的生成几乎都是由空气中的氮转化而来。相反，固体燃料煤，特别是燃烧煤粉，烟气中 $NO_x$ 的绝大部分（90％）是由燃料中固有氮化物转变而来。液体燃料介于上述两者之间。

② 火焰温度（或燃烧区的温度）和高温下的燃烧时间（或滞留时间）。温度越高，NO 越易生成，特别是"温度型 NO"。在 2000℃ 以上时几乎可以在瞬间内氧化而成；在 1600～2000℃ 范围内，如果持续时间较长，亦易生成 NO，若时间较短，则 NO 的生成速率就慢些；在 1500℃ 以下时，"温度型 NO"的生成速率就显著减慢，但"燃料型 NO"的生成并不变慢。

③ 燃烧区中氧的浓度。如燃烧区中氧浓度增大，则不论"温度型 NO"还是"燃料型 NO"，其生成量都增大。此外，当氧量供应适中时，燃烧温度较高，更易生成 NO；若空气供应不足，氧量减少，此时燃烧不完全，燃烧温度下降，这样虽然可使 NO 生成量减少，但会增加炭黑以及 CO 等的生成量。如果空气大量过剩，燃烧区中氧量与氮量虽然明显增加，但由于此时燃烧温度下降，反而会导致 NO 生成减少，同时 NO 浓度也被大量过剩空气量所稀释而下降。

在上述各种因素中，火焰温度对 NO 的生成有很大的影响。温度越高，NO 生成越多。此外，$NO_x$ 的生成还与燃烧方式和燃烧装置的形式有很大关系。在常用的燃烧方法中，从燃烧装置中排出的 $NO_x$ 浓度为 150～1000mg/kg。

抑制温度型 $NO_x$ 的生成可以用下列方法。

a. 降低燃烧温度水平，并防止产生局部高温区。

b. 降低氧气浓度。

c. 使燃烧在偏离空气量的条件下进行。

d. 缩短烟气在高温区内的停留时间。

**（2）燃料型 $NO_x$**

前面已指出燃料型 $NO_x$ 生成量受燃烧温度的影响很小，但是与燃料含氮量与氧浓度有很大关系。一般来说，NO 的转化率随燃料含氮量（简称燃料 N）的增加而降低。

燃料型 $NO_x$ 与空气系数 $\alpha$ 的关系和温度型 $NO_x$ 与空气系数 $\alpha$ 的关系不同，随着 $\alpha$ 降低，燃料型 $NO_x$ 的生成量一直降低，并且没有出现峰值，尤其当 $\alpha < 1.0$ 时，其生成量急剧降低；当 $\alpha = 0.7$ 时，燃料 N 的转化率已很小。

上述理论及影响因素多属基础理论研究，适用于可燃混合气体的燃烧。在实际工程中，大多采用扩散燃烧，条件不同，NO 生成也不尽相同。推迟混合（即混合变差），火焰温度水平下降，最高温度移向 $\alpha$ 较大的方向。因此，NO 生成量随之降低，最大浓度也移向 $\alpha$ 大的方向。扩散燃烧时燃料 N 的转化率比预混燃烧低，从整体来看，$\alpha$ 大于 1，但在火焰中心为过浓燃烧（$\alpha < 1.0$），存在还原区。燃料 N 经热分解会生成 CH、NH 等中间产物，在缺氧时，这些中间产物很容易再结合而变成 $N_2$，从而使燃料型 $NO_x$ 的生成量下降。这是扩散燃烧的重要特点。

根据上述分析，可以提出抑制燃料型 $NO_x$ 的基本方法。

① 选用燃料 N 含量较少的燃料。

② 降低空气系数，组织燃料过浓燃烧。

③ 扩散燃烧时，推迟混合。

在具体分析影响 NO 生成因素时，要注意到以下事实：气体燃料仅产生温度型 $NO_x$；而液体燃料、固体燃料燃烧时，NO 大部分来自燃料 N 的转化，例如煤粉燃烧时，燃料型 $NO_x$ 占 80%～90%，只有 10%～20% 是温度型 $NO_x$。

## 14.4.3 防治氮氧化物污染的措施

从 $NO_x$ 的生成机理可知，减少 $NO_x$ 生成量的基本条件是以下几点。

① 降低燃烧区温度。

② 降低燃烧区中氧的浓度（分压力）。

③ 缩短烟气在高温燃烧区中的滞留时间。

④ 使用含氮量少的燃料。

因此，为了减轻燃料燃烧时氮的氧化物（包括温度型和燃料型）的生成及其对大气的污染，必须采用符合上述条件的燃烧方法。但是，若片面地考虑减少 $NO_x$ 的生成，有可能会造成不完全燃烧（如降低温度，减少空气供应量等），增强其他方面的污染，因此必须创造一种新的燃烧技术。"低 $NO_x$ 燃烧技术"既能减少 $NO_x$ 的生成，又能保证最终的完全燃烧程度，所以是一项非常困难的燃烧技术。

目前用来防止 $NO_x$ 的生成及其污染所采用的燃烧技术大致有以下几种。

**(1) 采用低 N 燃料**

采用低 N 燃料包括燃料脱氮和转变成低氮燃料。目前，这方面工作虽有进展，但技术上仍有不少困难。例如液体燃料在脱硫时可以脱去一部分氮，但脱氮时会使含氮转向重油。这时的氮在碳氢化合物环状结构中十分紧密，要进一步对重油脱氮还很困难。而固体燃料的脱氮则需要很高的温度，在技术上也有困难，此外燃料脱氮的效果也只能减少燃料型 $NO_x$，对大量的温度型 $NO_x$ 的控制仍是无效的。

**(2) 改善操作条件**

如采用低空气/燃料比燃烧、降低燃烧室热负荷及降低预热空气温度等方法均可减少烟气中 NO 的含量。因 $NO_x$ 的生成量与燃烧区中氧浓度有密切的关系，降低燃烧区中氧浓度可减少 $NO_x$ 的生成，尤其是"温度型 NO"，故采用低过量空气量的运行（即低氧燃烧）是抑制 NO 生成的一种比较有效的措施。运行时采用低氧燃烧，一方面可提高设备的热效率；另一方面又可减少 $NO_x$ 及 $SO_x$ 等有害物质的排出及其污染程度。但需指出的是，若锅炉负荷变动较大，且燃烧管理水平不是太高（尤其是中小型锅炉），则对采用低氧燃烧技术必须慎重。目前国外一些燃油锅炉已把供应燃烧的空气量控制在几乎等于理论空气量，达到理论燃烧工况。

**(3) 采用低 $NO_x$ 燃烧方法及采用低 $NO_x$ 燃烧器**

低 $NO_x$ 燃烧方法有低氧燃烧法、二段燃烧法、排烟再循环法、乳化燃烧法、沸腾燃烧法等，此外还有形形色色的低 $NO_x$ 燃烧器。在实际使用中，这些低 $NO_x$ 燃烧方法及燃烧器一般采用两三种方法联合使用，所有这些方法，其效果都不能认为是满意的，NO 的最大降低率还不超过 50%。因此，为了使烟气中的 NO 控制在排放标准下，必须进行排烟脱硝工作。至于低 $NO_x$ 燃烧方法及低 $NO_x$ 燃烧器将在下一节介绍。

**(4) 排烟脱硝**

排烟脱硝就是把燃烧形成的 $NO_x$ 从烟气中清除出去，这是一种较消极的方法。由于燃

料燃烧后所生成的 $NO_x$ 浓度相对较低，而且 $NO_x$ 中主要是 $NO$，它的化学反应性很差，再加上烟气量大，同时烟气中还掺杂有浓度高的 $O_2$、$H_2O$、$CO_2$ 和 $SO_2$ 等气体在内，这些都影响了排烟脱硝的效果与经济性。

烟气脱硝的净化方法很多，可分为干、湿两大类。在已应用的方法中，又可分为催化还原法、液体吸收法及吸附法三类。它们的投资及运行费用都很大。

# 14.5 低 $NO_x$ 燃烧方法和燃烧器

上述抑制污染物的方法中，有的是互相矛盾的，例如降低温度型 $NO_x$ 的有效方法是降低燃烧温度水平，降低氧浓度、缩短烟气在高温区停留的时间等，而这些方法恰恰与降低烟尘量是矛盾的。因此，在设计一种低污染燃烧方法时，必须兼顾各个方面。以下介绍的低污染燃烧方法首先是属于低 $NO_x$ 燃烧方法，同时也兼顾其他方面。

## 14.5.1 低 $NO_x$ 燃烧方法

按抑制 $NO$ 原理，大体可分为下列几种。

### (1) 低氧燃烧法

燃烧应在尽可能接近理论空气量的条件下进行，亦即在尽可能低的过量空气系数下进行，这是抑制 $NO_x$ 生成，特别是抑制温度型 $NO_x$ 生成的有效措施。目前国内外已有将燃油锅炉的过量空气系数 $\alpha$ 控制在 1.05 以下，甚至达到 1.01 的。但需注意的是，采用低的过量空气系数必须有高的燃烧技术，否则容易引起不完全燃烧，增大烟尘量。

### (2) 二段燃烧法

将燃烧所需空气量分两次送入。一次空气所用过量空气系数对气体燃料为 0.7，烧油时为 0.8，烧煤时为 0.8~0.9，其余空气在燃烧器附近的适当位置送入，使燃烧分阶段完成。

一段燃烧区内，燃料在过浓情况下燃烧，剩余氧浓度低，温度水平低，从而抑制了 $NO_x$ 的生成。二段燃烧区内，温度水平已经降低，$NO_x$ 虽能生成但其量不大。二段燃烧法可使 $NO_x$ 生成量减少 30%~40%。这种方法既能降低温度型 $NO_x$，也能降低燃料型 $NO_x$，因此对含氮量低的和高的燃料都有效。但采用这种燃烧方法时，一次空气量和二次空气量的比例应合适，二次空气送入的位置应适当，并要组织好一次空气燃烧后的产物与二次空气的混合，否则会增加不完全燃烧。

### (3) 排烟再循环法

让一部分温度较低的烟气与燃烧用空气混合，使燃烧区内惰性气体含量增加，氧的浓度降低（17%~18%），并使燃烧温度降低，从而抑制了温度型 $NO_x$ 的生成，也有利于减少燃烧型 $NO_x$ 的生成。烟气再循环率控制在 10%~20%，可使 $NO_x$ 生成量降低 25%~30%。

烟气再循环使燃烧室出口速度增加，容易引起脱火和燃烧不稳定，因此烟气再循环的数量必须控制适当。

### (4) 浓淡燃烧法

装有两只燃烧器以上的锅炉，使部分燃烧器供应较多的空气（呈富空气燃烧），部分燃烧器供应较少的空气（呈富燃料燃烧）。由于两者都偏离了理论空气比，因此燃烧温度降低，

可以较好地抑制 $NO_x$ 的生成。采用这种燃烧方法时，要保证浓淡两部分燃气在离开炉室以前，完全混合并基本燃烧完毕，以防止烟尘和不完全燃烧产物的增加。

**(5) 喷水或乳化燃料燃烧法**

让油水从同一喷嘴喷入燃烧区，或者在油中混入一定数量的水制成乳化燃料燃烧，可以降低燃烧温度，抑制温度型 $NO_x$ 的生成。作为燃料的乳化油是油包水型。乳化燃料燃烧能降低烟尘、降低 NO 的排放。其原因有以下几点。

① 产生二次雾化。经雾化后的液滴是油包水型，在高温下，水珠会先在油滴内部汽化，水汽克服油膜表面张力而飞溅，使油雾进一步细化，增加了油滴表面积，同时促进雾滴与空气强烈混合，使燃烧过程加速。

② 使可燃烟尘进一步燃尽，产生的炭黑遇到氧气后能进一步燃烧；火焰中的炭黑和水蒸气产生水煤气反应，使烟尘排放量下降，其反应如下：

$$C+O_2 \Longleftrightarrow CO_2+407\times10^6 J/mol \qquad (14-16)$$

$$C+H_2O \Longleftrightarrow CO+H-118.4\times10^6 J/mol \qquad (14-17)$$

$$C+\frac{1}{2}O_2 \Longleftrightarrow CO_2+284\times10^6 J/mol \qquad (14-18)$$

$$H_2+\frac{1}{2}O_2 \Longleftrightarrow H_2O+242\times10^6 J/mol \qquad (14-19)$$

③ 燃烧温度降低，上述水的汽化及水煤气反应均属吸热反应，使火焰温度水平下降，抑制了燃料型 $NO_x$ 的生成。

加水率一般以 $20\% \sim 25\%$ 为宜，这时烟尘浓度可降低 $50\%$，CO 浓度降低 $60\%$，NO 浓度下降 $20\% \sim 33\%$（重油）及 $30\% \sim 44\%$（轻质油）。

**(6) 沸腾燃烧**

沸腾燃烧作为低污染燃烧技术之一是由于以下几点。

① 可实现炉内脱硫。在炉内加入石灰石或白云石，与二氧化硫反应，生成的硫酸钙（$CaSO_4$）随灰渣排出，实现炉内脱硫。常压沸腾炉的脱硫率约为 $80\%$。

② 降低了氮氧化合物的生成量。由于沸腾炉燃烧床层温度通常为 $800 \sim 900℃$，故温度型 $NO_x$ 的生成量很少。不过，沸腾燃烧时温度型 $NO_x$ 只占很小一部分，而燃料型 $NO_x$ 要占 $90\%$，在 $\alpha$ 为 $1.0 \sim 1.1$ 情况下，燃料型 $NO_x$ 生成量是很大的。那么，为什么沸腾燃烧能降低 NO 的排放量呢？这是由于在自由空间内，碳（焦炭）和 $NH_3$、HCN 等对 NO 具有分解作用。这里 $NH_3$、HCN 和焦炭分别是煤在床内经热分解而未被燃尽的部分挥发分及煤的残留物，它们的反应机理为：

$$C+2NO \Longleftrightarrow CO_2+N_2 \qquad (14-20)$$

$$C+NO \Longleftrightarrow CO+\frac{1}{2}N_2 \qquad (14-21)$$

$$O_2 \xrightarrow{NH_3} NO \xrightarrow{NH_3} N_2 \qquad (14-22)$$

在沸腾炉燃烧床内，在布风板附近，NO 浓度急剧地达到最大值，随后由于存在 NO 的分解反应，NO 在高度方向逐渐下降。

## 14.5.2 低 $NO_x$ 燃烧器

根据降低 NO 的原理，目前出现了各种低 $NO_x$ 燃烧器。

**（1）浓淡型低 NO$_x$ 燃烧器**

其原理是使一部分燃料过浓燃烧，另一部分燃料过淡燃烧。但在整体上，$\alpha$ 仍保持正常的数值。当 $\alpha$ 小于 1 时，无论是温度型 NO$_x$ 还是燃料型 NO$_x$ 都很低；当 $\alpha$ 大于 1 时，由于空气量大，燃烧温度必然降低，从而使温度型 NO$_x$ 降低，这种燃烧又称"偏离燃烧"或"非化学当量燃烧"。

图 14-1 所示为两个烧嘴上下布置的浓淡燃烧器，上部为过淡燃烧器，下部为过浓燃烧器，两燃烧器所用空气平分，燃料按上 22%～40% 及下 78%～60% 分配。如果偏离比过大，会引起烟尘及 CO 增大。图 14-2 所示为偏离燃烧 Y 型喷油嘴示意图，这种在一只喷嘴上实现浓淡燃烧的燃烧器称为自身偏离燃烧油嘴。这种油嘴可以有两种布置方式，即大小喷口交叉布置和上半部分为小喷口、下半部分为大喷口布置，大喷口实现过浓燃烧，小喷口为过淡燃烧。与一般喷嘴相比，NO 生成量可以降低 20%～40%。

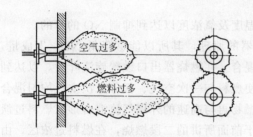
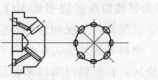

（a）大小喷口交叉设置　　（b）大小喷口上下布置

图 14-1　由两个烧嘴组合的浓淡燃烧器　　图 14-2　偏离燃烧 Y 型喷口油嘴

**（2）分割火焰型低 NO$_x$ 燃烧器**

其原理是把一个大火焰分成数个小火焰，由于小火焰的散热表面大，火焰温度降低，使温度型 NO$_x$ 下降；此外，火焰变小，缩短了氮、氧等气体在火焰中的停留时间，对温度型 NO$_x$ 或燃料型 NO$_x$ 都有明显的抑制作用。

图 14-3 所示为分割（分股）燃烧器，图 14-3 所示（a）为机械雾化喷油嘴，在喷出口附近，火焰与数个棒状物体相碰而分成数股；图 14-3（b）所示为内混式蒸汽雾化喷油嘴，用几个喷口产生几股燃烧火焰。实验证明，这两类燃烧器不但 NO 生成量较低，而且烟尘浓度也较低。NO 排放浓度最低值，对机械雾化分股燃烧为 35mg/kg，对蒸汽雾化分股燃烧为 42mg/kg。

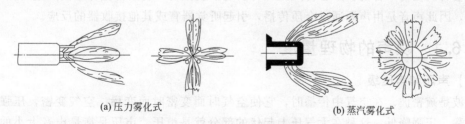

（a）压力雾化式　　　　　　　　　　（b）蒸汽雾化式

图 14-3　分割型低 NO$_x$ 燃烧器

**（3）自身再循环型低 NO$_x$ 燃烧器**

其原理是利用循环烟气吸热和降低燃烧用氧化剂的氧浓度来控制 NO。这种燃烧器对降低温度型 NO$_x$ 效果好。当燃用燃料 N 含量较多的燃料时，往往与二段燃烧法一起使用。

图 14-4 所示为利用燃料的引射作用使部分烟气再循环。根据资料介绍，当烟气再循环率为 20％时，抑制 NO 效果最好，可使 NO 排放浓度在 80mg/kg 以下。

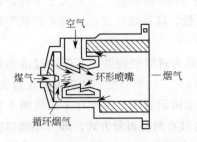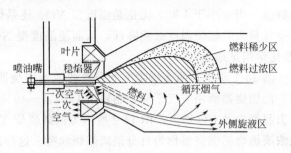

图 14-4　自身再循环式低 $NO_x$ 烧嘴　　　　图 14-5　燃油阶段燃烧型低 $NO_x$ 燃烧器

### （4）阶段燃烧型低 $NO_x$ 燃烧器

这种燃烧器主要利用过浓燃烧方法降低燃烧温度及氧浓度以达到抑制 NO 的目的。

图 14-5 所示为燃油阶段燃烧型低 $NO_x$ 燃烧器的原理，其所以能够降低 $NO_x$ 生成量，主要是妥善组织了空气动力工况和燃料与空气的混合。在燃烧器出口设置旋流叶片，以达到一定的旋流强度，燃料喷向外旋流层的内表层，使燃料与一次空气、部分二次空气均匀混合形成燃料过浓燃烧区；在燃料过浓区未燃烧的可燃物再与高速的外层气流混合形成燃料过淡燃烧区，最终完成燃烧过程。这种燃烧方法有别于前面所讲的二段燃烧，在燃料过浓区，由于高温烟气回流，火焰温度较低，而且空气不足，因而不仅能抑制温度型 $NO_x$，而且还能减少燃料型 $NO_x$ 的生成量，由于整个火焰被外层旋转气流包围，燃料过浓区内产生的烟尘和 CO 在通过燃料过淡区时，将继续燃尽。这种燃烧器能使 NO 浓度降低 50％左右。

# 14.6　燃烧噪声的形成机理及控制

噪声是指人们不需要的声音，或者那些让人感到厌烦，对正常工作、休息和学习有干扰，对身体健康有危害的声音。

产生噪声的物体或设备称为噪声源。声源可以是固体，也可以是气体和液体。声音传播介质可以是空气或其他气体，液体和固体也能传播声音。如果只有声源而没有介质传声，人耳是不会听到任何声音的。声音传入人耳时引起鼓膜振动，刺激听觉神经而产生听觉才能听到声音，因此声音是由声源通过介质传播，引起听觉器官或其他接收器的反应。

## ▶ 14.6.1　噪声的物理量度

### （1）声压和声压级

声波是疏密波。在空气中传播时，它使空气时而变密时而变稀。空气变密，压强升高；空气变稀，压强降低。这种在大气压上起伏的部分就是声压。声压是衡量声音大小的尺度，通常用 $p$ 来表示，单位为 Pa（$N/m^2$）。声音越强，声压就越大；反之，声压就越小。人耳的听觉范围，从刚能听到的落叶之类的声音，到震耳欲聋的大炮声，声压变化范围可以从 $2 \times 10^{-5} \sim 20Pa$，相差 100 万倍，但与大气压相比，仅是它的几十亿分之一到万分之几。显然，用声压作单位来衡量声音的大小是很不方便的，一般用声压级来表示声音的大小。用对数法将声压分为 100 多个声压级。

声压级的数学表达式为：

$$L_p = 10\lg \frac{p^2}{p_0^2} = 20\lg \frac{p}{p_0} \tag{14-23}$$

式中　$p$——声压，Pa；

$p_0$——基准声压，国际上统一规定：把正常人耳刚刚能听到的声压（$2 \times 10^{-9}$ Pa）作为基准声压，定为零分贝（dB）。声压使用"级"的概念后，原来相差数百万倍的声压范围，用 $0 \sim 150$ dB 的声压级就可以表达出来。

一个场所经常是有多个噪声源存在，这样就涉及求和与求差的问题。由于 dB 是以对数为刻度表示"级"的单位。所以在运算中不能按一般算术法则进行加减。

例如有两台声压级相同的设备，它们单独启动时的声压级均为100dB，按声压级的定义，有：

$$L_{p1} = L_{p2} = 20\lg \frac{p}{p_0} = 10\lg \frac{p^2}{p_0^2} = 100\text{dB}$$

当这两台设备同时启动时，两个声压级的和可按下式进行计算：

$$L_{p1} + L_{p2} = 10\lg \frac{p_1^2 + p_2^2}{p_0^2} = 10\lg \frac{2p^2}{p_0^2} = 10\lg2 + 20\lg \frac{p}{p_0} = 3 + 100 = 103\text{dB}$$

可以看出，两个性质相同、大小同样为100dB的声音相加时，其声压级仅增加了3dB。同理，可计算三个相同的声压级相加时，其声压级仅增加5dB。对不同的声压级求和，运算就要复杂些，但有一点可以指出，当一个弱的声音与一个强的声音在一起，弱的声音可以忽略不计，所以在噪声控制中，必须抓住主要矛盾，把主要噪声源的噪声降下来，这样才能取得明显的降噪效果。

**（2）频率、频程和频谱**

声音有高有低，它主要由声源的振动频率决定。只有当频率为 $20 \sim 2 \times 10^4$ Hz 的声音传入耳内，才能产生声音的感觉。同时，声音的频率越高，听起来越尖锐；反之，听起来就感到低沉。在噪声控制中，通常 500Hz 以下的噪声称为低频，$500 \sim 2000$ Hz 称为中频，2000Hz 以上的称为高频。噪声的频率不同，其传播特性和控制方法也有所不同。

各种工业设备发出的噪声，通常包含很多频率成分。人们常把宽广的声频范围划分为若干小的频段，即所谓频程不同，其传播特性和控制方法也有所不同。

倍频程的上限频率 $f_u$ 是下限频率 $f_1$ 的两倍。倍频程通常用它的几何中心频率 $f_e$ 来代表；它们之间的关系为：

$$f_e = \sqrt{f_u f_1} = \sqrt{2} f_1 \tag{14-24}$$

式中　$f_e$——几何中心频率，Hz；

$f_u$——倍频程的上限频率，Hz；

$f_1$——倍频程的下限频率，Hz。

倍频程通常将可听的频率范围用 10 段来表示。

以频率（频程）为横坐标，以声压级为纵坐标，绘出的声音强弱的频率分布图叫做频谱图。有了频谱图，可以清楚地看出噪声的各个频率成分和相应的强度。这一工作称为频谱分析。通过频谱分析可以了解噪声源的特性，针对最高声级频带进行处理，从而得到积极效果。

在可听声的频率范围内，声压级连续分布。在频谱图上呈现一条连续的曲线，称为连续型频谱。如果声压级间断分布，在频谱图上呈一系列分离的直线段，称为离散型频谱。工业噪声一般都是由很多频率和强度不同的成分杂乱无章地组成的，其频谱有连续型频谱、离散型频谱，也有两者的混合型频谱。人耳感受各种噪声之所以不同，其原因就在于其频率特性不一样。

通常炼油厂加热炉的噪声可达 100～150dB，快装锅炉的噪声约为 90dB，内燃机的噪声为 90～105dB。如果考虑到工厂车间内生产过程产生的其他噪声，例如机械噪声等，则总体噪声强度是很高的。这对工人的操作有很大影响，因此应重视对噪声的治理。

噪声对人类的危害是多方面的。噪声可以使人耳聋并引起多种疾病，噪声还将降低劳动生产率，严重的航空噪声还会损坏建筑物。

噪声应控制到什么程度？首先要求噪声不致引起耳聋和其他疾病。目前，大多数国家的听力保护标准定为 90dB，个别国家则定为 85dB。标准如定得高一些，因噪声致聋的人就会少一点，例如 90dB，只能保护 80％的人不耳聋，而 85dB 就可以保护 90％的劳动者的听觉器官。但是，为了提高这 5dB，就要在工业部门花费不少投资来治理噪声。此外，为了保障人们的日常工作及生活，对环境噪声也制定一定的标准。

声源、传播介质及接收器是构成系统的三个要素，因此噪声控制要从三个环节考虑。

① 从声源上根治噪声。若能从噪声源本身降低噪声，乃是最彻底的措施。所谓从声源上根治噪声，就是将发声大的设备改造成发声小或者不发声的设备。

② 在噪声传播途径上降低噪声。如果由于条件限制，从声源上根治噪声难以实现，就需要在噪声传播途径上采取措施加以控制。例如装设吸声体、隔声罩、隔声间、隔声屏和消声器等。

③ 在噪声接受点进行防护。控制噪声的最后一关是在接收点进行防护。在其他措施不能实现时，或者只有少数人在吵闹的环境中工作时，个人保护乃是一种经济而有效的措施。常用的防声用具有耳塞、耳罩、头盔等。

## ▶ 14.6.2 噪声的形成机理及控制

目前对燃烧噪声的形成机理并不完全了解，部分原因是对噪声源的分析是定性的。其困难在于预测燃烧噪声级本身就受到火焰大小、燃烧强度、湍流、燃烧速率、流速、空气/燃料比和结构等因素的影响。同样，燃烧噪声的降低目前更多地依靠经验或实验，而不是依靠理论分析及计算。

燃烧噪声除燃烧过程本身产生噪声以外，还与燃烧室及空气动力特性有关。下面分类加以讨论。

### (1) 空气动力性噪声

空气动力性噪声，根据其产生机理，还可细分为射流噪声、涡流噪声及边界层噪声。

射流噪声，又称喷注噪声。是由于喷嘴出口的气体与周围静止介质之间有剪切力作用和进行动量和质量交换形成高速湍动而产生的噪声。

涡流噪声。指当流体绕流于一个断面为非流线物体时，在物体的两侧将交替地产生旋转方向相反的旋涡，引起振动而产生的噪声。例如，当流体流过钝体、突扩通道时都会产生涡流噪声。

边界层噪声。在固体壁面处的流体边界层内，由于壁面上压力变动所产生的噪声叫边界层噪声。例如在燃烧器壳罩、旋流器叶片等处的固体壁面都会产生这种噪声。

上述噪声含有各种频率，当与燃烧噪声产生的频率相同时，将产生共振，使振幅增大，会发出很大的噪声。本节仅讨论影响较大的射流噪声的形成机理及控制途径。

自由射流噪声存在高、低频两类噪声。高频噪声主要发生在喷口处，而低频噪声主要发生在混合区（初始段）和湍流区（过渡区）交界处附近。产生射流噪声最显著的区域是射流混合区，这时射流外边界面与外部气体介质进行强烈的混合。在混合区内声强是个定值，湍流区的声强与距离的 7 次方成反比而急剧减弱。喷口处声强与气流喷出速度的 8 次方成正比。高频成分的噪声在混合区中与距离的 3 次方成比例衰减，在湍流区与距离的 10 次方成比例衰减。低频成分的噪声在混合区内与距离的 3 次方成比例增强，在湍流区与距离的 4 次方成比例衰减。

高频噪声与垂直射流轴向的径向湍流速度有关，因此主要是径向辐射。低频噪声与轴向湍流速度有关，主要是沿轴向辐射。因此，如果减弱射流径向湍流强度，则高频噪声减少，径向声压降低；如果减弱射流轴向湍流强度，则低频噪声减少，轴向声压降低。

由此可见，控制射流噪声的途径主要是改变喷嘴出口附近的湍流结构，以影响高频成分和径向声压。其措施是改变燃烧器喷口的形状，例如采用多孔喷嘴。在相同喷口面积情况下，多孔喷口比单孔喷口产生的噪声小。这是由于射流相互干扰使射流混合段发生变化的结果。

当喷口内外压力比大于临界值（$p_1/p_0 > 1.89$）时，噪声会增加很多（约几十分贝），称为阻塞射流噪声（又称阻塞喷注噪声），高压喷射器就会产生这种噪声。阻塞射流噪声的来源，除了一般射流噪声外，还由于喷口阻塞（压力比大于临界值），出喷口的射流冲击波沿轴向形成一系列的小冲击室，对声波起放大和反馈作用，从而使噪声增大。

阻塞射流噪声分两部分，即连续谱噪声和离散谱噪声。连续谱部分和一般射流噪声相似，但谱峰频率较高，尤其在峰值附近更加突出，突出的大小随压力比增大而增加。离散谱部分噪声主要在气室压力为（$2 \sim 4$）$\times 10^5$ Pa 时产生。

阻塞射流产生的冲击室很不稳定，容易受外部影响，例如喷口稍不平滑，离散谱频率噪声就降低很多，如果喷口粗糙，外缘加有异向叶片，噪声可降低 20~30dB。

例如在大气式燃烧器和无焰燃烧器中，燃气由喷嘴高速喷出引起的噪声随气体压力的升高而增大，属于高频噪声，其噪声峰值在 2000dB 以上。这种射流噪声在有的情况下会超过燃烧噪声，因此，为了降低这种射流噪声，可以采用降低燃气压力，在进风口处设置消声罩或消声风箱等措施。一个良好的消声罩或消声风箱可以使噪声降低 20dB 左右。

**（2）燃烧轰鸣声**

燃烧轰鸣一般是指自由射流湍流火焰产生的噪声。在湍流燃烧情况下，燃烧产物的温度和压力必然会产生不规则的变化，从而引起噪声，因此燃烧轰鸣噪声又称湍流燃烧噪声。

湍流噪声产生的原因有两个：一是由于燃烧引起的气体密度变化，出现压力波而产生噪声。这种气体密度变化是由于燃烧反应引起的体积和温度变化造成的，其中主要是温度的因素。

实验证明，燃烧轰鸣大致随湍流强度的平方而增加，因此降低湍流速度、降低气流喷出速度、降低燃烧强度、减少燃烧反应初期反应速率等都会使燃烧轰鸣产生的噪声减弱。

**（3）振荡燃烧噪声**

振荡燃烧是由燃烧放热反应脉动而激发的振荡现象。燃料在燃烧室内燃烧时，常遇到不正常的较强的压力脉动。这些压力脉动有一些共同特征：基本上以波浪形出现，有高峰和低谷；有固定的频率；在一定的时间内压力波形基本不变，压力脉动振幅较大。振荡燃烧压力波的性质是由它的频率和振幅所决定的。根据振荡频率高低，振荡燃烧可以分为低频振荡燃烧和高频振荡燃烧两类。

① 低频振荡燃烧　低频振荡燃烧的音调低沉，波形有周期性，频率在 $30\sim300\,Hz$ 之间，出现"哼声"，噪声比较小。当压力振幅 $\Delta p$（脉动压力的峰值与平均压力 $p_0$ 之差）较大时（$\pm\Delta p>10\%p_0$），容易引起熄火，并使炉体振动。由于燃烧反应脉动频率与燃烧系统固有频率不相同，不会产生音响共鸣，故低频振荡燃烧又称非音响共鸣振荡燃烧。由于影响和激发振荡的因素十分复杂，至今对引起振荡的原因仍不清楚，预测振荡理论也不成熟，一般通过实验加以解决。产生低频振荡燃烧的原因可能是由于以下几点。

a. 燃料供应系统的振动。例如燃料管道的自身振动，燃料压力的脉动所引起燃料量和燃料/空气比的周期性变化。

b. 湍流射流边界的旋涡振动。

c. 临界富燃料熄火状态时火焰忽燃忽灭等。

② 高频振荡燃烧　它的频率在 $300\sim3000\,Hz$ 之间，声音尖锐，刺耳难听，发出"啸声"，波形有周期性，当压力振幅 $\pm\Delta p>10\%p_0$ 时，除噪声外，还会对炉体造成严重损害。当燃烧反应脉动频率与燃烧系统固有的音响频率相同或相近时，会产生声压振幅脉动的增大，并导致音响共鸣，因此高频振荡燃烧又称音响共鸣振荡燃烧。

引起高频振荡的原因一般认为必须有引起燃烧反应脉动的振源，它们可能是以下几点。

a. 周期性变化的放热速率。例如湍流火焰传播速度的脉动，雾化油滴蒸发速率的脉动以及反应速率的脉动等都可能引起燃烧放热的脉动。

b. 气流的周期性脉动，例如由鼓风机供应的空气或流体经过导向叶片，会使气流出口产生旋转，这种气流旋转通常具有周期性脉冲。

c. 旋涡脱落，例如气流经过火焰稳定器、喷油嘴、供油管、支撑柱等障碍物时，在障碍物后面会产生旋涡尾流，当气流不稳定、振幅又较大时，这些旋涡可能会被挤歪，来回摇摆，最后导致周期性的旋涡脱落。

引起燃烧反应脉动的各个因素，有时可以单独成为振荡燃烧的振源；有时可能是几个因素结合起来构成复杂的振荡机理，具体情况应进行具体分析。

上述影响振荡燃烧的原因实际上与燃烧条件、燃烧器、燃料和空气供给系统等各种因素有关。

压力影响：一般趋势是压力大，振幅增大，易引起高频振荡。

燃料/空气比影响：富燃料振荡比贫燃料振荡的危害大些。因为富燃料燃烧释放的能量大些，振源的能量也大，因此引起振动的声压也可能大些。此外，富燃料燃烧温度也比较高。因此，富燃料燃烧较易产生高频振荡。

气流温度影响：气流温度直接影响声振，所以温度对振荡频率有明显影响，燃烧室温度高，标志燃烧释放的能量大，因此振源能量也大，容易导致高频振荡。

燃烧器结构影响：例如火焰稳定器安排在同一截面口容易发生啸声，错排则比较好；燃烧室过长（炉长/炉径大于 2 时），则容易产生振荡。

防止或控制振荡燃烧，首先要了解振源，弄清振荡频率和振幅，弄清振荡形态，尽可能弄清燃烧反应脉动情况。对所发生的振荡燃烧机理搞得越清楚，则越易确定防治办法。一般来说，改善燃烧器是根本的防治方法，只有在改善燃烧器后仍无效时，才考虑安装共振消声器等特殊设备。下面仅介绍改善燃烧器以防治振荡燃烧噪声的若干方法。

a. 通常在气流流动方向，压力变化的波节和波腹之间有火焰时，易发生振荡燃烧。因此改动燃烧器的安装位置，有可能防止振荡燃烧的发生。

b. 通常火焰短、高负荷时易发生振荡燃烧，因此使火焰延长，在整个燃烧室内均匀进行燃烧是比较好的。一般来说，扩散燃烧比大气式燃烧对防止振荡燃烧更有利。

c. 在火焰不十分稳定、着火起始位置由于气流作用发生变动的情况下，应采取稳焰措施，使火焰稳定。

d. 燃料喷出压力大一些，这样当燃烧室内压力变动时，对燃料喷出量的变化就比较小。

e. 改善燃料和空气流的混合，防止混合不均匀。在局部出现过浓、过淡燃烧时，易出现灭火现象，容易出现振荡燃烧。

f. 降低燃烧器出口空气流的湍流强度，以降低振源。为此可以在连续燃烧器的空气管或风室中设整流格板，使初期湍流衰减。

## 参 考 文 献

[1] 严传俊，范玮. 燃烧学. 第3版 [M]. 西安：西北工业大学出版社，2016.
[2] 邹长城. 爆炸燃烧理论基础与应用 [M]. 北京：化学工业出版社，2016.
[3] 蹇守卫，孙孟琪，何桂海等. 生物质燃料高温燃烧过程中有害气体的排放 [J]. 生态与农村环境学报，2016，32（5）；572-846.
[4] 王全德. 燃烧化学理论研究进展 [M]. 徐州：中国矿业大学出版社，2015.
[5] 张英华，黄志安，高玉坤. 燃烧与爆炸学. 第2版 [M]. 北京：冶金工业出版社，2015.
[6] 胡双启. 燃烧与爆炸 [M]. 北京：北京理工大学出版社，2015.
[7] [美] Stephen R. Turns. 燃烧学导论：概念与应用 [M]. 姚强，李水清，王宇译. 北京：清华大学出版社，2015.
[8] 贺娇. 极端环境下低 $NO_x$ 燃烧技术研究 [D]. 东营：中国石油大学，2015.
[9] 赵欣，李慧，胡乃涛等. 生物质固体成型燃料燃烧的 NO 和 CO 排放研究研究 [J]. 环境工程，2015，33（10）；50-54.
[10] 浓国清，师云泽，王彦博等. 声波激励对煤粉燃烧 $NO_x$ 生成的影响 [J]. 燃烧科学与技术，2015，21（6）；506-510.
[11] 邓远灏，颜应文，党龙飞等. 贫油预混预蒸发低污染燃烧室流场特性试验研究 [J]. 航空动力学报，2015，30（10）；2416-2424.
[12] 姬海民，李红智，赵治平等. 新型低 $NO_x$ 燃气燃烧器数值模拟及改造 [J]. 热力发电，2015，44（12）；107-112.
[13] 陈国华，李运泉，彭浩斌等. 大颗粒木质成型燃料燃烧过程烟气排放特性 [J]. 农业工程学报，2015，31（7）；215-220.
[14] 朱军臣. 三棱锥/空心半球型钝体微燃烧器内甲烷催化燃烧特性数值研究 [D]. 重庆：重庆大学，2015.
[15] 申小明. 锥形稳燃装置头部回流结构及贫熄性能初步研究 [D]. 北京：中国科学院研究生院，2015.
[16] 李庚达. 煤粉燃烧细颗粒物生成演化与沉积特性实验研究 [D]. 北京：清华大学，2014.
[17] 雷鸣，王春波，阎维平等. 增压富氧鼓泡床的 NO 生成特性 [J]. 燃烧科学与技术，2014，20（5）；377-382.
[18] 高玉国，杨振中，郭树满等. 不同形式的进气道对氢内燃机混合气形成的影响 [J]. 内燃机工程，2014，35（3）；106-111.
[19] 刘新华. CaO 调理生物质酸水解残渣燃烧机理及排放特性研究 [D]. 青岛：中国海洋大学，2014.
[20] 欧阳子区. 无烟煤粉预热及其燃烧和污染物生成特性实验研究 [D]. 北京：中国科学院研究生院，2014.
[21] 何甜辉，蔡建楠，贺丽君. 典型生物质燃料燃烧污染物排放综述 [J]. 四川化工，2014，17（3）；19-21.
[22] 张小桃，贾耀磊，卢毅，等. 生物质与煤混合燃烧污染物排放特性研究 [J]. 华北水利水电大学学报：自然科学版，2014，35（5）；89-92.
[23] 王伟. 物料衡算法测算煤炭燃烧污染物排放量 [J]. 山西建筑，2013，39（36）；230-231.

[24]　潘剑峰.燃烧学：理论基础及其应用 [M].镇江：江苏大学出版社，2013.

[25]　陈长坤.燃烧学 [M].北京：机械工业出版社，2013.

[26]　张永亮，赵立欣，姚宗路等.生物质固体成型燃料燃烧颗粒物的数量和质量分布特性 [J].农业工程学报，2013，29（19）：185-192.

[27]　邓远灏，颜应文，朱嘉伟等.LPP 低污染燃烧室两相喷雾燃烧数值研究 [J].推进技术，2013，34（3）：353-361.

[28]　邓远灏，朱嘉伟，颜应文等.LPP 低污染燃烧室冷态流场与油雾特性 [J].南京航空航天大学学报，2013，45（2）：162-169.

[29]　马存祥，邓远灏，徐华胜等.一种模型低污染燃烧室三维两相数值模拟 [J].燃气涡轮试验与研究，2012，25（2）：28-32.

[30]　李建新.燃烧污染物控制技术 [M].北京：中国电力出版社，2012.

[31]　陆泓羽.煤粉微富氧燃烧及污染物生成特性研究 [D].北京：华北电力大学，2012.

[32]　徐旭常，吕俊复，张海.燃烧理论与燃烧.[M].第 2 版.北京：科学出版社，2012.

[33]　李永华.燃烧理论与技术 [M].北京：中国电力出版社，2011.

[34]　杨林军.燃烧源细颗粒物污染控制技术 [M].北京：化学工业出版社，2011.

[35]　徐通模.燃烧学 [M].北京：机械工业出版社，2011.

[36]　李金锁，李志.新型高效 $O_2/CO_2$ 煤粉燃烧技术 [D].吉林电力，2011，39（1）：7-15.

[37]　陆轶青，徐特秀.火电厂降耗低污染燃烧技术 [J].环境工程，2011，29（3）：103-106.

[38]　张栋，陆强，朱锡峰.生物油燃烧与污染物排放特性的数值模拟 [J].科学通报，2010，55（35）：3416-3421.

[39]　徐明厚，于敦喜，刘小伟.燃煤可吸入颗粒物的形成与排放 [M].北京：科学出版社，2009.

[40]　刘彦，刘彦丰，徐江荣.$O_2/CO_2$ 煤粉燃烧污染物特性实验和理论研究 [D].北京：科学出版社，2009.

[41]　徐旭常，周力行.燃烧技术手册 [M].北京：化学工业出版社，2008.

[42]　刘联胜.燃烧理论与技术 [M].北京：化学工业出版社，2008.

[43]　刘承运，陆强，孙书生等.稻壳生物油的燃烧及污染物排放特性研究 [J].燃料化学学报，2008，36（5）：577-582.

[44]　李芳芹.煤的燃烧与气化手册 [M].北京：化学工业出版社，2005.

[45]　方文沐，杜惠敏，李天荣.燃料分析技术问题 [M].第 3 版.北京：中国电力出版社，2005.

[46]　杜建军.高效低污染燃烧及气化技术的最新研究进展 [J].上海电力，2005，18（2）：220-220.

[47]　张以祥，曹湘洪，史济春.燃料乙醇与车用乙醇汽油 [M].北京：中国石化出版社，2004.

[48]　岑可法.燃烧理论与环境污染 [M].北京：机械工业出版社，2004.

[49]　肖兵，毛宗源.燃烧控制器的理论与应用 [M].北京：国防工业出版社，2004.

[50]　李方运.天然气燃烧及应用技术 [M].北京：石油工业出版社，2002.

[51]　[日]新井纪男.燃烧生成物的发生与抑制技术 [M].赵黛青等译.北京：科学出版社，2001.

[52]　李永华.混煤高效低污染燃烧特性研究 [D].北京：华北电力大学，2001.

[53]　刘治中，许世海，姚如杰.液体燃料的性质及应用 [M].北京：中国石化出版社，2000.